普通高校“十三五”规划教材

工程力学

付彦坤 戴葆青 主编

北京航空航天大学出版社

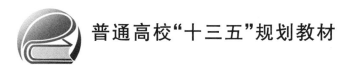

内容简介

本书充分考虑了当前工科院校各专业的《工程力学》课程开设学时情况，在课程体系上进行了较大幅度的改革创新，在保留经典内容的基础上，力求基本概念与论述简明扼要，易于读者理解与掌握。其目的是为培养适合21世纪要求的高素质复合型人才服务。

本教材可供80学时以内的专业选用，内容包括：静力学和材料力学两大部分。可供高等工科院校的航空航天、机械、交通与车辆工程、土木建筑、水利水电、机电、采矿、机电一体化等专业选用，或作自学、函授及各类辅导教材。其中打“*”的内容为选学内容，可根据各专业的学时要求及具体的教学需要选用；也可供其他专业和有关工程技术人员选用。

图书在版编目(CIP)数据

工程力学. / 付彦坤，戴葆青主编. -- 北京 : 北京航空航天大学出版社，2016.7

ISBN 978-7-5124-2180-6

Ⅰ. ①工… Ⅱ. ①付…②戴… Ⅲ. ①工程力学—高等学校—教材 Ⅳ. ①TB12

中国版本图书馆CIP数据核字(2016)第146423号

工程力学

付彦坤　戴葆青　主编

责任编辑　金友泉

*

北京航空航天大学出版社出版发行

北京市海淀区学院路37号(邮编100191)　http://www.buaapress.com.cn

发行部电话：(010)82317024　传真：(010)82328026

读者信箱：goodtextbook@126.com　邮购电话：(010)82316936

艺堂印刷（天津）有限公司印装　各地书店经销

*

开本：710×1 000　1/16　印张：23　字数：490千字

2016年8月第1版　2018年9月第2次印刷　印数：3 001～5 000册

ISBN 978-7-5124-2180-6　定价：44.00元

前　言

“科技是国家强盛之基，创新是民族进步之魂”。教材需要与时俱进，应该不断地把科技发展的一些相关新内容引入教材。本教材是一本“新形态”教材，即纸质教材与数字课程相结合。对于不宜用文字表达或因篇幅所限无法纳入的重要内容在纸质教材中嵌入了二维码，读者可以用智能手机扫描二维码看到微视频，既使教材变得生动，又让读者感到创新就在身边。

本教材纸质内容是根据教育部高等学校力学教学指导委员会最新颁布的《理工科非力学专业力学基础课程教学基本要求》，结合目前普通工科学校《工程力学》教学及教材现状，在参考多本优秀教材（见参考文献）的基础上编写的。

编写时，充分吸取了各校近年来《工程力学》课程教学改革的经验。在内容编排上，将传统内容与近代力学的新概念、新内容、新方法相结合，紧密联系工程实际和科技发展。在编写过程中注意了基本概念和分析方法的严格性，在内容上力求精炼。为便于教师执教、学生自学，适当增加了小标题，且章前有内容提要，章后附有思考题、习题，以供选用。本书采用国家标准规定的单位和符号。

本教材在编写过程中得到了浙江大学庄表中教授的指导和帮助，庄表中教授为本教材提出了许多宝贵的建议，并无偿提供了许多宝贵的素材，本教材中的 28 个微视频全部由庄表中教授提供，在此对庄表中教授表示衷心的感谢！

本教材由付彦坤（第 1、4、17 章）、戴葆青（绪论、第 15 章）、赵同彬（13 章、附录）、马静敏（12 章）、马长青（第 8 章）、陈俊国（第 3 章）、高明（第 6 章）、赵增辉（第 14 章）、杨坤（第 19 章）、李翠赟（第 11 章）、闫承俊（16 章）、许兴明（第 9 章）、王衍国（第 2 章）、谭涛（第 7 章）、李龙飞（第 18 章）、郝鹏（第 5 章）、吕艳伟（第 10 章）合编。

本书呈山东农业大学林成厚教授审阅，林成厚教授提出了很多宝贵意见，特此致谢。

因编者水平有限，书中难免存在缺点和不妥之处，恳切希望广大教师、读者批评指正，使本书逐渐完善。

编　者

2016 年 6 月

《工程力学》编著人员

主　编　付彦坤　戴葆青

副主编　赵同彬　马静敏　马长青

参　编　陈俊国　高　明　赵增辉　杨　坤
李翠赟　闫承俊　许兴明　王衍国
李龙飞　谭　涛　郝　鹏　吕艳伟

增值服务说明

本书为读者免费提供视频和动图，以二维码的形式分别印在书中对应位置，请扫描二维码下载。读者也可以通过以下网址从“百度云”下载全部资料：http://pan.baidu.com/s/1b1zS54。

二维码使用提示：手机安装有“百度云”App的用户可以扫描并保存到云盘中；未安装“百度云”App的用户建议使用QQ浏览器直接下载文件；ios系统的手机在扫描前需要打开QQ浏览器，单击“设置”，将“浏览器UA标识”一栏更改为Android；Android等其他系统手机可直接扫描、下载。

配套资料下载或与本书相关的其他问题，请咨询理工图书分社，电话：(010)82317036，(010)82317037。

目　　录

第0章　绪　　论

工程力学是一门与工程技术联系极为广泛的技术基础课。

工程力学既研究物体运动的一般规律，又研究物体在力作用下的变形规律。本课程随着研究问题的不同，研究对象可以是刚体，也可以是变形体。

“嫦娥三号”登月之旅

刚体是指在力的作用下，大小和形状始终不变的物体。也就是说，物体任意两点之间的距离保持不变。在实际问题中，任何物体在力的作用下或多或少都会产生变形，如果物体变形不大或变形对所研究的问题没有实质影响，则可将物体视为刚体。

工程力学的研究对象往往相当复杂，在解决实际工程问题时，常需抓住一些本质性的主要因素，略去次要因素，从而抽象为力学模型作为研究对象，因此抽象化是研究工程力学问题的重要方法。但是任何抽象都必须是科学的、有条件的，当研究问题的条件改变了，原来的力学模型则不再适用，必须考虑新的因素，建立新的模型。例如，当研究物体的平衡和运动规律时，便可将物体抽象为刚体，但当问题涉及构件的变形时，则刚体的概念不再适用，必须把物体看成是变形体，建立新的力学模型(在第7章详细介绍)。

大桥顺利转体

力学是人类在认识自然、改造自然的过程中，对客观自然规律的认识不断积累、应用和完善逐渐形成和发展起来的。它涉及众多的力学学科分支与广泛的工程技术学科。20世纪以前，推动近代科学技术与社会进步的蒸汽机(见图0-1)、内燃机、铁路、桥梁、船舶、兵器等，无一不是在力学知识的累积、应用和完善的基础之上逐渐形成和发展起来的。

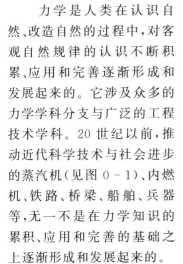

图0-1　蒸汽机

世界最大沉井

20世纪产生的诸多高新技术，如高层建筑、大跨度桥梁(见图0-2)、高速公路(见图0-3)、海洋平台、大型水利工程(见图0-4)、精密仪器、航空航天器(见

图 0－5)、机器人等许多重要工程更是在力学指导下得以实现，并不断发展完善的。进入 21 世纪我国在高端科技领域的力学研究及应用更是迅速发展，如多个动力源带动的高速列车(见图 0－6)、隔震支座的剪压同时受力的应力计算、深海探索蛟龙号容器设计等都是力学应用的具体体现。我国著名力学家钱学森先生说"力学走过了从工程设计的辅助手段到中心的主要手段，不是唱配角而是唱主角了。"我国的力学已经进入了一个崭新的发展时期！

图 0－2 大跨度桥梁

图 0－3 高速公路

图 0－4 大型水利工程

图 0－5 航天发射器

全国首次太空授课

航天员王亚平出仓

机器人应用实例

图 0－6 高速列车

第一篇　刚体静力学

静力学主要研究物体在力作用下的平衡问题。

物体在力系作用下处于平衡的条件称为力系的平衡条件。为了研究力系的平衡条件，除首先必须对物体进行受力分析以外，还必须将较为复杂的力系换成另一个与它作用效果相同的简单力系，这个过程称为力系的简化。因此，静力学研究的主要内容是：物体受力分析；力系的简化；力系的平衡条件及应用。

静力学主要以刚体为研究对象，所以也称刚体静力学。

第 1 章　刚体静力学基础

静力学的基本概念、公理及物体的受力分析是研究静力学的基础。本章将介绍刚体与力的概念及静力学公理，并阐述工程中常见的约束和约束反力的分析；最后介绍物体的受力分析及受力图。这些是解决力学问题的重要环节。

1.1　静力学基本概念

1.1.1　力和力系

力是物体间的相互作用，这种作用使物体的运动状态和物体的形状发生变化。有一个力，就必然有一个施力物体和一个受力物体，离开物体间的相互作用是不能进行受力分析的。物体间相互作用力的形式多种多样，归纳起来可分为两大类：一类是物体间的直接接触作用产生的作用力，如压力、摩擦力等；另一类是通过场的作用产生的作用力，如万有引力场、电磁场对物体作用的万有引力和电磁力。

由观察和实验可知，力对物体的作用效果完全取决于力的**三要素**，即力的大小、力的方向和力的作用点。其中任何一个要素发生变化，力的作用效应也随之发生变化。

力是具有大小和方向的量，即力是矢量。它常用带箭头的直线线段或黑体字母来表示，如图 1－1 所示。其中线段 AB 的长度（按一定的比例）表示力的大小，图 1－1 线段的方位（与水平方向的夹角 θ）和带箭头的指向表示力的方向，线段的起点或终点表示力的作用点。过力的作用点沿力的矢量方向画出直线 KL，称为力的作用线。

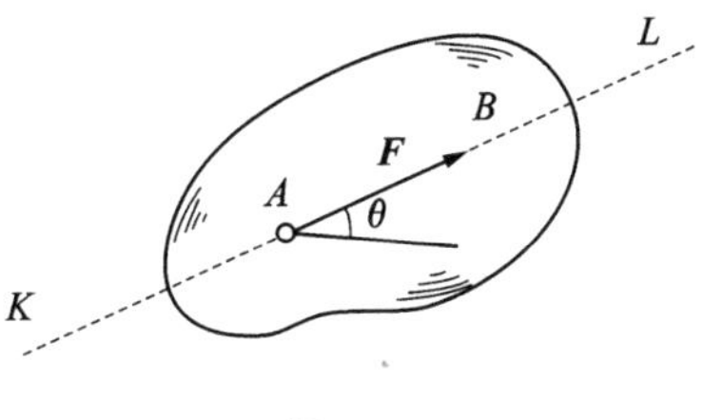

图 1－1

在国际单位制（SI）中，力的单位是 N 或 kN。

在本书中，凡是矢量都用粗斜体字母表示，如力 $\boldsymbol{F}$；而这个矢量的大小（标量）则用斜体的同一字母（细体）表示，如 F。

作用在物体上的一群力称为力系。力的作用线在同一平面内，该力系称为**平面力系**；力的作用线为空间分布，该力系称为**空间力系**；力的作用线汇交于同一点，该力系称为**平面汇交力系或空间汇交力系**；力的作用线相互平行，该力系称为**平面平行力系**

或空间平行力系;力的作用线既不平行又不相交,该力系称为**平面任意力系或空间任意力系**。力系作用于物体上而不改变其运动状态,则称该力系为**平衡力系**。如果两个力系分别作用于同一个物体上其效应相同,则这两个力系称为**等效力系**。若一个力与一个力系等效,则称这个力是这个力系的**合力**,而该力系中的每一个力是这个合力的**分力**。对一个比较复杂的力系求与它等效的简单力系的过程称为**力系的简化**。

1.1.2 平衡的概念

平衡是指物体相对于惯性参考系保持静止或匀速直线运动状态。平衡是物体机械运动的一种特殊形式,如静止在地面上的楼房、桥梁等。人们所说的惯性参考系通常是指与地球固连的参考系。

1.2 静力学公理

静力学公理是人们在长期生活和生产中,经过反复观察和实践总结出来的客观规律,它正确地反映了作用于物体上力的基本性质。静力学中所有的定理和结论都是由几个公理推演出来的,这些公理已为大量的实验、观察和实践所证实。

公理一 二力平衡公理

作用于刚体上的两个力,使刚体保持平衡的充分和必要条件是:这两个力的大小相等、方向相反且作用在同一直线上(等值反向共线),如图 1-2 所示。

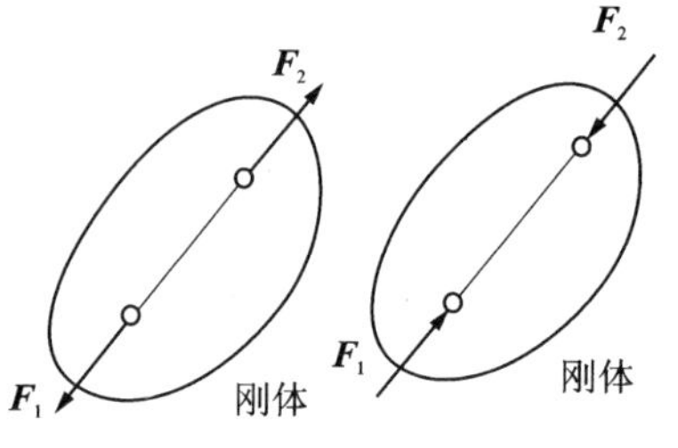

图 1-2

二力平衡公理表明了作用于刚体上最简单力系平衡时所满足的条件。

公理二 加减平衡力系公理

在作用于刚体的力系上增加或减去一组平衡力系不改变原力系对刚体的作用效应。

这个公理也只适用于刚体。对变形体来说,增加或减去一组平衡力系,改变了变形体各处的受力状态,将引起其内、外效应的变化。

加减平衡力系公理是研究力系等效替换的重要依据。

推论一 力的可传性

作用于刚体上的力可沿其作用线移动到刚体内任一点,而不改变该力对刚体的作用效应。

证明 设力 $\boldsymbol{F}$ 作用于刚体上的 A 点,如图 1-3(a)所示。在作用线上任一点 B 增加一组平衡力 $\boldsymbol{F}'$ 和 $\boldsymbol{F}''$,且令 $\boldsymbol{F}'=-\boldsymbol{F}''=\boldsymbol{F}$,根据加减平衡力系公理,力 $\boldsymbol{F}$ 与三个力 $\boldsymbol{F}$、$\boldsymbol{F}'$、$\boldsymbol{F}''$ 等效,如图 1-3(b)所示。在这三个力中,显然 $\boldsymbol{F}$ 与 $\boldsymbol{F}''$ 构成一平衡力系,再去掉这两个力,则作用在刚体上 B 点的力 $\boldsymbol{F}'$ 与作用在 A 点的力 $\boldsymbol{F}$ 等效,即力 $\boldsymbol{F}$ 可以

从 A 点沿其作用线任意移动到同一刚体内的 B 点，如图 1－3(c)所示。

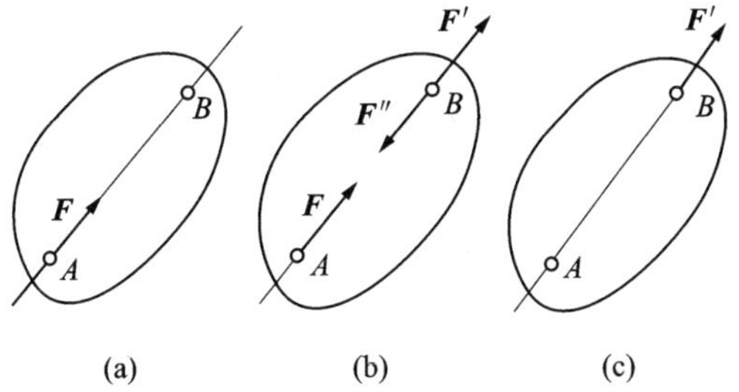

图 1－3

根据力的可传性，力在刚体上的作用点已为它的作用线所代替，所以作用于刚体上力的三要素又可表述为：力的大小、作用线和指向。因此，作用于刚体上的力矢是滑动矢量。

公理三　力的平行四边形法则

作用于物体同一点的两个力可以合成为作用于该点的一个合力，合力的大小和方向由以这两个力矢量为邻边所构成的平行四边形的对角线表示［见图 1－4(a)］。以 $\boldsymbol{F}_R$ 表示力 $\boldsymbol{F}_1$、$\boldsymbol{F}_2$ 的合力，则按平行四边形法则相加，这个定律可表示为

$$\boldsymbol{F}_R = \boldsymbol{F}_1 + \boldsymbol{F}_2$$

即作用于物体同一点的两个力的合力矢，等于这两个力的矢量和。

事实上，将二力合成时，可以不必画出平行四边形，只须任选一点 a，作 ab 表示力矢 $\boldsymbol{F}_1$，过其末端 b 作 bc 表示力矢 $\boldsymbol{F}_2$，则 ac 即为合力矢 $\boldsymbol{F}_R$［见图 1－4(b)］，由分力矢和合力矢所构成的三角形 abc 称为力三角形。

该公理是复杂力系简化的基础。

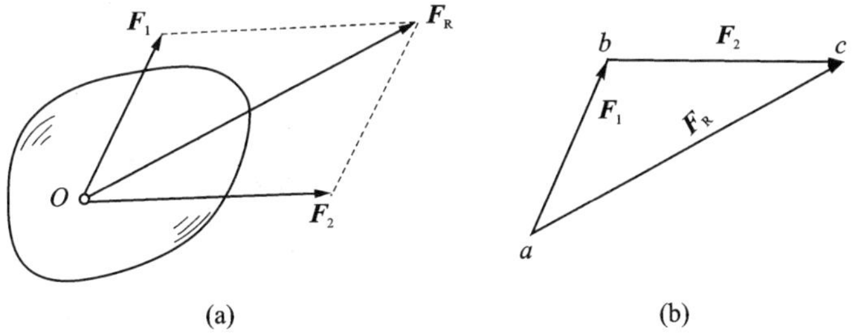

图 1－4

推论二　三力平衡汇交定理

若刚体在三个同平面的互不平行的力作用下平衡，而其中两个力的作用线相交，则第三个力的作用线必过该交点。

证明　设在刚体上 A,B,C 三点分别作用有同平面的力 $\boldsymbol{F}_1$、$\boldsymbol{F}_2$、$\boldsymbol{F}_3$（见图 1－5），由力的可传性，将力 $\boldsymbol{F}_1$ 和 $\boldsymbol{F}_2$ 分别从 A 点和 B 点滑移到 O 点；由力的平行四边形

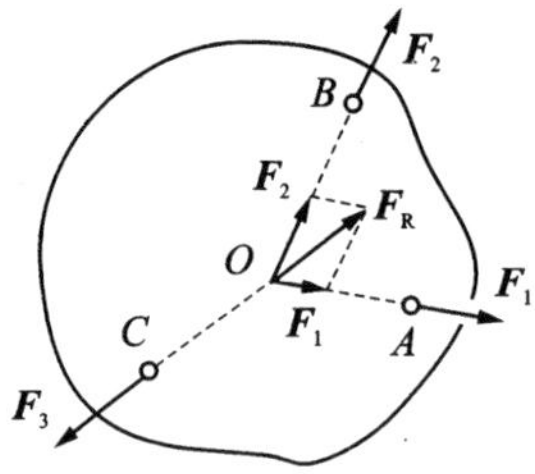

图 1－5

法则，将这两个力合成为 $\boldsymbol{F}_R$。由二力平衡公理知，若刚体在 $\boldsymbol{F}_R$ 和 $\boldsymbol{F}_3$ 作用下平衡，$\boldsymbol{F}_R$ 和 $\boldsymbol{F}_3$ 必共线，即 $\boldsymbol{F}_1$、$\boldsymbol{F}_2$、$\boldsymbol{F}_3$ 必汇交于一点，于是定理得证。

公理四　作用与反作用定律

物体间相互作用的力总是同时存在，且大小相等，方向相反，沿同一条直线，并且分别作用在这两个物体上。这个定律概括了任何两个物体间相互作用的关系。有作用力，必有反作用力。两者总是同时存在，又同时消失。因此，力总是成对出现在两个相互作用的物体之间。

公理五　刚化原理

变形体在某一力系作用下平衡，如将此变形体刚化为刚体，其平衡状态不变。

这个公理提供了把变形体看作为刚体模型的条件。如图 1－6 所示，绳索在等值、反向、共线的两个拉力作用下处于平衡，如将绳索刚化成刚体，其平衡状态保持不变，反之就不一定成立。如刚体在两个等值反向的压力作用下处于平衡，若将它换成绳索，就不能平衡了，这时绳索不能刚化为刚体。

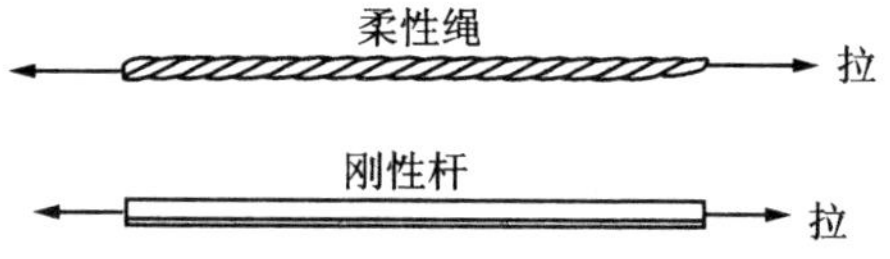

图 1－6

由此可见，刚体的平衡条件是变形体平衡的必要条件，而非充分条件。在刚体静力学的基础上，考虑变形体的特性，可进一步研究变形体的平衡问题。

静力学全部理论都可以由上述五个公理推论而得到，如前述的推论一和推论二。本篇基本上采用这种逻辑推演的方法来建立静力学的理论体系。这一方面能保证理论体系的完整性和严密性，另一方面也可以培养读者的逻辑思维能力。然而，对于某些易于理解而推证过程又比较繁琐的结论，本书将省略其证明过程，直接给出结论，以便于应用。

1.3　约束和约束反力

有些物体，例如飞行中的飞机、炮弹和火箭等，它们在空间的位移不受任何限制。位移不受限制的物体称为**自由体**。相反有些物体在空间的位移却要受到一定的限制。如火车受铁轨的限制，只能沿轨道运动；电动机转子受轴承的限制，只能绕轴线转动；重物由钢索吊住，不能下落等。位移受到限制的物体称为**非自由体**。对非自由体的某些位移起限制作用的周围物体称为约束。例如，铁轨对于机车、轴承对于电动机转子、钢索对于重物等，都是约束。

既然约束阻碍着物体的位移，也就是约束能够起到改变物体运动状态的作用，所以约束对物体的作用，实际上就是力，这种力称为**约束反力**，简称**反力**。因此，约束反力的方向必与该约束所能够阻碍的位移方向相反。应用这个准则，可以确定约束反力的方向或作用线的位置。至于约束反力的大小则是未知的。在静力学问题中，约束反力和物体受的其他已知力（称主动力）组成平衡力系，因此可用平衡条件求出未知的约束反力。

下面介绍几种在工程中常遇到的约束类型和确定约束反力方向的方法。

1.3.1 柔体约束

各种柔体（如绳索、钢丝绳、胶带、链条等）对物体形成的约束称为柔体约束。由于柔体只能限制物体沿柔体中心线伸长方向的运动，而不能限制物体沿其他方向的运动，所以柔体的约束反力方向必定沿柔体的中心且背离被约束物体，即柔体只能承受拉力。例如，用钢丝绳吊起的重物 G[见图 1－7(a)]。根据约束的性质，钢丝绳只能承受拉力，因此，钢丝绳给构件的拉力为 $\boldsymbol{F}_A$，$\boldsymbol{F}_B$，作用线分别沿 AC 与 BC，如图 1－7(b)所示。

链条或胶带都只能承受拉力，当它们绕在轮子上时，对轮子的约束反力沿轮子的切线方向，如图 1－8 所示。

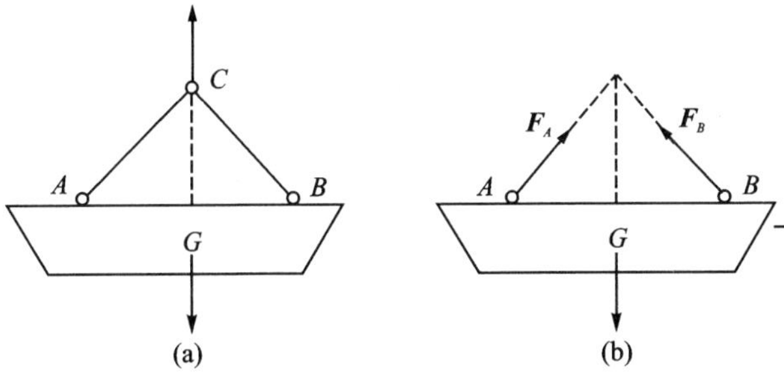

图 1－7

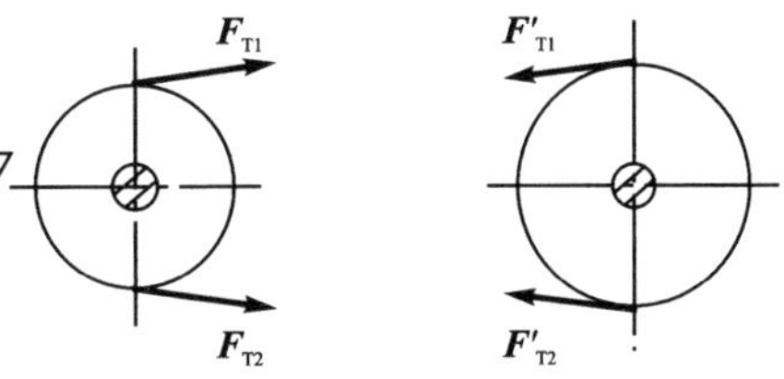

图 1－8

1.3.2 光滑接触面约束

当两物体接触面上的摩擦力很小，可以略去不计时，即可认为接触面是光滑的，由光滑接触面形成的约束称为光滑接触面约束。这类约束只能限制物体沿接触面的公法线指向支撑面的移动，而不能限制物体沿公切线或离开支撑面的运动，因此，光滑接触面的约束反力通过接触点，方向沿接触面的公法线并指向被约束物体（即通常称为法向反力），如图 1－9 所示。

1.3.3 光滑圆柱铰链与铰链支座

光滑圆柱铰链简称为**铰链**，在工程结构和机械设备中常用以连接构件或零部件。铰链是用圆柱销插入两物体的圆孔构成的，如图 1－10(a)、(b)所示；铰链的简图如图 1－10(c)所示。

若销钉与物体间的接触是光滑的，则这种约束只能限制物体在垂直于销钉轴线平面内任意方向的运动，但不能限制物体绕销钉的转动和沿其轴线方向的滑动。显然，铰链的约束反力作用于物体与销钉的任一母线上[见图 1－10(d)中的 D 点]。由于假设销钉是光滑的圆柱形，故可知约束反力必作用于接触点 D 并通过销钉的中心 O，如图 1－10(d)中的 $\boldsymbol{F}_{RO}$；由于接触点不能预先确定，$\boldsymbol{F}_{RO}$ 的方向是未知的。因此，铰链的约束反力作用在垂直于销钉轴线的平面内，通过销钉中心，而方向待定。在实际应用中，通常把它分解为两个相互垂直且通过销钉中心的分力，用 $\boldsymbol{F}_{Ox}$、$\boldsymbol{F}_{Oy}$ 来表示[见图 1－10(e)、(f)]，其指向可以任意假设，假设的正确性根据计算结果来判断。

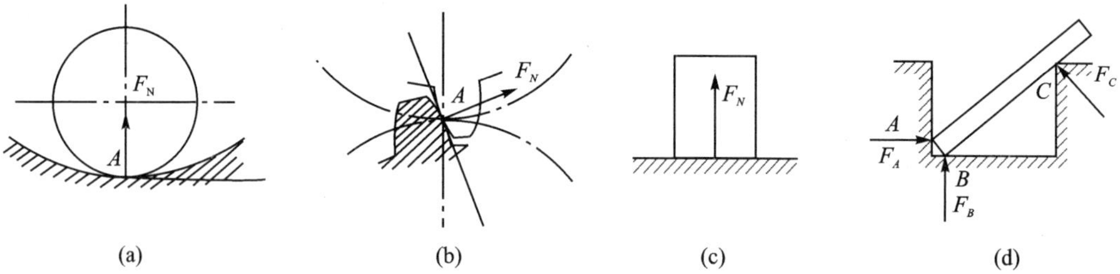

图 1－9

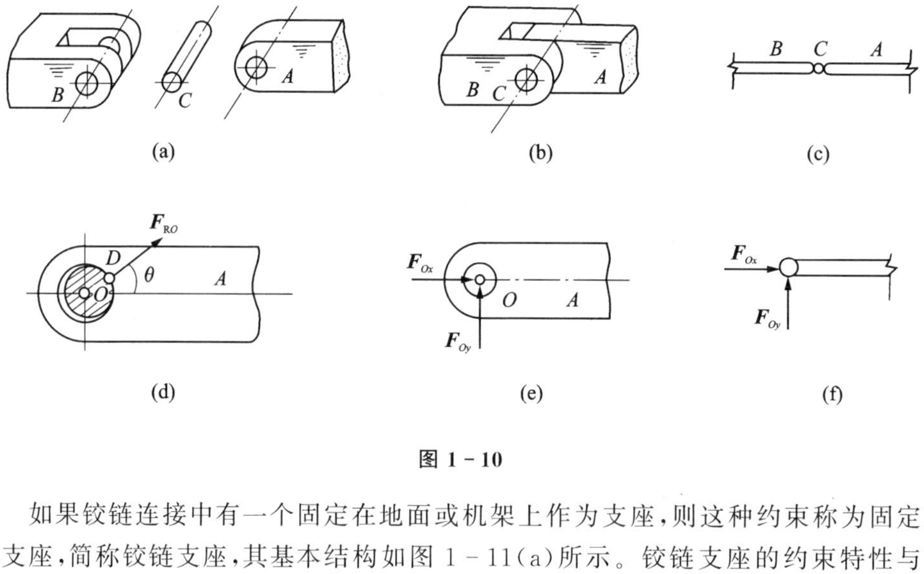

图 1－10

如果铰链连接中有一个固定在地面或机架上作为支座，则这种约束称为固定铰链支座，简称铰链支座，其基本结构如图 1－11(a)所示。铰链支座的约束特性与铰链相同，铰链支座的简图以及约束反力的表示方法分别如图 1－11(b)和图 1－11(c)所示。

1.3.4 可动铰链支座

在铰链支座下面用几个辊轴支撑于平面上，并允许支座可以沿着支撑面运动，但

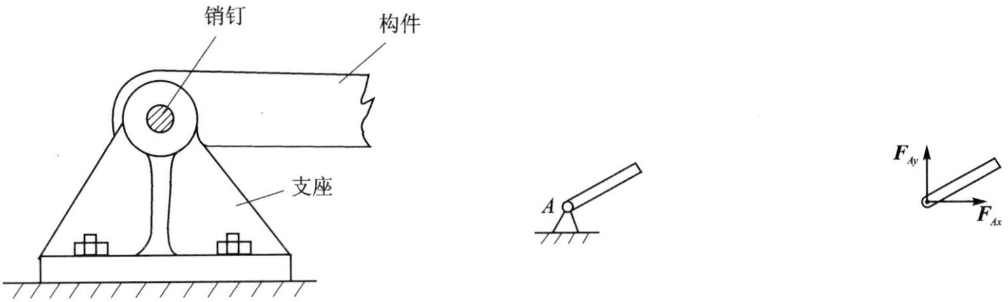

(a)　　(b)　　(c)

图 1 - 11

不能脱离支撑面，就构成了可动铰链支座，也称辊轴支座，如图 1 - 12(a)所示。不计各接触面的摩擦，这种支座不能限制物体绕销钉转动和沿支撑面的运动，只能限制物体对支撑面垂直方向（指向或背离支撑面）的运动。因此辊轴支座约束反力垂直于支撑面，且通过销钉中心，指向要由支座与哪一支撑面接触来确定。图 1 - 12(b)、(c)分别为这种支座的简图及其约束反力的表示法。

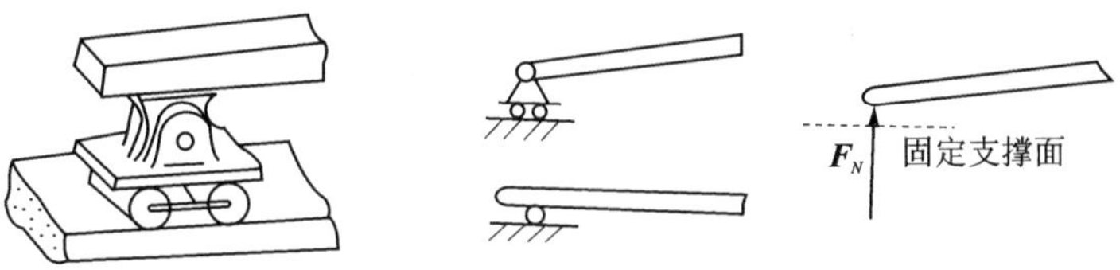

(a)　　(b)　　(c)

图 1 - 12

1.3.5　二力杆

物体有时用两端为铰链连接的刚杆支撑，如图 1 - 13(a)中的 AB 杆，如杆本身的重力不计，那么这种只有两端受力而处于平衡的构件称为**二力构件**，简称“**二力杆**”。由二力平衡公理知，作用于二力杆两端的约束反力的作用线必然通过二铰链的中心，如图 1 - 13(b)中的 $\boldsymbol{F}_A$ 和 $\boldsymbol{F}_B$ 的作用线必过 A、B 两点，其方向待定。二力杆不一定是直杆，也可以是曲杆。

应当指出，工程中约束类型远不止这些，有些约束比较复杂，如何把工程中的约束简化为基本类型的约束，这就需要对实际约束的构造及其性质进行具体的分析，将结构的实际约束进行简化。

以上介绍的约束类型均为平面约束，空间约束将在第 6 章中介绍。

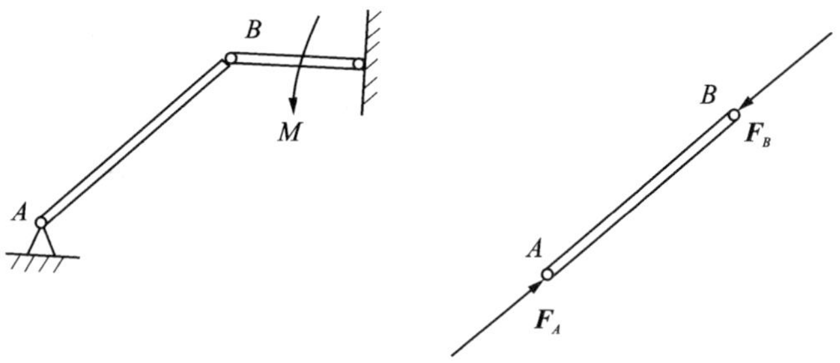

(a) (b)

图 1－13

1.4 受力分析与受力图

在工程实际中，为了求出未知的约束反力，需要根据已知力，应用平衡条件求解。为此，首先要确定构件受了几个力，每个力的作用位置和作用方向。这种分析过程称为物体的受力分析。

作用在物体上的力可分为两类：一类是主动力，例如物体的重力、风力、气体压力、电磁力等，一般是已知的；另一类是约束对于物体的约束反力，为未知的被动力。

为了清晰地表示物体的受力情况，我们把需要研究的物体（称为受力体）从周围的物体（称为施力体）中分离出来，单独画出它的简图。这个步骤称为取研究对象或取分离体。然后把施力物体对研究对象的作用力（包括主动力和约束反力）全部画出来。这种表示物体受力的简明图形，称为受力图。画物体受力图是解决静力学问题的一个重要步骤，下面举例说明。

例 1－1 用力 $\boldsymbol{F}$ 拉动碾子以压平路面，重为 $\boldsymbol{G}$ 的碾子受到一石块的阻碍，如图 1－14(a)所示。试画出碾子的受力图。

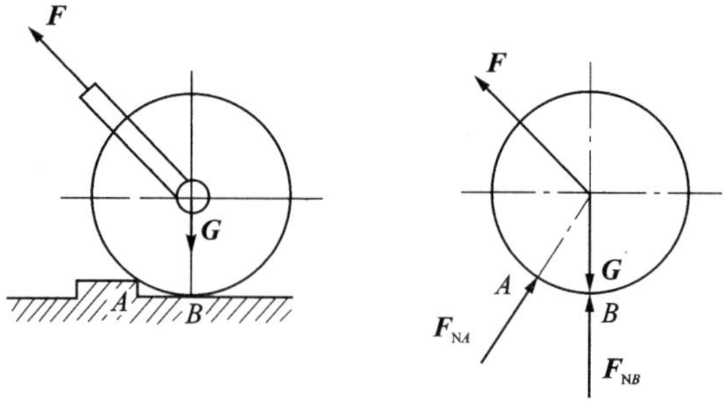

(a) (b)

图 1－14

解：(1) 取碾子为研究对象（即取分离体），并单独画出其简图。

(2) 画主动力。即地球的引力 $\boldsymbol{G}$ 和杆对碾子中心的拉力 $\boldsymbol{F}$。

(3) 画约束反力。因碾子在 A 和 B 两处受到石块和地面的约束，如不计摩擦，均为光滑表面接触，故在 A 处受石块的法向反力 $\boldsymbol{F}_{NA}$ 的作用，在 B 处受地面的法向反力 $\boldsymbol{F}_{NB}$ 的作用，它们都沿着碾子上接触点的公法线而指向圆心。

碾子的受力图如图 1－14(b)所示。

例 1－2　屋架如图 1－15(a)所示。A 处为固定铰链支座，B 处滚动支座，搁在光滑的水平面上。已知屋架自重 $\boldsymbol{G}$，在屋架的 AC 边上承受了垂直于它的均匀分布的风力，单位长度上承受的力为 q。试画出屋架的受力图。

解：(1) 取屋架为研究对象，除去约束并画出其简图。

(2) 画主动力。有屋架的重力 $\boldsymbol{G}$ 和均布的风力 $\boldsymbol{q}$。

(3) 画约束反力。因 A 处为固定铰支，其约束反力通过铰链中心 A，但方向不能确定，可由两个大小未知的正交分力 $\boldsymbol{F}_{Ax}$ 和 $\boldsymbol{F}_{Ay}$ 表示。B 处为滚动支座，约束反力垂直向上，用 $\boldsymbol{F}_{NB}$ 表示。

屋架的受力图如图 1－15(b)所示。

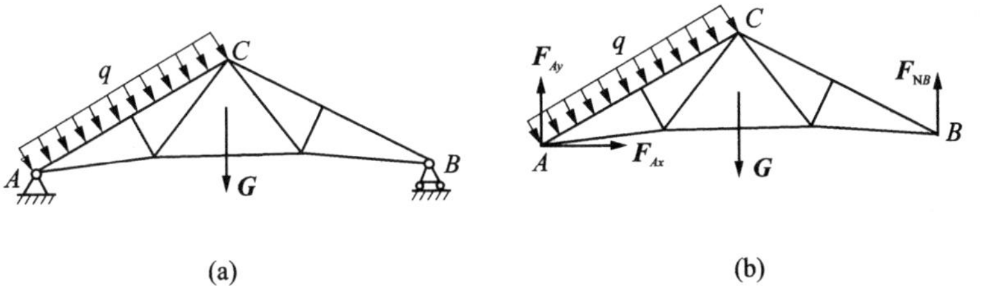

图 1－15

例 1－3　由水平杆 AB 和斜杆 BC 构成的管道支架如图 1－16(a)所示，在 AB 杆上放一重为 $\boldsymbol{G}$ 的管道。A、B、C 处均为铰链连接，不计各杆自重，各接触面都是光滑的，试分别画出管道 O、水平杆 AB、斜杆 BC 及整体的受力图。

解：杆件受力如图 1－16(b)、(c)、(d)、(e)所示，读者可自行分析。另外还可根据三力平衡汇交原理确定 A 铰链的约束反力的作用线。读者可自己画出受力图。

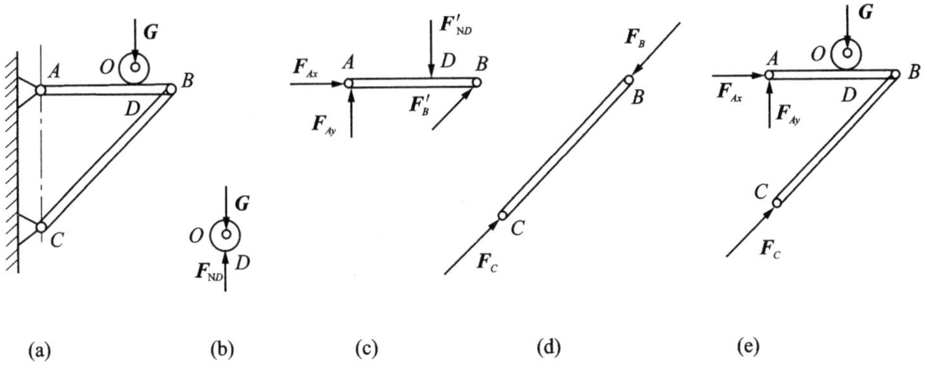

图 1－16

例 1－4　如图 1－17(a)所示的三铰拱桥，由左、右两拱铰接而成。设各拱自重不计，在拱 AC 上作用有载荷 $\boldsymbol{F}_{P}$。试分别画出拱 AC 和 CB 的受力图。

解：(1) 先分析拱 BC 的受力。由于拱 BC 自重不计，且只在 B、C 处分别受 $\boldsymbol{F}_B$、$\boldsymbol{F}_C$ 两力的作用，由二力平衡公理知 $\boldsymbol{F}_B=-\boldsymbol{F}_C$，这两个力的方向如图 1-17(b)所示。

(2) 取拱 AC 为研究对象。由于不计自重，因此主动力只有载荷 $\boldsymbol{F}_P$。拱在铰链 C 处受有拱 BC 给它的约束反力 $\boldsymbol{F}'_C$ 的作用，根据作用和反作用定律，$\boldsymbol{F}'_C=-\boldsymbol{F}_C$。拱在 A 处受有固定铰支座给它的约束反力 $\boldsymbol{F}_A$ 的作用，由于方向未定，可用两个大小未知的正交分力 $\boldsymbol{F}_{Ax}$ 和 $\boldsymbol{F}_{Ay}$ 代替。拱 AC 的受力图如图 1-17(c)所示。

再进一步分析可知，由于拱 AC 在 $\boldsymbol{F}_P$、$\boldsymbol{F}'_C$ 和 $\boldsymbol{F}_A$ 三个力作用下平衡，故可根据三力平衡汇交定理，确定铰链 A 处约束反力 $\boldsymbol{F}_A$ 的方向。点 D 为力 $\boldsymbol{F}_P$ 和 $\boldsymbol{F}'_C$ 作用线的交点，当拱 AC 平衡时，反力的作用线必通过点 D[见图 1-17(d)]；至于 $\boldsymbol{F}_A$ 的指向，暂且假定如图，以后由平衡条件确定。

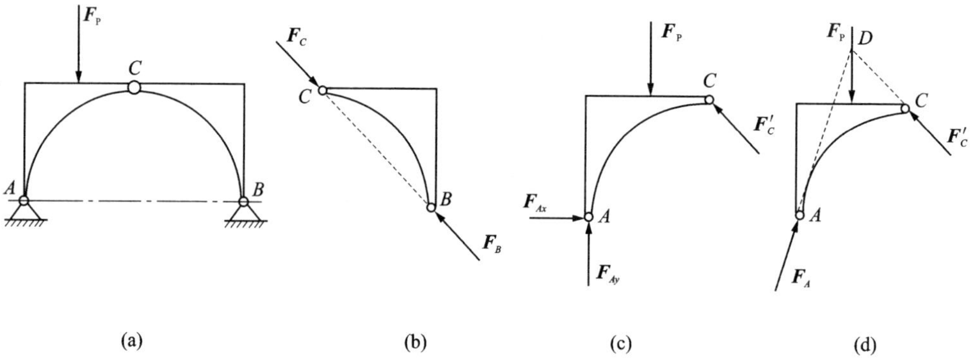

图 1-17

请读者考虑：若左右两拱都计入自重时，各受力图有何不同？

例 1-5 如图 1-18(a)所示，梯子的两部分 AB 和 AC 在点 A 铰接，在 D、E 两点用水平绳连接。梯子放在光滑水平面上，若其自重不计，但在 AB 的中点 H 处作用一铅直载荷 $\boldsymbol{F}_P$，试分别画出绳子 DE 和梯子的 AB、AC 部分以及整个系统的受力图。

解：(1) 绳子 DE 的受力分析。绳子两端 D、E 分别受到梯子对它的拉力 $\boldsymbol{F}_D$、$\boldsymbol{F}_E$ 的作用，如图 1-18(b)所示。

(2) 梯子 AB 部分的受力分析。它在 H 处受载荷 $\boldsymbol{F}_P$ 的作用，在铰链 A 处受 AC 部分给它的约束反力 $\boldsymbol{F}_{Ax}$ 和 $\boldsymbol{F}_{Ay}$ 的作用。在点 D 受绳子对它的拉力 $\boldsymbol{F}'_D$(与 $\boldsymbol{F}_D$ 互为作用力和反作用力)。在点 B 受光滑地面对它的法向反力 $\boldsymbol{F}_B$ 的作用。

梯子 AB 部分的受力图如图 1-18(c)所示。

(3) 梯子 AC 部分的受力分析。在铰链 A 处受 AB 部分对它的作用力 $\boldsymbol{F}'_{Ax}$ 和 $\boldsymbol{F}'_{Ay}$(分别与 $\boldsymbol{F}_{Ax}$ 和 $\boldsymbol{F}_{Ay}$ 互为作用力和反作用力)。在点 E 受绳子对它的拉力 $\boldsymbol{F}'_E$(与 $\boldsymbol{F}_E$ 互为作用力和反作用力)。在 C 处受光滑地面对它的法向反力 $\boldsymbol{F}_C$。

梯子 AC 部分的受力图如图 1-18(d)所示。

(4) 整个系统的受力分析。当选整个系统为研究对象时，可把平衡的整个结构刚化为刚体。由于铰链 A 处所受的力互为作用力与反作用力关系，即

$$\boldsymbol{F}_{Ax}=-\boldsymbol{F}'_{Ax},\boldsymbol{F}_{Ay}=-\boldsymbol{F}'_{Ay}$$

绳子与梯子连接点 D 点和 E 点所受的力也分别互为作用力与反作用力关系，即这些力都成对地作用在整个系统内，称为内力。内力对系统的作用效应相互抵消，因此可以除去，并不影响整个系统的平衡，故内力在受力图上不必画出。在受力图上只需画出系统以外的物体给系统的作用力，这种力称为外力。这里，载荷 $\boldsymbol{F}_P$ 和约束反力 $\boldsymbol{F}_B$、$\boldsymbol{F}_C$ 都是作用于整个系统的外力。

整个系统的受力图如图 1－18(e)所示。

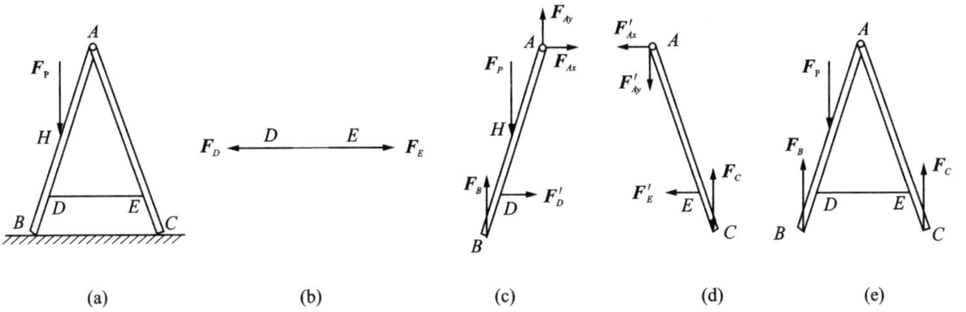

图 1－18

应该指出，内力与外力的区分不是绝对的。例如，当把梯子的 AC 部分作为研究对象时，$\boldsymbol{F}'_{Ax}$、$\boldsymbol{F}'_{Ay}$ 和 $\boldsymbol{F}'_E$ 均属外力，但取整体为研究对象时，$\boldsymbol{F}'_{Ax}$、$\boldsymbol{F}'_{Ay}$ 和 $\boldsymbol{F}'_E$ 又成为内力。可见内力与外力的区分，只有相对某一确定的研究对象才有意义。

例 1－6　图 1－19(a)所示的平面构架，由杆 AB、DE 及 DB 铰接而成。A 为二力杆约束，E 为固定铰链。钢绳一端拴在 K 处，另一端绕过定滑轮Ⅰ和动滑轮Ⅱ后拴在销钉 B 上。物重为 $\boldsymbol{G}$，各杆及滑轮的自重不计。

(1) 试分别画出各杆、各滑轮、销钉 B 以及整个系统的受力图；

(2) 画出销钉 B 与滑轮Ⅰ一起的受力图；

(3) 画出杆 AB、滑轮Ⅰ、Ⅱ、钢绳和重物作为一个系统时的受力图。

解：(1) 取杆 BD 为研究对象(B 处为没有销钉的孔)。由于 BD 为二力杆，故在铰链中心 D、B 处分别受 $\boldsymbol{F}_{DB}$、$\boldsymbol{F}_{BD}$ 两力的作用，其中 F_{BD} 为销钉给孔 B 的约束反力，其受力图如图 1－19(b)所示。

(2) 取杆 AB 为研究对象(B 处仍为没有销钉的孔)。A 处受有二力杆约束的约束反力 $\boldsymbol{F}_A$ 的作用；C 为铰链约束，其约束反力可用两个正交分力 $\boldsymbol{F}_{Cx}$、$\boldsymbol{F}_{Cy}$ 表示；B 处受有销钉给孔 B 的约束反力，亦可用两个正交分力 $\boldsymbol{F}_{Bx}$、$\boldsymbol{F}_{By}$ 表示，方向暂先假设如图。杆 AB 的受力如图 1－19(c)所示。

(3) 取杆 DE 为研究对象。其上共有 D、K、C、E 四处受力，D 处受二力杆给它

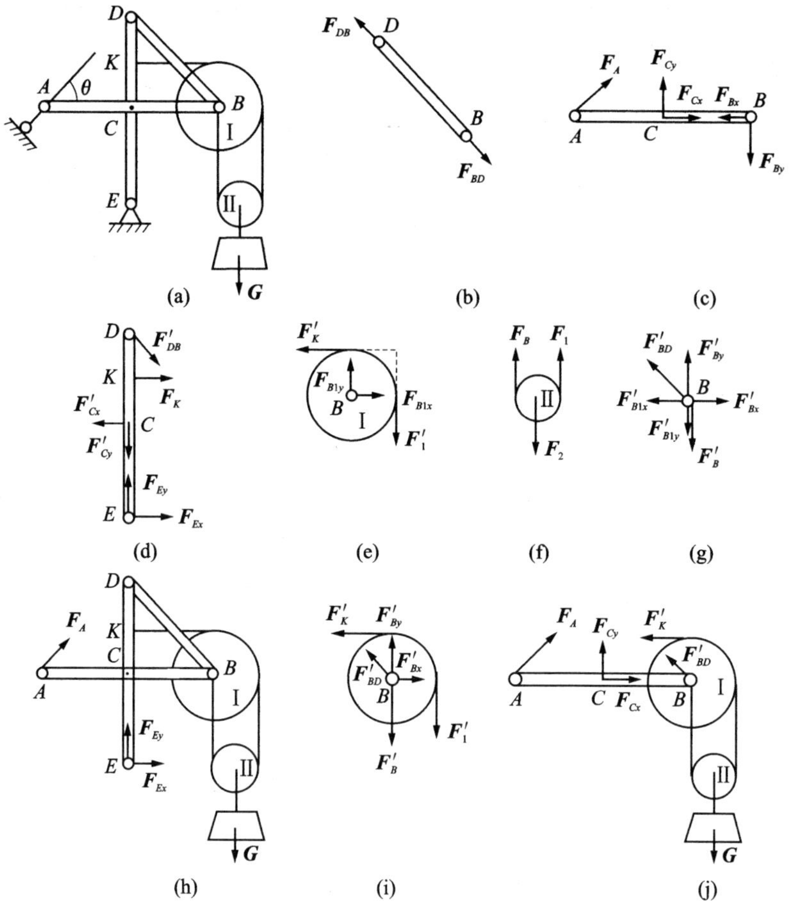

图 1-19

的约束反力 $\boldsymbol{F}'_{DB}$（$\boldsymbol{F}'_{DB}=-F_{DB}$）；$K$ 处受钢绳的拉力 $\boldsymbol{F}_K$，铰链 C 受到反作用力 $\boldsymbol{F}'_{Cx}$ 与 $\boldsymbol{F}'_{Cy}$（$\boldsymbol{F}'_{Cx}=-\boldsymbol{F}_{Cx}$，$\boldsymbol{F}'_{Cy}=-\boldsymbol{F}_{Cy}$）；$E$ 为固定铰链，其约束反力可用两个正交分力 $\boldsymbol{F}_{Ex}$ 与 $\boldsymbol{F}_{Ey}$ 表示。杆 DE 的受力如图 1-19(d)所示。

(4) 取轮Ⅰ为研究对象（B 处为没有销钉的孔）。其上受有两段钢绳的拉力外 $\boldsymbol{F}'_1$、$\boldsymbol{F}'_K$（$\boldsymbol{F}'_K=-F_K$），还有销钉 B 对孔 B 的约束反力 $\boldsymbol{F}_{B1x}$ 及 $\boldsymbol{F}_{B1y}$。其受力如图 1-19(e)所示（亦可根据三力平衡汇交定理，确定铰链 B 处约束反力的方向，如图中虚线所示）。

(5) 取轮Ⅱ为研究对象。其上受三段钢绳拉力 $\boldsymbol{F}_1$、$\boldsymbol{F}_B$ 及 $\boldsymbol{F}_2$，其中 $\boldsymbol{F}'_1=-\boldsymbol{F}_1$。轮Ⅱ的受力图如图 1-19(f)所示。

(6) 单独取销钉 B 为研究对象。它与杆 DB、AB、轮Ⅰ及钢绳等四个物体连接，因此这四个物体对销钉都有力作用。二力杆 DB 对它的约束反力为 $\boldsymbol{F}'_{BD}$（$\boldsymbol{F}'_{BD}=-\boldsymbol{F}_{BD}$）；杆 AB 对它的约束反力为 $\boldsymbol{F}'_{Bx}$、$\boldsymbol{F}'_{By}$（$\boldsymbol{F}'_{Bx}=-\boldsymbol{F}_{Bx}$、$\boldsymbol{F}'_{By}=-\boldsymbol{F}_{By}$）；轮Ⅰ给销钉

B 的约束反力为 $\boldsymbol{F}'_{B1x}$ 与 $\boldsymbol{F}'_{B1y}$（$\boldsymbol{F}'_{B1x}=-\boldsymbol{F}_{B1x}$、$\boldsymbol{F}'_{B1y}=-\boldsymbol{F}_{B1y}$）；另外还受到钢绳对销钉 B 的拉力 $\boldsymbol{F}'_B$（$\boldsymbol{F}'_B=-\boldsymbol{F}_B$）。其受力图如图 1－19(g)所示。

(7) 当取整体为研究对象时，可把整个系统刚化为刚体。其上铰链 B、C、D 及钢绳各处均受到成对的内力，故可不画。系统的外力除主动力 $\boldsymbol{G}$ 外，还有约束反力 $\boldsymbol{F}_A$ 与 $\boldsymbol{F}_{Ex}$、$\boldsymbol{F}_{Ey}$。其受力如图 1－19(h)所示。

(8) 当取销钉 B 与滑轮Ⅰ一起为研究对象时，销钉 B 与滑轮Ⅰ之间的作用与反作用力为内力，可不画。其上除受三绳拉力 $\boldsymbol{F}'_B$、$\boldsymbol{F}'_1$ 及 $\boldsymbol{F}'_K$ 外，还受到二力杆 BD 及杆 AB 在 B 处对它的约束反力 $\boldsymbol{F}'_{BD}$ 及 $\boldsymbol{F}'_{Bx}$、$\boldsymbol{F}'_{By}$。其受力图如图 1－19(i)所示。

(9) 当取杆 AB、滑轮Ⅰ、Ⅱ以及重物、钢绳（包括销钉 B）一起为研究对象时，此时可将此系统刚化为一个刚体。这样，销钉 B 与轮Ⅰ、杆 AB、钢绳之间的作用与反作用力都是作用在同一刚体上的成对内力，可不画。系统上的外力有主动力 $\boldsymbol{G}$，约束反力 $\boldsymbol{F}_A$、$\boldsymbol{F}'_{BD}$ 及 $\boldsymbol{F}_{Cx}$、$\boldsymbol{F}_{Cy}$ 外，还有 K 处的钢绳拉力 $\boldsymbol{F}'_K$。其受力如图 1－19(j)所示。

正确地画出物体的受力图是分析、解决力学问题的基础。画出受力图时必须注意如下几点：

1) 必须明确研究对象。根据求解需要，可以取单个物体为研究对象，也可以取由几个物体组成的系统为研究对象。不同的研究对象的受力图是不同的。

2) 正确确定研究对象受力的数目。对每一个力都应明确它是哪一个施力物体施加给研究对象的，决不能凭空产生，同时，也不可漏掉一个力。一般可先画已知的主动力，再画约束反力；凡是研究对象与外界接触的地方，都一定存在约束反力。

3) 正确画出约束反力。一个物体往往同时受到几个约束的作用，这时应分别根据每个约束本身的特性来确定其约束反力的方向，而不能凭主观臆测。

4) 当分析两物体间相互的作用力时，应遵循作用、反作用关系。若作用力的方向一经假定，则反作用力的方向应与之相反。当画整个系统的受力图时，由于内力成对出现，组成平衡力系，因此不必画出，只需画出全部外力。

思考题

1. 试区别 $\boldsymbol{F}_R=\boldsymbol{F}_1+\boldsymbol{F}_2$ 和 $F_R=F_1+F_2$ 两个等式代表的意义。

2. 什么叫二力构件？分析二力构件受力时与构件的形状有无关系？

3. 设在刚体上 A 点作用有如图 1－20 所示的 $\boldsymbol{F}_1$、$\boldsymbol{F}_2$、$\boldsymbol{F}_3$ 三个力，其中 $\boldsymbol{F}_1$、$\boldsymbol{F}_2$ 共线，问此三力能否保持平衡？

4. 作用于三角架 AB 杆中点的铅垂力 $\boldsymbol{F}$（见图 1－21），能否沿其作用线移到 BC 杆的中点？（要求 A、C 处支座反力大小及方向保持不变）。

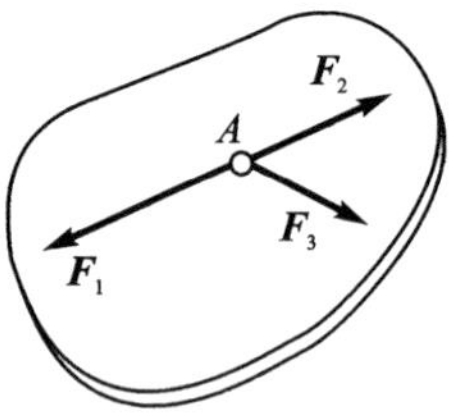

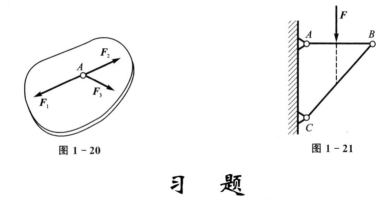

图 1-20

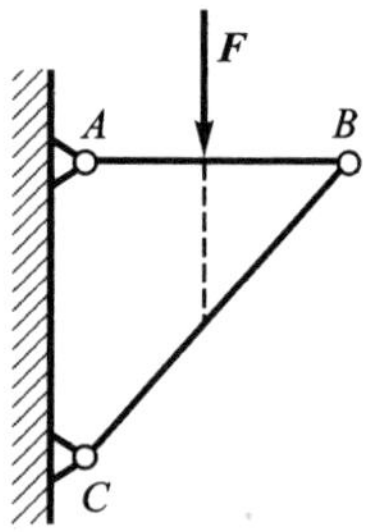

图 1-21

习 题

1-1 画出题 1-1 图中各物体的受力图。设各接触面均为光滑，未画出重力的物体其重量不计。

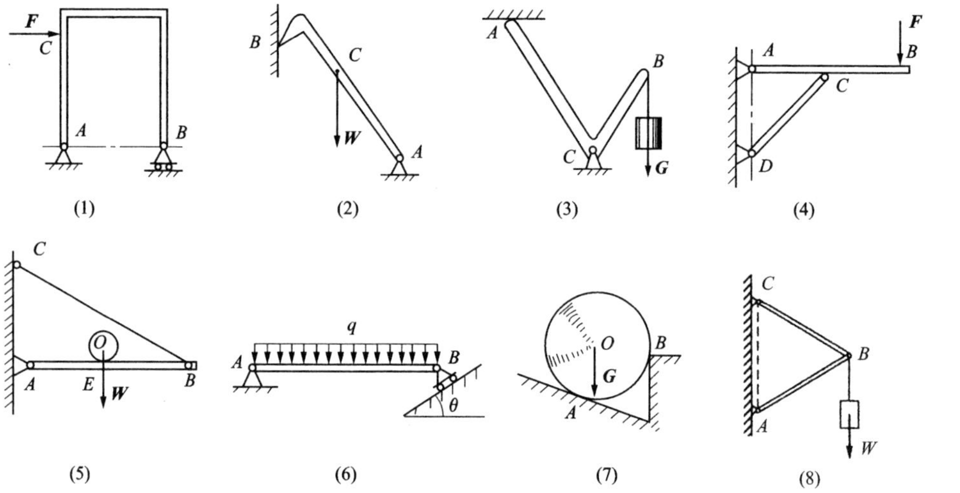

题 1-1 图

1-2 画出题 1-2 图中每一个物体及整体的受力图。设各接触面均为光滑，未画出重力的物体其重量不计。

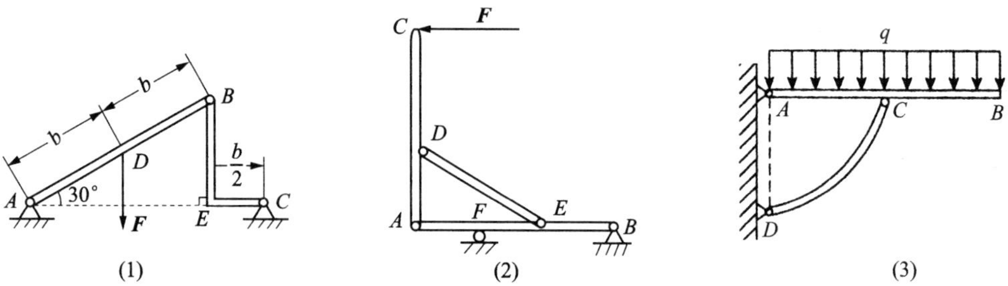

题 1-2 图

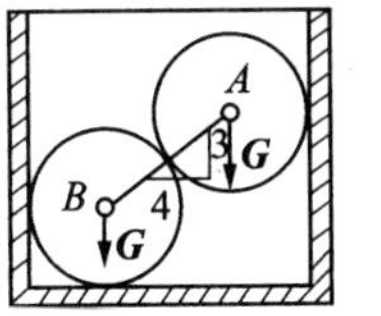

(4)

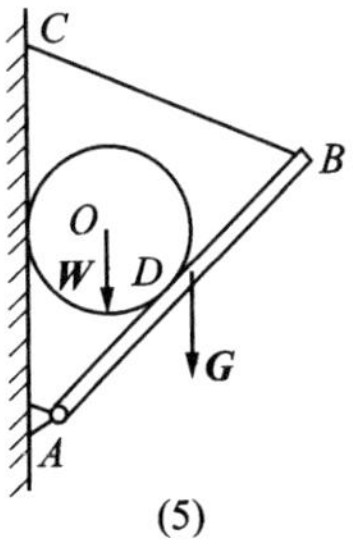

(5)

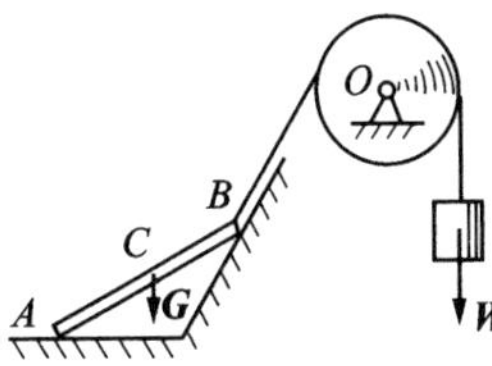

(6)

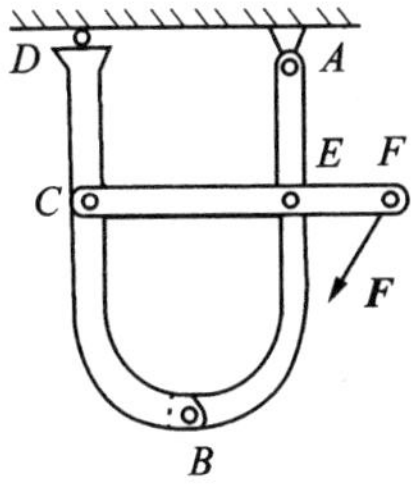

(7)

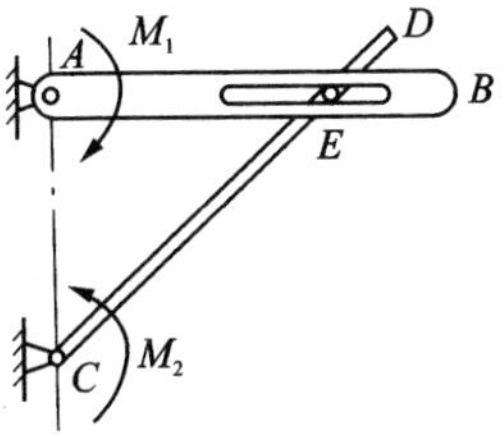

(8)

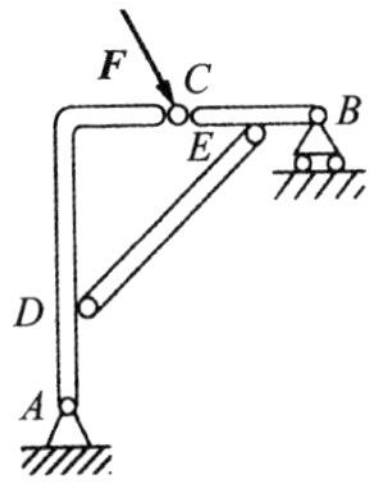

(9)

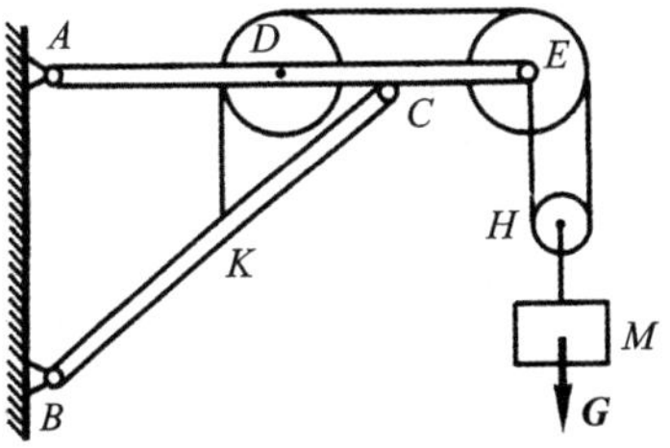

(10)

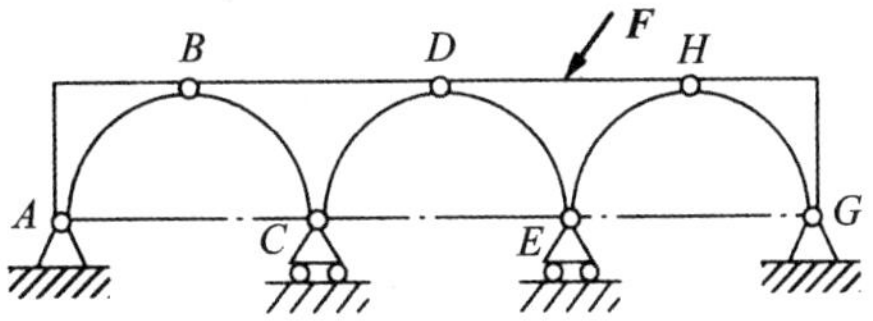

(11)

题 1-2 图(续)

第 2 章　平面汇交力系

平面汇交力系是各种力系中最简单、最基本的一种力系，本章将分别用几何法与解析法研究平面汇交力系的合成与平衡问题。

2.1　平面汇交力系合成的几何法与平衡的几何条件

2.1.1　平面汇交力系合成的几何法

设刚体上的 A 点作用有四个同平面的力 $\boldsymbol{F}_1$、$\boldsymbol{F}_2$、$\boldsymbol{F}_3$、$\boldsymbol{F}_4$［见图 2－1(a)］，应用力三角形法，各力依次合成，即先将 $\boldsymbol{F}_1$ 和 $\boldsymbol{F}_2$ 合成，则 ac 表示 $\boldsymbol{F}_1$ 和 $\boldsymbol{F}_2$ 合力矢；再作 cd 表示 $\boldsymbol{F}_3$，则 ad 表示 $\boldsymbol{F}_1$、$\boldsymbol{F}_2$、$\boldsymbol{F}_3$ 的合力矢；最后作 de 表示 $\boldsymbol{F}_4$，ae 即为 $\boldsymbol{F}_1$、$\boldsymbol{F}_2$、$\boldsymbol{F}_3$、$\boldsymbol{F}_4$ 的合力矢 $\boldsymbol{F}_{\mathrm{R}}$［见图 2－1(b)］。

这种求合力矢 $\boldsymbol{F}_{\mathrm{R}}$ 的方法称为力多边形法则，多边形 $abcde$ 称为力多边形，ae 称为力多边形的封闭边。因此，可得出如下结论：平面汇交力系合成的结果为一个合力，合力的作用线过力系的汇交点，其大小和方向可用力多边形的封闭边表示，即

$$\boldsymbol{F}_{\mathrm{R}}=\boldsymbol{F}_1+\boldsymbol{F}_2+\cdots+\boldsymbol{F}_n=\sum_{i=1}^{n}\boldsymbol{F} \qquad (2-1)$$

根据矢量相加的交换律，任意变换各分力矢的作图顺序，可得形状不同的力多边形，但其合力不变，如图 2－1(c)所示。如力系中各力的作用线都沿同一直线，则此力系称为**共线力系**，它是平面汇交力系的特殊情况，它的力多边形在同一直线上。若沿直线的某一指向为正，相反为负，则力系合力的大小与方向决定于各分力的代数和，即

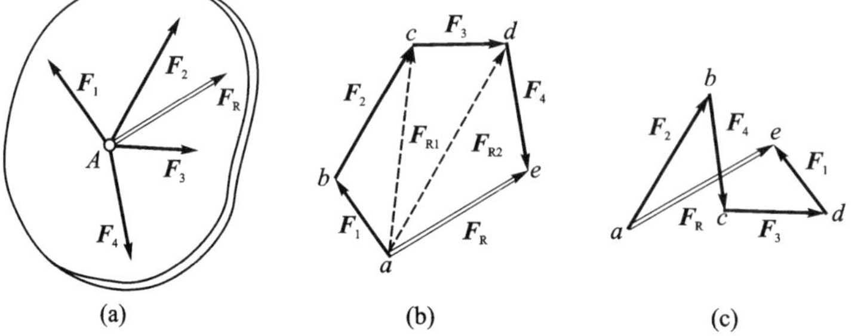

图 2－1

$$F_R = \sum_{i=1}^{n} F_i \tag{2-2}$$

2.1.2　平面汇交力系平衡的几何条件

由于平面汇交力系可用其合力来代替，显然，平面汇交力系平衡的必要和充分条件是：该力系的合力等于零，即

$$\sum_{i=1}^{n} \boldsymbol{F}_i = 0 \tag{2-3}$$

在平衡情形下，力多边形中最后一力的终点与第一力的起点重合，此时的力多边形称为封闭的力多边形。于是，平面汇交力系平衡的几何条件是：该力系的力多边形自行封闭。

求解平面汇交力系的平衡问题时可用图解法，即按比例先画出封闭的力多边形，然后量得所要求的未知量；也可根据图形的几何关系，用三角公式计算出所要求的未知量，这种解题方法称为几何法。

例 2-1　支架的横梁 AB 与斜杆 DC 彼此以铰链 C 相连接，并各以铰链 A，D 连接于铅直墙上，如图 2-2(a)所示。已知 $AC=CB$；杆 DC 与水平线成 45°角；载荷 $F=10$ kN，作用于 B 处。设梁和杆的重量忽略不计，求铰链 A 的约束力和杆 DC 所受的力。

解： 选取横梁 AB 为研究对象。横梁在 B 处受载荷 $\boldsymbol{F}$ 作用。DC 为二力杆，它对横梁 C 处的约束力 $\boldsymbol{F}_C$ 的作用线必沿两铰链 D、C 中心的连线。铰链 A 的约束力 $\boldsymbol{F}_A$ 的作用线可根据三力平衡汇交定理确定，即通过另两力的交点 E，如图 2-2(b)所示。

根据平面汇交力系平衡的几何条件，这三个力应组成一封闭的力三角形。按照图中力的比例尺，先画出已知力矢 $\overrightarrow{ab}=\boldsymbol{F}$，再由点 a 作直线平行于 AE，由点 b 作直线平行于 CE，这两直线相交于点 d，如图 2-2(c)所示。由力三角形 abd 封闭，可确定 $\boldsymbol{F}_C$ 和 $\boldsymbol{F}_A$ 的指向。

在力三角形中，线段 bd 和 da 分别表示力 $\boldsymbol{F}_C$ 和 $\boldsymbol{F}_A$ 的大小，量出它们的长度，按比例换算即可求得

$$F_C = 28.3\ \text{kN} \qquad F_A = 22.4\ \text{kN}$$

根据作用力和反作用力的关系，作用于杆 DC 的 C 端的力 $\boldsymbol{F}'_C$ 与 $\boldsymbol{F}_C$ 的大小相等，方向相反。由此可知杆 DC 受压力，如图 2-2(b)所示。

应该指出，封闭力三角形也可以如图 2-2(d)所示，同样可求得力 F_C 和 F_A，且结果相同。

例 2-2　支架由两杆 AC 和 BC 及销钉 C 组成，并在 C 处挂一重物 G[见图 2-3(a)]。已知 $G=10$ kN，$\alpha=30°$，$\beta=60°$，不计两杆自重，试求两杆所受之力。

解：(1) 选销钉为研究对象，其上受二力杆 AC 和 BC 的约束反力 $\boldsymbol{F}_{AC}$、$\boldsymbol{F}_{BC}$ 及绳

索的拉力 $\boldsymbol{F}_T$ 作用，受力图如图 2－3(b)所示，其中 $\boldsymbol{F}_T$ 的大小等于 G，$\boldsymbol{F}_{AC}$ 和 $\boldsymbol{F}_{BC}$ 的方位已知，大小未知。

(2) 选取适当的比例尺，画出已知力 $\boldsymbol{F}_T$，然后过 $\boldsymbol{F}_T$ 的两端点 a，b，作平行于 $\boldsymbol{F}_{AC}$ 和 $\boldsymbol{F}_{BC}$ 的两条直线，两直线交于 c，最后按各力首尾相接的规则标上 F_{AC} 和 F_{BC} 的指向，于是得自行封闭的力三角形 abc，如图 2－3(c)所示，图中的矢量 $\overrightarrow{ca}$ 及 $\overrightarrow{bc}$ 即为所求之力 $\boldsymbol{F}_{AC}$ 和 $\boldsymbol{F}_{BC}$。

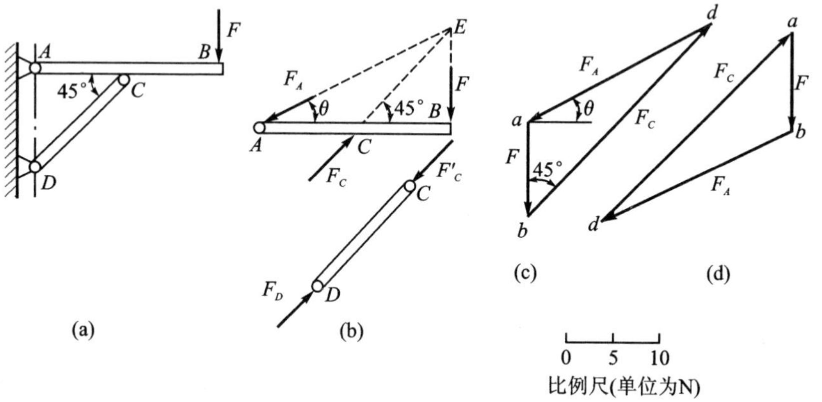

图 2－2

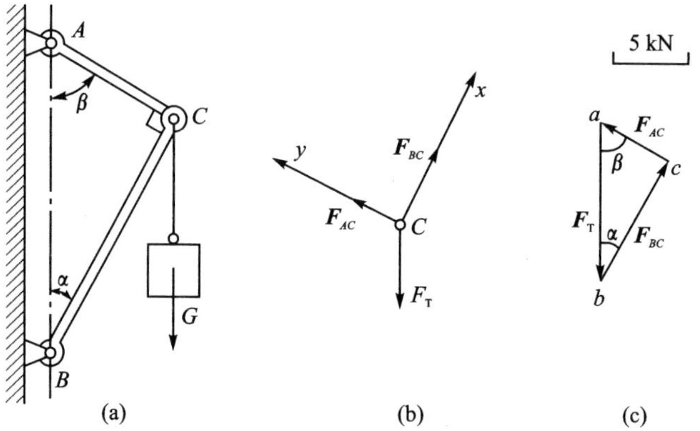

图 2－3

(3) 按图示比例尺直接从力三角形中量得 $F_{AC}=5\ \text{kN}$，$F_{BC}=8.66\ \text{kN}$。由作用与反作用公理知，AC 杆受到 5 kN 的拉力，BC 杆受到 8.66 kN 的压力。

F_{AC}，F_{BC} 的大小亦可用力三角形 abc 中的几何关系求解，即

$$F_{AC} = F_T \sin\alpha = 10\sin 30^\circ = 5\ \text{kN}$$

$$F_{BC} = F_T \sin\beta = 10\sin 60^\circ = 8.66\ \text{kN}$$

通过以上例题，可总结几何法解题的主要步骤如下：

(1) 选取研究对象：根据题意，选取适当的平衡物体作为研究对象，并画出受力图。

(2) 作力多边形或力三角形：选择适当的比例尺，作出该力系的封闭力多边形或封闭力三角形。必须注意，作图时总是从已知力开始。根据矢序规则和封闭特点，就可以确定未知力的指向。

(3) 求出未知量。按比例确定未知量，或者用三角公式计算出来。

2.2 平面汇交力系合成的解析法

用几何法求解平面汇交力系问题，虽然比较简便，但精确度不高，工程上应用较多的还是解析法，此法以力在坐标轴上的投影为基础。

2.2.1 力在直角坐标轴上的投影

如图2-4所示，设力在 $\boldsymbol{F}$ 在 Oxy 平面内。过力 $\boldsymbol{F}$ 的两端点 A 和 B 分别向 x，y 轴作垂线，得垂足 a，b 及 a'，b'，带有正负号的线段 ab 与 $a'b'$ 分别称为力 $\boldsymbol{F}$ 在 x，y 轴上的投影，记作 F_x，F_y。

力在轴上的投影是代数量，其正负号规定为：当力的投影从始端 a 到末端 b 的指向与轴的正向相同时，投影为正，反之为负。

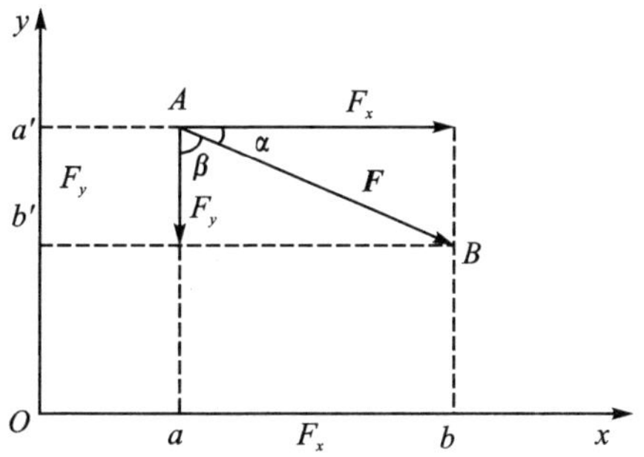

图 2-4

投影的值与力的大小及方向有关，设力 F 与 x 轴的夹角为 α，则由图2-4知

$$F_x = F\cos\alpha$$
$$F_y = F\sin\alpha$$

一般情况下，若已知力 $\boldsymbol{F}$ 与 x 和 y 轴所夹的锐角分别为 α，β，则力 $\boldsymbol{F}$ 在 x，y 轴上的投影分别为

$$F_x = \pm F\cos\alpha$$
$$F_y = \pm F\cos\beta \tag{2-4}$$

即：力在轴上投影的大小，等于力的大小与该轴所夹锐角余弦的乘积。当力与轴垂直时，投影为零；当力与轴平行时，投影的绝对值等于该力的大小。

反之，若已知力 $\boldsymbol{F}$ 在坐标轴上的投影 F_x，F_y，则可求出该力的大小和方向为

$$F = \sqrt{F_x^2 + F_y^2}$$
$$\tan\alpha = \left|\frac{F_y}{F_x}\right| \tag{2-5}$$

式中，α 为力 $\boldsymbol{F}$ 与 x 轴所夹锐角，其所在象限由 F_x，F_y 的正负决定。

必须注意：投影和分力是两个不同的概念。投影是代数量，分力是矢量，它们与原力的关系各自遵循自己的规则，只有在直角坐标系中，分力 $\boldsymbol{F}_x$ 与 $\boldsymbol{F}_y$ 的大小才分别与投影 F_x，F_y 的绝对值相等。

2.2.2 合力投影定理

设一刚体受到由几个力组成的平面汇交力系作用，根据合矢量投影定理：合矢量在某一轴上的投影等于各分矢量在同一轴上投影的代数和，将式(2-1)向 x，y 轴投影，可得

$$\left.\begin{aligned} F_{Rx} &= F_{1x}+F_{2x}+\cdots+F_{nx}=\sum_{i=1}^{n}F_{ix} \\ F_{Ry} &= F_{1y}+F_{2y}+\cdots+F_{ny}=\sum_{i=1}^{n}F_{iy} \end{aligned}\right\} \tag{2-6}$$

式(2-6)表明，平面汇交力系的合力在任一轴上的投影等于各分力在同一轴上投影的代数和。此即合力投影定理。

2.2.3 平面汇交力系合成的解析法

应用合力投影定理计算出合力 $\boldsymbol{F}_R$ 的投影 F_{Rx} 和 F_{Ry} 后就可按式(2-5)求出合力 $\boldsymbol{F}_R$ 的大小和方向了。

$$\left.\begin{aligned} F_R &= \sqrt{F_{Rx}^2+F_{Ry}^2}=\sqrt{\left(\sum F_x\right)^2+\left(\sum F_y\right)^2} \\ \tan\alpha &= \left|\frac{F_{Ry}}{F_{Rx}}\right|=\left|\frac{\sum F_y}{\sum F_x}\right| \end{aligned}\right\} \tag{2-7}$$

式中，α 为合力 $\boldsymbol{F}_R$ 与 x 轴所夹锐角，合力的指向由 $\sum F_x$ 和 $\sum F_y$ 的正负决定。合力的作用点在力系的汇交点上。

例 2-3 固定圆环上作用有共面的三个力，如图 2-5(a)所示。已知：$F_1=10$ kN，$F_2=20$ kN，$F_3=25$ kN，三力的作用线均通过圆心 O，方向如图所示。试求此力系合力的大小和方向。

解： 图 2-5(a)为用解析法求合力 $\boldsymbol{F}_R$。取所示直角坐标系 Oxy，则合力在 x、y 轴上的投影分别为

$$F_{Rx}=F_1\cos 30^\circ+F_2+F_3\cos 60^\circ=41.16\ \text{kN}$$

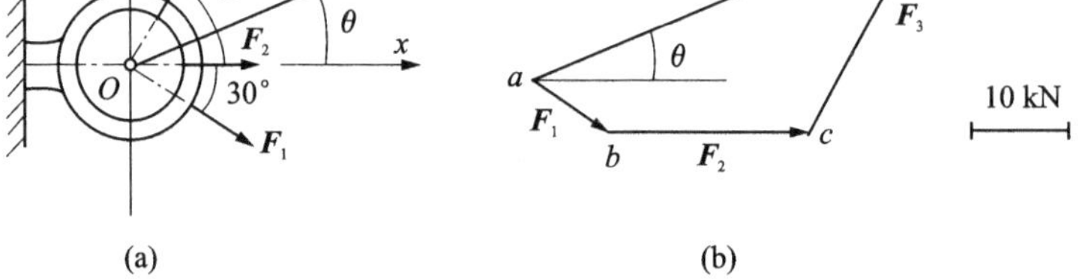

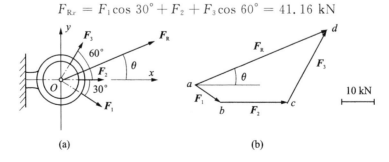

图 2-5

$$F_{Ry} = -F_1\sin 30° + F_3\sin 60° = 16.65\ \text{kN}$$

由式(2-7)求得合力的大小为

$$F_R = \sqrt{F_{Rx}^2 + F_{Ry}^2} = \sqrt{41.16^2 + 16.65^2}\ \text{kN} = 44.40\ \text{kN}$$

合力 $\boldsymbol{F}_R$ 与 Ox 轴的夹角为　$\theta = \arctan\dfrac{F_{Ry}}{F_{Rx}} = \arctan\dfrac{16.65}{41.16} = 22°$

如图 2-5(b)所示为用几何法求合力 $\boldsymbol{F}_R$。

2.3　平面汇交力系的平衡方程及其应用

由 2.1 节可知,平面汇交力系平衡的必要和充分条件是:该力系的合力 $\boldsymbol{F}_R$ 等于零。由式(2-7)应有

$$F_R = \sqrt{\left(\sum F_{ix}\right)^2 + \left(\sum F_{iy}\right)^2} = 0$$

欲使上式成立,必须同时满足

$$\sum F_{ix} = 0\ ,\sum F_{iy} = 0 \tag{2-8}$$

于是,平面汇交力系平衡的必要和充分条件是:各力在任意两个坐标轴上投影的代数和分别等于零。式(2-8)称为平面汇交力系的平衡方程(为便于书写,下标 i 可略去)。这是两个独立的方程,可以求解两个未知量。

下面举例说明平面汇交力系平衡方程的实际应用。

例 2-4　如图 2-6(a)所示,物重 $W=20$ kN,用钢丝绳挂在铰车 D 及滑轮 B 上。A,B,C 处为光滑铰链连接。钢丝绳、杆和滑轮的自重不计,并忽略摩擦和滑轮的大小和重量,试求平衡时杆 AB 和 BC 所受的力。

解:(1) 取研究对象。由于 AB,BC 两杆都是二力杆,假设杆 AB 受拉力,杆 BC 受压力,如图 2-6(b)所示。为了求出这两个未知力,可求两杆对滑轮的约束力。因此选取滑轮 B 为研究对象。

(2) 画受力图。滑轮受到钢丝绳的拉力 $\boldsymbol{F}_1$ 和 $\boldsymbol{F}_2$(已知 $F_1=F_2=W$)。此外杆 AB 和 BC 对滑轮的约束力为 $\boldsymbol{F}_{BA}$ 和 $\boldsymbol{F}_{BC}$。由于滑轮的大小可忽略不计,故这些力可看作是汇交力系,如图 2-6(c)所示。

(3) 列平衡方程。选取坐标轴如图 2-6(c)所示,坐标轴应尽量取在与未知力作用线相垂直的方向。这样在一个平衡方程中只有一个未知数,不必解联立方程,即

$$\sum F_x = 0,\ -F_{BA} + F_1\cos 60° - F_2\cos 30° = 0 \tag{a}$$

$$\sum F_y = 0,\ F_{BC} - F_1\cos 30° - F_2\cos 60° = 0 \tag{b}$$

(4) 求解方程,得

$$F_{BA} = -0.366\ W = -7.321\ \text{kN}$$

$$F_{BC} = 1.366\ W = 27.32\ \text{kN}$$

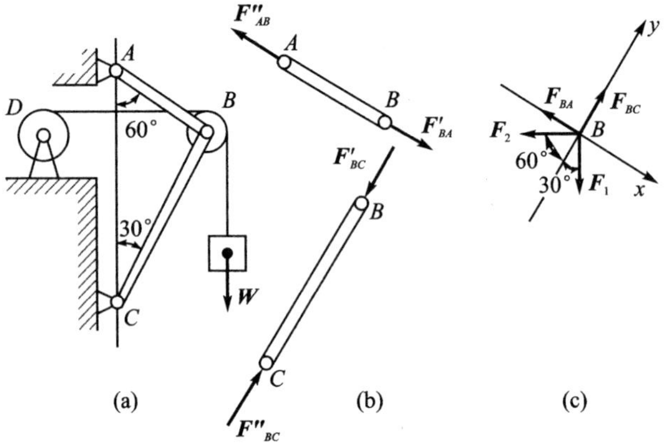

图 2-6

所求结果，$\boldsymbol{F}_{BC}$ 为正值，表示这力的假设方向与实际方向相同，即杆 BC 受压。$\boldsymbol{F}_{BA}$ 为负值，表示这力的假设方向与实际方向相反，即杆 AB 也受压力。

例 2-5 图 2-7(a)为一拔桩装置，在木桩的 A 点上系一绳，绳的另一端固定在 C 点，绳的 B 点系另一绳，并且将绳固定在 E 点，然后在绳的 D 点向下施力 $\boldsymbol{F}$。已知 $F=400$ N，此时绳 AB 段为铅垂，BD 段为水平，$\alpha=4°$，求图示位置时作用在木桩上的拉力。

解： 欲求作用于桩 A 上的拉力，需以 B 点为研究对象，但其上并无已知力作用，不能解出所求之拉力。因此，应先选 D 点为研究对象，求出 BD 绳的拉力，然后再选 B 点为研究对象，即可求出木桩所受之拉力。故解此题要分两步进行。

(1) 选 D 点为研究对象，画出受力图，见图 2-7(b)，按图示坐标轴列平衡方程

$$\sum F_x = 0,\quad F_{BD} - F_{DE}\cos\alpha = 0$$

$$\sum F_y = 0,\quad F_{DE}\sin\alpha - F = 0$$

解得
$$F_{BD} = F_{DE}\cos\alpha = \frac{F}{\sin\alpha}\cos\alpha = F\cot\alpha$$

(2) 选 B 点为研究对象，受力图见图 2-7(c)，其中 $F'_{BD}=F_{BD}$，按图示坐标轴列

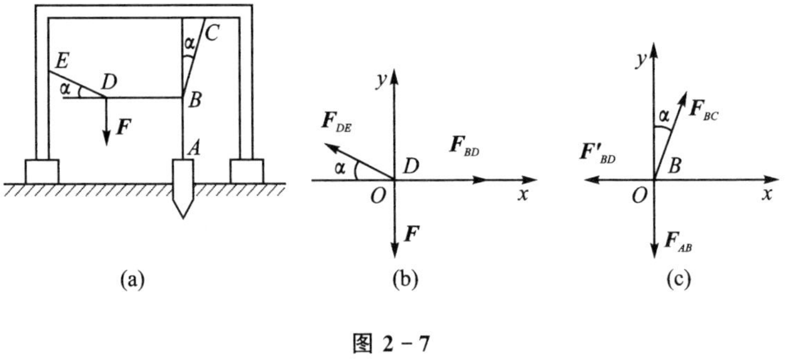

图 2-7

平衡方程

$$\sum F_x = 0, \quad -F_{BD} + F_{BC}\sin\alpha = 0$$

$$\sum F_y = 0, \quad F_{BC}\cos\alpha - F_{AB} = 0$$

解得　$F_{AB} = F_{BD}\cot\alpha = F\cot^2\alpha = 0.4\cot^2 4° = 81.8\ \text{kN}$

由作用与反作用公理知，木桩所受拉力为 81.8 kN，是所施之力 $\boldsymbol{F}$ 的 204 倍。

思考题

1. 四个平面汇交力系的力多边形如图 2-8 所示，试问哪些是求合力的力多边形？合力是哪一个？哪些是平衡的力多边形？

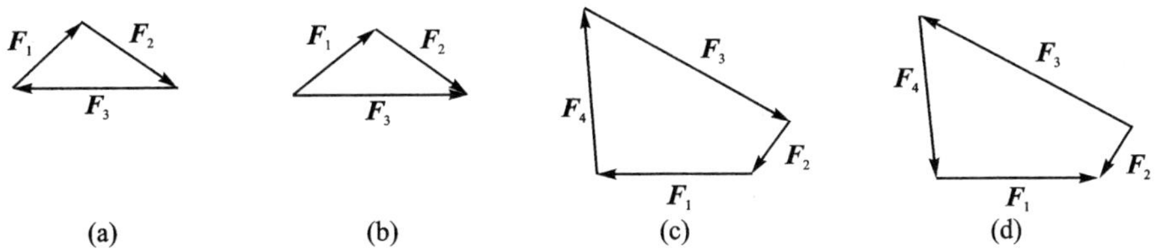

图 2-8

2. 图 2-9 中的力 F=10 N，试分别计算力 $\boldsymbol{F}$ 在 x，y' 轴上的投影和沿此二轴分解的分力大小，并比较它们的区别。

3. 图 2-10 所示刚体受一平面力系 $\boldsymbol{F}_1$，$\boldsymbol{F}_2$，$\boldsymbol{F}_3$ 作用，此三力组成的力三角形刚好自行封闭，问该力系是否平衡？为什么？

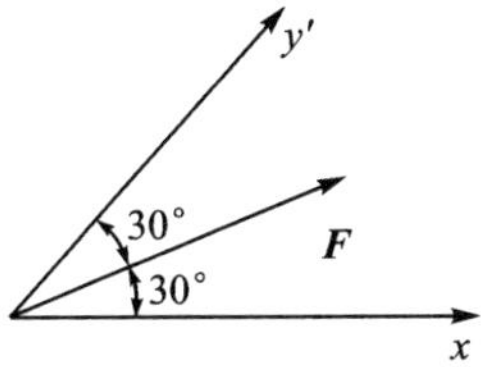

图 2-9

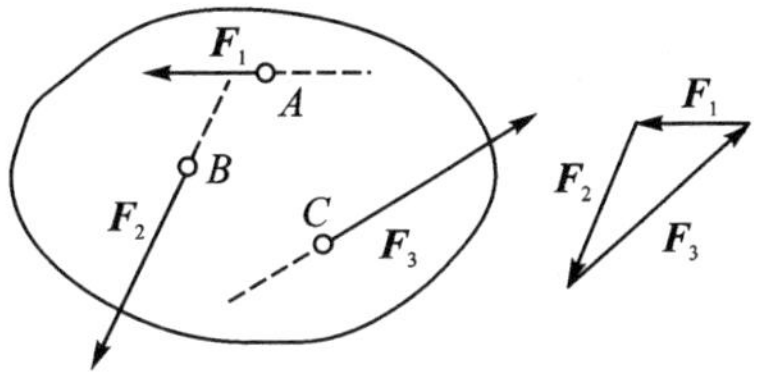

图 2-10

4. 用解析法求解平面汇交力系的平衡问题时，x 与 y 两轴是否一定要相互垂直？当 x 与 y 轴不垂直时，建立的平衡方程 $\sum F_x = 0$ 和 $\sum F_y = 0$ 能满足力系的平衡条件吗？为什么？

习　题

2-1　铆接薄板在孔心 A，B 和 C 处受三力作用，如题 2-1 图所示。已知 F_1=

100 N,沿铅直方向;F_3=50 N,沿水平方向,并通过点 A;F_2=50 N,力的作用线也通过点 A,尺寸见图。求此力系的合力。

答:F_R=161.2 kN,$\angle F_R, F_1$=29°044′。

2-2 已知 F_1=3 kN,F_2=6 kN,F_3=4 kN,F_4=5 kN,如题 2-2 图所示。试用解析法和几何法求此 4 个力的合力。

答:F_R=10.97 kN,θ=31.74°。

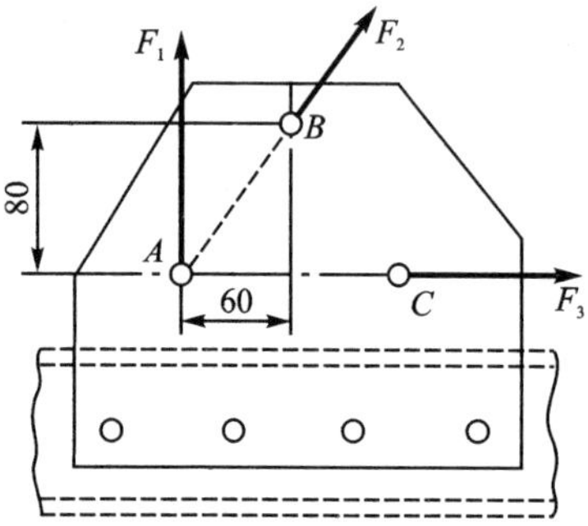

题 2-1 图

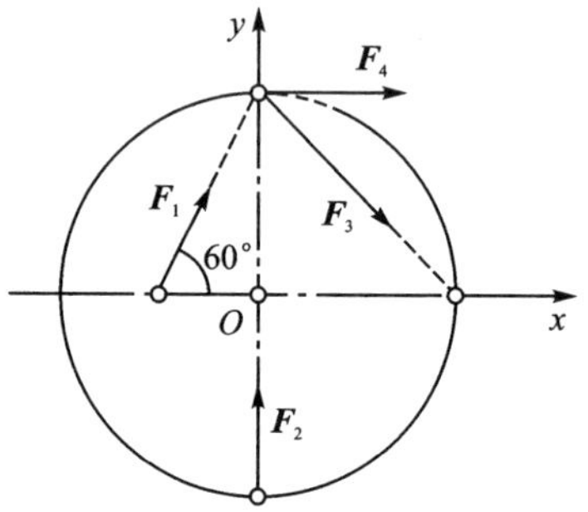

题 2-2 图

2-3 题 2-3 图所示四个支架,在销钉上作用竖直力 F,各杆自重不计。试求杆 AB 与 AC 所受的力。

答:(a) F_{AC}=1.155F(压力),F_{AB}=0.5774F(拉力);

(b) F_{AB}=1.155F(拉力),F_{AC}=0.5774F(压力);

(d) F_{AB}=0.5774F(拉力),F_{AC}=0.5774F(拉力)。

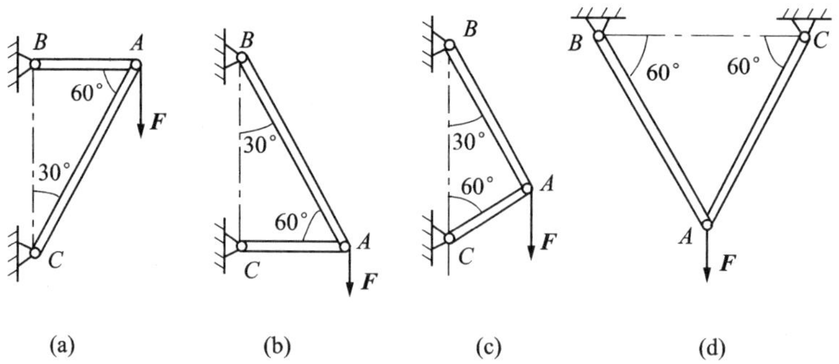

题 2-3 图

2-4 刚架受力和尺寸如题 2-4 图所示。试求支座 A 和 B 的约束反力 $\boldsymbol{F}_A$ 和 $\boldsymbol{F}_B$。设刚架自重不计。

答:F_A=1.118F,F_B=0.5F。

2-5 物体重 F=20 kN,用绳子挂在支架的滑轮 B 上,绳子的另一端接在铰车 D 上,如题 2-5 图所示。转动铰车,物体便能升起。设滑轮的大小、AB 与 CB 杆自重及摩擦不计，A、B、C 三处均为铰链连接。当物体处于平衡状态时，试求拉杆 AB 和支杆 CB 所受的力。

答：$F_{AB}=54.64$ kN(拉力)，$F_{CB}=74.64$ kN(压力)。

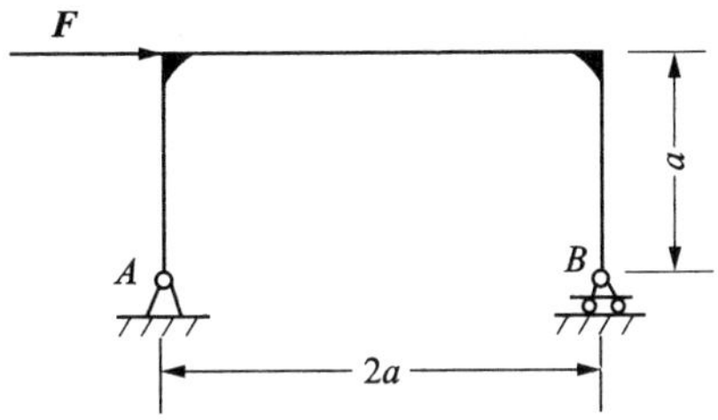

题 2-4 图

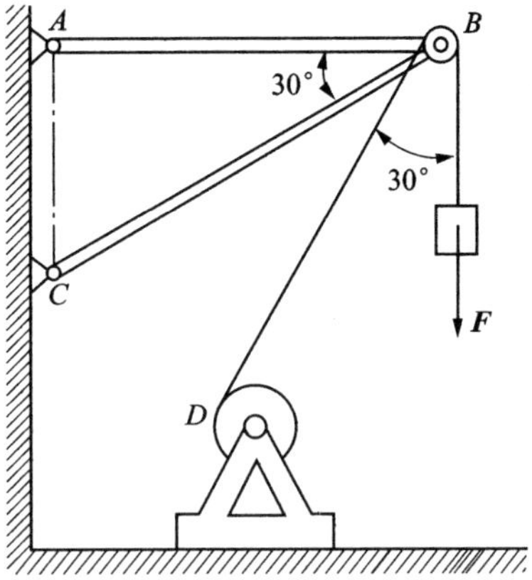

题 2-5 图

2-6　铰接的四连机构 $CABD$ 如题 2-6 图所示，其中 CD 边固定。在铰链 A、B 上分别作用有力 F_P 和 F_Q，它们的方向如图所示。不计各杆自重，机构处在平衡状态。试求力 F_P 和力 F_Q 之间的关系。

答：$\dfrac{F_P}{F_Q}=0.612$。

2-7　题 2-7 图示液压夹紧机构中，D 为固定铰链，B,C,E 为活动铰链。已知力 $\boldsymbol{F}$，机构平衡时角度如图所示，各构件自重不计，求此时工件 H 所受的压紧力。

答：$F_H=\dfrac{F}{2\sin^2\theta}$。

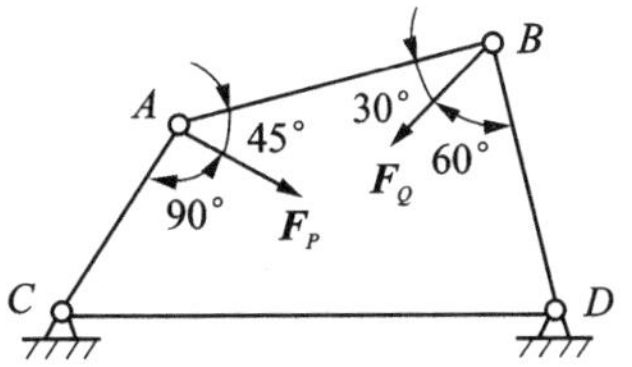

题 2-6 图

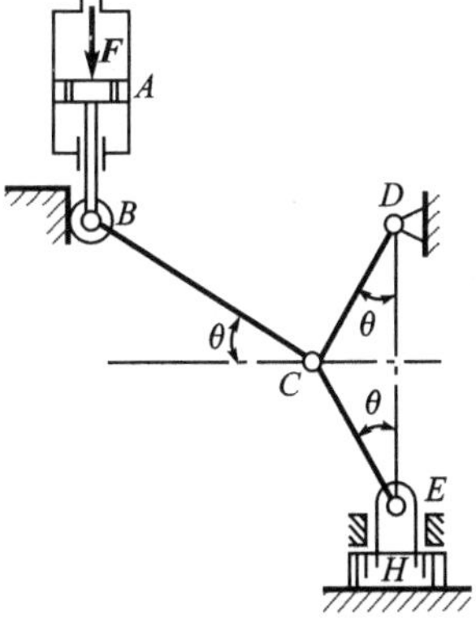

题 2-7 图

第3章　平面力偶系

静力学中有两个基本物理量：力与力偶。

力的外效应是使物体移动或既移动又转动；力偶的外效应是使物体做纯转动。

本章将讨论力矩、力偶的概念及计算；平面力偶系的合成与平衡。

3.1　力对点之矩

3.1.1　力对点之矩

由实践经验知，力使物体绕某点 O(矩心)转动的效应不仅与力的大小、方向有关，而且还与力对作用线到矩心 O 间的垂直距离(力臂)有关。例如，用扳手拧螺母时(见图 3－1)，力 $\boldsymbol{F}$ 使扳手绕 O 点转动的效应不仅与力 $\boldsymbol{F}$ 的大小、方向有关，而且还与 O 点到力的作用线间的垂直距离 d 成正比。在力学中，为度量力使物体绕某点转动的效应，将力的大小与力臂的乘积 Fd 并冠以适当的正负号称为力对点之矩，简称力矩，记作 $m_o(\boldsymbol{F})$，即

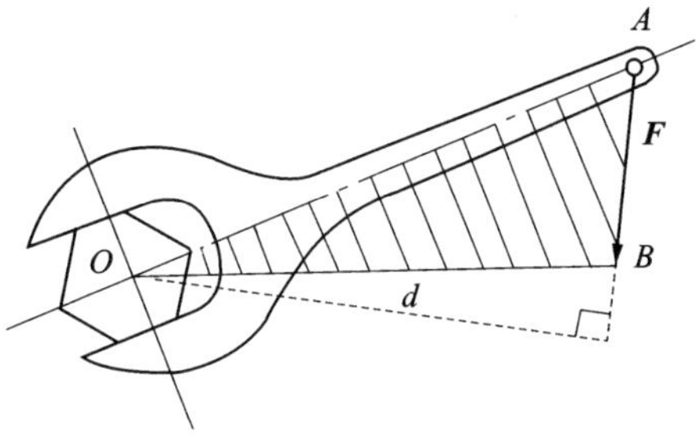

图 3－1

$$m_o(\boldsymbol{F}) = \pm Fd \tag{3-1}$$

力对点之矩是一个代数量，式中的正负号表示力矩的转向。通常规定为：力使物体绕矩心逆时针转动时，力矩为正，反之为负。

力矩的单位为牛顿·米(N·m)或千牛顿·米(kN·m)。

由力矩定义，不难得出力矩有如下性质：

(1) 力矩的大小和转向与矩心位置有关。同一个力对不同的矩心，其力矩不同；

(2) 力沿其作用线任意移动时，力矩不变；

(3) 力的作用线通过矩心时，力矩为零；

3.1.2　合力矩定理与力矩的解析表达式

合力矩定理：平面汇交力系的合力对于平面内任一点之矩等于所有分力对于该点之矩的代数和。即

$$M_O(\boldsymbol{F}_R) = \sum_{i=1}^{n} M_O(\boldsymbol{F}_i) \tag{3-2}$$

按力系等效概念，式(3-2)易于理解，且式(3-2)应适用于任何有合力存在的力系。

如图 3-2 所示，已知力 $\boldsymbol{F}$，作用点 $A(x,y)$ 及其夹角 θ。欲求力 $\boldsymbol{F}$ 对坐标原点 O 之矩，可按式(3-2)，通过其分力 $\boldsymbol{F}_x$ 与 $\boldsymbol{F}_y$ 对点 O 之矩而得到，即

$$M_O(\boldsymbol{F}) = M_O(\boldsymbol{F}_y) + M_O(\boldsymbol{F}_x) = xF\sin\theta - yF\cos\theta$$

或

$$M_O(\boldsymbol{F}) = xF_y - yF_x \tag{3-3}$$

式(3-3)为平面内力矩的解析表达式。其中，x，y 为力 $\boldsymbol{F}$ 作用点的坐标；F_x，F_y 为力 $\boldsymbol{F}$ 在 x，y 轴的投影。计算时应注意用它们的代数量代入。

若将式(3-3)代入式(3-2)，即可得合力 $\boldsymbol{F}_R$ 对坐标原点之矩的解析表达式，即

$$M_O(\boldsymbol{F}_R) = \sum_{i=1}^{n} (x_i F_{iy} - y_i F_{ix}) \tag{3-4}$$

例 3-1　已知 $F_1=40\ \mathrm{N}$，$F_2=30\ \mathrm{N}$，$F_3=50\ \mathrm{N}$，$F_4=40\ \mathrm{N}$，杆长 $OA=0.5\ \mathrm{m}$(见图 3-3)。试求 OA 杆上汇交于 A 点的各力对 O 点。

解：分别找出各力之力臂 d_1，d_2，d_3，d_4，则

$$m_o(\boldsymbol{F}_1) = F_1 d_1 = 40\ \mathrm{N} \times 0.5\ \mathrm{m}\cos 30^\circ = 17.3\ \mathrm{N\cdot m}$$

$$m_o(\boldsymbol{F}_2) = -F_2 d_2 = -30\ \mathrm{N} \times 0.5\ \mathrm{m}\sin 30^\circ = -7.5\ \mathrm{N\cdot m}$$

$$m_o(\boldsymbol{F}_3) = F_3 d_3 = 50\ \mathrm{N} \times 0.5\ \mathrm{m}\sin 75^\circ = 24.1\ \mathrm{N\cdot m}$$

$$m_o(\boldsymbol{F}_4) = F_4 d_4 = 0$$

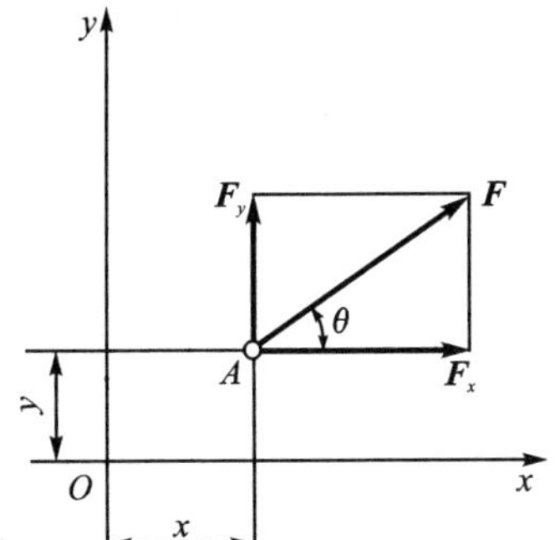

图 3-2

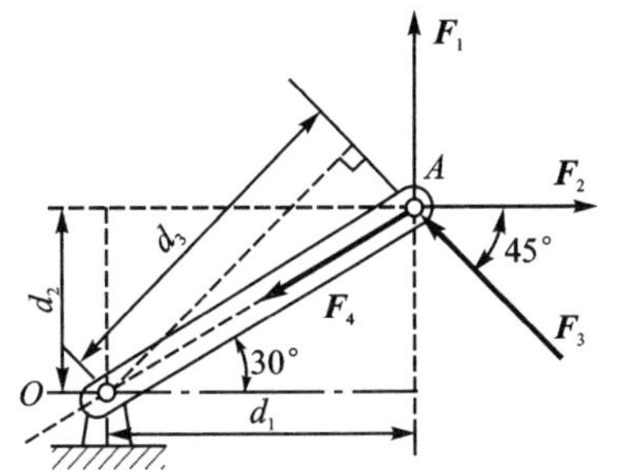

图 3-3

例 3-2　如图 3-4(a)所示圆柱直齿轮，受到啮合力 $\boldsymbol{F}$ 的作用。设 $F=1\ 400\ \mathrm{N}$。压力角 $\theta=20^\circ$，齿轮的节圆(啮合圆)的半径 $r=60\ \mathrm{mm}$，试计算力 F 对于轴心 O 的

力矩。

解：计算力 $\boldsymbol{F}$ 对点 O 的矩，可直接按力矩的定义求得[见图 3－4(a)]，即

$$M_O(\boldsymbol{F}) = Fh = Fr\cos\theta = 1\ 400\ \text{N} \times 60 \times 10^{-3}\ \text{m}\cos 20^\circ = 78.93\ \text{N}\cdot\text{m}$$

也可以根据合力矩定理，将力 $\boldsymbol{F}$ 分解为圆周力 $\boldsymbol{F}_t$ 和径向力 $\boldsymbol{F}_r$[见图 3－4(b)]，由于径向力 $\boldsymbol{F}_r$ 通过矩心 O，则

$$M_O(\boldsymbol{F}) = M_O(\boldsymbol{F}_t) + M_O(\boldsymbol{F}_r) = M_O(\boldsymbol{F}_t) = F\cos\theta \cdot r$$

由此可见，以上两种方法的计算结果相同。

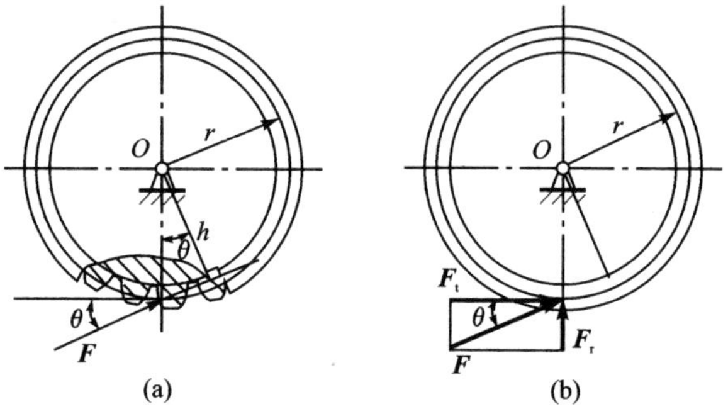

图 3－4

3.2 力偶与力偶矩

在工程和日常生活中，常见到物体同时受到大小相等、方向相反、作用线相互平行但不共线的两个力作用而转动。例如汽车司机用双手转动方向盘时，作用在方向盘上的两个力，钳工用丝锥攻螺纹等，如图 3－5 所示。

力学中，把作用在物体上的两个等值、反向、不共线的平行力称为力偶，记作 $(\boldsymbol{F}, \boldsymbol{F}')$。这样的两个力不满足二力平衡条件，显然不会平衡，只会使物体产生转动效应。

力偶中，二力作用线间的垂直距离 d 称为**力偶臂**，二力所在的平面称为力偶的作用面。

力偶在任意轴上的投影之和为零，故力偶无合力，力偶不能与力等效，也不能用一力来平衡。因此，力和力偶是静力学的两个基本要素。

力偶是由两个力组成的特殊力系，它的作用只改变物体的转动状态。力偶对物体的转动效应，应与组成力偶的力之大小与力偶臂的长短有关，力学上把力偶中一力的大小与力偶臂的乘积 Fd 并冠以适当的正负号称为此力偶的**力偶矩**。

力偶在平面内的转向不同，其作用效应也不相同。因此，平面力偶对物体的作用效应，由以下两个因素决定：

(1) 力偶矩的大小；

(2) 力偶在作用面内的转向。

因此，平面力偶矩可视为代数量，以 M 或 $M(\boldsymbol{F},\boldsymbol{F}')$ 表示，即

$$M = \pm Fd = 2A_{\triangle ABC} \tag{3-5}$$

于是可得结论：力偶矩是一个代数量，其绝对值等于力的大小与力偶臂的乘积，正负号表示力偶的转向；一般以逆时针转向为正，反之则为负。力偶矩的单位与力矩相同，即，N·m。力偶矩也可用三角形面积表示，如图 3-6 所示。

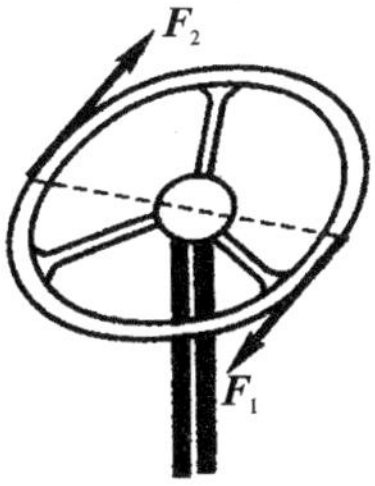

图 3-5

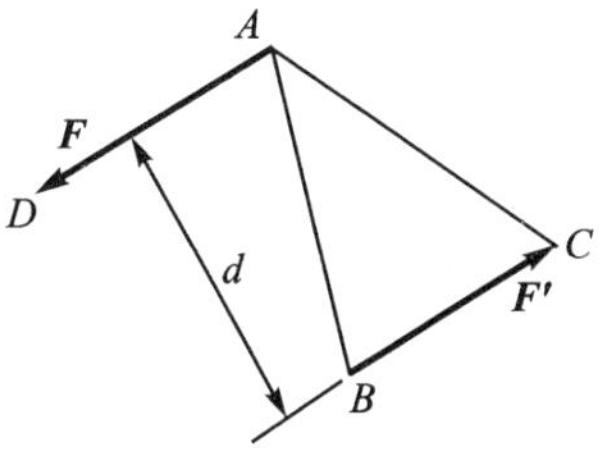

图 3-6

力偶对其作用面内任意点的力矩恒等于此力偶的力偶矩，而与矩心位置无关(读者可自行证明)。

3.3　平面力偶的等效条件

定理： 在同平面内的两个力偶，如果力偶矩相等，则两力偶彼此等效。

该定理给出了在同一平面内力偶等效的条件。由此可得推论：

(1) 力偶可以在它的作用面内任意移转，而不改变它对刚体的作用。因此，力偶对刚体的作用与力偶在其作用面内的位置无关。

(2) 只要保持力偶矩的大小和力偶的转向不变，可以同时改变力偶中力的大小和力偶臂的长短，而不改变力偶对刚体的作用。

由此可见，力偶的臂和力的大小都不是力偶的特征量，只有力偶矩是平面力偶作用的唯一量度。今后常用图 3-7 所示的符号表示力偶，M 为力偶矩。

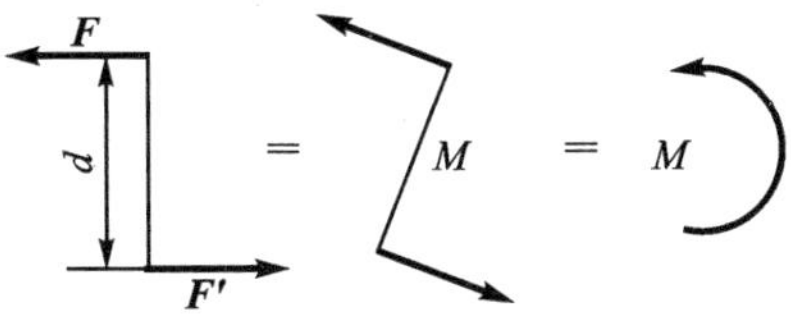

图 3-7

3.4 平面力偶系的合成与平衡

3.4.1 平面力偶系的合成

设在同一平面内有两个力偶($\boldsymbol{F}_1$,$\boldsymbol{F}'_1$)和($\boldsymbol{F}_2$,$\boldsymbol{F}'_2$),它们的力偶臂各为 d_1 和 d_2,如图 3-8(a)所示。这两个力偶的力偶矩分别为 M_1 和 M_2。根据力偶的性质,在保持力偶矩不变的条件下,同时改变两力偶中力的大小和力偶臂的长短,使它们有相同的力偶臂 d,并将它们在平面内移动,使力的作用线重合,如图 3-8(b)所示,则得到与原力偶系等效的两个力偶($\boldsymbol{F}_3$,$\boldsymbol{F}'_3$)和($\boldsymbol{F}_4$,$\boldsymbol{F}'_4$)。力偶($\boldsymbol{F}_3$,$\boldsymbol{F}'_3$)和($\boldsymbol{F}_4$,$\boldsymbol{F}'_4$)的力偶矩大小分别为

$$M_1 = F_3 \cdot d, \quad M_2 = F_4 \cdot d$$

分别将作用在 A 和 B 点的力合成(设 $F_3 > F_4$)得

$$F = F_3 - F_4, \quad F' = F'_3 - F'_4$$

而 $\boldsymbol{F}$ 和 $\boldsymbol{F}'$大小相等,构成一个新力偶($\boldsymbol{F}$,$\boldsymbol{F}'$),如图 3-8(c)所示。以 M 表示合力偶矩,得

$$M = Fd = (F_3 - F_4)d = F_3 d - F_4 d = M_1 + M_2$$

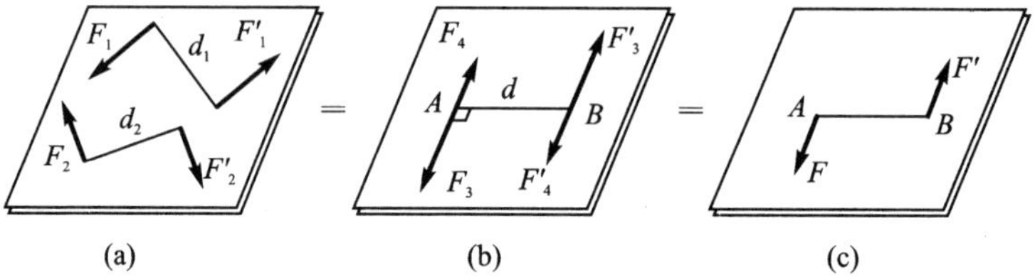

图 3-8

对两个以上的力偶,同理可以按照上述方法合成。这就是说,在同一平面内的各力偶所组成的力偶系可以合成为一个合力偶;合力偶的力偶矩等于各分力偶力偶矩的代数和,即

$$M = \sum_{i=1}^{n} M_i \tag{3-6}$$

3.4.2 平面力偶系的平衡条件

由平面力偶系合成的结果,很容易得出平面力偶系平衡的必要与充分条件是:合力偶的力偶矩为零,即各分力偶的力偶矩的代数和为零,亦即

$$\sum M_i = 0 \tag{3-7}$$

例 3-3 如图 3-9 所示的工件上作用有三个力偶。三个力偶的矩分别为:

$M_1=M_2=10\ \text{N}\cdot\text{m}$，$M_3=20\ \text{N}\cdot\text{m}$；固定螺柱 A 和 B 的距离 $l=200$ mm。求两个光滑螺柱所受的水平力。

解： 选工件为研究对象。工件在水平面内受三个力偶和两个螺柱的水平约束力的作用。根据力偶系的合成定理，三个力偶合成后仍为一力偶，如果工件平衡，必有一反力偶与它相平衡。因此，螺柱 A 和 B 的水平约束力 $\boldsymbol{F}_A$ 和 $\boldsymbol{F}_B$ 必组成一力偶，它们的方向假设如图 3-10 所示，则 $F_A=F_B$。由力偶系的平衡条件知

$$\sum M=0,\quad F_A l-M_1-M_2-M_3=0$$

得

$$F_A=\frac{M_1+M_2+M_3}{l}$$

代入已知数值

$$F_A=\frac{(10+10+20)\text{N}\cdot\text{m}}{200\times10^{-3}\text{m}}=200\ \text{N}$$

因为 $\boldsymbol{F}_A$ 是正值，故所假设的方向是正确的，而螺柱 A，B 所受的力则应与 $\boldsymbol{F}_A$，$\boldsymbol{F}_B$ 大小相等，方向相反。

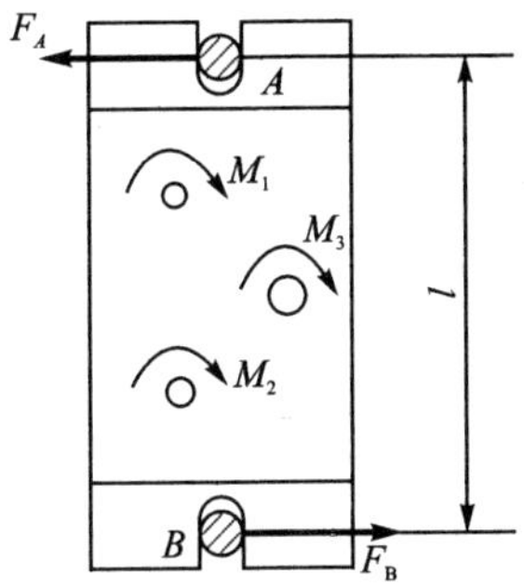

图 3-9

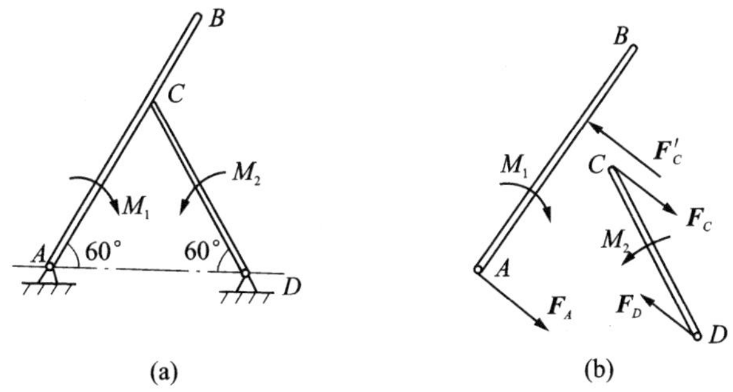

图 3-10

例 3-4　杆 AB 与杆 DC 在 C 处为光滑接触，它们分别受力偶矩为 M_1 与 M_2 的力偶作用，转向如图 3-10(a)所示。问 M_1 与 M_2 的比值为多大时，结构才能平衡，两杆的自重不计，几何尺寸如图所示。

解： A、D 处均为光滑铰链约束。由于整个系统的外载只有 M_1 和 M_2，故 A 点和 D 点的约束反力必是大小相等、方向相反的一对平行力，组成一力偶与外载 M_1 和 M_2 的合力偶相平衡。A、D 两点的约束反力的方向暂不能确定，故只能将 CD 取出来；对 CD 进行受力分析，由约束的性质可知 $\boldsymbol{F}_C$ 和 AB 垂直，$\boldsymbol{F}_C$ 和 $\boldsymbol{F}_D$ 组成一力偶与 M_2 平衡。

由平衡条件

$$\sum M_i=0,\quad M_2-F_C\cdot CD\cdot\sin 30^\circ=0,\quad M_2=\frac{1}{2}F_C\cdot CD \tag{1}$$

再取 AB 为研究对象，进行受力分析，得 A、C 点的约束反力 $\boldsymbol{F}_A$ 和 $\boldsymbol{F}'_C$ 组成一力偶

$(\boldsymbol{F}_A, \boldsymbol{F}'_C)$与 M_1 平衡，由平衡条件

$$\sum M_i = 0,\quad F'_C \cdot AC - M_1 = 0,\quad M_1 = F'_C \cdot AC \tag{2}$$

注意到 $AC=CD$，$F_C=F'_C$，联立式(1)、式(2)，可解出 $M_1=2M_2$。

思 考 题

1. 力矩与力偶矩有哪些异同？

2. 图 3－11 所示传动带轮，紧边与松边之张力分别为 $\boldsymbol{F}_{T1}$，$\boldsymbol{F}_{T2}$，若改变带的倾斜角 θ，是否会改变二力及其合力对 O 点之矩？为什么？

3. 图 3－12 所示物体受四个力 $\boldsymbol{F}_1$，$\boldsymbol{F}_2$，$\boldsymbol{F}_3$ 和 $\boldsymbol{F}_4$ 作用，其力多边形为自行封闭的平行四边形，问该物体是否平衡？若不平衡，其合成结果是什么？

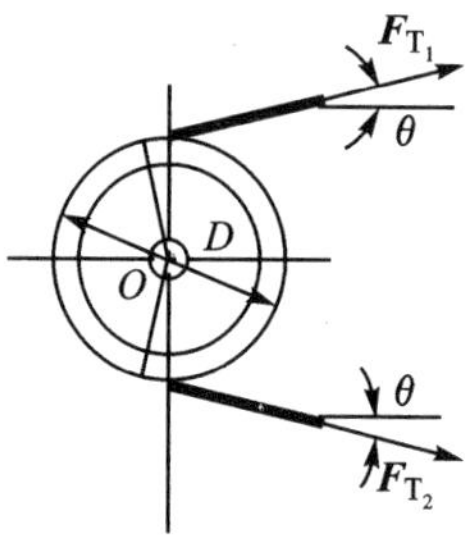

图 3－11

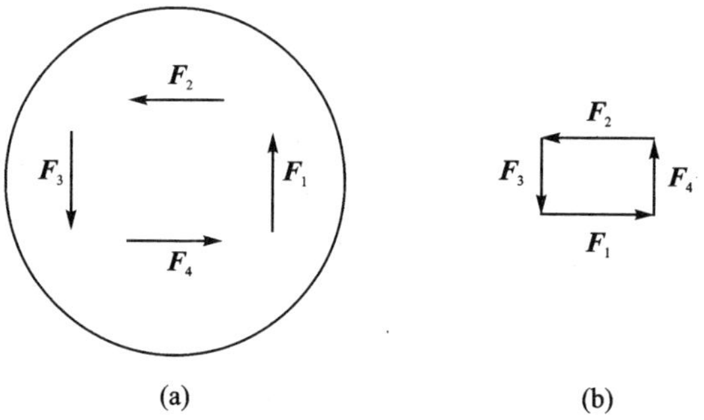

图 3－12

4. 为什么力偶不能用一个力与之平衡？如何解释图 3－13 所示滑轮的平衡现象？

5. 图 3－14 所示四杆机构，各杆自重不计，若 $m_1=-m_2$，试问此机构能否平衡？为什么？

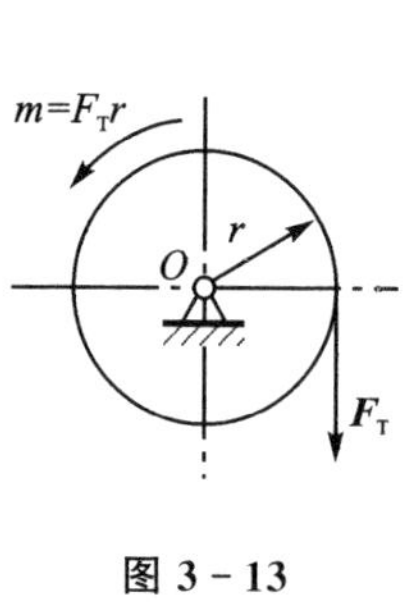

图 3－13

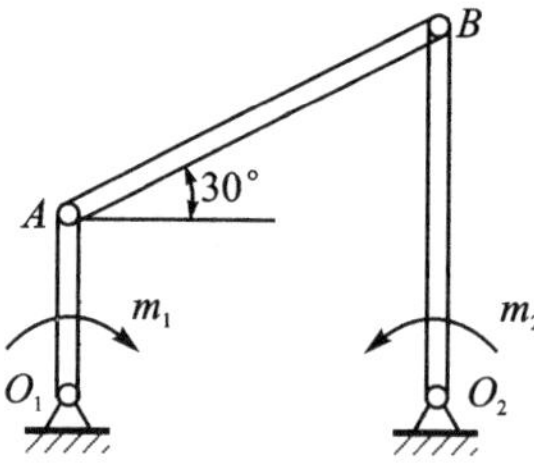

图 3－14

习　题

3-1　试分别计算题 3-1 图所示的力 $\boldsymbol{F}$ 对 O 点的矩，设圆半径为 R。

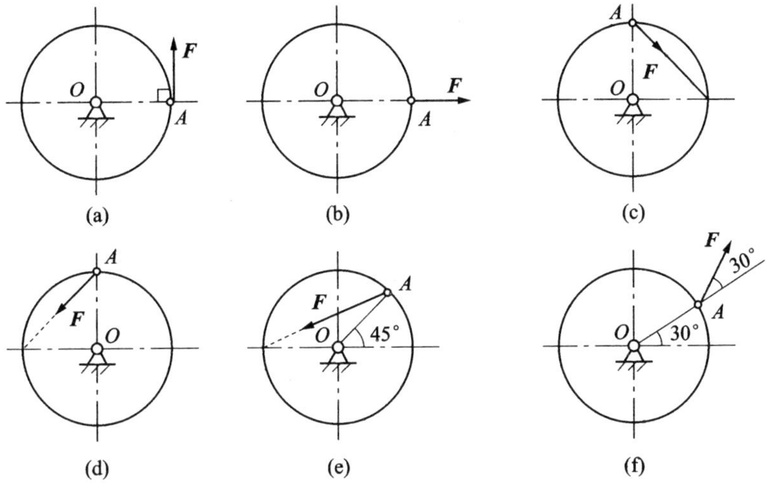

题 3-1 图

3-2　试分别计算题 3-2 图中重力 $\boldsymbol{G}$ 及水平力 $\boldsymbol{F}$ 对 A 点之矩。

答：$m_A(F)=-F(b\cos\alpha+a\sin\alpha)$，$m_A(G)=-\dfrac{G}{2}(a\cos\alpha-b\sin\alpha)$。

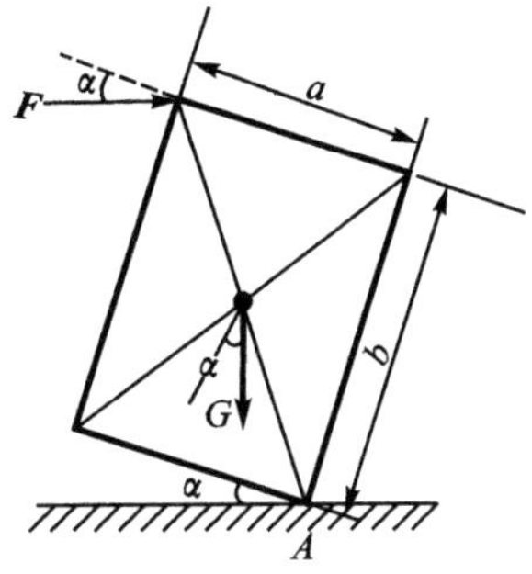

题 3-2 图

3-3　已知梁 AB 上作用一力偶，力偶矩为 M，梁长为 l，梁重不计。求在题 3-3 图(a)、图(b)和图(c)中的三种情况下，支座 A 和 B 的约束力。

答：(a)、(b)：$F_A=F_B=\dfrac{M}{l}$

(c)：$F_A=F_B=\dfrac{M}{l\cos\theta}$

3-4　T 字形杆 AB 由铰链支座 A 及杆 CD 支持，如题 3-4 图所示。在 AB 杆的一端 B 作用一力偶($\boldsymbol{F}$，$\boldsymbol{F}'$)，其力偶矩的大小为 50 N·m，$AC=2CB=0.2$ m，$\theta=30°$，不计杆 AB、CD 的自重。求杆 CD 及支座 A 的反力。

答：$F_A=F_{CD}=500$ N。

3-5　题 3-5 图示机构自重不计。圆轮上的销钉 A 放在摇杆 BC 上的光滑导槽内，圆轮上作用一力偶，其力偶矩为 $M_1=2$ kN·m，$OA=r=0.5$ m，图示位置 OA 与 OB 垂直，$\theta=30°$，且系统平衡，求作用于摇杆 BC 上的力偶矩 M_2 及铰链 O、B 处的

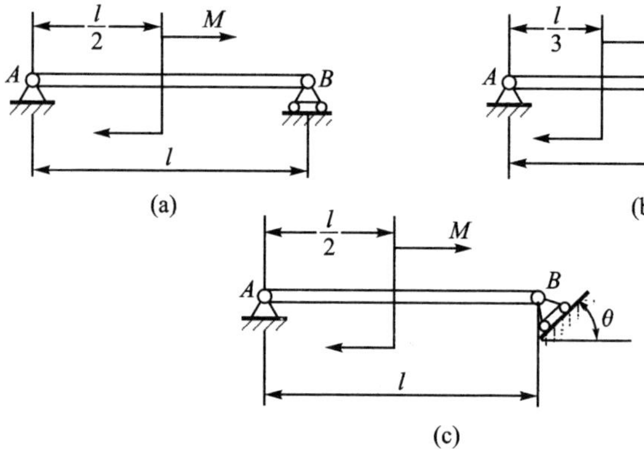

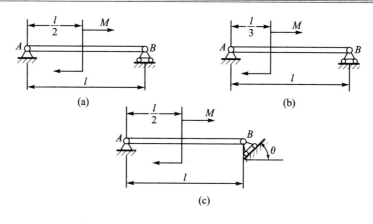

题 3-3 图

约束反力。

答：$M_2=8\ \mathrm{kN\cdot m}, F_1=F_2=8\ \mathrm{kN}$。

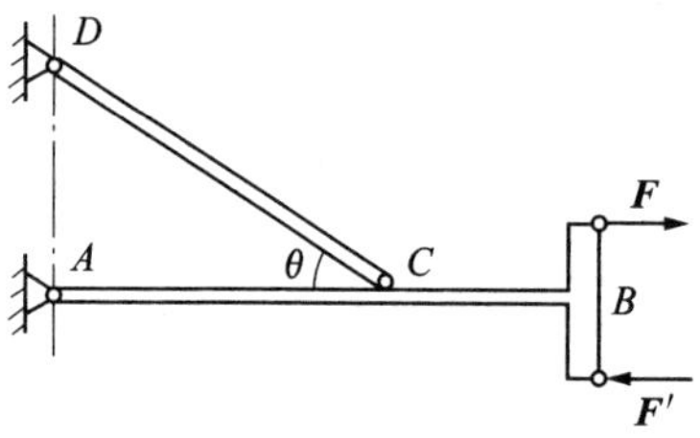

题 3-4 图

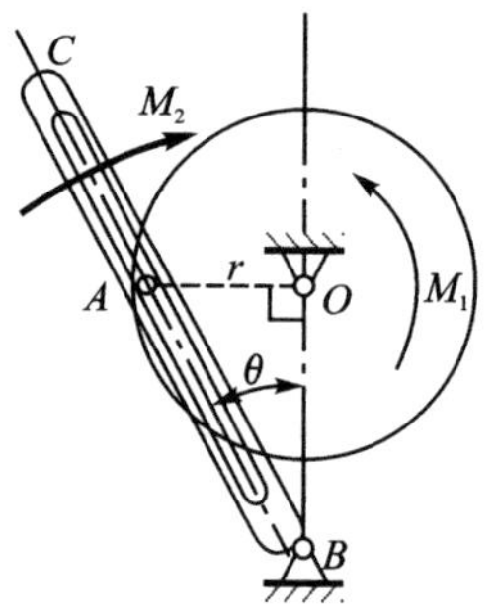

题 3-5 图

3-6 在题 3-6 图示结构中，各构件的自重略去不计。在构件 AB 上作用一力偶矩为 M 的力偶，求支座 A 和 C 的约束力。

答：$F_A=F_C=\dfrac{M}{2\sqrt{2}a}$。

3-7 在题 3-7 图示结构中，各构件的自重略去不计，在构件 BC 上作用一偶矩为 M 的力偶，各尺寸如图所示，求支座 A 的约束反力。

答：$F_A=\sqrt{2}\dfrac{M}{l}$ 。

3-8 设有两种导杆机构如图题 3-8 图所示，在横杆上有力偶矩 m_1 作用，在斜杆上有力偶矩 m_2 作用，试求在图示位置平衡时 m_1/m_2 的值。

答：(a) $m_1/m_2=1$，(b) $m_1/m_2=0.25$。

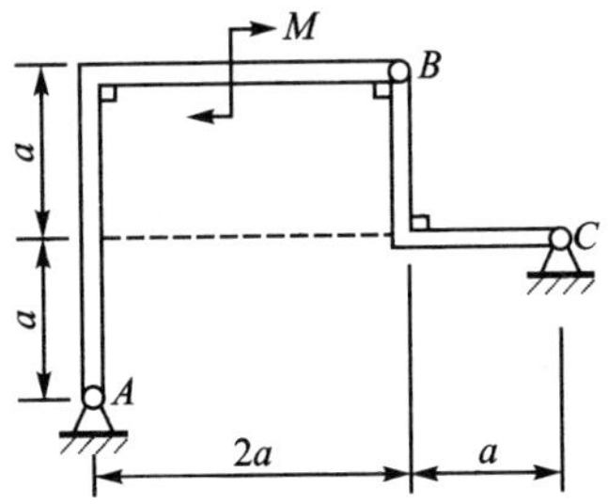

题 3-6 图

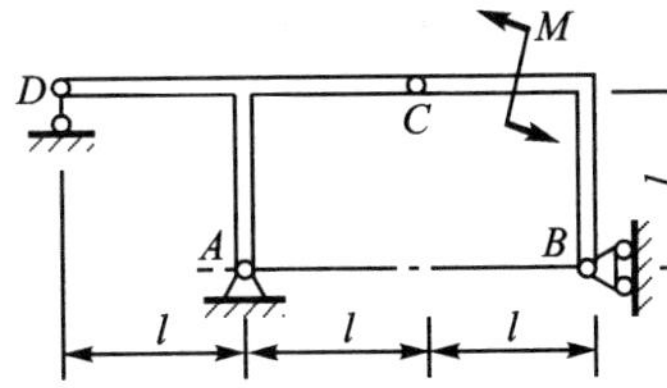

题 3-7 图

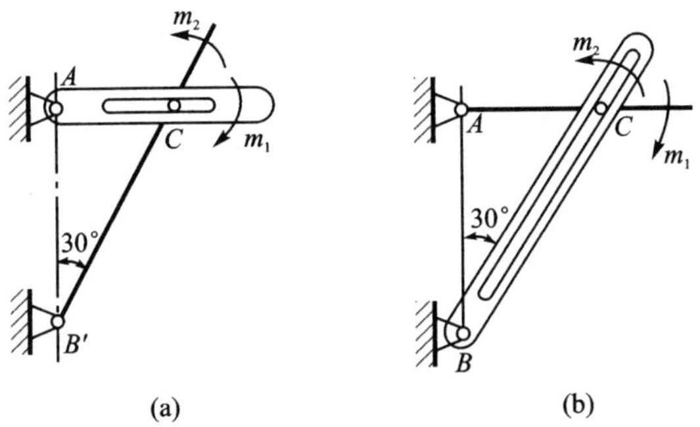

题 3-8 图

第4章　平面任意力系

平面任意力系是平面力系中最普通、最常见的力系。本章将研究平面任意力系的简化及平衡问题，并介绍平面简单桁架的内力计算。

4.1　力线平移定理

定理：可以把作用于刚体上的力平移到刚体内任一点，但必须附加一力偶，附加力偶的力偶矩等于原力对新作用点之矩。

证明：设有一力 $\boldsymbol{F}_A$，作用于刚体上的 A 点[见图 4-1(a)]，现要平行移动到作用线以外的任意一点 B 上，此力到 B 点上的垂直距离为 d。先在作用点 B 上增加一对平衡力 $\boldsymbol{F}_B$ 和 $\boldsymbol{F}'_B$[见图 4-1(b)]，使 $\boldsymbol{F}_A=\boldsymbol{F}_B=-\boldsymbol{F}'_B$。显然由于新增加的一对力是一平衡力系，不会改变原力 $\boldsymbol{F}_A$ 对刚体的作用效应，即由 $\boldsymbol{F}_A$、$\boldsymbol{F}_B$ 和 $\boldsymbol{F}'_B$组成的力系与原力系 $\boldsymbol{F}_A$ 是等效的。也就是说，图 4-1(a)所示的力系和图 4-1(b)所示的力系是等效的。

在图 4-1(b)中，$\boldsymbol{F}_A$ 和 $\boldsymbol{F}'_B$组成一个力偶，这个力偶的力偶矩 M 等于力 $\boldsymbol{F}_A$ 对 B 点的矩，即 $M=F_A\cdot d$。由于 $\boldsymbol{F}_A=\boldsymbol{F}_B$，从而可以认为力 $\boldsymbol{F}_A$ 平行移到了 B 点，但附加了一力偶。这个附加力偶的力偶矩 M 恰好等于原力 $\boldsymbol{F}_A$ 对 B 点的矩，如图 4-1(c)所示。

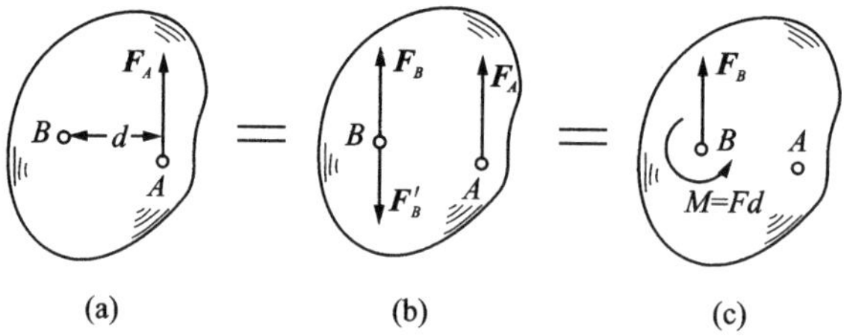

图 4-1

力向一点平移后可得到同平面的一个力和一个力偶。反过来，同平面的一个力 $\boldsymbol{F}_1$ 和力偶矩为 M 的力偶也一定能合成为一个大小和方向与力 $\boldsymbol{F}_1$ 相同的力 $\boldsymbol{F}$，它的作用线到力 $\boldsymbol{F}_1$ 的作用线的距离为

$$d=\frac{|M|}{|F_1|}$$

力线平移定理不仅是力系简化的理论依据，而且还可用来解释一些实际问题。例如，攻丝时必须用两手握扳手，用力要相等，不允许用一只手扳动扳手，如图 4-2(a)所示。这是因为在扳手的一端加作用力 $\boldsymbol{F}$ 时，若将力 $\boldsymbol{F}$ 平移到作用点 C，则得到一个力 $\boldsymbol{F}'$ 和一个力偶矩为 M 的力偶[见图 4-2(b)]，力偶使丝锥转动，而力 $\boldsymbol{F}'$ 作用于丝锥上，使丝锥产生弯曲，甚至折断。

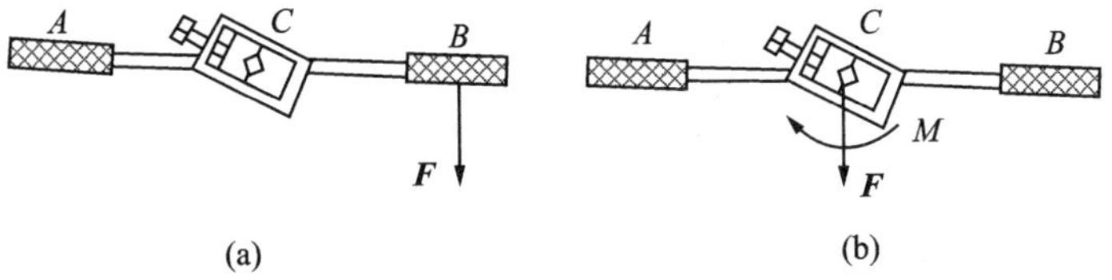

图 4-2

4.2 平面任意力系的简化及简化结果的讨论

4.2.1 平面任意力系的简化

设刚体上作用有 n 个力 $\boldsymbol{F}_1, \boldsymbol{F}_2, \cdots, \boldsymbol{F}_n$ 组成的平面任意力系，如图 4-3(a)所示。在平面内任取一点 O，称为简化中心；应用力的平移定理，把各力都平移到点 O。这样，得到作用于点 O 的力 $\boldsymbol{F}'_1, \boldsymbol{F}'_2, \cdots, \boldsymbol{F}'_n$，以及相应的附加力偶，其矩分别为 $M_1, M_2, \cdots, M_n$，如图 4-3(b)所示。这些附加力偶的矩分别为

$$M_i = M_O(\boldsymbol{F}_i) \qquad (i = 1, 2, \cdots, n)$$

这样，平面任意力系等效为两个简单力系：平面汇交力系和平面力偶系。然后，再分别合成这两个力系。

平面汇交力系可合成为作用线通过点 O 的一个力 $\boldsymbol{F}'_R$，如图 4-3(c)所示。因为各力矢

$$\boldsymbol{F}'_i = \boldsymbol{F}_i (i = 1, 2, \cdots, n)$$

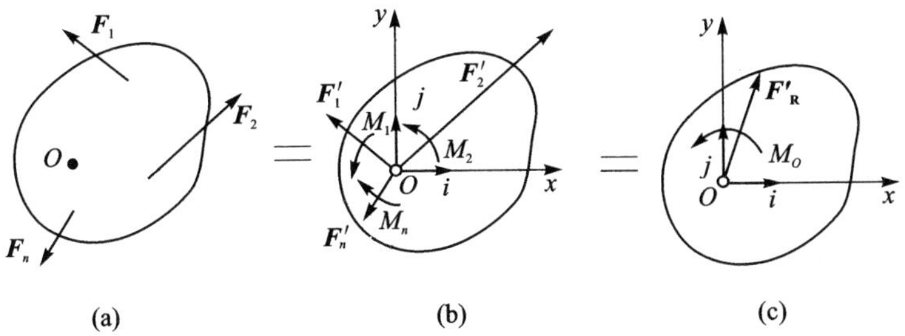

图 4-3

所以

$$\boldsymbol{F}'_{\mathrm{R}}=\boldsymbol{F}'_1+\boldsymbol{F}'_2+\cdots+\boldsymbol{F}'_n=\sum_{i=1}^{n}\boldsymbol{F}_i \tag{4-1}$$

即力矢 $\boldsymbol{F}'_{\mathrm{R}}$ 等于原来各力的矢量和。

平面力偶系可合成为一个力偶，这个力偶的矩 M_O 等于各附加力偶矩的代数和，又等于原来各力对点 O 之矩的代数和，即

$$M_O=M_1+M_2+\cdots+M_n=\sum_{i=1}^{n}M_O(\boldsymbol{F}_i) \tag{4-2}$$

平面任意力系中所有各力的矢量和为 $\boldsymbol{F}'_{\mathrm{R}}$，称为该力系的**主矢**；而这些力对于任选简化中心 O 之矩的代数和为 M_O，称为该力系对于简化中心的**主矩**。显然，主矢与简化中心无关，而主矩一般与简化中心有关，故必须指明力系是对于哪一点的主矩。

可见，在一般情形下，平面任意力系向作用面内任一点简化，可得一个力和一个力偶。这个力等于该力系的主矢，作用线通过简化中心。这个力偶的矩等于该力系对于简化中心的主矩。

取坐标系 Oxy，如图 4-3(c)所示，$\boldsymbol{i}$，$\boldsymbol{j}$ 为沿 x，y 轴的单位矢量，则力系主矢的解析表达式为

$$\boldsymbol{F}'_{\mathrm{R}}=\boldsymbol{F}'_{\mathrm{R}x}+\boldsymbol{F}'_{\mathrm{R}y}=\sum F_x\boldsymbol{i}+\sum F_y\boldsymbol{j} \tag{4-3}$$

于是主矢 $\boldsymbol{F}'_{\mathrm{R}}$ 的大小和方向余弦为

$$F'_{\mathrm{R}}=\sqrt{\left(\sum F_x\right)^2+\left(\sum F_y\right)^2}$$

$$\cos(F'_{\mathrm{R}},\boldsymbol{i})=\frac{\sum F_x}{F'_{\mathrm{R}}},\qquad \cos(F'_{\mathrm{R}},\boldsymbol{j})=\frac{\sum F_y}{F'_{\mathrm{R}}}$$

力系对点 O 的主矩的解析表达式为

$$M_O=\sum_{i=1}^{n}M_O(\boldsymbol{F}_i)=\sum_{i=1}^{n}(x_iF_{iy}-y_iF_{ix}) \tag{4-4}$$

式中：x_i，y_i 为力 $\boldsymbol{F}_i$ 作用点的坐标。

现在利用力系向一点简化的方法，分析固定端（插入端）支座的约束反力。

如图 4-4(a)和(b)所示，车刀和工件分别夹持在刀架和卡盘上固定不动，这种约束称为固定端或插入端支座，其简图如图 4-4(c)所示。

固定端支座对物体的作用，是在接触面上作用了一群约束反力。在平面问题中，这些力为一平面任意力系，如图 4-5(a)所示。将这群力向作用平面内点 A 简化得到一个力和一个力偶，如图 4-5(b)所示。一般情况下这个力的大小和方向均为未知量，可用两个未知分力来代替。因此，在平面力系情况下，固定端 A 处的约束反作用力可简化为两个约束反力 $\boldsymbol{F}_{Ax}$、$\boldsymbol{F}_{Ay}$ 和一个矩为 M_A 的约束反力偶，如图 4-5(c)所示。

比较固定端支座与固定铰链支座的约束性质可见，固定端支座除了限制物体在水平方向和铅直方向移动外，还能限制物体在平面内转动。因此，除了约束反力

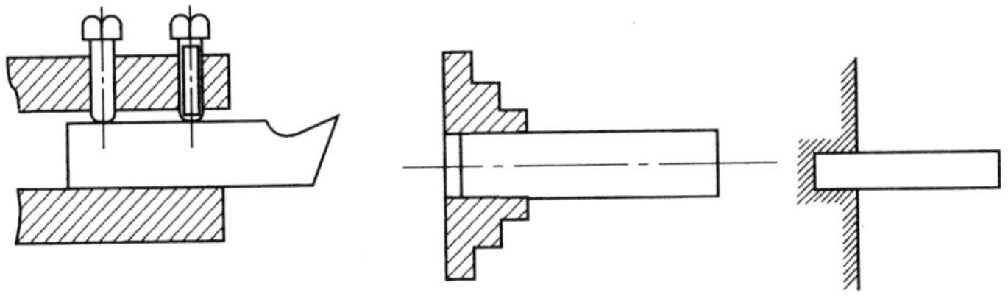

图 4－4

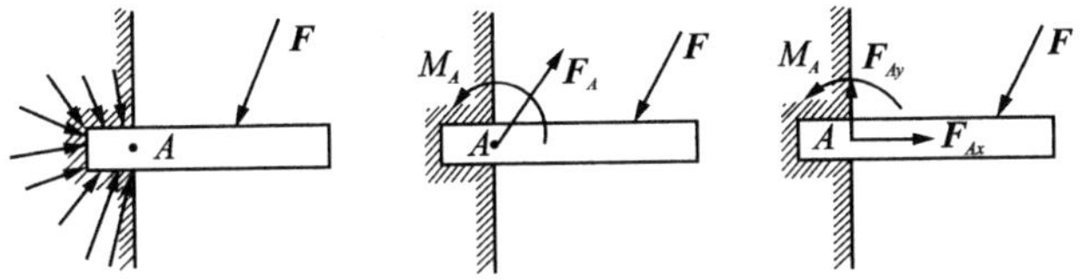

图 4－5

$\boldsymbol{F}_{Ax}$、$\boldsymbol{F}_{Ay}$外，还有矩为 M_A 的约束反力偶。而固定铰链支座没有约束反力偶，因为它不能限制物体在平面内转动。

工程中，固定端支座是一种常见的约束，除前面讲到的刀架、卡盘外，还有插入地基中的电线杆以及悬臂梁等。

4.2.2　平面任意力系简化结果的讨论及合力矩定理

平面任意力系向作用面内一点简化的结果，可能有 4 种情况，即：

① $\boldsymbol{F}'_R=0, M_O\neq0$；② $\boldsymbol{F}'_R\neq0, M_O=0$；③ $\boldsymbol{F}'_R\neq0$，$M_O\neq0$；④ $\boldsymbol{F}'_R=0, M_O=0$。

下面对这几种情况作进一步的分析讨论。

（1）平面任意力系简化为一个力偶的情形

如果力系的主矢等于零，而主矩 M_O 不等于零，即 $\boldsymbol{F}'_R=0, M_O\neq0$，则原力系合成为合力偶。合力偶矩为

$$M_O=\sum_{i=1}^{n}M_O(\boldsymbol{F}_i)$$

因为力偶对于平面内任意一点的矩都相同，因此当力系合成为一个力偶时，主矩与简化中心的选择无关。

（2）平面任意力系简化为一个合力的情形——合力矩定理

如果主矩等于零，主矢不等于零，即 $\boldsymbol{F}'_R\neq0, M_O=0$。

此时附加力偶系互相平衡，只有一个与原力系等效的力 $\boldsymbol{F}'_R$。显然，$\boldsymbol{F}'_R$就是原力系的合力，而合力的作用线通过选定的简化中心 O。

如果平面力系向点 O 简化的结果是主矢和主矩都不等于零，如图 4－6(a)所示，即

$$F'_R \neq 0,\ M_O \neq 0$$

现将矩为 M_O 的力偶用两个力 $\boldsymbol{F}_R$ 和 $\boldsymbol{F}''_R$ 表示，并令 $\boldsymbol{F}'_R=\boldsymbol{F}_R=-\boldsymbol{F}''_R$[见图 4－6(b)]。再去掉一对平衡力 $\boldsymbol{F}'_R$ 与 $\boldsymbol{F}''_R$，于是就将作用点 O 的力 $\boldsymbol{F}'_R$ 和力偶($\boldsymbol{F}_R$，$\boldsymbol{F}''_R$)合成为一个作用在点 O' 的力 $\boldsymbol{F}_R$，如图 4－6(c)所示。

这个力 $\boldsymbol{F}_R$ 就是原力系的合力。合力矢等于主矢；合力的作用线在点 O 的哪一侧，需根据主矢和主矩的方向确定；合力作用线到点 O 距离 d 为

$$d=\frac{|M_O|}{F_R}$$

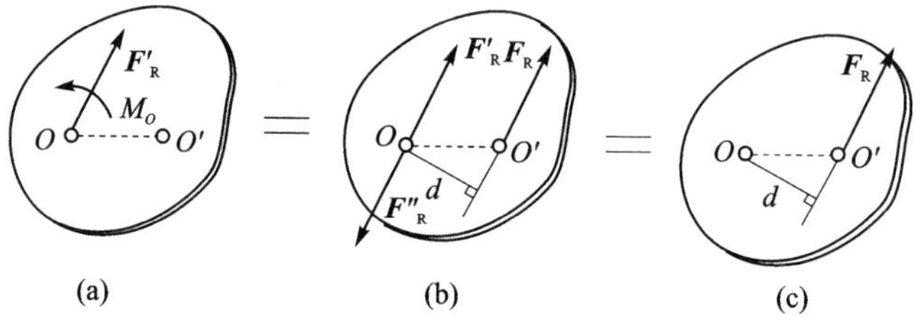

图 4－6

下面证明，平面任意力系的合力矩定理。由图 4－6(b)易见，合力 $\boldsymbol{F}_R$ 对点 O 的矩为

$$M_O(\boldsymbol{F}_R)=F_R d=M_O$$

由式(4－2)得

$$M_O=\sum M_O(\boldsymbol{F}_i)$$

所以得证

$$M_O(\boldsymbol{F}_R)=\sum M_O(\boldsymbol{F}_i) \tag{4-5}$$

由于简化中心 O 是任意选取的，故式(4－5)有普遍意义。可叙述如下：平面任意力系的合力对作用面内任一点的矩等于力系中各力对同一点之矩的代数和。这就是合力矩定理。

(3) 平面任意力系平衡的情形

如果力系的主矢，主矩均等于零，即 $\boldsymbol{F}'_R=0$，$M_O=0$，则原力系平衡。

例 4－1 重力坝受力情形如图 4－7(a)所示。设 $F_1=300$ kN，$F_2=70$ kN，$F_3=450$ kN，$F_4=200$ kN。求力系的合力 $\boldsymbol{F}_R$ 的大小和方向余弦、合力与基线 OA 的交点到点 O 的距离 x。

解： (1) 先将力系向点 O 简化，求得其主矢 $\boldsymbol{F}'_R$ 和主矩 M_O[见图 4－7(b)]。由图 4－7(a)有

$$\theta=\angle ACB=\arctan\frac{AB}{CB}=16.7°$$

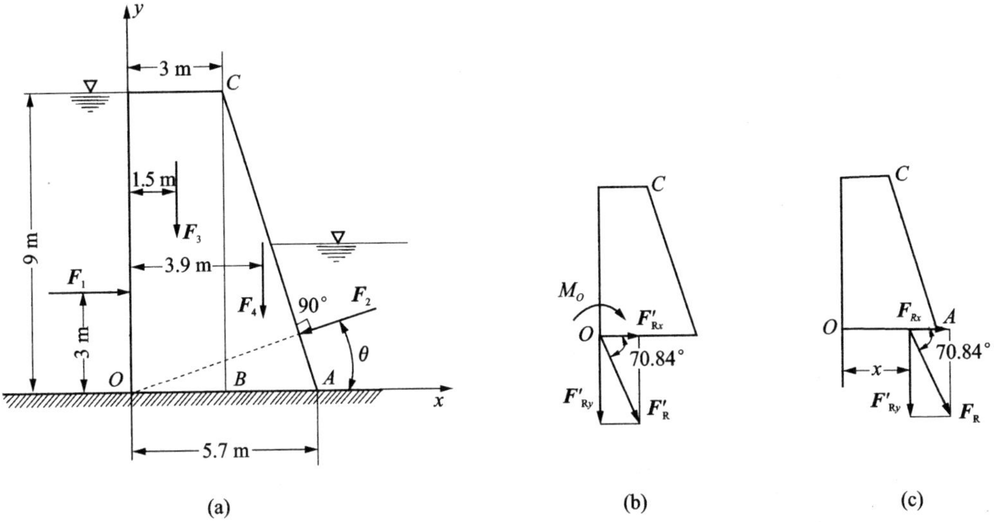

图 4-7

主矢 F'_R 在 x、y 轴上的投影为

$$F'_{Rx}=\sum F_x=F_1-F_2\cos\theta=232.9\ \text{kN}$$

$$F'_{Ry}=\sum F_y=-F_3-F_4-F_2\sin\theta=-670.1\ \text{kN}$$

主矢 F'_R 的大小为

$$F'_R=\sqrt{\left(\sum F_x\right)^2+\left(\sum F_y\right)^2}=709.4\ \text{kN}$$

主矢 F'_R 的方向余弦为

$$\cos(\boldsymbol{F}'_R,\boldsymbol{i})=\frac{\sum F_{ix}}{F'_R}=0.328\ 3$$

$$\cos(\boldsymbol{F}'_R,\boldsymbol{j})=\frac{\sum F_{iy}}{F'_R}=-0.944\ 6$$

则有

$$\angle(\boldsymbol{F}'_R,\boldsymbol{i})=\pm 70.84^\circ,\qquad \angle(\boldsymbol{F}'_R,\boldsymbol{j})=180^\circ\pm 19.16^\circ$$

故主矢 F'_R 在第四象限内，与 x 轴的夹角为 -70.84°。

力系对点 O 的主矩为

$$M_O=M_O(F)=-3F_1-1.5F_3-3.9F_4=-2\ 355\ \text{kN}\cdot\text{m}$$

(2) 合力 F_R 的大小和方向与主矢 F'_R 相同。其作用线位置的 x 值可根据合力矩定理求得[见图 4-7(c)]，即

$$M_O=M_O(\boldsymbol{F}_R)=M_O(\boldsymbol{F}_{Rx})+M_O(\boldsymbol{F}_{Ry})$$

其中，$M_O(\boldsymbol{F}_{Rx})=0$，故 $M_O=M_O(\boldsymbol{F}_{Ry})=F_{Ry}\cdot x$，解得 $x=\frac{M_O}{F_{Ry}}=3.514$ m。

例 4-2 求三角形载荷合力的大小和作用点的位置(见图 4-8)。

解：(1) 求合力的大小。

设距 A 端为 x 处的载荷集度为 $q(x)$，则 dx 段的合力大小为

$$F_{Rx}=q(x)\cdot \mathrm{d}x$$

又 $\frac{q(x)}{x}=\frac{q_m}{l}$，则合力 $\boldsymbol{F}_R$ 的大小为

$$F_R=\int_0^l q(x)\mathrm{d}x=\int_0^l \frac{q_m}{l}x\cdot \mathrm{d}x=\frac{1}{2}q_m l$$

(2) 求合力作用点 C 的位置。

由合力矩定理 $F_R\cdot AC=\int_0^l q(x)\cdot x\mathrm{d}x=\int_0^l \frac{q_m}{l}x\cdot x\mathrm{d}x=\frac{1}{3}q_m l^2$

得 $$AC=\frac{q_m l^2}{3F_R}$$

因为 $$F_R=\frac{1}{2}q_m l$$

故 $$AC=\frac{2}{3}l$$

如果分布载荷并不与 AB 垂直(见图 4-9)，它的合力大小也等于 $\frac{ql}{2}$，合力作用线通过 AB 上的 C 点，且 $AC=\frac{2l}{3}$。

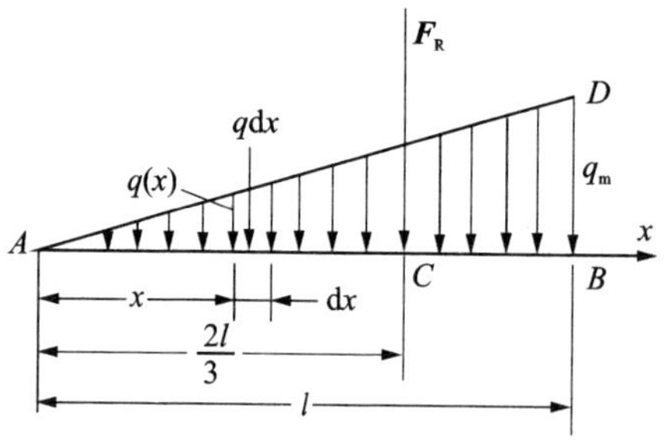

图 4-8

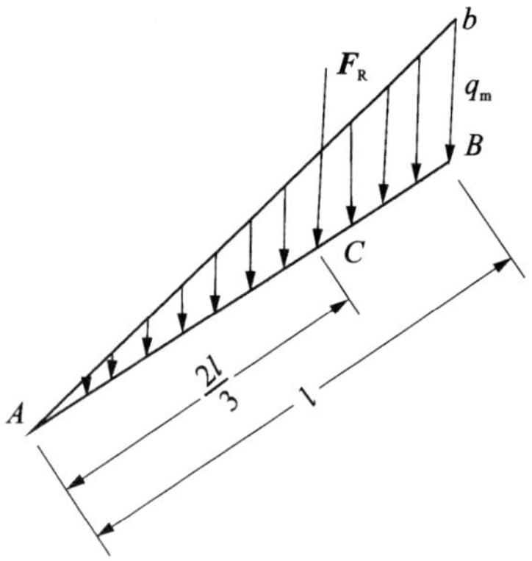

图 4-9

若载荷均匀分布(见图 4-10)，则合力的大小为 ql，其作用点 $AC=\frac{1}{2}l$。若载荷为梯形分布，如图 4-11 所示。这时可将载荷视为两部分的叠加：一部分为载荷集度 ql 的均布载荷，另一部分是以 q_2-q_1 为高的三角形载荷。

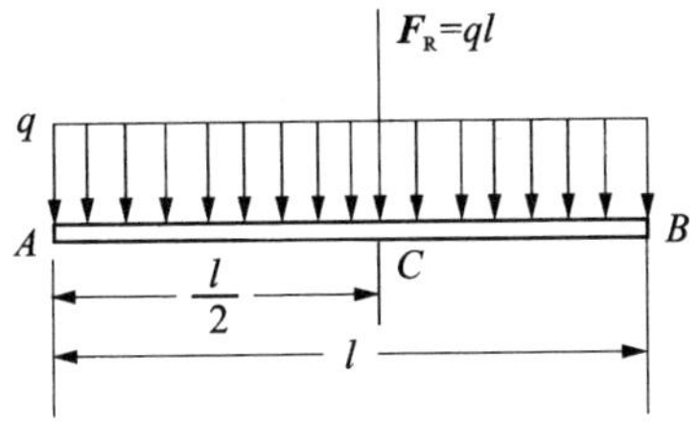

图 4-10

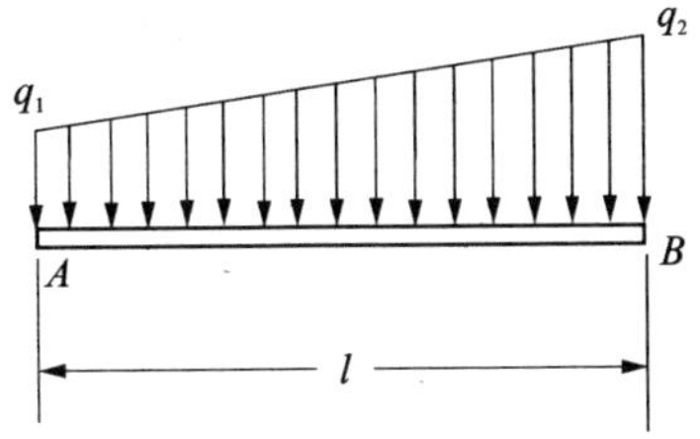

图 4-11

4.3　平面任意力系的平衡条件和平衡方程

4.3.1　平面任意力系的平衡方程

1. 平面任意力系的平衡方程的一般式

现在讨论静力学中最重要的情形，即平面任意力系的主矢和主矩都等于零的情形：

由上节可知，平面任意力系向任一点简化，若主矢、主矩都等于零，则原力系平衡。因此，平面任意力系平衡的必要和充分条件是：力系的主矢和对于任一点的主矩都等于零。即

$$\left.\begin{aligned}\boldsymbol{F}'_R &= 0\\ M_O &= 0\end{aligned}\right\} \tag{4-6}$$

由于

$$F'_R = \sqrt{\left(\sum F_x\right)^2 + \left(\sum F_y\right)^2}$$

$$M_O = \sum M_O(\boldsymbol{F}_i)$$

于是，可得出平面任意力系的平衡方程为

$$\left.\begin{aligned}\sum F_x &= 0\\ \sum F_y &= 0\\ \sum M_O(\boldsymbol{F}) &= 0\end{aligned}\right\} \tag{4-7}$$

由此可得结论，平面任意力系平衡的解析条件是：所有各力在两个任选的坐标轴上的投影的代数和分别等于零，以及各力对于任意一点的矩的代数和也等于零。

式(4-7)称为平面任意力系的平衡方程的一般形式。式中三个方程是相互独立的，用来求解平面任意力系的平衡问题时，一个研究对象最多只能解三个未知量。

应用平衡方程求解问题时，应尽量避免方程联立，尽可能一个方程只包含一个未知量。坐标轴尽量选取与较多的力特别是未知力的作用线平行或垂直，而矩心尽可

能选在较多的力，特别是未知力的交点上。

例 4－3 试求图 4－12(a)所示悬臂梁固定端 A 处的约束反力。其中 q 为均布载荷集度，单位为(kN/m)，设集中力的大小 $F=ql$，集中力偶矩为 $M=ql^2$。

解： 以 AB 为研究对象，画出受力图，如图 4－12(b)所示。

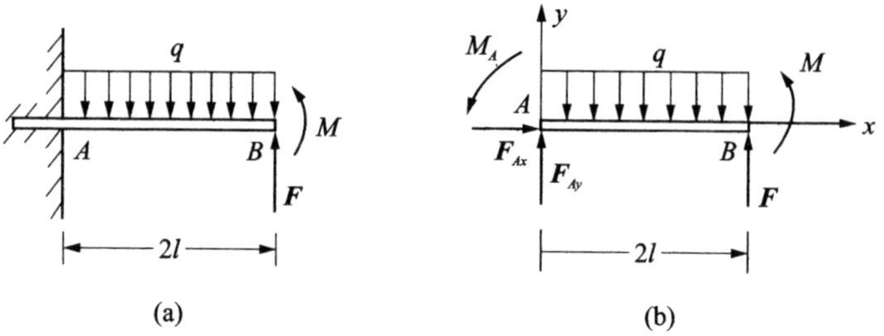

图 4－12

在解本题时应注意以下几点：

(1) 固定端 A 处约束反力除了 $\boldsymbol{F}_{Ax}$、$\boldsymbol{F}_{Ay}$ 外，还有约束反力偶 M_A。

(2) 在列平衡方程时应注意，力偶对任何轴的投影均为零，力偶对作用面内任意点之矩恒为该力偶矩。

如图 4－12(b)所示，取 x、y 轴列平衡方程

$$\sum F_x = 0, \qquad F_{Ax} = 0$$

$$\sum F_y = 0, \qquad F_{Ay} + F - q \cdot 2l = 0$$

$$\sum M_A(\boldsymbol{F}) = 0, \quad M_A - 2ql \cdot l + M + F \cdot 2l = 0$$

解得

$$F_{Ax} = 0, \qquad F_{Ay} = -ql, \quad M_A = -ql^2$$

M_A 计算结果为负值，说明实际转向与图示转向相反，为顺时针转向。

例 4－4 绞车通过钢丝绳牵引小车沿斜面轨道匀速上升，如图 4－13(a)所示，已知小车重 $G=10$ kN，绳与斜面平行，$\alpha=30°$，$a=0.75$ m，$b=0.3$ m，不计摩擦，求钢丝绳的拉力及轨道对车轮的约束反力。

解：(1) 以小车为研究对象。

(2) 画出小车的受力图[见图 4－13(b)]，小车上作用有重力 $\boldsymbol{G}$，钢丝绳的拉力 $\boldsymbol{F}_T$，A、B 处的约束反力 $\boldsymbol{F}_A$ 和 $\boldsymbol{F}_B$，因小车作匀速直线运动，故小车处于平衡状态。

(3) 取坐标如图(b)所示，列平衡方程

$$\sum F_x = 0, \qquad -F_T + G\sin\alpha = 0$$

$$\sum F_y = 0, \qquad F_{NA} + F_{NB} - G\cos\alpha = 0$$

$$\sum M_O(\boldsymbol{F}) = 0, \quad 2F_{NB}a - Gb\sin\alpha - Ga\cos\alpha = 0$$

（3）求解方程，得

$$F_{T}=5\ \text{kN},\quad F_{NB}=5.33\ \text{kN},\quad F_{NA}=3.33\ \text{kN}$$

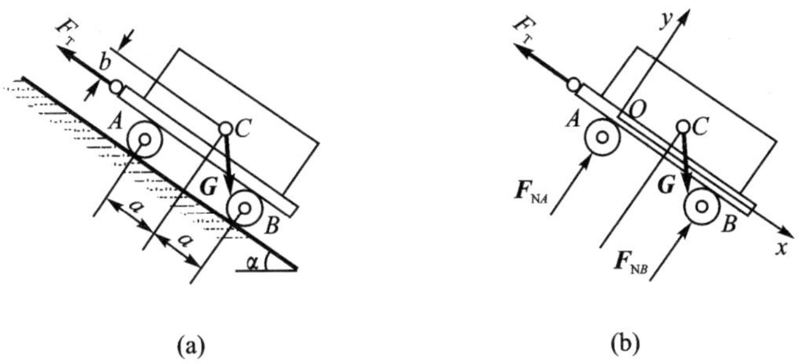

图 4-13

例 4-5　图 4-14(a)所示的水平横梁 AB，A 端为固定铰链支座，B 端为一滚动支座。梁的长度为 $4a$，梁重 G，作用在梁的中点 C。在梁的 AC 段上受均布载荷 q 作用，在梁的 BC 上受力偶作用，力偶矩 $M=Ga$。试求 A 和 B 处的支座反力。

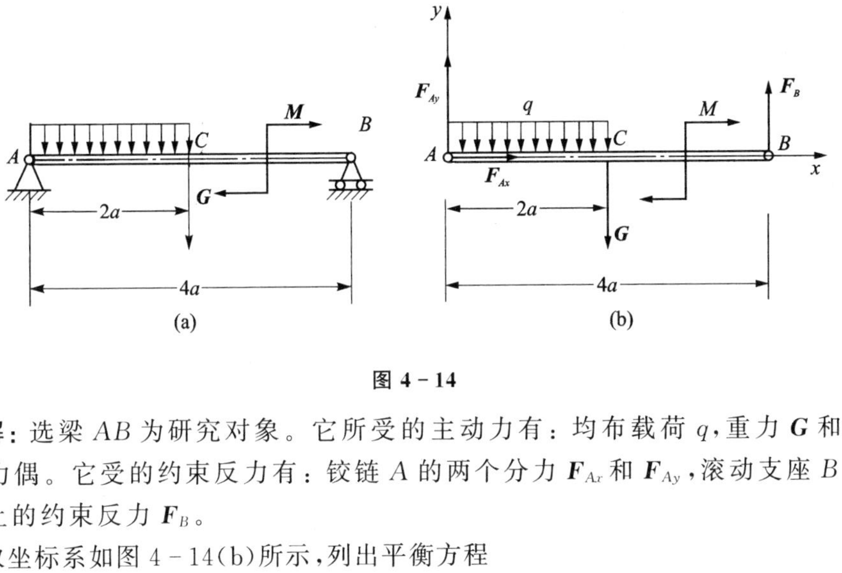

图 4-14

解：选梁 AB 为研究对象。它所受的主动力有：均布载荷 q，重力 $\boldsymbol{G}$ 和矩为 M 的力偶。它受的约束反力有：铰链 A 的两个分力 $\boldsymbol{F}_{Ax}$ 和 $\boldsymbol{F}_{Ay}$，滚动支座 B 处垂直向上的约束反力 $\boldsymbol{F}_{B}$。

取坐标系如图 4-14(b)所示，列出平衡方程

$$\sum M_A(\boldsymbol{F})=0,\quad F_B\cdot 4a-M-G\cdot 2a-q\cdot 2a\cdot a=0$$

$$\sum F_x=0,\qquad F_{Ax}=0$$

$$\sum F_y=0,\qquad F_{Ay}-q\cdot 2a-G+F_B=0$$

解上述方程，得

$$F_B=\frac{3}{4}G+\frac{1}{2}qa$$

$$F_{Ax}=0$$

$$F_{Ay}=\frac{G}{4}+\frac{3}{2}qa$$

2. 平面任意力系的平衡方程的其他形式

在例 4-5 中,若以方程 $\sum M_B(\boldsymbol{F})=0$ 取代方程 $\sum F_y=0$,也可以求得 $\boldsymbol{F}_{Ay}$ 值。在计算某些问题时,采用力矩方程往往比投影方程简便。下面介绍平面任意力系平衡方程的其他两种形式。

三个平衡方程中有两个力矩方程和一个投影方程(二矩式),即

$$\left.\begin{aligned}\sum M_A(\boldsymbol{F})=0\\ \sum M_B(\boldsymbol{F})=0\\ \sum F_x=0\end{aligned}\right\}\tag{4-8}$$

式中:x 轴不得垂直 A、B 两点的连线。

为什么上述形式的平衡方程也能满足力系平衡的必要和充分条件呢?这是因为,如果力系对点 A 的主矩等于零,则这个力系不可能简化为一个力偶。但可能有两种情形:这个力系或者是简化为经过点 A 的一个力,或者平衡。如果力系对另一点 B 的主矩也同时为零,则这个力系或有一合力沿 A、B 两点的连线,或者平衡。如果再加上 $\sum F_x=0$,那么力系如有合力,则此合力必与 x 轴垂直。式(4-8)的附加条件(x 轴不得垂直连线 AB)完全排除了力系简化为一个合力的可能性,故所研究的力系必为平衡力系。

同理,也可写出三个力矩式的平衡方程(三矩式),即

$$\left.\begin{aligned}\sum M_A(\boldsymbol{F})=0\\ \sum M_B(\boldsymbol{F})=0\\ \sum M_C(\boldsymbol{F})=0\end{aligned}\right\}\tag{4-9}$$

式中:A、B、C 三点不得共线。为什么必须有这个附加条件,读者可自行证明。

上述三组方程式(4-7)、式(4-8)、式(4-9)都可用来解决平面任意力系的平衡问题。究竟选用哪一组方程,须根据具体条件确定。对于受平面任意力系作用的单个刚体的平衡问题,只可以写出三个独立的平衡方程,求解三个未知量。任何第四个方程只是前三个方程的线性组合,因而不是独立的。我们可以利用这第四个方程来校核计算结果。

例 4-6 边长为 a 的等边三角形 ABC 在垂直平面内,用三根沿边长方向的直

杆铰接，如图 4－15 所示，CF 杆水平，三角形平板上作用一已知力偶，其力偶矩为 M，三角形平板重为 G，略去杆重，试求三杆对三角形平板的约束反力。

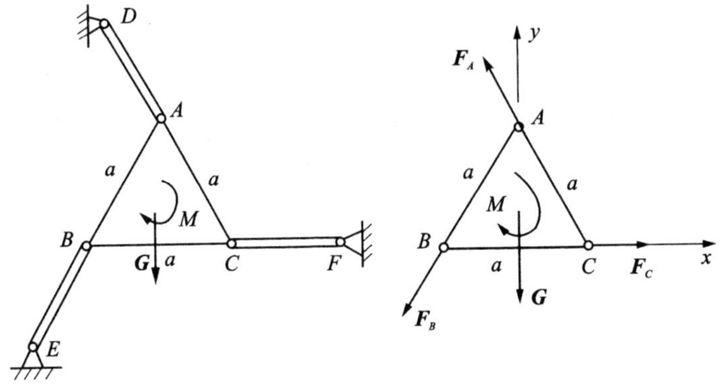

(a)　　(b)

图 4－15

解： 选取三角形平板 ABC 为研究对象，画出其受力图 4－15(b)。很明显，作用于三角形平板上的力系是平面任意力系，并且未知力的分布比较特殊，其特点是 A、B、C 三点分别是两个未知约束反力的汇交点，因此本题宜用三矩式平衡方程求解。

列平衡方程

$$\sum M_A(\boldsymbol{F}) = 0, \qquad \frac{\sqrt{3}}{2}a \times F_C - M = 0$$

得

$$F_C = \frac{2\sqrt{3}}{3} \cdot \frac{M}{a}$$

$$\sum M_B(\boldsymbol{F}) = 0, \qquad \frac{\sqrt{3}}{2}a \times F_A - M - G \times \frac{a}{2} = 0$$

得

$$F_A = \frac{2\sqrt{3}}{3} \cdot \frac{M}{a} + \frac{G}{\sqrt{3}}$$

$$\sum M_C(\boldsymbol{F}) = 0, \qquad \frac{\sqrt{3}}{2}a \times F_B - M + G \times \frac{a}{2} = 0$$

得

$$F_B = \frac{2\sqrt{3}}{3} \cdot \frac{M}{a} - \frac{G}{\sqrt{3}}$$

4.3.2　平面平行力系的平衡方程

平面平行力系是平面任意力系的一种特殊情形。

如图 4－16 所示，设物体受平面平行力系 $\boldsymbol{F}_1, \boldsymbol{F}_2, \cdots, \boldsymbol{F}_n$ 作用。如选取 x 轴与各力垂直，则不论力系是否平衡，每一个力在 x 轴上的投影恒等于零，即 $\sum F_x \equiv 0$。于是，平行力系的独立平衡方程的数目只有两个，即

$$\left.\begin{aligned}\sum F_y &= 0\\ \sum M_O(\boldsymbol{F}) &= 0\end{aligned}\right\} \tag{4-10}$$

平面平行力系的平衡方程,也可用两个力矩方程的形式,即

$$\sum M_A(\boldsymbol{F}) = 0,\ \sum M_B(\boldsymbol{F}) = 0 \tag{4-11}$$

例 4-7 图 4-17 为一塔式起重机,已知轨距 $b=3$ m,机身重 $G=500$ kN,其作用线距右轨为 $e=1.5$ m,起重机的最大起重量 $F=250$ kN,其作用线距右轨为 $l=10$ m,设平衡锤重为 W,其作用线距左轨为 $a=6$ m。试求保证起重机不致翻倒时 W 的取值范围。

解: 选起重机为研究对象,其上受有主动力 $\boldsymbol{G},\boldsymbol{F},\boldsymbol{W}$ 和轨道反力 $\boldsymbol{F}_{NA},\boldsymbol{F}_{NB}$,这些力组成平面平行力系,受力情况如图 4-17 所示。

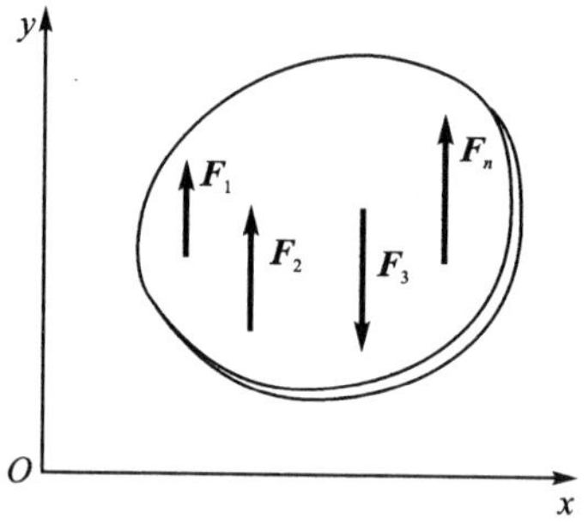

图 4-16

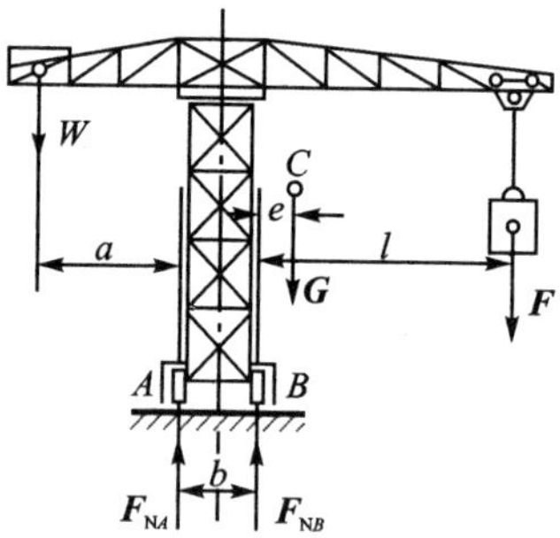

图 4-17

为了保证起重机无论在什么情况下都不致翻倒,则需满足如下两方面的要求。

(1) 满载时,W 值不能太小,否则起重机将绕 B 轨向右翻转。当起重机处于将绕 B 轨向右翻转但尚未翻转的临界平衡状态时,左轨反力 $F_{NA}=0$,平衡锤重为最小值 $W_{\min}$,列平衡方程

$$\sum M_B(\boldsymbol{F}) = 0,\qquad W_{\min}(a+b) - Ge - Fl = 0$$

解得 $$W_{\min} = \frac{Ge+Fl}{a+b} = \frac{500\ \text{kN}\times 1.5\ \text{m} + 250\ \text{kN}\times 10\ \text{m}}{6\ \text{m}+3\ \text{m}} = 361\ \text{kN}$$

(2) 空载时,W 值不能太大,否则起重机将绕 A 轨向左翻转。当起重机处于将绕 A 轨向左翻转但尚未翻转的临界平衡状态时,右轨反力 $F_{NB}=0$,平衡锤重为最大值 $W_{\max}$,列平衡方程

$$\sum M_A(\boldsymbol{F}) = 0,\qquad W_{\max}a - G(b+e) = 0$$

解得 $$W_{\max} = \frac{G(b+e)}{a} = \frac{500\ \text{kN}(3+1.5)\ \text{m}}{6\ \text{m}} = 375\ \text{kN}$$

故平衡锤重 W 的取值范围为

$$361\ \text{kN} < W < 375\ \text{kN}$$

4.4　静定与超静定问题的概念·物体系统的平衡

工程中,如组合构架、三铰拱等结构,都是由几个物体组成的系统。当物体系统平衡时,组成该系统的每一个物体都处于平衡状态,因此对于每一个受平面任意力系作用的物体,均可写出三个平衡方程。如物体系由 n 个物体组成,则共有 $3n$ 个独立方程。如系统中有的物体受平面汇交力系或平面平行力系作用时,则系统的平衡方程数目相应减少。当系统中的未知量数目少于或等于独立平衡方程的数目时,则所有未知数都能由平衡方程求出,这样的问题成为**静定问题**。显然前面列举的各例都是静定问题。在工程实际中,有时为了提高结构的刚度和坚固性,常常增加多余的约束,因而使这些结构的未知量的数目多余平衡方程的数目,未知量就不能全部由平衡方程求出,这样的问题成为**超静定**或**静不定问题**。对于超静定问题,必须考虑物体因受力作用而产生的变形,加列某些补充方程后,才能使方程的数目等于未知量的数目。超静定问题已超出刚体静力学的范围,须在材料力学部分和结构力学中研究。下面举出一些静定和超静定问题的例子。

图 4-18(a)所示为两根绳子悬挂一重物。未知的约束反力有两个,而重物受平面汇交力系的作用,有两个平衡方程,因此是静定的。如果三根绳子悬挂重物,如图 4-18(b)所示,则未知的约束反力有三个,而平衡方程只有两个,因此是超静定或静不定的。

设用两个轴承支撑一根轴,如图 4-18(c)所示。未知约束反力有两个,因轴受平面平行力系作用,共有两个平衡方程,因此是静定的。若用三个轴承支撑,如图 4-18(d)所示,则未知约束反力有三个,而平衡方程只有两个,因此是超静定的。图 4-18(e)和(f)所示平面任意力系,均有三个独立平衡方程;图 4-18(e)中有 3 个未知数,因此是静定的;图 4-18(f)中有 4 个未知数,因此是超静定的。

图 4-19 所示梁由两部分铰接组成,每一部分有三个平衡方程,共 6 个平衡方程,未知量除了图中所画出来的三个支反力和一个反力偶外,尚有铰链 C 处的两个未知力。共有 6 个未知量,因此,也是静定的。若将 B 的滚动支座改变为固定铰支,则此系统共有 7 个未知力,为超静定。

求解静定物体系统的平衡问题时,可以选每个物体为研究对象,列出全部平衡方程,然后求解;也可先取整个系统为研究对象,列出平衡方程,这样的方程因不包含内力,式中未知量较少,解出部分未知量后,再从系统中选取某些物体作为研究对象,列出另外的平衡方程,甚至求出所有的未知量为止。在选择研究对象和列平衡方程时,应使每一个平衡方程中的未知量个数尽可能少,最好是只含有一个未知量,以避免求解联立方程。

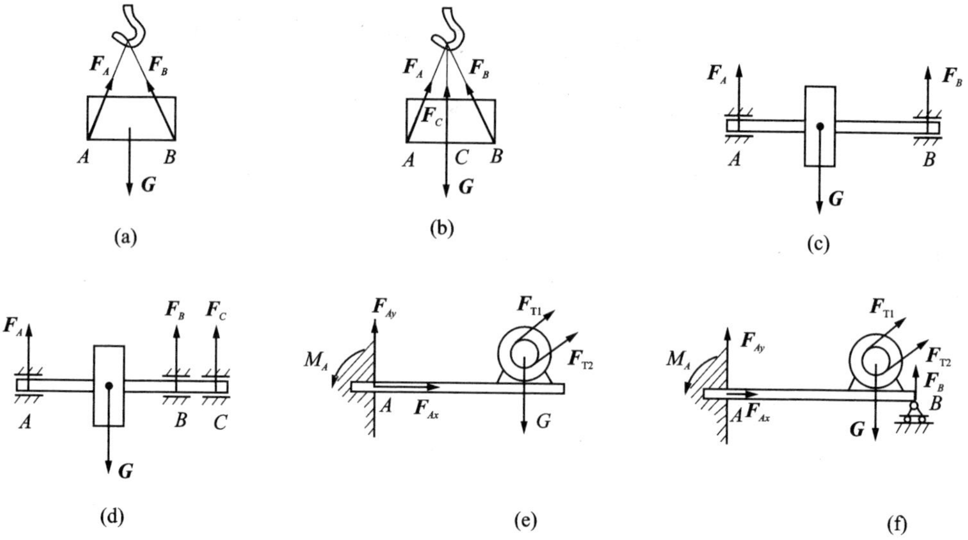

图 4-18

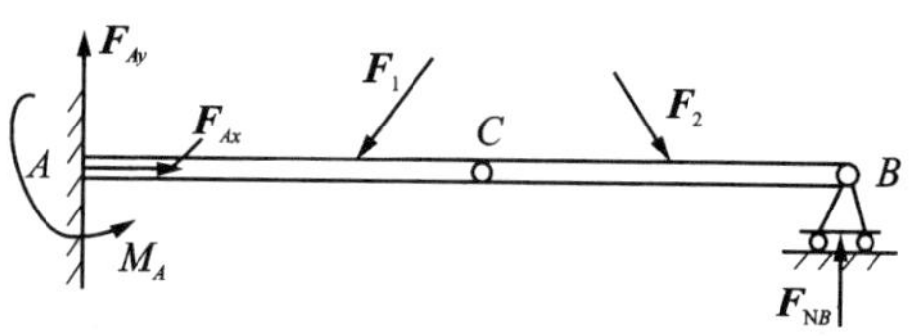

图 4-19

例 4-8 图 4-20(a)所示为曲轴冲床简图，由轮 I、连杆 AB 和冲头 B 组成。$OA=R$，$AB=l$。忽略摩擦和自重，当 OA 在水平位置、冲压力为 $\boldsymbol{F}$ 时系统处于平衡状态。求：(1)作用在轮 I 上的力偶之矩 M 的大小；(2)轴承 O 处的约束力；(3)连杆 AB 受的力；(4)冲头给导轨的侧压力。

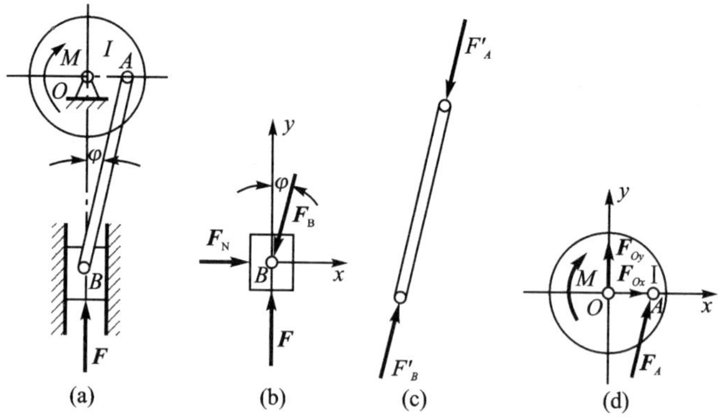

图 4-20

解：(1) 首先以冲头为研究对象。冲头受冲压阻力 $\boldsymbol{F}$、导轨约束力 $\boldsymbol{F}_N$ 以及连杆(二力杆)的作用力 $\boldsymbol{F}_B$ 作用，受力如图 4-20(b)所示，为一平面汇交力系。

设连杆与铅直线间的夹角为 φ，按图示坐标列平衡方程：

$$\sum F_x = 0, \qquad F_N - F_B \sin\varphi = 0 \tag{a}$$

$$\sum F_y = 0, \qquad F - F_B \cos\varphi = 0 \tag{b}$$

由式(b)得

$$F_B = \frac{F}{\cos\varphi}$$

$\boldsymbol{F}_B$ 为正值,说明假设的 $\boldsymbol{F}_B$ 的方向是对的,即连杆受压力见图 4-20(c)。代入式(a)得

$$F_N = F\tan\varphi = F\frac{R}{\sqrt{l^2 - R^2}}$$

冲头对导轨的侧压力的大小等于 $\boldsymbol{F}_N$,方向相反。

(2) 再以轮 I 为研究对象。轮 I 受平面任意力系作用,包括矩为 M 的力偶,连杆作用力 $\boldsymbol{F}_A$ 以及轴承的约束力 $\boldsymbol{F}_{Ox}$,$\boldsymbol{F}_{Oy}$[见图 4-20(d)]。按图示坐标轴列平衡方程:

$$\sum M_O(\boldsymbol{F}) = 0, \qquad F_A \cos\varphi \cdot R - M = 0 \tag{c}$$

$$\sum F_x = 0, \qquad F_{Ox} + F_A \sin\varphi = 0 \tag{d}$$

$$\sum F_y = 0, \qquad F_{Oy} + F_A \cos\varphi = 0 \tag{e}$$

由式(c)得　$M = FR$

由式(d)得　$F_{Ox} = -F_A \sin\varphi = -F\dfrac{R}{\sqrt{l^2 - R^2}}$

由式(e)得　$F_{Oy} = -F_A \cos\varphi = -F$

负号说明,力 $\boldsymbol{F}_{Ox}$,$\boldsymbol{F}_{Oy}$ 的方向与图示假设的方向相反。

此题也可先取整个系统为研究对象,再取冲头或轮 I 为研究对象,列平衡方程求解。

例 4-9　图 4-21(a)所示的组合梁由 AC 和 CD 在 C 处铰接而成。梁的 A 端插入墙内,B 处为滚动支座。已知:$F=20$ kN,均布载荷 $q=10$ kN/m,$M=20$ kN·m,$l=1$ m。试求插入端 A 处及滚动支座 B 的约束反力。

解:先以整体为研究对象,组合梁在主动力 M、$\boldsymbol{F}$、q 和约束反力 $\boldsymbol{F}_{Ax}$、$\boldsymbol{F}_{Ay}$、M_A 及 $\boldsymbol{F}_B$ 作用下平衡,受力如图 2-21(b)所示。其中均布载荷的合力通过点 C,大小为 $2ql$。列平衡方程

$$\sum F_x = 0, \qquad F_{Ax} - F_B\cos 60° - F\sin 30° = 0 \tag{a}$$

$$\sum F_y = 0, \qquad F_{Ay} + F_B\sin 60° - 2ql - F\cos 30° = 0 \tag{b}$$

$$\sum M_A(\boldsymbol{F}) = 0, \qquad M_A - M - 2ql \cdot 2l + F_B\sin 60° \cdot 3l - F\cos 30° \cdot 4l = 0 \tag{c}$$

以上三个方程中包含有四个未知量,必须再补充方程才能求解。为此可取梁 CD 为研究对象,受力如图 2-21(c)所示,列出对点 C 的力矩方程

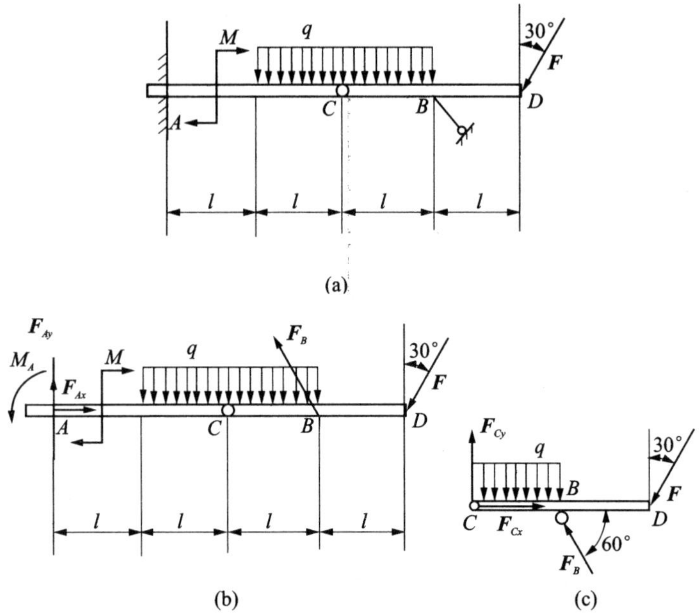

图 4-21

$$\sum M_C(\boldsymbol{F})=0,\qquad F_B\sin 60°l-ql\,\frac{l}{2}-F\cos 30°2l=0 \tag{d}$$

由式(d)可得 $F_B=45.77\ \text{kN}$

代入式(a)、式(b)、式(c)求得

$$F_{Ax}=32.89\ \text{kN},\qquad F_{Ay}=-2.32\ \text{kN},\qquad M_A=10.37\ \text{kN}\cdot\text{m}$$

此题也可先取梁 CD 为研究对象,求得 $\boldsymbol{F}_B$ 后,再以 AC 杆为研究对象,求出 $\boldsymbol{F}_{Ax}$、$\boldsymbol{F}_{Ay}$ 及 M_A。

例 4-10 齿轮传动机构如图 4-22(a)所示。齿轮Ⅰ的半径为 r,自重 W_1。齿轮Ⅱ的半径为 $R=2r$,其上固结一半径为 r 的塔轮Ⅲ,轮Ⅱ与Ⅲ共重 $W_2=20W_1$。齿轮压力角为 $\theta=20°$,被提升的物体 C 重为 $W=20W_1$。求(1)保持物体 C 匀速上升时,作用于轮Ⅰ上力偶的矩 M;(2) 光滑轴承 A、B 的约束反力。

解: 先取轮Ⅱ、Ⅲ及重物 C 为研究对象,受力如图 4-22(b)所示。齿轮间啮合力 $\boldsymbol{F}_R$ 可沿节圆的切向及径向分解为圆周力 F_t 和径向力 F_r。建立图示坐标系,列平衡方程为

$$\sum F_x=0,\qquad F_{Bx}-F_r=0$$

$$\sum F_y=0,\qquad F_{By}-W-F_t-W_2=0$$

$$\sum M_B(\boldsymbol{F})=0,\quad Wr-F_tR=0$$

由以上三式及压力角定义 $\tan\theta=\dfrac{F_r}{F_t},\quad \theta=20°$

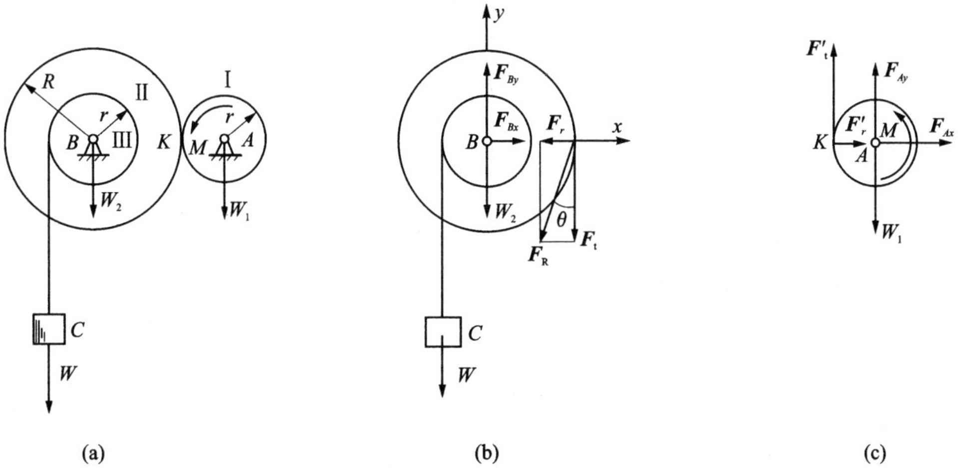

图 4-22

解出

$$F_t = \frac{W \cdot r}{R} = 10W_1, \quad F_r = F_t \tan\theta = 3.64W_1$$

$$F_{Bx} = F_r = 3.64W_1, \quad F_{By} = W + W_2 + F_t = 32W_1$$

再取轮Ⅰ为研究对象，受力如图 2-22(c)所示。列平衡方程为

$$\sum F_x = 0, \qquad F_{Ax} + F'_r = 0$$

$$\sum F_y = 0, \qquad F_{Ay} + F'_t - W_1 = 0$$

$$\sum M_A(F) = 0, \quad M - F'_t r = 0$$

解得　　$F_{Ax} = -F'_r = 3.64W_1$，　$F_{Ay} = W - F' = -9W_1$，　$M = F'_r = 10W_1 r$

例 4-11　三铰拱厂房屋架如图 4-23(a)所示，两半拱架重 $G_1 = G_2 = 45$ kN，水平风压力 $F = 12$ kN，有关尺寸如图所示，单位为 m，试求 A，B，C 三铰的反力。

解：(1) 选取整体为研究对象，受力图及所选坐标轴如图 4-23(b)所示，列平衡方程为

$$\sum F_x = 0, \qquad F_{Ax} + F_{Bx} + F = 0 \tag{a}$$

$$\sum F_y = 0, \qquad F_{Ay} + F_{By} - G_1 - G_2 = 0 \tag{b}$$

$$\sum M_A(\boldsymbol{F}) = 0, \qquad -5F - 2G_1 - 14G_2 + 16F_{By} = 0 \tag{c}$$

由式(c)得

$$F_{By} = \frac{5F + 16G_1}{16} = \frac{5\ \text{m} \times 12\ \text{kN} + 16\ \text{m} \times 45\ \text{N}}{16\ \text{m}} = 48.75\ \text{kN}$$

代入式(b)得　　$F_{Ay} = 2G_1 - F_{By} = 2 \times 45\ \text{kN} - 48.75\ \text{kN} = 41.25\ \text{kN}$

而由式(a)不能解出 F_{Ax} 和 F_{Bx}。

(2) 再选右半拱 BC 为研究对象,受力图如图 4-23(c)所示,列平衡方程为

$$\sum F_x = 0, \qquad F_{Bx} - F_{Cx} = 0 \tag{d}$$

$$\sum F_y = 0, \qquad F_{By} - F_{Cy} - G_2 = 0 \tag{e}$$

$$\sum M_C(\boldsymbol{F}) = 0, \qquad 8F_{By} + 12F_{Bx} - 6G_2 = 0 \tag{f}$$

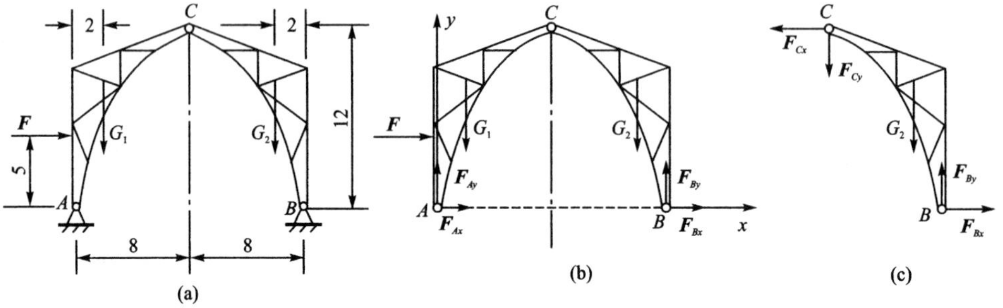

图 4-23

由式(e)得 $F_{Cy} = F_{By} - G_2 = 48.75\ \text{kN} - 45\ \text{kN} = 3.75\ \text{kN}$

由式(f)得 $F_{Bx} = \dfrac{3G_2 - 4F_{By}}{6} = \dfrac{(3\times45 - 4\times48.75)\ \text{kN}\cdot\text{m}}{6\ \text{m}} = -10\ \text{kN}$

代入式(d)得 $F_{Cx} = F_{Bx} = -10\ \text{kN}$

代入式(a)得 $F_{Ax} = -F - F_{Bx} = -12 - (-10)\ \text{kN} = -2\ \text{kN}$

$\boldsymbol{F}_{Ax}$,$\boldsymbol{F}_{Bx}$,$\boldsymbol{F}_{Cx}$ 为负值,表明它们的实际方向与图示方向相反。

此题也可以先选整体,后选左半拱或直接选左右两个半拱为研究对象,均可解出全部未知量。但是,为少解或不解联立方程,先选的研究对象要能求出部分未知量。解题时,一般应先选整体,后选受力情况较为简单的局部(如 BC 拱)为研究对象。当选整体为研究对象不能求出任何未知量时,则一开始就要把物系拆开,选取能够求出部分未知量的局部为研究对象,然后再选其他研究对象,联立求解。

最后指出,本题共有六个未知量,在解题时,不论是选整体及右半拱,或选整体及左半拱,或选左右两半拱为研究对象,均可列出六个独立的平衡方程,所以本题是静定的。

例 4-12 构架尺寸及所受载荷如图 4-24(a)所示。求铰链 E、F 的约束反力。

解: 这个构架由三根杆组成,其研究对象的选取不像上述例题有一定的规律。但是对构架整体来说,铰链 E、F 的约束反力都是内力,单纯以整体为研究对象是不能求出 E、F 处的约束反力的;因此一定要把整个构架拆开。拆开后取受力较为简单的杆 DF 为研究对象,其受力图如图 4-24(c)所示。其方程为

$$\sum M_E(\boldsymbol{F}) = 0, \qquad -F_{Fy}\times 2 + 500\ \text{N}\times 2 = 0, \quad F_{Fy} = 500\ \text{N}$$

$$\sum F_y = 0, \qquad F'_{Ey} - F_{Fy} - 500\ \text{N} = 0, \quad F'_{Ey} = F_{Fy} + 500\ \text{N} = 1\,000\ \text{N}$$

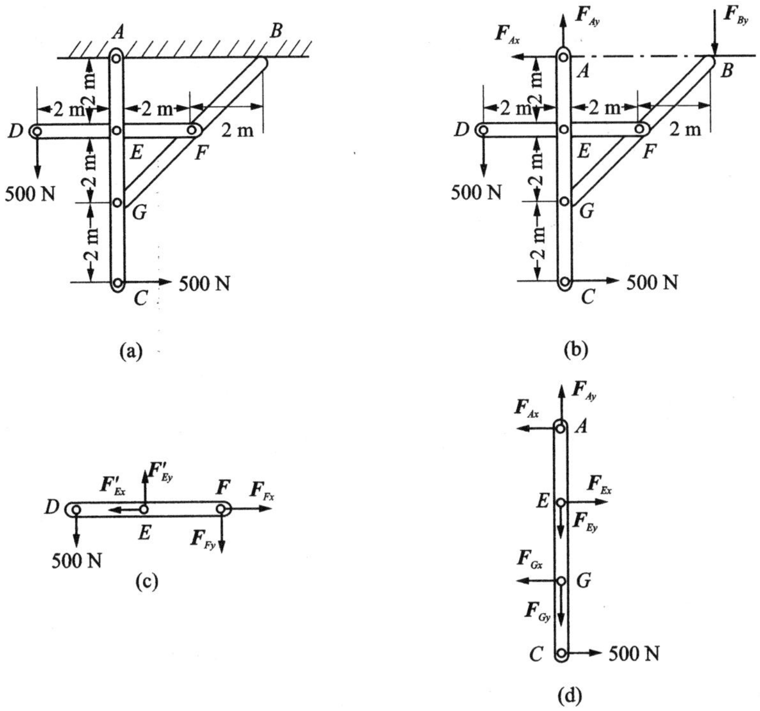

图 4-24

$$\sum F_x = 0, \qquad F_{Fx} - F'_{Ex} = 0, \quad F'_{Ex} = F_{Fx} \tag{a}$$

再取整体为研究对象，其受力图如图 4-24(b)所示。

$$\sum F_x = 0, \qquad 500\ \text{N} - F_{Ax} = 0$$

$$F_{Ax} = 500\ \text{N}$$

最后再取杆件 AC 为研究对象，其受力图如图 4-24(d)所示。

$$\sum M_G(\boldsymbol{F}) = 0, \qquad F_{Ax} \times 4 - F_{Ex} \times 2 + 500\ \text{N} \times 2 = 0$$

$$2F_{Ax} - F_{Ex} + 500\ \text{N} = 0$$

$$2 \times 500\ \text{N} - F_{Ex} + 500\ \text{N} = 0$$

解得

$$F_{Ex} = 1\ 500\ \text{N}$$

将 F_{Ex} 之值代入式(a)得铰链 E,F 的约束反力分别为

$$F_{Ex} = F'_{Ex} = 1\ 500\ \text{N}, \quad F_{Ey} = F'_{Ey} = 100\ \text{N}$$

$$F_{Fx} = F'_{Fx} = 1\ 500\ \text{N}, \quad F_{Fy} = 500\ \text{N}$$

以上分析是先后取杆 DF、整体及 AC 为研究对象。但是也可按其他的顺序选取不同的杆件或局部为研究对象，总之为了计算的简便要合理的选取研究对象。

4.5 简单平面桁架的内力计算

4.5.1 平面桁架的概念

桁架是由一些直杆在两端彼此铰接而成的几何形状不变的结构，它在工程中应用非常广泛。例如，房屋建筑中的屋架、大型起重机的机身、高压输电线路的塔架、铁路线上的桥梁桁架等，都属于桁架结构，图 4－25 所示即为一种桁架结构。

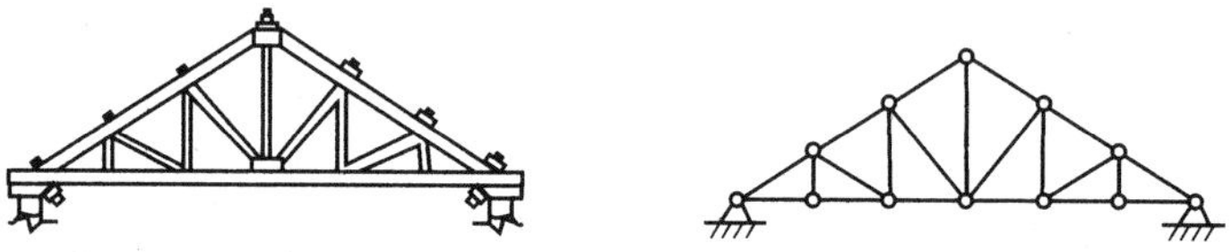

(a) (b)

图 4－25

空间桁架

如桁架上所有杆件的轴线都位于同一平面内，称为平面桁架；如不在同一平面内，则称为空间桁架。这里只研究平面桁架。杆件与杆件轴线的交点称为节点。杆件的端部实际上是固定端，由于桁架的杆件比较长，端部对整个杆件转动的限制作用比较小，因此，可以把节点抽象为光滑的铰链而不会引起较大的误差。

桁架的优点主要有：

(1) 主要承受拉力或压力；

(2) 结构质量轻，节省材料。

为了简化桁架的计算，工程上采用以下假设：

(1) 桁架上所有的杆件都为直杆。

(2) 杆件之间是光滑铰链连接。

(3) 桁架所受到的外载荷都作用于节点上。

(4) 桁架杆件的重量不计。

满足以上假设的桁架为理想桁架。实际桁架与上述假设有一定的差别，如桁架杆件的中心线不一定是直的，杆件的连接处不一定是铰接的等。但是在工程实际中，上述假设能简化计算，所得的计算结果也能满足工程实际需要。根据上述假设，桁架中所有的杆件均为二力杆，各杆的受力均沿杆的轴线方向，要么受拉，要么受压。

本节只讨论平面静定桁架，讨论桁架在外载荷作用下各杆件内力的计算方法。

4.5.2　平面桁架的内力计算

1. 节点法

桁架在外力(载荷及支座反力)作用下处于平衡,则其中任一部分都是平衡的。如果选取节点为研究对象,运用平面汇交力系的平衡方程可以求出作用于该点上的未知内力(杆的内力)。这种分析计算杆件内力的方法称为节点法。具体求解可用解析法,也可用几何法,这里仅讨论解析法。

由于作用于平面桁架节点上的力是平面汇交力系,对于每个节点可列出两个独立的平衡方程。因此,运用节点法求解时,所选取的节点,其未知量一般应不超过两个。

在计算过程中,桁架中各杆件的内力一般均假设为拉力,用背离节点的矢量来表示。若计算结果为正值,说明实际的内力确实为拉力;如果为负值,说明实际的内力为压力。

例 4-13　平面桁架的尺寸和支座如图 4-26(a)所示。在节点 D 处受一集中载荷 $F=10$ kN的作用。试求桁架各杆件所受的内力。

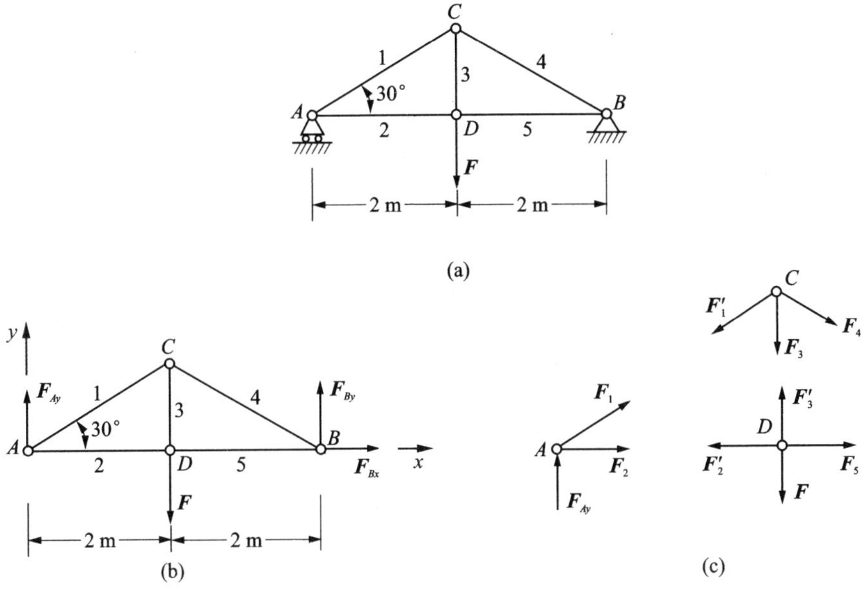

图 4-26

解:(1) 求支座反力

以桁架整体为研究对象。在桁架上受四个力 $\boldsymbol{F}$、$\boldsymbol{F}_{Ay}$、$\boldsymbol{F}_{Bx}$、$\boldsymbol{F}_{By}$ 作用如图(b)所示。列平衡方程为

$$\sum F_x = 0, \qquad F_{Bx} = 0$$

$$\sum M_A(\boldsymbol{F}) = 0, \qquad F_{By} \cdot 4 - F \cdot 2 = 0$$

$$\sum M_B(\boldsymbol{F}) = 0, \qquad F \cdot 2 - F_{Ay} \cdot 4 = 0$$

解得：　$F_{Bx}=0$，$F_{Ay}=F_{By}=5\ \text{kN}$

(2) 取一个节点为研究对象，计算各杆内力

假定各杆均受拉力，各节点受力如图 4-26(c)所示。为计算方便，最好逐次列出只含两个未知力的节点的平衡方程。

在节点 A，杆的内力 $\boldsymbol{F}_1$ 和 $\boldsymbol{F}_2$ 未知。列平衡方程为

$$\sum F_x = 0, \qquad F_2 + F_1 \cos 30^\circ = 0$$

$$\sum F_y = 0, \qquad F_{Ay} + F_1 \sin 30^\circ = 0$$

代入 $\boldsymbol{F}_{Ay}$ 的值后，解得：　$F_1=-10\ \text{kN}$，　$F_2=8.66\ \text{kN}$

在节点 C，杆的内力 $\boldsymbol{F}_3$ 和 $\boldsymbol{F}_4$ 未知。列平衡方程为

$$\sum F_x = 0, \qquad F_4 \cos 30^\circ - F'_1 \cos 30^\circ = 0$$

$$\sum F_y = 0, \qquad -F_3 - (F_1 + F_4) \sin 30^\circ = 0$$

代入 $\boldsymbol{F}'_1=\boldsymbol{F}_1$ 值后，解得：$F_4=-10\ \text{kN}$，$F_3=10\ \text{kN}$。

在节点 D，只有一个杆的内力 $\boldsymbol{F}_5$ 未知。列平衡方程为

$$\sum F_x = 0, \qquad F_5 - F'_2 = 0$$

代入 $\boldsymbol{F}'_2=\boldsymbol{F}_2$ 值后，得　$F_5=8.66\ \text{kN}$

(3) 判断各杆受拉力或受压力

原假定各杆均受拉力，计算结果 $\boldsymbol{F}_2$、$\boldsymbol{F}_5$、$\boldsymbol{F}_3$ 为正值，表明杆 2、5、3 确受拉力；内力 $\boldsymbol{F}_1$ 和 $\boldsymbol{F}_4$ 的结果为负值，表明杆 1 和杆 4 承受压力。

(4) 校核计算结果

解出各杆内力之后，可用尚未应用的节点平衡方程校核已得的结果。例如，可对节点 D 列出另一个平衡方程为

$$\sum F_y = 0, \qquad F - F_3 = 0$$

解得 $F_3=10\ \text{kN}$，与已求得的 $\boldsymbol{F}_3$ 相等，说明计算无误。

2. 截面法

用节点法计算桁架杆件内力时，是依次考虑节点的平衡。如果桁架中所有杆件的内力都要求求出，用节点法是比较方便的。但若只要求求出桁架中某些指定杆件的内力时，用节点法就显得太麻烦；因为求解过程中需求出一些无关杆件的内力，这时可采用截面法。截面法是用适当的截面截取桁架中一部分作为研究对象，这部分桁架在外力和被截断桁架杆件内力作用下处于平衡，并且组成平面任意力系，可列出

三个独立的平衡方程来求解未知量。因此，用截面法时，一般被截断的内力未知的杆件数应不多于三根。应用截面法求解杆件内力的关键，在于如何选取适当的截面，而截面的形状并无任何限制。

例 4－14　如图 4－27(a)所示平面桁架，各杆件的长度都等于 1 m，在节点 E 上作用载荷 $F_{P1}=10$ kN，在节点 G 上作用载荷 $F_{P2}=7$ kN。试计算杆 1、2 和 3 的内力。

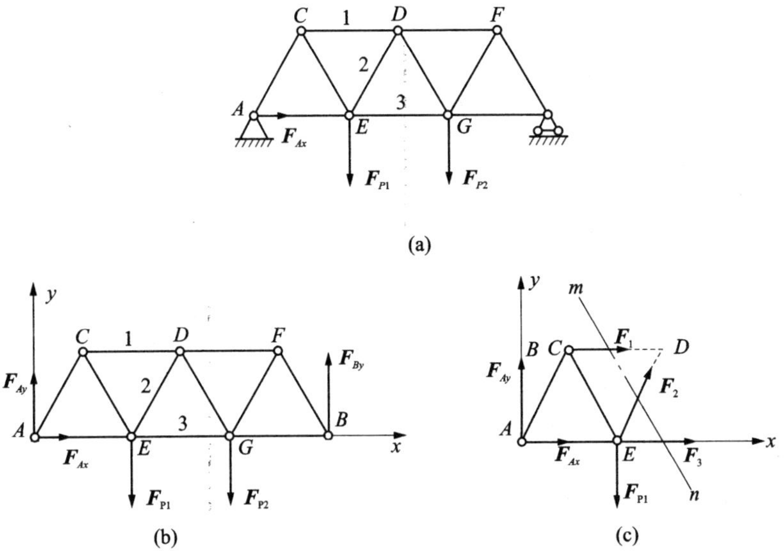

图 4－27

解：先求桁架的支座反力。以桁架整体为研究对象。在桁架上受主动力 $\boldsymbol{F}_{P1}$ 和 $\boldsymbol{F}_{P2}$ 以及约束反力 $\boldsymbol{F}_{Ax}$、$\boldsymbol{F}_{Ay}$ 和 $\boldsymbol{F}_{By}$ 的作用[见图 4－27(b)]。列出平衡方程：

$$\sum F_x = 0,\qquad F_{Ax} = 0$$

$$\sum F_y = 0,\qquad F_{Ay} + F_{By} - F_{P1} - F_{P2} = 0$$

$$\sum M_B(\boldsymbol{F}) = 0,\quad F_{P1}\cdot 2 + F_{P2}\cdot 1 - F_{Ay}\cdot 3 = 0$$

解得：　$F_{Ax}=0$，　$F_{Ay}=9$ kN，　$F_{By}=8$ kN

为求杆 1、2 和 3 的内力，可作一截面 $m-n$ 将三杆截断。选取桁架左半部为研究对象。假定所截断的三杆都受拉力，受力如图 4－27(c)所示，为一平面任意力系。列平衡方程为

$$\sum M_E(\boldsymbol{F}) = 0,\qquad -F_1\frac{\sqrt{3}}{2}\cdot 1 - F_{Ay}\cdot 1 = 0$$

$$\sum F_y = 0,\qquad F_{Ay} + F_2\sin 60^\circ - F_{P1} = 0$$

$$\sum M_D(\boldsymbol{F}) = 0,\qquad F_{P1}\cdot\frac{1}{2} + F_3\cdot\frac{\sqrt{3}}{2}\cdot 1 - F_{Ay}\cdot 1.5 = 0$$

解得：$F_1=-10.4$ kN(压力)，$F_2=1.15$ kN(拉力)，$F_3=9.81$ kN(拉力)。

如选取桁架的右半部为研究对象，可得同样的结果。

由上例可知，采用截面法时，选择适当的力矩方程，常可较快地求得某些指定杆件的内力。当然，应注意到，平面任意力系只有三个独立的平衡方程，因而，作截面时每次最多截断三根内力未知的杆件。如截断内力未知的杆件多于三根时，它们的内力还需联合由其他截面列出的方程一起求解。

***例 4-15** 悬臂式桁架如图 4-28(a)所示，试求杆件 GH、HJ、HK 的内力。

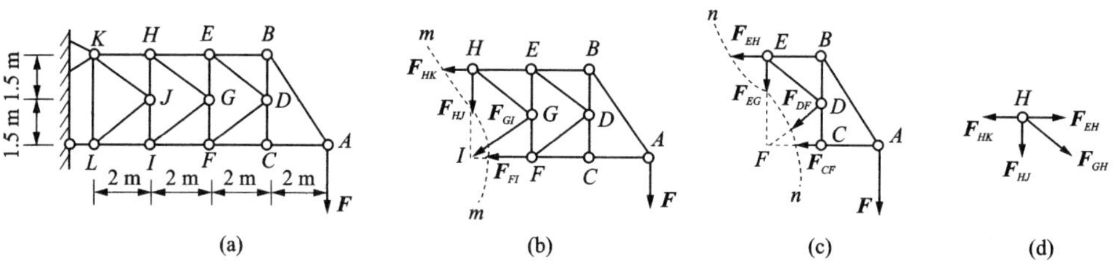

图 4-28

解：从图上看，若依次取节点 A、B、C、D、E、F、G、H 为研究对象，应用平衡方程，即可求出杆件 GH、HJ、HK 的内力。但这样在时间和精力上都很不经济，那么，能不能从靠节点 H 的支座节点 K、L 着手呢？不可能。因为取桁架整体为研究对象求出了支座 K、L 的约束反力之后，再取 K、L 节点研究，仍都含有三个未知量。

另一方面，由于结构较为复杂，任何截面都至少要截取四根杆件，从而必然会出现四个未知量，因此，不可能选取一个截面就解决全部问题，而必须选取多个截面，所以用截面法也不太方便。

本题最简捷的求解途径是联合应用截面法和节点法。

(1) 用假想 $m-m$ 截面将杆件 HK、HJ、GI、FI 截断，取右半桁架为研究对象，其受力图如图 4-28(b)所示。独立平衡方程只有三个，而未知量却有 $\boldsymbol{F}_{HK}$、$\boldsymbol{F}_{HJ}$、$\boldsymbol{F}_{GI}$、$\boldsymbol{F}_{FI}$ 共 4 个，但点 I 为 $\boldsymbol{F}_{HJ}$、$\boldsymbol{F}_{GI}$、$\boldsymbol{F}_{FI}$ 的交点，故有

$$\sum M_I(\boldsymbol{F})=0,\qquad -F\times 6+F_{HK}\times 3=0$$

解得：$F_{HK}=2F$。

(2) 为了求 F_{GH}、F_{HJ}，取节点 H 为研究对象[见图 4-28(d)]。但节点 H 含 $\boldsymbol{F}_{HE}$、$\boldsymbol{F}_{HJ}$、$\boldsymbol{F}_{HG}$ 三个未知量，解不出来。故先用截面法求出 $\boldsymbol{F}_{EH}$。为此，用另一假想截面 $n-n$ 将杆件 CF、DF、EH 截断，取右半桁架为研究对象，受力如图 4-28(c)所示，由

$$\sum M_F(\boldsymbol{F})=0,\quad -F\times 4+F_{EH}\times 3=0$$

解得：$F_{EH}=\dfrac{4}{3}F$

(3) 取节点 H 为研究对象，其受力如图 4-28(d)所示，则有

$$\sum F_x=0,\qquad F_{EH}+F_{GH}\times\frac{2}{\sqrt{2^2+1.5^2}}-F_{HK}=0$$

解得：
$$F_{GH}=\left(2F-\frac{4}{3}F\right)\times\frac{2.5}{2}=\frac{5}{6}F$$

$$\sum F_y=0,\qquad -F_{GH}\times\frac{1.5}{\sqrt{2^2+1.5^2}}-F_{HJ}=0$$

解得：
$$F_{HJ}=-F_{GH}\times\frac{1.5}{\sqrt{2^2+1.5^2}}=-\frac{5}{6}F\times\frac{1.5}{2.5}=-\frac{F}{2}$$

由计算结果可知 $\boldsymbol{F}_{HK}$、$\boldsymbol{F}_{GH}$ 为拉力，F_{HJ} 为压力。

思 考 题

1. 某平面力系向平面内任一点简化的结果都相同，此力系的最终简化结果可能是什么？

2. 平面汇交力系的平衡方程中，可否取两个力矩方程，或一个力矩方程和一个投影方程？这时，其矩心和投影轴的选择有什么限制？

3. 图 4－29 所示为三铰拱，在构件 CB 上分别作用一力偶 M[见图 4－29(a)]或力 F[见图 4－29(b)]。当求铰链 A，B，C 的约束时，能否将力偶 M 或力 F 分别移到构件 AC 上？为什么？

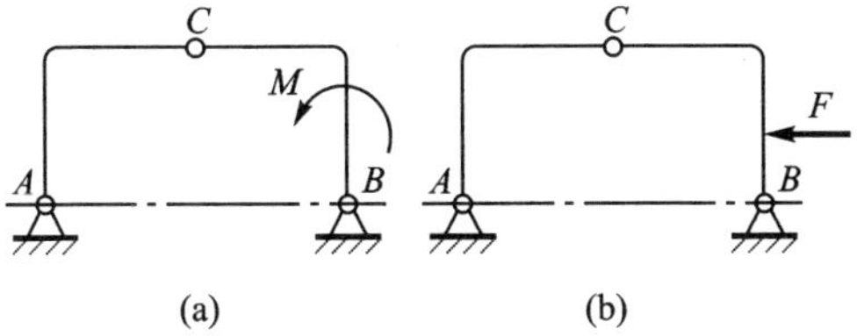

图 4－29

4. 怎样判断静定和超静定问题？图 4－30 所示的 6 种情形中哪些是静定问题，哪些是超静定问题？

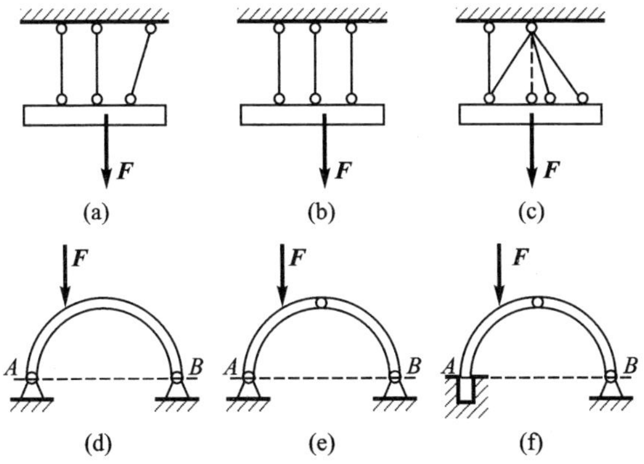

图 4－30

5. 能否直接找出图 4－31 所示桁架中内力为零的杆件？

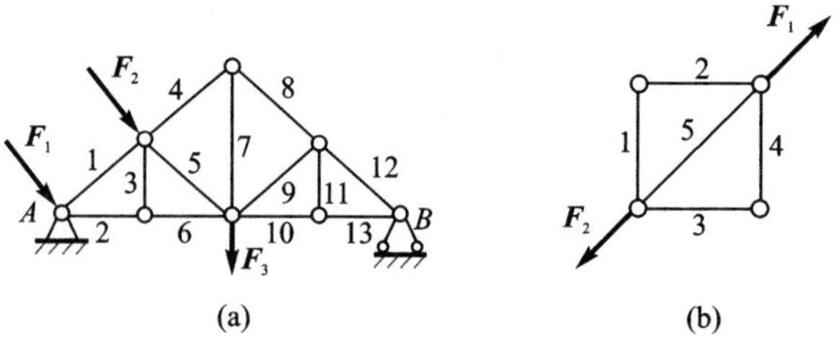

图 4－31

习　题

4－1　如题 4－1 图所示，已知 $F_1=150\ \mathrm{N}$，$F_2=200\ \mathrm{N}$，$F_3=300\ \mathrm{N}$，$F=F'=200\ \mathrm{N}$。求力系向点 O 的简化结果，并求力系合力的大小及其与原点 O 的距离 d。

答：$\sum M_O(F)=21.44\ \mathrm{N\cdot m}$；$F_\mathrm{R}=F'_\mathrm{R}=466.5\ \mathrm{N}$；$d=45.96\ \mathrm{mm}$。

4－2　一绞盘有三个等长的柄，长度为 l，其间夹角 φ 均为 120°，每个柄端各作用一垂直于柄的力 F，如题 4－2 图所示。试求：(1) 向中心点 O 简化的结果；(2) 向 BC 连线的中点 D 简化的结果。这两个结果说明了什么问题？

答：(1) $F'_\mathrm{R}=0$，$M=3Fl$；(2) $F'_\mathrm{R}=0$，$M=3Fl$。

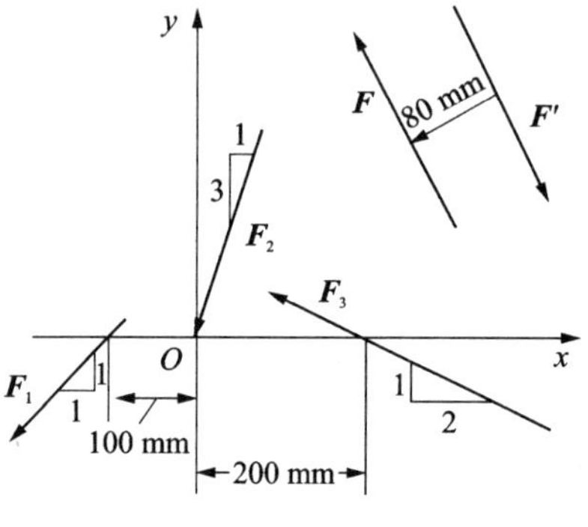

题 4－1 图

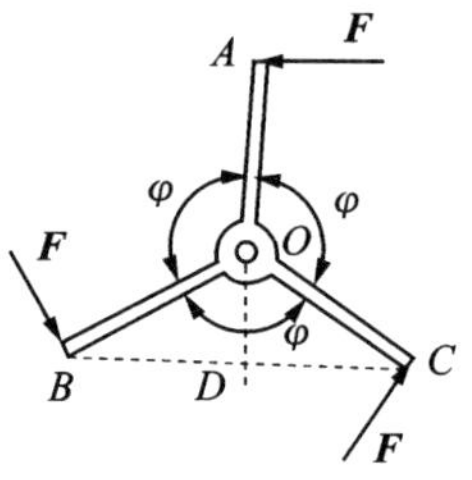

题 4－2 图

4－3　无重水平梁的支撑和载荷如题 4－3(a)、(b)图所示，力 $\boldsymbol{F}$、力偶矩 M 及均布载荷 q 均为已知，求支座 A、B 的约束反力。

答：(a) $F_{Ax}=0$，$F_{Ay}=-\dfrac{1}{2}\left(F+\dfrac{M}{a}\right)$，$F_B=\dfrac{1}{2}\left(3F+\dfrac{M}{a}\right)$，

(b) $F_{Ax}=0$，$F_{Ay}=-\dfrac{1}{2}\left(F+\dfrac{M}{a}-\dfrac{5}{2}qa\right)$，$F_B=\dfrac{1}{2}\left(3F+\dfrac{M}{a}-\dfrac{1}{2}qa\right)$。

4－4　题 4－4 图所示为钢架 $ABCD$ 的荷载及支撑情况。试求图示支座 A、B 的约束反力。

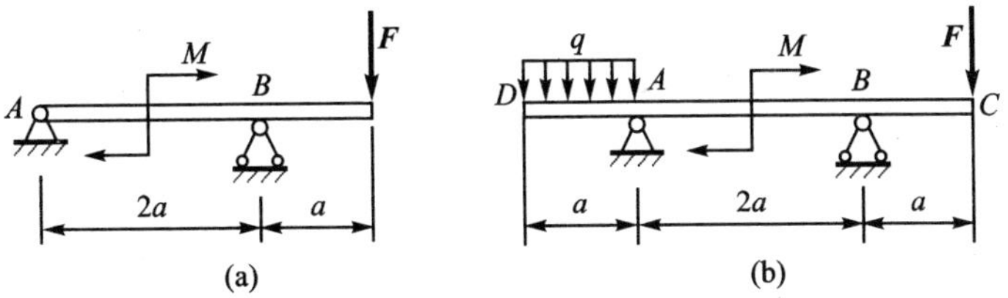

题 4-3 图

答：(a) $F_B=2.85$ kN，$F_{Ax}=3.6$ kN，$F_{Ay}=0.15$ kN，

(b) $F_B=2.85$ kN，$F_{Ay}=-2.85$ kN，$F_{Ax}=3.6$ kN。

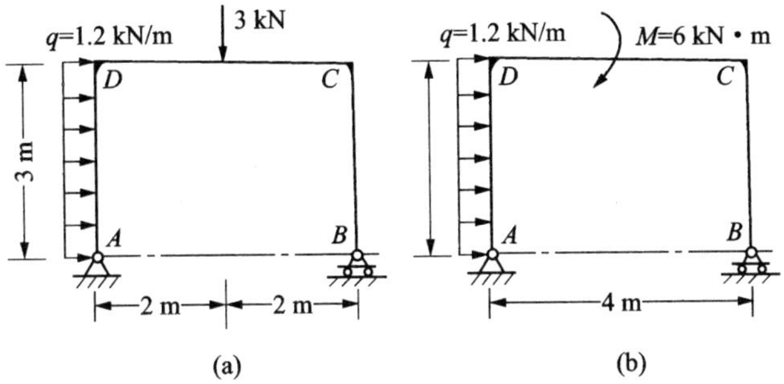

题 4-4 图

4-5　在题 4-5 图示的钢架中，已知 $q=3$ kN/m，$F=6\sqrt{2}$ kN，$M=10$ kN·m，不计钢架自重，求固定端 A 的约束反力。

答：$F_{Ax}=0$，$F_{Ay}=6$ kN，$M_A=12$ kN·m。

4-6　题 4-6 图示起重机，不计平衡锤的重量时，移动式起重机重为 $W=500$ kN，作用于 C 点，它距离右轨为 $e=1.5$ m。起重机的起重量为 $F=250$ kN，到右轨距离为 $l=10$ m。欲使跑车 E 在满载或空载时，起重机在任何位置均不至于翻倒，求平衡锤的最小重量 G_{min} 以及平衡锤到左轨 A 的最大距离 x_{max}。跑车 E 的自重不计，$b=3$ m。

答：$G_{min}=333.3$ kN，$x_{max}=6.75$ m。

4-7　构架 ABC 在 A 点受 $F=1$ kN 的力作用，杆 AB 和 CD 在 D 点用铰链连接，B 和 C 点均为固定铰链支座，如题 4-7 图所示。如不计杆重，求杆 CD 所受的力 $\boldsymbol{F}_{CD}$ 和支座 B 的约束反力 $\boldsymbol{F}_B$。

答：$F_{CD}=2.5$ kN，$F_B=1.8$ kN。

4-8　题 4-8 图所示的三铰拱钢架，受水平力 $\boldsymbol{F}$ 的作用。求铰链支座 A、B 和铰链 C 的约束反力。

答：$F_A=\frac{\sqrt{2}}{2}F$，$F_B=\frac{\sqrt{2}}{2}F$，$F_C=\frac{\sqrt{2}}{2}F$。

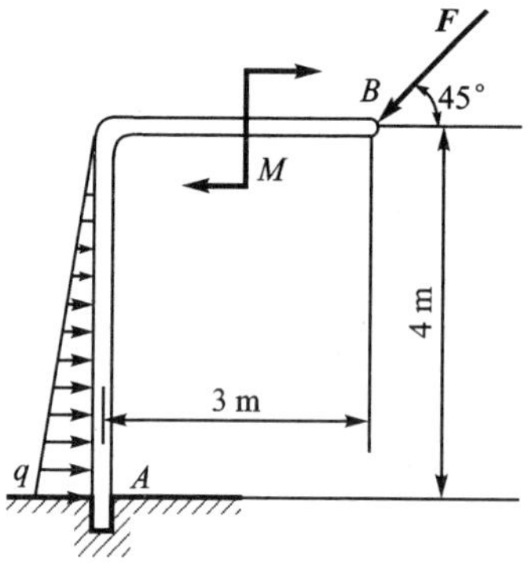

题 4－5 图

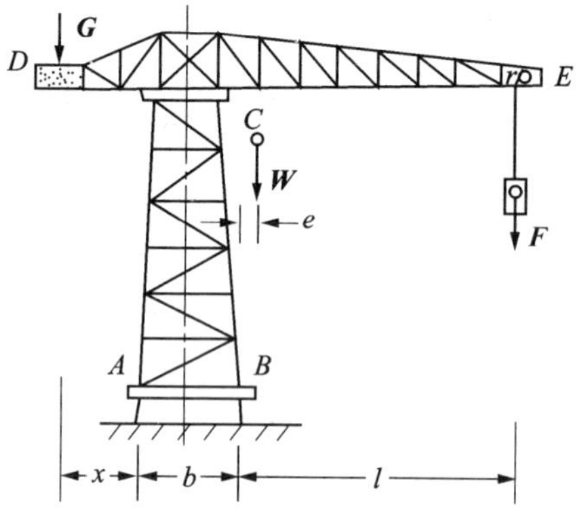

题 4－6 图

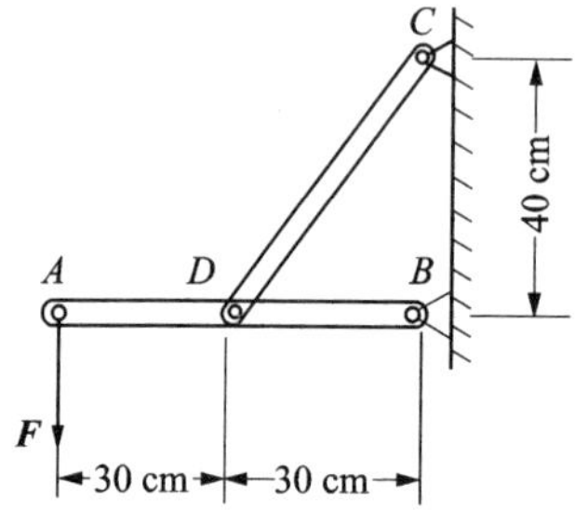

题 4－7 图

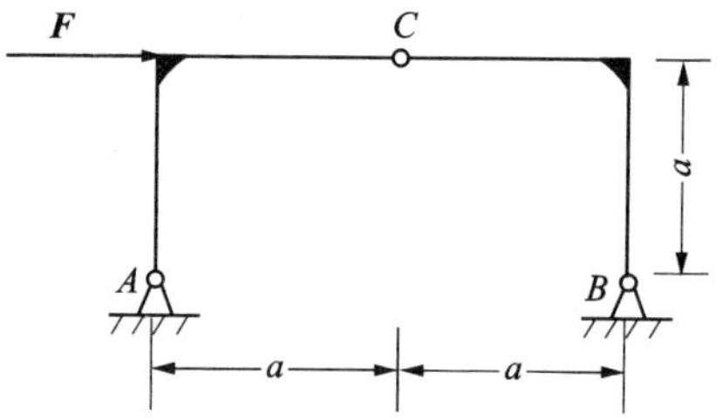

题 4－8 图

4－9　多跨梁在 C 点用铰链连接在梁上，受均布荷载 $q=5\ \text{kN/m}$ 的作用，尺寸如题 4－9 图所示。求支座 A 和链杆 B、D 的约束反力。

答：$F_A=-10\ \text{kN}$，$F_B=25\ \text{kN}$，$F_D=5\ \text{kN}$。

4－10　多跨梁如题 4－10 图所示，求支座及链杆 B、C、D 的约束反力。

答：$F_A=-20\ \text{kN}$，$F_B=60\ \text{kN}$，$F_C=60\ \text{kN}$，$F_D=-20\ \text{kN}$。

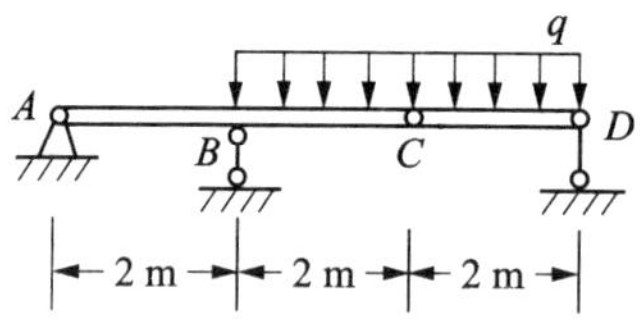

题 4－9 图

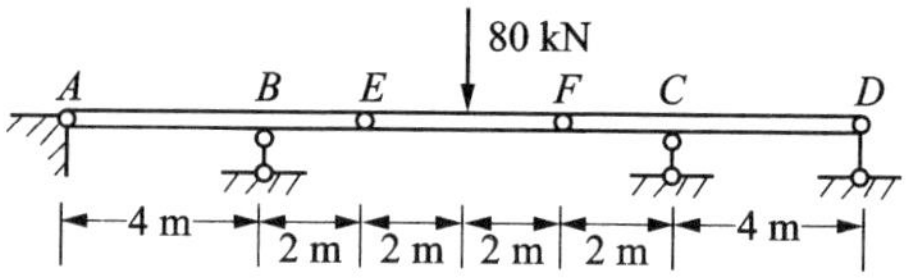

题 4－10 图

4－11　梯子的两部分 AB 和 AC 在 A 点铰接，又在 D、E 两点用水平绳子连接。梯子放在光滑水平面上，其一边作用有铅垂力 $\boldsymbol{F}$，尺寸如题 4－11 图所示，不计梯重，求梯子平衡时绳 DE 中的拉力。设 a、l、h 和 θ 均为已知。

答：$F_T=\dfrac{a\cos\theta}{2h}F$。

4-12　题 4-12 图所示构架，不计自重，A、B、D、E、F、G 都是铰链，设 $F_P=5\ \text{kN}$，$F_Q=3\ \text{kN}$，$a=2\ \text{m}$。试求铰链 G 和杆 ED 所受的力。

答：$F_{Gx}=11\ \text{kN}$，$F_{Gy}=3\ \text{kN}$，$F_{DE}=15.56\ \text{kN}$(压力)。

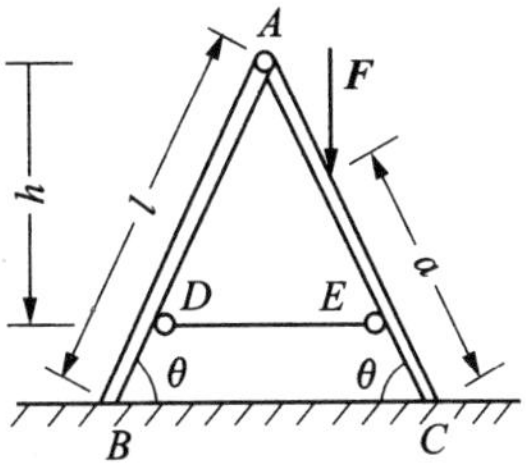

题 4-11 图

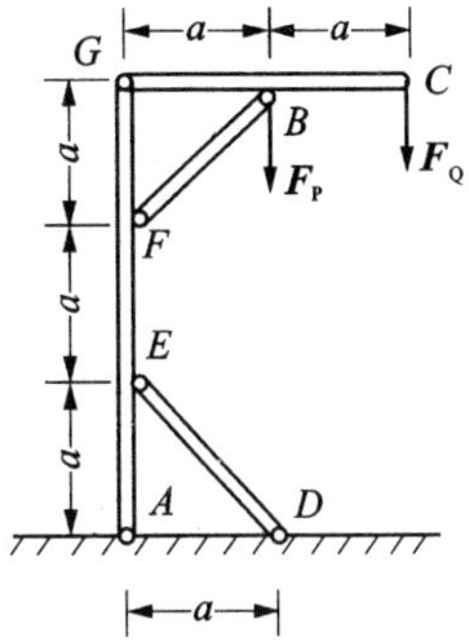

题 4-12 图

4-13　曲柄连杆活塞机构如题 4-13 图所示，此时活塞上受力 $F=400\ \text{N}$。如不计所有构件的自重和摩擦，问在曲柄上加多大的力矩才能使机构平衡。

答：$M=6\ 000\ \text{N}\cdot\text{cm}$。

4-14　题 4-14 图所示为一颚式破碎机的设计简图。电动机传给 OE 杆的力矩为 $M=100\ \text{N}\cdot\text{m}$，使 OE 旋转，并通过连杆 CE、BC 和夹板 AB 压碎石料。设机构工作时与夹板的接触点 G 离 A 轴 40 cm，石块对夹板的反力 F_R 可分解为 F_P 和 F，且 $F=0.4F_P$，指向如图。已知 $OE=10\ \text{cm}$，$AB=BC=CD=60\ \text{cm}$，不计各杆的自重，破碎机在图示位置处于平衡，试计算：(1) 连杆 CE 和 CB 所受的力。(2) 夹板的破碎力 F_P 及支座 A 的约束反力。

答：(1) $F_{CE}=1\ 004\ \text{N}$(拉力)，$F_{CB}=948\ \text{N}$(压力)；

(2) $F_P=1\ 422\ \text{N}$，$F_{Ax}=-695\ \text{N}$，$F_{Ay}=-256\ \text{N}$。

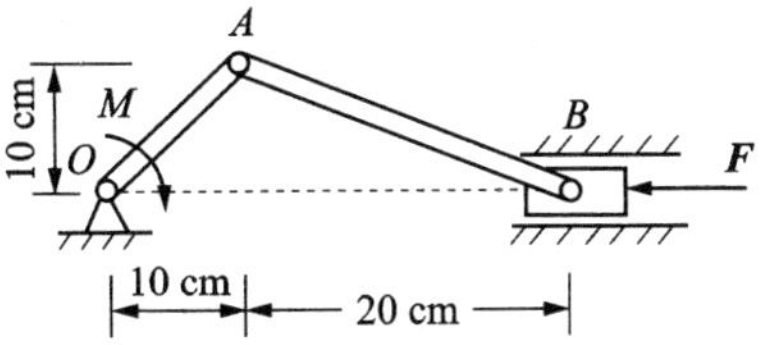

题 4-13 图

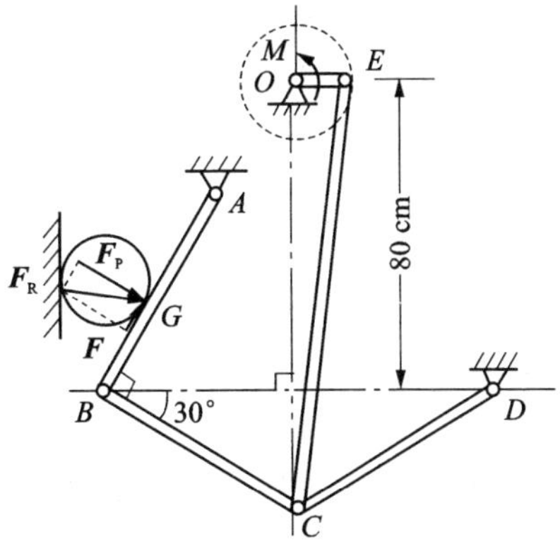

题 4-14 图

4-15 在题 4-15 图所示构架中，A、C、D、E 处为铰链连接，BD 杆上的销钉 B 置于 AC 杆的光滑槽内，力 $F=200$ N，力偶矩 $M=100$ N·m，不计各构件重量，各尺寸如图，求 A、B、C 处所受力。

答：$F_{Ax}=267$ N，$F_{Ay}=-87.5$ N，$F_B=550$ N，$F_{Cx}=209$ N，$F_{Cy}=-187.5$ N。

***4-16** 题 4-16 图所示构架，由直杆 BC、CD 及直角弯杆 AB 组成，各杆自重不计。载荷分布及尺寸如图，销钉 B 穿透 AB 及 BC 两构件。在销钉 B 上作用一集中载荷 F。已知 q、a、M，且 $M=qa^2$。求固定端 A 的约束反力及销钉 B 对 BC 杆、AB 杆的作用力。

答：$F_{Ax}=-qa$，$F_{Ay}=F+qa$，$M_A=(F+qa)a$，$F_{BCx}=-\dfrac{qa}{2}$，$F_{BCy}=qa$，$F_{BAy}=-(F+qa)$。

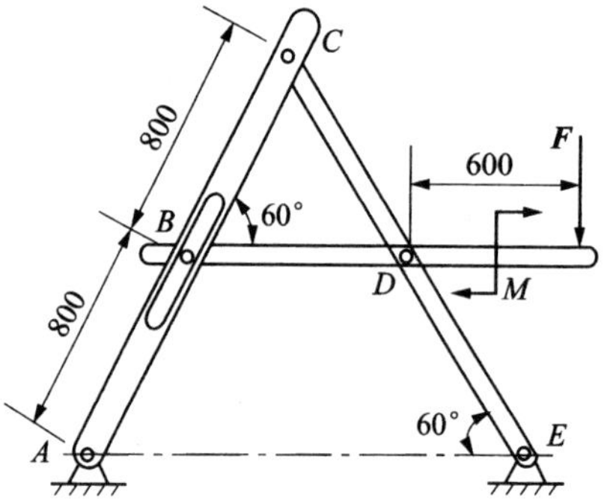

题 4-15 图

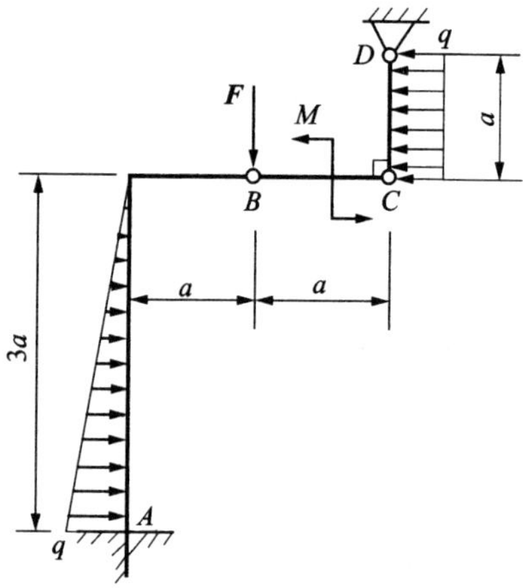

题 4-16 图

4-17 试求题 4-17 图(a)、(b)所示构架中 A、E 处的约束反力。设竖直力 $F=8$ kN，尺寸如图示。

答：(a) $F_{Ax}=0$，$F_{Ay}=-1$ kN，$F_E=9$ kN；(b) $F_{Ax}=7$ kN，$F_{Ay}=-1$ kN，$F_{Ex}=-7$ kN，$F_{Ey}=9$ kN。

4-18 题 4-18 图示结构，已知：$q=10$ kN/m，$F_P=20$ kN，$F_Q=30$ kN。试求固定端 A 的约束反力。

答：$F_{Ax}=0$，$F_{Ay}=40$ kN，$M_A=60$ kN。

4-19 平面悬臂桁架所受的载荷如题 4-19 图所示，求杆 1、2 和 3 的内力。

答：$F_1=-5.333F$，$F_2=2F$，$F_3=1.667F$。

4-20 平面桁架的支座和载荷如题 4-20 图所示。ABC 为等边三角形，E，F 为两腰中点，又 $AD=DB$。求杆 CD 的内力 $\boldsymbol{F}_{CD}$。

答：$F_{CD}=-0.866F$。

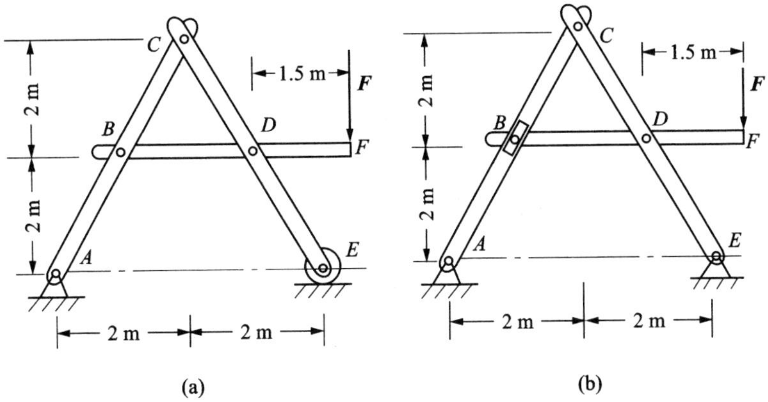

题 4－17 图

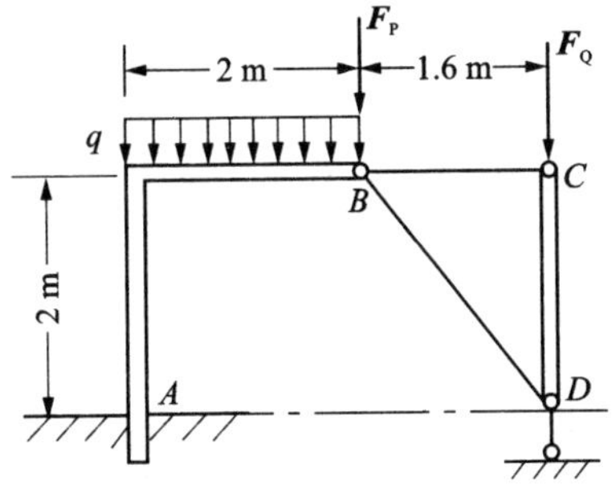

题 4－18 图

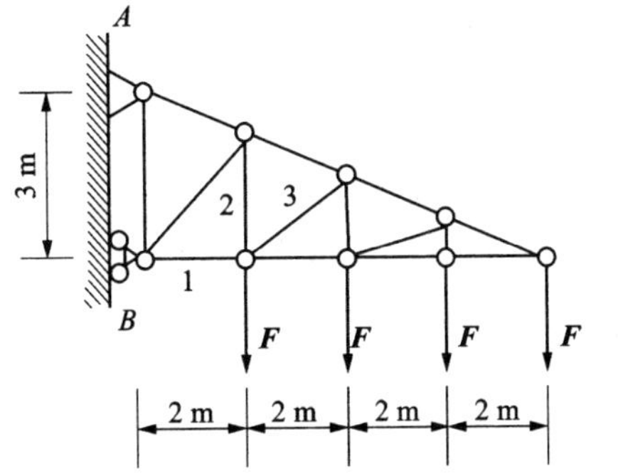

题 4－19 图

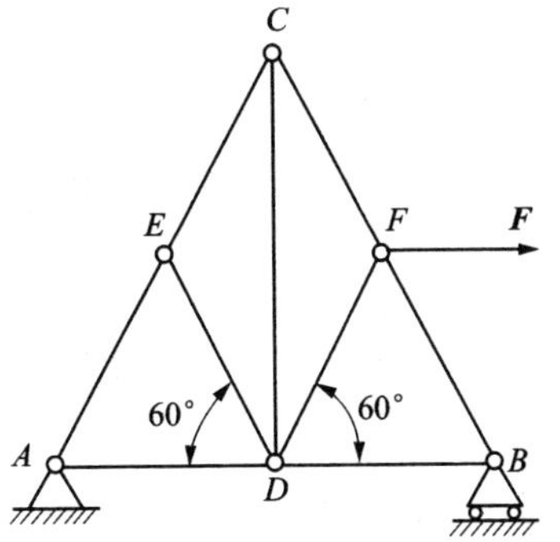

题 4－20 图

4-21　桁架受力如题4-21图所示，已知 $F_1=10$ kN，$F_2=F_3=20$ kN。试求桁架4，5，7，10各杆的内力。

答：$F_4=21.8$ kN，$F_5=16.73$ kN，$F_7=-20$ kN，$F_{10}=-43.64$ kN。

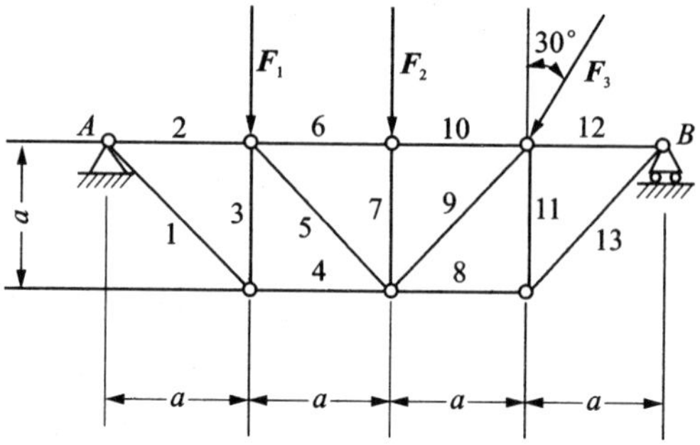

题 4-21 图

4-22　平面桁架的支座和载荷如题4-22图所示，求杆1、2和3的内力。

答：$F_1=-\dfrac{4}{9}F$，$F_2=-\dfrac{2}{3}F$，$F_3=0$。

4-23　题4-23图所示一平面构架，不计自重，已知：$F_1=4\sqrt{5}$ kN，$F_2=20$ kN，$F_3=20$ kN，$M=10$ kN·m，$a=4$ m，$b=6$ m。试求固定端 A 的约束反力，及桁架中三根竖杆的内力。

答：$F_{Ax}=4$ kN，$F_{Ay}=27.5$ kN，$M_A=50$ kN·m，1、2、3竖杆分别受力为：0，-25 kN，0。

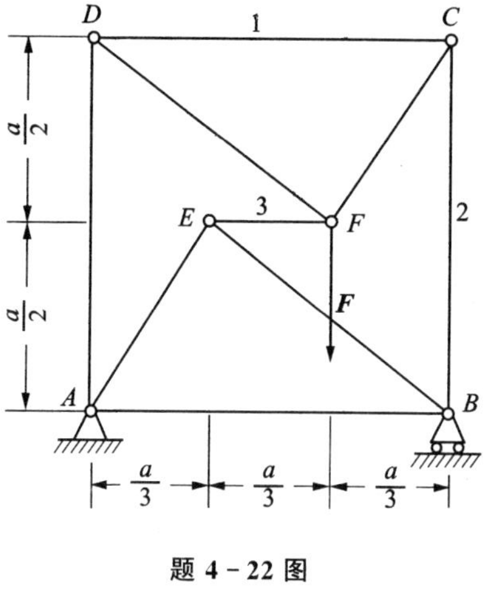

题 4-22 图

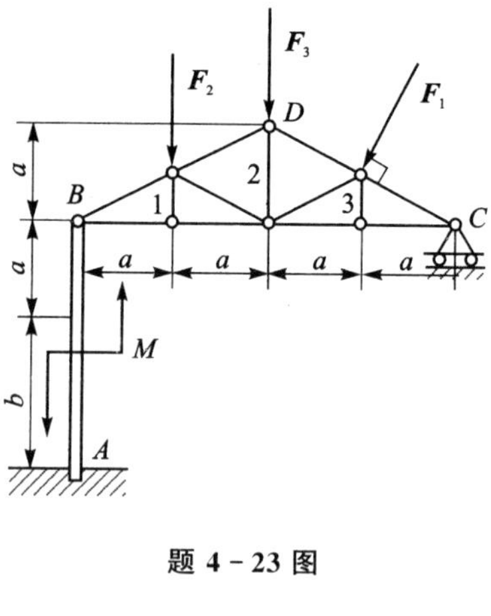

题 4-23 图

第5章　摩　擦

摩擦是一种极其复杂的物理-力学现象，目前尚未形成完备的理论。本章所阐述的内容仍是建立在古典摩擦理论基础之上的一种近似计算。

本章重点研究滑动摩擦的有关规律及考虑摩擦时的平衡问题，对滚动摩擦只作简单介绍。

5.1　滑动摩擦

5.1.1　摩擦概念

前面讨论的平衡问题均未考虑摩擦。假设物体间接触均是光滑的，这是实际问题中的一种理想情况。当物体间接触面足够光滑或者润滑较好时，这种假设所产生的误差不大。但当摩擦成为主要因素时，摩擦力不仅不能忽略，而且应该作为重要的因素来考虑。

例如车辆行驶、机器的运转都存在摩擦；夹具利用摩擦夹紧工具；制动器利用摩擦刹车；传动带利用摩擦传递轮子间的运动。在此类问题中，摩擦对物体的平衡和运动起着重要作用，这是有利的一面；另一方面摩擦也有其不利的一面，如摩擦使机器中的零件磨损、发热、损耗能量等。

研究摩擦的目的是要掌握其规律，充分利用其有利的一面，尽可能避免其有害的一面，为工程实际服务。

按照物体接触部分的运动情况，摩擦可分为滑动摩擦和滚动摩擦两类。滑动摩擦按照两物体接触表面间是否有润滑剂可分为湿摩擦和干摩擦。

5.1.2　滑动摩擦

两个表面粗糙的物体，当其接触表面之间有相对滑动趋势或相对滑动时，彼此作用有阻碍相对滑动的阻力，即滑动摩擦力。摩擦力作用于相互接触处，其方向与相对滑动的趋势或相对滑动的方向相反，它的大小根据主动力作用的不同，可以分为三种情况，即静滑动摩擦力、最大静滑动摩擦力和动滑动摩擦力。

1. 静滑动摩擦力及静摩擦定律

在粗糙的水平面上放置一重为 $\boldsymbol{G}$ 的物体，该物体在重力 $\boldsymbol{G}$ 和法向反力 $\boldsymbol{F}_N$ 的作用下处于静止状态[见图 5－1(a)]。今在该物体上作用一大小可变化的水平拉力 $\boldsymbol{F}$，当拉力 $\boldsymbol{F}$ 由零值逐渐增加但不很大时，物体仅有相对滑动趋势，但仍保持静止。可见支撑面对物体除法向约束力 $\boldsymbol{F}_N$ 外，还有一个阻碍物体沿水平面向右滑动的切向约束力，此力即为静滑动摩擦力，简称**静摩擦力**，常以 $\boldsymbol{F}_s$ 表示，方向与滑动趋势相反，如图 5－1(b)所示。它的大小由平衡条件确定。此时有

$$\sum F_x = 0, \qquad F_s = F$$

由上式可知，静摩擦力的大小随主动力 $\boldsymbol{F}$ 的增大而增大，但它并不随主动力 $\boldsymbol{F}$ 的增大而无限度地增大。当主动力 $\boldsymbol{F}$ 的大小达到一定数值时，物块处于平衡的临界状态。这时，静摩擦力达到最大值，即为**最大静滑动摩擦力**，简称**最大静摩擦力**，以 $\boldsymbol{F}_{max}$ 表示。此后，如果主动力 $\boldsymbol{F}$ 再继续增大，静摩擦力也不能再随之增大，物体将失去平衡而滑动。

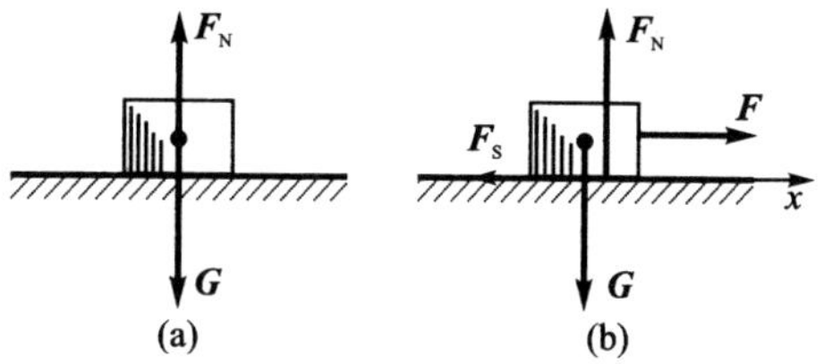

图 5－1

综上所述，静摩擦力的大小随主动力的情况而改变，但介于零与最大值之间，即

$$0 \leqslant \boldsymbol{F}_s \leqslant \boldsymbol{F}_{max} \tag{5-1}$$

实验表明：最大静摩擦力的大小与两物体间的正压力(即法向约束力)成正比，即

$$\boldsymbol{F}_{max} = f_s \boldsymbol{F}_N \tag{5-2}$$

式中 f_s 是比例常数，称为**静摩擦因数**，无量纲。

式(5－2)称为静摩擦定律(又称库仑摩擦定律)，是工程中常用的近似理论。

静摩擦因数的大小需由实验测定。它与接触物体的材料和表面情况(如粗糙度、温度和湿度等)有关，而与接触面积的大小无关。

静摩擦因数的数值可在工程手册中查到，表 5－1 中列出了一部分常用材料的摩擦因数。但影响摩擦因数的因素很复杂，如果需用比较准确的数值时，必须在具体条件下进行实验测定。

表 5－1　摩擦因数参考值

材料名称	摩擦因数			
	静摩擦因数 f_s		动摩擦因数 f'	
	无润滑剂	有润滑剂	无润滑剂	有润滑剂
钢—钢	0.15	0.1～0.2	0.15	0.05～0.10
钢—铸铁	0.3	—	0.18	0.05～0.15

续表 5-1

材料名称	摩擦因数			
	静摩擦因数 f_s		动摩擦因数 f'	
	无润滑剂	有润滑剂	无润滑剂	有润滑剂
钢—青铜	0.15	0.1～0.15	0.15	0.1～0.15
钢—橡胶	0.9	—	0.6～0.8	—
铸铁—铸铁	—	0.18	0.15	0.07～0.12
铸铁—青铜	—	—	0.15～0.2	0.07～0.12
铸铁—皮革	0.3～0.5	0.15	0.6	0.15
铸铁—橡胶	—	—	0.8	0.5
青铜—青铜	—	0.10	0.2	0.07～0.10

2. 动滑动摩擦力

当主动力继续增大时，物体之间将产生相对滑动，此时物体接触面间仍有摩擦力。这种阻碍物体滑动的摩擦力称为**动滑动摩擦力**，简称**动摩擦力**，以 $\boldsymbol{F}'$ 表示。实践表明，动摩擦力 $\boldsymbol{F}'$ 的方向与滑动方向相反，大小与两个物体接触面的法向反力 F_N 的大小成正比，即

$$\boldsymbol{F}' = f' \cdot \boldsymbol{F}_N \tag{5-3}$$

式中：f' 称为动摩擦因数，无量纲。其参考数值如表 5-1 所列。

动摩擦力的方向与物体相对滑动速度的方向相反；多数情况下，动摩擦因数随相对滑动速度的增大而稍减小，但当相对滑动速度不大时，动摩擦因数可近似的认为是个常数(参阅表 5-1)。

一般情况下，动摩擦因数 f' 略小于静摩擦因数 f_s；但在处理实际工程问题中，为了计算简便，有时也取 $f'=f_s$。

3. 摩擦角与自锁现象

当存在摩擦时，物体受到接触面的约束反力包括法向反力 $\boldsymbol{F}_N$ 和摩擦力 $\boldsymbol{F}_S$ 的作用。这两个力的合力 $\boldsymbol{F}_R$ 称为支撑面对物体的全约束反力，简称全反力，即

$$\boldsymbol{F}_R = \boldsymbol{F}_S + \boldsymbol{F}_N$$

设 $\boldsymbol{F}_R$ 与接触面法线的夹角为 φ，则

$$\tan\varphi = \frac{F}{F_N}$$

图 5-2 中，物体上作用主动力，即水平方向力 $\boldsymbol{F}_Q$ 和竖直方向力 $\boldsymbol{F}_P$。若 $\boldsymbol{F}_P$ 不变，那么物体在开始滑动前，静摩擦力 $\boldsymbol{F}_S$ 将随主动力的水平方向力 $\boldsymbol{F}_Q$ 的增大而增大。设力 $\boldsymbol{F}_Q$ 增大到 $\boldsymbol{F}_{Qk}$ 时，物体处于临界状态，这时的静摩擦力为 $\boldsymbol{F}_{max}$，相应的全反力也达到了最大值，如图 5-3 所示。角 φ_m 称为**静摩擦角**，简称**摩擦角**。也就是说，摩擦角就是静摩擦达到最大值时，全反力与支撑面法线间的夹角。当物体处于平衡

时，静摩擦力总是小于或等于最大静摩擦力，则全反力与法向反力的夹角也总是小于或等于摩擦角 φ_m，即

$$0 \leqslant \varphi \leqslant \varphi_m \tag{5-4}$$

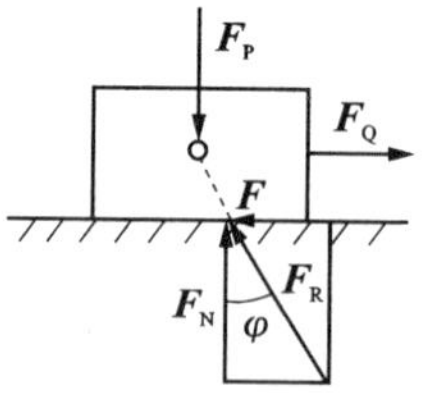

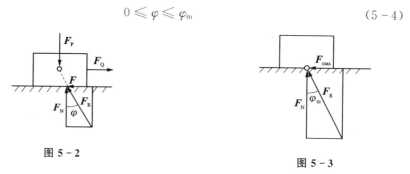

图 5-2

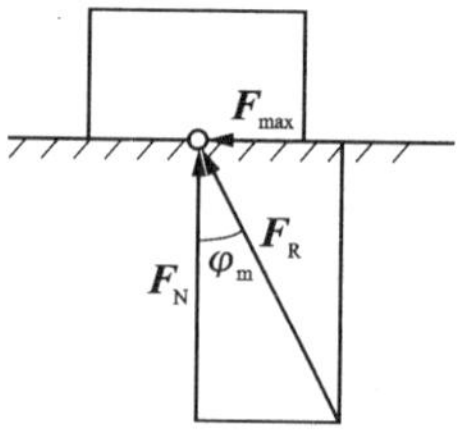

图 5-3

处于临界状态时

$$\boldsymbol{F}_R = \boldsymbol{F}_{R,max} = \boldsymbol{F}_{max} + \boldsymbol{F}_N$$

显然

$$\tan \varphi_m = \frac{F_{max}}{F_N} = \frac{f_s F_N}{F_N} = f_s \tag{5-5}$$

由式(5-5)可看出：摩擦角的正切 $\tan \varphi_m$ 等于静摩擦因数 f_s。

从图 5-2 和图 5-3 中可以看出，如果改变水平力 $\boldsymbol{F}_{Qk}$ 作用线的方向，则 $\boldsymbol{F}_{max}$ 及 $\boldsymbol{F}_{R,max}$ 的方向也随之改变。若 $\boldsymbol{F}_{Qk}$ 力转过一圈，则全反力 $\boldsymbol{F}_{R,max}$ 的作用线将在空间画出一个锥面，称为**摩擦锥**。若物体与支撑面间沿任何方向的静摩因数相同，则 φ_m 都相等，摩擦锥是一个以接触面法线为轴线，顶角为 $2\varphi_m$ 的圆锥，如图 5-4 所示。

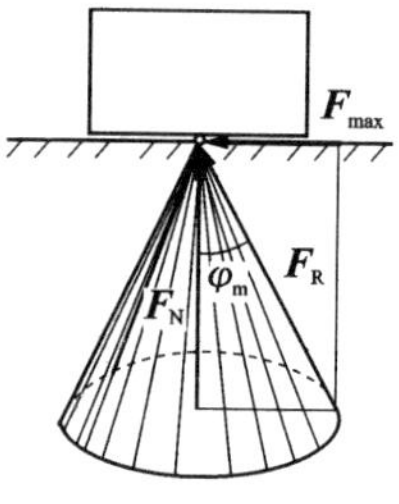

图 5-4

物体处于静止状态时，全反力 $\boldsymbol{F}_R$ 与接触面法线所形成的夹角 φ 不会大于 φ_m。也就是说，$\boldsymbol{F}_R$ 的作用线不可能超出摩擦锥（当处于临界状态时，则在锥面上）。设作用于物体上水平方向的主动力 $\boldsymbol{F}_Q$ 和竖直方向的主动力 $\boldsymbol{F}_P$ 的合力为 $\boldsymbol{F}'_R$，即 $\boldsymbol{F}'_R = \boldsymbol{F}_Q + \boldsymbol{F}_P$，当主动力的合力 $\boldsymbol{F}'_R$ 的作用线在摩擦锥之外[见图 5-5(a)]，即 $\theta > \varphi_m$ 时，则全反力 $\boldsymbol{F}_R$ 不可能与 $\boldsymbol{F}'_R$ 共线，此二力不符合二力平衡条件，于是物体将产生滑动；反之，当主动力合力 $\boldsymbol{F}'_R$ 的作用线在摩擦锥之内[见图 5-5(b)]，即 $\theta < \varphi_m$ 时，无论主动力多大，它总是与 $\boldsymbol{F}_R$ 平衡，因而物体将保持静止。这种只要主动力合力的作用线在摩擦锥以内，物体依靠摩擦总能平衡而与主动力大小无关的现象，称为自锁。图 5-5(c)表明主动力 $\boldsymbol{F}'_R$ 在锥面时，物体处于临界状态，即 $\theta = \varphi_m$。

工程上常应用自锁条件设计一些机构或夹具，如螺旋千斤顶、圆锥销等。

利用摩擦角的概念，可用简单的试验方法测定静摩擦因数。如图 5-6 所示，把要测定的两种材料分别做成斜面和物块，把物块放在斜面上，并逐渐从零起增大斜面的倾角 θ，直到物块刚开始下滑时为止。这时的 θ 角就是测定的摩擦角 φ_m，因当物块处于临界状态时，

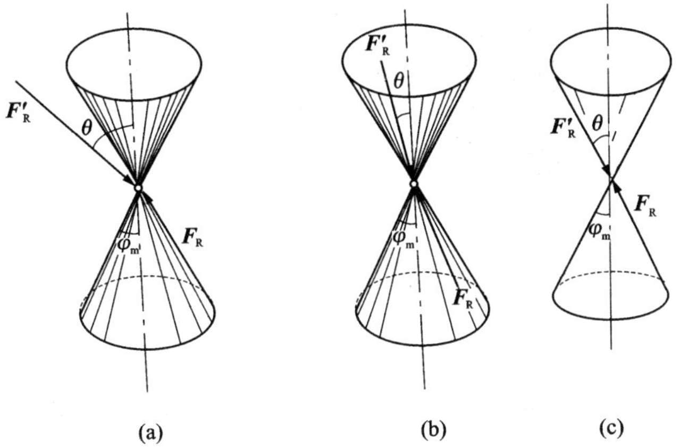

图 5-5

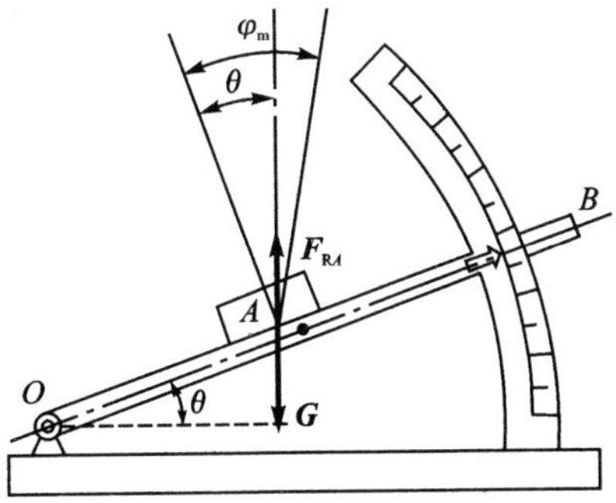

图 5-6

$$\boldsymbol{G} = -\boldsymbol{F}_{RA}, \qquad \theta = \varphi_m$$

由式(5-5)求得摩擦因数，即

$$f_s = \tan\varphi_m = \tan\theta$$

斜面的自锁条件就是螺纹[见图 5-7(a)]的自锁条件。因为螺纹可以看成绕在一圆柱体上的斜面[见图 5-7(b)]；螺纹升角 θ 就是斜面的倾角，如图 5-7(c)所示。螺母相当于斜面上的滑块 A，加于螺母的轴向载荷 $\boldsymbol{F}_P$，相当物块 A 的重力。要使螺纹自锁，必须使螺纹的升角 θ 小于或等于摩擦角 φ_m。因此螺纹的自锁条件是

$$\theta \leqslant \varphi_m$$

若螺旋千斤顶的螺杆与螺母之间的摩擦因数为 $f_s=0.1$，则

$$\tan\varphi_m = f_s = 0.1$$

得

$$\varphi_m = 5°43'$$

为保证螺旋千斤顶自锁，一般取螺纹升角 $\theta=4°\sim4°30'$。

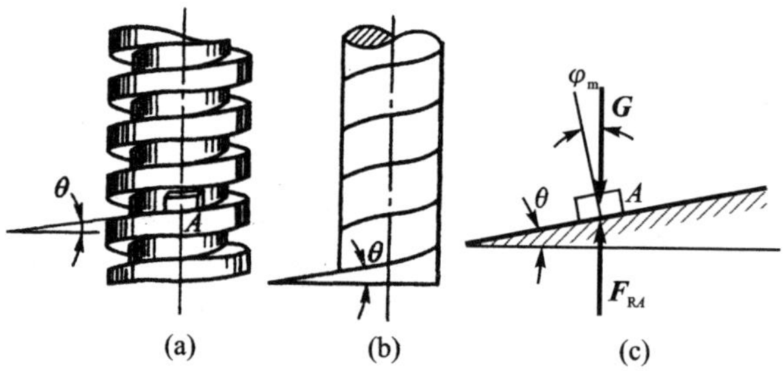

图 5－7

5.2 考虑摩擦时的平衡问题

求解有摩擦时物体的平衡问题与不计摩擦时物体的平衡问题，两者有其共同之处，即作用于物体上的力都应满足力系的平衡条件。对有摩擦的平衡问题，还应考虑以下几点：

(1) 取研究对象时，一般总是从摩擦面将物体分开。

(2) 摩擦力的大小由平衡条件来定，同时应与最大静摩擦力 $\boldsymbol{F}_{\max}$ 比较。当 $\boldsymbol{F}_{S}<\boldsymbol{F}_{\max}$时，物体平衡；当 $\boldsymbol{F}_{S}>\boldsymbol{F}_{\max}$时，物体不平衡。

(3) 在临界状态下，摩擦力达到最大静摩擦力，此时，$\boldsymbol{F}_{\max}=f_s\cdot\boldsymbol{F}_N$。

摩擦平衡问题实例1

(4) 摩擦力的方向总是与物体相对运动或相对运动趋势方向相反。当物体未处于临界状态时，摩擦力是未知的，如其指向无法预先判断，可以先假定。

(5) 由于物体平衡时摩擦力是一个范围值，所以解题的最后结果常常也是一个范围值。

例 5－1 物块重 $G=980$ N，放在一倾角 $\alpha=30°$的斜面上，已知接触面间的摩擦因数为$f_s=0.2$，沿斜面向上的推力 $F=588$ N[见图 5－8(a)]。问物体在斜面上是静止还是滑动？摩擦力为多大？

摩擦平衡问题实例2

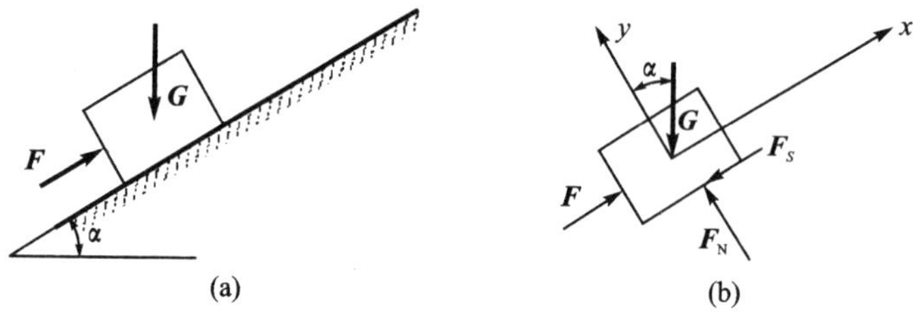

图 5－8

解：选物块为研究对象，并假定静止，由于 $F>G\sin\alpha$，故物块有沿斜面向上滑动的趋势，静摩擦力沿斜面向下，受力图如图 5-8(b)所示，选取坐标轴如图，列平衡方程及补充方程

$$\sum F_x=0,\qquad F-G\sin\alpha-F_S=0$$

$$\sum F_y=0,\qquad F_N-G\cos\alpha=0$$

$$F_{max}=f_sF_N$$

解得

$$F_S=F-G\sin\alpha=588\ \text{N}-980\ \text{N}\sin30^\circ=98\ \text{N}$$

$$F_{max}=f_SF_N=f_SG\cos\alpha=0.2\times980\ \text{N}\cos30^\circ=170\ \text{N}>F_S$$

故物块在斜面上虽有向上滑动的趋势，但仍然静止，摩擦力为 98 N。假若所求的摩擦力 $\boldsymbol{F}_S=\boldsymbol{F}_{max}$，则物块处于临界平衡状态，摩擦力即为 $\boldsymbol{F}_{max}$；若所求的摩擦力 $\boldsymbol{F}_S>\boldsymbol{F}_{max}$，则物块处于滑动状态，摩擦力按式(5-3)计算，也可近似为 $\boldsymbol{F}_{max}$。

例 5-2　图 5-9(a)所示凸轮机构，已知推杆与滑道间的摩擦因数为 f_s，滑道宽为 b，问 a 为多大，推杆才不致被卡住。设凸轮与推杆接触处的摩擦忽略不计。

解：取推杆为研究对象，其受力如图 5-9(b)所示，推杆除受凸轮推力 $\boldsymbol{F}_N$ 作用外，在滑道 A、B 处还受法向反力 $\boldsymbol{F}_{NA}$、$\boldsymbol{F}_{NB}$作用；由于推杆有向上的滑动趋势，故 $\boldsymbol{F}_{AS}$、$\boldsymbol{F}_{BS}$的方向向下。列平衡方程为

$$\sum F_x=0,\qquad F_{NA}-F_{NB}=0$$

$$\sum F_y=0,\qquad -F_{AS}-F_{BS}+F_N=0$$

$$\sum M_D(\boldsymbol{F})=0,\quad F_N\cdot a-F_{NB}\cdot b-F_{BS}\cdot\frac{d}{2}+F_{AS}\cdot\frac{d}{2}=0$$

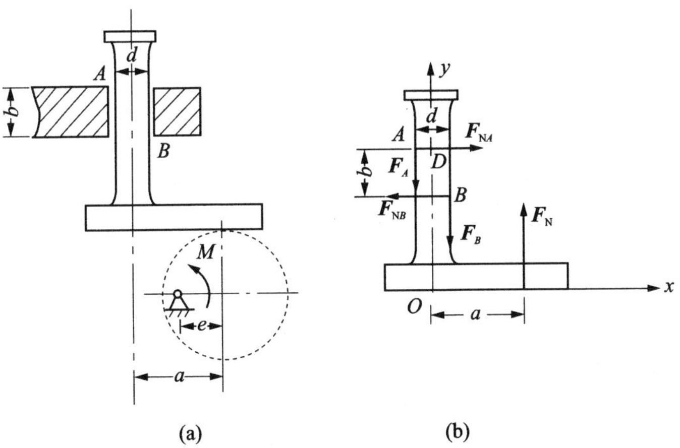

图 5-9

考虑平衡的临界状态(即推杆将动而未动时)。摩擦力达到最大值，根据静摩擦定律

可得

$$F_{AS}=f_s\cdot F_{NA},\quad F_{BS}=f_s\cdot F_{NB}$$

联立以上各式得：
$$a=\frac{b}{2f_s}$$

要保证机构不发生自锁现象(卡住)，必须使 $a<\dfrac{b}{2f_s}$。

例 5-3 制动器的构造和主要尺寸如图 5-10(a)所示，制动块与鼓轮表面间的摩擦因数为 f_s，试求制动鼓轮转动所必需的最小力 $\boldsymbol{F}_P$。

解： 从摩擦面将鼓轮与杠杆 OAB 分开，分别画出其受力如图 5-10(b)和图 5-10(c)所示。鼓轮上的力除轴心受有轴承反力 $\boldsymbol{F}_{1x}$、$\boldsymbol{F}_{1y}$、重物的重力 $\boldsymbol{G}$ 外，摩擦面上还有正压力 $\boldsymbol{F}_N$ 和摩擦力 $\boldsymbol{F}_S$，鼓轮的制动正是摩擦力 $\boldsymbol{F}_S$ 产生的。当轮子处于逆时针方向转动的临界平衡状态时，摩擦力为 $\boldsymbol{F}_{max}$，此时作用于杠杆 OAB 上的力 $\boldsymbol{F}_P$ 为制动鼓论所需要的最小值 $\boldsymbol{F}_{P,min}$，鼓轮的平衡方程有

$$\sum M_{O1}(\boldsymbol{F})=0,\qquad Gr-F_{max}R=0$$

$$F_{max}=f_s\cdot F_N$$

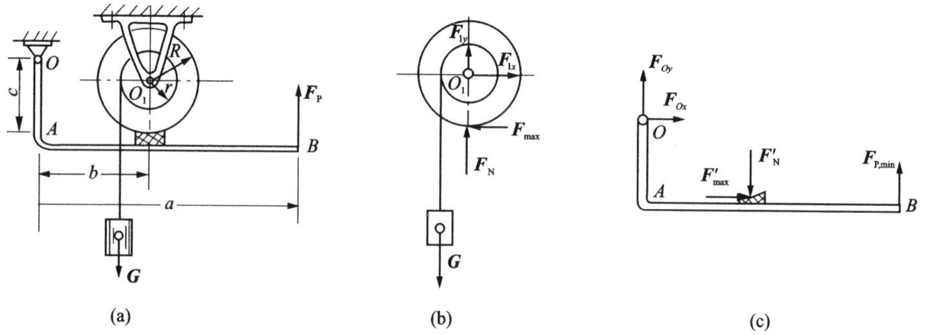

图 5-10

解得：

$$F_{max}=\frac{r}{R}G,\qquad F_N=\frac{F_{max}}{f_s}=\frac{r}{f_sR}G$$

杠杆的平衡方程有

$$\sum M_O(\boldsymbol{F})=0,\quad F'_{max}c-F'_Nb+F_{P,min}a=0$$

将 $F'_N=F_N=\dfrac{r}{f_sR}G$ 和 $F'_{max}=F_{max}=\dfrac{r}{R}G$ 代入上式，得 $F_{P,min}=\dfrac{Gr}{aR}\left(\dfrac{b}{f_s}-c\right)$。

制动鼓轮的力须满足

$$F_P\geqslant\frac{Gr}{aR}\left(\frac{b}{f_s}-c\right)$$

例 5-4 图 5-11(a)所示一重为 $\boldsymbol{G}$ 的物体放在倾角为 α 的固定斜面上。已知物

块与斜面间的静摩擦因数 f_s（摩擦角为 $\varphi_m=\arctan f_s$），试求维持物块平衡的水平推力 $\boldsymbol{F}_1$ 的取值范围。

解： 根据经验，$\boldsymbol{F}_1$ 值过大，物块将上滑；$\boldsymbol{F}_1$ 值过小，物块将下滑，故 $\boldsymbol{F}_1$ 值只在一定范围内（$\boldsymbol{F}_{1,\min}\leqslant\boldsymbol{F}_1\leqslant\boldsymbol{F}_{1,\max}$）才能保持物块静止。下面就两种情况进行分析。

（1）求 $\boldsymbol{F}_{1,\min}$。当 $\boldsymbol{F}_1$ 达到此值时，物体处于将要向下滑动的临界平衡状态，这时静摩擦力 $\boldsymbol{F}_S$ 的方向应沿斜面向上，并达到了最大值 $F_{\max}$，故其受力图和坐标轴如图 5-11(b)所示。由平衡方程得

$$\sum F_x=0,\qquad F_{1,\min}\cos\alpha-G\sin\alpha+F_{\max}=0$$

$$\sum F_y=0,\qquad -F_{1,\min}\sin\alpha-G\cos\alpha+F_N=0$$

由静摩擦定律，建立补充方程

$$F_{\max}=f_sF_N=F_N\tan\varphi_m$$

解得

$$F_{1,\min}=G\frac{\sin\alpha-f_s\cos\alpha}{\cos\alpha+f_s\sin\alpha}=G\tan(\alpha-\varphi_m)$$

（2）求 $\boldsymbol{F}_{1,\max}$。当 $\boldsymbol{F}_1$ 达到此值时，物体处于将要向上滑动的临界平衡状态，这时静摩擦力 $\boldsymbol{F}_S$ 的方向应沿斜面向下，并达到了最大值 $F'_{\max}$，其受力图和坐标轴如图 5-11(c)所示。由平衡方程得

$$\sum F_x=0,\qquad F_{1,\max}\cos\alpha-G\sin\alpha-F'_{\max}=0$$

$$\sum F_y=0,\qquad -F_{1,\max}\sin\alpha-G\cos\alpha+F'_N=0$$

由静摩擦定律，建立补充方程

$$F'_{\max}=f_sF'_N=F'_N\tan\varphi_m$$

解得

$$F_{1,\max}=G\frac{\sin\alpha+f_s\cos\alpha}{\cos\alpha-f_s\sin\alpha}=G\tan(\alpha+\varphi_m)$$

由以上分析得知：欲使物块保持平衡，力 $\boldsymbol{F}_1$ 的取值范围为

$$G\tan(\alpha-\varphi_m)\leqslant F_1\leqslant G\tan(\alpha+\varphi_m)$$

另外，如果应用摩擦角的概念，采用几何法求解本题，将更为简便。

当 $\boldsymbol{F}_1=\boldsymbol{F}_{1,\min}$ 时，物块处于即将下滑的临界平衡状态，全反力 $\boldsymbol{F}_R$ 与法线的夹角为摩擦角 φ_m，物块在 $\boldsymbol{G}$，$\boldsymbol{F}_{1,\min}$，$\boldsymbol{F}_R$ 三力作用下处于平衡，如图 5-11(d)所示。作封闭的力三角形，得

$$F_{1,\min}=G\tan(\alpha-\varphi_m)$$

当 $\boldsymbol{F}_1=\boldsymbol{F}_{1,\max}$ 时，物块处于即将上滑的临界状态，全反力 $\boldsymbol{F}'_R$ 与法线的夹角也是 φ_m，物块在 G，$\boldsymbol{F}_{1,\max}$，$\boldsymbol{F}'_R$ 三力作用下处于平衡，如图 5-11(e)所示。作封闭的力三角形可得

$$F_{1,\max}=G\tan(\alpha+\varphi_m)$$

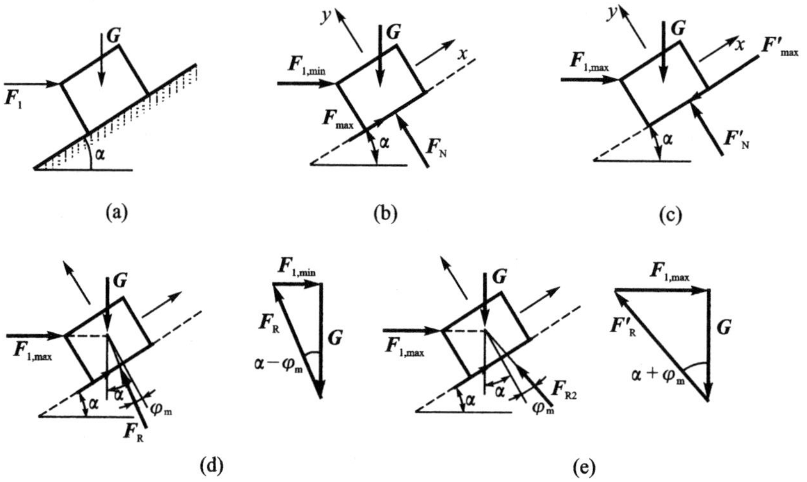

图 5-11

5.3 滚动摩擦简介

实践表明,滚动比滑动省力。例如搬运笨重设备时,若在其底下垫几根圆木棍,这样搬运起来比不垫圆木棍时省力。那么滚动的物体是否有阻力,为什么比滑动省力?现以一圆柱滚动为例来分析。

设一半径为 r 的滚子,静止地放置于水平面上[见图 5-12(a)],设滚子重为 $\boldsymbol{G}$,在滚子中心作用一较小的水平力 $\boldsymbol{F}_T$,当力 $\boldsymbol{F}_T$ 未达到某一数值前,滚子既不滚动,也不滑动。由此可知,滚子是平衡的。作用于滚子上的所有外力除 $\boldsymbol{G}$、$\boldsymbol{F}_T$、$\boldsymbol{F}_N$ 外,还有支撑面与滚子之间的静摩擦力 $\boldsymbol{F}_S$,如图 5-12(b)所示。由平衡方程有

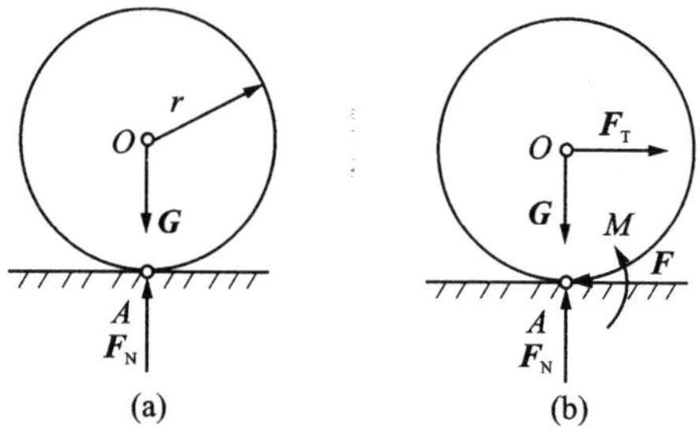

图 5-12

$$\sum F_x = 0, \quad F_T - F_S = 0, \quad F_T = F_S$$

$$\sum F_y = 0, \quad F_N - G = 0, \quad F_N = G$$

力 $\boldsymbol{F}_S$ 阻止滚子向前滑动,但它与力 $\boldsymbol{F}_T$ 组成一力偶,其力偶矩为 $F_T \cdot r$。我们知道,无论 $F_T \cdot r$ 如何小,都会使滚子滚动,但实际上滚子并没有滚动,这说明支撑面对滚子还作用有一个阻止滚子滚动的力偶,称为**滚动摩阻力偶**,简称**滚阻力偶**。

设滚动摩阻力偶的力偶矩为 M,其转向显然与滚子滚动趋势的方向相反,则

$$\sum M_A(\boldsymbol{F})=0,\qquad M-F_T\cdot r=0$$

得

$$M=F_T\cdot r$$

产生滚阻力偶的原因，主要是因为滚子与支撑面实际上并非刚体，在压力作用下，两者的接触面都会产生微小变形，如图 5-13(a)所示。在接触面上，滚子受不均匀分布力作用，这些力向 A 点简化，得一力 $\boldsymbol{F}_R$ 和一力偶矩为 M 的力偶，如图 5-13(b)所示。这个矩为 M 的力偶与主动力偶($\boldsymbol{F}_T$，$\boldsymbol{F}_S$)平衡，它的转向与滚动趋势方向相反，如图 5-13(c)所示。

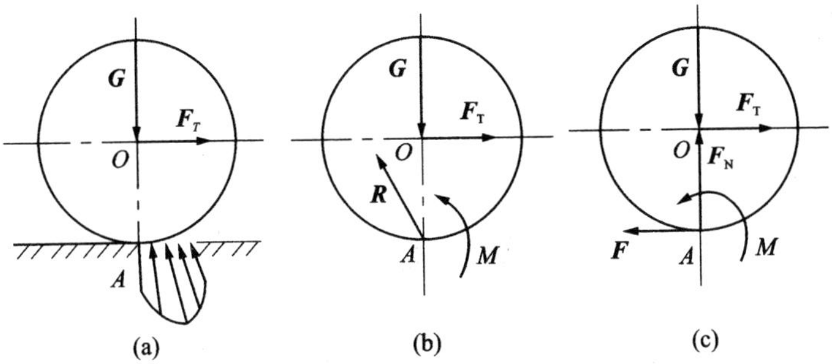

图 5-13

与静滑动摩擦力相似，滚动摩阻力偶 M 随主动力偶矩的增大而增大，当 $\boldsymbol{F}_T$ 增加到某一数值时，滚子处于将滚与未滚的临界平衡状态。这时滚动摩阻力偶达到最大值，称为最大滚动摩阻力偶矩，用 M_{max} 来表示。由此可知，滚动摩阻力偶矩 M 的大小介于零与最大值之间，即

$$0\leqslant M\leqslant M_{max}\tag{5-6}$$

实验证明：最大滚动摩阻力偶矩 M_{max} 与支撑面的正压力(法向反力)$\boldsymbol{F}_N$ 的大小成正比，即

$$M_{max}=\delta F_N\tag{5-7}$$

这就是滚动摩擦定律，式中 δ 为滚动摩阻系数。其单位为长度单位，一般用 mm 或 cm。由于滚动摩阻力偶很小，为简便起见，工程上常取 $M=M_{max}=\delta F_N$。

实验测得，滚动摩阻系数 δ 与滚子、支撑面的硬度和湿度等有关，而与滚子半径无关。表 5-2 为几种材料的滚动摩阻系数的参考值。

表 5-2　滚动摩阻系数

材料名称	滚动摩阻系数 δ/cm
软钢—软钢	0.005
淬火钢—淬火钢	0.001
铸铁—铸铁	0.005
木材—钢	0.03～0.04
木材—木材	0.05～0.08
钢轮—钢轨	0.05

由图 5－14(a)所示，可以分别计算出使滚子滚动或滑动所需要的水平拉力 $\boldsymbol{F}$。

由平衡方程 $\sum M_A(\boldsymbol{F})=0$，可以求得

$$F_{滚}=\frac{M_{\max}}{R}=\frac{\delta F_N}{R}=\frac{\delta}{R}G$$

由平衡方程 $\sum F_x=0$，可以求得

$$F_{滑}=F_{\max}=f_sF_N=f_sG$$

一般情况下，有

$$\frac{\delta}{R}\ll f_s$$

因而使滚子滚动比滑动省力得多。

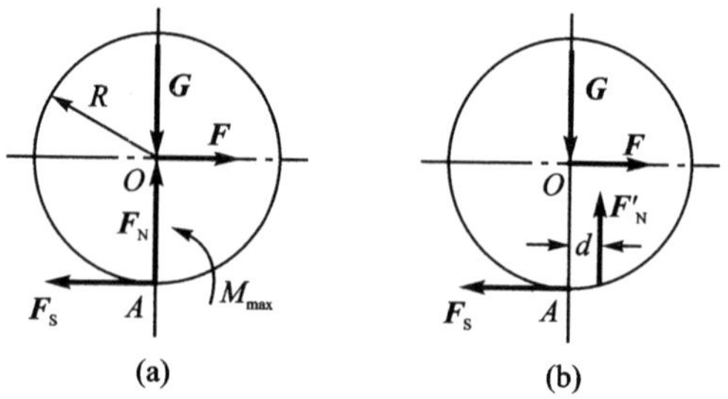

图 5－14

思 考 题

1. 静滑动摩擦力的大小与法向反力的大小成正比的说法对吗？

2. 何谓摩擦角？它与摩擦系数有何关系？

3. 何谓自锁？斜面的自锁条件是什么？

4. 如图 5－15 所示，已知 $F=G$，试问当接触面间的摩擦角 φ_m 分别等于 10°，15°，20°时，物块处于何种状态？

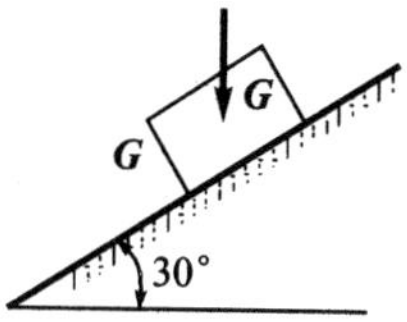

图 5－15

5. 如图 5－16 所示，重 W 的物块放在倾角为 α 的斜面上，已知摩擦系数 f_s，且 $\tan\alpha<f_s$，问此物块下滑否？若增加其重量或在其上加一重为 G 的物块，能否达到使物块下滑的目的？

6. 如图 5－17 所示，试比较在静摩擦系数 f_s 和传动带压力 F 均相同的条件下，平传动带和三角传动带的最大摩擦力之大小。

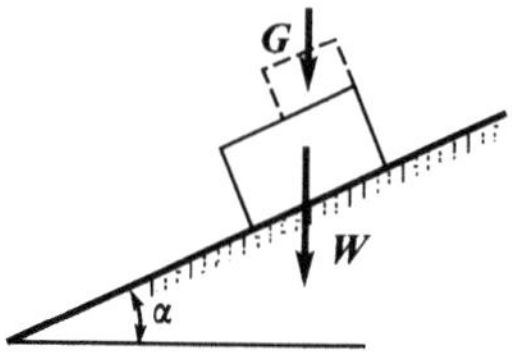

图 5－16

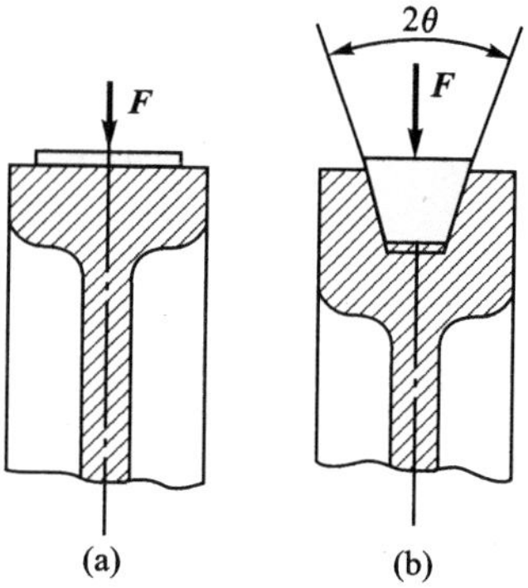

图 5－17

习　题

5-1　如题 5-1 图所示，物块重 $G=100$ N，与水平面间的摩擦系数 $f_s=0.3$，试问当水平力 $\boldsymbol{F}_T$ 的大小分别为 10 N，30 N 和 50 N 时，摩擦力各为多大？

答：10 N，30 N，30 N。

5-2　用绳拉一重 $G=500$ N 的物体（见题 5-2 图），拉力 $F_T=150$ N。(1) 若摩擦系数 $f_S=0.45$，试判断物体是否平衡并求摩擦力的大小；(2) 若摩擦系数 $f_s=0.577$，求拉动物体所需的拉力。

答：(1) 平衡，$F_S=130$ N，(2) $F_T=250$ N。

5-3　简易升降混凝土吊筒装置如题 5-3 图所示。混凝土和吊筒共重 25 kN，吊筒与滑道间的摩擦系数为 0.3。试分别求出吊筒匀速上升和匀速下降时绳子的拉力。

答：26.1 kN，20.9 kN。

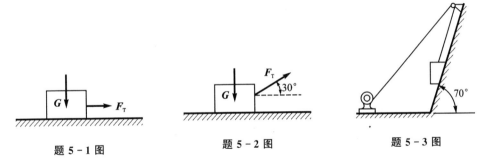

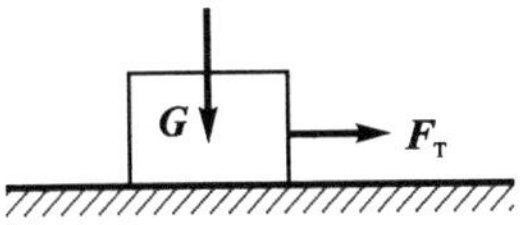

题 5-1 图

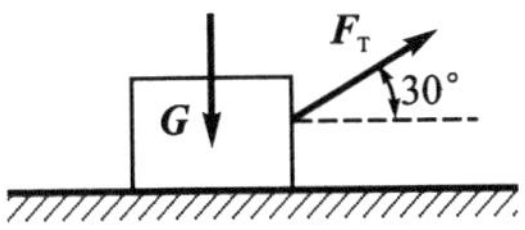

题 5-2 图

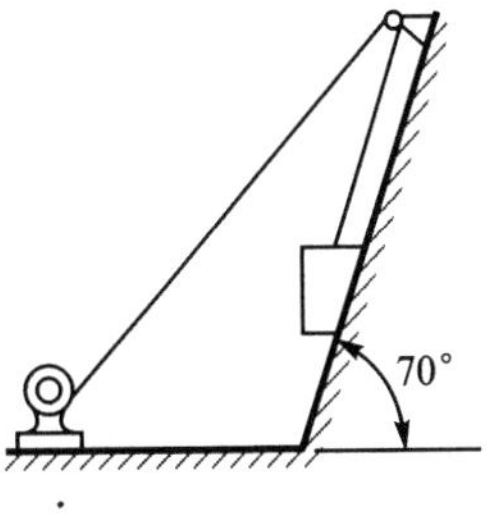

题 5-3 图

5-4　重 $\boldsymbol{G}$ 的物体放在倾角为 β 的斜面上，物体与斜面的摩擦角为 φ_m，如题 5-4图所示。如在物体上作用力 $\boldsymbol{F}$，此力与斜面的交角为 θ。求拉动物体时的 $\boldsymbol{F}$ 值，并问当角 θ 为何值时，此力为极小。

答：$F=G\sin(\varphi_m+\beta)$；$\theta=\varphi_m$。

5-5　如题 5-5 图所示，置于 V 型槽中的棒料上作用一力偶，力偶的矩 $M=15$ N·m 时，刚好能转动此棒料。已知棒料重 $G=400$ N，直径 $D=0.25$ m，不计滚动摩阻。试求棒料与 V 形槽间的静摩擦因数 f_s。

答：$f_s=0.223$。

5-6　梯子 AB 靠在墙上，其重为 $G=200$ N，如题 5-6 图所示。梯长为 l，并与水平面交角 $\theta=60°$。已知接触面间的摩擦因数均为 0.25。今有一重 650 N 的人沿梯上爬，问人所能达到的最高点 C 到 A 点的距离 S 应多少？

答：$S=0.456l$。

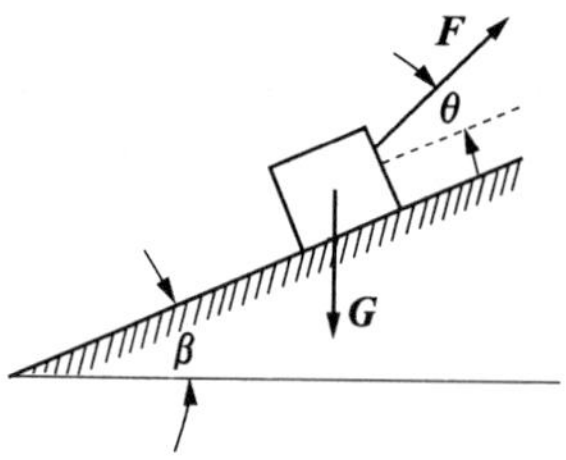

题 5-4 图

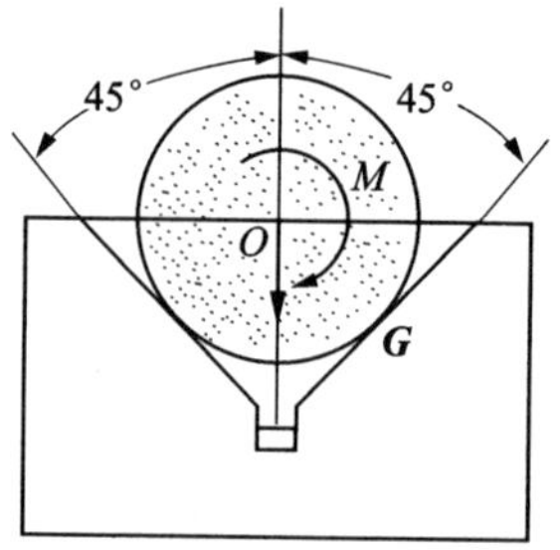

题 5-5 图

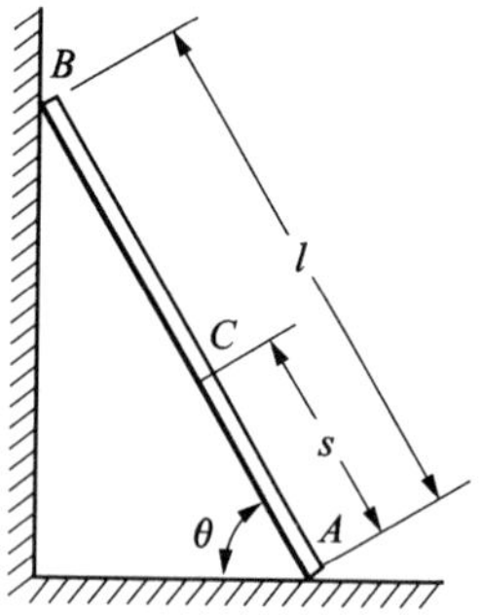

题 5-6 图

5-7 轧压机由两轮构成，两轮的直径均为 $d=500$ mm，轮间的间隙为 $a=5$ mm，两轮转向如题图 5-7 上箭头所示。已知烧红的铁板与铸铁轮间的摩擦因数为 $f_s=0.1$。问能轧压的铁板的厚度 b 是多少？

提示：欲使机器工作，铁板必须被两轮带动，亦即作用在铁板 A、B 处的法向反作用力和摩擦力的合力必须水平向右。

答：$b<7.5$ mm。

5-8 如题 5-8 图所示，在闸块制动器的两个杠杆上，分别作用有大小相等的力 $\boldsymbol{F}_1$ 和 $\boldsymbol{F}_2$，问当它们为多大时，方能使受到力偶作用的轴处于平衡？设力偶矩 $m=160$ N·m，摩擦因数 $f_s=0.2$，尺寸如图所示。

答：$F_1=F_2\geqslant 800$ N。

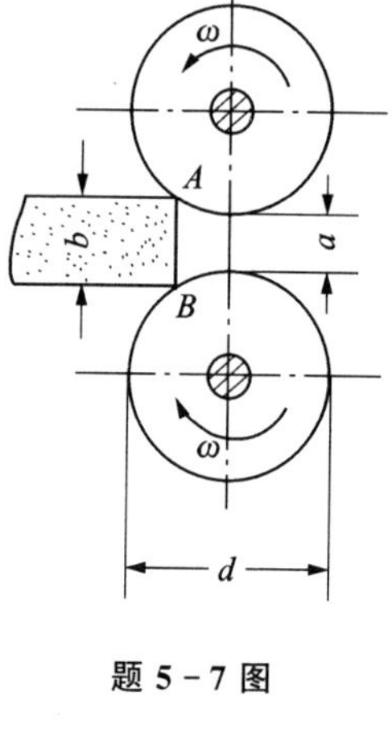

题 5-7 图

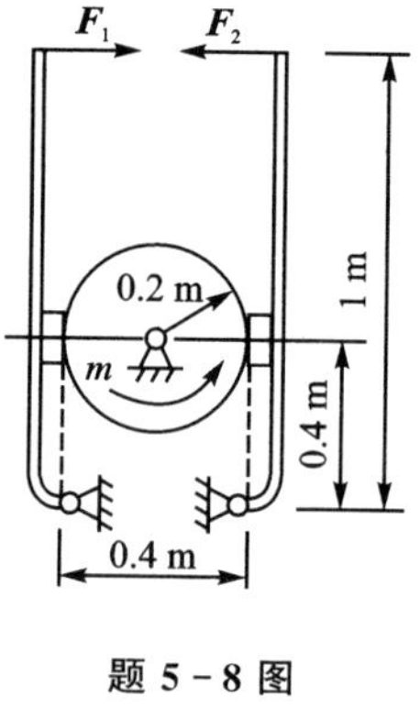

题 5-8 图

5-9 砖夹的宽度为 0.25 m，曲杆 AGB 与 $GCED$ 在 G 点铰接，尺寸如题 5-9 图所示。设砖重 $G=120$ N，提起砖的力 $\boldsymbol{F}$ 作用在砖夹的中心线上，砖夹与砖间的摩擦因数 $f_s=0.5$，试求距离 b 为多大才能把砖夹起。

答：$b<110$ mm。

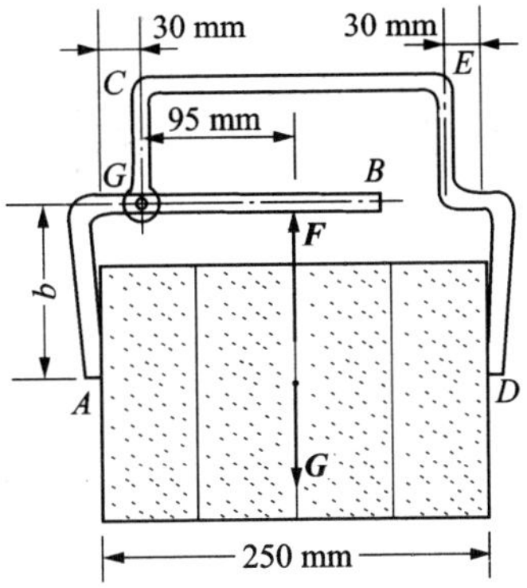

题 5－9 图

5－10　钢管车间的钢管运转台架如题 5－10 图所示，依靠钢管自重缓慢无滑动地滚下，钢管直径为 50 mm。设钢管与台架间的滚动摩阻系数 $\delta=0.5$ mm。试决定台架的最小倾角 θ 应为多大？

答：$\theta=109'$。

5－11　半径为 R 的滑轮 B 上作用有力偶，轮上绕有细绳拉住半径为 R、重为 G 的圆柱，如题 5－11 图所示，斜面倾角为 θ，圆柱与斜面间的滚动摩阻系数为 δ，求保持圆柱平衡时，力偶 M_B 的最大值与最小值。

答：$G(R\sin\theta-\delta\cos\theta)\leqslant M_B\leqslant G(R\sin\theta+\delta\cos\theta)$。

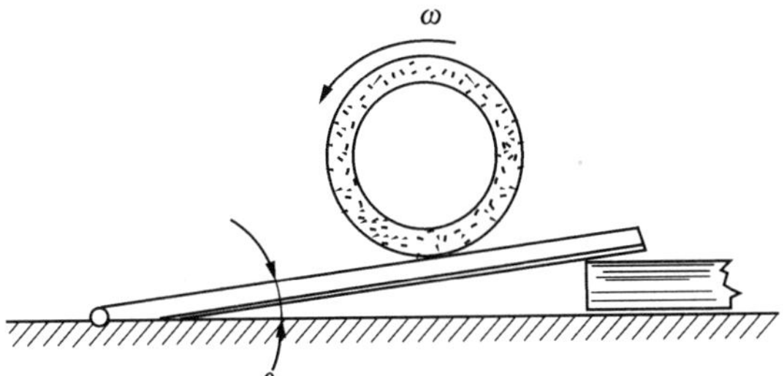

题 5－10 图

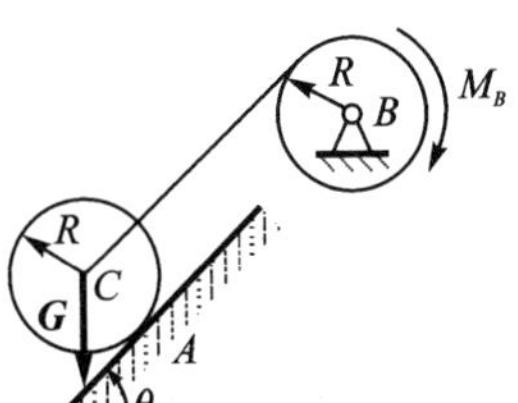

题 5－11 图

第6章 空间力系

空间力系包括空间汇交力系、空间平行力系、空间力偶系和空间任意力系。其中空间任意力系是各种力系中最复杂、最一般的力系。本章通过对力在空间直角坐标轴上的投影及沿坐标轴的分解、力对轴之矩的讨论，着重研究空间力系的平衡问题，并介绍重心的概念及重心位置的求法。

6.1 力在空间直角坐标轴上的投影及分解

1. 力在空间直角坐标轴上的投影

若已知力 F 与正交坐标系 $Oxyz$ 三轴间的夹角[见图 6-1(a)]，则可用直接投影法。即

$$F_x = \pm F\cos\alpha, \qquad F_y = \pm F\cos\beta, \qquad F_z = \pm F\cos\gamma \tag{6-1}$$

当力 $\boldsymbol{F}$ 与坐标轴 Ox，Oy 间的夹角不易确定时，可把力 $\boldsymbol{F}$ 先投影到坐标平面 Oxy 上，得到力 $\boldsymbol{F}_{xy}$，然后再把这个力投影到 x，y 轴上，此为间接投影法。在图 6-1(b)中，已知角 γ 和 φ，则力 $\boldsymbol{F}$ 在三个坐标轴上的投影分别为

$$\left.\begin{aligned} F_x &= \pm F\sin\gamma\cos\varphi \\ F_y &= \pm F\sin\gamma\sin\varphi \\ F_z &= \pm F\cos\gamma \end{aligned}\right\} \tag{6-2}$$

力在空间直角坐标轴上的投影亦为代数量，其正负规定与力在平面坐标轴上的投影相同。

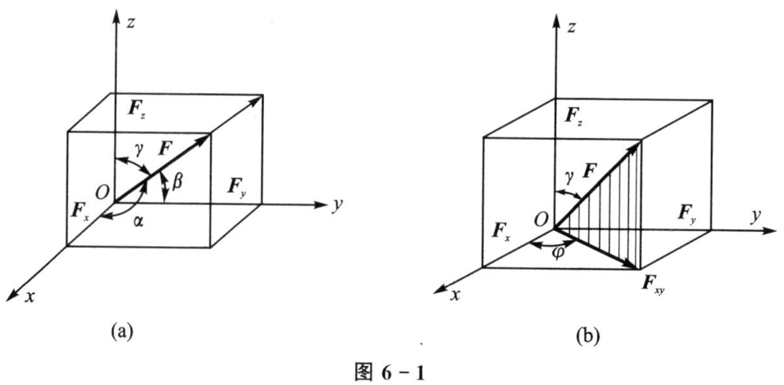

图 6-1

例 6－1　图 6－2 所示的圆柱斜齿轮，其上受啮合力 $\boldsymbol{F}$ 的作用。已知斜齿轮的齿倾角（螺旋角）β 和压力角 θ，试求力 $\boldsymbol{F}$ 在 x，y，z 轴上的投影。

解： 先将力 $\boldsymbol{F}$ 向 z 轴和 Oxy 平面投影得

$$F_z = -F\sin\theta,\qquad F_{xy} = F\cos\theta$$

再将力 $\boldsymbol{F}_{xy}$ 向 x，y 轴投影得

$$F_x = F_{xy}\cos\beta = F\cos\theta\cos\beta$$

$$F_y = -F_{xy}\sin\beta = -F\cos\theta\sin\beta$$

2. 力沿空间直角坐标轴分解

为了分析空间力对物体的作用，常需将其分解成三个相互垂直的分力。与平面力正交分解的方法一样，但空间力的分解需两次使用力的平行四边形法则。如图 6－3所示，可先向沿 z 轴和垂直于 z 轴的方向分解得分力 $\boldsymbol{F}_z$ 和 $\boldsymbol{F}_{xy}$，再将力 $\boldsymbol{F}_{xy}$ 在 Oxy 平面内分解为 $\boldsymbol{F}_x$，$\boldsymbol{F}_y$。这样便可得到力 $\boldsymbol{F}$ 沿空间直角坐标轴的三个分力 $\boldsymbol{F}_x$，$\boldsymbol{F}_y$，$\boldsymbol{F}_z$。不难看出：此三个正交分力的大小刚好是以力 $\boldsymbol{F}$ 为对角线，以三个坐标轴为棱边所作长方体三条相邻的棱长。这种正交分解，又称为力的长方体法则。

与平面力系的情况类似，力 $\boldsymbol{F}$ 沿空间直角坐标轴分解所得分力 $\boldsymbol{F}_x$，$\boldsymbol{F}_y$，$\boldsymbol{F}_z$ 的大小，等于该力在相应轴上投影的绝对值。但应注意分力是矢量，投影是代数量。

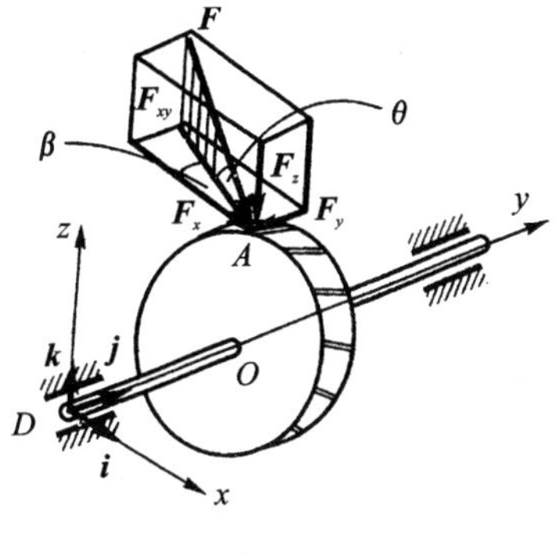

图 6－2

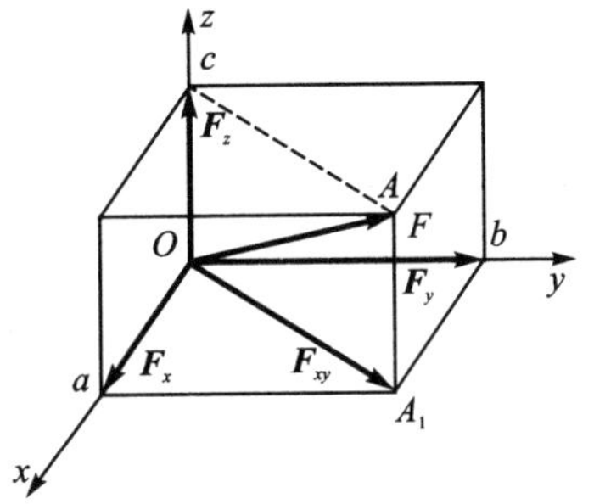

图 6－3

6.2　空间力对点之矩和力对轴之矩

6.2.1　力对点之矩以矢量表示——力矩矢

对于平面力系，用代数量表示力对点的矩足以概况它的全部要素。但是在空间情况下，不仅要考虑力矩的大小、转向，而且还要注意力与矩心所组成的平面（力矩作用面）的方位。方位不同，即使力矩大小一样，作用效果也将完全不同。这三个因素可以用力矩矢 $\boldsymbol{M}_O(\boldsymbol{F})$ 来描述。其中矢量的模即 $|M_O(F)| = F \cdot h = 2A_{\triangle OAB}$；矢量的方位和力矩作用面的法线方向相同；矢量的指向按右手螺旋法则来确定，如图 6－4

所示。

由图 6-4 易见，以 $\boldsymbol{r}$ 表示力作用点 A 的矢径，则矢积 $\boldsymbol{r}\times\boldsymbol{F}$ 的模等于三角形 OAB 面积的两倍，其方向与力矩矢一致。因此可得

$$M_O(\boldsymbol{F})=\boldsymbol{r}\times\boldsymbol{F} \qquad (6-3)$$

式(6-3)为力对点之矩的矢积表达式，即：力对点之矩矢等于矩心到该力作用点的矢径与该力的矢量积。

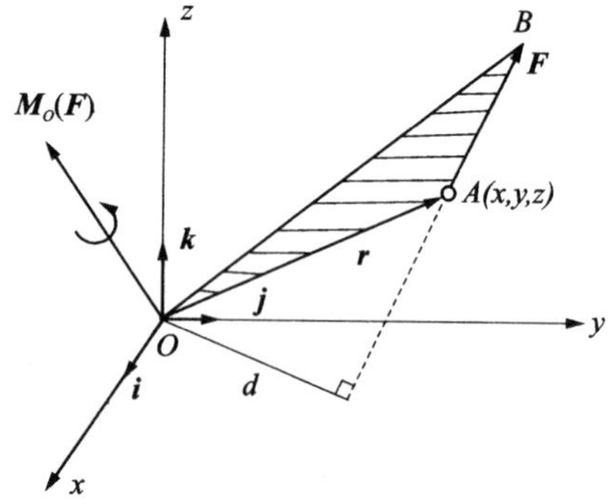

图 6-4

若以矩心 O 为原点，作空间直角坐标系 $Oxyz$(见图 6-4)。设力作用点 A 的坐标为 $A(x,y,z)$，力在三个坐标轴上的投影分别为 F_x,F_y,F_z，则矢径 $\boldsymbol{r}$ 和力 $\boldsymbol{F}$ 分别为

$$\boldsymbol{r}=x\boldsymbol{i}+y\boldsymbol{j}+z\boldsymbol{k}$$
$$\boldsymbol{F}=F_x\boldsymbol{i}+F_y\boldsymbol{j}+F_z\boldsymbol{k}$$

代入式(6-3)，并采用行列式形式，得

$$M_O(F)=\boldsymbol{r}\times\boldsymbol{F}=\begin{vmatrix}\boldsymbol{i} & \boldsymbol{j} & \boldsymbol{k}\\ x & y & z\\ F_x & F_y & F_z\end{vmatrix}$$
$$=(yF_z-zF_y)\boldsymbol{i}+(zF_x-xF_z)\boldsymbol{j}+(xF_y-yF_x)\boldsymbol{k} \qquad (6-4)$$

由式(6-4)可知，单位矢量 $\boldsymbol{i},\boldsymbol{j},\boldsymbol{k}$ 前面的三个系数，应分别表示力矩矢 $M_O(F)$ 在三个坐标轴上的投影，即

$$\left.\begin{aligned}[M_O(\boldsymbol{F})]_x&=yF_z-zF_y\\ [M_O(\boldsymbol{F})]_y&=zF_x-xF_z\\ [M_O(\boldsymbol{F})]_z&=xF_y-yF_x\end{aligned}\right\} \qquad (6-5)$$

由于力矩矢量 $M_O(\boldsymbol{F})$ 的大小和方向都与矩心 O 的位置有关，故力矩矢的始端必须在矩心，不可任意挪动，这种矢量称为**定位矢量**。

6.2.2 力对轴之矩

1. 力对轴之矩的概念

工程中，经常遇到刚体绕定轴转动的情形，为了度量力对绕定轴转动刚体的作用效果，必须了解力对轴之矩的概念。

现计算作用在斜齿轮上的力 $\boldsymbol{F}$ 对 z 轴的矩。可将力 $\boldsymbol{F}$ 分解为 $\boldsymbol{F}_z$ 与 $\boldsymbol{F}_{xy}$，其中分力 $\boldsymbol{F}_z$ 平行 z 轴，不能使静止的齿轮转动，故它对 z 轴之矩为零；只有垂直 z 轴的分力 $\boldsymbol{F}_{xy}$ 对 z 轴有矩，等于力 $\boldsymbol{F}_{xy}$ 对轮心 C 的矩[见图 6-5(a)]。一般情况下，可先将空间一力 $\boldsymbol{F}$，投影到垂直于 z 轴的 Oxy 平面内，得力 $\boldsymbol{F}_{xy}$；再将力 $\boldsymbol{F}_{xy}$ 对平面与轴的交点 O 取矩[见图 6-5(b)]。以符号 $M_z(\boldsymbol{F})$ 表示力对 z 轴的矩，即

$$M_z(\boldsymbol{F}) = M_O(\boldsymbol{F}_{xy}) = \pm \boldsymbol{F}_{xy}h = \pm 2S_{\triangle OAB} \tag{6-6}$$

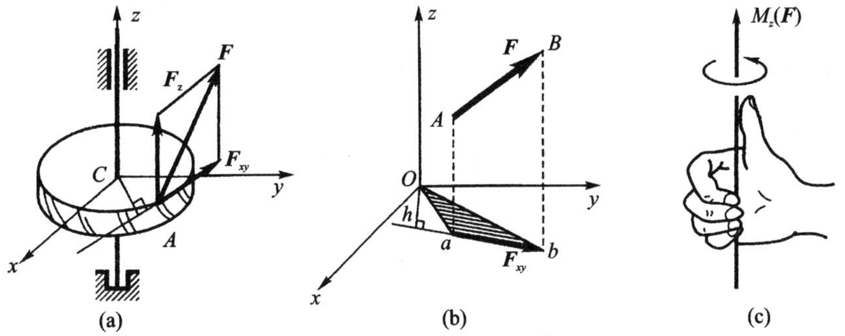

图 6-5

力对轴之矩是力使刚体绕转轴转动效果的度量，是一个代数量，它等于这个力在垂直于该轴的平面上的分力对这个平面与轴交点之矩。其正负号按下列方法确定：从 z 轴正向看，物体绕该轴按逆时针转动为正；反之为负。也可按右手螺旋法则来判定其正负号：右手四指沿力的方向握过转轴，若大拇指指向与该轴的方向一致，力对轴之矩为正；反之为负。很容易得出下列结论：

(1) 当力的作用线与轴平行（即 $\boldsymbol{F}_{xy}=0$）或相交（即 $d=0$），即力与轴位于同一平面时，力对该轴之矩等于零；

(2) 当力沿其作用线移动时，它对轴之矩不变；

(3) 在平面力系中，力对力系所在平面内某点的矩，就是力对通过此点且与力系所在平面垂直的轴之矩。

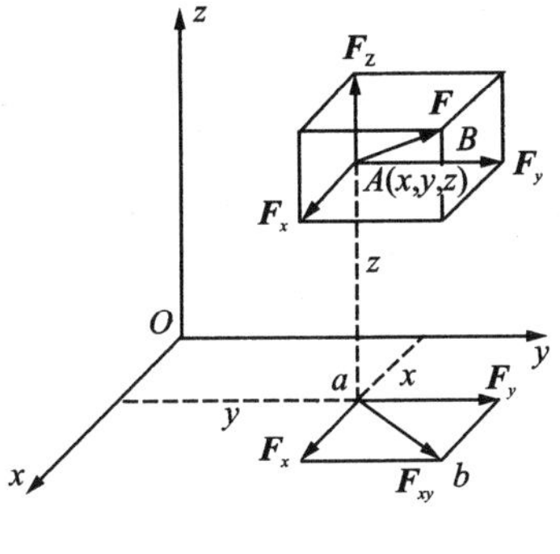

图 6-6

力对轴之矩也可用解析式表示。设力 $\boldsymbol{F}$ 在三个坐标轴上的投影分别表示为 $\boldsymbol{F}_x$、$\boldsymbol{F}_y$、$\boldsymbol{F}_z$，力的作用点 A 的坐标为 $A(x,y,z)$，如图 6-6所示。根据式(6-6)得

$$M_z(F) = M_O(F_{xy}) = M_O(F_x) + M_O(F_y)$$

即
$$M_z(F) = xF_y - yF_x$$

同理

$$\left.\begin{aligned} M_x(F) &= yF_z - zF_y \\ M_y(F) &= zF_x - xF_z \\ M_z(F) &= xF_y - yF_x \end{aligned}\right\} \tag{6-7}$$

式(6-7)称为力对轴之矩的解析式。

2. 合力矩定理

设有一空间力系 $\boldsymbol{F}_1, \boldsymbol{F}_2, \cdots, \boldsymbol{F}_n$，可以证明：合力对某轴之矩等于各分力对同一轴之矩的代数和。即

$$M_z(\boldsymbol{F}_R) = \sum M_z(\boldsymbol{F}) \tag{6-8}$$

6.2.3 力对点之矩与力对通过该点的轴之矩的关系

比较式(6-5)与(6-7)，可得

$$\left.\begin{aligned}[M_O(\boldsymbol{F})]_x &= M_x(\boldsymbol{F})\\ [M_O(\boldsymbol{F})]_y &= M_y(\boldsymbol{F})\\ [M_O(\boldsymbol{F})]_z &= M_z(\boldsymbol{F})\end{aligned}\right\} \tag{6-9}$$

式(6-9)说明：力对点之矩矢在通过该点的某轴上的投影，等于力对该轴之矩。式(6-9)建立了力对点之矩与力对轴之矩之间的关系。

如果力对通过点 O 的直角坐标轴 x, y, z 的矩是已知的，则可求得该力对点 O 之矩的大小和方向余弦为

$$\left.\begin{aligned}|M_O(\boldsymbol{F})| &= |M_O| = \sqrt{[M_x(\boldsymbol{F})]^2 + [M_y(\boldsymbol{F})]^2 + [M_z(\boldsymbol{F})]^2}\\ \cos(M_O, \boldsymbol{i}) &= \frac{M_x(\boldsymbol{F})}{|M_O(\boldsymbol{F})|}\\ \cos(M_O, \boldsymbol{j}) &= \frac{M_y(\boldsymbol{F})}{|M_O(\boldsymbol{F})|}\\ \cos(M_O, \boldsymbol{k}) &= \frac{M_z(\boldsymbol{F})}{|M_O(\boldsymbol{F})|}\end{aligned}\right\} \tag{6-10}$$

例 6-2 手柄 $ABCE$ 在平面 Axy 内，在 D 处作用一个力 $\boldsymbol{F}$，如图 6-7 所示，它在垂直于 y 轴的平面内，偏离铅直线的角度为 θ，如果 $CD=a$，杆 BC 平行于 x 轴，杆 CE 平行于 y 轴，AB 与 BC 的长度都等于 l。试求力 $\boldsymbol{F}$ 对 x, y, z 三轴的矩。

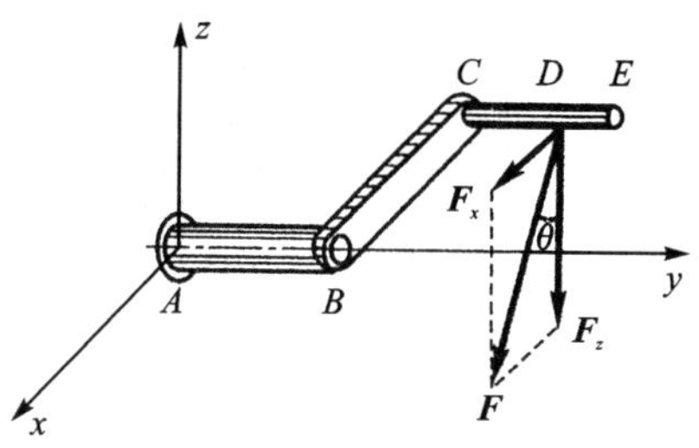

图 6-7

解： 力 $\boldsymbol{F}$ 在 x, y, z 轴上的投影为

$$\boldsymbol{F}_x = F\sin\theta, \qquad \boldsymbol{F}_y = 0, \qquad \boldsymbol{F}_z = -F\cos\theta$$

力作用点 D 的坐标为

$$x = -l, \qquad y = l + a, \qquad z = 0$$

代入式(6-7)，得

$$M_x(\boldsymbol{F}) = yF_z - zF_y = (l+a)(-F\cos\theta) - 0 = -F(l+a)\cos\theta$$
$$M_y(\boldsymbol{F}) = zF_x - xF_z = 0 - (-l)(-F\cos\theta) = -Fl\cos\theta$$
$$M_z(\boldsymbol{F}) = xF_y - yF_x = 0 - (l+a)(F\sin\theta) = -F(l+a)\sin\theta$$

本题亦可直接按力对轴之矩的定义计算。

*6.3　空间力偶

1. 力偶矩以矢量表示——力偶矩矢

空间力偶对刚体的作用效应，可用力偶矩矢来度量，即用力偶中的两个力对空间某点之矩的矢量和来度量。设有空间力偶$(\boldsymbol{F},\boldsymbol{F}')$，其力偶臂为 d，如图 6-8(a)所示。力偶对空间任一点 O 的矩矢为 $M_O(\boldsymbol{F},\boldsymbol{F}')$，则有

$$M_O(\boldsymbol{F},\boldsymbol{F}') = M_O(\boldsymbol{F}) + M_O(\boldsymbol{F}') = \boldsymbol{r}_A \times \boldsymbol{F} + \boldsymbol{r}_B \times \boldsymbol{F}'$$

由于 $\boldsymbol{F}' = -\boldsymbol{F}$，故上式可改写为

$$M_O(\boldsymbol{F},\boldsymbol{F}') = (\boldsymbol{r}_A - \boldsymbol{r}_B) \times \boldsymbol{F} = \boldsymbol{r}_{AB} \times \boldsymbol{F}(\text{或 } \boldsymbol{r}_{AB} \times \boldsymbol{F}')$$

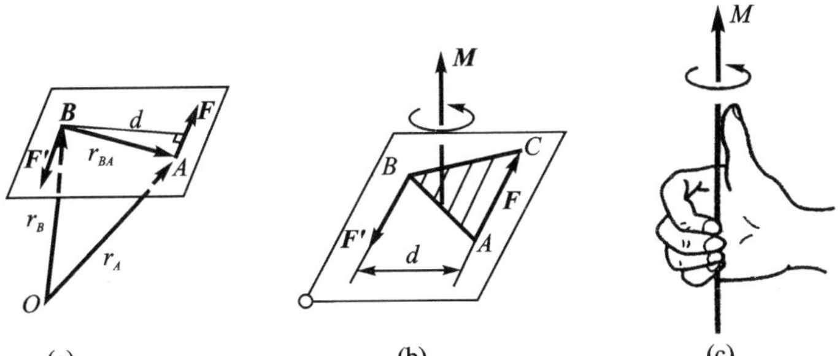

图 6-8

计算表明，力偶对空间任一点的矩矢与矩心无关，以记号 $M(\boldsymbol{F},\boldsymbol{F}')$或 $\boldsymbol{M}$ 表示力偶矩矢，则

$$\boldsymbol{M} = \boldsymbol{r}_{BA} \times \boldsymbol{F} \tag{6-11}$$

由于力偶矩矢 M 无须确定它的初端位置，这样的矢量称为**自由矢量**，如图 6-8(b)所示。

总之，空间力偶对刚体的作用效果决定于下列三个因素：

(1) 矢量的模，即力偶矩大小 $M = Fd = 2A_{\triangle ABC}$[见图 6-8(b)]；

(2) 矢量的方位与力偶作用面相垂直[见图 6-8(b)]；

(3) 矢量的指向与力偶的转向的关系服从右手螺旋法则，如图 6-8(c)所示。

2. 空间力偶等效定理

由于空间力偶对刚体的作用效果完全由力偶矩来确定，而力偶矩矢是自由矢量，因此两个空间力偶不论作用在刚体的什么位置，也不论力的大小、方向及力偶臂的大

小,只要力偶矩矢相等,就等效。这就是空间力偶等效定理,即作用在同一刚体上的两个空间力偶,如果其力偶矩矢相等,则它们彼此等效。

这一定理表明:空间力偶可以平移到与其作用面平行的任意平面上而不改变力偶对刚体的作用效果;也可以同时改变力与力偶臂的大小或将力偶在其作用面内任意移转,只要力偶矩矢的大小、方向不变,其作用效果就不变。可见,力偶矩矢是空间力偶作用效果的唯一度量。

3. 空间力偶系的合成

任意个空间分布的力偶可合成为一个合力偶,合力偶矩矢等于各分力偶矩矢的矢量和,即

$$\boldsymbol{M}=\boldsymbol{M}_1+\boldsymbol{M}_2+\cdots+\boldsymbol{M}_n=\sum_{i=1}^{n}\boldsymbol{M}_i \tag{6-12}$$

合力偶矩矢的解析表达式为

$$\boldsymbol{M}=M_x\boldsymbol{i}+M_y\boldsymbol{j}+M_z\boldsymbol{k} \tag{6-13}$$

将式(6-12)分别向 x,y,z 轴投影,有

$$\left.\begin{aligned}M_x&=M_{1x}+M_{2x}+\cdots+M_{nx}=\sum_{i=1}^{n}M_{ix}\\M_y&=M_{1y}+M_{2y}+\cdots+M_{ny}=\sum_{i=1}^{n}M_{iy}\\M_z&=M_{1z}+M_{2z}+\cdots+M_{nz}=\sum_{i=1}^{n}M_{iz}\end{aligned}\right\} \tag{6-14}$$

即合力偶矩矢在 x,y,z 轴上投影等于各分力偶矩矢在相应轴上的投影的代数和(为便于书写,下标 i 可略去)。

6.4 空间任意力系向任意点简化

与平面任意力系一样,空间任意力系向某点简化时,仍是用力线平移定理。所不同的是,力系中各力的作用线与简化中心所组成的平面不在同一平面,当一力向任一点平移时,应把力与附加力偶矩用矢量表示。

设一刚体受空间任意力系 $\boldsymbol{F}_1,\boldsymbol{F}_2,\cdots,\boldsymbol{F}_n$ 作用,如图 6-9(a)所示。为了简化此力系,在刚体内任取一点 O 作为简化中心。应用力向一点平移定理,依次将力 $\boldsymbol{F}_1,\boldsymbol{F}_2,\cdots,\boldsymbol{F}_n$ 平移到 O 点,并各附加一力偶,这样原力系变换成一个作用于简化中心 O 的空间汇交力系 $\boldsymbol{F}'_1,\boldsymbol{F}'_2,\cdots,\boldsymbol{F}'_n$ 和一个由力偶矩矢分别为 $\boldsymbol{M}_1,\boldsymbol{M}_2,\cdots,\boldsymbol{M}_n$ 的附加力偶所组成的空间力偶系,其中:

$$\boldsymbol{F}_1=\boldsymbol{F}',\boldsymbol{F}_2=\boldsymbol{F}'_2,\cdots,\boldsymbol{F}_n=\boldsymbol{F}'_n$$

$$\boldsymbol{M}_1=\boldsymbol{M}_O(\boldsymbol{F}_1),\boldsymbol{M}_2=\boldsymbol{M}_O(\boldsymbol{F}_2),\cdots,\boldsymbol{M}_n=\boldsymbol{M}_O(\boldsymbol{F}_n)$$

空间汇交力系 $\boldsymbol{F}'_1,\boldsymbol{F}'_2,\cdots,\boldsymbol{F}'_n$ 一般可合成为作用于 O 点的一个力 $\boldsymbol{F}'_{RO}$,即

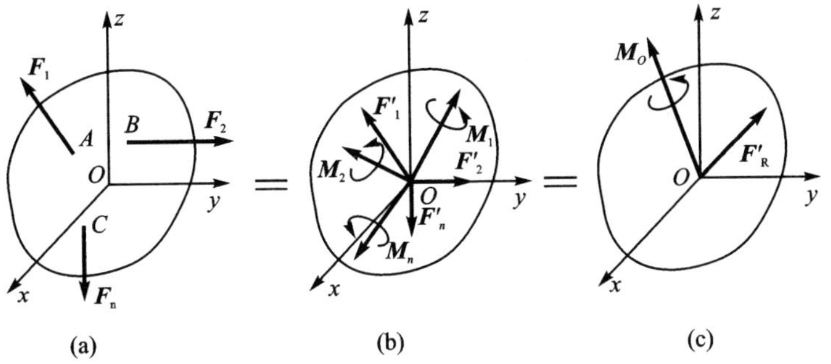

图 6-9

$$F'_{RO}=F'_1+F'_2+\cdots+F'_n=\sum F'_i=\sum F'_R \tag{6-15}$$

F'_R 称为原力系的主矢(主向量)。

$$F'_{Rx}=\sum F'_x \qquad F'_{Ry}=\sum F'_y \qquad F'_{Rz}=\sum F'_z$$

由此可得主矢 F'_R 的大小为

$$F'_R=\sqrt{(F'_{Rx})^2+(F'_{Ry})^2+(F'_{Rz})^2}=\sqrt{\left(\sum F_x\right)^2+\left(\sum F_y\right)^2+\left(\sum F_z\right)^2} \tag{6-16}$$

方向余弦为

$$\cos\alpha=\frac{F'_{Rx}}{|F'_R|},\qquad \cos\beta=\frac{F'_{Ry}}{|F'_R|},\qquad \cos\gamma=\frac{F'_{Rz}}{|F'_R|}$$

式中：α、β、γ 分别表示 $\boldsymbol{F}'_R$ 与 x、y、z 轴正方向之间的夹角。

由力偶矩矢分别为 $\boldsymbol{M}_1,\boldsymbol{M}_2,\cdots,\boldsymbol{M}_n$ 组成的附加空间力偶系，一般可合成为一个合力偶[见图 6-9(b)]。这个合力偶的力偶矩矢等于附加分力偶矩矢的矢量和，即

$$\boldsymbol{M}_O=\sum \boldsymbol{M}_i=\boldsymbol{M}_O(\boldsymbol{F}_1)+\boldsymbol{M}_O(\boldsymbol{F}_2)+\cdots+\boldsymbol{M}_O(\boldsymbol{F}_n)=\sum \boldsymbol{M}_O(\boldsymbol{F}_i) \tag{6-17}$$

$\boldsymbol{M}_O$ 称为原力系对简化中心的主矩。

设 M_{Ox}、M_{Oy}、M_{Oz} 分别表示主矩 $\boldsymbol{M}_O$ 在 x、y、z 轴上的投影。则

$$M_{Ox}=\sum M_x(\boldsymbol{F}_i)=\sum(y_iF_{iz}-z_iF_{iy})$$

$$M_{Oy}=\sum M_y(\boldsymbol{F}_i)=\sum(z_iF_{ix}-x_iF_{zi})$$

$$M_{Oz}=\sum M_z(\boldsymbol{F}_i)=\sum(x_iF_{iy}-y_iF_{xi})$$

$\boldsymbol{M}_O$ 的大小为

$$M_O=\sqrt{M_{Ox}^2+M_{Oy}^2+M_{Oz}^2}=\sqrt{\left[\sum M_x(\boldsymbol{F}_i)\right]^2+\left[\sum M_y(\boldsymbol{F}_i)\right]^2+\left[\sum M_z(\boldsymbol{F}_i)\right]^2} \tag{6-18}$$

方向余弦为

$$\cos\alpha=\frac{M_{Ox}}{|M_O|},\qquad \cos\beta=\frac{M_{Oy}}{|M_O|},\qquad \cos\gamma=\frac{M_{Oz}}{|M_O|}$$

综上所述：空间任意力系向一点简化，一般可得一个力和一个力偶；这个力作用于简化中心，它的大小和方向等于原力系的主矢 F'_R；这个力偶的力偶矩矢 M_O 等于原力系中各力对简化中心之矩的矢量和，并称为原力系对简化中心的主矩。

显然，主矢 $\boldsymbol{F}'_R$ 只取决于原力系中各力的大小和方向，与简化中心的位置无关；而主矩 $\boldsymbol{M}_O$ 的大小和方向一般都与简化中心的位置有关。

6.5 空间任意力系的平衡方程及其应用

1. 空间任意力系的平衡方程式

空间任意力系向任意一点简化的结果可得一主矢 $\boldsymbol{F}'_R$ 和一主矩 $\boldsymbol{M}_O$。因此，要使力系平衡，则必须使主矢 $\boldsymbol{F}'_R$ 和主矩 $\boldsymbol{M}_O$ 都等于零。若主矢 $\boldsymbol{F}'_R$ 等于零，表示作用于简化中心 O 的空间汇交力系平衡；若主矩 $\boldsymbol{M}_O$ 等于零，表示空间力偶系也平衡。故空间任意力系平衡的必要和充分条件是：力系的主矢和力系对任意一点的主矩都等于零，即 $\boldsymbol{F}'_R$ 和 $\boldsymbol{M}_O$ 都等于零。

由式(6-16)及式(6-18)得到

$$\left.\begin{aligned}\sum F_x &= 0\\ \sum F_y &= 0\\ \sum F_z &= 0\\ \sum M_x(\boldsymbol{F}) &= 0\\ \sum M_y(\boldsymbol{F}) &= 0\\ \sum M_z(\boldsymbol{F}) &= 0\end{aligned}\right\} \tag{6-19}$$

因此，空间任意力系平衡的必要与充分条件是：力系中所有各力在直角坐标系中每一个轴上投影的代数和等于零，以及这些力对每一坐标轴之矩的代数和也等于零。式(6-19)称为空间任意力系的平衡方程。因此，式(6-19)中的6个方程是彼此独立的，故求解空间任意力系问题时，每个研究对象可求解6个未知量。

由空间任意力系的平衡方程，可以推导出空间特殊力系的平衡方程如下：

(1) 空间力偶系　因为空间力偶系各力在 x、y、z 轴上投影的代数和恒等于零，即

$$\sum F_x \equiv 0,\quad \sum F_y \equiv 0,\quad \sum F_z \equiv 0$$

故空间力偶系的平衡方程只有三个独立方程，即

$$\left.\begin{aligned}\sum M_x(\boldsymbol{F}) &= 0\\ \sum M_y(\boldsymbol{F}) &= 0\\ \sum M_z(\boldsymbol{F}) &= 0\end{aligned}\right\} \tag{6-20}$$

(2) 空间平行力系　设力系中各力的作用线平行 Oz 轴。各力在 Ox,Oy 轴上的投影和对 Oz 轴之矩恒等于零,即 $\sum F_x \equiv 0, \sum F_y \equiv 0, \sum M_z(F) \equiv 0$,故空间平行力系的平衡方程是

$$\left.\begin{aligned}\sum F_z &= 0\\ \sum M_x(F) &= 0\\ \sum M_y(F) &= 0\end{aligned}\right\} \tag{6-21}$$

力系与 x 轴或 y 轴平行时的平衡方程以此类推。

(3) 空间汇交力系　设各力交于 x、y、z 轴的交点 O,则这些力对 Ox、Oy、Oz 轴之矩恒等于零,即 $\sum M_x(F) \equiv 0, \sum M_y(F) \equiv 0, \sum M_z(F) \equiv 0$,故空间汇交力系的平衡方程是

$$\left.\begin{aligned}\sum F_x &= 0\\ \sum F_y &= 0\\ \sum F_z &= 0\end{aligned}\right\} \tag{6-22}$$

空间汇交力系
平衡问题实例

求解空间力系的平衡问题时解题步骤与平面力系相同。在应用平衡方程求解时,应尽可能灵活选择投影轴的方向和取矩轴的位置,使一个方程只含一个未知量,以简化解题过程。

2. 空间约束

一般情况下,当刚体受到空间任意力系作用时,在每个约束中,其约束力的未知量可能有 1～6 个。决定每种约束的约束力未知量个数的基本方法是:观察被约束物体在空间可能的 6 种独立的位移中(沿 x、y、z 三轴的移动和绕此三轴的转动),有哪几种位移被约束所阻碍。阻碍移动的是约束力;阻碍转动的是约束力偶。现将几种常见的约束及其相应的约束力综合列表,如表 6-1 所列。

3. 空间力系平衡方程的应用

例 6-3　三根杆 AB、AC、AD 铰接于 A 点,其下悬一重力为 G 的物体(见图 6-10)。AB 与 AC 互相垂直且长度相等,$\angle OAD=30°$,B、C、D 处均为铰接。若 $G=1\ 000$ N,三根杆的重力不计,试求各杆所受的力。

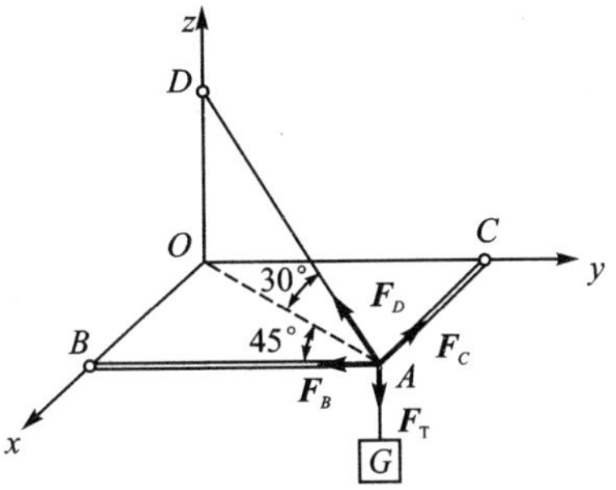

图 6-10

表 6-1 常见空间约束及其约束反力表示

约束类型	简化符号	约束反力表示
球形铰链 	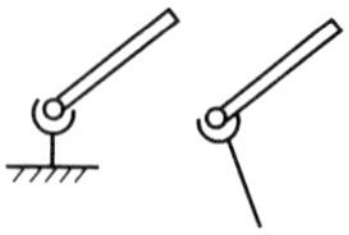	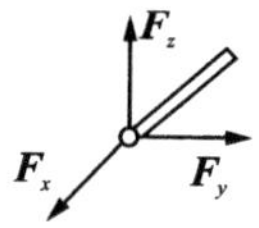
向心轴承 		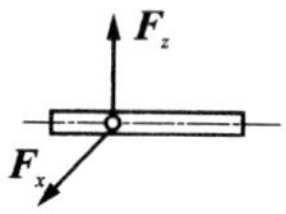
向心推力轴承 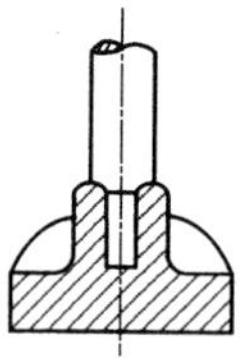		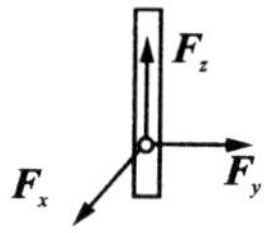
空间固定端 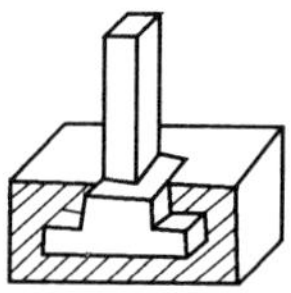	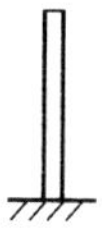	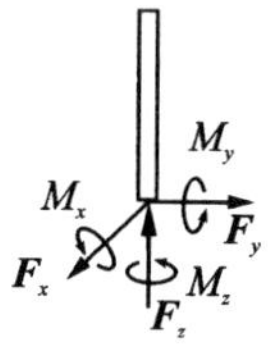

解：因各杆的重力不计，所以都是二力杆。先假定各杆都受拉力。取铰链 A 为研究对象。A 点受三杆的拉力 $\boldsymbol{F}_B$、$\boldsymbol{F}_C$、$\boldsymbol{F}_D$及挂重物的绳子的拉力 F_{T}的作用而平衡。取坐标系如图所示，列出空间汇交力系的平衡方程

$$\sum F_x = 0, \qquad -F_C - F_D\cos 30^\circ \sin 45^\circ = 0 \tag{1}$$

$$\sum F_y = 0, \qquad -F_B - F_D\cos 30^\circ \cos 45^\circ = 0 \tag{2}$$

$$\sum F_z = 0, \qquad F_D\sin 30^\circ - F_{\mathrm{T}} = 0 \tag{3}$$

由于 $\boldsymbol{F}_{\mathrm{T}}=\boldsymbol{G}$，由式(3)可求得

$$F_D = F_{\mathrm{T}}/\sin 30^\circ = 2\ 000\ \mathrm{N}$$

把 $\boldsymbol{F}_D$的值代入(1)、(2)两式，可得

$$F_B = F_C = -1\ 225\ \text{N}$$

$\boldsymbol{F}_B$与$\boldsymbol{F}_C$均为负值，说明力的实际方向与假定的方向相反，即实际都是压力。

例6-4　车床主轴如图6-11所示。已知车刀对工件的切削力为：径向切削力$F_x=4.25$ kN，纵向切削力$F_y=6.8$ kN，主切削力（切向）$F_z=17$ kN，方向如图所示。在直齿轮C上有切向力F_t和径向力F_r，且$F_r=0.36F_t$。齿轮C的节圆半径为$R=50$ mm，被切削工件的半径为$r=30$ mm。卡盘及工件等自重不计，其余尺寸如图示。当主轴匀速转动时，求：

(1) 齿轮啮合力$\boldsymbol{F}_t$及$\boldsymbol{F}_r$；

(2) 径向轴承A和止推轴承B的约束力。

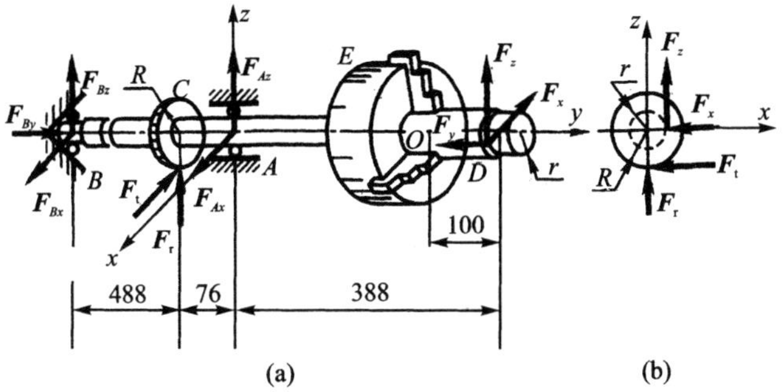

图6-11

解：先取主轴、卡盘、齿轮以及工件系统为研究对象，受力如图6-11所示，为一空间任意力系。取坐标系$Axyz$如图所示，列平衡方程：

$$\sum F_x = 0,\quad F_{Bx} - F_t + F_{Ax} - F_x = 0$$

$$\sum F_y = 0,\quad F_{By} - F_y = 0$$

$$\sum F_z = 0,\quad F_{Bz} + F_r + F_{Az} + F_z = 0$$

$$\sum M_x(\boldsymbol{F}) = 0,\quad -(488+76)\text{mm}\cdot F_{Bz} - 76\ \text{mm}\cdot F_r + 388\ \text{mm}\cdot F_z = 0$$

$$\sum M_y(\boldsymbol{F}) = 0,\quad F_t R - F_z r = 0$$

$$\sum M_z(\boldsymbol{F}) = 0, (488+76)\text{mm}\cdot F_{Bx} - 76\ \text{mm}\cdot F_t - 30\ \text{mm}\cdot F_y + 388\ \text{mm}\cdot F_x = 0$$

又，按题意有

$$F_r = 0.36F_t$$

以上共有7个方程，可解出全部7个未知量，即

$$F_t = 10.2\ \text{kN},\qquad F_r = 3.67\ \text{kN}$$

$$F_{Ax} = 15.64\ \text{kN},\qquad F_{Az} = -31.87\ \text{kN}$$

$$F_{Bx} = -1.19\ \text{kN},\qquad F_{By} = 6.8\ \text{kN},\qquad F_{Bz} = 11.2\ \text{kN}$$

例6-5　水平传动轴上装有两胶带轮C和D，若$r_1=20$ cm，$r_2=25$ cm，$a=$

$b=50\ \text{cm}$，$c=100\ \text{cm}$，胶带轮 C 上的胶带是水平的，上下胶带的拉力各为 $\boldsymbol{F}_{T1}$ 和 $\boldsymbol{F}'_{T1}$，且 $F_{T1}=2F'_{T1}=5\ \text{kN}$，胶带轮 D 上的胶带和铅垂线成角 $\alpha=30°$，两侧胶带的拉力各为 $\boldsymbol{F}_{T2}$ 和 $\boldsymbol{F}'_{T2}$，且 $\boldsymbol{F}_{T2}=2\boldsymbol{F}'_{T2}$。当传动轴平衡时，求胶带拉力 $\boldsymbol{F}_{T2}$、$\boldsymbol{F}'_{T2}$ 的值以及轴承 A、B 的约束力。

解： 取轴和两传动带轮整体作为研究，受力分析如图 6－12 所示。这是一个空间任意力系，未知量有 $\boldsymbol{F}_{Ax}$、$\boldsymbol{F}_{Az}$、$\boldsymbol{F}_{Bx}$、$\boldsymbol{F}_{Bz}$ 以及 $\boldsymbol{F}_{T2}$、$\boldsymbol{F}'_{T2}$。有 5 个独立平衡方程及已知关系式 $\boldsymbol{F}_{T2}=2\boldsymbol{F}'_{T2}$，故可解。空间力系解题时要注意优先考虑使用力对轴之矩，特别是对类似本题的传动轴 y 之矩，这是因为作用在传动轴上的作用线通过 y 轴的力对该轴之矩为零，可简化计算过程。

$$\sum M_y(\boldsymbol{F})=0,\qquad (F_{T1}-F'_{T1})r_1-(F_{T2}-F'_{T2})r_2=0$$

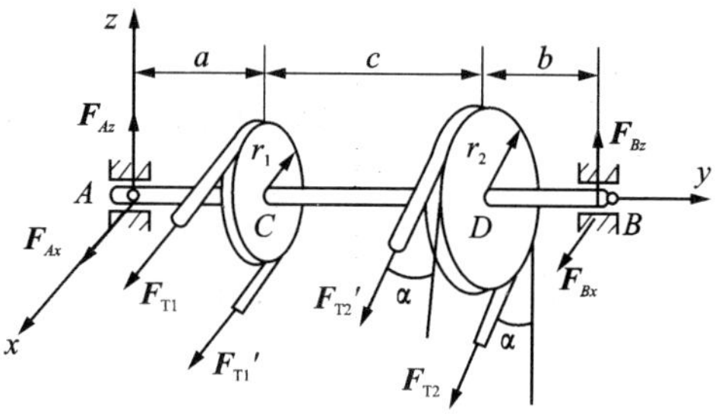

图 6－12

将已知关系式 $F_{T2}=2F'_{T2}$ 与上式联立解得

$$F_{T2}=4\ \text{kN},\qquad F'_{T2}=2\ \text{kN}$$

由

$$\sum M_x(\boldsymbol{F})=0,\qquad -(F_{T2}+F'_{T2})\cos\alpha(a+c)+(a+b+c)F_{Bz}=0$$

解得

$$F_{Bz}=3.897\ \text{kN}$$

由 $$\sum F_z=0,\qquad F_{Az}+F_{Bz}-(F_{T2}+F'_{T2})\cos\alpha=0$$

解得

$$F_{Az}=1.3\ \text{kN}$$

由

$$\sum M_z(\boldsymbol{F})=0,$$

$$-(F_{T1}+F'_{T1})a-(a+c)(F_{T2}+F'_{T2})\sin\alpha-(a+b+c)F_{Bx}=0$$

解得

$$F_{Bx}=-4.125\ \text{kN}$$

由 $$\sum F_x=0,\quad F_{Ax}+F_{Bx}+F_{T1}+F'_{T1}+(F_{T2}+F'_{T2})\sin\alpha=0$$

解得

$$F_{Ax}=-6.375\ \text{kN}$$

工程实际和后续有关课程中经常将空间力系转化为平面力系来处理，即将力投影到 xy 平面、yz 平面或 xz 上（需要几个投影图根据题意选取），然后按平面力系计算。

例如该题，可先作 xy 平面受力图[见图6-13(a)]，用 $\sum M_A(F)=0$ 解出 F_{Bx}；再用 $\sum F_x=0$ 解出 F_{Ax} 。

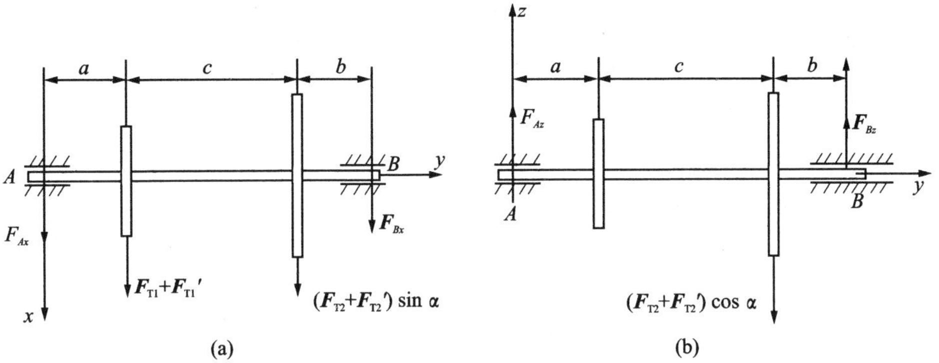

图6-13

然后作 yz 平面受力图[见图6-13(b)]，用 $\sum M_A(\boldsymbol{F})=0$ 解出 $\boldsymbol{F}_{Bz}$，再用 $\sum F_z=0$ 解出 $\boldsymbol{F}_{Az}$。

空间任意力系有6个独立的平衡方程，可求解6个未知量，但其平衡方程并不局限于式(6-19)所示的形式；还有其他形式，如四力矩式、五力矩式和六力矩式。与平面任意力系一样，它们对投影和力矩轴有一定的限制条件。为使解题简便，每个方程中最好只包含一个未知量。因此，在选力投影轴时应尽量与其余未知量垂直，在选取力矩轴时应尽量与其余未知力平行或相交。投影轴不必相互垂直，取矩的轴也不必与投影轴重合，力矩方程的数目可取3～6个。

6.6　平行力系的中心及物体的重心

6.6.1　平行力系的中心

平行力系合力的作用点称为平行力系中心。设有三个同向平行力 $\boldsymbol{F}_1$、$\boldsymbol{F}_2$、$\boldsymbol{F}_3$ 分别作用在刚体上 A_1、A_2、A_3 三点，如图6-14所示，求其合力 $\boldsymbol{F}_R$。

先将力 $\boldsymbol{F}_1$ 与 $\boldsymbol{F}_2$ 相加得合力 $\boldsymbol{F}_{R1}$，且 $\boldsymbol{F}_{R1}=\boldsymbol{F}_1+\boldsymbol{F}_2$，其作用线与 A_1A_2 相交于 C_1 点，且 $C_1A_1:C_1A_2=\boldsymbol{F}_2:\boldsymbol{F}_1$，再将 $\boldsymbol{F}_{R1}$ 与 $\boldsymbol{F}_3$ 相加，得力 $\boldsymbol{F}_R$，且 $\boldsymbol{F}_R=\boldsymbol{F}_{R1}+\boldsymbol{F}_3=\boldsymbol{F}_1+\boldsymbol{F}_2+\boldsymbol{F}_3$，其作用线与 C_1A_3 相交于 C 点，且 $CC_1:CA_3=\boldsymbol{F}_3:\boldsymbol{F}_{R1}$。对于更多个力，可依次类推。

若将原力系各绕其作用点转过同一角度，使其仍互相平行，则合力仍与各力平行，且绕 C 点转过相同角度。同理合力 $\boldsymbol{F}_R$ 也绕 C 点转过相同角度。这是由于 $C_1A_1:C_1A_2=\boldsymbol{F}_2:\boldsymbol{F}_1$ 的比例关系经转动后仍然成立，使得 $\boldsymbol{F}_{R1}$ 绕 C_1 点转过相同的角度，如

图 6－14 所示。

由此可知：C 点的位置仅与各平行力的大小和作用点的位置有关，与各平行力的方向无关。

设有同向平行力 $\boldsymbol{F}_1, \boldsymbol{F}_2, \cdots, \boldsymbol{F}_n$ 分别作用于刚体上 $A_1, A_2, \cdots, A_n$ 各点，任选坐标系 $Oxyz$，各力作用点的坐标为(x_1, y_1, y_1)、(x_2, y_2, z_2)、…、(x_n, y_n, z_n)，设平行力系中心点 C 的坐标为(x_c, y_c, z_c)，合力为 $\boldsymbol{F}_R$，如图 6－15 所示。

根据合力矩定理

$$M_x(\boldsymbol{F}_R) = \sum_{i=1}^{n} M_x(\boldsymbol{F}_i) = F_1 y_1 + F_2 y_2 + \cdots + F_n y_n = \sum F_i y_i$$

又

$$M_x(\boldsymbol{F}_R) = F_R y_c = (\sum F_i) \cdot y_c$$

故

$$y_c = \frac{\sum F_i y_i}{\sum F_i} \tag{6-23a}$$

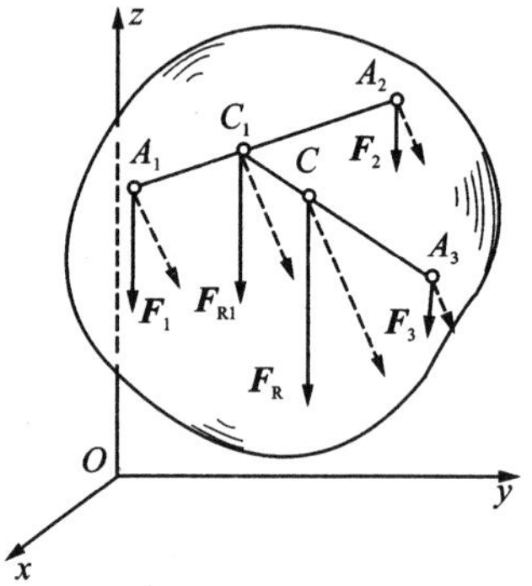

图 6－14

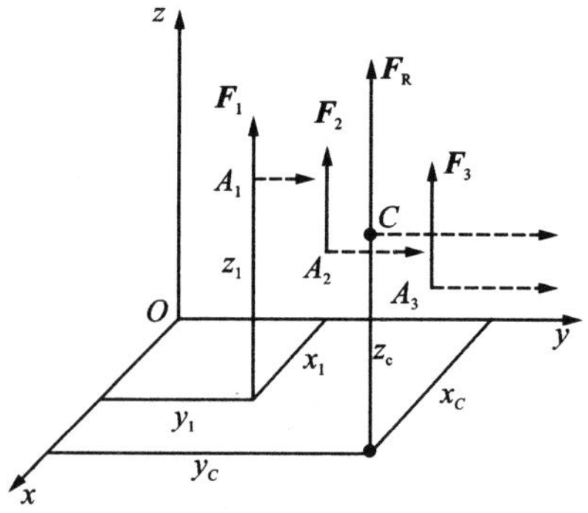

图 6－15

同理，对 y 轴取矩得

$$x_c = \frac{\sum F_i x_i}{\sum F_i} \tag{6-23b}$$

再将力系中各力绕其各自的作用点转过 90°与 y 轴平行，再对 x 轴取矩得

$$z_c = \frac{\sum F_i z_i}{\sum F_i} \tag{6-23c}$$

以上三式合起来就是平行力系中心的坐标公式。

式(6－23)不仅适用于空间同向平行力系，也适用于主矢不等于零的空间反向平行力系，此时分子分母为代数和。

6.6.2 重心和质心

1. 重心的概念

工程实际中，常需计算物体的重心。例如为了顺利吊装机械设备，就一定要知道其重心的位置；再如水坝以及汽车行驶都涉及确定重心位置问题。

靠近地球的物体，微小部分上都要受到重力的作用。严格说，这些力的作用线都汇交于一点，组成空间汇交力系；但由于所研究的物体远比地球小得多，且离地心很远，故可认为物体上各点重力的作用线是平行的，即这些重力组成一个空间平行力系。

重心应用实例1

如以 ΔV_i 表示物体上任一微小部分的体积，其重力以 $\boldsymbol{G}_i$ 表示，各微小部分的重力 $\boldsymbol{G}_1, \boldsymbol{G}_2, \cdots, \boldsymbol{G}_n$ 组成一平行力系，其合力的大小 $G = \sum G_i$ 称为物体的重量。合力的作用线总是通过物体上一个确定的点 C，这个点 C 称为物体的**重心**。

实践证明，形状不变的物体，其重心在该物体内的相对位置不变，与该物体在空间上的位置无关，即不论物体如何放置，其重力的作用线总是通过物体的重心的。

2. 物体的重心坐标公式

在图 6-16 上取坐标系 $Oxyz$，使 z 轴与重力平行，设每一小块的重力为 $\boldsymbol{G}_i$，其作用点为 $M_i(x_i, y_i, z_i)$，则重力 $\boldsymbol{G}$ 为

$$\boldsymbol{G} = \sum \boldsymbol{G}_i$$

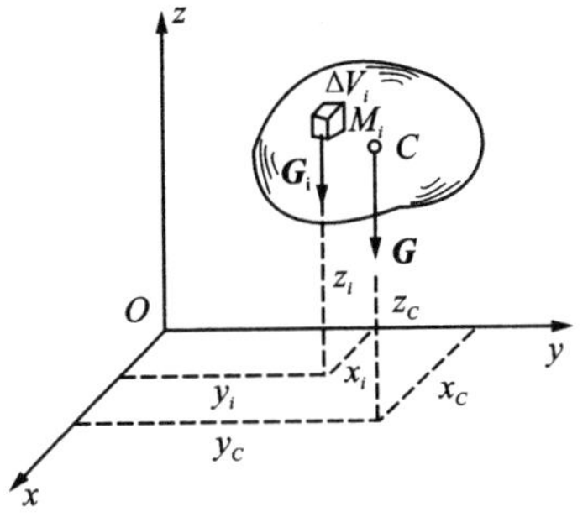

图 6-16

设物体重心坐标为 $C\ (x_C, y_C, y_C)$，则

$$\left.\begin{aligned} x_C &= \frac{\sum G_i x_i}{\sum G_i} \\ y_C &= \frac{\sum G_i y_i}{\sum G_i} \\ z_C &= \frac{\sum G_i z_i}{\sum G_i} \end{aligned}\right\} \qquad (6-24)$$

重心应用实例2

如果物体是均质的，其密度为 ρ，任一微小部分的体积为 V_i，则整个物体的体积为

$$V = \sum V_i$$

且 $G_i = \rho \cdot g \cdot \Delta V_i$，$G = \sum G_i = \sum \rho \cdot g \cdot V_i = \rho \cdot g \cdot V$。

代入式(6-24)得

$$\left.\begin{aligned} x_C &= \frac{\sum V_i x_i}{V} \\ y_C &= \frac{\sum V_i y_i}{V} \\ z_C &= \frac{\sum V_i z_i}{V} \end{aligned}\right\} \tag{6-25}$$

显然物体分割的微小单元越多，则每个微小单元的体积越小，求得重心 C 的位置越准确。在极限情况下，均质物体重心的坐标公式可写成积分形式，即

$$\left.\begin{aligned} x_C &= \frac{\iiint_V x\,\mathrm{d}V}{V} \\ y_C &= \frac{\iiint_V y\,\mathrm{d}V}{V} \\ z_C &= \frac{\iiint_V z\,\mathrm{d}V}{V} \end{aligned}\right\} \tag{6-26}$$

从式(6－25)、式(6－26)可以看出，均质物体的重心位置完全决定于物体的几何形状，与物体重量无关。由物体几何形状和尺寸所决定的物体几何中心，称为物体的形心。因此，均质物体的重心也就是该物体的几何形体的形心。

如果均质物体是等厚薄板，设面积为 A，厚度为 δ，则薄板的总体积 $V=A\delta$，任一微小部分的体积 $V_i=A_i\delta$，若将薄板平面置于 Oxy 平面内，将上述关系式代入式(6－25)并消去 δ，可得均质等厚薄板的重心(形心)坐标公式为

$$\left.\begin{aligned} x_C &= \frac{\sum A_i x_i}{A} \\ y_C &= \frac{\sum A_i y_i}{A} \end{aligned}\right\} \tag{6-27}$$

若物体为均质等厚的薄壳(见图 6－17)，其表面积为 A，厚度远小于表面积，则其重心公式为

$$\left.\begin{aligned} x_C &= \frac{\iint_A x\,\mathrm{d}A}{A} \\ y_C &= \frac{\iint_A y\,\mathrm{d}A}{A} \\ z_C &= \frac{\iint_A z\,\mathrm{d}A}{A} \end{aligned}\right\} \tag{6-28}$$

若物体是均质等截面细长线段，其截面尺寸比其长度小得多，如图 6－18 所示，则重心公式为

$$\left.\begin{aligned} x_C &= \frac{\int_l x\,\mathrm{d}l}{l} \\ y_C &= \frac{\int_l y\,\mathrm{d}l}{l} \\ z_C &= \frac{\int_l z\,\mathrm{d}l}{l} \end{aligned}\right\} \tag{6-29}$$

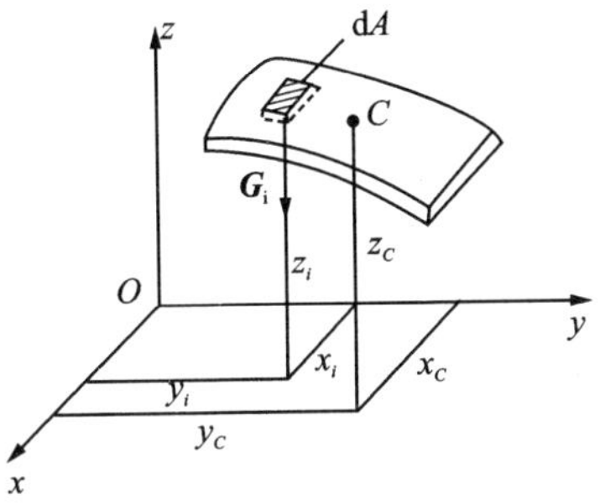

图 6－17

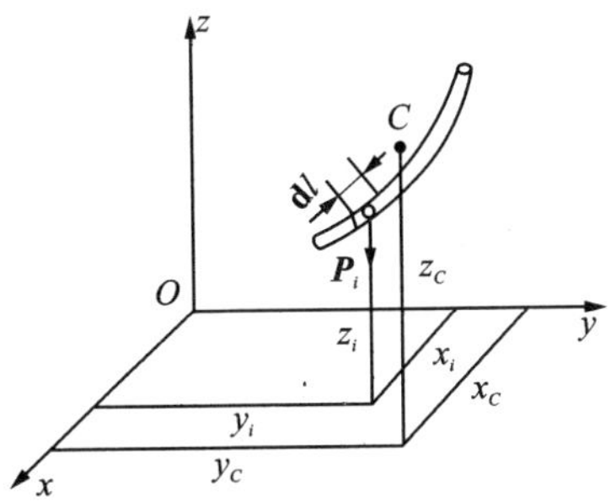

图 6－18

在重力场中，物体的重量 $G = m_i g$，由式(6－24)有

$$\left.\begin{aligned} x_C &= \frac{\left(\sum m_i x_i\right)g}{\left(\sum m_i\right)g} = \frac{\sum m_i x_i}{\sum m_i} \\ y_C &= \frac{\left(\sum m_i y_i\right)g}{\left(\sum m_i\right)g} = \frac{\sum m_i y_i}{\sum m_i} \\ z_C &= \frac{\left(\sum m_i z_i\right)g}{\left(\sum m_i\right)g} = \frac{\sum m_i z_i}{\sum m_i} \end{aligned}\right\} \tag{6-30a}$$

式(6－30a)可写成矢量形式，表达为

$$r_c = \frac{\sum m_i r_i}{\sum m_i} = \frac{\sum m_i r_i}{m_i} \tag{6-30b}$$

满足式(6－30)的几何点 C 称为物体的**质量中心**(质心)。显然，在重力场中，物体的质心即物体的重心，但两者的物理意义不同。质心表示质量的分布，重心只在重力场中有意义，而质心在非重力场中也有意义。

表 6－2 列出了简单形体的重心位置。

表 6-2　均质简单形体的重心

图　形	重心位置	图　形	重心位置
扇形 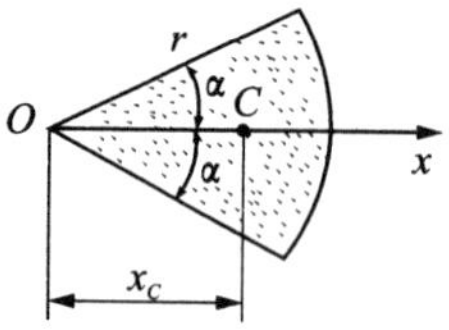	$x_C=\frac{2}{3}\frac{r\sin\alpha}{\alpha}$ 对于半圆 $\alpha=\frac{\pi}{2}$ 则 $x_C=\frac{4r}{3\pi}$	三角形 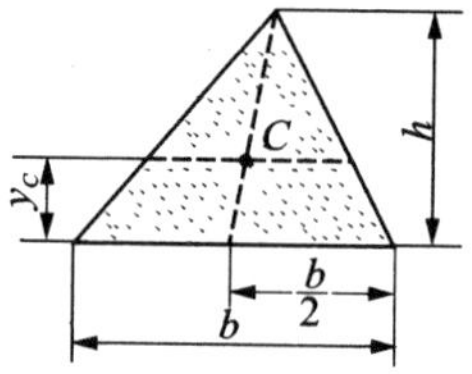	在中线的交点 $y_C=\frac{1}{3}h$
部分圆环 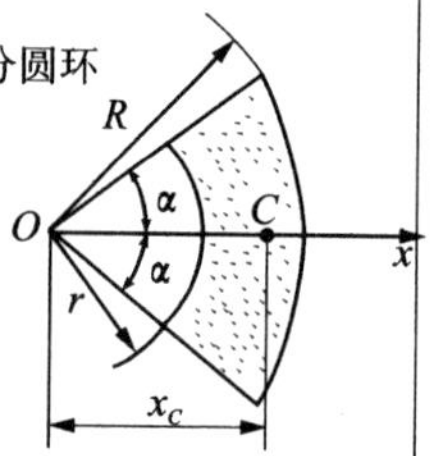	$x_C=\frac{2}{3}\frac{(R^3-r^3)\sin\alpha}{(R^2-r^2)\alpha}$	梯形 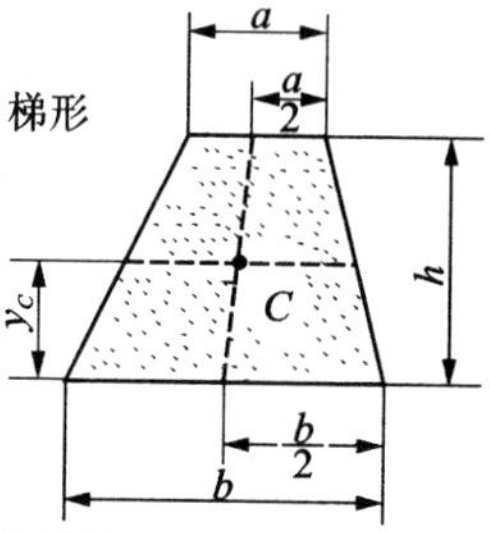	$y_C=\frac{h(2a+b)}{3(a+b)}$
抛物线面 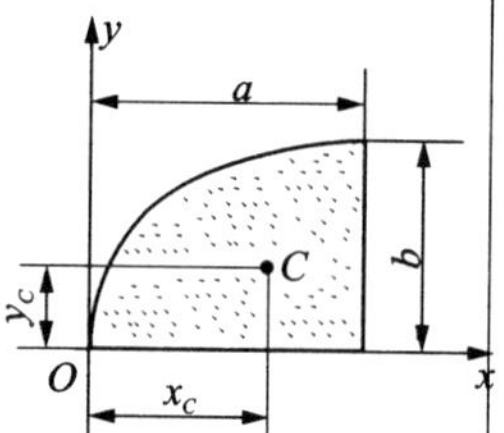	$x_C=\frac{3}{5}a$ $y_C=\frac{3}{8}b$	圆弧 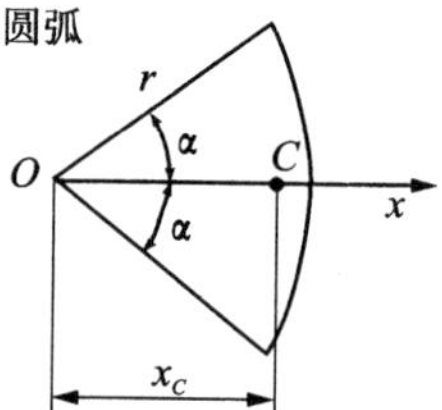	$x_C=\frac{r\sin\alpha}{\alpha}$ 对于半圆弧 $\alpha=\frac{\pi}{2}$ 则 $x_C=\frac{2r}{\pi}$
抛物线面 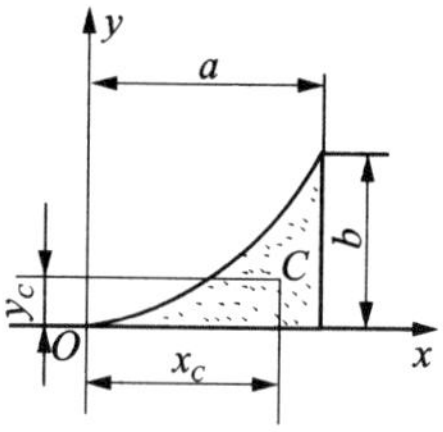	$x_C=\frac{3}{4}a$ $y_C=\frac{3}{10}b$	弓形 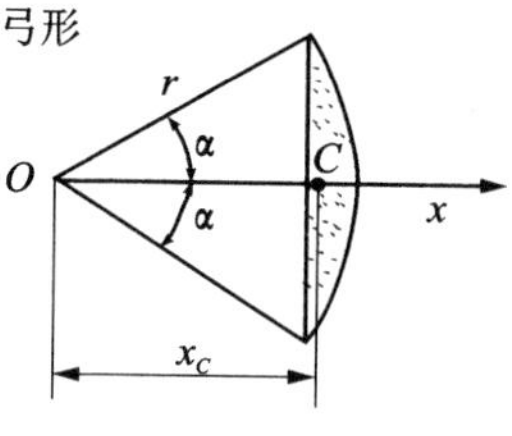	$x_C=\frac{2}{3}\frac{r^3\sin^3\alpha}{A}$ [面积 $A=\frac{r^2(2\alpha-\sin 2\alpha)}{2}$]
锥形筒体 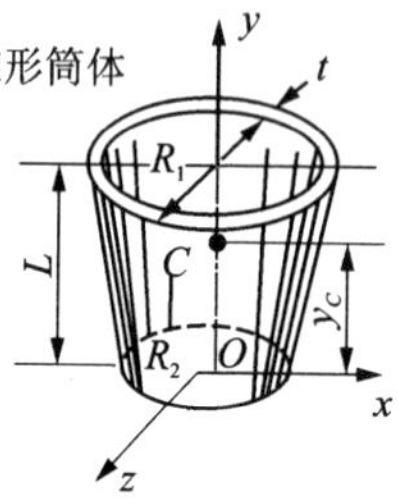	$y_C=\frac{4R_1+2R_2-3t}{6(R_1+R_2-t)}L$	正圆锥体 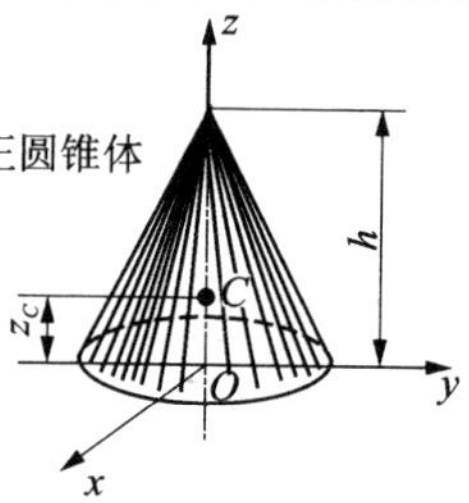	$z_C=\frac{1}{4}h$

3. 用组合法求平面图形的形心

工程中还常用组合法求平面图形的形心。

(1) 分割法　若一个均质物体由几个简单形状的物体组合而成，而这些物体的形心是已知的，那么整个物体的形心即可用式(6-27)求出。

例 6-6　试求 Z 形截面重心的位置，其尺寸如图 6-19 所示。

解： 取坐标轴如图所示，将该图形分割为三个矩形(例如用 ab 和 cd 两线分割)。以 C_1、C_2、C_3 表示这些矩形的形心，而以 A_1、A_2、A_3 表示它们的面积。以(x_1,y_1)；(x_2,y_2)；(x_3,y_3)分别表示 C_1、C_2、C_3 的坐标，由图得

$$x_1=-15\ \text{mm},\quad y_1=45\ \text{mm},\quad A_1=300\ \text{mm}^2$$

$$x_2=5\ \text{mm},\quad y_2=30\ \text{mm},\quad A_2=400\ \text{mm}^2$$

$$x_3=15\ \text{mm},\quad y_3=5\ \text{mm},\quad A_3=300\ \text{mm}^2$$

由式(6-27)求得该截面形心的坐标 x_C、y_C 为

$$x_C=\frac{A_1x_1+A_2x_2+A_3x_3}{A_1+A_2+A_3}=2\ \text{mm}$$

$$y_C=\frac{A_1y_1+A_2y_2+A_3y_3}{A_1+A_2+A_3}=27\ \text{mm}$$

(2) 负面积法(负体积法)　若在物体或薄板内切去一部分(例如有空穴或孔的物体)，则这类物体的形心，仍可应用与分割法相同的公式来求得，只是切去部分的体积或面积应取负值。以下例说明。

例 6-7　试求图 6-20 所示平面图形的形心。已知：$R=100$ mm，$r=17$ mm，$b=13$ mm。

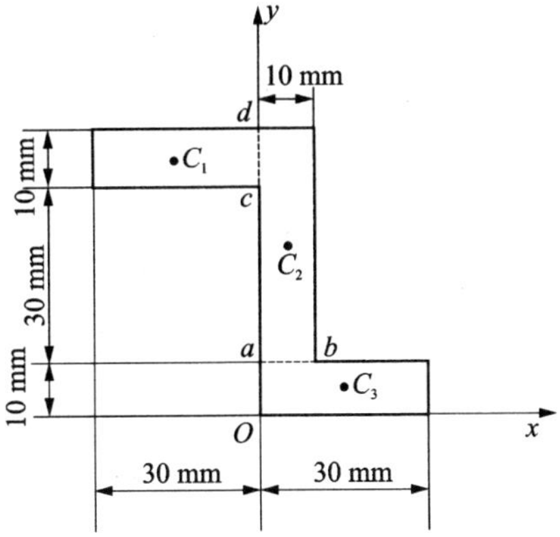

图 6-19

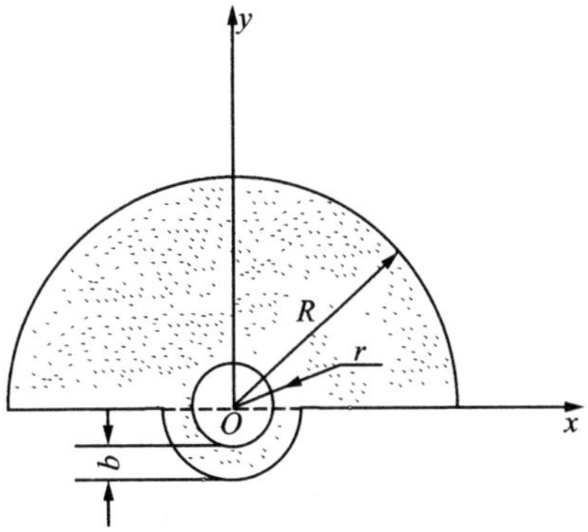

图 6-20

解： 将图形看成是由三部分组成，即半径为 R 的半圆 A_1，半径为 $r+b$ 的半圆 A_2 和半径为 r 的小圆 A_3。因 A_3 是切去的部分，所以面积应取负值。今使坐标原点与圆心重合，且偏心块的对称轴为 y 轴，则有 $x_C=0$。

设 y_1、y_2、y_3 分别是 A_1、A_2、A_3 重心的坐标，由表 6-2 中半圆形重心位置可知：

$$y_1 = \frac{4R}{3\pi} = \frac{400}{3\pi}\text{mm}$$

$$y_2 = \frac{-4(r+b)}{3\pi} = -\frac{40}{\pi}\text{mm}$$

$$y_3 = 0$$

于是，偏心块形心的坐标为

$$y_C = \frac{S_1 y_1 + S_2 y_2 + S_3 y_3}{S_1 + S_2 + S_3} =$$

$$\frac{\frac{\pi}{2}\times 100^2\,\text{mm}^2 \times \frac{400}{3\pi}\text{mm}^2 + \frac{\pi}{2}\times(17+13)^2\,\text{mm}^2\times\left(\frac{-40}{\pi}\right)\text{mm}^2 - (17^2\pi)\times 0}{\frac{\pi}{2}\times 100^2\,\text{mm}^2 + \frac{\pi}{2}(17+13)^2\,\text{mm}^2 + (-17^2\pi)\text{mm}^2} =$$

40.01 mm

4. 实验法求物体的重心

对于形状不规则的物体，或者不便于用公式计算其重心的物体，工程上常用实验方法测定其重心位置。常用的实验法有悬挂法和称重法两种。

(1) 悬挂法　如果需要求薄板或具有对称面的薄零件的重心，可将薄板（或用等厚均质板按零件的截面形状剪成一平面图形）用细绳悬挂起来，然后过悬挂点 A 在板上画一铅垂线 AA'。由二力平衡原理知，物体重心必在 AA' 线上。换一个悬挂点再悬挂一次，再过悬挂点 B 画铅垂线 BB'，则重心也必在 BB' 上。AA' 与 BB' 的交点就是重心（见图 6-21）。

(2) 称重法　对某些形状复杂或体积较大的物体常用称重法确定重心位置。图示连杆设其前后是对称的，则重心必在其对称面内，即在连杆中心线 AB 上（见图 6-22）。至于在 AB 线上的确切位置，可用下面方法确定：先称出连杆的重力 $\boldsymbol{G}$；然后将连杆的一端 B 放在台秤上，另一端 A 搁在水平面上，使中心线 AB 处于水平位置，读出台秤上的读数 G_1，并量出 AB 间距离。

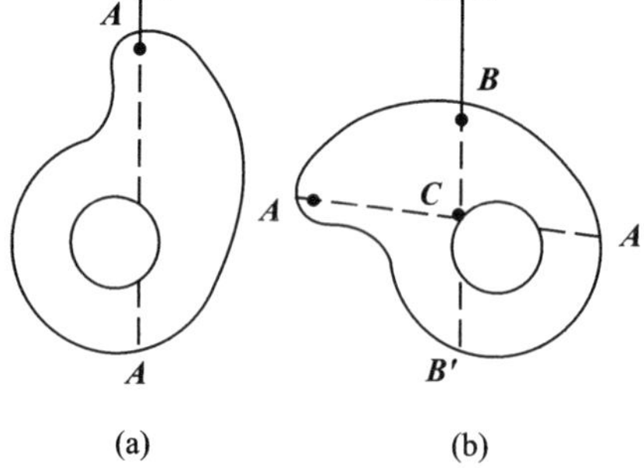

图 6-21

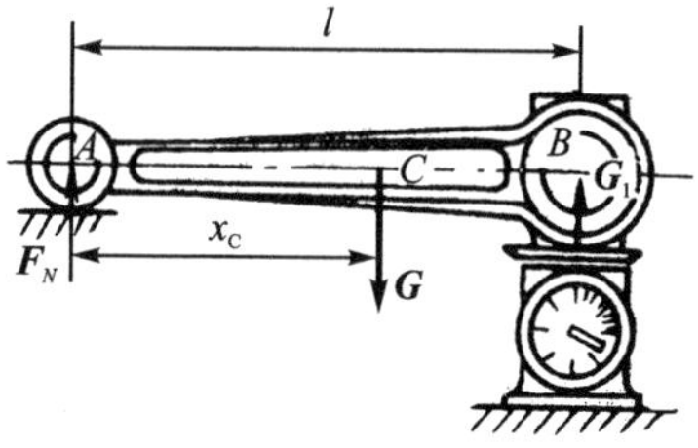

图 6-22

由力矩平衡方程

$\sum M_A(\boldsymbol{F})=0$，　$G_1 l - G x_C = 0$，得

$$x_C=\frac{G_1}{G}l$$

思 考 题

1. 已知力 $\boldsymbol{F}$ 的大小和它与 x，y 轴的夹角，能否求得它在 z 轴上的投影？

2. 力 $\boldsymbol{F}$ 在什么情况下能分别满足以下条件：

(1) $F_x=0$，$m_x(F)=0$；　(2) $F_y=0$，$m_y(\boldsymbol{F})=0$；

(3) $F_x\neq 0$，$m_x(\boldsymbol{F})=0$；　(4) $m_x(\boldsymbol{F})=0$，$m_y(\boldsymbol{F})=0$。

3. 一个空间力系平衡问题可转化为三个平面力系问题，那么为什么不能求得九个未知量？

4. 物体的重心是否一定在物体内？

5. 某一空间力系对不共线的三个点的主矩都等于零，问此力系是否一定平衡？

习 题

6-1　已知：$F_1=3$ kN，$F_2=2$ kN，$F_3=1$ kN。F_1 处于由边长为 3、4、5 的正六面体的前棱边，F_2 在此六面体顶面的对角线上，F_3 则处于正六面体的斜对角线上（见题 6-1 图所示）。计算 $\boldsymbol{F}_1$、$\boldsymbol{F}_2$、$\boldsymbol{F}_3$ 三力分别在 x，y，z 轴上的投影。

答：$F_{1x}=F_{1y}=0$，$F_{1z}=3$ kN，$F_{2x}=-1.2$ kN，$F_{2y}=1.6$ kN，$F_{2z}=0$；

$F_{3x}=-0.424$ kN，$F_{3y}=0.566$ kN，$F_{3z}=0.707$ kN。

6-2　如题 6-2 图示 $\boldsymbol{F}_1$、$\boldsymbol{F}_2$、$\boldsymbol{F}_3$、$\boldsymbol{F}_4$、$\boldsymbol{F}_5$、α_2、α_3、α_4、α_5、φ_3、φ_4、φ_5 均为已知。计算 $\boldsymbol{F}_1$、$\boldsymbol{F}_2$、$\boldsymbol{F}_3$、$\boldsymbol{F}_4$、$\boldsymbol{F}_5$ 五力分别在 x，y，z 轴上的投影。

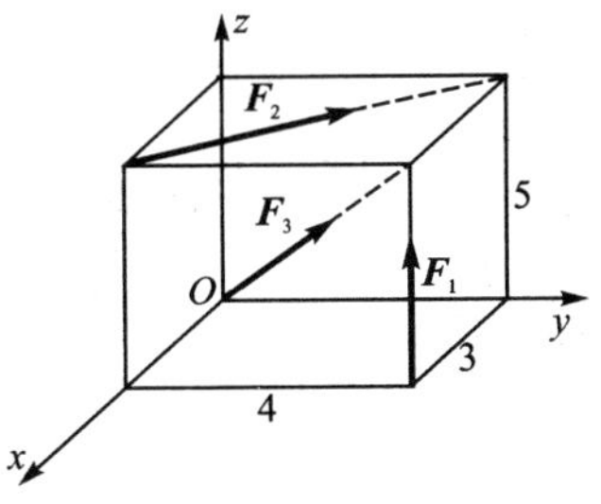

题 6-1 图

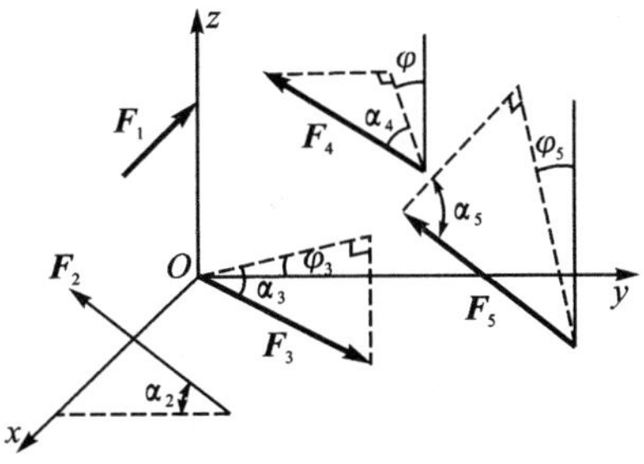

题 6-2 图

答：$F_{1x}=-F_1$，$F_{1y}=F_{1z}=0$，$F_{2x}=0$，$F_{2y}=-F_2\cos\alpha_2$，$F_{2z}=F_2\sin\alpha_2$；

$F_{3x}=-F_3\cos\alpha_3\sin\varphi_3$，$F_{3y}=F_3\cos\alpha_3\cos\varphi_3$，$F_{3z}=-F_3\sin\alpha_3$；

$F_{4x}=-F_4\cos\alpha_4\sin\varphi_4$，$F_{4y}=-F_4\sin\alpha_4$，$F_{4z}=F_4\cos\alpha_4\cos\varphi_4$；

$F_{5x}=F_5\cos\alpha_5$，$F_{5y}=-F_5\sin\alpha_5\sin\varphi_5$，$F_{5y}=F_5\sin\alpha_5\cos\varphi_5$。

6－3 如题 6－3 图所示，水平轮上 A 点作用一力 $\boldsymbol{F}$，力 $\boldsymbol{F}$ 位于 A 处的切平面内，并与过 A 点的切线成 60°角，OA 与 y 轴的平行线成 45°夹角，已知 $F=1\ 000$ N，$h=r=1$m。试求力 $\boldsymbol{F}$ 对各轴之矩。

答：$m_x(\boldsymbol{F})=-259$ N·m， $m_y(\boldsymbol{F})=966$ N·m， $m_z(\boldsymbol{F})=-500$ N·m。

6－4 如题 6－4 图所示，支架由 AB，AC，AD 三杆组成，已知 $AB=AC=2$ m，ABC 平面为水平面，AD 与垂线之间的夹角为 30°，在 A 点悬挂一重物，该物重量为 $G=10$ kN。试求 AB，AC，AD 三杆所受的力。

答：$F_{AB}=F_{AC}=4.08$ kN；$F_{AD}=-11.5$ kN。

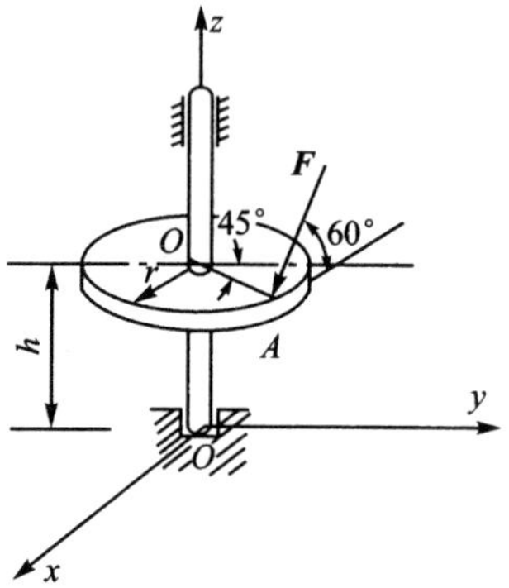

题 6－3 图

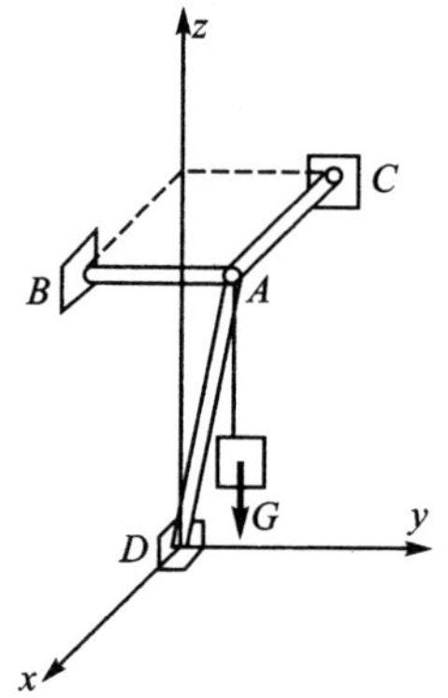

题 6－4 图

6－5 题 6－5 图示的力 $F=1\ 000$ N，求力 $\boldsymbol{F}$ 对于 z 轴的力矩 M_z。

答：$m_z(\boldsymbol{F})=101.4$ N·m。

6－6 如题 6－6 图所示，镗刀杆刀头上受切削力 $F_z=500$ N，径向力 $F_x=150$ N，轴向力 $F_y=75$ N，刀尖位于 Oxy 平面内，其坐标 $x=75$ mm，$y=200$ mm。工件重量不计，试求被切削工件左端 O 处的约束力。

答：$F_{Ox}=150$ N，$F_{Oy}=75$ N，$F_{Oz}=500$ N；

$m_z=100$ N·m，$m_y=-37.5$ N·m，

$m_z=-24.38$ N·m。

6－7 如题 6－7 图示电动机以转矩 M 通过链条传动将重物 W 等速提起，链条与水平线成 30°角（直线 O_1x_1 平行于直线 Ax）。已知：$x=100$ mm，$R=200$ mm，$W=10$ kN，链条主动边（下边）的拉力为从动边拉力的两倍。轴及轮重不计，求支座 A 和 B 的约束力以及

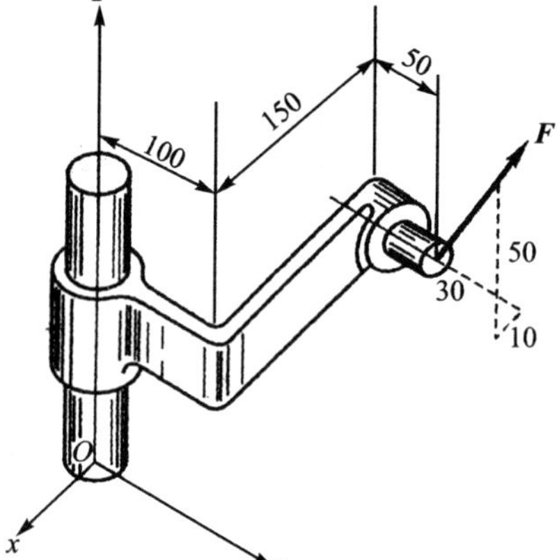

题 6－5 图

链条的拉力。

答：$F_1=10$ kN，$F_2=5$ kN，$F_{Ax}=-5.2$ kN，$F_{AZ}=6$ kN；

$F_{Bx}=-7.8$ kN，$F_{BZ}=1.5$ kN。

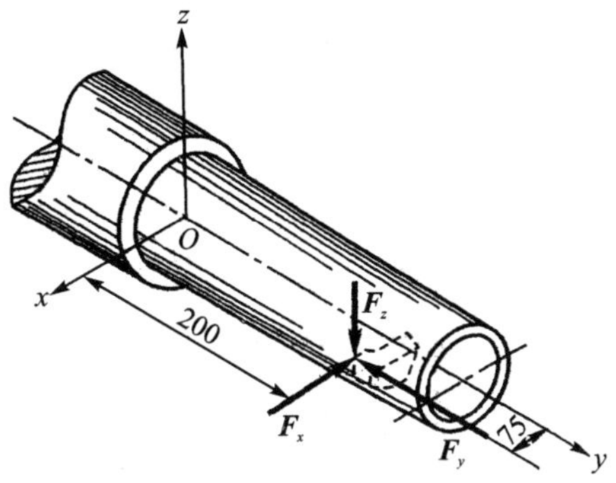

题 6-6 图

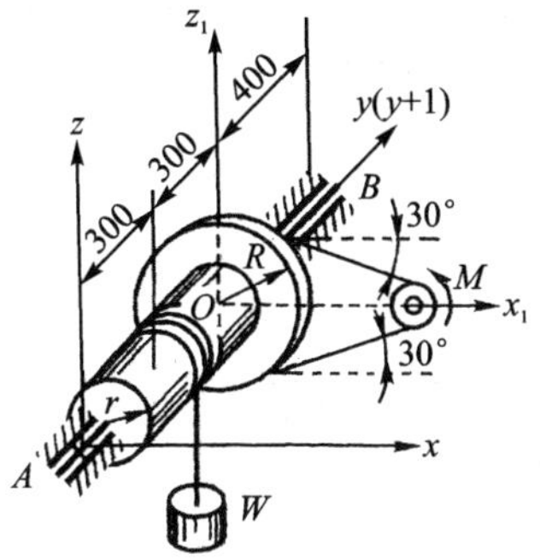

题 6-7 图

6-8 某减速箱由三轴组成(见题 6-8 图)，动力由 I 轴输入，在 I 轴上作用转矩 $M_1=697$ N·m。如齿轮节圆直径为 $D_1=160$ mm，$D_2=632$ mm，$D_3=204$ mm，齿轮压力角为 20°。不计摩擦及轮、轴重量，求等速传动时，轴承 A,B,C,D 的约束力。

答：$F_{Ax}=-2.078$ kN，$F_{AZ}=-5.708$ kN，$F_{Bx}=-1.093$ kN，$F_{BZ}=-3.004$ kN；

$F_{Cx}=-0.378$ kN，$F_{CZ}=12.46$ kN，$F_{Dx}=-6.273$ kN，$F_{DZ}=23.25$ kN。

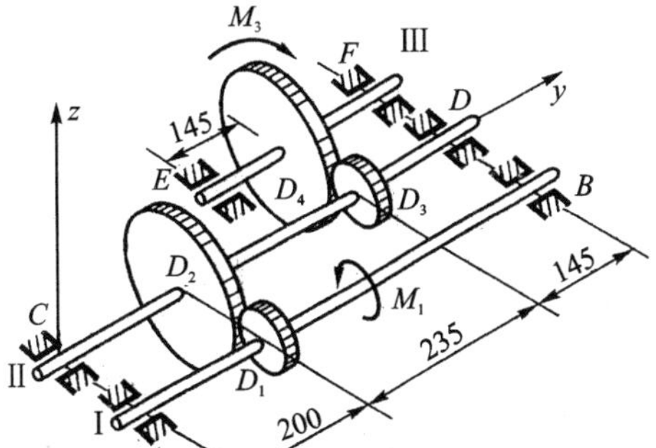

题 6-8 图

6-9 使水涡轮转动的力偶矩为 $M_z=1\,200$ N·m。在锥齿轮 B 处受到的力分解为三个分力：切向力 $\boldsymbol{F}_t$，轴向力 $\boldsymbol{F}_a$ 和径向力 $\boldsymbol{F}_r$。这些力的比例为 $F_t:F_a:F_r=1:0.32:0.17$。已知水涡轮连同轴和锥齿轮的总重为 $G=12$ kN，其作用线沿轴 CZ，锥齿轮的平均半径 $OB=0.6$ m，其余尺寸如题 6-9 图示。求止推轴承 C 和轴承 A 的约束力。

答：$F_{Cx}=-666.7\ \mathrm{N}$，$F_{Cy}=-14.7\ \mathrm{N}$，$F_{CZ}=12\ 640\ \mathrm{N}$；

$F_{Ax}=2\ 667\ \mathrm{N}$，$F_{Ay}=-325.3\ \mathrm{N}$。

6－10 如题 6－10 图所示，水平轴上装有两个凸轮，凸轮上分别作用已知力 $F_1=80\ \mathrm{N}$ 和未知力 $\boldsymbol{F}$。若轴处于平衡状态，试求力 $\boldsymbol{F}$ 的大小和轴承的反力。

答：$F=80\ \mathrm{N}$，$F_{Ax}=-48\ \mathrm{N}$，$F_{Ay}=-32\ \mathrm{N}$，$F_{By}=112\ \mathrm{N}$，$F_{BZ}=32\ \mathrm{N}$。

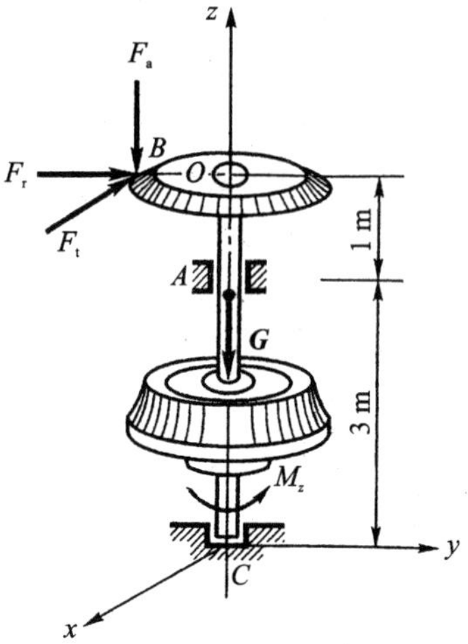

题 6－9 图

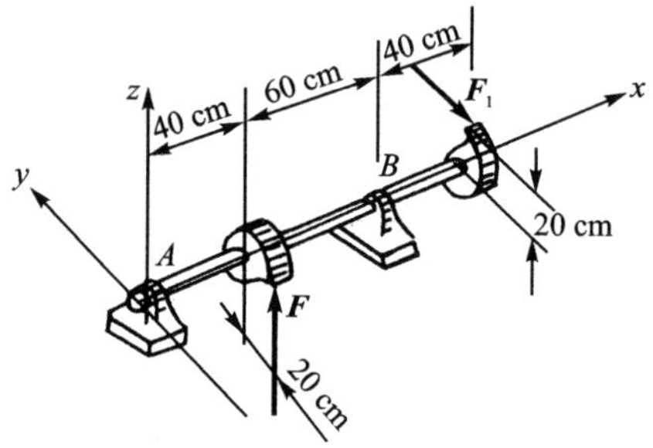

题 6－10 图

6－11 如题 6－11 图所示，水平传动轴承有两个传动带轮 C 和 D，可绕 AB 轴转动。传动带轮的半径分别为 $r_1=20\ \mathrm{cm}$，$r_2=25\ \mathrm{cm}$，传动带轮与轴承间的距离为 $a=b=50\ \mathrm{cm}$，两传动带轮间的距离为 $C=100\ \mathrm{cm}$。套在 C 轴上的传动带是水平的，其张力为 $F_{T1}=2F_{t1}=500\ \mathrm{N}$，套在 D 轴上的传动带和铅垂线成角 $\alpha=30°$，其张力为 $F_{T2}=2F_{t2}$。试求在平衡情况下，张力 $\boldsymbol{F}_{T2}$ 和 $\boldsymbol{F}_{t2}$ 的值，以及 A，B 两轴承的反力。

答：$F_{T2}=400\ \mathrm{N}$，$F_{t2}=200\ \mathrm{N}$，$F_{Ax}=-638\ \mathrm{N}$，$F_{Ay}=130\ \mathrm{N}$；

$F_{Bx}=-413\ \mathrm{N}$，$F_{BZ}=390\ \mathrm{N}$。

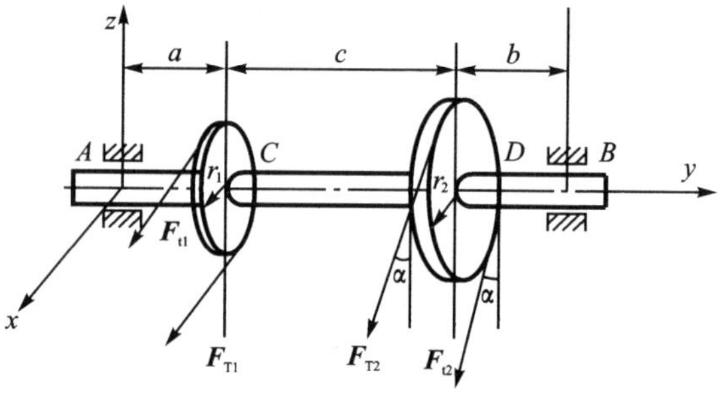

题 6－11 图

6－12 试求题 6－12 图示工字钢截面的形心。

答：$x_C=9$ cm，$y_C=0$。

6-13　在半径为 R 的圆面积内挖一半径为 r 的圆孔，如题 6-13 图所示。求剩余面积的形心。

答：$x_C=-\dfrac{r^2R}{2(R^2-r^2)}$，$y_C=0$。

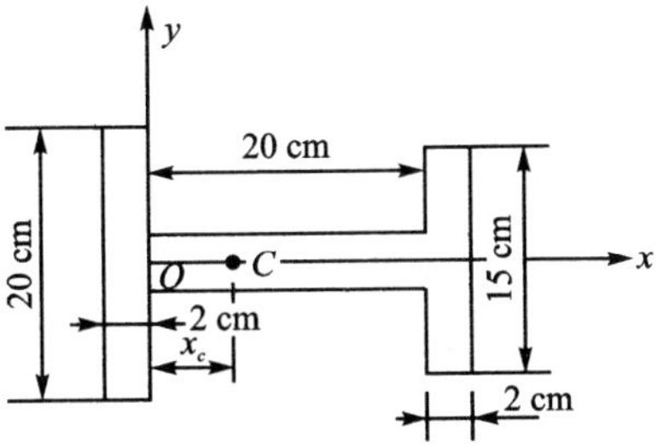

题 6-12 图

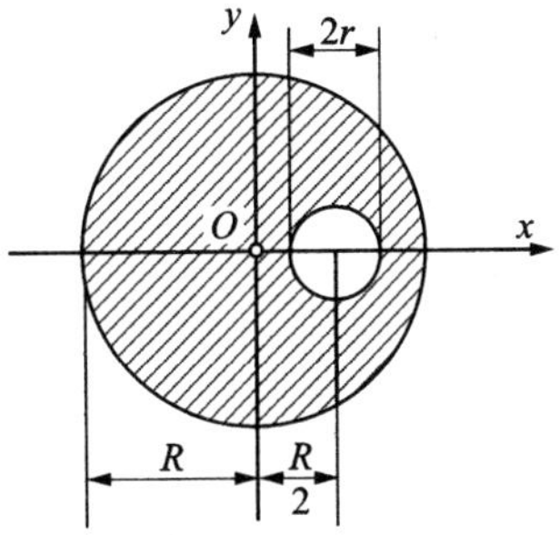

题 6-13 图

6-14　求题 6-14 图所示各图形形心的位置(长度单位为 mm)。

答：取图形下边缘水平线为 x 轴，左边铅垂线为 y 轴，则截面重心坐标分别为：(150,105)，(220,250)，(250,904)，(29,65)。

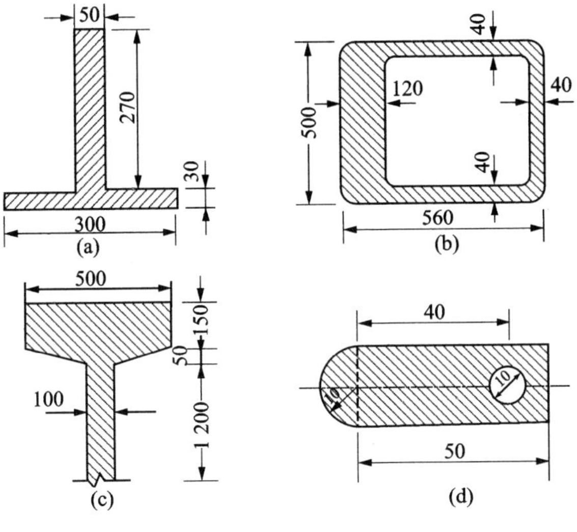

题 6-14 图

第二篇 材料力学

各种机器设备和工程结构都是由若干构件组成的，工作时，构件将受到力的作用。在静力学中，研究构件的受力情况和平衡条件时，忽略了构件的变形，将构件视为刚体，但实际上构件受到外力作用时都要发生变形，甚至发生破坏。所以在工程设计中，必须考虑构件变形的影响。

本篇不再采用“刚体”这一理想模型，而将构件视为受力后尺寸和形状都将发生变化的固体——变形固体。

材料力学主要研究构件的承载能力及合理设计问题。

第 7 章　材料力学概念

本章介绍材料力学的任务、研究对象，变形固体的基本假设、杆件的基本变形形式以及内力、应力等材料力学的一些基本概念，使读者对材料力学部分的内容有一个概要的认识。

7.1　材料力学的任务

7.1.1　对构件正常工作的要求

为保证机械或结构能在载荷作用下正常工作，就要求每一构件必须具有足够的承载能力。构件的承载能力一般从以下三方面衡量。

1. 足够的强度

构件抵抗破坏的能力称为**强度**。如果构件的尺寸、材料的性能与载荷不相适应，那就有可能发生破坏。譬如吊起水泥板的绳索若太细（见图 7－1），那么水泥板太重时，绳索就有可能发生断裂，导致无法正常工作，甚至造成灾难性的事故。因而首先要使构件具有足够的强度，以保证在载荷作用下不被破坏。

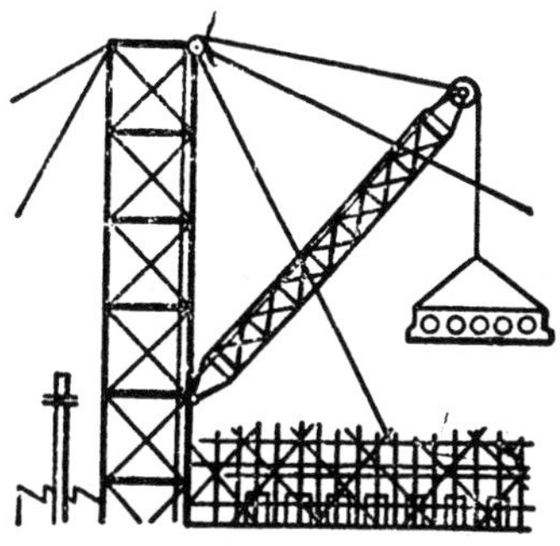

图 7－1

2. 足够的刚度

构件抵抗变形的能力称为**刚度**。在载荷作用下，构件必然产生形状与尺寸的变化，也就是**变形**。对于有些构件来说，如车床主轴 AB[见图 7－2(a)]，若受力后变形过大[见图 7－2(b)]，就会影响加工精度，破坏齿轮的正常啮合，同时引起轴承的不均匀磨损，从而造成机器不能正常工作。因此，在设计时，还要使构件具有足够的刚度问题，以保证其变形量不超过正常工作所允许的限度。

3. 足够的稳定性

受压的细长杆和薄壁构件，当载荷增加时，还可能出现突然失去初始平衡形式的现象，称为**丧失稳定**（简称**失稳**）。例如顶起汽车的千斤顶螺杆[见图 7－3(a)]，油缸中的长活塞杆 CD[见图 7－3(b)]，有时会突然变弯，或因变弯而折断，从而丧失工作能力，造成严重事故。因此，对这类构件还须考虑如何使其具有足够的抵抗失去初始

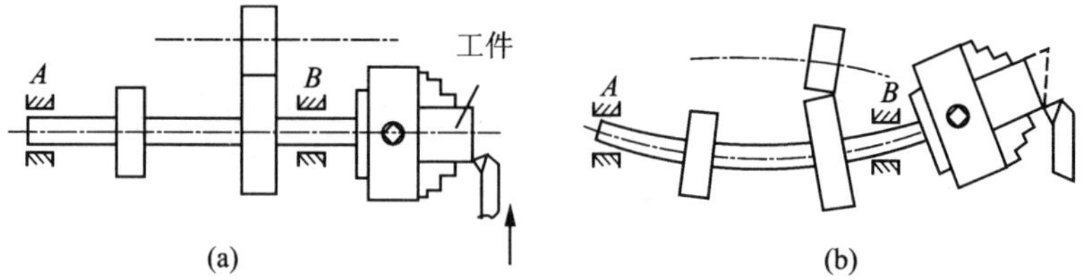

图 7-2

平衡形式的能力，即足够的稳定性。

图 7-3

7.1.2　材料力学的任务

当设计的构件具有足够的强度、刚度和稳定性时，就能保证其在载荷作用下安全、可靠地工作，也就是说设计满足了安全性的要求。但是合理的设计还要求符合经济节约的原则，尽可能地减少材料的消耗，以降低成本，或减轻构件自重。这两个要求是相互矛盾的，前者往往需要加大构件的尺寸，采用好的材料；而后者则要求少用材料，用价格较低的材料。这一矛盾促使了材料力学这门学科的产生和发展。

材料力学是一门研究构件强度、刚度和稳定性计算的科学。它的任务是：在保证构件既安全适用又经济的前提下，为构件选择合适的材料，确定合理的截面形状和尺寸，提供必要的计算方法和实验技术。

在材料力学中，实验研究是建立理论的重要手段。17 世纪，意大利科学家伽利略解决了船只和水闸所需梁的尺寸问题；英国科学家胡克建立了胡克定律，都是运用了实验来建立理论、验证理论正确性的科学方法，为本学科奠定了基础。此外，构件的强度、刚度和稳定性与材料的力学性能有关，而材料的力学性能必须通过实验来测定。更重要的是由于生产技术的发展，很多复杂的实际问题还无法通过理论计算来确定，因此必须依靠实验来解决。所以，实验研究在材料力学中具有很重要的地位。

7.2　变形固体的基本假设

材料力学研究的是变形固体，而变形固体是多种多样的，其具体组成和微观结构更是十分的复杂。为了使问题的研究得以简化，以便于对构件的强度、刚度和稳定性进行分析，现根据材料的主要性能，对变形固体作如下基本假设。

1. 连续均匀性假设

假定材料的内部没有任何空隙，整个体积内充满了物质，且各处的力学性质完全相同。但材料的物质结构理论指出，材料是有空隙的，然而这些空隙与构件尺寸相比极其微小，故将它们忽略不计，从而认为材料是均匀密实的。

采用这个假设使问题的研究大为简化，并且可以把实验中所得到的材料力学性质应用到构件的分析中去。

2. 各向同性假设

假定材料沿各个方向都具有相同的力学性质。工程上常用的金属材料就其每一晶粒来讲，其力学性质是具有方向性的。但是由于构件中所含晶粒数量极多，而且排列又是不规则的，因此，从统计理论分析，可以认为材料是各向同性的。钢、铁、混凝土以及玻璃等都可以看作各向同性的材料。根据这个假设，在研究了材料任一个方向的力学性质后，就可以认为其结论对其他方向也都适用。但也有一些材料如轧制的钢材、木材等，其力学性质有方向性，称为各向异性材料。根据上述假设建立的理论，用于各向异性材料时，只能得到近似的结果，故仍然可以有条件地使用。

实验证明，变形固体在卸载后，具有恢复原形的性质，称为**弹性**。卸载后消失的变形称为**弹性变形**。一般工程材料，当载荷未超过某极限值时，仅产生弹性变形，称为完全弹性体；当外力超过某极限时，卸载后，变形只能部分地复原，不能恢复而残留下来的变形称为**塑性变形**。这类变形固体称为**弹塑性体**。材料力学主要研究完全弹性体的小变形问题。小变形是指变形量远远小于构件原始尺寸的变形。由于变形小，在确定构件的外力和运动时，可认为外力作用点和方向不随构件变形而改变，构件的尺寸可按变形前的尺寸计算。这样使实际计算大为简化，而引起的误差是极微小的。

7.3　杆件基本变形形式

实际构件形状多种多样，大致可简化归纳为杆、板、壳和块 4 类，如图 7-4 所示。

凡长度尺寸远大于其他两方向尺寸的构件称为杆。杆的几何形状可用其轴线（截面形心的连线）和横截面（垂直于轴线的平面）表示。轴线是直线时称为直杆[见图 7-4(a)]；轴线是曲线时称为曲杆[见图 7-4(b)]。各横截面相同的直杆称为等直杆，它是本课程的主要研究对象。

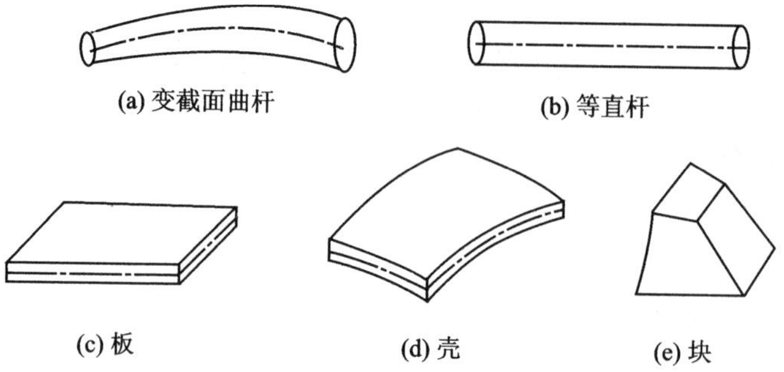

图 7-4

杆件受到不同载荷作用时，将产生不同的变形，其基本形式有以下 4 种。

1. 轴向拉伸或压缩

杆件受到沿轴线的拉力或压力作用时，杆件沿轴向伸长或缩短，如图 7-5(a)、(b)所示。

2. 剪　切

构件受到一对大小相等、方向相反且作用线很近的横向力作用时，杆件在两力间的截面发生相对错动，如图 7-5(c)所示。

3. 扭　转

杆件受到一对大小相等、转向相反且作用面与轴线垂直的力偶作用时，两力偶作用面间的各横截面绕轴线产生相对转动，如图 7-5(d)所示。

4. 弯　曲

杆件受到垂直于轴线的横向力或作用在杆件纵向对称面的一对转向相反的力偶作用时，杆件的轴线由直线变成曲线，如图 7-5(e)所示。

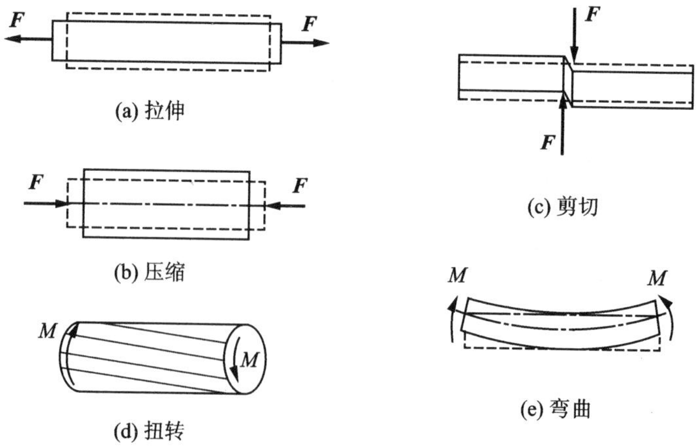

图 7-5

在工程实际中,杆件的变形都比较复杂,但可以看成是由两种或两种以上基本变形组合而成的。

7.4　内力、截面法和应力

1. 内力的概念

构件内各部分之间存在着相互作用的内力,它维持构件各部分之间的联系及构件的形状和尺寸。当构件受到载荷作用时,其形状和尺寸都将发生变化,构件内力也将随之改变。这一因外力作用而引起构件内力的改变量,称为附加内力,简称**内力**。其大小随外力的改变而改变。内力的大小及其在构件内部的分布规律与构件的强度、刚度和稳定性密切相关。若内力超过一定限度,构件将不能正常工作。因此,内力分析是解决构件强度等问题的基础。

2. 内力的求法——截面法

为显示和计算内力,通常运用截面法。其一般步骤如下:

(1) 截开　在欲求内力的截面,假想将杆件截成两部分。

(2) 代替　任取其中一部分作为研究对象,画出受力图,在截面上用内力代替另一部分对该部分的作用。按照连续均匀假设,内力在截面上是连续分布的,可用内力向截面形心的简化结果来表示整个截面上的内力。

(3) 平衡　根据平衡条件,由已知外力求内力。

这种假想的用一个截面将物体一截为二,并对截开后的任一部分建立平衡方程式,以确定内力的方法称为截面法。

截面法是求内力的基本方法,各种基本变形的内力,均用此法求得。下面举例说明:

例7-1　一柱塞在 $\boldsymbol{F}_1$、$\boldsymbol{F}_2$ 与 $\boldsymbol{F}_3$ 作用下处于平衡状态,如图7-6(a)所示。若 $F_1=60$ kN,$F_2=35$ kN,$F_3=25$ kN,试求指定截面上的内力。

解: (1) 求1-1截面上的内力

① 取研究对象　为了显示1-1截面上的内力,并使内力成为作用于研究对象上的外力,假想沿1-1截面将柱塞截成两部分,取其左段为研究对象。

② 画受力图　内力可用其合力表示;内力符号用 $\boldsymbol{F}_{\mathrm{N}}$ 表示。由于研究对象处于平衡状态,所以1-1截面的内力 $\boldsymbol{F}_{\mathrm{N1}}$ 与 $\boldsymbol{F}_1$ 共线,如图7-6(b)所示。

③ 列平衡方程

$$\sum F_x = 0, \qquad F_1 - F_{\mathrm{N1}} = 0$$

得

$$F_{\mathrm{N1}} = F_1 = 60\ \mathrm{kN}$$

由此,1-1截面的内力,也可以将右段为研究对象[图7-6(c)]求出,即由平衡方程

$$\sum F_x = 0, \qquad F'_{N1} - F_2 - F_3 = 0$$

得

$$F'_{N1} = F_2 + F_3 = 25\ \text{kN} + 35\ \text{kN} = 60\ \text{kN}$$

$\boldsymbol{F}'_{N1}$与$\boldsymbol{F}_{N1}$是互为作用与反作用的关系，其数值相等，同为 1－1 截面上的内力。因此，求内力时，为使计算方便，可取受力情况简单的一段为研究对象。

(2) 求 2－2 截面上的内力

取 2－2 截面的右段为研究对象，并画出其受力图，如图 7－6(d)所示。列平衡方程

$$\sum F_x = 0, \qquad F_{N2} - F_3 = 0$$

解得

$$F_{N2} = F_3 = 25\ \text{kN}$$

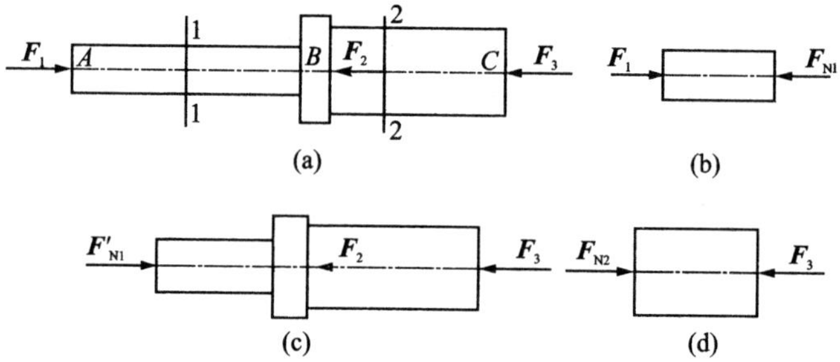

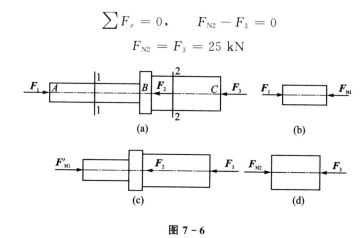

图 7－6

3. 应力的概念

用截面法只能求得截面上内力的总和，不能求出截面上某一点的内力。为了解决杆件强度等问题，不但要知道杆件可能沿哪个截面破坏，而且还要知道从哪一点开始破坏。因此，仅仅知道截面上的内力总和是不够的，还必须知道内力在截面上各点的分布情况，故需引入应力的概念。应力是单位面积上的内力，即内力在某一点的集度，它表示某点受力的强弱程度。

研究某截面 $m-m$ 上的任意点 K 处的内力时，可在该面上 K 点的周围取一微小面积 ΔA，设 ΔA 面积上的内力的合力为 ΔF[见图 7－7(a)]。则微小面积 ΔA 上的平

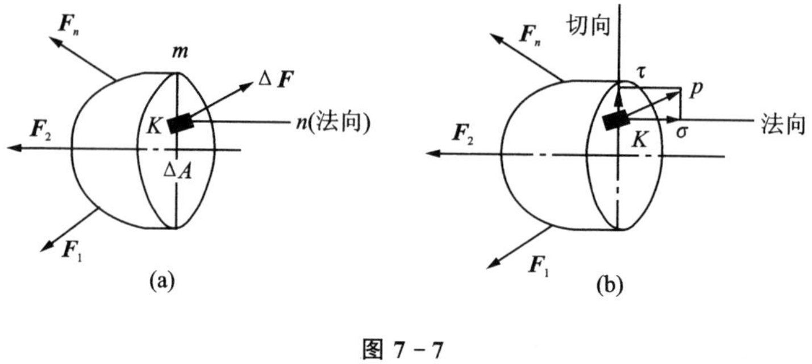

图 7－7

均应力 p 为

$$p = \frac{\Delta F}{\Delta A}$$

平均应力是作用在单位面积上的内力，它只能表示 ΔA 上各点内力的平均值。由于在一般情况下沿截面上内力的分布并非均匀，欲求截面上某一点应力的大小 p，可令 $\Delta A \to 0$，即

$$p = \lim_{\Delta A \to 0} \frac{\Delta F}{\Delta A} = \frac{\mathrm{d}F}{\mathrm{d}A}$$

p 为截面上某一点的总应力或全应力。它常用两个分量表示：一个是沿着截面法线方向的分量，称为正应力或法向应力，以 σ 表示；另一个分量是沿着截面切线方向的分量，称为切应力，以 τ 表示，如图 7-7(b)所示。

在国际单位制中，应力的单位是帕(Pa)(1 Pa=1 N/m^2)，常用的单位是兆帕(MPa)(1 MPa=1 N/mm^2)，吉帕(GPa)(1 GPa=1 kN/mm^2)。

思考题

1. 变形体的基本假设是什么？

2. 什么是强度、刚度和稳定性？

3. 材料力学的主要任务是什么？

4. 构件的基本变形形式有几种？试举例说明。

5. 何为内力、截面法及应力？用截面法求内力有哪几个步骤？

6. 何为弹性变形和塑性变形？

7. 杆件受轴向拉力(见图 7-8)。若 $\boldsymbol{F}=\boldsymbol{F}'$，试分析截面 1-1、2-2、3-3 的内力是否相同？若设内力沿截面均匀分布，应力是否相同？

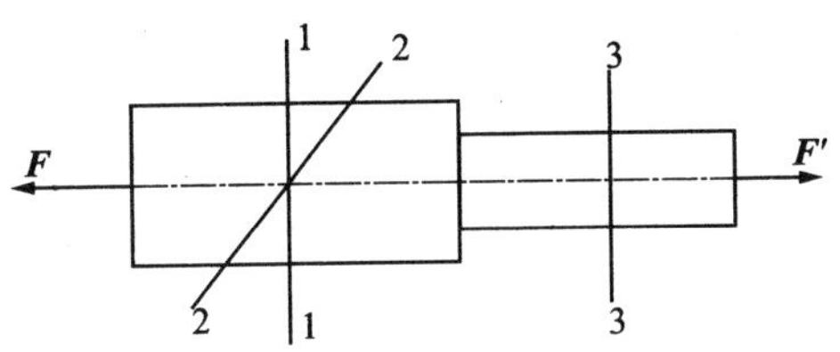

图 7-8

第8章 轴向拉伸与压缩

本章通过直杆的轴向拉伸与压缩，阐述材料力学的一些基本概念和基本方法。主要讨论拉压杆的内力、应力、变形和胡克定律；材料拉压时的主要力学性能及强度计算；静定结构节点的位移计算及拉压超静定问题。

8.1 轴向拉伸与压缩的概念

在工程实际中，许多构件受到轴向拉伸和压缩的作用。如图8-1所示的三角支架中，横杆 AB 受到轴向拉力的作用，杆件沿轴线产生拉伸变形；斜杆 BC 受到轴向压力的作用，杆件沿轴线产生压缩变形。另外，起吊重物的绳索、内燃机上的连杆、千斤顶的顶杆以及连接钢板的螺栓等，都是拉伸和压缩的实例。

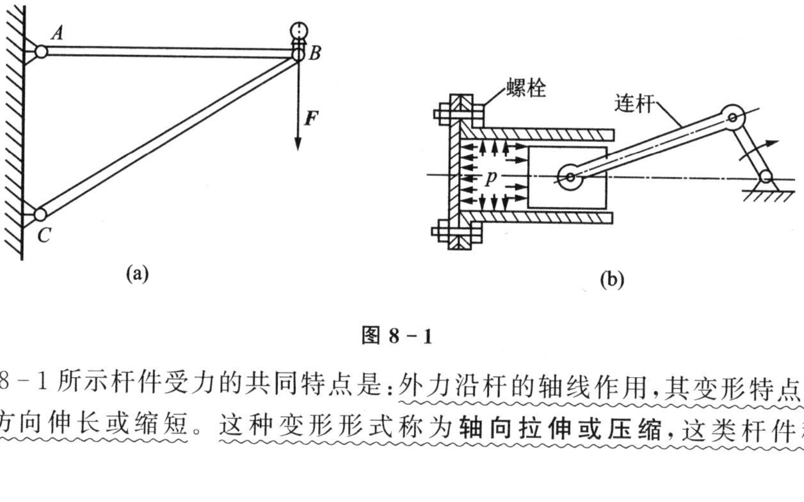

图8-1

图8-1所示杆件受力的共同特点是：外力沿杆的轴线作用，其变形特点是杆件沿轴线方向伸长或缩短。这种变形形式称为**轴向拉伸或压缩**，这类杆件称为拉(压)杆。

8.2 拉伸与压缩时横截面上的内力——轴力

8.2.1 横截面上的内力——轴力

一拉杆如图8-2(a)所示，两端受轴向力 $\boldsymbol{F}'(\boldsymbol{F}'=-\boldsymbol{F})$ 的作用。欲求截面 $m-m$ 上的内力，可用截面法。沿截面 $m-m$ 将杆截成两段并取左段[见图8-2(b)]为研

究对象，将右段对左段的作用以截面上的内力 $\boldsymbol{F}_N$ 代替。由平衡方程

$$\sum F_X = 0, \qquad F - F_N = 0$$

得

$$F_N = F$$

由于内力 $\boldsymbol{F}_N$ 的作用线与杆件的轴线相重合，故称为**轴向内力**，简称轴力。轴力可为拉力也可为压力。为了表示轴力方向，区别两种变形，对轴力正负号规定如下：当轴力方向与截面的外法线方向一致时，杆件受拉，轴力为正；反之，轴力为负。计算轴力时均按正向假设，若得负号则表明杆件受压。

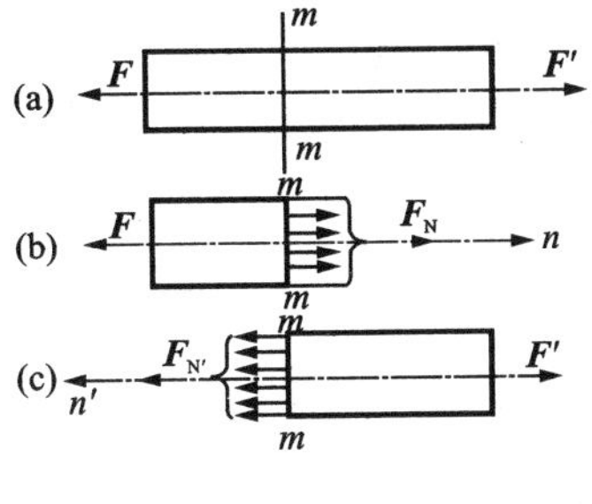

图 8-2

采用这一符号规定，如取右段为研究对象[见图 8-2(c)]，则所求的轴力大小及正负号与上述结果相同。

当杆件受到多个轴向外力作用时，应分段使用截面法来计算各段的轴力。

8.2.2　轴力图

为了形象地表示轴力沿杆件轴线的变化情况，可绘制出轴力随横截面变化的图线，这一图线称为轴力图。

例 8-1　试绘出图 8-3 所示杆的轴力图。已知 $F_1 = 10\ \text{kN}$，$F_2 = 30\ \text{kN}$，$F_3 = 50\ \text{kN}$。

解：（1）计算支座反力　设固定端的反力为 $\boldsymbol{F}_R$，则由整个杆的平衡方程

$$\sum F_x = 0, \quad -F_1 + F_2 - F_3 + F_R = 0$$

得

$$F_R = F_1 - F_2 + F_3 = (10 - 30 + 50)\ \text{kN} = 30\ \text{kN}$$

（2）分段计算轴力　由于截面 B 和 C 处有外力作用，故将杆分为三段。设各段轴力均为拉力，用截面法取如图 8-3(b)、(c)、(d)所示的研究对象后，得

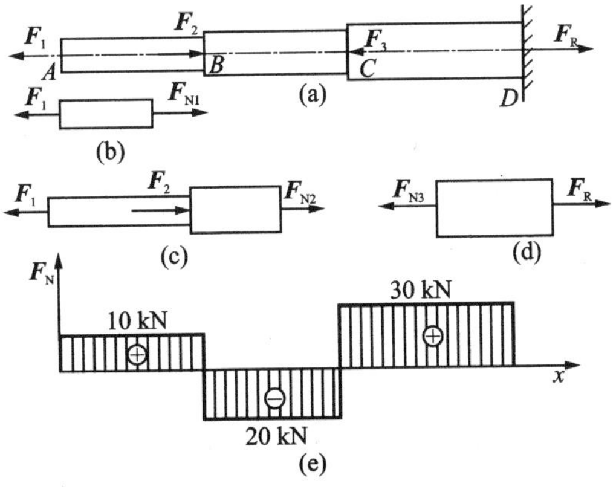

图 8-3

$$F_{N1} = F_1 = 10 \text{ kN}$$

$$F_{N2} = F_1 - F_2 = (10 - 30)\text{kN} = -20 \text{ kN}$$

$$F_{N3} = F_R = 30 \text{ kN}$$

在计算 $\boldsymbol{F}_{N3}$ 时若取左侧为研究对象，则同样可得 $F_{N3} = F_1 - F_2 + F_3 = 30 \text{ kN}$，结果与取右侧时相同，但不涉及 $\boldsymbol{F}_R$。也就是说，若杆一端为固定端，可取无固定端的一侧为研究对象来计算杆的内力，而不必求出固定端的反力。

(3) 画轴力图　根据上述轴力值，作轴力图[见图 8-3(e)]。由图可见，绝对值最大的轴力为

$$|F_{N,max}| = 30 \text{ kN}$$

例 8-2　竖柱 AB 如图 8-4(a)所示，其横截面为正方形，边长为 a，柱高为 h，材料的体积密度为 ρ；柱顶受载荷 $\boldsymbol{F}$ 作用。试作出其内力图。

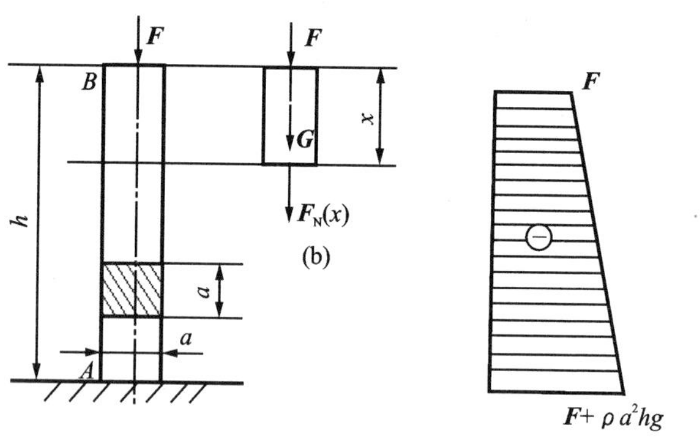

(a)　(c)

图 8-4

解：　由受力特点可知 AB 为轴向压缩，由于考虑柱子的自重载荷，以竖向的 x 坐标表示横截面位置，则该柱各横截面的轴力为 x 的函数。对任意截面可以取上段为研究对象，如图 8-4(b) 所示。图中 $\boldsymbol{F}_N(x)$ 是任意 x 截面的轴力；$G=\rho a^2 gx$ 是该段研究对象的自重。由

$$\sum F_x = 0, \qquad F_N(x) + F + G = 0$$

得

$$F_N(x) = -F - \rho a^2 gx \qquad (0 < x < h)$$

上式为该柱的轴力方程，为 x 的一次函数，故只需求解两点的轴力并连成直线即得轴力图，如图 8-4(c)所示。

当 $x \to 0$ 时，$F_N = -F$；当 $x \to h$ 时，$F_N = -F - \rho a^2 gh$。

由上述各例可得出如下结论：杆的轴力等于截面一侧所有外力的代数和，其中离开截面的外力取正号，指向截面的外力取负号。利用这一结论求杆件任一截面上的内力时，不必将杆截开，即可直接得出内力的值。

8.3 轴向拉伸与压缩时横截面上的应力

8.3.1 实验观察与假设

为了求得截面上任意一点的应力，必须了解内力在截面上的分布规律，为此可通过实验观察来研究。

取一等直杆，如图 8-5(a)所示，在杆上画出与轴线垂直的横线 ab 和 cd，在杆上画上与杆轴线平行的纵向线，然后在杆的两端沿轴线施加一对力 $\boldsymbol{F}$ 和 $\boldsymbol{F}'$，使杆产生拉伸变形。为此通过分析，可作如下假设：变形前为平面的横截面，变形后仍为平面，且仍与杆的轴线垂直。该假设称为**平面假设**。

8.3.2 横截面上的应力

根据平面假设可以认为任意两个横截面之间的所有纵向线段的伸长都相同，即杆件横截面内各点的变形相同。由材料均匀连续假设，可以推断出内力在横截面上是均匀分布的，即横截面上各点的应力大小相等，方向垂直于横截面，即横截面任一点的正应力为

$$\sigma = \frac{F_N}{A} \tag{8-1}$$

式中：A 为杆体横截面面积，F_N 为横截面上的轴力；正应力 σ 的符号与轴力 $\boldsymbol{F}_N$ 的符号相对应，即拉应力为正，压应力为负。

例 8-3　一横截面为正方形的砖柱分上下两段，所受之力为轴力，各段长度及横截面尺寸如图 8-6(a)所示。已知 $F=50$ kN，试求载荷引起的最大工作应力。

解：（1）画轴力图　上段轴力等于截面以上外力代数和(保留上部)，因 $\boldsymbol{F}$ 力与截面外法线同向，故 $F_{N\,\mathrm{I}} = -F = -50$ kN。同理可得下段轴力

$$F_{N\,\mathrm{II}} = -3F = -3 \times 50\ \text{kN} = -150\ \text{kN}$$

于是可画出轴力图，如图 8-6(b)所示。

(2) 求各段应力　上段横截面上的应力为

$$\sigma_{\mathrm{I}} = \frac{F_{N\mathrm{I}}}{A_{\mathrm{I}}} = \frac{-50 \times 1\,000\ \text{N}}{240\ \text{mm} \times 240\ \text{mm}} = -0.87\ \text{MPa}$$

下段横截面上的应力为

$$\sigma_{\mathrm{II}} = \frac{F_{N\mathrm{II}}}{A_{\mathrm{II}}} = \frac{-150 \times 1\,000\ \text{N}}{370\ \text{mm} \times 370\ \text{mm}} = -1.1\ \text{MPa}$$

由计算结果可知，砖柱的最大工作应力在下段，其值为 1.1 MPa，是压应力。

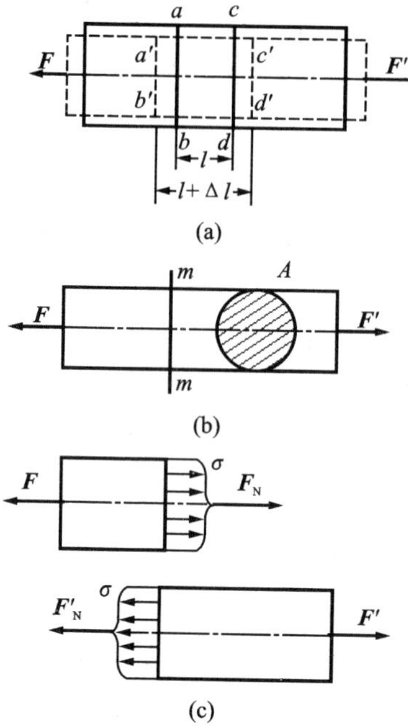

图 8-5

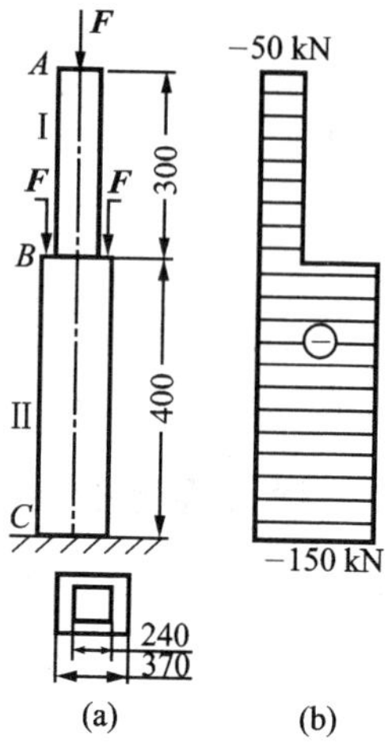

图 8-6

8.4 拉伸与压缩时斜截面上的应力

前面讨论了轴向拉伸与压缩时横截面上的应力，但有时杆件的破坏并不沿着横截面发生，例如铸铁压缩时沿着与轴线约成 45°角的斜截面发生破坏，为此有必要研究轴向拉伸（压缩）时，杆件斜截面上的应力状况。

现以图 8-7(a)所示的拉杆为例，研究任意斜截面 $m-m$ 上的应力。杆两端受轴向拉力 $\boldsymbol{F}=-\boldsymbol{F}'$，横截面面积为 A，斜截面 $m-m$ 与横截面的夹角为 α，斜截面面积为 A_α。利用截面法，假想将杆件沿着截面 $m-m$ 切开，以左段为研究对象，如图 8-7(b)所示，由平衡条件 $\sum F_x=0$，得斜截面上的内力为 $F_{N\alpha}=F$。

在研究横截面的正应力时，已知杆件内各点的纵向变形相同，故斜截面上的全应力也是均匀分布的，即斜截面上任意一点的全应力 p_α 为

$$p_\alpha=\frac{F_{N\alpha}}{A_\alpha}=\frac{F}{A_\alpha}$$

因

$$A_\alpha=\frac{A}{\cos\alpha}$$

故代入上式得

$$p_\alpha=\frac{F\cos\alpha}{A}=\sigma\cos\alpha$$

式中：σ 为横截面上的正应力。

将斜截面上的全应力 p_α 分解为垂直于斜截面上的正应力 σ_α 和在斜截面内的切应力 τ_α[见图 8－7(c)]，可得

$$\left.\begin{aligned}\sigma_\alpha &= p_\alpha \cos\alpha = \sigma\cos^2\alpha \\ \tau_\alpha &= p_\alpha \sin\alpha = \frac{\sigma}{2}\sin 2\alpha\end{aligned}\right\} \qquad (8-2)$$

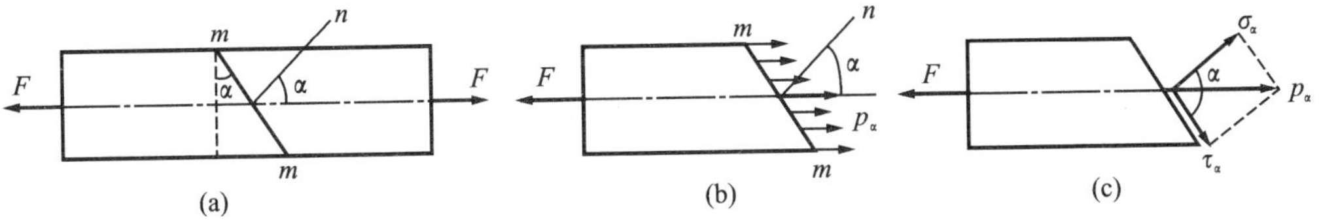

图 8－7

由式(8－2)可见，斜截面上的正应力 σ_α 和切应力 τ_α 都是 α 的函数。这表明，过杆内同一点的不同斜截面上的应力是不同的。

注　意：

(1) 当 $\alpha=0°$时，横截面上的正应力达到最大值 $\sigma_{max}=\sigma$；

(2) 当 $\alpha=45°$时，切应力达到最大值 $\tau_{max}=\dfrac{\sigma}{2}$；

(3) 当 $\alpha=90°$时，σ_α 和 τ_α 均为零，这表明轴向拉(压)杆在平行于杆轴的纵向截面上没有任何应力。

注意：在应用式(8－2)时，须确定角度 α 和 σ_α、τ_α 的正负号。通常规定如下：α 为从横截面外法线到斜截面外法线时，逆时针旋转时为正，顺时针旋转时为负；σ_α 仍以拉应力为正，压应力为负；τ_α 的方向与截面外法线按顺时针方向转 90°所示的方向一致时为正，反之为负。

8.5　拉伸与压缩时的变形

8.5.1　变形和应变的概念

通过实验表明，轴向拉(压)时直杆的纵向与横向尺寸都有所改变。如图 8－8 所示的正方形截面直杆，受轴向拉力 $\boldsymbol{F}$ 后，则长度由 l 变为 l_1，宽度由 b 收缩为 b_1，则杆的变形有：

1. 绝对变形

纵向绝对变形　　$\Delta l = l_1 - l$

横向绝对变形　　$\Delta b = b_1 - b$

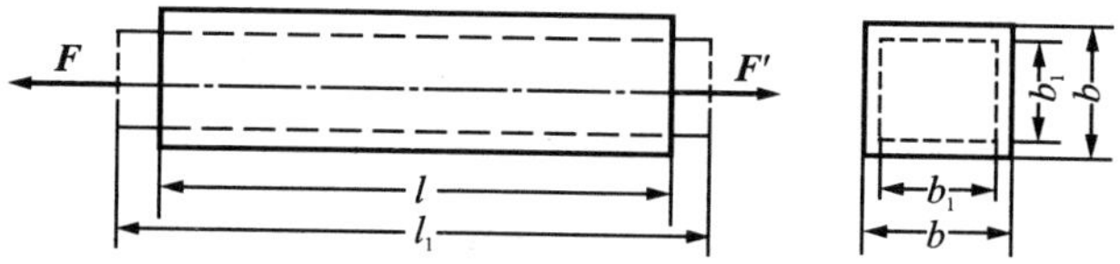

图 8－8

2. 相对变形

显然，杆的绝对变形与杆的原长有关。为方便分析和比较，用单位长度的变形即**线应变**(相对变形)来度量杆件的变形程度。杆分纵向和横向线应变，即

纵向线应变(简称应变)

$$\varepsilon=\frac{\Delta l}{l} \tag{8-3}$$

横向线应变

$$\varepsilon_1=\frac{\Delta b}{b} \tag{8-4}$$

负泊松比演示

显然，拉伸时 ε 为正，ε_1 为负；压缩时则相反。线应变是一个量纲为一的量。

实验表明，当应力不超过某一限度时，材料的横向线应变 ε_1 和纵向线应变 ε 之间成正比关系且符号相反，即

$$\varepsilon_1=-\mu\varepsilon \tag{8-5}$$

式中比例系数 μ 称为**泊松数**或**泊松比**。但负泊松比是存在的，即在两个相互垂直的方向同时产生拉伸变形或压缩变形。

8.5.2 胡克定律

实验表明，当杆的正应力 σ 不超过某一限度时，杆的绝对变形 Δl 与轴力 $\boldsymbol{F}_{\mathrm{N}}$ 和杆长 l 成正比，而与横截面面积 A 成反比，即

$$\Delta l \propto \frac{F_{\mathrm{N}}l}{A}$$

负泊松比应用实例

引进比例系数 E，得

$$\Delta l=\frac{F_{\mathrm{N}}l}{EA} \tag{8-6}$$

式(8－6)为**胡克定律**表达式。式中的比例系数 E 称为材料的弹性模量。由式(8－6)可知，弹性模量越大，变形越小，所以 E 是表示材料抵抗变形能力的物理量。其值随材料不同而异，可由试验测定。EA 称为杆件的抗拉(抗压)刚度，对于长度相同、受力情况相同的杆，其 EA 值越大，则杆的变形越小。因此，EA 表示了杆件抵抗拉伸或压缩的能力。

若将式 $\sigma=\frac{F_N}{A}$ 和 $\varepsilon=\frac{\Delta l}{l}$ 代入式(8-6)，则可得胡克定律的另一表达形式，即

$$\sigma = E\varepsilon \tag{8-7}$$

于是，胡克定律还可以表述为：当应力不超过材料的比例极限时，应力与应变成正比。因为 ε 无量纲，所以 E 与 σ 的单位相同，其常用单位为 GPa。

例 8-4　变截面钢杆(见图 8-9)受轴向载荷 $F_1=30$ kN，$F_2=10$ kN。杆长 $l_1=l_2=l_3=100$ mm，杆各横截面面积分别为 $A_1=500\ \text{mm}^2$，$A_2=200\ \text{mm}^2$，弹性模量 $E=200$ GPa。试求杆的总伸长量。

解：　因钢杆的一端固定，故可不必求出固定端的反力。

(1) 计算各段轴力　AB 段和 BC 段的轴力分别为

$$F_{N1} = F_1 - F_2 = (30-10)\text{kN} = 20\ \text{kN}$$

$$F_{N2} = -F_2 = -10\ \text{kN}$$

轴力分布图如图 8-9(b)所示。

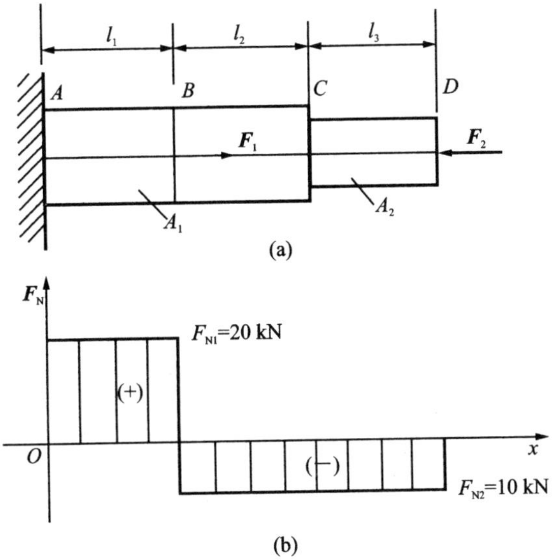

图 8-9

(2) 计算各段变形　由于 AB、BC 和 CD 各段的轴力与横截面面积不全相同，因此应分段计算，即

$$\Delta l_{AB} = \frac{F_{N1}l_1}{EA_1} = \frac{20\times10^3\,\text{N}\times100\ \text{mm}}{200\times10^3\ \text{MPa}\times500\ \text{mm}^2} = 0.02\ \text{mm}$$

$$\Delta l_{BC} = \frac{F_{N2}l_2}{EA_1} = \frac{-10\times10^3\ \text{N}\times100\ \text{mm}}{200\times10^3\ \text{MPa}\times500\ \text{mm}^2} = -0.01\ \text{mm}$$

$$\Delta l_{CD} = \frac{F_{N2}l_3}{EA_2} = \frac{-10\times10^3\,\text{N}\times100\ \text{mm}}{200\times10^3\ \text{MPa}\times200\ \text{mm}^2} = -0.025\ \text{mm}$$

(3) 求总变形

$$\Delta l_{CD}=\Delta l_{AB}+\Delta l_{BC}+\Delta l_{CD}=(0.02-0.01-0.025)\text{mm}=-0.015\ \text{mm}$$

即整个杆缩短了 0.015 mm。

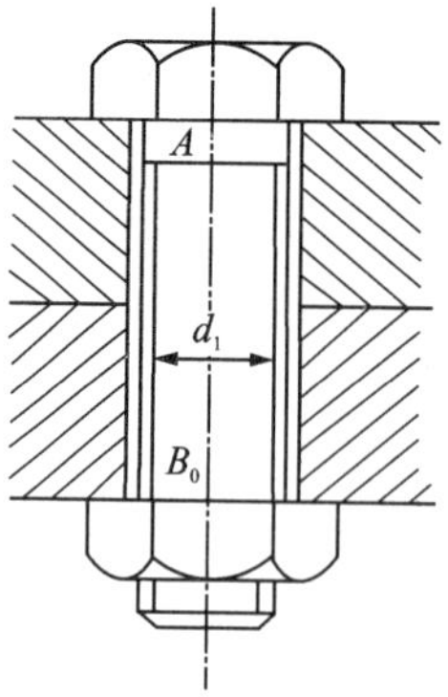

图 8-10

例 8-5　图 8-10 所示连接螺栓，内径 $d_1=15.3$ mm，被连接部分的总长度 $l=54$ mm，拧紧时螺栓 AB 段的伸长 $\Delta l=0.04$ mm，钢的弹性模量 $E=200$ GPa，泊松比 $\mu=0.3$。试求螺栓横截面上的正应力及螺栓的横向变形。

解：　根据式(8-3)得螺栓的纵向变形为

$$\varepsilon=\frac{\Delta l}{l}=\frac{0.04\ \text{mm}}{54\ \text{mm}}=7.41\times10^{-4}$$

将所得 ε 值代入式(8-7)，得螺栓横截面上的正应力为

$$\sigma=E\varepsilon=(200\times10^3)\ \text{MPa}\times7.41\times10^{-4}=148.2\ \text{MPa}$$

由式(8-5)可得螺栓的横向应变为

$$\varepsilon_1=-\mu\varepsilon=-0.3\times7.41\times10^{-4}=-2.223\times10^{-4}$$

故得螺栓的横向变形为

$$\Delta d=\varepsilon_1 d_1=-2.223\times10^{-4}\times15.3\ \text{mm}=-0.003\ 4\text{mm}$$

8.6　静定结构节点的位移计算

结构节点的位移是指节点位置改变的直线距离或一线段方向改变的角度。计算时必须计算节点所连各杆的变形量，然后根据变形相容条件作出位移图，即结构的变形图。再由位移图的几何关系计算出位移值。

静定结构节点的位移计算一般比较复杂，下面以几种比较简单的静定结构为例来具体介绍节点的位移计算。

例 8-6　图 8-11 为一简单托架。BC 杆为圆钢，横截面直径 $d=20$ mm；BD 杆为 8 号槽钢，求 B 点的位移。设 $F=60$ kN，钢的弹性模量 $E=200$ GPa。

解：　三角形 BCD 三边的长度比为 $\overline{BC}:\overline{CD}:\overline{BD}=3:4:5$，由此求出 $\overline{BD}=2$ m。并根据 B 点的平衡方程，求得 BC 杆的轴力 $\boldsymbol{F}_{N1}$ 和 BD 杆的轴力 $\boldsymbol{F}_{N2}$ 分别为

$$F_{N1}=\frac{3}{4}F=45\ \text{kN(拉)},\qquad F_{N2}=\frac{5}{4}F=75\ \text{kN(压)}$$

BC 杆圆截面的面积为 $A_1=314\times10^{-6}\ \text{m}^2$。$BD$ 杆为 8 号槽钢，由附录的型钢表中查得截面面积为 $A_2=1\ 020\times10^{-6}\ \text{m}^2$。根据胡克定律，求出 BC 和 BD 两杆的变形分别为

$$\overline{BB_1}=\Delta l_1=\frac{F_{N1}l_1}{EA_1}=\frac{45\times10^3\ \text{N}\times1.2\ \text{m}}{200\times10^9\ \text{Pa}\times314\times10^{-6}\ \text{m}^2}=0.86\times10^{-3}\ \text{m}$$

$$\overline{BB_2} = \Delta l_2 = \frac{F_{N2} l_2}{EA_2} = \frac{75 \times 10^3 \text{ N} \times 2 \text{ m}}{200 \times 10^9 \text{ Pa} \times 1\,020 \times 10^{-6} \text{ m}^2} = 0.732 \times 10^{-3} \text{ m}$$

这里 Δl_1 为拉伸变形，而 Δl_2 为压缩变形。设想将托架在节点 B 拆开。BC 杆伸长变形后变为 B_1C，BD 杆压缩后变为 B_2D。分别以 C 点和 D 点为圆心，$\overline{CB_1}$ 和 $\overline{DB_2}$ 为半径，作弧相交于 B_3 点。B_3 点即为托架变形后 B 点的位置。因为变形很小，B_1B_3 和 B_2B_3 是两段极其微小的短弧，因而可用分别垂直于 BC 和 BD 的直线段来代替，这两段直线的交点即为 B_3，所以 $\overline{BB_3}$ 即为 B 点的位移。

可以用图解法求位移 $\overline{BB_3}$。这时，把多边形 $B_1BB_2B_3$ 放大成图 8-11(b)。从图中可以直接量出位移 $\overline{BB_3}$ 以及它的垂直和水平分量。图中的 $\overline{BB_1}=\Delta l_1$ 和 $\overline{BB_2}=\Delta l_2$ 都与载荷 $\boldsymbol{F}$ 成正比。例如，若 $\boldsymbol{F}$ 减小为 $\frac{\boldsymbol{F}}{2}$，则 $\overline{BB_1}$ 和 $\overline{BB_2}$ 都将减小一半。根据多边形的相似性，$\overline{BB_3}$ 也将减小一半。可见 $\boldsymbol{F}$ 力作用点的位移也与 $\boldsymbol{F}$ 成正比。亦即，对线弹性杆系，位移与载荷的关系也是线性的。

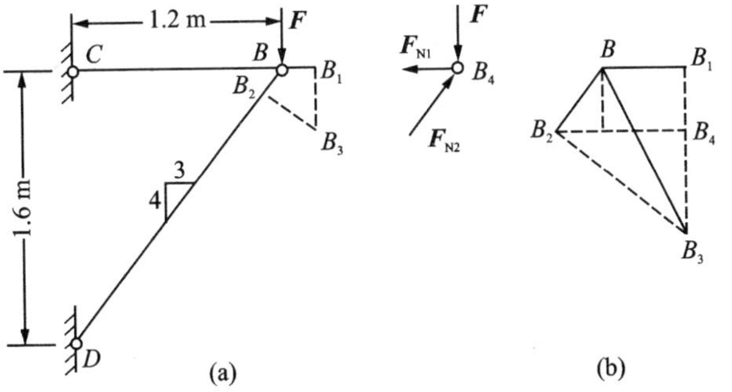

图 8-11

也可用解析法求位移 $\overline{BB_3}$。注意到三角形 BCD 三边的长度比为 $3:4:5$，由图 8-11(b)可以求出

$$\overline{B_2B_4} = \Delta l_2 \times \frac{3}{5} + \Delta l_1$$

B 点的垂直位移

$$\overline{B_1B_3} = \overline{B_1B_4} + \overline{B_4B_3} = \overline{BB_2} \times \frac{4}{5} + \overline{B_2B_4} \times \frac{3}{4} =$$

$$\Delta l_2 \times \frac{4}{5} + \left(\Delta l_2 \times \frac{3}{5} + \Delta l_1\right)\frac{3}{4} = 1.56 \times 10^{-3} \text{ m}$$

B 点的水平位移

$$\overline{BB_1} = \Delta l_1 = 0.86 \times 10^{-3} \text{ m}$$

最后求出位移 $\overline{BB_3}$ 为

$$\overline{BB_3} = \sqrt{(\overline{B_1B_3})^2 + (\overline{BB_1})^2} = 1.78 \times 10^{-3} \text{ m}$$

例 8-7　钢杆 AB、AC 在 A 点用一铰链连接[见图 8-12(a)]。AB 杆和 AC 杆的直径分别为 $d_1=12$ mm，$d_2=15$ mm，钢的弹性模量 $E=210$ GPa，若在 A 点作用垂直向下的力 $F=35$ kN，试求 A 点的铅垂方向的位移。

解：　截取节点 A 并画出杆件轴力[见图 8-12(b)]。根据平衡条件

$$\sum F_X = 0$$

即

$$F_{N_{AC}} \sin 30^\circ - F_{N_{AB}} \sin 45^\circ = 0 \tag{1}$$

$$\sum F_Y = 0$$

即

$$F_{N_{AC}} \cos 30^\circ + F_{N_{AB}} \cos 45^\circ - F = 0 \tag{2}$$

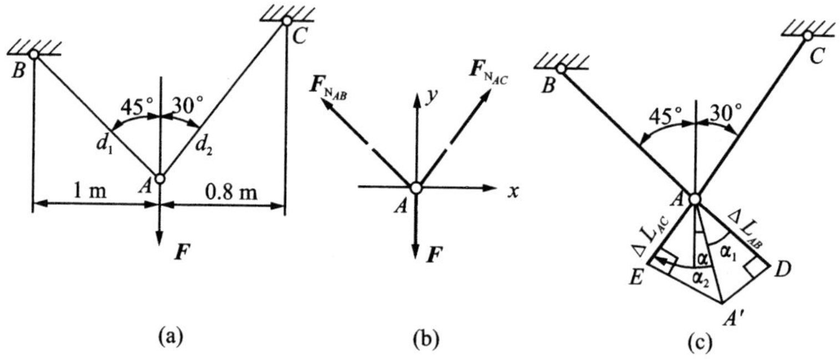

(a)　　　　(b)　　　　(c)

图 8-12

联立式(1)、式(2)解得

$$F_{N_{AB}} = 18.1 \text{ kN}, \qquad F_{N_{AC}} = 25.6 \text{ kN}$$

AB 杆和 AC 杆的伸长分别为

$$\Delta l_{AB} = \frac{F_{N_{AB}} l_{AB}}{EA_{AB}} = \frac{18.1 \times 10^3 \text{ N} \times 1 \times \sqrt{2} \text{ m}}{210 \times 10^9 \text{ Pa} \times \dfrac{\pi \times 12^2}{4} \times 10^{-6} \text{ m}^2} = 1.08 \times 10^{-3} \text{ m}$$

$$\Delta l_{AC} = \frac{F_{N_{AC}} l_{AC}}{EA_{AC}} = \frac{25.6 \times 10^3 \text{ N} \times 0.8 \times 2 \text{ m}}{210 \times 10^9 \text{ Pa} \times \dfrac{\pi \times 15^2}{4} \times 10^{-6} \text{ m}^2} = 1.1 \times 10^{-3} \text{ m}$$

沿 BA 方向作 $AD=\Delta l_{AB}$，沿 CA 方向作 $AE=\Delta l_{AC}$，再分别从 D、E 两点作垂线交于 A' 点[见图 8-12(c)]，则

$$AA' = \frac{\Delta l_{AB}}{\cos \alpha_1} = \frac{\Delta l_{AB}}{\cos(45^\circ - \alpha)}$$

$$AA' = \frac{\Delta l_{AC}}{\cos \alpha_2} = \frac{\Delta l_{AC}}{\cos(30^\circ + \alpha)}$$

即

$$\frac{\Delta l_{AB}}{\cos(45^\circ - \alpha)} = \frac{\Delta l_{AC}}{\cos(30^\circ + \alpha)}$$

代入数值，解此方程得

$$\tan \alpha = 0.119, \quad \alpha = 6^\circ 47'$$

故节点 A 的垂直位移为

$$\Delta A_y = AA'\cos\alpha = \frac{\Delta l_{AC}}{\cos(30^\circ+\alpha)}\cos\alpha =$$

$$\frac{1.1\times10^{-3}\ \mathrm{m}}{\cos 36^\circ 47'}\cos 6^\circ 47' = 1.365\times10^{-3}\ \mathrm{m} = 1.365\ \mathrm{mm}$$

例 8－8　图 8－13(a)所示结构，杆 AB 和 BC 的抗拉刚度 EA 相同，在节点 B 承受集中载荷为 F，试求节点 B 的水平及铅垂位移。

解：（1）各杆的轴力　以节点 B[见图 8－13(b)]为研究对象，平衡条件为

$$\sum F_X = 0,\quad F_{N2}\cos 45^\circ - F_{N1} = 0$$

$$\sum F_Y = 0,\quad F_{N2}\sin 45^\circ - F = 0$$

解得

$$F_{N1} = F,\quad F_{N2} = \sqrt{2}F$$

（2）各杆的变形

杆 AB

$$\Delta l_1 = \frac{F_{N1}l_1}{EA} = \frac{Fa}{EA}\text{（伸长）}$$

杆 BC

$$\Delta l_2 = \frac{F_{N2}l_2}{EA} = \frac{(\sqrt{2}F)(\sqrt{2}a)}{EA} = \frac{2Fa}{EA}$$

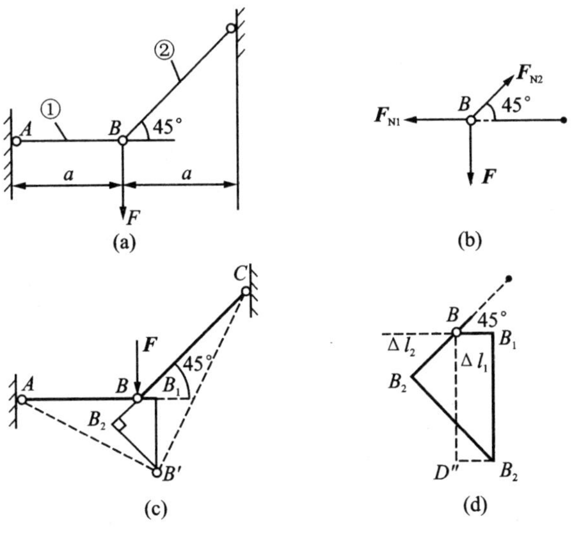

图 8－13

（3）节点 B 的位移计算　结构变形后两杆仍相交于一点，这就是变形的相容条件。作结构的变形图[见图 8－6(c)]；沿杆 AB 的延长线量取 BB_1 等于 Δl_1，沿杆 CB 的延长线量取 BB_2 等于 Δl_2，分别在 B_1 和 B_2 处作 BB_1 和 BB_2 的垂线，两垂线的交点 B' 为结构变形后节点 B 应有的新位置，亦即结构变形后成为 $AB'C$ 的形状。

为求节点 B 的位移,也可单独作出节点 B 的位移图[见图 8-13(d)]。由位移图的几何关系可得

水平位移
$$x_A=\overline{BB_1}=\Delta l_1=\frac{Fa}{EA}(\rightarrow)$$

垂直位移
$$y_A=\overline{BB'}=\frac{\Delta l_2}{\sin 45^\circ}+\Delta l_1\tan 45^\circ=\sqrt{2}\left(\frac{2Fa}{EA}\right)+\frac{Fa}{EA}=(1+2\sqrt{2})\frac{Fa}{EA}(\downarrow)$$

8.7 材料的力学性质

前面在讨论轴向拉伸(压缩)的杆件内力与应力的计算时,曾涉及材料的弹性模量和比例极限等量,同时为了解决构件的强度等问题,除分析构件的应力和变形外,还必须通过实验来研究材料的**力学性质**(也称机械性质)。所谓材料的力学性质是指材料在外力作用下其强度和变形方面表现出来的特性。反映这些性质的数据一般由实验来测定,并且这些实验数据还与实验时的条件有关。本节主要讨论在常温和静载条件下材料受拉(压)时的力学性质。静载就是载荷从零开始缓慢地增加到一定数值后不再改变(或变化极不明显)的载荷。

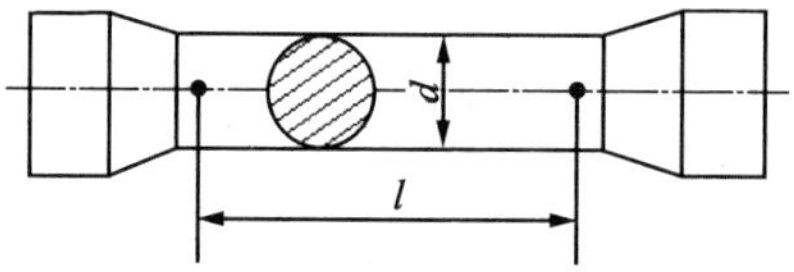

图 8-14

拉伸试验是研究材料的力学性质时最常用的试验。为便于比较试验结果,试件必须按照国家标准(GB 700—88)加工成标准试件,如图 8-14 所示。试件的中间等直杆部分为试验段,其长度 l 称为标距。较粗的两端是装夹部分。标准试件规定标距 l 与横截面直径 d 之比有 $\frac{l}{d}=10$ 和 $\frac{l}{d}=5$ 两种。前者为长杆试件(10 倍试件),后者为短试件(5 倍试件)。

拉伸试验在万能试验机上进行。试验时将试件装在夹头中,然后开动机器加载。试件受到由零逐渐增加的拉力 $\boldsymbol{F}$ 的作用,同时发生伸长变形,加载一直进行到试件断裂时为止。拉力 $\boldsymbol{F}$ 的数值可从试验机的示力度盘上读出,同时一般试验机上附有自动绘图装置,在试验过程中能自动绘出载荷 $\boldsymbol{F}$ 和相应的伸长变形 Δl 的关系曲线,此曲线称为拉伸图或 $\boldsymbol{F}$—Δl 曲线,如图 8-15(a)所示。

拉伸图的形状与试件的尺寸有关。为了消除试件横截面尺寸和长度的影响,将载荷 F 除以试件原来的横截面面积 A,得到应力 σ;将变形 Δl 除以试件原长 l,得到应变 ε,这样绘出的曲线称为应力应变图(σ—ε 曲线)。σ—ε 曲线的形状与 $\boldsymbol{F}-\Delta l$ 曲线的形状相似,但又反映了材料的本身特性[见图 8-15(b)]。

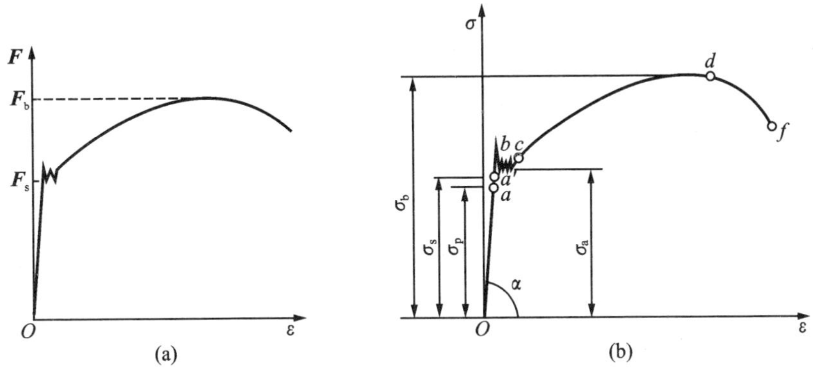

图 8-15

8.7.1 低碳钢拉伸时的力学性质

低碳钢是含碳量较少(<0.25 %)的普通碳素结构钢,是工程中广泛使用的金属材料,它在拉伸时表现出来的力学性能具有典型性。图 8-15(b)是低碳钢拉伸时的应力应变图。由图可见,整个拉伸过程大致可分为 4 个阶段,现分段说明。

1. 弹性阶段

这是材料变形的开始阶段。Oa 为一段直线,说明在该阶段内应力与应变成正比,即 $\sigma=E\varepsilon$,材料满足胡克定律。直线部分的最高点 a 所对应的应力值 σ_p 称为**比例极限**,即材料的应力与应变成正比的最大应力值。Q235A 碳素钢的比例极限 $\sigma_p=200$ MPa。直线的倾角为 α,其正切值 $\tan\alpha=\dfrac{\sigma}{\varepsilon}=E$,即为材料的**弹性模量**。

当应力超过比例极限后,aa' 已不是直线,说明材料不满足胡克定律。但应力不超过 a' 点所对应的应力 σ_e 时,如将外力卸去,则试件的变形将随之完全消失。σ_e 称为**弹性极限**,即材料产生弹性变形的最大应力值。比例极限和弹性极限的概念不同,但实际上两者数值非常接近,工程中不作严格区分。

2. 屈服阶段

当应力超过弹性极限后,图上出现接近水平的小锯齿形波段,说明此时应力虽有小的波动,但基本保持不变,而应变却迅速增加,即材料暂时失去了抵抗变形的能力。这种应力变化不大而变形显著增加的现象称为材料的**屈服**或**流动**。bc 段称为屈服阶段,屈服阶段的最低应力值 σ_s 称为材料的**屈服极限**,Q235 号钢的 $\sigma_s=235$ MPa。这时如果卸去载荷,试件的变形就不能完全恢复,而残留下一部分变形,即**塑性变形**(也称为永久变形或残余变形)。屈服阶段时,在试件表面出现的与轴线成 45°角的倾斜条纹,通常称为滑移线[见图 8-16(a)]。

3. 强化阶段

屈服阶段后,若要使材料继续变形,必须增加力,即材料又恢复了抵抗变形的能力，这种现象称为材料的**强化**，cd 段称为材料的强化阶段。在此阶段中，变形的增加远比弹性阶段要快。强化阶段的最高点所对应的应力值称为材料的**强度极限**，用 σ_b 表示，它是材料所能承受的最大应力值。Q235A 钢的 $\sigma_b=400$ MPa。

4. 颈缩阶段

当应力达到强度极限后，在试件某一薄弱的横截面处发生急剧的局部收缩，产生颈缩现象，见图 8－16(b)。由于颈缩处横截面面积迅速减小，塑性变形迅速增加，试件承载能力下降，载荷也随之下降，直至断裂。

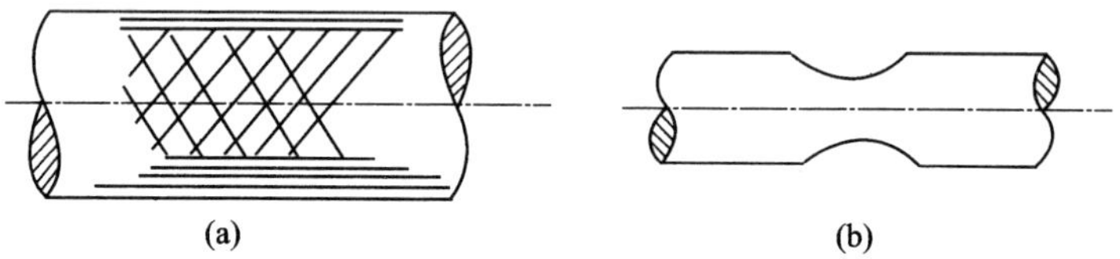

图 8－16

综上所述，当应力增大到屈服极限时，材料出现了明显的塑性变形；当应力增大到强度极限时，材料就要发生断裂。故 σ_s 和 σ_b 是衡量塑性材料的两个重要指标。

试件拉断后，弹性变形消失，但塑性变形仍保留下来。工程中用试件拉断后残留的塑性变形来表示材料的塑性性能。常用的塑性性能指标有两个：

延伸率 δ

$$\delta=\frac{l_1-l}{l}\times 100\ \% \tag{8-8}$$

断面收缩率 ψ

$$\psi=\frac{A-A_1}{A}\times 100\ \% \tag{8-9}$$

式中：l 为标距原长；l_1 为拉断后标距的长度；A 为试件原横截面面积；A_1 为颈缩处最小横截面面积。

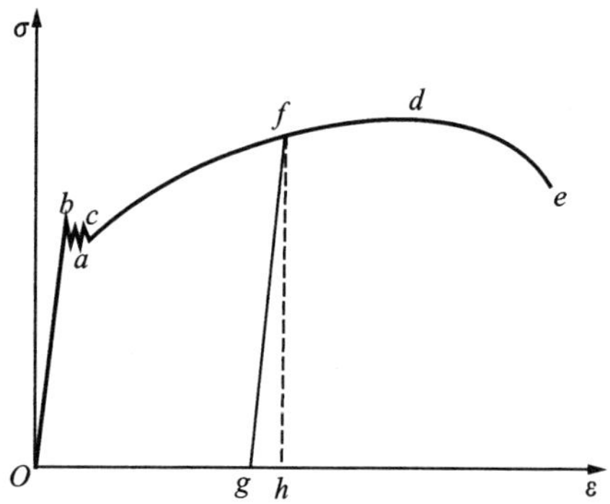

图 8－17

对应于 10 倍试件和 5 倍试件，延伸率分别记为 δ_{10} 或 δ_5。通常所说的延伸率一般是指对应 5 倍试件的 δ_5。

一般的碳素结构钢，延伸率在 20 %～30 %之间，断面收缩率约为 60 %。工程上通常把$\delta\geqslant 5$ %的材料称为**塑性材料**，如钢材、铜和铝等；把 $\delta<5$ %的材料称为**脆性材料**，如铸铁、砖石等。

实验表明，如果将试件拉伸到强化阶段的某一点 f(见图 8－17)，然后缓慢卸载，则应力与应变关系曲线将沿着近似平行于 Oa

的直线回到 g 点，而不是回到 O 点。Og 就是残留下的塑性变形，gh 表示消失的弹性变形。如果卸载后立即再加载，则应力和应变曲线将基本上沿着 gf 上升到 f 点，以后的曲线与原来的 $\sigma—\varepsilon$ 曲线相同。由此可见，将试件拉到超过屈服极限后卸载，然后重新加载时，材料的比例极限有所提高，而塑性变形减小，这种现象称为**冷作硬化**。工程中常用冷作硬化来提高某些构件在弹性阶段的承载能力。如预应力钢筋、钢丝绳等。

8.7.2　其他塑性材料拉伸时的力学性质

其他金属材料的拉伸试验和低碳钢拉伸试验方法相同，但材料所显示出来的力学性能有很大差异。图 8－18 给出了锰钢、硬铝、退火球墨铸铁和 45 号钢的应力应变图。这些材料都是塑性材料，但前三种材料没有明显的屈服阶段。对于没有明显屈服极限的塑性材料在工程上规定，取对应于试件产生 0.2 %塑性应变时所对应的应力值为材料的名义屈服极限，以 $\sigma_{0.2}$ 表示，如图 8－19 所示。

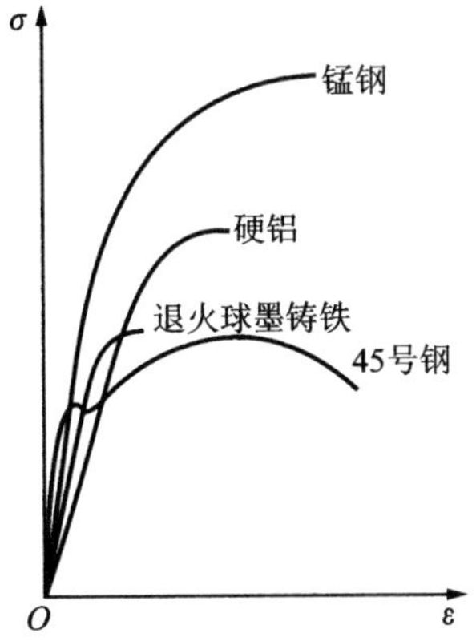

图 8－18

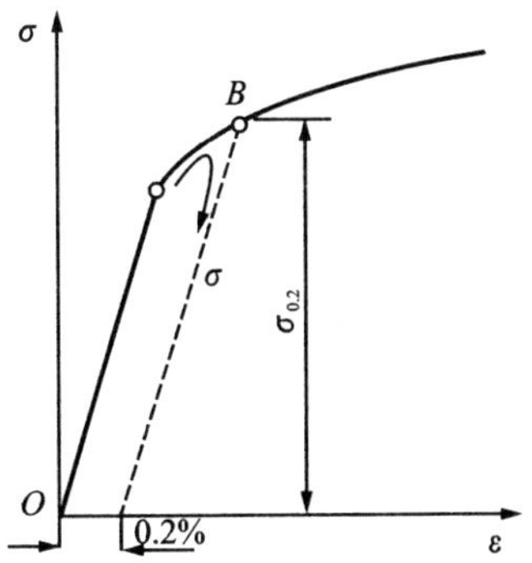

图 8－19

8.7.3　铸铁拉伸时的力学性质

图 8－20 为灰铸铁拉伸时的应力应变图。由图可见，$\sigma—\varepsilon$ 曲线没有明显的直线部分，既无屈服阶段，也无颈缩现象；断裂时应变很小，断口垂直于试件轴线，$\delta<1$ %，是典型的脆性材料。因铸铁构件在实际使用的应力范围内，其 $\sigma—\varepsilon$ 曲线的曲率很小，实际计算时常近似地以直线（见图 8－20 中的虚线）代替，认为近似地符合胡克定律，强度极限 σ_b 是衡量脆性材料拉伸时的唯一强度指标。

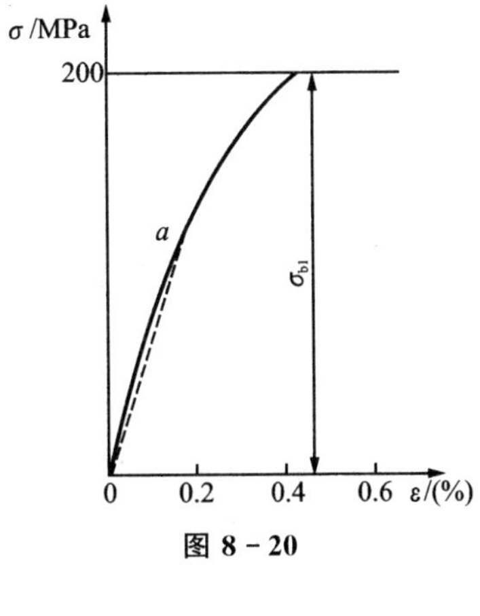

图 8－20

8.7.4 材料压缩时的力学性质

金属材料的压缩试件，一般做成圆柱体，其高度为直径的1.5～3倍，以免试验时被压弯；非金属材料（如水泥）的试样常采用立方体形状。

图8-21所示为低碳钢压缩时的$\sigma-\varepsilon$曲线，其中虚线是拉伸时的$\sigma-\varepsilon$曲线。可以看出，在弹性阶段和屈服阶段，两条曲线基本重合。这表明，低碳钢在压缩时的比例极限σ_p、弹性极限σ_e、弹性模量E和屈服极限σ_s等，都与拉伸时基本相同；进入强化阶段后，两曲线逐渐分离，压缩曲线上升，试件的横截面积显著增大，试件越压越扁，由于两端面上的摩擦，试件变成鼓形，不会产生断裂，故测不出材料的抗压强度极限，所以一般不作低碳钢的压缩试验，而从拉伸试验得到压缩时的主要机械性能。

铸铁压缩时的$\sigma-\varepsilon$曲线如图8-22所示，图中虚线为拉伸时的$\sigma-\varepsilon$曲线。可以看出，铸铁压缩时的$\sigma-\varepsilon$曲线也没有直线部分，因此压缩时也只是近似地服从胡克定律。铸铁压缩时的强度极限σ_{by}比拉伸时高出4～5倍。对于其他脆性材料，如硅石、水泥等，其抗压强度也显著高于抗拉强度。另外，铸铁压缩时，断裂面与轴线成45°左右，说明铸铁的抗剪能力低于抗压能力。

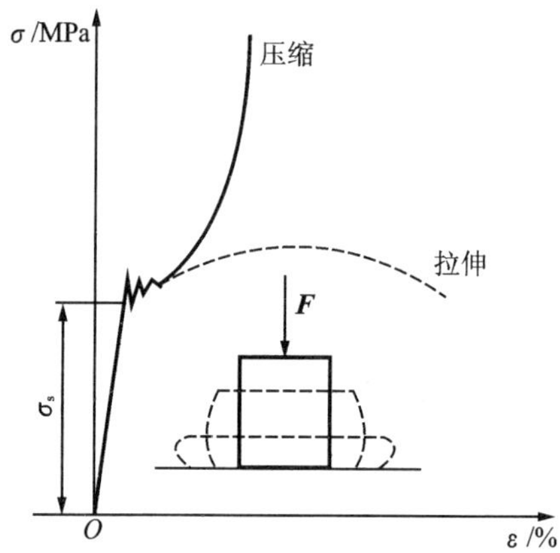

图 8-21

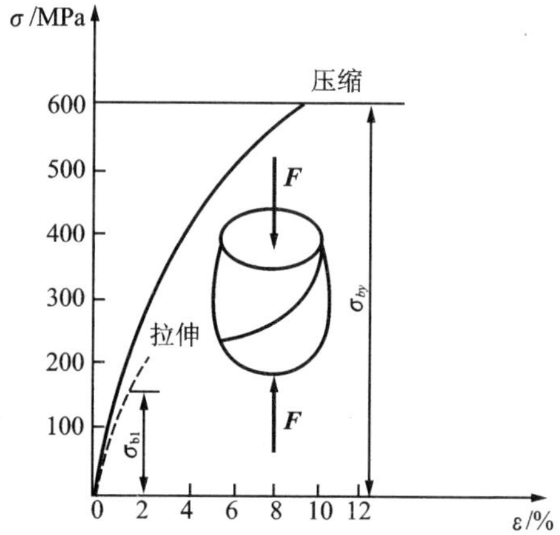

图 8-22

由于脆性材料塑性差，抗拉强度低，而抗压能力强，价格低廉，故宜制作承压构件。铸铁坚硬耐磨，且易于浇铸，故广泛应用于铸造机床床身、机壳、底座、阀门等受压配件。因此，其压缩试验比拉伸试验更为重要。

综上所述，衡量材料力学性能的主要指标有：强度指标即屈服极限σ_s和强度极限σ_b；弹性指标即比例极限σ_p（或弹性极限σ_e）和弹性模量E；塑性指标即延伸率δ和断面收缩率ψ。对很多材料来说，这些量往往受温度、热处理等条件的影响。表8-1中列出了几种常用材料在常温、静载下的部分力学性能指标。

表 8-1　几种常用材料的力学性能

材料名称	型　号	σ_s/MPa	σ_b/MPa	δ_5/%	ψ/%
普通碳素钢	Q235A	235	375～460	25～27	—
	Q275	275	490～610	21	—
优质碳素钢	35	314	529	20	45
	45	353	598	3	40
合金钢	40Cr	785	980	9	45
球墨铸铁	QT600－3	370	600	3	—
灰铸铁	HT150	—	拉 150 压 500～700	—	—

工程中有很多机械和结构在高温下长时期工作，而金属在一定温度和静载长期作用下，将要发生缓慢塑性变形，这一现象称为**蠕变**。不同的金属，发生蠕变的温度不同，温度越高，蠕变现象越显著。另外，在高温下工作的一些零件，例如连接两法兰的螺栓等，还时常发生**应力松弛**的现象，引起联结件之间的松动，造成事故。所谓应力松弛，是指在一定温度下，零件或材料的总变形保持不变，但零件内的应力出现随时间增加而自发地逐渐下降的现象。因此，对于长期在高温下工作的机械或结构，必须考虑蠕变及应力松弛等的影响。

材料的力学特性实验

8.7.5　复合材料的力学性能

随着科学技术的发展，新型复合材料的应用也越来越广泛。所谓复合材料，一般是指由两种或两种以上性质不同的材料复合而成的一类多相材料。它在性能上具有所选各材料的优点，克服或减少了各单一材料的弱点。总体来说，复合材料有如下几个方面的特性。

（1）比强度和比模量高　强度和弹性模量与密度的比值分别称为**比强度**和**比模量**，它是度量材料承载能力的一个重要指标。由于复合材料超轻质、超高强度，因而可使构件重量大大降低。

（2）抗疲劳性能好　一般材料在交变载荷作用下容易发生疲劳破损，而复合材料抗疲劳性能好，因而可延长构件的使用寿命。

（3）减振性好　复合材料具有高的自振频率，因而不易引起工作时的共振，这样就可避免因共振而产生的破坏。同时，复合材料的振动阻尼很高，可使振动很快减弱，提高了构件的稳定性。

（4）破损安全性好　对于纤维增强复合材料制成的构件，一旦发生超载而出现少量断裂时，载荷会重新迅速地分配到未破坏的纤维上，从而使这类构件不至于在极短的时间内有整体破坏的危险，提高了构件的安全性。

（5）耐热性好　一些复合材料能在高温下保持较高的强度、弹性模量等力学性质，克服了一些金属和合金在高温下强度等性能降低的缺陷。

（6）成型工艺简单灵活及材料结构的可设计性　复合材料可用一次成型来制造各种构件，减少了零部件的数目及接头等紧固件，减轻了构件的重量，节省了材料和工时，改善并提高了构件的耐疲劳和稳定性。同时，可根据不同的要求，通过调整复合材料的成分、比例、结构及分配方式和稳定性，来满足构件在不同方面的强度、刚度、耐蚀、耐热等特殊性能的要求，提高了可设计性及功能的复合性。另外，某些复合材料还具有耐腐蚀、耐冲击、耐绝缘性好及特殊的电、磁、光等特性。

8.8　轴向拉伸与压缩时的强度计算

8.8.1　极限应力、许用应力和安全系数

材料丧失正常工作能力时的最小应力，称为**极限应力**或**危险应力**，用 σ_0 表示。由 8.7 节可知：对塑性材料，当构件的应力达到材料的屈服极限时，构件将因塑性变形而不能正常工作，故 $\sigma_0=\sigma_s$；对脆性材料，当构件的应力达到强度极限时，构件将因断裂而丧失工作能力，故 $\sigma_0=\sigma_b$。

为了保证构件安全可靠地工作，仅仅使其工作应力不超过材料的极限应力是远远不够的，还必须使构件留有适当的强度储备，即把极限应力 σ_0 除以大于 1 的系数 n 后，作为构件工作时允许达到的最大应力值，这个应力值称为**许用应力**，以$[\sigma]$表示，即

$$[\sigma]=\frac{\sigma_0}{n} \tag{8-10}$$

式中：n 称为**安全系数**。

安全系数的选择取决于载荷估计的准确程度、应力计算的精确程度、材料的均匀程度以及构件的重要程度等因素。正确地选取安全系数，是解决构件的安全与经济这一对矛盾的关键。若安全系数过大，则不仅浪费材料，而且使构件变得笨重；反之，若安全系数过小，则不能保证构件安全工作，甚至会造成事故。各种不同工作条件下构件安全系数 n 可从有关工程手册中查到。对于塑性材料，一般来说，取 $n=1.5\sim2.0$；对于脆性材料，取 $n=2.0\sim3.5$。

拉压强度校核应用实例

8.8.2　拉(压)杆的强度计算

为了保证构件安全可靠地工作，必须使构件的最大工作应力不超过材料的许用应力，即

$$\sigma=\frac{F_N}{A}\leqslant[\sigma] \tag{8-11}$$

公式(8－11)称为拉(压)杆的强度条件，运用这一强度条件可解决 3 类强度计算问题。

(1) 强度校核　$\sigma=\frac{F_N}{A}\leqslant[\sigma]$

(2) 断面设计　$A\geqslant\frac{F_N}{\sigma}$

(3) 确定许可载荷 $F_N\leqslant A[\sigma]$

现举例说明强度条件的应用。

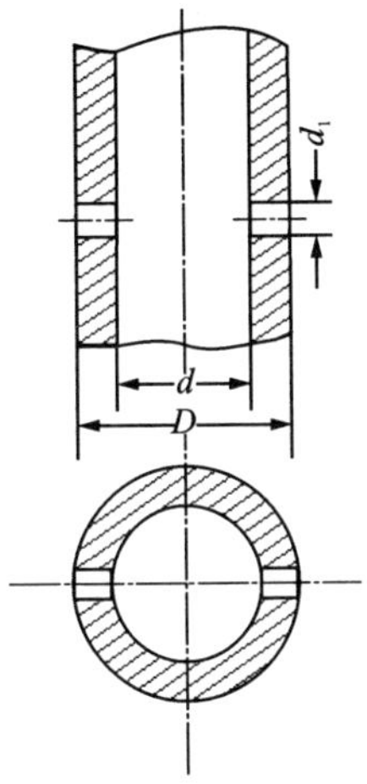

图 8－23

例 8－9　外径 D 为 32 mm，内径 d 为 20 mm 的空心钢杆(见图 8－23)，设某处有直径 $d_1=5$ mm 的销钉孔，材料为 Q235A 钢，许用应力$[\sigma]=170$ MPa，若承受拉力 $F=60$ kN，试校核该杆的强度。

解：　由于截面被穿孔削弱，所以应取最小的截面面积作为危险截面，校核截面上的应力。

(1) 求未被削弱的圆环面积为

$$A_1=\frac{\pi}{4}(D^2-d^2)=\frac{\pi}{4}(3.2^2-2^2)\ \text{cm}^2=5.04\ \text{cm}^2$$

(2) 被削弱的面积为

$$A_2=(D-d)d_1=(3.2-2)\times0.5\ \text{cm}^2=0.60\ \text{cm}^2$$

(3) 危险截面面积为

$$A=A_1-A_2=(5.04-0.60)\ \text{cm}^2=4.44\ \text{cm}^2$$

(4) 强度校核

$$\sigma=\frac{F_N}{A}=\frac{60\times10^3\ \text{N}}{4.44\times10^2\ \text{cm}^2}=135.1\ \text{MPa}<[\sigma]$$

故此杆安全可靠。

例 8－10　一悬壁吊车，如图 8－24 所示。已知起重小车自重 $G=5$ kN，起重量 $F=15$ kN，拉杆 BC 用 Q235A 钢，许用应力$[\sigma]=170$ MPa。试选择拉杆直径 d。

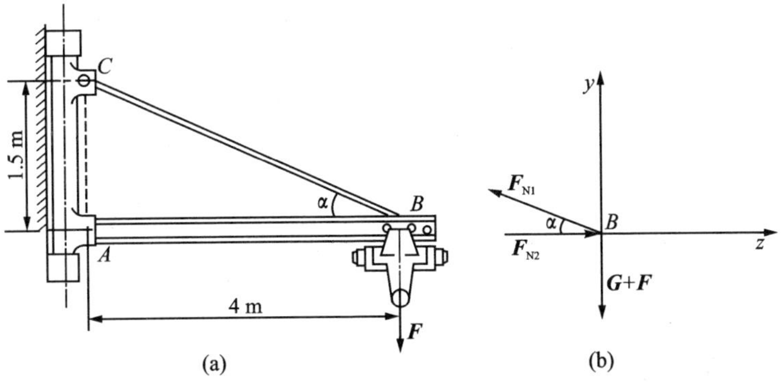

图 8－24

解： (1) 计算拉杆的轴力

当小车运行到 B 点时，BC 杆所受的拉力最大，必须在此情况下求拉杆的轴力。取 B 点为研究对象，其受力图见图 8－24(b)。由平衡条件

$$\sum F_y = 0, \qquad F_{N1}\sin\alpha - (G+F) = 0$$

得
$$F_{N1} = \frac{G+F}{\sin\alpha}$$

在△ABC 中，

$$\sin\alpha = \frac{AC}{BC} = \frac{1.5\ \text{m}}{\sqrt{(1.5^2+4^2)\text{m}^2}} = \frac{1.5}{4.27}$$

代入上式得

$$F_{N1} = \frac{(5+15)\times 10^3\ \text{N}}{\dfrac{1.5}{4.27}} = 56\ 900\ \text{N} = 56.9\ \text{kN}$$

(2) 选择截面尺寸

由式(8－11)得

$$A \geqslant \frac{F_{N1}}{[\sigma]} = \frac{56\ 900\ \text{N}}{170\ \text{MPa}} = 334\ \text{mm}^2$$

圆截面面积 $A=\frac{\pi}{4}d^2$，所以拉杆直径

$$d \geqslant \sqrt{\frac{4A}{\pi}} = \sqrt{\frac{4\times 334\ \text{mm}^2}{3.14}} = 20.6\ \text{mm}$$

可取
$$d = 21\ \text{mm}$$

例 8－11 如图 8－25 所示，起重机 BC 杆由绳索 AB 拉住，若绳索的截面面积为 5 cm²，材料的许用应力$[\sigma]=40$ MPa，求起重机能安全吊起的载荷大小(不考虑 CB、CD 的强度)。

解： (1) 求绳索所受的拉力 $\boldsymbol{F}_{N_{AB}}$ 与 $\boldsymbol{F}$ 的关系。

用截面法，将绳索 AB 截断，并绘出如图 8－25(b)所示的受力图。

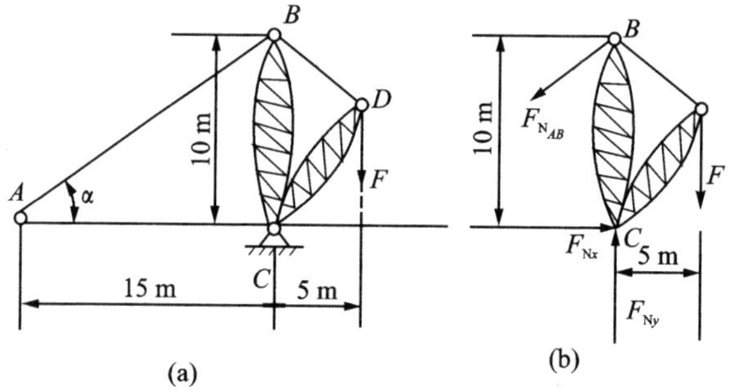

图 8－25

由　　$\sum m_C(\boldsymbol{F})=0$，　$F_{N_{AB}}\cos\alpha\times 10\ \mathrm{N\cdot m}-F\times 5\ \mathrm{N\cdot m}=0$

将　$$\cos\alpha=\frac{15}{\sqrt{10^2+15^2}}$$

代入上式得

$$F_{N_{AB}}\times\frac{15}{\sqrt{10^2+15^2}}\times 10\ \mathrm{N\cdot m}-F\times 5\ \mathrm{N\cdot m}=0$$

即　$$[F]=1.67\ F_{N_{AB}}$$

(2) 根据绳索 AB 的许用内力求起吊的最大载荷为

$$[F_{N_{AB}}]\leqslant A[\sigma]=5\times 10^2\ \mathrm{mm^2}\times 40\ \mathrm{MPa}=20\times 10^3\ \mathrm{N}=20\ \mathrm{kN}$$

$$[F]=1.67\ F_{N_{AB}}=1.67\times 20\ \mathrm{kN}=33.4\ \mathrm{kN}$$

即起重机安全起吊的最大载荷为 33.4 kN。

8.9　拉(压)杆的超静定问题

8.9.1　超静定问题的概念与解法

在以前讨论的问题中，杆件的轴力可由静力平衡方程求出，这类问题称为**静定问题**。但有时，杆件的轴力并不能全由静力平衡方程解出，这就是**静不定问题**。以图 8-26(a)所示的三杆桁架为例，由图 8-26(b)得节点 A 的静力平衡方程为

$$\left.\begin{aligned}&\sum F_x=0,\quad F_{N1}\sin\alpha-F_{N2}\sin\alpha=0\\&F_{N1}=F_{N2}\\&\sum F_Y=0,\quad F_{N3}+2F_{N1}\cos\alpha-F=0\end{aligned}\right\}\tag{1}$$

这里静力方程有 2 个，但未知力有 3 个，可见，只凭静力平衡方程不能求得全部轴力，所以是静不定问题。

为了求得问题的解，在静力方程之外，还必须寻求补充方程。设 1、2 两杆的抗拉刚度相同。桁架变形是对称的，节点 A 垂直地移动到 A_1，位移 $\overline{AA_1}$ 也就是杆 3 的伸长 Δl_3。以 B 点为圆心，杆 1 的原长 $l/\cos\alpha$ 为半径作圆弧，圆弧以外的线段即为杆 1 的伸长 Δl_1。由于变形很小，可用垂直于 A_1B 的直线 AE 代替上述弧线，且仍认为 $\angle AA_1B=\alpha$，于是

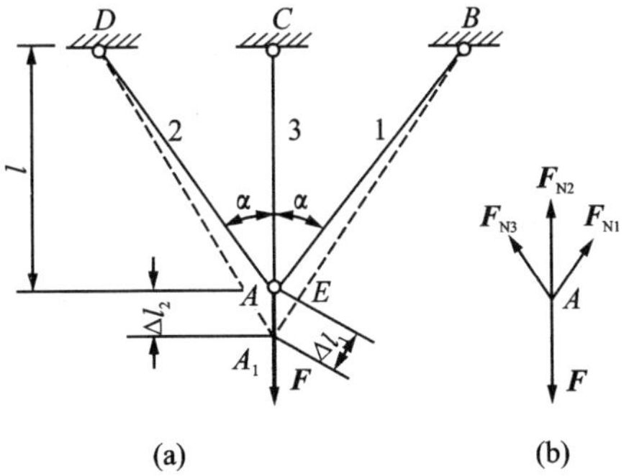

图 8-26

$$\Delta l_1=\Delta l_3\cos\alpha\tag{2}$$

这是1、2、3三根杆件的变形必须满足的关系，只有满足了这一关系，它们才可能在变形后仍然在节点A_1联系在一起，变形才是协调的。所以，这种几何关系称为**变形协调方程**。

若1、2两杆的抗拉刚度为E_1A_1，杆3的抗拉刚度为E_3A_3，由胡克定律得

$$\Delta l_1=\frac{F_{N1}l}{E_1A_1\cos\alpha},\qquad \Delta l_3=\frac{F_{N3}l}{E_3A_3} \tag{3}$$

这两个表示变形与轴力关系的式子可称为物理方程。将其代入式(2)，得

$$\frac{F_{N1}l}{E_1A_1\cos\alpha}=\frac{F_{N3}l}{E_3A_3}\cos\alpha \tag{4}$$

这是在静力平衡方程之外得到的补充方程。从式(3)、(4)容易解出

$$F_{N1}=F_{N2}=\frac{F\cos^2\alpha}{2\cos^2\alpha+\dfrac{E_3A_3}{E_1A_1}},\qquad F_{N3}=\frac{F}{1+2\dfrac{E_1A_1}{E_3A_3}\cos^3\alpha}$$

以上例子表明，静不定问题是综合了静力方程、变形协调方程（几何方程）和物理方程等三个方面的关系求解的。

例8-12 在图8-27所示的结构中，设横梁AB的变形可以省略，1、2两杆的横截面面积相等，材料相同。试求1、2两杆的内力。

解： 设1、2两杆的轴力分别为F_{N1}和F_{N2}。由AB杆的平衡方程$\sum m_A(\boldsymbol{F})=0$，得

$$3F-2F_{N2}\cos\alpha-F_{N1}=0 \tag{1}$$

由于横梁AB是刚性杆，结构变形后，它仍为直杆，由图中可以看出，1、2两杆的伸长Δl_1和Δl_2，应满足以下关系

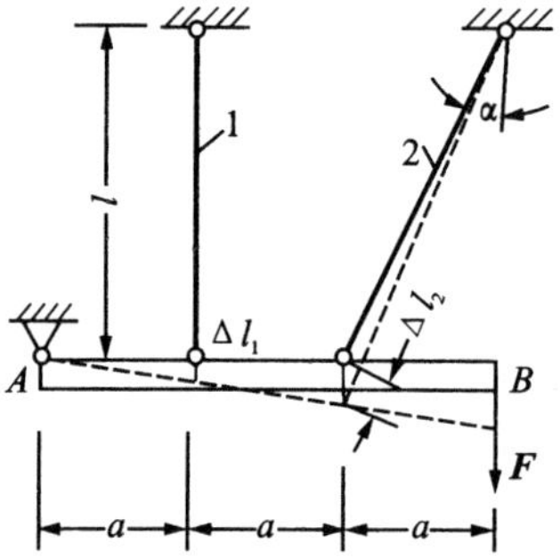

图8-27

$$\frac{\Delta l_2}{\cos\alpha}=2\Delta l_1 \tag{2}$$

这就是变形协调方程。

由胡克定律可知

$$\Delta l_1=\frac{F_{N1}l}{EA},\qquad \Delta l_2=\frac{F_{N2}l}{EA\cos\alpha}$$

代入式(2)得

$$\frac{F_{N2}l}{EA\cos\alpha}=2\frac{F_{N1}l}{EA} \tag{3}$$

由(1)、(3)两式解出

$$F_{N1}=\frac{3F}{4\cos^3\alpha+1},\qquad F_{N2}=\frac{6F\cos^2\alpha}{4\cos^3\alpha+1}$$

例8-13 一超静定杆系如图8-28(a)所示。已知1杆和2杆的刚度、杆长相同，即$E_1A_1=E_2A_2$，$l_1=l_2$，而3杆的刚度为E_3A_3，杆长$l_3=l_1\cos\alpha$，载荷为$\boldsymbol{F}$。试求各杆的轴力。

解： (1) 静力平衡关系 设 1 杆和 2 杆受拉，3 杆受压，相应的轴力分别用 $\boldsymbol{F}_{N1}$、$\boldsymbol{F}_{N2}$ 和 $\boldsymbol{F}_{N3}$ 表示。考虑节点 C 的平衡[见图 8-28(b)]，由汇交力系的平衡条件，可列出两个独立的平衡方程

$$\left.\begin{aligned}\sum F_X = 0,\quad & -F_{N1}\sin\alpha + F_{N2}\sin\alpha = 0\\ \sum F_Y = 0,\quad & F_{N1}\cos\alpha + F_{N2}\cos\alpha + F_{N3} - F = 0\end{aligned}\right\}\tag{1}$$

式(1)中有 $\boldsymbol{F}_{N1}$、$\boldsymbol{F}_{N2}$ 及 $\boldsymbol{F}_{N3}$ 三个未知量，故为一次超静定问题。为求解该问题，须再建立一个补充方程。

(2) 变形几何关系 由于结构都对称于 y 轴，故节点 C 不可能有沿 x 方向的位移。设受力后节点 C 移至 C'[见图 8-28(c)]，则 3 杆缩短为：$\Delta l_3 = CC'$。

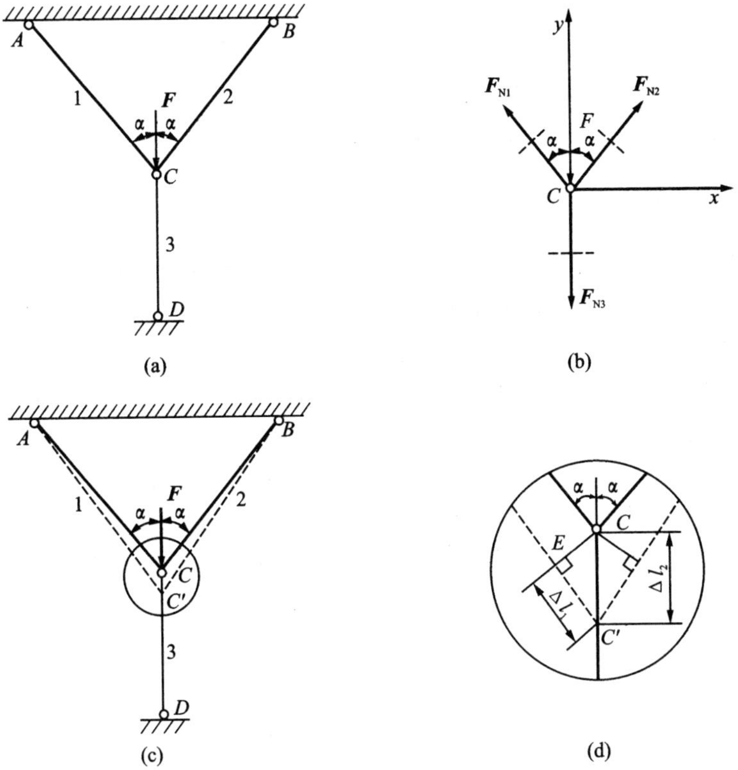

图 8-28

1 杆和 2 杆变形后的位置如图中虚线所示。在实际问题中，由于各杆的变形很小，可用垂线 CE 代替以 A 为圆心，以 AC 为半径的圆弧[见图 8-28(d)]，则 1 杆的伸长为

$$\Delta l_1 = EC'$$

同理可得 2 杆的伸长 Δl_2，由对称关系有

$$\Delta l_2 = \Delta l_1$$

如果忽略角度的微小改变($\angle CAC'$极小),可以认为$\angle EC'C=\angle \alpha$,由$\triangle EC'C$ 得

$$\Delta l_1 = \Delta l_3 \cos \alpha \tag{2}$$

这就是杆系的变形几何方程。

(3) 物理关系 根据胡克定律,得

$$\Delta l_1 = \frac{F_{N1} l_1}{E_1 A_1}, \qquad \Delta l_3 = \frac{F_{N3} l_3}{E_3 A_3} \tag{3}$$

将式(3)代入式(2),即得补充方程

$$F_{N1} = F_{N3} \frac{E_1 A_1}{E_3 A_3} \cos^2 \alpha \tag{4}$$

最后将式(1)和式(4)联立求解,得

$$F_{N1} = F_{N2} = \frac{F}{2\cos \alpha + \dfrac{E_3 A_3}{E_1 A_1 \cos^2 \alpha}}, \qquad F_{N3} = \frac{F}{1 + 2\dfrac{E_1 A_1}{E_3 A_3}\cos^3 \alpha}$$

所得结果为正值,说明假设 1 杆和 2 杆受拉、3 杆受压是正确的。

8.9.2 装配应力

在机械制造和结构工程中,零件或构件本身尺寸的微小误差是允许的。这种误差,在静定结构中,仅使结构物的外形有微小改变,而不会在内部引起应力[见图 8-29(a)],但在超静定结构中就不同了。

例如在图 8-29(b) 所示的结构中,3 杆比原设计长度稍短了。若将 3 根杆强行装配在一起,则导致 3 杆被拉长,1、2 杆被压短,其最终位置如图 8-29(b)中虚线所示。显然,在装配后,3 杆内引起拉应力,1、2 杆内引起压应力。这种结构未加载前,因装配而引起的应力称为装配应力。在工程中装配应力有时是不利的,有时反而要利用它。例如,土建结构中的预应力钢筋混凝土和机械制造中的紧配合,就是利用装配应力的实例。

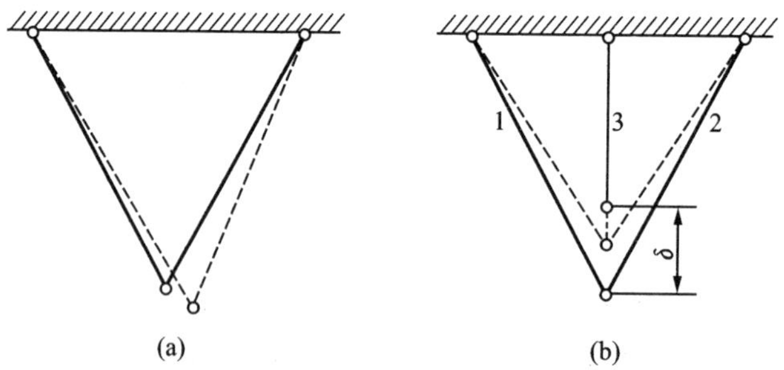

图 8-29

装配应力的计算和上述解超静定问题的方法类似。

8.9.3 温度应力

温度变化(例如,工作条件件的温度改变或季节更替)将引起构件尺寸的微小改变。对静定结构,均匀的温度变化,在杆内不会产生应力。而对超静定结构,这种变化将使杆内产生应力。例如长度为 l 的直杆[见图 8-30(a)],A 端与刚性支撑面连接,B 端自由。当温度发生变化时,B 端能自由伸缩,在杆内不会引起应力。如果直杆两端都与刚性面支撑连接[见图 8-30(b)],则直杆因温度升高引起的伸长将被支撑阻止。可这样设想:先解除直杆两端的约束,使杆自由伸长[见图 8-30(c)],再由支撑的约束反力将杆压缩至原长[见图 8-30(d)],于是在杆内将产生应力。这种应力称为**温度应力**或**热应力**。

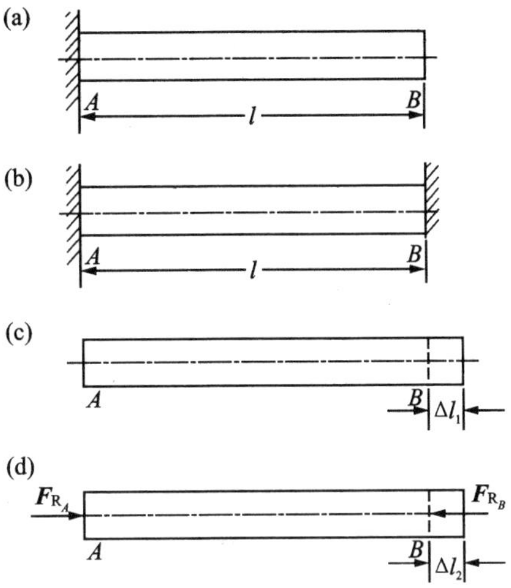

图 8-30

温度应力问题也属于超静定问题,其计算方法与上述超静定问题的解法类似,不同之处是除考虑杆的弹性变形外,还要考虑因温度变化而引起的变形。

例 8-14 一个两端刚性支撑杆 AB 如图 8-30(b)所示。设其长度为 l,横截面面积为 A,材料的线膨胀系数为 α(1/℃),弹性模量为 E。若安装温度为 t_1℃,使用温度为 t_2℃(设 $t_2>t_1$),试求温度应力。

解: (1) 静力平衡关系 设 A、B 两端的约束反力为 $\boldsymbol{F}_{\mathrm{R}_A}$ 和 $\boldsymbol{F}_{\mathrm{R}_B}$[见图 8-30(d)],由平衡方程式

$$\sum F_X = 0, \qquad F_{\mathrm{R}_A} - F_{\mathrm{R}_B} = 0$$

得

$$F_{\mathrm{R}_A} = F_{\mathrm{R}_B} = F_{\mathrm{R}} \tag{1}$$

上式只能说明两约束反力相等,尚不能求出其数值。

(2) 变形几何关系 设因温度升高引起的伸长为 Δl_1[见图 8-30(c)],由轴向反力 $\boldsymbol{F}_{\mathrm{R}}$ 引起的缩短为 $\Delta l_{F_{\mathrm{R}}}$[见图 8-30(d)]。根据两刚性支撑间杆长保持不变的变形协调条件,得变形几何方程为

$$\Delta l_1 + \Delta l_{F_{\mathrm{R}}} = 0 \tag{2}$$

(3) 物理关系 由线膨胀定律及胡克定律,得物理方程为

$$\left.\begin{aligned} \Delta l_t &= \alpha(t_2 - t_1)l \\ \Delta l_{F_{\mathrm{R}}} &= -\frac{F_{\mathrm{R}}l}{EA} \end{aligned}\right\} \tag{3}$$

将式(3)代入式(2)得补充方程为

$$\alpha(t_2-t_1)l-\frac{F_R l}{EA}=0 \tag{4}$$

由此得支撑面的反力

$$F_R=\alpha EA(t_2-t_1) \tag{5}$$

杆的温度应力为

$$\sigma=\frac{F_R}{A}=\alpha E(t_2-t_1) \tag{6}$$

若图 8－30(b)中的 AB 杆为一钢制蒸气管道，其中，$\alpha=12.5\times10^{-6}/℃$，$E=200$ GPa，当温度升高 $t_2-t_1=40$ ℃时，由式(6)可得该管道的温度应力为

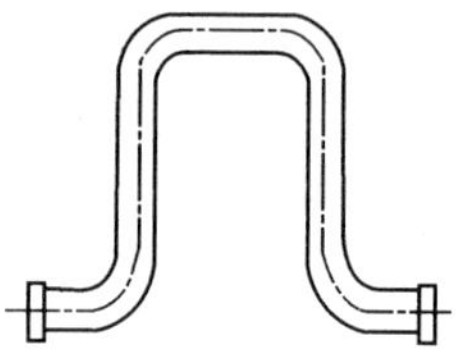

图 8－31

$$\sigma=\alpha E(t_2-t_1)=12.5\times10^{-6}/℃\times200\times10^{9}\ \text{Pa}\times40\ ℃=100\times10^{6}\ \text{Pa}=100\ \text{MPa}$$

可见在设计中，温度应力不可忽视。温度应力过高可能影响结构或构件的正常工作，在这种情况下，应采取消除或降低温度应力的措施。在铺设铁路时，钢轨间留有伸缩缝；在架设管道时，弯成如图 8－31 所示的伸缩节等，这都是工程中防止或减小温度应力的有效措施。

8.10 应力集中的概念

等截面构件轴向拉伸(压缩)时，横截面上的应力是均匀分布的。实际上，由于结构或工艺方面的要求，构件的形状常常是比较复杂的，如机器中的轴常开有油孔、键槽、退刀槽，或留有凸肩而成为阶梯轴，因而使截面尺寸突然发生变化。在突变处截面上的应力分布不均匀，在孔槽附近局部范围内的应力将显著增大，而在较远处又渐趋均匀。这种由于截面的突然变化而产生的应力局部增大现象，称为**应力集中**。图 8－32(a)所示的拉杆，在 B—B 截面上的应力分布是均匀的[见图 8－32(b)]；在通过小孔中心线的 A—A 截面上，其应力分布就不均匀了[见图 8－32(c)]。在孔边两点范围内应力值很大，但离开这个小范围应力值则下降很快，最后逐渐趋于均匀。

应力集中处的 σ_{max} 与杆横截面上的平均应力之比，称为理论应力集中系数，以 α 表示，即

$$\alpha=\frac{\sigma_{max}}{\sigma}$$

式中：α 是一个应力比值，与材料无关，它反映了杆在静载荷下应力集中的程度。

在静载荷作用下，应力集中对塑性材料和脆性材料强度产生的影响是不同的。图 8－33(a)表示带有小圆孔的杆件，拉伸时孔边产生应力集中。对于塑性材料，当孔边附近的最大应力达到屈服极限时，杆件只产生塑性变形。如果载荷继续增加，则

孔边两点的变形继续增加而应力不再增大，其余各点的应力尚未达到 σ_s，仍然随着载荷的增加而增大[见图 8－33(b)]，直到整个截面上的应力都达到屈服极限 σ_s 时，应力分布趋于均匀[见图 8－33(c)]。这个过程对杆件的应力起到了一定的松弛作用。因此，塑性材料在静载下，应力集中对强度的影响较小。对脆性材料则不同，因为它无屈服阶段，直到破坏时无明显的塑性变形，因此无法使应力松弛，局部应力随载荷的增加而上升，当最大应力达到强度极限时，就开始出现裂缝，很快导致整个构件破坏。因此，应力集中严重降低脆性材料构件的强度。应该指出，在具有周期性作用的外力作用下，有应力集中的构件，例如车有螺纹的活塞杆以及开有键槽、销孔的转轴等，不论是塑性材料还是脆性材料，应力集中都会影响构件的强度。

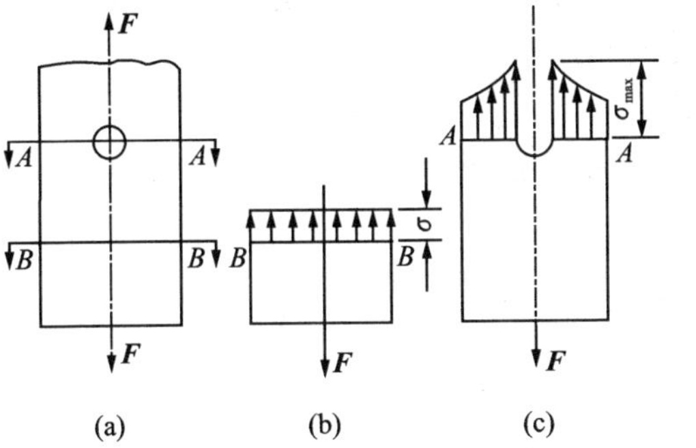

图 8－32

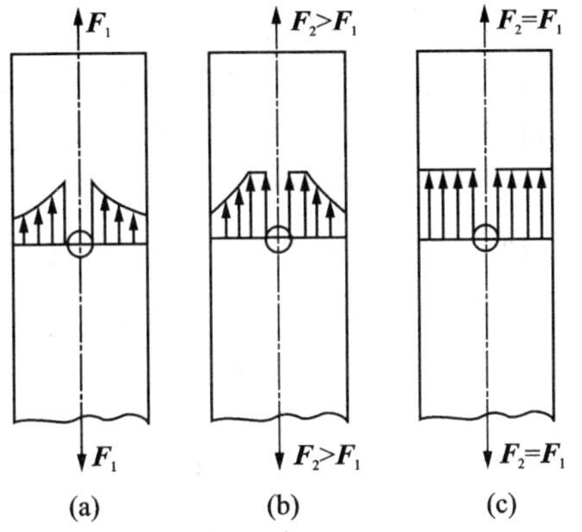

图 8－33

思考题

1. 叙述轴向拉(压)杆横截面上的正应力分布规律。

2. 把一低碳钢试件拉伸到应变 $\varepsilon=0.002$ 时能否用胡克定律 $\sigma=E\varepsilon$ 来计算？为什么？(低碳钢的比例极限 $\sigma_p=200$ MPa，弹性模量 $E=200$ GPa)

3. 试说明脆性材料压缩时，沿与轴线成 45°方向断裂的原因。

4. 三种材料的 $\sigma-\varepsilon$ 曲线如图 8－34 所示。试说明哪种材料的弹性模量大(在弹性范围内)？

5. 两根材料不同的等截面直杆，承受相同的轴力，它们的横截面和长度都相同。试说明：(1) 横截面上的应力是否相等？(2) 强度是否相等？(3) 绝对变形是否相等？

6. 两根材料相同的拉杆如图 8－35 所示，试说明它们的绝对变形是否相同？如不相同，哪根变形大？另外，不等截面杆的各段应变是否相同？为什么？

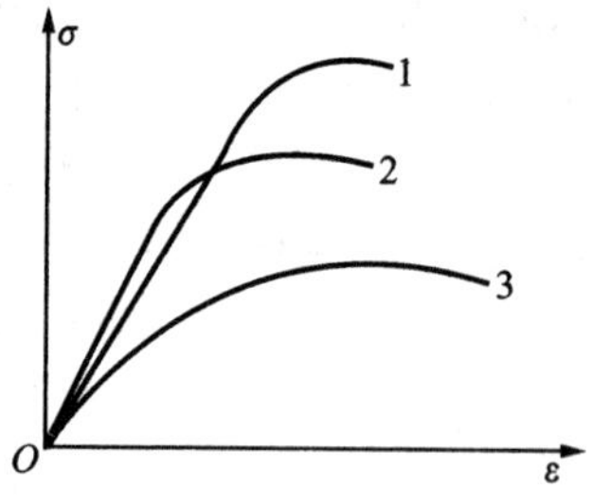

图 8-34

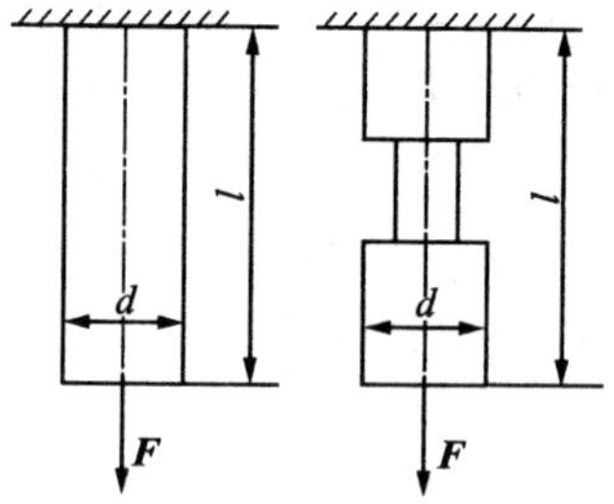

图 8-35

7. 钢的弹性模量 $E_1=200$ GPa，铝的弹性模量 $E_2=71$ GPa，试比较在同一应力下，哪种材料的应变大？在同一应变下，哪种材料的应力大？

8. 如图 8-36 所示结构的尺寸、角度 α 及载荷 F 均为已知。试判断以下结构是否为超静定结构？若为超静定结构，试确定其超静定次数。

9. 试述求解超静定问题的方法和步骤。

10. 一托架如图 8-37 所示，现有低碳钢和铸铁两种材料，若用低碳钢制造斜杆，用铸铁制造横杆，你认为是否合理？为什么？

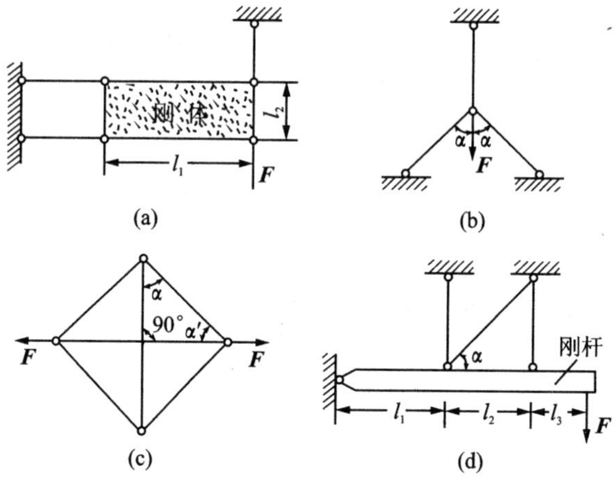

图 8-36

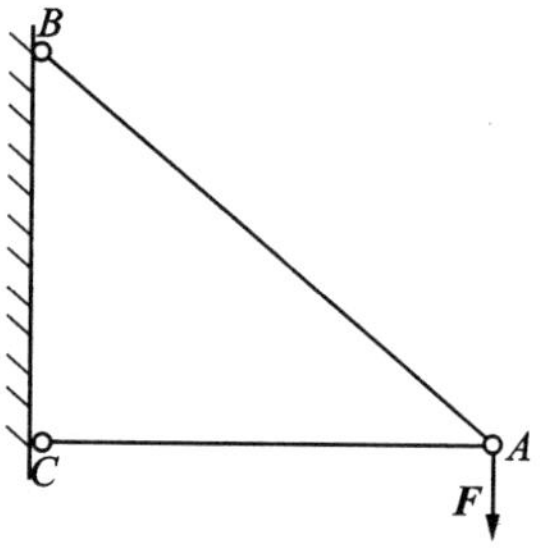

图 8-37

习　题

8-1　求作题 8-1 图示各杆的轴力图。

8-2　如题 8-2 图示的杆件 AB 和 FG 用 4 个铆钉连接，两端受轴向力 $\boldsymbol{F}$ 作用，设各铆钉平均分担所传递的力为 $\boldsymbol{F}$，求作 AB 杆的轴力图。

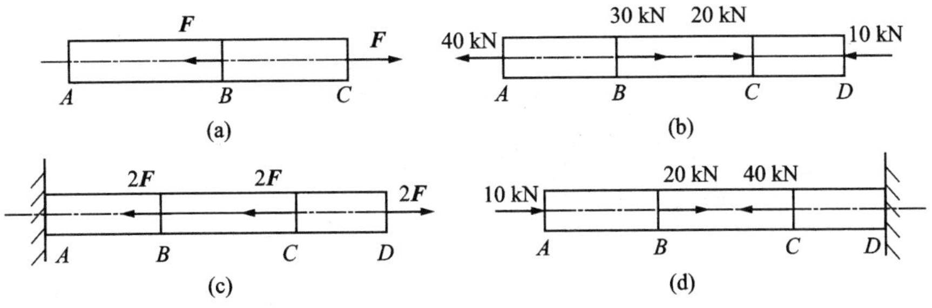

题 8-1 图

8-3　简易起吊架如题 8-3 图所示，AB 为 10 cm×10 cm 的杉木，BC 为 $d=$ 2 cm的圆钢，$F=26$ kN。试求斜杆及水平杆横截面上的应力。

答：$\sigma_{AB}=3.647$ MPa，$\sigma_{BC}=137.9$ MPa。

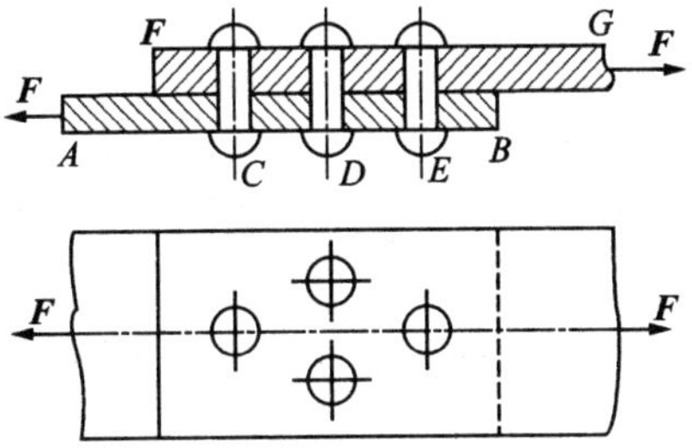

题 8-2 图

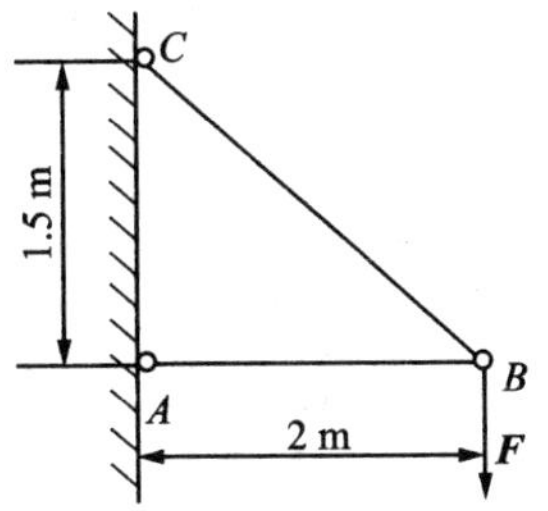

题 8-3 图

8-4　阶梯轴受轴向力 $F_1=25$ kN，$F_2=40$ kN，$F_3=35$ kN 的作用，截面面积 $A_1=A_3=300\ \text{mm}^2$，$A_2=250\ \text{mm}^2$。试求题 8-4 图示中各段横截面上的正应力。

答：$\sigma_1=83.3$ MPa，$\sigma_2=-60$ MPa，$\sigma_3=66.7$ MPa。

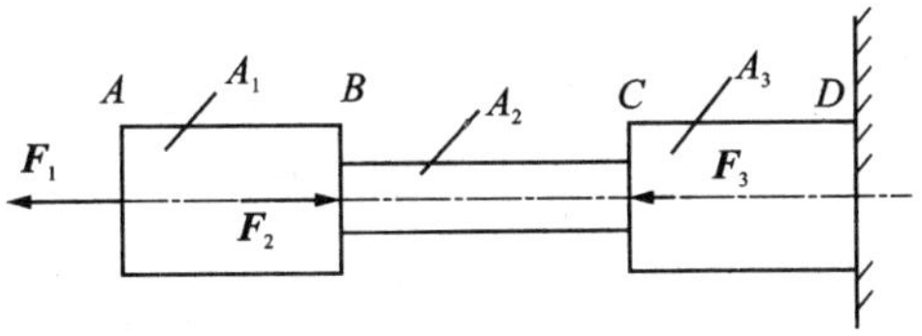

题 8-4 图

8-5　一铆接件，板件受力情况如题 8-5 图所示。试绘出板件轴力图并计算板件的最大拉应力。已知 $F=7$ kN，$t=1.5$ mm，$b_1=4$ mm，$b_2=5$ mm，$b_3=6$ mm。

答：$\sigma_{max}=389$ MPa。

8-6　已知题 8-6 图示杆横截面面积 $A=10\ \text{cm}^2$，杆端受轴向力 $F=40$ kN。试求 $\alpha=60°$及 $\alpha=30°$时斜截面上的正应力及切应力。

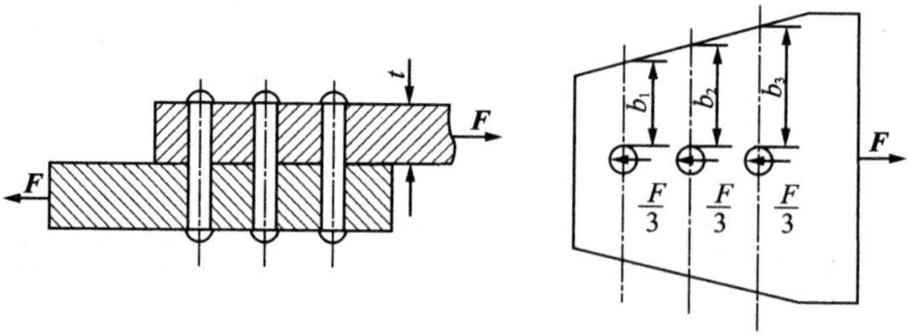

题 8-5 图

答：$\sigma_{60^\circ}=10$ MPa，$\tau_{60^\circ}=\tau_{30^\circ}=173$ MPa，$\sigma_{30^\circ}=30$ MPa。

8-7 圆截面钢杆如题 8-7 图所示，试求杆的最大正应力及杆的总伸长。已知材料的弹性模量 $E=200$ GPa。

答：$\sigma_{max}=127.3$ MPa，$\Delta l=0.573$ mm。

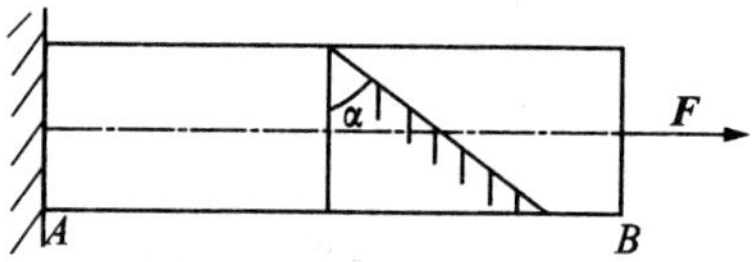

题 8-6 图

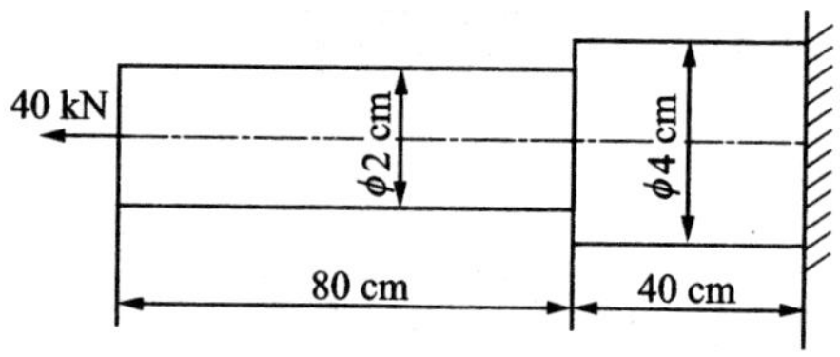

题 8-7 图

8-8 直杆受力如题 8-8 图所示，它们的横截面面积为 A 和 A_1，且 $A=2A_1$，长度为 l，弹性模量为 E，载荷 $\boldsymbol{F}_2=2\boldsymbol{F}_1$。试求杆的绝对变形 Δl 及各段杆横截面上的应力。

答：(a) $\Delta l=-\dfrac{F_1 l}{3EA}$，　(b) $\Delta l=\dfrac{F_1 l}{3EA_1}$。

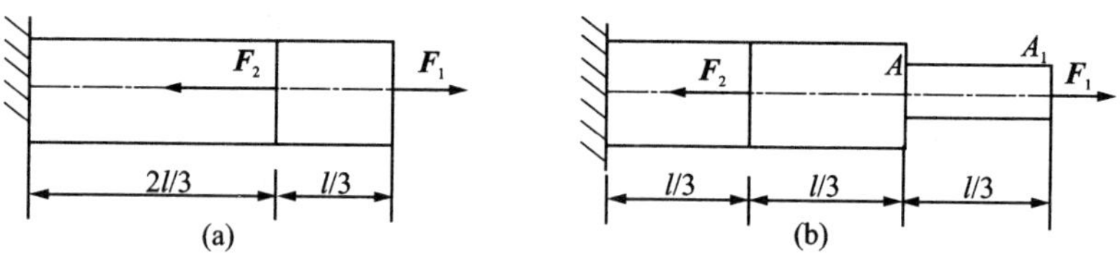

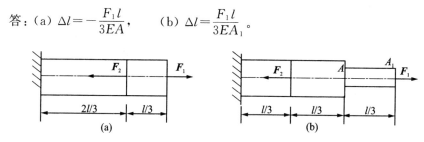

题 8-8 图

8-9 连接钢板的 M16 螺栓，螺栓螺距 $S=2$ mm，两板共厚 700 mm，如题 8-9 图所示。假设板不变形，在拧紧螺母时，如果螺母与板接触后再旋转$\dfrac{1}{8}$圈，问螺栓伸长了多少？产生的应力为多大？问螺栓强度是否足够？已知 $E=200$ GPa，许用应力 $[\sigma]=60$ MPa。

答：$\Delta l=0.25$ mm，$\sigma=71.4$ MPa$>[\sigma]$。

8－10　在题 8－10 图示的简单杆系中，设 AB 和 AC 分别为直径是 20 mm 和 24 mm的圆截面杆，$E=200$ GPa，$F=5$ kN。试求 A 点的垂直位移。

答：$\delta=0.249$ mm。

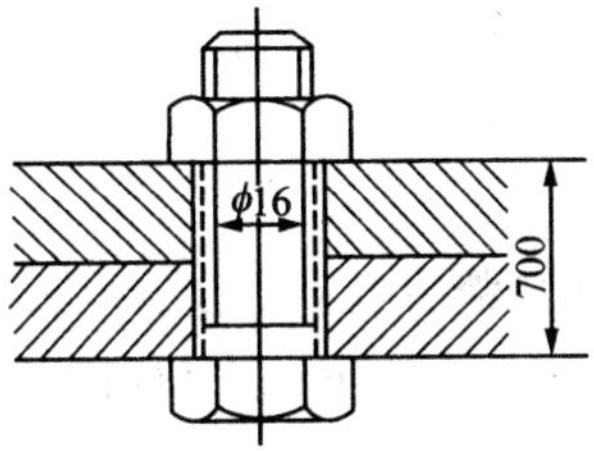

题 8－9 图

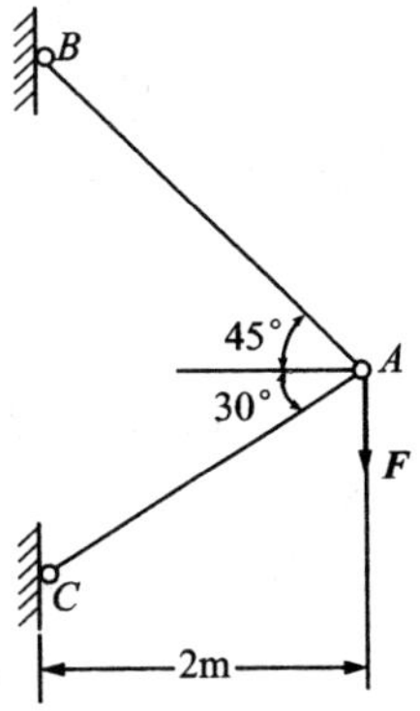

题 8－10 图

8－11　试求题 8－11 图示结构中节点 B 的水平位移和垂直位移。

答：$\delta_{BX}=\Delta l_2$，　$\delta_{BY}=\dfrac{\Delta l+\Delta l_2\cos\alpha}{\sin\alpha}$。

8－12　试定性画出题 8－12 图示结构中节点 B 的位移图。

8－13　托架结构如题 8－13 图所示。载荷 $F=30$ kN，现有两种材料铸铁和 Q235A 钢，截面均为圆形，它们的许用应力分别为$[\sigma_T]=30$ MPa，$[\sigma_C]=120$ MPa 和$[\sigma]=160$ MPa。试合理选取托架 AB 和 BC 两杆的材料并计算杆件所需的截面尺寸。

答：$d_1=18$ mm，$d_2=23$ mm。

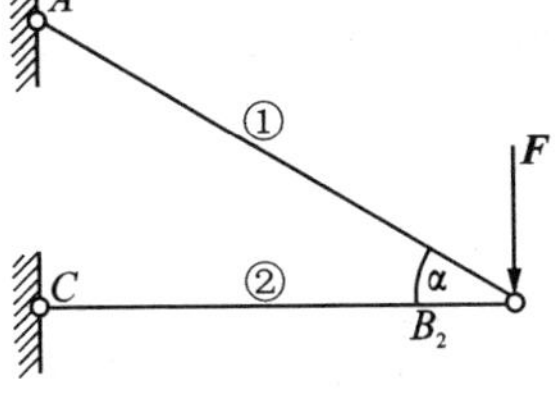

题 8－11 图

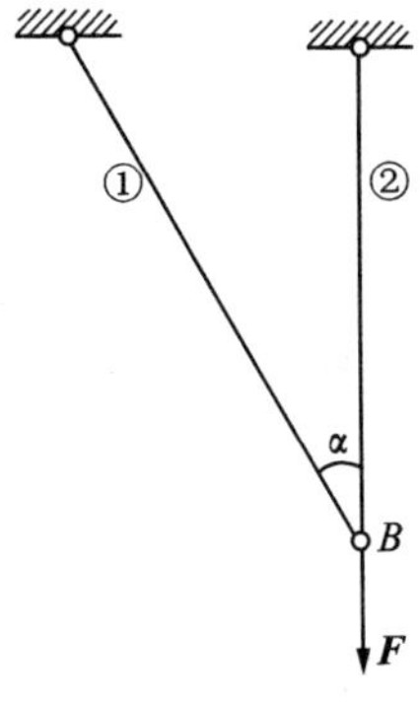

题 8－12 图

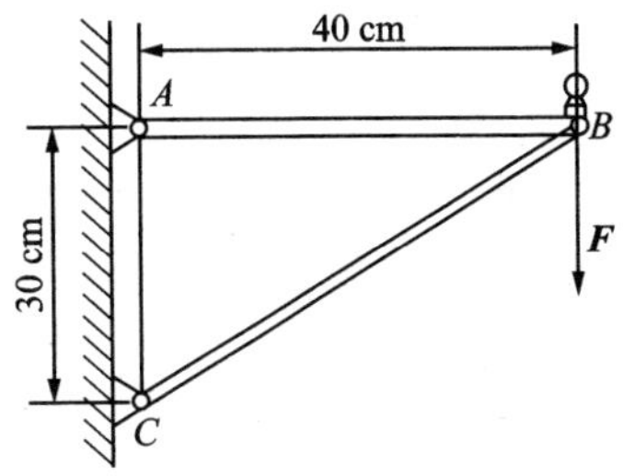

题 8－13 图

8-14 蒸汽机的汽缸如题 8-14 图所示，汽缸内径 $D=560$ mm 其内压强 $p=2.5$ MPa，活塞杆直径 $d=100$ mm，汽缸盖和缸体用 $d_1=30$ mm 的螺栓连接。若活塞杆的许用应力$[\sigma]=80$ MPa，螺栓的许用应力$[\sigma]=60$ MPa。试校核活塞杆的强度和联结螺栓所需要的个数。

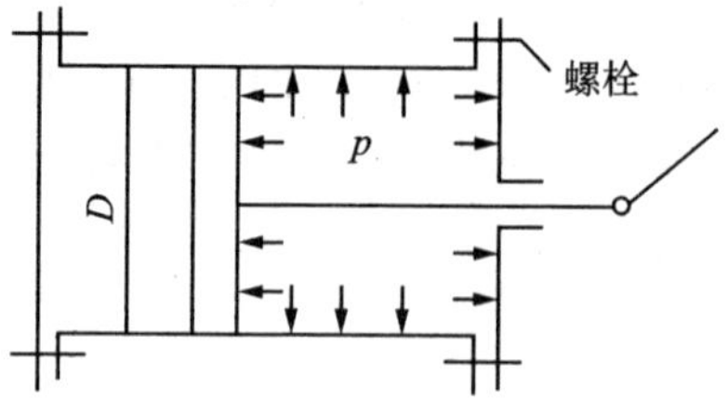

题 8-14 图

答：$\sigma=75.9$ MPa$<[\sigma]$，$z=14$。

8-15 题 8-15 图中 AB 和 BC 杆的材料的许用应力分别为$[\sigma_1]=100$ MPa，$[\sigma_2]=160$ MPa，两杆截面面积均为 $A=2$ cm^2，试求许可载荷。

答：$F\leqslant 38.6$ kN。

8-16 汽车离合器踏板如题 8-16 图所示。已知踏板受到力 $F_p=400$ N 的作用，拉杆 1 的直径 $D=9$ mm，拉杆臂长 $L=330$ mm，$l=56$ mm，拉杆的许用应力$[\sigma]=50$ MPa，校核拉杆 1 的强度。

答：$\sigma=37$ MPa$<[\sigma]$。

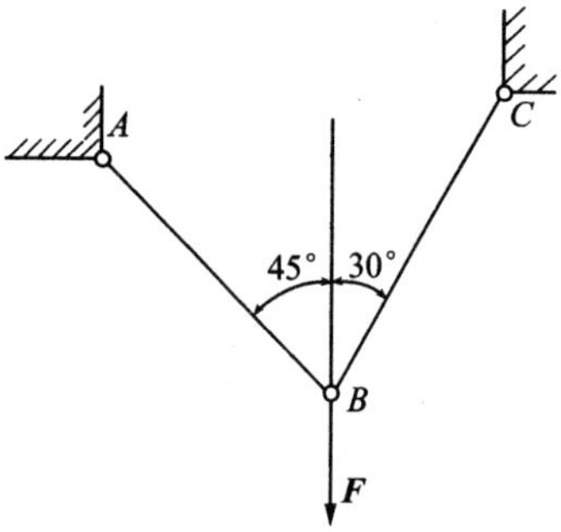

题 8-15 图

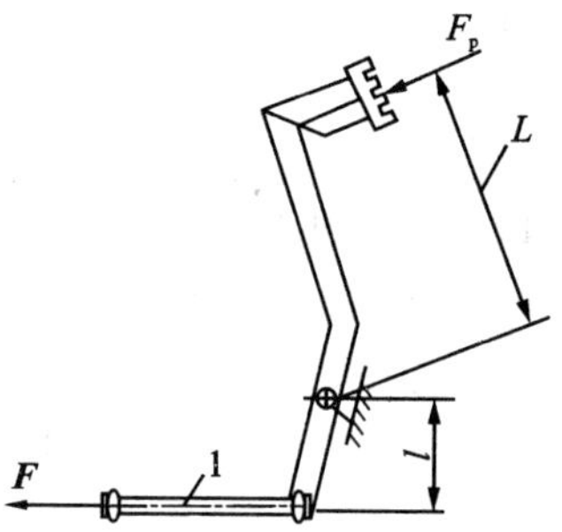

题 8-16 图

8-17 题 8-17 图示的木制短柱的 4 角用 4 个 40×40×4 的等边角钢加固。已知角钢的许用应力$[\sigma]_{钢}=160$ MPa，$E_{钢}=200$ GPa；木材的许用应力$[\sigma]_{木}=12$ MPa，$E_{木}=10$ GPa。试求许可载荷力 F。

答：$F=698$ kN。

8-18 在题 8-18 图两端固定的杆件的截面 C 上，沿轴线作用力为 $\boldsymbol{F}$。试求两端的反力 $\boldsymbol{F}_R$。

答：$F_{R1}=\dfrac{Fb}{a+b}$，$F_{R2}=\dfrac{Fa}{a+b}$。

8-19 在题 8-19 图示结构中，假设 AC 梁为刚杆，杆 1、2、3 的横截面面积相等，材料相同。试求三杆的轴力。

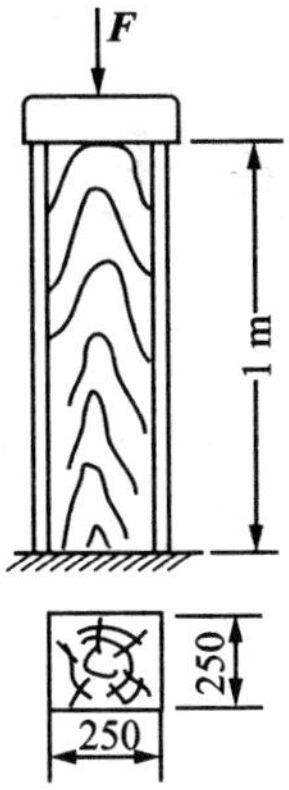

题 8-17 图

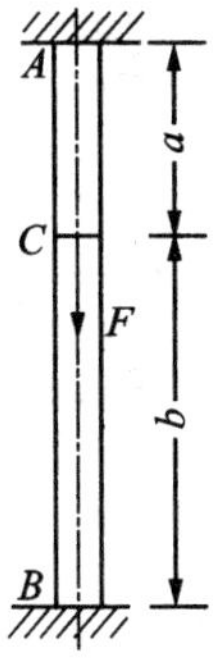

题 8-18 图

答：$F_1=\frac{5}{6}F$，$F_2=\frac{1}{3}F$，$F_3=\frac{1}{6}F$。

8-20　如题 8-20 图示，阶梯形钢杆的两端在 $T_1=5$ ℃时被固定，杆件上下两段的横截面面积分别是，$A_{上}=5\ \text{cm}^2$，$A_{下}=10\ \text{cm}^2$。当温度升高至 $T_2=25$ ℃时，试求杆内各部分的温度应力。钢材的 $\alpha=12.5\times10^{-6}/℃$，$E=200$ GPa。

答：$\sigma_{上}=66.7$ MPa，$\sigma_{下}=33.3$ MPa。

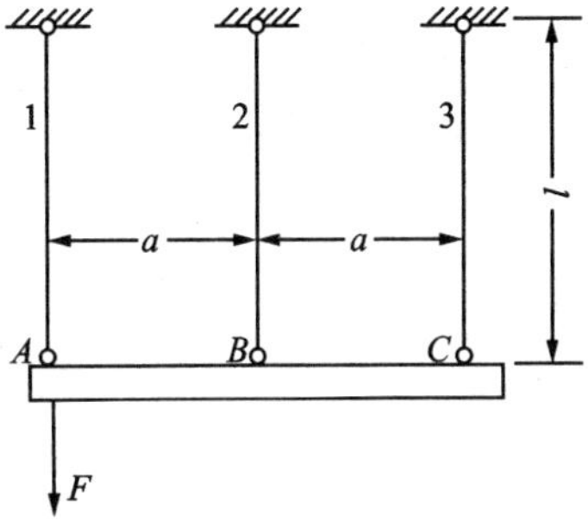

题 8-19 图

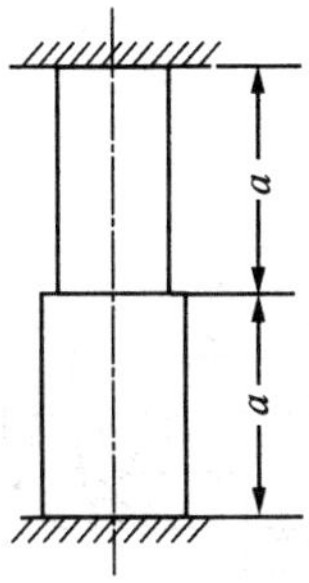

题 8-20 图

第 9 章　剪切与挤压

本章介绍了剪切构件的受力和变形特点，剪切构件可能的破坏形式及螺钉、键等常见联结件的剪切和挤压的实用计算。

9.1　概　　述

9.1.1　剪切的概念

剪切应用实例1

工程上的一些联结件，例如常用的销（见图 9－1）、平键（见图 9－2）和螺栓（图 9－5）等都是发生剪切变形的构件。这类构件的受力和变形情况可概括为图 9－3 所示的简图。其受力特点是：作用于构件两侧面上的横向外力的合力，大小相等，方向相反，作用线相距很近。在这种外力作用下，其变形特点是：位于两外力作用线间的截面发生相对错动，这种变形形式称为**剪切**。发生相对错动的截面称为剪切面。剪切面位于构成剪切的两外力之间，且平行于外力作用线。构件中只有一个剪切面的剪切称为**单剪**，如图 9－2 中的键；构件中有两个剪切面的剪切称为**双剪**，如图 9－1 所示的销。

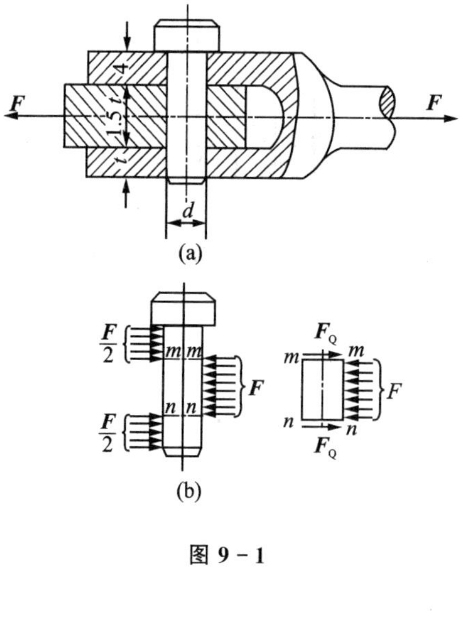

图 9－1

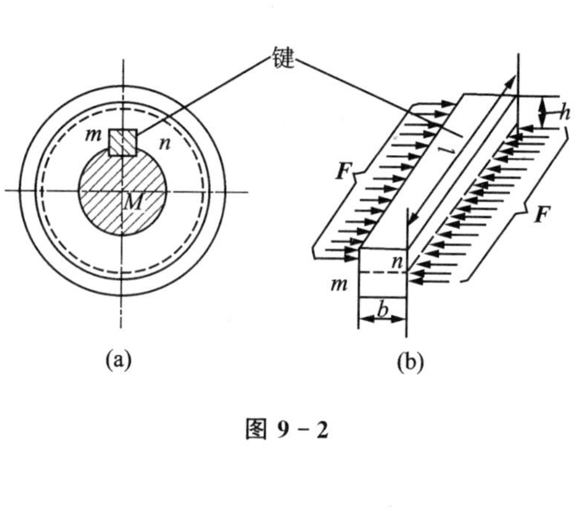

图 9－2

9.1.2　切应变

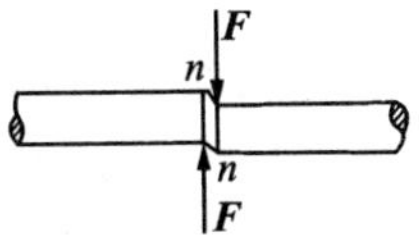

图 9-3

为了分析剪切变形，在受剪部位中的点 A 取一微小的直角六面体[见图 9-4(a)]将它放大[见图 9-4(b)]，当发生剪切变形时，截面发生相对滑动，致使直角六面体变为平行六面体，图中线段 ee'（或 ff'）为平行于外力的面 $efgh$ 相对 $abcd$ 面的滑移量，称为绝对剪切变形，而相对剪切变形为

$$\frac{ee'}{\mathrm{d}x} = \tan\gamma \approx \gamma$$

式中：γ 是矩形直角的微小改变量，称为切应变或角应变，用弧度(rad)来度量。切应变 γ 与线应变 ε 是度量构件变形程度的两个基本量。

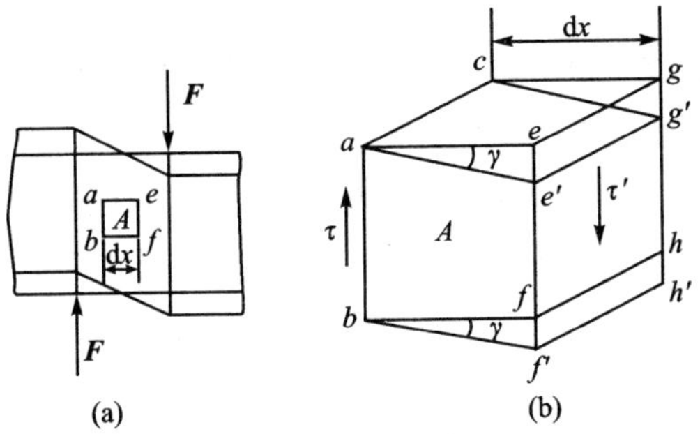

图 9-4

9.2　剪切和挤压的实用计算

9.2.1　剪切的实用计算

设两块钢板用螺栓联结如图 9-5(a)所示，当钢板受拉力 $\boldsymbol{F}$ 作用时，螺栓的受力简图如图 9-5(b)所示。为建立螺栓的强度条件，首先应用截面法确定剪切面上的内力。假想将螺栓沿剪切面 $m-m$ 截开，取下半部分为研究对象[见图 9-5(c)]，根据平衡条件，截面 $m-m$ 上必有平行于截面且与外力方向相反的内力存在，这个平行于截面的内力称为剪力，记作 $\boldsymbol{F}_Q$。由平衡条件得

$$F_Q = F$$

剪切面上，由于剪切构件的变形比较复杂，因而切应力在剪切面上的分布很难确定。工程上常采用以试验及经验为基础的实用计算法，即假定剪切面上的切应力是均匀分布的，如图 9-5(d)所示，则剪切面上任一点切应力为

$$\tau = \frac{F_Q}{A} \tag{9-1}$$

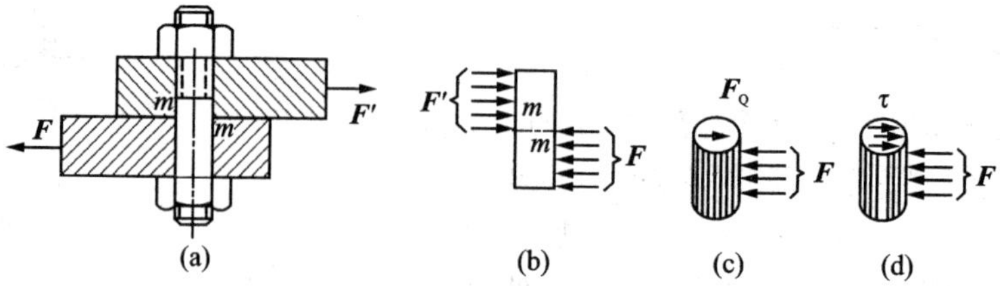

图 9－5

式中：A 为剪切面的面积。

为保证剪切构件工作时安全可靠，要求剪切面上的工作应力不超过材料的许用切应力，即剪切强度条件为

$$\tau=\frac{F_Q}{A}\leqslant[\tau] \tag{9-2}$$

式(9－2)称为剪切的强度条件。和拉压强度条件一样，利用剪切强度条件可以解决三类问题：校核强度、设计截面及确定许用载荷。

工程中常用材料的许用切应力 τ 可从有关手册中查得，也可按下列近似关系确定：

塑性材料 $[\tau]=(0.6\sim0.8)[\sigma]$

脆性材料 $[\tau]=(0.8\sim1.0)[\sigma]$

式中：$[\sigma]$为同种材料的许用拉应力。

9.2.2 挤压的实用计算

构件在受剪切时，常伴随着局部的挤压变形。如图 9－6(a)中的铆钉联结，作用在钢板上的力 F，通过钢板与铆钉的接触面传递给铆钉。当传递的压力增加时，铆钉的侧表面被压溃，或钢板的孔已不再是圆形[见图 9－6(b)]。这种因在接触表面互相压紧而产生局部压陷的现象称为**挤压**；构件上发生挤压变形的表面称为挤压面，挤压面位于两构件相互接触而压紧的地方，与外力垂直。图中挤压面为半圆柱面。

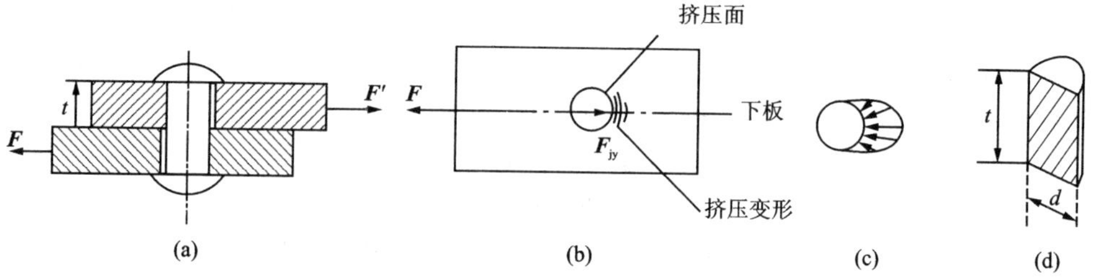

图 9－6

作用于挤压面上的外力，称为**挤压力**，以 F_{jy} 表示。单位面积上的挤压力称为**挤压应力**，以 σ_{jy} 表示。挤压应力与直杆压缩时的压应力不同。挤压应力是分布于两构

件相互接触表面的局部区域(实际上是压强),而压应力是分布在整个构件的内部。在工程中,挤压破坏会导致联结松动,影响构件的正常工作。因此对剪切构件还必须进行挤压强度计算。

由于挤压应力在挤压面上的分布规律也比较复杂[见图9-6(c),为铆钉挤压面上的挤压应力分布情况],因而和剪切一样,工程上对挤压应力同样采用实用计算法,即假定挤压面上的挤压应力也是均匀分布的,则有

$$\sigma_{jy} = \frac{F_{jy}}{A_{jy}} \tag{9-3}$$

计算挤压面积时,应根据挤压面的形状来确定。当挤压面为平面时,如平键联结,挤压面积等于两构件间的实际接触面积;但当挤压面为曲面时,如螺钉、销钉、铆钉等圆柱形件,接触面为半圆柱面,最大接触应力在圆柱面的中点,挤压应力的分布情况如图9-6(c)所示,实用计算中挤压面面积应为实际接触面在垂直于挤压力方向的投影面积。如图9-6(d)中所示,挤压面积为$A_{jy}=dt$,其中d为螺栓直径,t为接触高度。

为保证构件的正常工作,要求挤压应力不超过某一许用值,即挤压强度条件为

$$\sigma_{jy} = \frac{F_{jy}}{A_{jy}} \leqslant [\sigma_{jy}] \tag{9-4}$$

式(9-4)称为挤压的强度条件。根据此强度条件同样可解决三类问题:校核强度、设计截面尺寸及确定许用载荷。工程中常用材料的许用挤压应力可从有关手册中查得。同种材料的许用挤压应力与许用拉应力之间有下面近似关系:

塑性材料　　$[\sigma_{jy}]=(1.5\sim2.5)[\sigma]$

脆性材料　　$[\sigma_{jy}]=(0.9\sim1.5)[\sigma]$

9.3　应用举例

进行剪切和挤压强度计算时,其内力计算较简单,主要是正确判断剪切面积和挤压面积的位置及其相应面积的计算。

例9-1　一齿轮传动轴[见图9-7(a)]。已知$d=100$ mm,键宽$b=28$ mm,高$h=16$ mm,长$l=42$ mm,键的许用切应力$[\tau]=40$ MPa,许用挤压应力$[\sigma_{jy}]=100$ MPa,键所传递的力偶矩为$M_0=1.5$ kN·m。试校核键的强度。

解:　(1) 键的外力计算　取轴和键为研究对象[见图9-7(b)],设力$\boldsymbol{F}$到轴线的距离为$\frac{d}{2}$,由平衡方程

$$\sum m_0 = 0,\qquad M_0 - F\frac{d}{2} = 0$$

得

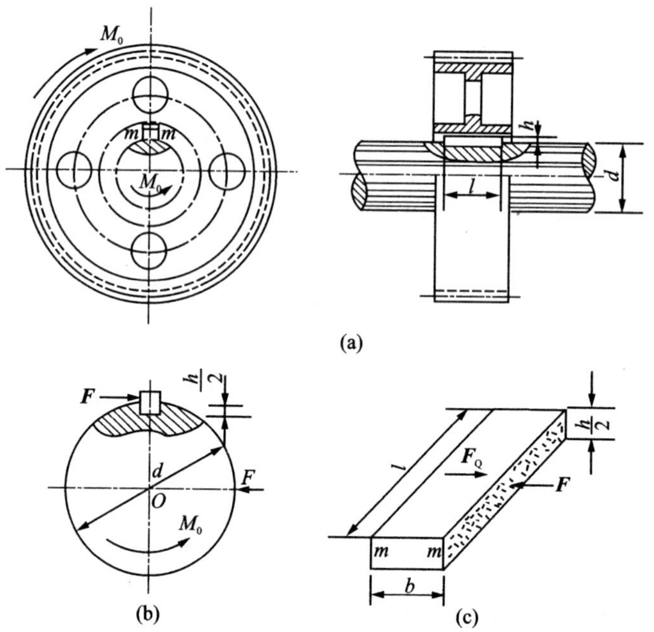

图 9－7

$$F=\frac{2M_0}{d}=\frac{2\times 1.5\ \mathrm{kN\cdot m}}{100\times 10^{-3}\ \mathrm{m}}=30\ \mathrm{kN}$$

（2）校核键的强度　沿剪切面 $m-m$ 将键截开，取键的下半部为研究对象[见图 9－7(c)]，得

$$F_Q=F$$

剪切面面积为

$$A=l\times b=42\ \mathrm{mm}\times 28\ \mathrm{mm}=1\ 176\ \mathrm{mm}^2$$

代入式(9－2)得

$$\tau=\frac{F_Q}{A}=\frac{30\times 10^3\ \mathrm{N}}{1\ 176\ \mathrm{mm}^2}=25.5\ \mathrm{MPa}\leqslant[\sigma]$$

（3）校核键的挤压强度　由键的下半部分[见图 9－7(c)]可以看出，挤压力为

$$F_{jy}=F=30\ \mathrm{kN}$$

挤压面面积为

$$A_{jy}=l\times\frac{h}{2}=42\ \mathrm{mm}\times\frac{16}{2}\mathrm{mm}=336\ \mathrm{mm}^2$$

代入式(9－4)得

$$\sigma_{jy}=\frac{F_{jy}}{A_{jy}}=\frac{30\times 10^3\ \mathrm{N}}{336\ \mathrm{mm}^2}=89.5\ \mathrm{MPa}<[\sigma_{jy}]$$

计算结果表明，键的强度足够。

例 9－2　运输矿石的矿车，其轨道与水平面夹角为 45°，卷扬机的钢丝绳与矿车

通过销钉连接[见图 9－8(a)]。已知销钉直径 $d=25$ mm，销板厚度 $t=20$ mm，宽度 $b=60$ mm，许用切应力 $[\tau]=25$ MPa，许用挤压应力 $[\sigma_{jy}]=100$ MPa，许用拉应力 $[\sigma]=40$ MPa。矿车自重 $G=4.5$ kN。求矿车最大载重 W 为多少？

解： 矿车运输矿石时，销钉可能被剪断，销钉或销板可能发生挤压破坏，销板可能被拉断。所以应分别考虑销钉连接的剪切强度、挤压强度和销板的拉伸强度。

(1) 剪切强度　设钢丝绳作用于销钉连接上的拉力为 $\boldsymbol{F}$，销钉受力如图 9－8(b)所示。销钉有两个剪切面，故为双剪。用截面法将销钉沿 $a-a$ 和 $b-b$ 截面截为三段[见图 4－8(c)]，取其中任一部分为研究对象，由平衡条件得

$$F_Q = \frac{F}{2}$$

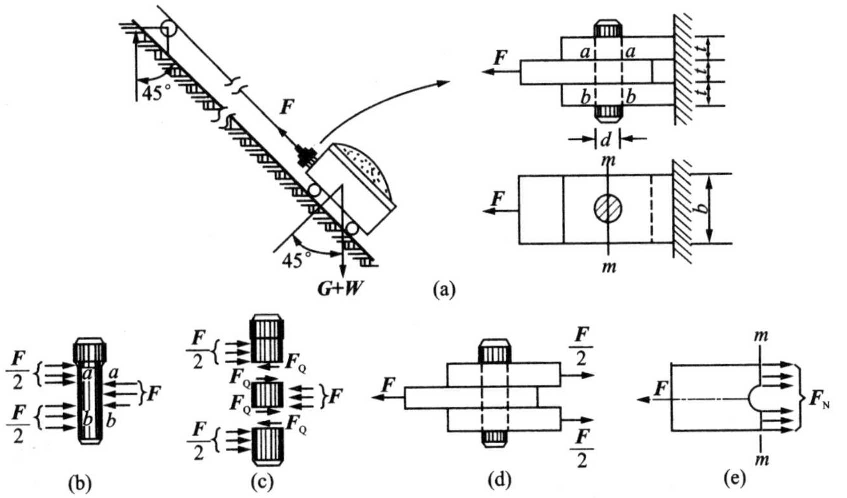

图 9－8

代入式(9－2)

$$\tau = \frac{F_Q}{A} \leqslant \frac{F/2}{\pi d^2/4} \leqslant [\tau]$$

得

$$F \leqslant \frac{\pi d^2[\tau]}{2} = \frac{3.14 \times 25^2\ \text{mm}^2 \times 25\ \text{MPa}}{2} = 24\ 531\ \text{N}$$

(2) 挤压强度　销钉或销板的挤压面为曲面，挤压面积为挤压面在挤压力方向的投影面积，即

$$A_{jy} = d \times t = 25\ \text{mm} \times 20\ \text{mm} = 500\ \text{mm}^2$$

销钉的三段挤压面积相同，但中间部分挤压力最大，为

$$F_{jy} = F$$

由式(9－4)

$$\sigma_{jy} = \frac{F_{jy}}{A_{jy}} = \frac{F}{dt} \leqslant [\sigma_{jy}]$$

得 $$F \leqslant dt[\sigma_{jy}] = 25\ \text{mm} \times 20\ \text{mm} \times 100\ \text{MPa} = 50\ 000\ \text{N}$$

（3）拉伸强度　从结构的几何尺寸及受力分析可知，中间销板与上下销板几何尺寸相同，但中间销板所受拉力最大[见图 9-8(d)]，故应对中间销板进行拉伸强度计算。中间销板销钉孔所在截面为危险截面。取中间销板 $m-m$ 截面左段为研究对象[见图 9-8(e)]，根据平衡条件 $m-m$ 截面上的轴力为

$$F_N = F$$

危险截面面积为

$$A = (b-d)t$$

代入式(8-11)得

$$\sigma = \frac{F_N}{A} = \frac{F}{(b-d)t} \leqslant [\sigma]$$

因此得 $F \leqslant (b-d)t[\sigma] = (60-25)\text{mm} \times 20\ \text{mm} \times 40\ \text{MPa} = 28\ 000\ \text{N}$

（4）确定最大载重量　为确保销钉连接能够正常工作，应取上述三方面计算结果的最小值，即

$$F_{max} = 24\ 531\ \text{N}$$

取矿车为研究对象，由车体沿斜截面的平衡方程

$$F_{max} - (G+W)\sin 45^\circ = 0$$

得 $$W = \frac{F - G\sin 45^\circ}{\sin 45^\circ} = \frac{34\ 531\text{N} - 4.5 \times 10^3\ \text{N} \times \sin 45^\circ}{\sin 45^\circ} = 30\ 200\ \text{N}$$

所以，求得矿车的最大载重量为 30 200 N。

例 9-3　冲床的冲模如图 9-9 所示。已知冲床的最大冲力为 400 kN，冲头材料的许用拉应力为$[\sigma]=440$ MPa，被冲剪钢板的剪切强度极限 $\tau_b=360$ MPa。试求在最大冲力下所能冲剪的圆孔最小直径 d 和板的最大厚度 t。

剪切应用实例2

解：（1）确定圆孔的最小直径　冲剪的孔径等于冲头的直径，冲头工作时须满足抗压强度条件，即

$$\sigma = \frac{F}{A} = \frac{F}{\pi d^2/4} \leqslant [\sigma]$$

解得 $$d \geqslant \sqrt{\frac{4F}{\pi[\sigma]}} = \sqrt{\frac{4 \times 400 \times 10^3\ \text{N}}{\pi \times 440\ \text{MPa}}} = 34\ \text{mm}$$

（2）确定冲头能冲剪的钢板最大厚度　冲头冲剪钢板时，剪力为 $F_Q=F$，剪切面为圆柱面，其面积 $A=\pi dt$，只有当切应力 $\tau \geqslant \tau_b$ 时，方可冲出圆孔，即

$$\tau = \frac{F_Q}{A} = \frac{F}{\pi dt} \geqslant \tau_b$$

解得 $$t \leqslant \frac{F}{\pi d \tau_b} = \frac{400 \times 10^3\ \text{N}}{\pi \times 34\ \text{mm} \times 360\ \text{MPa}} = 10.4\ \text{mm}$$

故钢板的最大厚度约为 10 mm。

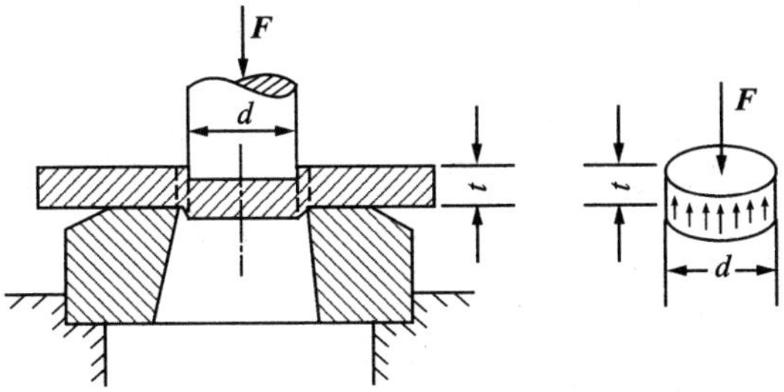

图 9-9

思考题

1. 挤压面面积是否与两构件的接触面积相同？试举例说明。

2. 指出图 9-10 中构件的剪切面与挤压面。

3. 如图 9-11 所示，在钢质拉杆和木板之间放置的金属垫圈起何作用？

4. 挤压与压缩有何区别？试指出图 9-12 中哪个物体应考虑压缩强度？哪个物体应考虑挤压强度？

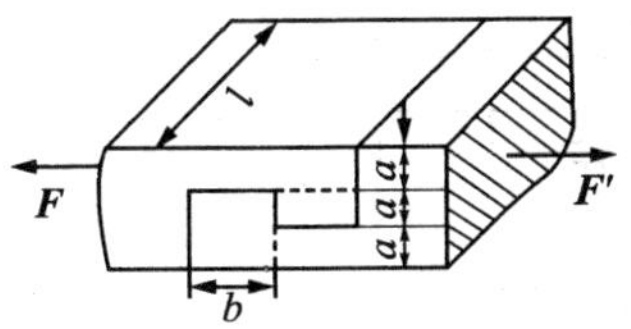

图 9-10

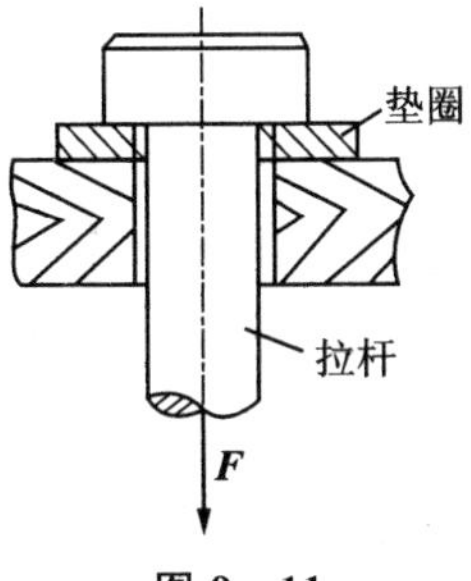

图 9-11

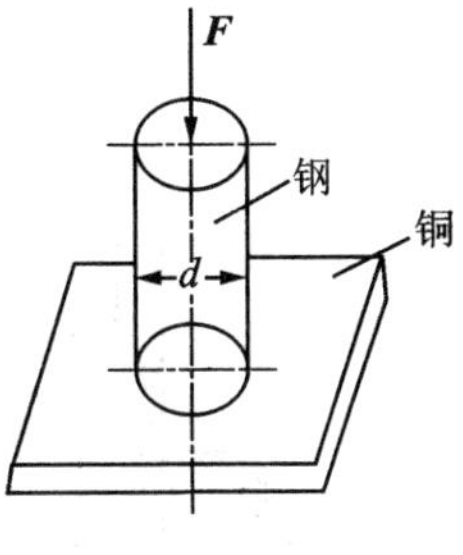

图 9-12

习　题

9-1　试校核题 9-1 图示联结销钉的剪切强度。已知 $F=100$ kN，销钉的直径 $d=30$ mm，材料的许用切应力 $[\tau]=60$ MPa。若强度不够，应该用多大直径的销钉？

答：$\tau=70.7$ MPa$>[\tau]$，改用 $d\geqslant 32.6$ mm。

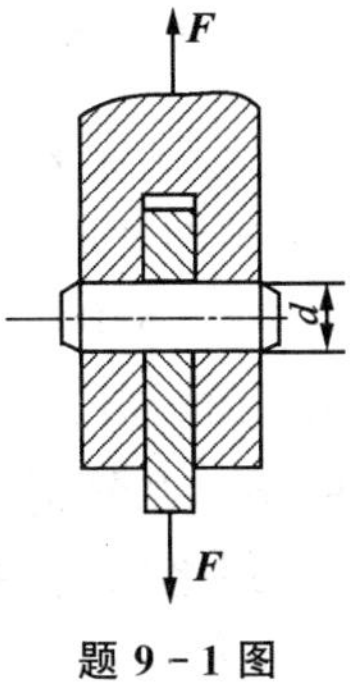

题 9-1 图

9-2　题 9-2 图示凸缘联轴节传递的力偶矩为 $M=200$ N·m，凸缘之间用四只螺栓连接，螺栓内径 $d\approx 10$ mm，对称地分布在 $D_0=80$ mm 的圆周上。如螺栓的许用剪切应力 $[\tau]=60$ MPa，试校核螺栓的剪切强度。

答：$\tau=15.9$ MPa$<[\tau]$。

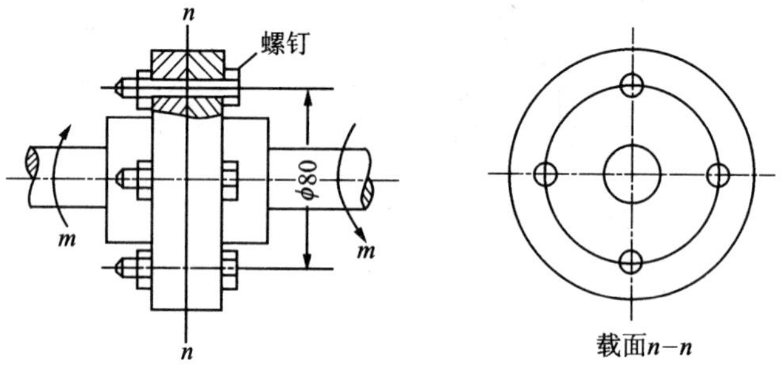

题 9－2 图

9－3 测定材料剪切强度的剪切器的示意图如题 9－3 图所示。设圆试件的直径 $d=15$ mm，当力 $F=31.5$ kN 时，试件被剪断。试求材料的名义剪切极限应力。若取许用剪切应力$[\tau]=80$ MPa，试问安全系数多大？

答：$\tau=89.1$ MPa，$n=1.1$。

9－4 一螺栓将拉杆与厚度为 8 mm 的两块盖板相联结，如题 9－4 图所示。各零件材料相同，许用拉应力均为$[\sigma]=80$ MPa，$[\tau]=60$ MPa，$[\sigma_{jy}]=160$ MPa。若拉杆的厚度 $t=15$ mm，拉力 $F=120$ kN，试设计螺栓直径 d 及拉杆宽度 b。

答：$d\geqslant 50$ mm，$b\geqslant 100$ mm。

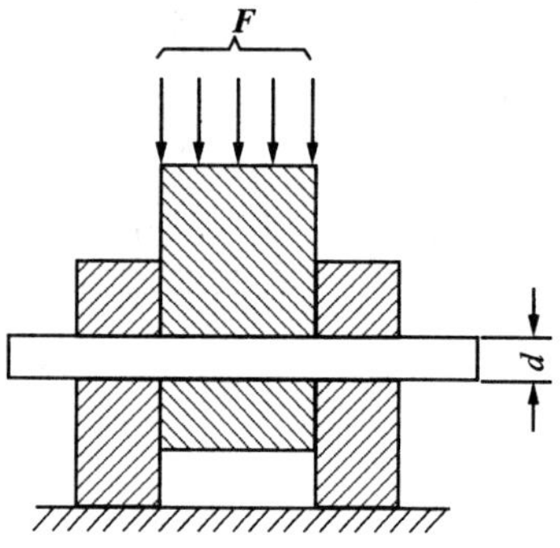

题 9－3 图

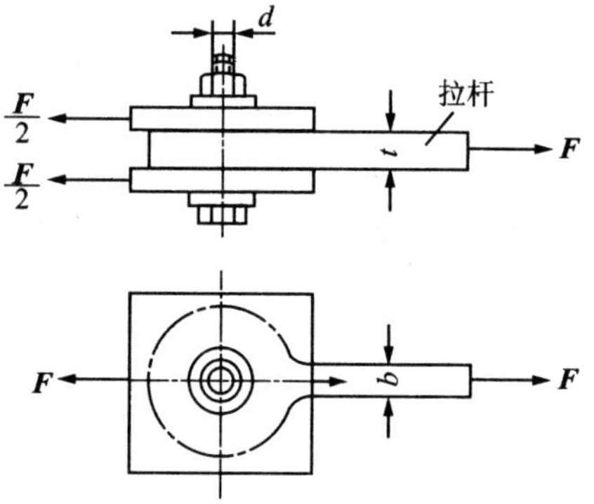

题 9－4 图

9－5 车床的传动光杆装有安全联轴器，如题 9－5 图所示。当超过一定载荷时，安全销即被剪断。已知安全销的平均直径为 5 mm，材料为 45 钢，其极限剪切应力为 $\tau=370$ MPa。试求安全联轴器所能传递的力偶矩 M。

答：$M=145$ N·m。

9－6 如题 9－6 图示，螺钉受拉力 $\boldsymbol{F}$ 作用，已知材料的许用切应力$[\tau]$和拉伸许用应力$[\sigma]$之间的关系约为$[\tau]=0.6[\sigma]$。试求螺钉直径 d 与钉头高度 h 的合理比值。

答：$\frac{d}{h}=2.4$。

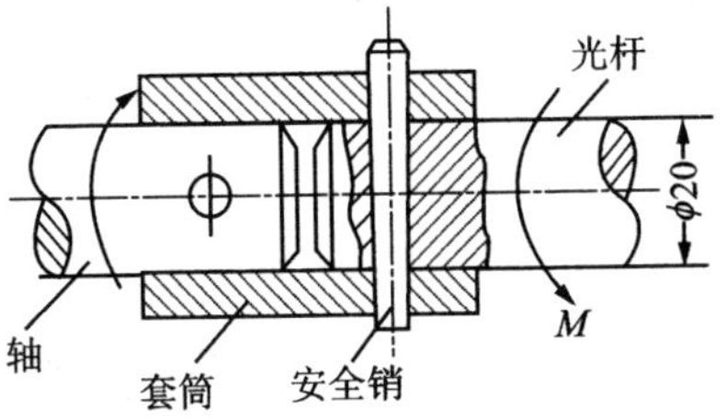

题 9－5 图

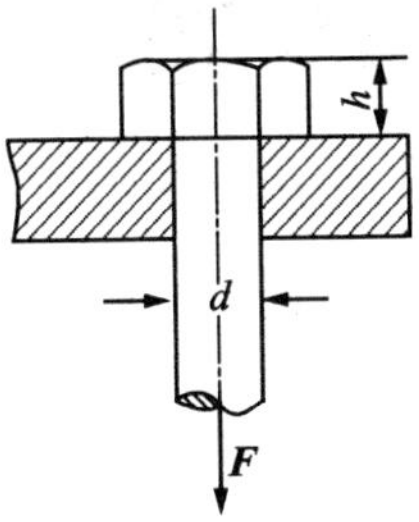

题 9－6 图

9－7　题 9－7 图所示为一铆接头。已知材料的许用应力分别为$[\sigma]=160$ MPa，$[\tau]=120$ MPa，$[\sigma_{jy}]=300$ MPa，试校核该接头的强度。

答：$\tau=63.7$ MPa$<[\tau]$，$\sigma_{jy}=167$ MPa$<[\sigma_{jy}]$，$\sigma_{\max}=143$ MPa$<[\sigma]$

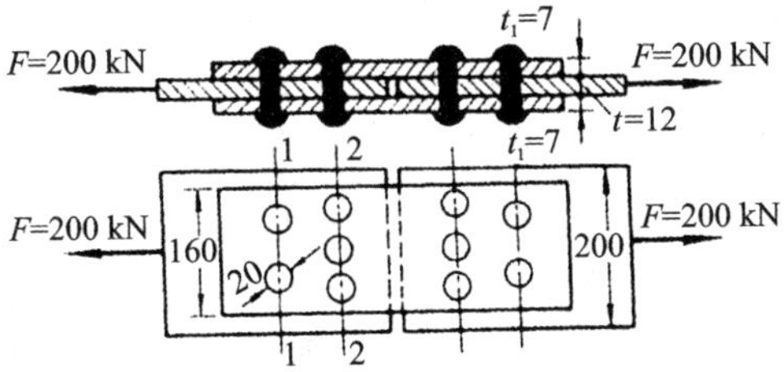

题 9－7 图

第 10 章　平面图形的几何性质

杆件的横截面都是具有一定几何形状的平面图形，其面积 A、极惯性矩 I_p、抗扭截面模量 W_T 等，都是与平面图形的形状和尺寸有关的几何量，这称为平面图形的几何性质。这些表征截面几何性质的量是确定构件强度、刚度和稳定性的重要参数，因此有必要对截面的几何性质作专门讨论。

10.1　形心和面矩

确定平面图形的形心是确定其几何性质的基础。

在第 6 章中，曾建立了均质等厚薄板的重心（亦即平面图形形心）的坐标公式见（6－27），同时指出图形分割的微小单元越多，其形心位置就越准确，譬如图 10－1 所示的均质等厚薄板，在极限分割的情况下，式（6－27）可写成积分形式，即

$$x_C = \frac{\int_A x \mathrm{d}A}{A}, \qquad y_C = \frac{\int_A y \mathrm{d}A}{A} \tag{10-1}$$

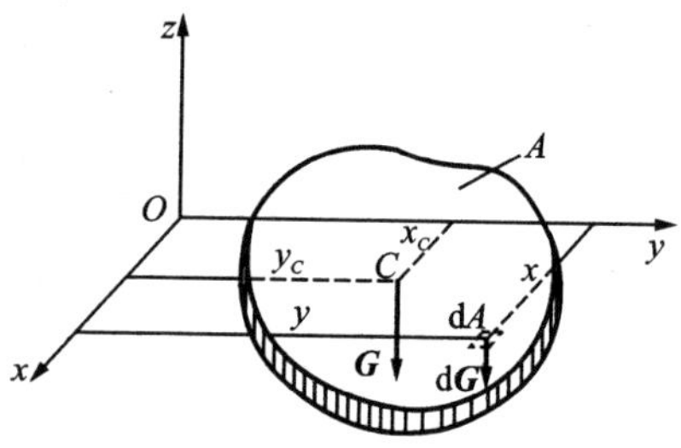

图 10－1

由式（10－1）确定的 C 点，即为平面图形的**形心**，它是平面图形的几何中心。具有对称中心、对称轴的图形的形心必然在对称中心和对称轴上。

式（10－1）中，$y\mathrm{d}A$ 和 $x\mathrm{d}A$ 分别为微面积 $\mathrm{d}A$ 对 x 轴和 y 轴的**面矩**（静矩）。它们对整个平面图形面积的定积分

$$S_x = \int_A y \mathrm{d}A, \qquad S_y = \int_A x \mathrm{d}A \tag{10-2}$$

分别为整个平面图形对于 x 轴和 y 轴的面矩。由式（10－2）可看出，同一平面图形对不同的坐标轴，其面矩不同。面矩是代数值，可为正或负，也可能为零。常用单位立方米（m^3）或立方毫米^3（mm^3）。

将式（10－2）代入式（10－1），平面图形的形心坐标公式可写为

$$x_C = \frac{S_y}{A}, \qquad y_C = \frac{S_x}{A} \tag{10-3}$$

由此可得平面图形的面矩为

$$S_x = Ay_C, \qquad S_y = Ax_C \tag{10-4}$$

即平面图形对某轴的面矩等于其面积与形心坐标(形心至该轴的距离)的乘积。当坐标轴通过图形的形心(简称形心轴)时,面矩便等于零;反之,图形对某轴面矩等于零,则该轴必通过图形的形心。

构件截面的图形往往是由矩形、圆形等简单图形组成,称为组合图形。根据图形面矩的定义,组合图形对某轴的面矩等于各简单图形对同一轴面矩的代数和,即

$$\left.\begin{aligned} S_x &= A_1 y_{C_1} + A_2 y_{C_2} + \cdots + A_i y_{C_i} = \sum_{i=1}^{n} A_i y_{C_i} \\ S_y &= A_1 x_{C_1} + A_2 x_{C_2} + \cdots + A_i x_{C_i} = \sum_{i=1}^{n} A x_{C_i} \end{aligned}\right\} \tag{10-5}$$

式中:x_{C_i}、y_{C_i} 和 A_i 分别表示各简单图形的形心坐标和面积;n 为组成组合图形的简单图形的个数。

将式(10-5)代入式(10-3),可得组合图形形心坐标计算公式为

$$\left.\begin{aligned} x_C &= \frac{S_y}{A} = \frac{\sum_{i=1}^{n} x_{C_i} A_i}{\sum_{i=1}^{n} A_i} \\ y_C &= \frac{S_x}{A} = \frac{\sum_{i=1}^{n} y_{C_i} A_i}{\sum_{i=1}^{n} A_i} \end{aligned}\right\} \tag{10-6}$$

例 10-1　试计算图 10-2 所示平面图形形心的坐标及对两坐标轴的面矩。

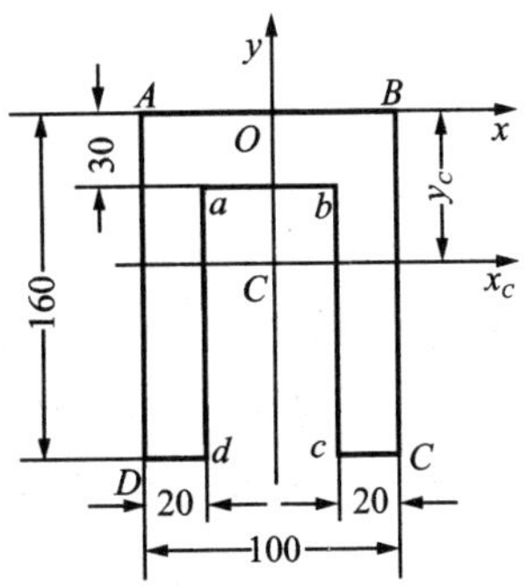

图 10-2

解:　此图形有一个垂直对称轴,取该轴为 y 轴,顶边 AB 为 x 轴。由于对称关系,形心 C 必在 y 轴上,因此只需计算形心在 y 轴上的位置。此图形可看成是由矩形 $ABCD$ 减去矩形 $abcd$。设矩形 $ABCD$ 的面积为 A_1,$abcd$ 的面积为 A_2,则

$$A_1 = 100\ \text{mm} \times 160\ \text{mm} = 16\ 000\ \text{mm}^2$$

$$y_{C_1} = \frac{-160\ \text{mm}}{2} = -80\ \text{mm}$$

$$y_{C_2} = \frac{-(160-30)\text{mm}}{2} + (-30)\ \text{mm} = -95\ \text{mm}$$

$$A_2 = -(130\ \text{mm} \times 60\ \text{mm}) = -7\ 800\ \text{mm}^2$$

$$y_C = \frac{\sum_{i=1}^{n} A_i y_{C_i}}{\sum_{i=1}^{n} A_i} = \frac{y_{C_1} A_1 - y_{C_2} A_2}{A_1 - A_2} =$$

$$\frac{(-80)\text{mm} \times 16 \times 10^3\ \text{mm}^2 - (-95)\text{mm} \times 7\ 800\ \text{mm}^2}{(16 \times 10^3 - 7\ 800)\ \text{mm}^2} = -65.73\ \text{mm}$$

$$S_x = A y_c = 8\ 200\ \text{mm}^2 \times (-65.73)\ \text{mm} = -538\ 986\ \text{mm}^3$$

$$S_y = A x_c = 0$$

10.2 惯性矩和惯性半径

10.2.1 惯性矩

在平面图形中取一微面积 $\mathrm{d}A$（见图 10－3），$\mathrm{d}A$ 与其坐标平方的乘积 $y^2\mathrm{d}A$、$x^2\mathrm{d}A$分别称为该微面积 $\mathrm{d}A$ 对 x 轴和 y 轴的**惯性矩**，而定积分

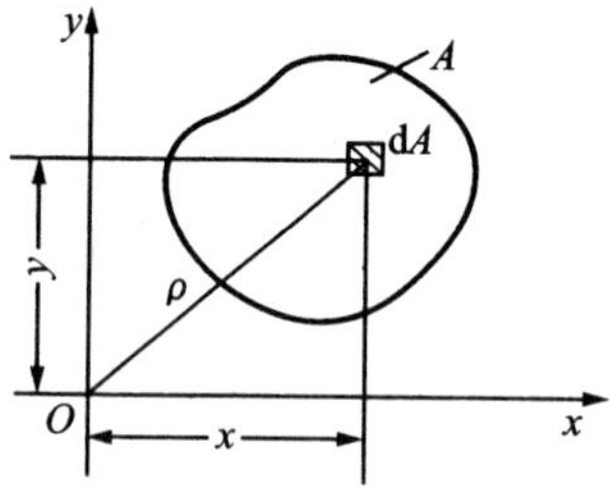

图 10－3

$$\left.\begin{aligned} I_x &= \int_A y^2 \mathrm{d}A \\ I_y &= \int_A x^2 \mathrm{d}A \end{aligned}\right\} \tag{10－7}$$

分别称为整个平面图形对 x 轴和 y 轴的惯性矩。式中 A 是整个平面图形的面积。微面积 $\mathrm{d}A$ 与它到坐标原点距离平方的乘积对整个面积的积分

$$I_{\mathrm{p}} = \int_A \rho^2 \mathrm{d}A \tag{10－8}$$

称为平面图形对坐标原点的**极惯性矩**。

由上述定义可知，同一图形对不同坐标轴的惯性矩是不相同的，由于 y^2、x^2 和 ρ^2 恒为正值，故惯性矩与极惯性矩也恒为正值，它们的单位为四次方米（m^4）或四次方毫米（mm^4）。

从图 10－3 可见 $\rho^2 = x^2 + y^2$，因此

$$I_{\mathrm{p}} = \int_A \rho^2 \mathrm{d}A = \int_A (x^2 + y^2)\mathrm{d}A = I_x + I_y \tag{10－9}$$

式（10－9）表明平面图形对位于图形平面内某点的任一对相互垂直坐标轴的惯性矩之和是一常量，恒等于它对该两轴交点的极惯性矩。

10.2.2 惯性半径

工程中，常将图形对某轴的惯性矩，表示为图形面积 A 与某一长度平方的乘

积，即

$$\left.\begin{aligned} I_x &= i_x^2 A \\ I_y &= i_y^2 A \end{aligned}\right\} \tag{10-10}$$

式中：i_x、i_y 分别称为平面图形对 x 轴和 y 轴的**惯性半径**，单位为米（m）或毫米（mm）。由式（10－10）可知，惯性半径愈大，则图形对该轴的惯性矩也愈大。若已知图形面积 A 和惯性矩 I_x、I_y，则惯性半径为

$$i_x = \sqrt{\frac{I_x}{A}}, \quad i_y = \sqrt{\frac{I_y}{A}} \tag{10-11}$$

10.2.3 简单图形的惯性矩

下面举例说明简单图形惯性矩的计算方法。

例 10－2 设圆的直径为 d（见图 10－4）；圆环的外径为 D，内径为 d，$\alpha=\dfrac{d}{D}$（见图 10－5）。试计算它们对圆心和形心轴的惯性矩，以及圆对形心轴的惯性半径。

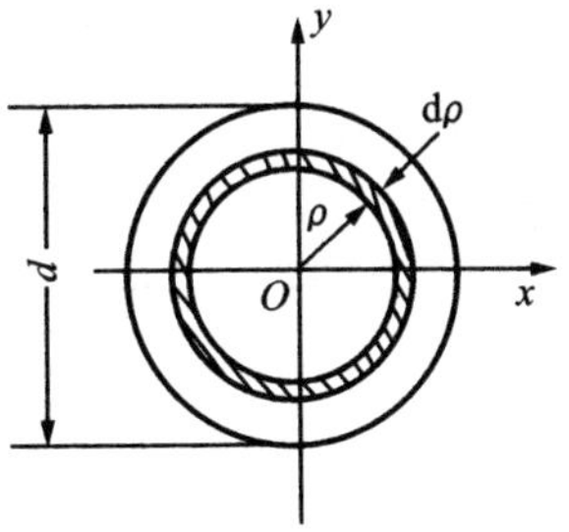

图 10－4

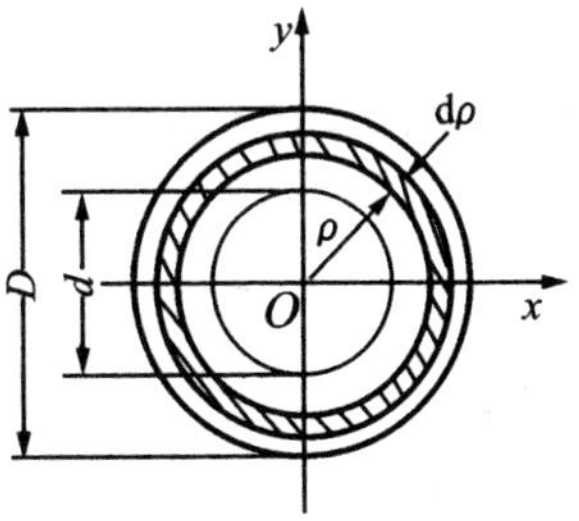

图 10－5

解： （1）圆的惯性矩和惯性半径　如图 10－4 所示，在距圆心 O 为 ρ 处取宽度为 $\mathrm{d}\rho$ 的圆环作为面积元素，其面积为

$$\mathrm{d}A = 2\pi\rho\mathrm{d}\rho$$

由式（10－8）得圆心 O 的极惯性矩为

$$I_{\mathrm{p}} = \int_A \rho^2 \mathrm{d}A = \int_0^{\frac{d}{2}} 2\pi\rho^3 \mathrm{d}\rho = \frac{\pi d^4}{32}$$

由圆的对称性可知，$I_x = I_y$，按式（10－9）得圆形对形心轴的惯性矩为

$$I_x = I_y = \frac{1}{2} I_{\mathrm{p}} = \frac{\pi d^4}{64}$$

按式（10－11），可得圆形对形心轴的惯性半径为

$$i_x = i_y = \sqrt{\frac{I_x}{A}} = \sqrt{\frac{\pi d^4}{64} \times \frac{4}{\pi d^2}} = \frac{d}{4}$$

（2）圆环形（见图 10－5）的惯性矩为

$$I_p = \int_{\frac{d}{2}}^{\frac{D}{2}} 2\pi\rho^3 \mathrm{d}\rho = \frac{\pi}{32}(D^4 - d^4) = \frac{\pi D^4}{32}(1 - \alpha^4)$$

$$I_x = I_y = \frac{1}{2} I_p = \frac{\pi D^4}{64}(1 - \alpha^4)$$

式中 $\alpha = \dfrac{d}{D}$。

例 10－3　试计算矩形对其形心轴的惯性矩 I_x 和 I_y。

解：（1）取平行于 x 轴的微面积（见图 10－6）

$$\mathrm{d}A = b\mathrm{d}y$$

$$I_x = \int_A y^2 \mathrm{d}A = \int_{-\frac{h}{2}}^{\frac{h}{2}} by^2 \mathrm{d}y = \frac{bh^3}{12}$$

（2）取平行于 y 轴的微面积（见图 10－6）

$$\mathrm{d}A = h\mathrm{d}x$$

$$I_y = \int_A x^2 \mathrm{d}A = \int_{-\frac{h}{2}}^{\frac{h}{2}} hx^2 \mathrm{d}x = \frac{hb^3}{12}$$

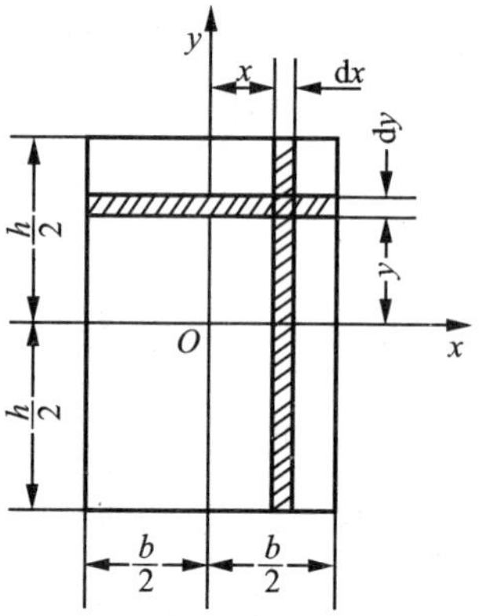

图 10－6

为便于计算时查用，在表 10－1 中列出了一些简单的常用平面图形的几何性质。

表 10－1　常用平面图形的几何性质

截面形状和形心位置	面积 A	惯性矩 I	抗弯截面模量 W
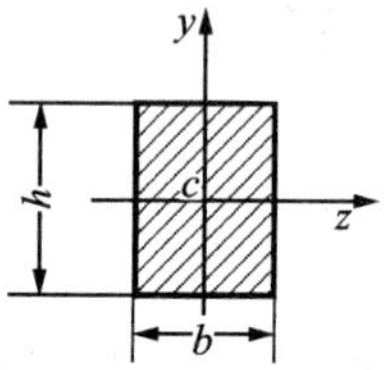	$A = bh$	$I_z = \dfrac{bh^3}{12}$ $I_y = \dfrac{hb^3}{12}$	$W_z = \dfrac{bh^2}{6}$ $W_y = \dfrac{hb^2}{6}$
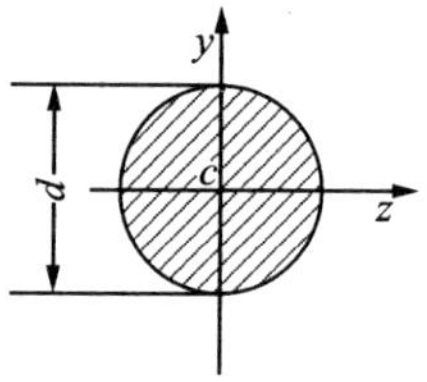	$A = \dfrac{\pi d^2}{4}$	$I_x = I_y = \dfrac{\pi d^4}{64}$	$W_z = W_y = \dfrac{\pi d^3}{32}$
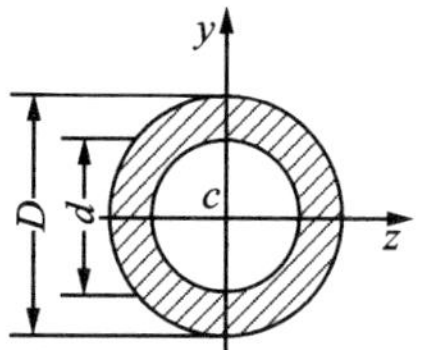	$A = \dfrac{\pi}{4}(D^2 - d^2)$	$I_z = I_y = \dfrac{\pi D^4}{64}(1 - \alpha^4)$ $\alpha = \dfrac{d}{D}$	$W_z = W_y = \dfrac{\pi D^3}{32}(1 - \alpha^4)$

续表 10-1

截面形状和形心位置	面积 A	惯性矩 I	抗弯截面模量 W
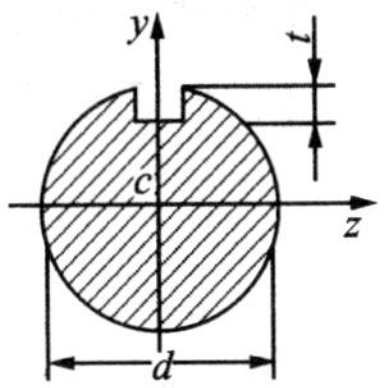	$A\approx\frac{\pi d^2}{4}-bt$	$I_z\approx\frac{\pi d^4}{64}-\frac{bt}{4}(d-t)^2$	$W_z=\frac{\pi d^2}{32}-\frac{bt(d-t)^2}{2d}$
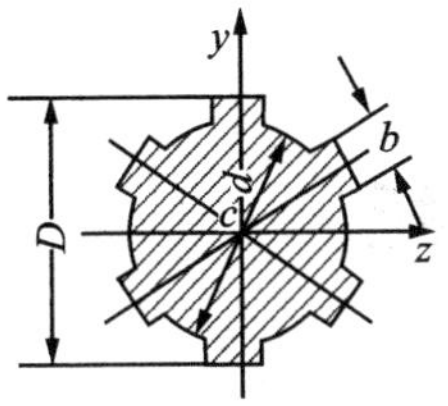	$A=\frac{\pi d^2}{4}+zb\,\frac{(D-d)}{2}$ z— 花键齿数	$I_z=\frac{\pi d^4}{64}+$ $\frac{zb}{64}(D-d)(D+d)^2$	$W_z=\frac{\pi d^4+zb(D-d)(D+d)^2}{32D}$
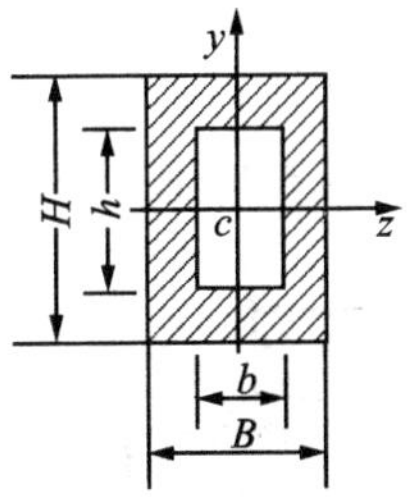	$A=HB-hb$	$I_z=\frac{BH^3-bh^3}{12}$ $I_y=\frac{HB^3-hb^3}{12}$	$W_z=\frac{BH^3-bh^3}{6H}$ $W_y=\frac{HB^3-hb^3}{6B}$

10.2.4　惯性积

在平面图形的坐标(y、z)处，取微面积 $\mathrm{d}A$(见图 10-7)，遍及整个图形面积 A 的积分

$$I_{y,z}=\int_A yz\,\mathrm{d}A \tag{10-12}$$

定义为图形对 y、z 轴的**惯性积**。

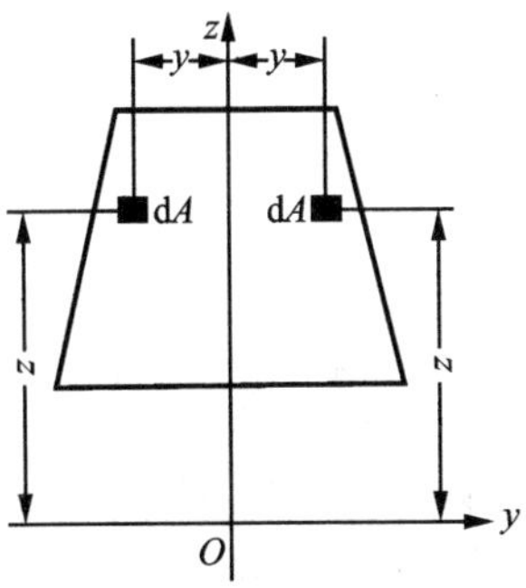

图 10-7

由于坐标乘积 yz 可能为正或负，因此，$I_{y,z}$ 的数值可能为正，可能为负，也可能等于零。例如当整个图形都在第一象限内时(见图 10-7)。由于所有微面积 $\mathrm{d}A$ 的 y、z 坐标均为正值，所以图形对这两个坐标轴的惯性积也必为正值。又如当整个图形都在第二象限内时，由于所有微面积 $\mathrm{d}A$ 的 z 坐标为正，而 y 坐标为负，因而图形对这两个坐标轴的惯性积必为负值。惯性积的量纲是长度的四次方。

若坐标轴 y 或 z 中有一个是图形的对称轴，例如图 10－7中的 z 轴。这时，如在 z 轴两侧对称位置处，各取一微面积 $\mathrm{d}A$，显然，两者的 z 坐标相同，y 坐标则数值相等但符号相反。因而两个微面积与坐标 y、z 的乘积，数值相等而符号相反，它们在积分中互相抵消。所有微面积与坐标的乘积都两两相消，最后导致

$$I_{y,z} = \int_A yz\,\mathrm{d}A = 0$$

所以，坐标系的两个坐标轴中只要有一个为图形的对称轴，则图形对这一坐标系的惯性积等于零。

10.3 组合图形的惯性矩

10.3.1 平行移轴公式

同一平面图形对于平行的两对坐标轴的惯性矩或惯性积，并不相同。当其中一对轴是图形的形心轴时，它们之间有比较简单的关系。现介绍这种关系的表达式。

在图 10－8 中，C 为图形的形心，y_C 和 z_C 是通过形心的坐标轴。图形对形心轴 y_C 和 z_C 的惯性矩和惯性积分别记为

$$\left.\begin{aligned} I_{y_C} &= \int_A z_C^2\,\mathrm{d}A \\ I_{z_C} &= \int_A y_C^2\,\mathrm{d}A \\ I_{y_C z_C} &= \int_A y_C z_C\,\mathrm{d}A \end{aligned}\right\} \qquad (10-13)$$

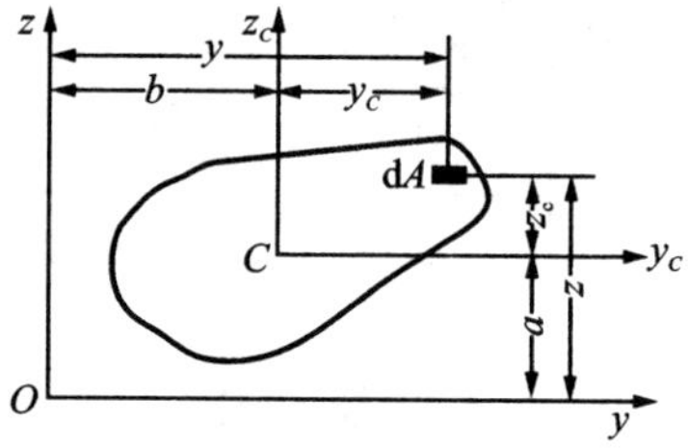

图 10－8

若 y 轴平行于 y_C，且两者的距离为 a；z 轴平行于 z_C，且两者的距离为 b，图形对 y 轴和z 轴的惯性矩和惯性积应为

$$I_y = \int_A z^2\,\mathrm{d}A,\quad I_z = \int_A y^2\,\mathrm{d}A,\quad I_{yz} = \int_A yz\,\mathrm{d}A \qquad (10-14)$$

由图 10－8 显然可以看出

$$y = y_C + b,\quad z = z_C + a \qquad (10-15)$$

以式(10－15)代入式(10－14)，得

$$I_y = \int_A z^2\,\mathrm{d}A = \int_A (z_C + a)^2\,\mathrm{d}A = \int_A z_C^2\,\mathrm{d}A + 2a\int_A z_C\,\mathrm{d}A + a^2\int_A \mathrm{d}A$$

$$I_z = \int_A y^2\,\mathrm{d}A = \int_A (y_C + b)^2\,\mathrm{d}A = \int_A y_C^2\,\mathrm{d}A + 2b\int_A y_C\,\mathrm{d}A + b^2\int_A \mathrm{d}A$$

$$I_{yz} = \int_A yz\,\mathrm{d}A = \int_A (y_C + b)(z_C + a)\,\mathrm{d}A =$$

$$\int_A y_C z_C \mathrm{d}A + a\int_A y_C \mathrm{d}A + b\int_A z_C \mathrm{d}A + ab\int_A \mathrm{d}A$$

在式 I_y、I_z 和 I_{yz} 中，$\int_A z_C \mathrm{d}A$ 和$\int_A y_C \mathrm{d}A$ 分别为图形对形心轴 y_C 和 z_C 的静矩，其值等于零。$\int_A \mathrm{d}A = A$，如再应用式(10－13)，则式 I_y、I_z 和 I_{yz} 简化为

$$\left.\begin{aligned} I_y &= I_{yc} + a^2 A \\ I_z &= I_{zc} + b^2 A \\ I_{yz} &= I_{y_c z_c} + abA \end{aligned}\right\} \qquad (10-16)$$

式(10－16)为惯性矩和惯性积的平行移轴公式。利用这一公式可使惯性矩和惯性积的计算得到简化。在使用平行移轴公式时，要注意 a 和 b 是图形的形心在 Oyz 坐标系中的坐标，所以它们是有正负的。

10.3.2　组合图形的惯性矩

由惯性矩定义可知，组合图形对某轴的惯性矩就等于组成它的各简单图形对同一轴惯性矩的和。简单图形对本身形心轴的惯性矩可通过积分或查表求得，再利用平行移轴公式便可求得它对组合图形形心轴的惯性矩。这样就可较方便地计算组合图形的惯性矩。下面举例说明。

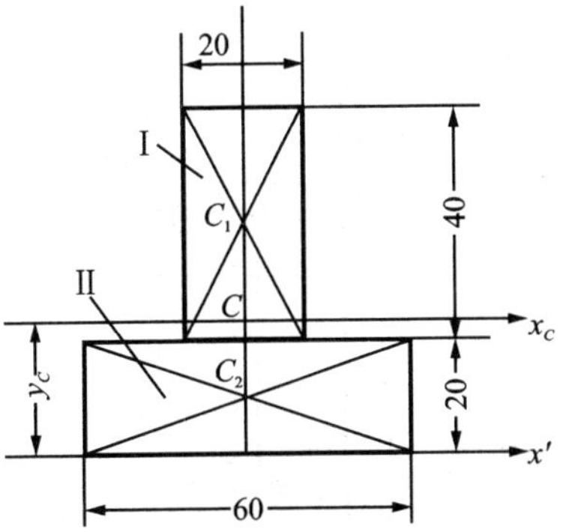

图 10－9

例 10－4　试计算图 10－9 所示的组合图形对形心轴的惯性矩。

解：（1）计算形心 C 的位置。该图形有垂直对称轴 y_C，形心必在此轴上，只需计算形心在此轴上的坐标。取底边为参考轴 x'，设形心 C 到此轴的距离为 y_C，将图形分为两个矩形Ⅰ、Ⅱ。它们对 x'轴的面矩分别为

$$S_1 = 40\ \text{mm} \times 20\ \text{mm} \times \left(\frac{40}{2} + 20\right)\text{mm} = 32\ 000\ \text{mm}^3$$

$$S_2 = 60\ \text{mm} \times 20\ \text{mm} \times \frac{20}{2}\ \text{mm} = 12\ 000\ \text{mm}^3$$

整个图形对 x'轴的面矩为

$$S_{x'} = S_1 + S_2 = (32\ 000 + 12\ 000)\text{mm}^3 = 44 \times 10^3\ \text{mm}^3$$

整个图形的面积为

$$A = A_1 + A_2 = (40 \times 20 + 60 \times 20)\ \text{mm}^2 = 2\ 000\ \text{mm}^2$$

按式(10－6)得

$$y_C = \frac{S_{x'}}{A} = \frac{44 \times 10^3\ \text{mm}^3}{2 \times 10^3\ \text{mm}^2} = 22\ \text{mm}$$

过形心 C 作垂直于 y_C 轴的 x_C 轴，x_C 和 y_C 轴为图形的形心轴。

(2) 计算图形对形心轴 x_C 和 y_C 的惯性矩 I_x, I_y。

首先分别求出矩形Ⅰ、Ⅱ对 x_C、y_C 轴的惯性矩 $I_{x\text{I}}$、$I_{y\text{I}}$、$I_{x\text{II}}$、$I_{y\text{II}}$。由平行移轴公式得

$$I_{x\text{I}} = \left[\frac{20\times 40^3}{12}+\left(\frac{40}{2}+20-22\right)^2\times 40\times 20\right]\text{mm}^4 = 3\ 659\times 10^2\ \text{mm}^4$$

$$I_{x\text{II}} = \left[\frac{60\times 20^3}{12}+\left(22-\frac{20}{2}\right)^2\times 60\times 20\right]\text{mm}^4 = 2\ 128\times 10^2\ \text{mm}^4$$

$$I_{y\text{I}} = \left(\frac{40\times 20^3}{12}\right)\text{mm}^4 = 2\ 667\times 10\ \text{mm}^4$$

$$I_{y\text{II}} = \left(\frac{20\times 60^3}{12}\right)\text{mm}^4 = 3\ 600\times 10^2\ \text{mm}^4$$

整个图形对 x_C、y_C 轴的惯性矩为

$$I_x = I_{x\text{I}} + I_{x\text{II}} = (365\ 900+212\ 800)\ \text{mm}^4 = 57.9\times 10^4\ \text{mm}^4$$

$$I_y = I_{y\text{I}} + I_{y\text{II}} = (26\ 670+360\ 000)\text{mm}^4 = 38.7\times 10^4\ \text{mm}^4$$

工程中广泛采用各种型钢，或用型钢组成的构件。型钢的几何性质可从有关手册中查得，本书附录中列有我国标准的等边角钢、工字钢和槽钢等截面的几何性质。由型钢组合的构件，也可用上述方法计算其截面的惯性矩。

例 10－5　求图 10－10 组合图形对形心轴 x_C、y_C 的惯性矩。

解： (1) 计算形心 C 的位置　取轴 x' 为参考轴，轴 y_C 为该截面的对称轴，$x_C=0$，只需计算 y_C。由附录型钢表中查得：

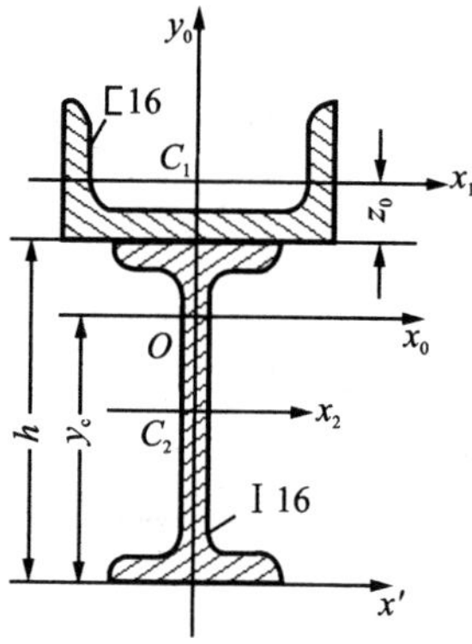

图 10－10

16 号槽钢

$A_1=25.16\ \text{cm}^2$，　　$I_{x1}=83.4\ \text{cm}^4$

$I_{y1}=935\ \text{cm}^4$，　　$z_0=1.75\ \text{cm}$，C_1 为其形心

16 号工字钢

$A_2=26.13\ \text{cm}^2$，　　$I_{x2}=1\ 130\ \text{cm}^4$，　　$I_{y_2}=93.1\ \text{cm}^4$

$h=160\ \text{mm}$，　C_2 为其形心

$$y_C = \frac{\left(25.16\times 10^2(160+17.5)+26.13\times 10^2\times\frac{160}{2}\right)\text{mm}^3}{(25.16\times 10^2+26.13\times 10^2)\text{mm}^2} = 127.9\ \text{mm}$$

(2) 计算整个图形对形心轴的惯性矩 I_x、I_y　可由平行移轴公式求得

$$I_x = I_{x_{11}} + (z_0 + h - y_C)^2 A_1 + I_{x_2} + \left(y_2 - \frac{h}{2}\right)^2 A_2 =$$

$$83.4 \times 10^4\ \text{mm}^4 + (17.5 + 160 - 127.9)^2 \times 25.16 \times 10^2\ \text{mm}^4 +$$

$$1\ 130 \times 10^4\ \text{mm}^4 + \left(127.9 - \frac{160}{2}\right)^2 \times 26.1 \times 10^2\ \text{mm}^4 = 243 \times 10^5\ \text{mm}^4$$

$$I_y = I_{y_1} + I_{y_2} = (935 \times 10^4 + 93.1 \times 10^4)\ \text{mm}^4 = 103 \times 10^5\ \text{mm}^4$$

在图形平面内，通过形心可以作无数根形心轴，图形对各轴惯性矩的数值各不相同。可以证明：平面图形对各通过形心轴的惯性矩中，必然有一极大值与极小值；具有极大值惯性矩的形心轴与具有极小值惯性矩的形心轴互相垂直；当互相垂直的两根形心轴有一根是图形的对称轴时，则图形对该对形心轴的惯性矩一为极大值，另一为极小值。如上例中对轴 x_C 的惯性矩为极大值，对轴 y_C 的惯性矩为极小值。

*10.4　转轴公式与主惯性轴

任意平面图形（见图 10－11）对 y 轴和 z 轴的惯性矩和惯性积为

$$I_y = \int_A z^2 \mathrm{d}A,\quad I_z = \int_A y^2 \mathrm{d}A,\quad I_{yz} = \int_A yz\mathrm{d}A \tag{10-17}$$

若将坐标轴绕 O 点旋转 α 角，且以逆时针转向为正，旋转后得新的坐标轴 y_1、z_1，而图形对 y_1、z_1 轴的惯性矩及惯性积则分别为

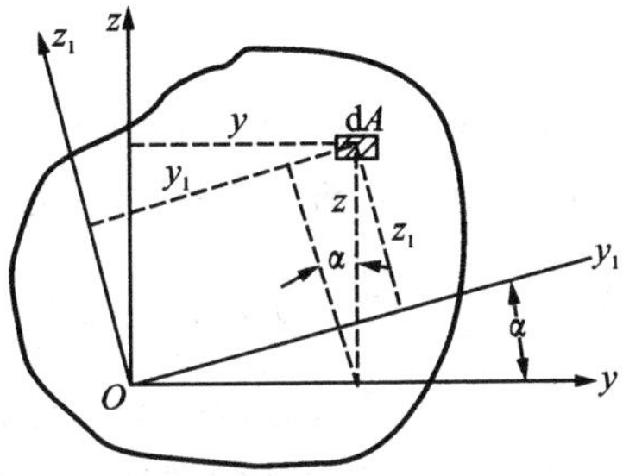

图 10－11

$$I_{y_1} = \int_A z_1^2 \mathrm{d}A,\qquad I_{z_1} = \int_A y_1^2 \mathrm{d}A,$$

$$I_{y_1 z_1} = \int_A y_1 z_1 \mathrm{d}A \tag{10-18}$$

现在研究图形对 y 轴、z 轴和对 y_1、z_1 轴的惯性矩及惯性积之间的关系。

由图 10－11 中的面积 $\mathrm{d}A$ 在新旧两个坐标系中的坐标（y_1，z_1）和（y、z）之间的关系为

$$\left.\begin{aligned} y_1 &= y\cos\alpha + z\sin\alpha \\ z_1 &= z\cos\alpha - y\sin\alpha \end{aligned}\right\} \tag{10-19}$$

把 z_1 代入式（10－19）中的第一式，得

$$\begin{aligned} I_{y_1} &= \int_A z_1^2 \mathrm{d}A = \int_A (z\cos\alpha - y\sin\alpha)^2 \mathrm{d}A \\ &= \cos^2\alpha \int_A z^2 \mathrm{d}A + \sin^2\alpha \int_A y^2 \mathrm{d}A - 2\sin\alpha\cos\alpha \int_A yz\mathrm{d}A \\ &= I_y \cos^2\alpha + I_z \sin^2\alpha - I_{yz}\sin 2\alpha \end{aligned}$$

以 $\cos^2\alpha = \frac{1}{2}(1+\cos 2\alpha)$ 和 $\sin^2\alpha = \frac{1}{2}(1-\sin 2\alpha)$ 代入上式，得出

$$I_{y_1}=\frac{I_y+I_z}{2}+\frac{I_y-I_z}{2}\cos 2\alpha-I_{yz}\sin 2\alpha \tag{10-20}$$

同理，由式(10－18)的第二式和第三式可以求得

$$I_{z_1}=\frac{I_y+I_z}{2}-\frac{I_y-I_z}{2}\cos 2\alpha+I_{yz}\sin 2\alpha \tag{10-21}$$

$$I_{y_1z_1}=\frac{I_y-I_z}{2}\sin 2\alpha+I_{yz}\cos 2\alpha \tag{10-22}$$

I_{y_1}、I_{z_1}、$I_{y_1z_1}$随α角的改变而变化，它们都是α的函数。

式(10－20)、式(10－21)、式(10－22)即为惯性矩和惯性积的转轴公式。

将式(10－20)对α取导数，后得

$$\frac{\mathrm{d}I_{y_1}}{\mathrm{d}\alpha}=-2\left(\frac{I_y-I_z}{2}\sin 2\alpha+I_{yz}\cos 2\alpha\right) \tag{10-23}$$

若$\alpha=\alpha_0$时，能使导数$\frac{\mathrm{d}I_{y_1}}{\mathrm{d}\alpha}=0$，则对$\alpha_0$所确定的坐标轴、图形的惯性矩为最大值或最小值。以$\alpha_0$代入式(10－23)，并令其等于零，得到

$$\frac{I_y-I_z}{2}\sin 2\alpha_0+I_{yz}\cos 2\alpha_0=0 \tag{10-24}$$

由此求得

$$\tan 2\alpha_0=-\frac{2I_{yz}}{I_y-I_z} \tag{10-25}$$

由式(10－25)可以求出相差90°的两个角度α_0，从而确定了一对坐标轴y_0和z_0。图形对这一对轴中的其一轴的惯性矩为最大值$I_{\max}$，而对另一个轴的惯性矩则为最小值$I_{\min}$。比较式(10－24)和式(10－22)，可见使导数$\frac{\mathrm{d}I_{y_1}}{\mathrm{d}\alpha}=0$的角度$\alpha_0$恰好使惯性积等于零。所以，当坐标轴绕$O$点旋转到某一位置$y_0$和$z_0$时，图形对这一对坐标轴的惯性积等于零，这一对坐标轴称为**主惯性轴**，简称主轴。对主惯性轴的惯性矩称为主惯性矩。如上所述，对通过O点的所有轴来说，对主轴的两个主惯性矩，一个是最大值，而另一个是最小值。

通过图形形心C的主惯性轴称为**形心主惯性轴**，简称形心主轴。图形对该轴的惯性矩就称为**形心主惯性矩**。如果这里所说的平面图形是杆件的横截面，则截面的形心主惯性轴与杆件轴线所确定的平面，称为形心**主惯性平面**。杆件横截面的形心主惯性轴、形心主惯性矩和杆件的形心主惯性平面，在杆件的弯曲理论中有重要意义。截面对于对称轴的惯性积等于零，截面形心又必然在对称轴上，所以截面的对称轴就是形心主惯性轴，它与杆件轴线所确定的纵向对称面就是形心主惯性平面。

由式(10－25)求出角度α_0的数值，代入式(10－20)和式(10－21)就可以求得图形的主惯性矩。为了方便计算，下面导出直接计算主惯性矩的公式。由式(10－25)可以求得

$$\cos 2\alpha_0 = \frac{1}{\sqrt{1+\tan^2 2\alpha_0}} = \frac{I_y - I_z}{\sqrt{(I_y - I_z)^2 + 4I_{yz}^2}}$$

$$\sin 2\alpha_0 = \tan 2\alpha_0 \cdot \cos 2\alpha_0 = \frac{-2I_{yz}}{\sqrt{(I_y - I_z)^2 + 4I_{yz}^2}}$$

将以上两式代入式(2-20)和式(2-21)，经简化后得出主惯性矩的计算公式是

$$\left.\begin{aligned} I_{y_0} &= \frac{I_y + I_z}{2} + \frac{1}{2}\sqrt{(I_y - I_z)^2 + 4I_{yz}^2} \\ I_{z_0} &= \frac{I_y + I_z}{2} - \frac{1}{2}\sqrt{(I_y - I_z)^2 + 4I_{yz}^2} \end{aligned}\right\} \qquad (10-26)$$

思考题

1. 什么叫截面对一轴的静矩？怎样利用它来确定截面形心的位置？

2. 什么叫截面对一轴的惯性矩？它与哪些因素有关？

3. 什么叫主轴？什么叫形心主轴？

4. 试述计算对称组合图形主惯性矩的方法与步骤？

习　题

10-1　试计算题 10-1 图的图形对形心轴的惯性矩 I_x 和 I_y。

答：(a) $I_x = 494\times10^7\ \text{mm}^4$，　$I_y = 25.7\times10^7\ \text{mm}^4$；

(b) $I_x = 146\times10^5\ \text{mm}^4$，　$I_y = 259\times10^4\ \text{mm}^4$；

(c) $I_x = 974\times10^4\ \text{mm}^4$，　$I_y = 102\times10^6\ \text{mm}^4$；

(d) $I_x = 408\times10^4\ \text{mm}^4$，　$I_y = 102\times10^6\ \text{mm}^4$；

(e) $I_x = 252\times10^4\ \text{mm}^4$，　$I_y = 108\times10^6\ \text{mm}^4$；

(f) $I_x = 761\times10\ \text{cm}^4$，　$I_y = 447\ \text{cm}^4$。

10-2　由题 10-2 图示中的两个 20 号槽钢组合而成的两种截面，试比较它们对形心轴的惯性矩 I_x 和 I_y 的大小，并说明原因。

答：(a) $I_x = 3\,820\ \text{cm}^4$，$I_y = 537\ \text{cm}^4$；　(b) $I_x = 3\,820\ \text{cm}^4$，$I_y = 2\,310\ \text{cm}^4$。

10-3　试用积分法求题 10-3 图中各图形的 I_y 值。

答：(a) $\frac{bh^3}{12}$，　(b) $\frac{2ah^3}{15}$。

10-4　计算题 10-4 的图形对 y、z 轴的惯性矩 I_y、I_z 以及惯性积 I_{yz}。

答：$I_y = \frac{bh^3}{3}$，$I_z = \frac{hb^3}{3}$，$I_{yz} = -\frac{b^2h^2}{4}$。

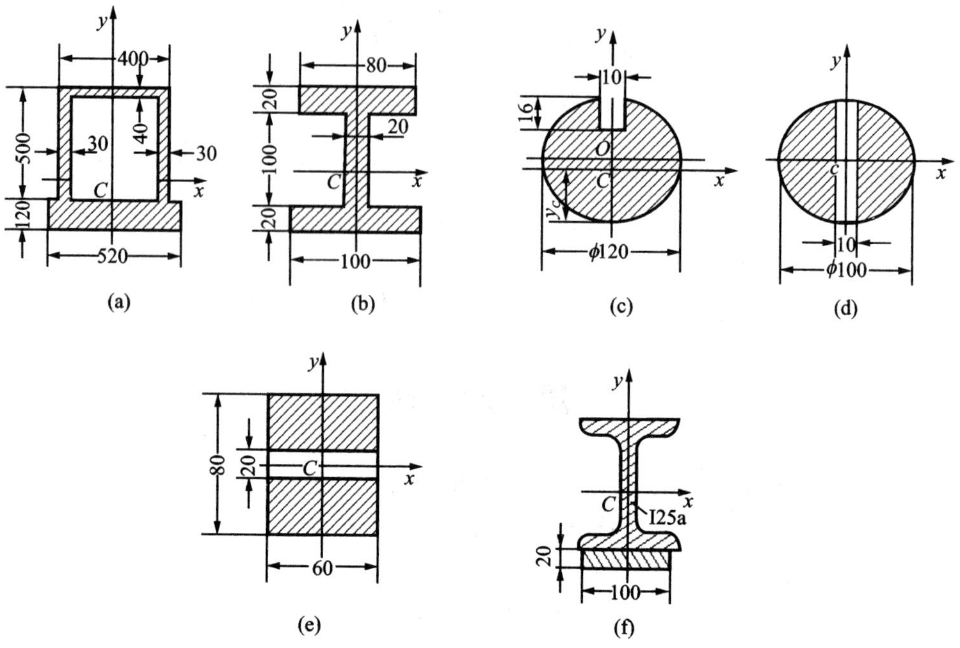

题 10－1 图

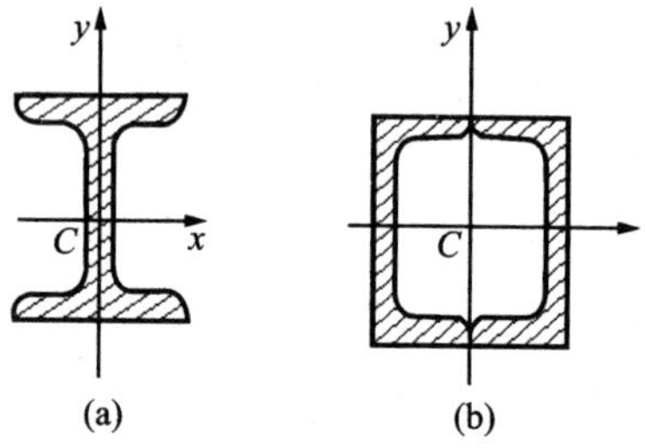

题 10－2 图

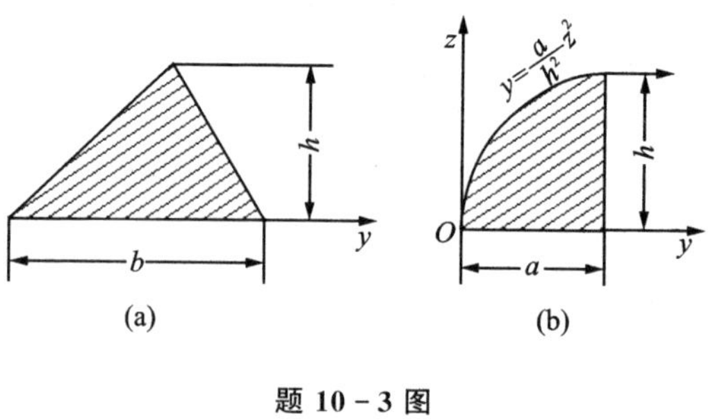

题 10－3 图

10－5 试确定题 10－5 所示图形通过坐标原点 O 的主惯性轴的位置，并计算主惯性矩 I_{y_0} 和 I_{x_0} 之值。

答：$\alpha_0=-13°30'$或$76°30'$，　$I_{y_0}=16.1\times10^4\ \text{mm}^4$，　$I_{z_0}=19.9\times10^4\ \text{mm}^4$。

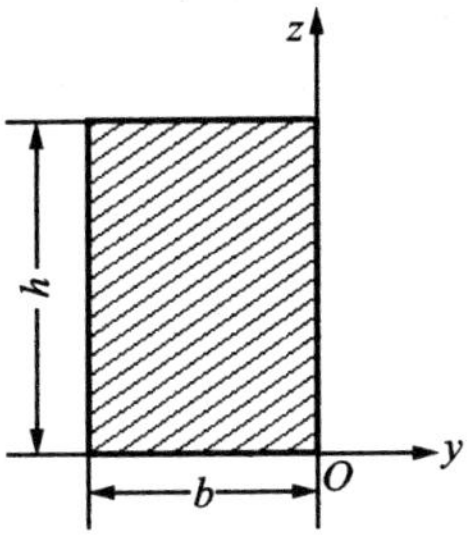

题 10－4 图

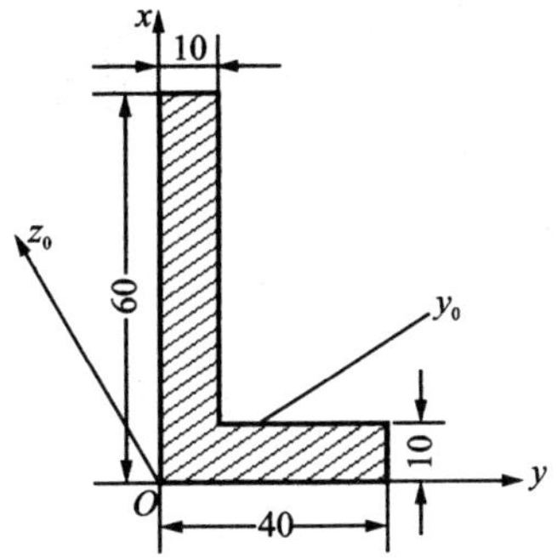

题 10－5 图

＊**10－6**　试计算题 10－5 中图形的形心主惯性矩，并确定形心主惯性轴的位置。

答：$\alpha_0=22°30'$或$112°30'$，　$I_{yc}=34.9\times10^4\ \text{mm}^4$，　$I_{zc}=6.61\times10^4\ \text{mm}^4$。

第 11 章　扭　转

本章首先讨论圆轴扭转时的内力—扭矩及扭矩图，通过薄壁圆筒的扭转试验导出切应力互等定理，然后介绍圆轴扭转时的应力和变形，圆轴扭转时的强度和刚度计算。

11.1　圆轴扭转的概念

在日常生活和工程实际中，经常遇到扭转问题。如图 11－1 所示，工人师傅攻丝时[见图 11－1(a)]，通过手柄在丝锥上端施加一个力偶，在丝锥下端，工件对丝锥作用一个反力偶，在此两力偶的作用下，处于两力偶作用的丝锥各截面均绕丝锥轴线发生相对转动。又如汽车方向盘操纵杆[见图 11－1(b)]、桥式起重机中的传动轴(见图 11－2)以及钻探机的钻杆、螺丝刀杆等的受力都是扭转的实例。

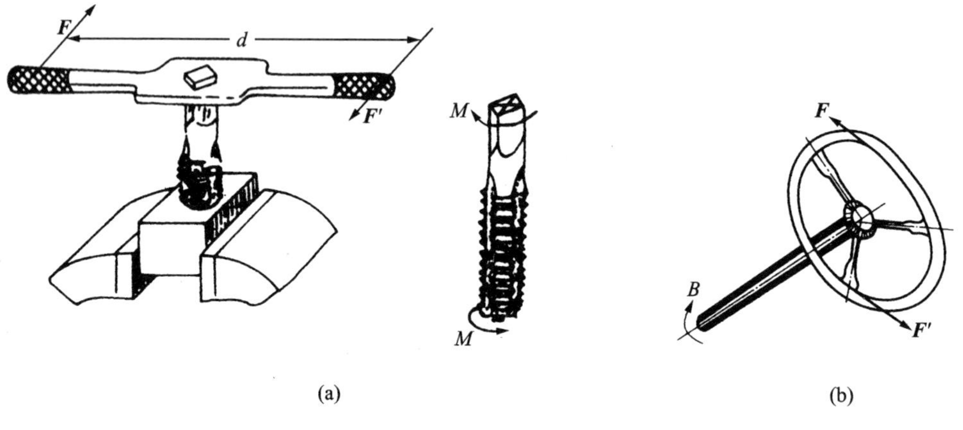

图 11－1

由此可见，杆件扭转时的受力特点是：在杆件两端分别作用着大小相等、转向相反，作用面垂直于杆件轴线的力偶。其变形特点是：位于两力偶作用面之间的杆件各个截面均绕轴线发生相对转动。任意两截面间相对转过的角度称为**转角**，用 ϕ 表示。杆件的这种变形形式称为**扭转变形**。以扭转变形为主的杆件称为**轴**，截面为圆形的轴称为圆轴。本章主要讨论圆轴的扭转问题。

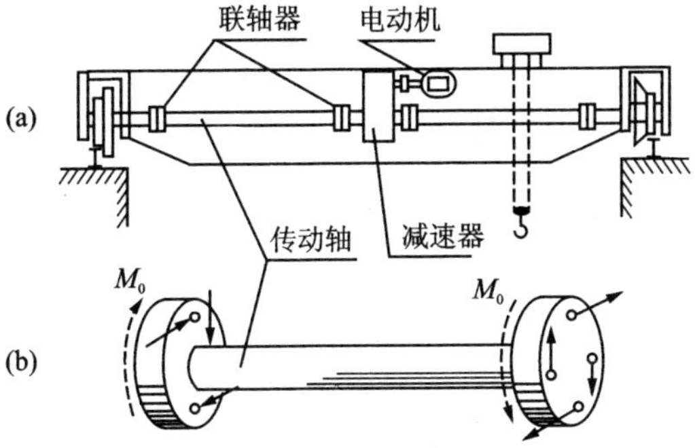

图 11－2

11.2　扭矩和扭矩图

11.2.1　外力偶矩的计算

工程实际中，往往不直接给出轴所承受的外力偶矩(又称转矩)，而是给出它所传递的功率和转速，其相互间的关系为

$$M = 9\ 550\ \frac{P}{n} \tag{11-1}$$

式中 M 为作用在轴上的外力偶矩，单位 N·m；P 为轴所传递的功率，单位 kW；n 为轴的转速，单位为 r/min。

11.2.2　横截面上的内力——扭矩

研究轴扭转时横截面上的内力仍然用截面法。下面以图 11－3(a)所示传动轴为例说明内力的计算方法。轴在 3 个外力偶矩 M_1，M_2，M_3 的作用下处于平衡，欲求任意截面 1－1 上的内力，应用截面法在 1－1 截面处将轴截成左、右两个部分，取左段为研究对象[见图 11－3(b)]，根据左段所受外力的特点，1－1 截面的内力必为作用面垂直于轴线的力偶。该力偶矩称为**扭矩**，用 M_T 表示。由平衡方程

$$\sum M_x(\boldsymbol{F}) = 0$$

得

$$M_T - M_1 = 0$$

$$M_T = M_1 \tag{11-2a}$$

同样，若取右端为研究对象[见图 11－3(c)]，由平衡方程

$$\sum M_x(\boldsymbol{F}) = 0, \qquad M'_T - M_2 + M_3 = 0$$

得

$$M'_T = M_2 - M_3 = M_1 \tag{11-2b}$$

即

$$M_T = M'_T$$

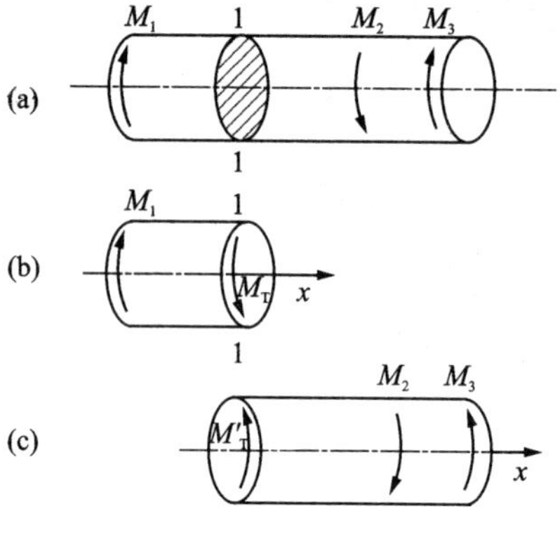

图 11－3

以上结果说明，计算某截面上的扭矩时，无论取截面左侧或右侧为研究对象，所得结果均是相同的。

式(11－2a)、(11－2b)表明，轴上任一截面上扭矩的大小等于该截面以左或以右所有外力偶矩的代数和，即

$$M_T = \sum M_{左} \quad 或 \quad M_T = \sum M_{右} \tag{11-2}$$

为了使取截面左侧或右侧为研究对象所得同一截面上的扭矩符号相同，对扭矩的正负号规定如下：面向截面，逆时针转向的扭矩取正号，反之取负号。这一规定亦符合右手螺旋法则，即以右手四指屈起的方向为扭矩的转向，拇指的指向与截面的外法线方向一致时，扭矩取正号；反之取负号。按此规定，图 11－3(b)、(c)中的扭矩均为正。

11.2.3 扭矩图

一般情况下，圆轴扭转时，横截面上的扭矩随截面位置的不同而发生变化。反映扭矩随截面位置不同而变化的图形称为扭矩图。画扭矩图时，以横轴表示截面位置，纵轴表示扭矩的大小。下面举例说明扭矩图的画法。

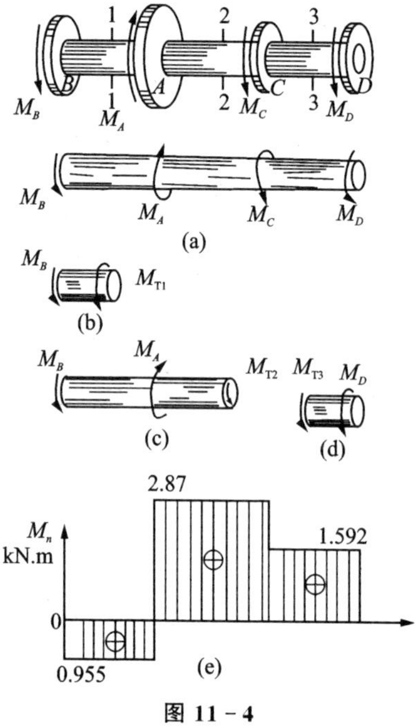

图 11－4

例 11－1 图 11－4(a)所示传动轴，其转速 $n = 300$ r/min，主动轮 A 输入功率 $P_A = 120$ kW，从动轮 B、C、D 输出功率分别为 $P_B = 30$ kW，$P_C = 40$ kW，$P_D = 50$ kW。试画出该轴的扭矩图。

解： (1) 计算外力矩　由式(5－1)可求得作用在每个齿轮上的外力矩分别为

$$M_A = 9\,550\,\frac{P_A}{n} = 9\,550 \times \frac{120\ \text{kW}}{300\ \text{r/min}}$$

$$= 3\,820\ \text{N}\cdot\text{m} = 3.80\ \text{kN}\cdot\text{m}$$

$$M_B = 9\,550\,\frac{P_B}{n} = 9\,550 \times \frac{30\ \text{kW}}{300\ \text{r/min}}$$

$$= 955\ \text{N}\cdot\text{m} = 0.955\ \text{kN}\cdot\text{m}$$

$$M_C = 9\ 550\,\frac{P_C}{n} = 9\ 550 \times \frac{40\ \mathrm{kW}}{300\ \mathrm{r/min}}$$
$$= 1\ 273\ \mathrm{N \cdot m} = 1.273\ \mathrm{kN \cdot m}$$
$$M_D = 9\ 550\,\frac{P_D}{n} = 9\ 550 \times \frac{50\ \mathrm{kW}}{300\ \mathrm{r/min}}$$
$$= 1\ 592\ \mathrm{N \cdot m} = 1.592\ \mathrm{kN \cdot m}$$

(2) 计算扭矩　根据作用在轴上的外力偶矩，将轴分成 BA、AC 和 CD 三段，用截面法分别计算各段的扭矩。

BA 段　$M_{T1} = -M_B = -0.955\ \mathrm{kN \cdot m}$

AC 段　$M_{T2} = M_A - M_B = (3.82 - 0.955)\mathrm{kN \cdot m}$
$= 2.87\ \mathrm{kN \cdot m}$

CD 段　$M_{T3} = M_D = 1.592\ \mathrm{kN \cdot m}$

(3) 画扭矩图　M_{T1}、M_{T2} 和 M_{T3} 分别代表了 BA、AC 和 CD 各段轴内各个截面上的扭矩值。由此画出的扭矩图，如图 11-4(e)所示。

由此可知，在无外力偶作用的一段轴上，各个截面上的扭矩值相同，扭矩图为水平直线。因此，画出扭矩图时，只要根据轴的外力偶将轴分成若干段，每段任选一截面，计算出该截面上的扭矩值，则可画出轴的扭矩图。

11.3　纯剪切

在讨论扭转的应力和变形之前，为了研究切应力和剪应变的规律以及两者间的关系，先考察薄壁圆筒的扭转。

11.3.1　薄壁圆筒扭转时的切应力

图 11-5(a)所示为一等厚薄壁圆筒，受扭前在表面上用圆周线和纵向线画成方格。实验结果表明：扭转变形后由于截面 $q-q$ 对截面 $p-p$ 的相对转动，使方格的左、右两边发生相对错动，但圆筒沿轴线及周线的长度都没有变化。这说明圆筒横截面和包含轴线的纵向截面上都没有正应力，横截面上便只有切于截面的切应力 τ，它组成与外加扭转力偶矩 M 相平衡的内力系。因为筒壁的厚度 t 很小，可以认为沿筒壁厚度切应力不变。又因在同一圆周上各点的情况完全相同，应力也就相同[见图 11-5(c)]。这样，横截面上内力系对 x 轴的力矩为 $2\pi rt \cdot \tau \cdot r$。这里 r 是圆筒的平均半径。由 $q-q$ 截面以左的部分圆筒的平衡方程 $\sum m_x = 0$，得

$$m = 2\pi rt \cdot \tau \cdot r$$
$$\tau = \frac{m}{2\pi r^2 t} \tag{11-3}$$

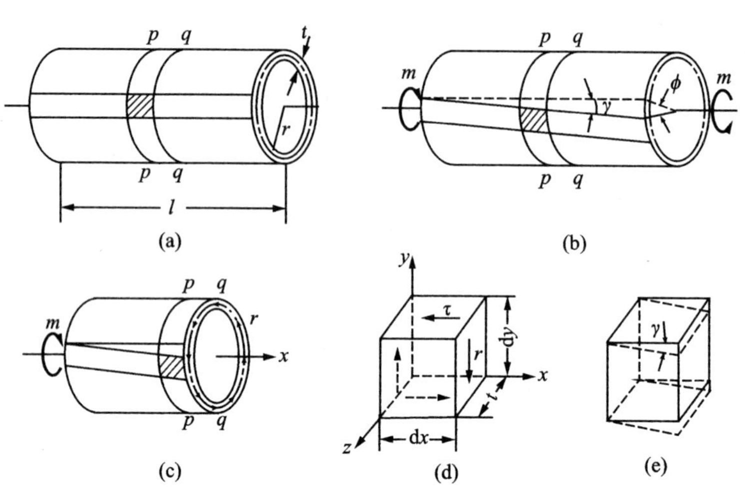

图 11-5

11.3.2　切应力互等定理

用相邻的两个横截面和两个纵向面，从圆筒中取出边长分别为 dx、dy 和 t 的单元体，并放大为图 11-5(d)。单元体的左、右两侧面是圆筒横截面的一部分，所以并无正应力只有切应力。两个面上的切应力皆由式(11-3)计算，数值相等但方向相反，于是组成了一个力偶矩为 $(\tau t dy)dx$ 的力偶。为保持平衡，单元体的上、下两个侧面上必须有切应力，并组成力偶以与力偶 $(\tau t dy)dx$ 相平衡。由 $\sum F_x = 0$ 知，上、下两个面上存在大小相等、方向相反的切应力 τ'，于是组成力偶矩为 $(\tau' t dx)dy$ 的力偶。由平衡方程 $\sum m_x = 0$，得

$$(\tau t dy)dx = (\tau' t dx)dy$$

$$\tau = \tau' \tag{11-4}$$

上式表明，在互相垂直的两个平面上，切应力必然成对存在，且数值相等；两者都垂直于两个平面的交线，方向则共同指向或共同背离这条线。这就是**切应力互等定理**，也称为切应力双生定理。

图 11-5(d)所示的单元体上只有切应力而无正应力，这种受力情况称为纯剪切。纯剪切单元体的相对两侧面将发生微小的相对错动，产生切应变 γ，如图 11-5(e)所示。

11.3.3　剪切胡克定律

为建立切应力与切应变的关系，利用薄壁圆筒的扭转，可以实现纯剪切试验。试验结果表明：当切应力不超过剪切比例极限时，切应力与切应变成正比（见图 11-6），这个关系成为剪切胡克定律，其表达式为

$$\tau = G\gamma \tag{11-5}$$

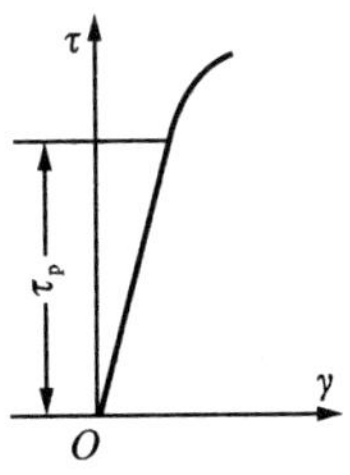

图 11-6

式中，比例常数 G 称为材料的剪切弹性模量，其单位与弹性模量 E 相同，也为 GPa。不同材料的 G 值可通过试验测定。可以证明，对于各向同性的材料，剪切弹性模量 G、弹性模量 E 和泊松系数 μ 不是各自独立的 3 个弹性常量，它们之间存在着下列关系

$$G = \frac{E}{2(1+\mu)} \tag{11-6}$$

几种常用材料的 E、G 和 μ 值如表 11-1 所列。

表 11-1　几种常用材料的 E,G 及 μ 值

材料名称	E/GPa	G/GPa	μ/量纲为一
碳　钢	196～216	78.5～79.5	0.25～0.33
合金钢	186～216	79.5	0.24～0.33
灰铁钢	113～157	44.1	0.23～0.27
钢及其合金	73～128	39.2～45.1	0.31～0.42
橡　胶	0.007 85	—	0.47

11.4　圆轴扭转时横截面上的应力

现在讨论横截面为圆形的直杆受扭时的应力。这要综合研究几何、物理和静力等 3 个方面的关系。

11.4.1　变形几何关系

为了观察圆轴的扭转变形，与薄壁圆筒受扭一样，在圆轴表面上作圆周线和纵向线，在图 11-7(a)中，变形前的纵向线由虚线表示。在扭转力偶矩 m 作用下，得到与薄壁圆筒受扭时相似的现象。即各圆周线绕轴线相对地旋转了一个角度，但大小、形状和相邻圆周线间的距离不变。在小变形的情况下，纵向线仍近似地是一条直线，只是倾斜了一个微小的角度。变形前表面上的方格，在变形后错动成菱形。

根据观察到的现象，作如下基本假设：圆轴扭转变形前原为平面的横截面，变形后仍保持为平面，形状和大小不变，半径仍保持为直线；且相邻两截面间的距离不变。这就是圆轴扭转的**平面假设**。按照这一假设，扭转变形中，圆轴的横截面就像刚性平面一样，绕轴线旋转了一个角度。以平面假设为基础导出的应力和变形计算公式，符合试验结果，且与弹性力学一致，这都足以说明假设是正确的。

在图 11-7(a)中，ϕ 表示圆轴两端截面的相对转角，称为**扭转角**。扭转角用弧度来度量。用相邻的截面 $q-q$ 和 $p-p$ 从轴中取出长为 $\mathrm{d}x$ 的微段，并放大为图 11-7

(b)。若截面 $p-p$ 和 $q-q$ 的相对转角为 $\mathrm{d}\phi$，则根据平面假设，横截面 $q-q$ 像刚性平面一样，相对于 $p-p$ 绕轴线旋转了一个角度 $\mathrm{d}\phi$，半径 Oa 转到了 Oa'。于是，表面方格 $abcd$ 的 ab 边相对于 cd 边发生了微小的错动，错动的距离是

$$aa' = R\mathrm{d}\phi$$

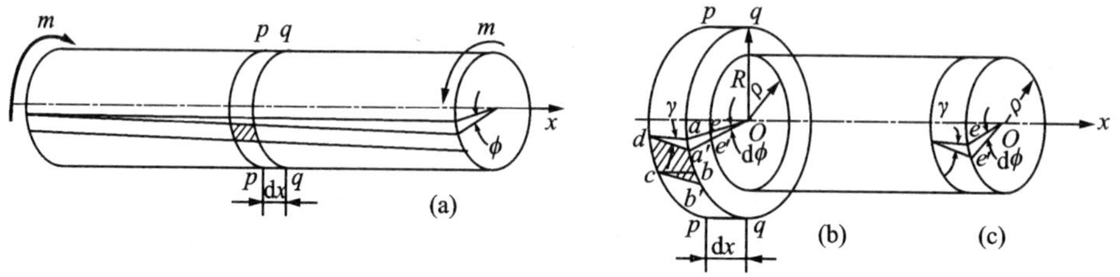

图 11-7

因而引起原为直角的 $\angle abc$ 角度发生改变，改变量为

$$\gamma = \frac{\overline{aa'}}{\overline{ad}} = R\frac{\mathrm{d}\phi}{\mathrm{d}x} \tag{11-7}$$

这就是圆截面边缘上 a 点的切应变。显然，切应变 γ 发生在垂直于半径 Oa 的平面内。

根据变形后横截面仍为平面，半径仍为直线的假设，用相同的方法，并参考图 11-7(c)，可以求得距圆心为 ρ 处的切应变为

$$\gamma_\rho = \rho\frac{\mathrm{d}\phi}{\mathrm{d}x} \tag{11-8}$$

与式(11-7)中的 γ 一样，γ_ρ 也发生在垂直于半径 Oa 的平面内。在(11-7)、(11-8)两式中，$\frac{\mathrm{d}\phi}{\mathrm{d}x}$是扭转角 ϕ 沿 x 轴的变化率。对于一个给定的截面来说，它是常量。故式(11-8)表明，横截面上任意点的切应变与该点到圆心的距离 ρ 成正比。

11.4.2 物理关系

以 τ_ρ 表示横截面上距圆心为 ρ 处的切应力，由剪切胡克定律知

$$\tau_\rho = G\gamma_\rho$$

把式(11-8)代入上式得

$$\tau_\rho = G\rho\frac{\mathrm{d}\phi}{\mathrm{d}x} \tag{11-9}$$

式(11-9)表明，横截面上任意点的切应力 τ_ρ 与该点到圆心的距离 ρ 成正比。因为 γ_ρ 发生在垂直于半径的平面内，所以 τ_ρ 也与半径垂直。如再注意到切应力互等定理，则在纵向截面和横截面上，沿半径切应力的分布如图 11-8 所示。

因为公式(11-9)的$\frac{d\phi}{dx}$尚未求出，所以仍不能用它计算切应力，这就要用静力学关系来解决。

11.4.3　静力学关系

在横截面上离圆心ρ处取微分面积dA(见图 11-9)。dA上的微内力$\tau_\rho dA$对圆心的力矩为$\rho\tau_\rho dA$。积分得横截面上内力的内力系对圆心的力矩为$\int_A \rho\tau_\rho dA$。回想前面关于扭矩的定义，可见这里求出的内力系对圆心的力矩就是截面上的扭矩，即

$$M_T = \int_A \rho\tau_\rho dA \tag{11-10}$$

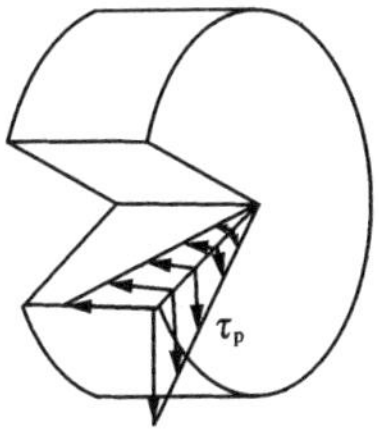

图 11-8

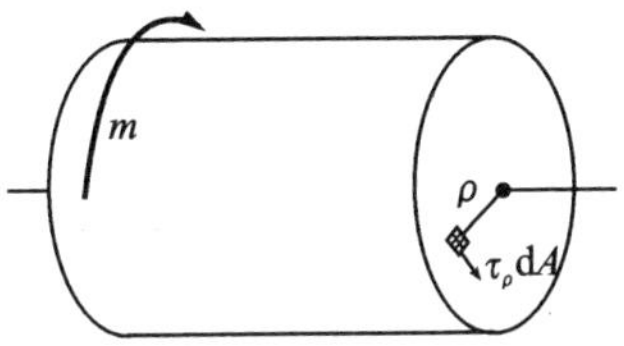

图 11-9

由于杆件平衡，横截面上的扭矩M_T应与截面左侧的外力偶矩相平衡，亦即M_T可由截面左侧(或右侧)的外力偶矩来计算。以式(11-9)代入式(11-10)，并注意到在给定的截面上，$\frac{d\phi}{dx}$为常量，于是有

$$M_T = \int_A \rho\tau_\rho dA = G\frac{d\phi}{dx}\int_A \rho^2 dA \tag{11-11}$$

以I_p表示上式的积分，即

$$I_p = \int_A \rho^2 dA \tag{11-12}$$

I_p称为横截面对圆心O点的极惯性矩。这样，式(11-11)便可写成

$$M_T = GI_p\frac{d\phi}{dx} \tag{11-13}$$

从式(11-9)和式(11-13)中消去$\frac{d\phi}{dx}$，得

$$\tau_\rho = \frac{M_T\rho}{I_p} \tag{11-14}$$

由以上公式，可以算出横截面上距圆心为ρ的任意点的切应力。

在圆截面边缘上，ρ为最大值R，得最大切应力为

$$\tau_{max} = \frac{M_T R}{I_p} \tag{11-15}$$

若取

$$W_T = \frac{I_p}{R} \tag{11-16}$$

W_T 称为抗扭截面模量,便可以把式(11-15)写成

$$\tau_{max} = \frac{M_T}{W_T} \tag{11-17}$$

以上诸式是以平面假设为基础导出的。试验结果表明,只有对横截面不变的圆轴,平面假设才是正确的。所以这些公式只适用于等直圆杆。对圆截面沿轴线变化缓慢的小锥度锥形杆,也可近似地用这些公式计算。此外,导出以上诸式时使用了胡克定律,因而只适用于 τ_{max} 低于剪切比例极限的情况。

导出式(11-14)和式(11-17)时,引进了截面极惯性矩 I_p 和抗扭截面模量 W_T,现在就来计算这两个量。

在第 10 章中已计算出圆截面和圆环截面的极惯性矩分别为$\frac{\pi d^4}{32}$和$\frac{\pi D^4}{32}(1-\alpha^4)$,再由式(11-16)求出其抗扭截面模量为

实心圆轴
$$W_T = \frac{I_p}{R} = \frac{\pi d^3}{16} \tag{11-18}$$

空心圆轴
$$W_T = \frac{I_p}{R} = \frac{\pi D^3}{16}(1-\alpha^4) \tag{11-19}$$

式中 D 和 d 分别为空心圆截面的外径和内径,R 为外半径,$\alpha=d/D$。

例 11-2 有两根横截面面积及载荷均相同的圆轴,其截面尺寸为实心轴 $d_1=104$ mm;空心轴 $D_2=120$ mm, $d_2=60$ mm,圆轴两端均受大小相等、方向相反的力偶 $M=10$ kN·m 作用。试计算:(1) 实心轴最大切应力;(2) 空心轴最大切应力;(3) 实心轴最大切应力与空心轴最大切应力之比。

解:(1) 计算抗扭截面模量

$$W_T = \frac{\pi d_1^3}{16} = \frac{3.14 \times 104^3\ \text{mm}^3}{16} = 2.2 \times 10^5\ \text{mm}^3$$

$$W_T = \frac{\pi D_2^3}{16}(1-\alpha^4) = \frac{3.14 \times 120^3\ \text{mm}^3}{16}\left[1-\left(\frac{60}{120}\right)^4\right] = 3.5 \times 10^5\ \text{mm}^3$$

(2) 计算最大切应力

实心轴
$$\tau_{max} = \frac{M}{W_T} = \frac{10\times10^3\times10^3\ \text{N}\cdot\text{mm}}{2.2\times10^5\ \text{mm}^3} = 45.5\ \text{MPa}$$

空心轴
$$\tau'_{max} = \frac{M}{W'_T} = \frac{10\times10^3\times10^3\ \text{N}\cdot\text{mm}}{3.5\times10^5\ \text{mm}^3} = 31.7\ \text{MPa}$$

(3) 两轴最大切应力之比

$$\frac{\tau_{max}}{\tau'_{max}} = \frac{45.5\ \text{MPa}}{31.7\ \text{MPa}} = 1.45$$

计算表明,实心轴的最大应力约为空心轴的 1.45 倍。

11.5　圆轴扭转时的变形

扭转变形的标志是两个横截面间绕轴线的相对转角，亦即**扭转角**，由公式(11-13)得

$$d\phi = \frac{M_T}{GI_p}dx \qquad (11-20)$$

$d\phi$ 表示相距为 dx 的两个横截面之间相对扭转角[见图 11-7(b)]。沿轴线 x 积分，即可求得距离为 l 的两个横截面之间的相对扭转角

$$\phi = \int d\phi = \int_0^l \frac{M_T}{GI_p}dx \qquad (11-21)$$

若在两截面之间的 M_T 值不变，且轴为等直杆，则式(11-21)中$\frac{M_T}{GI_p}$为常量，这时式(11-21)化为

$$\phi = \frac{M_T l}{GI_p} \qquad (11-22)$$

这就是扭转角的计算公式，扭转角单位为弧度(rad)，由此可看到扭转角 ϕ 与扭矩 M_T 和轴的长度成正比，与 GI_p 成反比。GI_p 反映了圆轴抵抗扭转变形的能力，称为圆轴的抗扭刚度。

如果两截面之间为扭矩 M_T 有变化或轴的直径不同，那么应分段计算各段的扭转角，然后叠加。

例 11-3　轴传递的功率为 $P=7.5$ kW，转速 $n=360$ r/min。轴的 AC 段为实心圆截面，BC 段为圆环截面，如图 11-10 所示。已知 $D=30$ mm，$d=20$ mm，轴各段的长度分别为$l_{AC}=100$ mm，$l_{BC}=200$ mm，材料的剪切弹性模量 $G=80$ GPa。试计算 B 截面相对于 A 截面的扭转角 ϕ_{AB}。

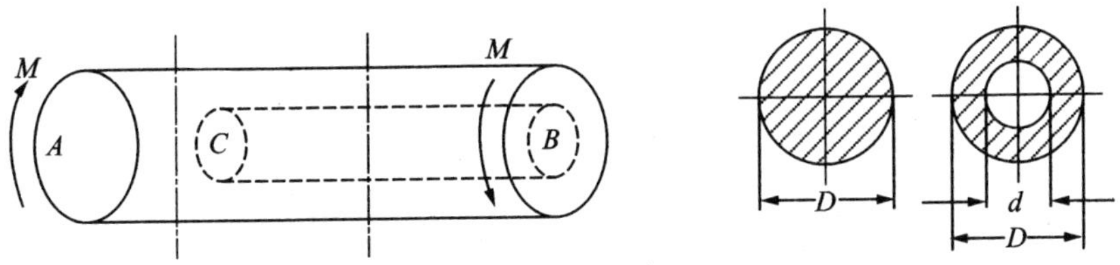

图 11-10

解：(1) 计算扭矩　轴上的外力偶矩为

$$M = 9\,550\frac{P}{n} = 9\,550\times\frac{7.5\ \text{kW}}{360\ \text{r/min}} = 199\ \text{N}\cdot\text{m}$$

由扭矩的计算规律知，AC 段和 BC 段的扭矩均为 $M_{TAC}=M_{TBC}=M=199$ N·m。

(2) 计算极惯性矩

$$I_{p(AC)} = \frac{\pi D^4}{32} = \frac{3.14 \times 30^4\ \text{mm}^4}{32} = 79\ 522\ \text{mm}^4$$

$$I_{p(BC)} = \frac{\pi}{32}(D^4 - d^4) = \frac{3.14}{32}(30^4 - 20^4)\text{mm}^4 = 63\ 814\ \text{mm}^4$$

(3) 计算扭转角 ϕ_{AB} 因 AC 段和 BC 段的极惯性矩不同,故应分别计算然后相加,即

$$\begin{aligned}\phi_{AB} &= \phi_{AC} + \phi_{BC} = \frac{M_{TAC} l_{AC}}{GI_{p(AC)}} + \frac{M_{TBC} l_{BC}}{GI_{p(BC)}} \\ &= \frac{199 \times 10^3\ \text{N} \cdot \text{mm} \times 100\ \text{mm}}{80 \times 10^3\ \text{MPa} \times 79\ 522\ \text{mm}^4} + \frac{199 \times 10^3\ \text{N} \cdot \text{mm} \times 200\ \text{mm}}{80 \times 10^3\ \text{MPa} \times 63\ 814\ \text{mm}^4} \\ &= (0.001\ 3 + 0.007\ 8)\text{rad} = 0.011\ \text{rad}\end{aligned}$$

11.6 圆轴扭转时的强度和刚度计算

11.6.1 强度计算

建立圆轴扭转的强度条件时,应使圆轴内的最大工作切应力不超过材料的许用切应力,对等截面杆,其强度条件为

$$\tau_{\max} = \frac{M_{T,\max}}{W_T} \leqslant [\tau] \tag{11-23}$$

对变截面杆,如阶梯轴,W_T 不是常量,$\tau_{\max}$不一定发生于扭矩为极值的 $M_{T,\max}$的截面上,这要综合考虑 $M_{T,\max}$和 W_T,寻求 $\tau = \frac{M_T}{W_T}$的极值。

例 11-4 由无缝钢管制成的汽车传动轴 AB(见图 11-11),外径 $D=90$ mm,壁厚 $t=2.5$ mm,材料为 45 号钢。使用时的最大扭矩为 $M_T=1.5$ kN·m。如材料的$[\tau]=60$ MPa,试校核 AB 轴的扭转强度。

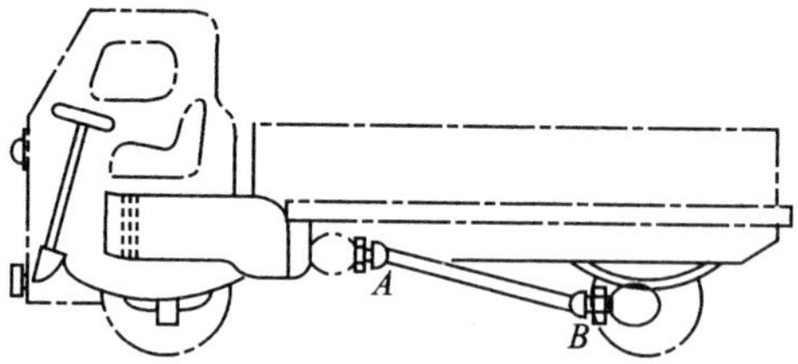

图 11-11

解: 由 AB 轴的截面尺寸计算抗扭截面模量,即

$$\alpha = \frac{d}{D} = \frac{90\ \text{mm} - 2 \times 2.5\ \text{mm}}{90\ \text{mm}} = 0.944$$

$$W_T = \frac{\pi D^3}{16}(1-\alpha^4) = \frac{\pi \times 90^3\ mm^3}{16}(1-0.944^4) = 29\ 400\ mm^3$$

轴的最大切应力为

$$\tau_{max} = \frac{M_T}{W_T} = \frac{1\ 500\ N \cdot m}{29\ 400 \times 10^{-9}\ m^3} = 51 \times 10^6\ Pa = 51\ MPa < [\tau]$$

所以,AB 轴满足强度条件。

例 11-5　如把上例中的传动轴改为实心轴,要求它与原来的空心轴强度相同,试确定其直径,并比较实心轴和空心轴的质量。

解: 因为要求与例 11-4 中的空心轴强度相同,故实心轴的最大切应力应为 51 MPa,即

$$\tau_{max} = \frac{M_T}{W_T} = \frac{1\ 500\ N \cdot m}{\frac{\pi}{16} D_1^3\ m^3} = 51 \times 10^6\ Pa$$

$$D_1 = \sqrt[3]{\frac{1\ 500 \times 16\ N \cdot m}{3.14 \times 51 \times 10^6\ Pa}} = 0.053\ 1\ m$$

实心轴横截面面积为

$$A_1 = \frac{\pi D_1^2}{4} = \frac{(\pi \times 0.053\ 1^2) m^2}{4} = 22.2 \times 10^{-4}\ m^2$$

例 11-4 中空心轴的横截面面积为

$$A_2 = \frac{\pi}{4}(D^2 - d^2) = \frac{\pi}{4}(90^2 - 85^2) \times 10^{-6}\ m^2 = 6.87 \times 10^{-4}\ m^2$$

在两轴长度相等,材料相同的情况下,两轴的质量之比等于横截面面积之比,即

$$\frac{A_2}{A_1} = \frac{6.87 \times 10^{-4}\ m^2}{22.2 \times 10^{-4}\ m^2} = 0.31$$

可见在载荷相同的条件下,空心轴的质量只为实心轴的 31 %,其减轻重量,节约材料是非常明显的。这是因为横截面上的切应力沿半径按线性规律分布,圆心附近的应力很小,材料没有充分发挥作用。若把实心轴附近的材料向边缘移置,使其成为空心轴,就会增大 I_p 和 W_T,提高轴的强度。

例 11-6　两空心圆轴,通过联轴器用 4 个螺钉联结(见图 11-12),螺钉对称地安排在直径 $D_1 = 140$ mm 的圆周上。已知轴的外径 $D = 80$ mm,内径 $d = 60$ mm,螺钉的直径 $d_1 = 12$ mm,轴的许用切应力 $[\tau] = 40$ MPa,螺钉的许用切应力 $[\tau] = 80$ MPa,试确定该轴允许传递的最大扭矩。

解:　(1) 计算抗扭截面模量　空心轴的极惯性矩为

$$I_p = \frac{\pi}{32}(D^4 - d^4) = \frac{\pi}{32}(80^4 - 60^4) \times 10^{-12}\ m^4 = 275 \times 10^{-8}\ m^4$$

抗扭截面模量为

$$W_T = \frac{I_p}{D/2} = \frac{275 \times 10^{-8}\ m^4}{40 \times 10^{-3}\ m} = 6.88 \times 10^{-5}\ m^3$$

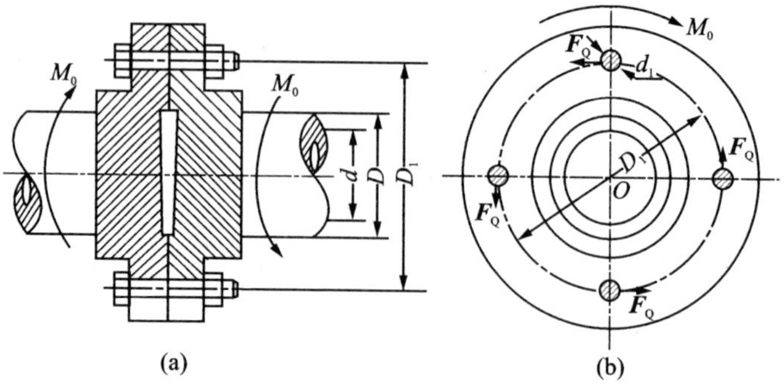

图 11-12

(2) 计算轴的许可载荷　由轴的强度条件

$$\tau_{max}=\frac{M_{T,max}}{W_T}\leqslant[\tau]$$

得　　$M_{T,max}\leqslant[\tau]W_T=40\times10^6\ \text{Pa}\times6.88\times10^{-5}\ \text{m}^3=2\ 750\ \text{N}\cdot\text{m}$

由于该轴的扭矩即为作用在轴上的转矩,所以轴的许可转矩为

$$M_0=2\ 750\ \text{N}\cdot\text{m}$$

(3) 计算联轴器的许可载荷　在联轴器中,由于承受剪切作用的螺钉是对称分布的,可以认为每个螺钉的受力相同。假想凸缘的接触面将螺钉截开,并设每个螺钉承受的剪力均为 F_Q[见图 11-12(b)],由平衡方程

$$\sum M_0(\boldsymbol{F})=0,\qquad -M_0+4F_Q\frac{D_1}{2}=0$$

得

$$F_Q=\frac{M_0}{2D_1}$$

由剪切强度条件 $\tau=\dfrac{F_Q}{A}=\dfrac{M_0/2D_1}{\pi d_1^2/4}\leqslant[\tau]$,得

$$M_0\leqslant\frac{[\tau]\pi d_1^2D_1}{2}=\frac{80\times10^6\ \text{Pa}\times\pi\times12^2\times10^{-6}\ \text{m}^2\times140\times10^{-3}\ \text{m}}{2}=2\ 530\ \text{N}\cdot\text{m}$$

计算结果表明,要使轴的扭转强度和螺钉的剪切强度同时被满足,最大许可转矩应小于2 530 N·m。

11.6.2　刚度计算

在正常工作时,除要求圆轴有足够的强度外,有时还要求圆轴不能产生过大的变形,即要求轴具有一定的刚度。如果轴的刚度不足,将会降低机器的加工精度或产生剧烈的振动,影响机器的正常工作。工程中常限制轴的最大单位扭转角 θ_{max} 不超过许用的单位扭转角[θ],以满足刚度要求,即

$$\theta_{max}=\frac{M_T}{GI_p}\times\frac{180^\circ}{\pi}\leqslant[\theta]\qquad(11-24)$$

式(11－24)称为圆轴扭转时的刚度条件。式中$[\theta]$的单位是(°)/m,其值根据机器的工作条件确定,一般为

精密机械轴　　$[\theta]=(0.25\sim0.50)$(°)/m

一般传动轴　　$[\theta]=(0.5\sim1.0)$(°)/m

较低精度轴　　$[\theta]=(1.0\sim2.5)$(°)/m

利用圆轴扭转刚度条件式(11－24),可进行圆轴的刚度校核、截面尺寸设计和最大承载能力的确定。

例 11－7　一传动轴如图 11－13(a)所示,已知轴的转速 $n=208$ r/min,主动轮 A 传递功率为 $P_A=6$ kW,而从动轮 B、C 输出功率分别为 $P_B=4$ kW,$P_C=2$ kW,轴的许用切应力$[\tau]=30$ MPa,许用单位扭转角$[\theta]=1°$/m,剪切弹性模量 $G=80\times10^3$ MPa。试按强度条件及刚度条件设计轴的直径。

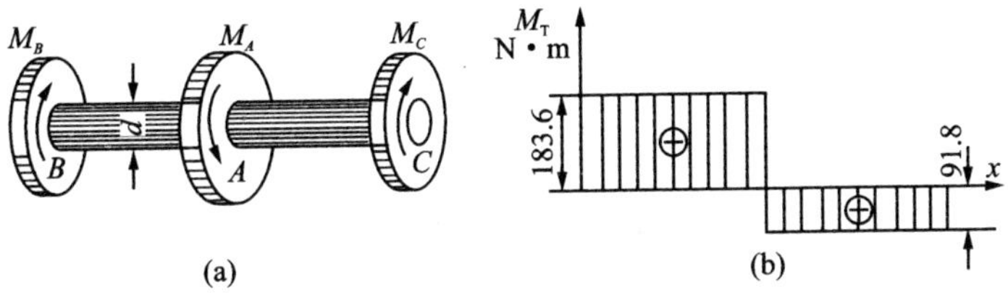

图 11－13

解:　(1) 计算轴的外力矩

$$M_A=9\ 550\frac{P_A}{n}=9\ 550\times\frac{6\ \text{kW}}{208\ \text{r/min}}=275.4\ \text{N}\cdot\text{m}$$

$$M_B=9\ 550\frac{P_B}{n}=9\ 550\times\frac{4\ \text{kW}}{208\ \text{r/min}}=183.6\ \text{N}\cdot\text{m}$$

$$M_C=9\ 550\frac{P_C}{n}=9\ 550\times\frac{2\ \text{kW}}{208\ \text{r/min}}=91.8\ \text{N}\cdot\text{m}$$

(2) 画扭矩图　根据扭矩图的绘制方法画出的轴的扭矩图,如图 11－13(b)所示。最大扭矩为

$$M_{\text{T,max}}=M_{\text{T},AB}=183.6\ \text{N}\cdot\text{m}$$

(3) 按强度条件设计轴的直径

$$\tau_{\max}=\frac{M_{\text{T}}}{W_{\text{T}}}=\frac{M_{\text{T}}}{\pi d^3/16}\leqslant[\tau]$$

即
$$d\geqslant\sqrt[3]{\frac{16\times183.6\times10^3}{3.14\times30}}\ \text{mm}=31.5\ \text{mm}$$

(4) 按刚度条件设计轴的直径

$$\theta_{\max}=\frac{M_{\text{T}}}{GI_{\text{p}}}\times\frac{180°}{\pi}=\frac{M_{\text{T}}}{G\times\pi d^4/32}\times\frac{180°}{\pi}\leqslant[\theta]$$

即
$$d\geqslant\sqrt[3]{\frac{32M_{\text{T,max}}\times180°}{G\pi^2[\theta]}}=\sqrt[3]{\frac{32\times183.6\ \text{N}\cdot\text{m}\times180°}{80\times10^3\times10^6\ \text{Pa}\times3.14^2\times1}}=34\ \text{mm}$$

为了满足刚度和强度的要求，应取两个直径中的较大值即取轴的直径 $d=34$ mm。

例 11－8 两空心轴通过联轴器用四个螺栓联结(见图 11－12)，螺栓对称地安排在直径$D_1=140$ mm的圆周上。已知轴的外径 $D=80$ mm，内径 $d=60$ mm，轴的许用切应力$[\tau]=40$ MPa，剪切弹性模量 $G=80$ GPa，许用单位扭转角$[\theta]=1°/\text{m}$，螺栓的许用切应力$[\tau]=80$ MPa。试确定该结构允许传递的最大转矩。

解： (1) 此题在例 11－6 中已解出，按强度设计允许传递的最大转矩为

$$M_0 \leqslant 2\ 530\ \text{N}\cdot\text{m}$$

并且在例 11－6 中已解出：$I_p=2.75\times10^6\ \text{mm}^4$，现按刚度确定所传递的转矩。

(2) 按刚度条件确定轴所传递的扭矩

$$\theta_{\max}=\frac{M_T}{GI_p}\times\frac{180°}{\pi}\leqslant[\theta]$$

得

$$M_T\leqslant\frac{GI_p\pi[\theta]}{180°}=\frac{80\times10^3\times10^6\ \text{Pa}\times2.75\times10^6\times10^{-12}\ \text{m}^4\times3.14\times1°/\text{m}}{180°}$$

$$=3\ 838\ \text{N}\cdot\text{m}$$

计算结果表明，要使轴的强度、刚度和螺栓的强度同时满足，该结构所传递的最大转矩为

$$M_0=2\ 530\ \text{N}\cdot\text{m}$$

思 考 题

1. 试绘制图 11－14 所示圆轴的扭矩图，并说明 3 个轮子应如何布置比较合理。

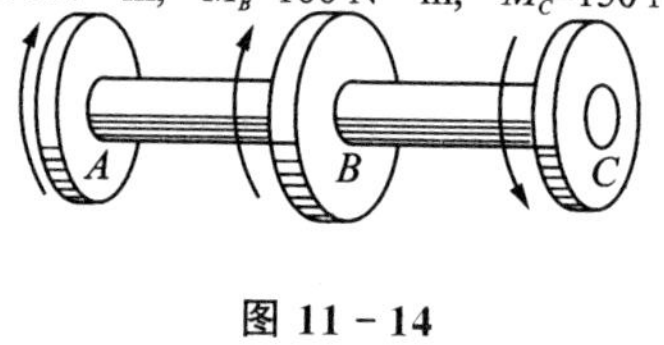

图 11－14

2. 试述切应力互等定律。

3. 变速箱中，为什么低速轴的直径比高速轴的直径大？

4. 内、外径分别为 d 和 D 的空心轴，其横截面的极惯性矩为 $I_p=\frac{1}{32}\pi D^4-\frac{1}{32}\pi d^4$，抗扭截面系数为 $W_T=\frac{1}{16}\pi D^3-\frac{1}{16}\pi d^3$。以上计算是否正确？何故？

5. 当圆轴扭转强度不够时，可采取哪些措施？

6. 直径 d 和长度 l 都相同，而材料不同的两根轴，在相同的扭矩作用下，它们的最大切应力 $\tau_{\max}$是否相同？扭转角 ϕ 是否相同？为什么？

7. 当轴的扭转角超过许用扭转角时，用什么方法来降低扭转角？改用优质材料的方法好不好？

习　题

11－1　传动轴受外力偶矩如题 11－1 图示作用，试作出该轴的内力图。

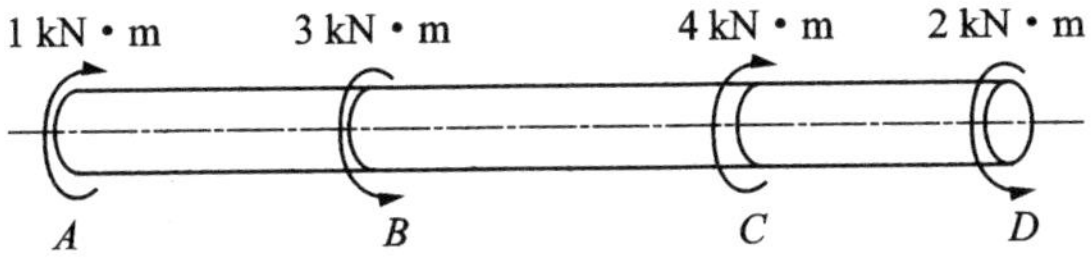

题 11－1 图

11－2　求题 11－2 图示各轴截面Ⅰ－Ⅰ、Ⅱ－Ⅱ、Ⅲ－Ⅲ截面上的扭矩，并画出扭矩图。

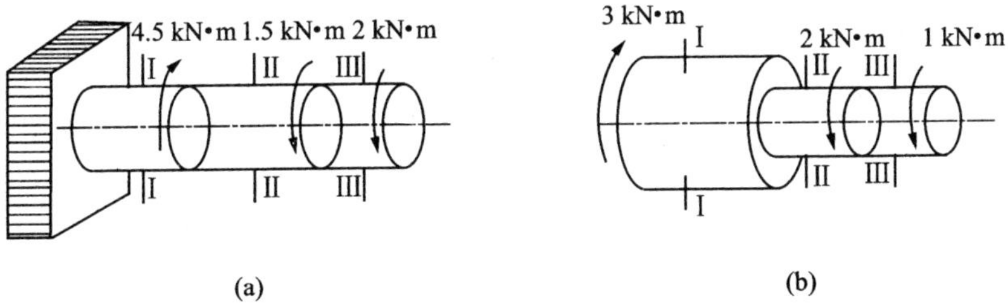

题 11－2 图

11－3　在题 11－3 图示中，传动轴转速 $n=250$ r/min，主动轮输入功率 $P_B=7$ kW，从动轮 A、B、D 分别输出功率为 $P_A=3$ kW，$P_C=2.5$ kW，$P_D=1.5$ kW，试画出该轴的扭矩图。

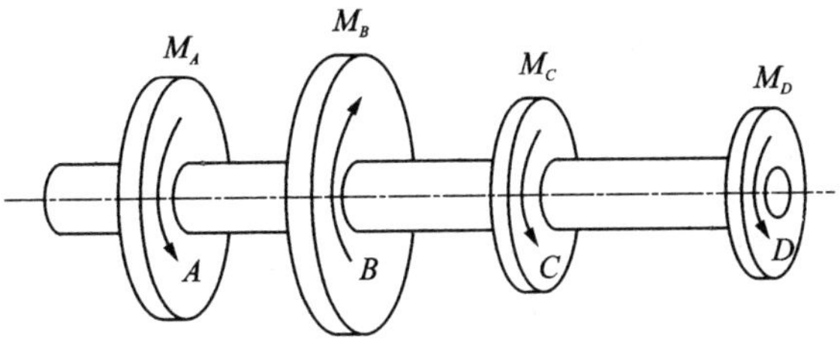

题 11－3 图

11－4　一实心轴的直径 $d=100$ mm，扭矩 $M_T=100$ kN · m。试求距圆心 $\dfrac{d}{8}$，$\dfrac{d}{4}$ 和 $\dfrac{d}{2}$ 处的切应力，并绘出切应力分布图。

答：$\tau_{\rho_1}=127.3$ MPa，$\tau_{\rho_2}=255$ MPa，$\tau_{\max}=509$ MPa。

11－5 一根直径 $d=50$ mm 的圆轴，受到扭矩 $M_T=2.5$ kN·m 的作用，试求出距圆心10 mm处点的切应力及轴横截面上的最大切应力。

答：$\tau_\rho=41$ MPa，$\tau_{max}=102$ MPa。

11－6 题 11－4 图示为一根船用推进器的轴，其一段是实心的，直径为280 mm；另一段是空心的，其内径为外径的一半。在两段产生相同的最大切应力的条件下，求空心轴的外径 D。

答：$D\geqslant28.6$ cm。

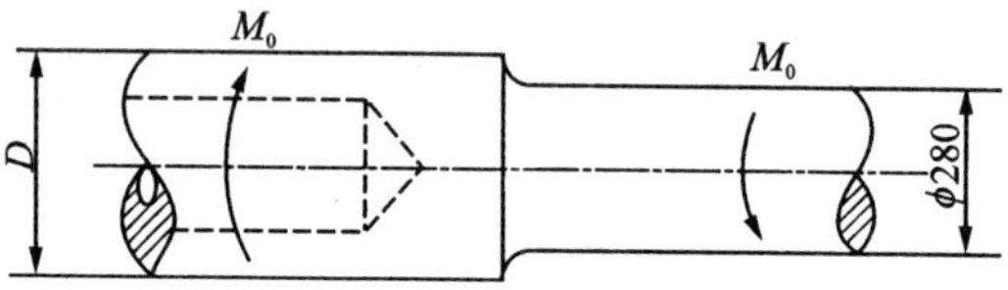

题 11－4 图

11－7 实心轴截面上的扭矩 $M=5$ kN·m；轴的许用切应力$[\tau]=50$ MPa，试设计轴的直径 d_1。若将轴改为空心轴，而内外直径之比 $d/D=0.8$，试设计截面尺寸，并比较空心圆轴与实心圆轴的用料。

答：$d_1=80$ mm；$D=95$ mm；$d=76$ mm；$A_{空}/A_{实}=51\ \%$。

11－8 一实心圆轴与四个圆盘刚性连接，置于光滑的轴承中，如题 11－5 图示。设 $M_A=M_B=0.25$ kN·m，$M_C=1$ kN·m，$M_D=0.5$ kN·m，圆轴材料的许用切应力$[\tau]=20$ MPa。试按扭转强度条件计算该轴的直径。

答：$d=51$ mm。

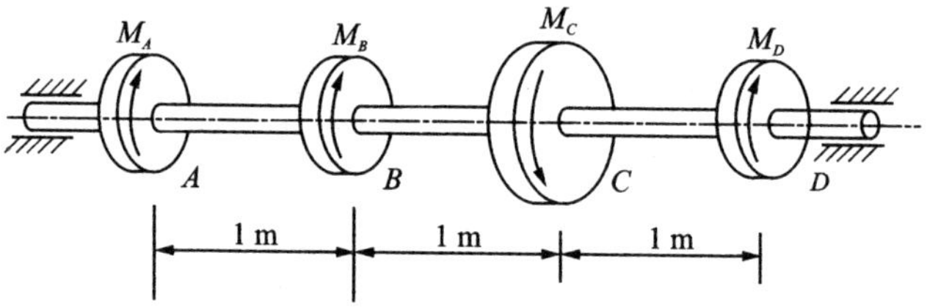

题 11－5 图

11－9 题 11－6 图示的绞车同时有两人操作，若每人加在手柄上的力都是 $F=200$ N，已知轴的许用切应力$[\tau]=40$ MPa。试按照强度条件初步估算 AB 轴的直径，并确定最大起重量 W。

答：$d\geqslant21.7$ mm，$W=1.12$ kN。

11－10 题 11－7 图示一圆轴，直径 $d=100$ mm，$l=500$ mm，$M_1=7$ kN·m，$M_2=5$ kN·m，$G=80$ GPa。试求截面 C 相对于截面 A 的扭转角 ϕ_{CA}。

答：$\phi_{CA}=-0.0019$ rad。

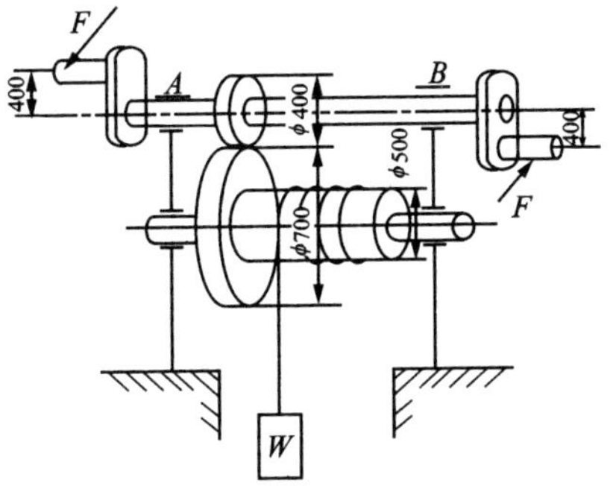

题 11-6 图

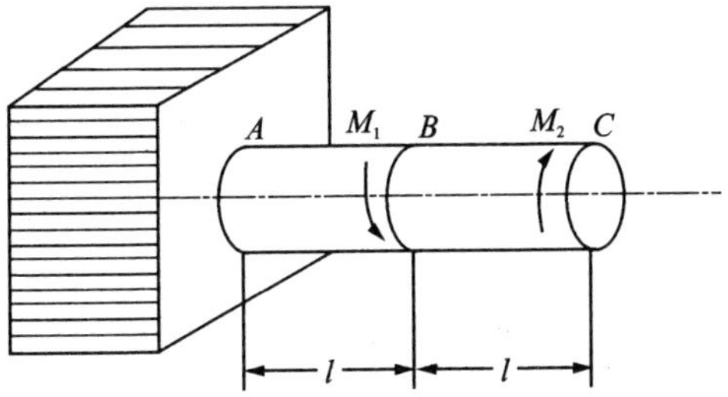

题 11-7 图

11-11 一钢轴转速 $n=250$ r/min，传递的功率 $P=60$ kW，许用切应力$[\tau]=40$ MPa，许用单位扭转角$[\theta]=0.8°/\text{m}$，剪切弹性模量 $G=80$ GPa，试设计轴的直径。

答：$d=68$ mm。

11-12 阶梯形圆轴的直径分别为 $d_1=4$ cm，$d_2=7$ cm，轴上装有 3 个传动轮，如图题 11-8所示。已知由轮 3 输入的功率为 $P_3=30$ kW，轮 1 输入的功率为 $P_1=13$ kW，轴作匀速转动，转速 $n=200$ r/min，材料的$[\tau]=60$ MPa，剪切弹性模量 $G=80$ GPa，许用单位扭转角$[\theta]=2°/\text{m}$。试校核轴的强度和刚度。

答：$\tau_{AC,\max}=49.4\ \text{MPa}<[\tau]$，$\tau_{BD,\max}=21.3\ \text{MPa}<[\tau]$。

$\theta_{AC}=1.77°/\text{m}<[\theta]$，$\theta_{BD}=0.44°<[\theta]$。

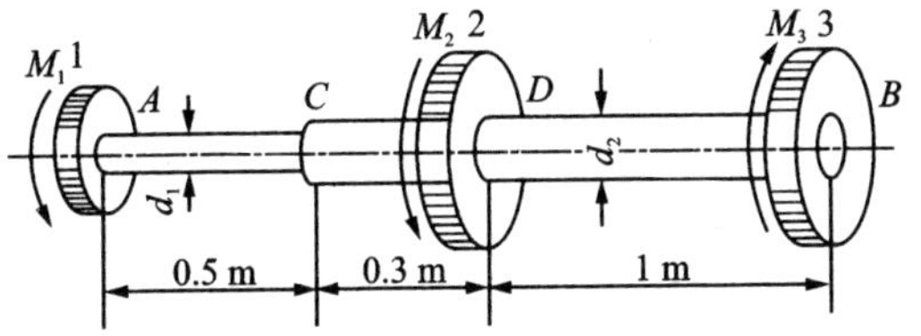

题 11-8 图

11-13 传动轴如题 11-9 图示，轴的直径 $d=40$ mm，A 轮输出$\frac{2}{3}$的功率，C 轮输出$\frac{1}{3}$的功率，轴材料的剪切弹性模量 $G=80$ GPa，许用应力$[\tau]=60$ MPa，许用单位扭转角$[\theta]=0.5°/\text{m}$，电动机转速为 1 540 r/min，传动轮传动的速度比 $i=3$。试计算电动机的功率最大为多少？

答：$P\leqslant 133$ kW。

11-14 测量扭转角的装置如题 11-10 图所示，已知 $L=10$ cm，$d=1$ cm，$h=10$ cm，当外力偶矩增量为 $\Delta M=2\ \text{N}\cdot\text{m}$，百分表的读数增量为 25 分度（一分度$(1')=0.01$ mm）时。试计算材料的剪切弹性模量 G。

答：$G=81.5$ GPa。

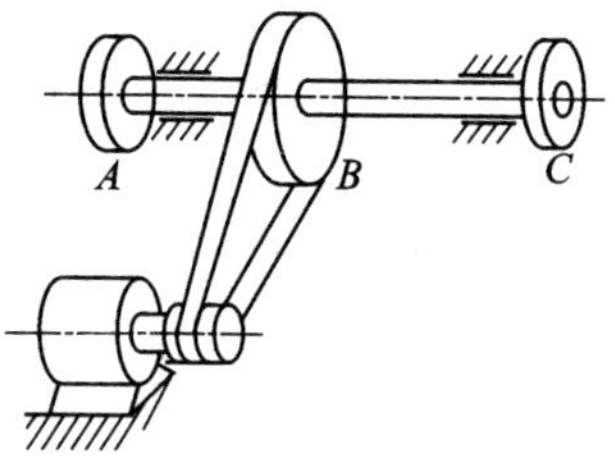

题 11 - 9 图

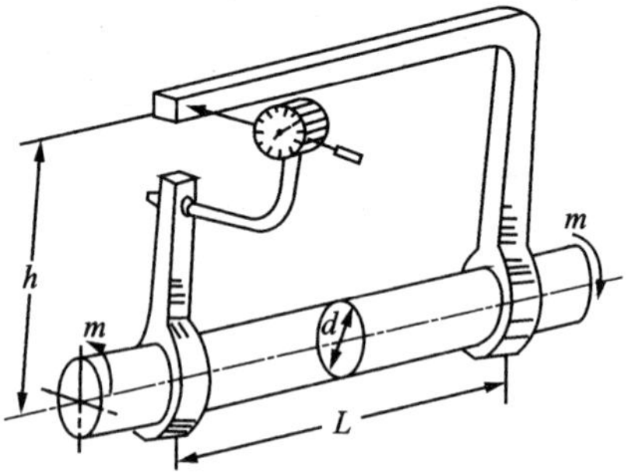

题 11 - 10 图

第 12 章　弯曲内力

本章首先介绍平面弯曲的概念和梁的计算简图，然后着重讨论梁的内力，即剪力和弯矩、剪力方程和弯矩方程、剪力图和弯矩图，并进一步介绍载荷集度、剪力和弯矩间的微分关系及其在剪力图、弯矩图中的作用。

12.1　平面弯曲的概念和梁的计算简图

12.1.1　平面弯曲的概念

在工程实际中，经常遇到受力而发生弯曲变形的杆件。如图 12－1(a)所示矿车轮轴，它在车体的重力和轨道的反力作用下，车轴将变成一条曲线[见图 12－1(b)]；又如图 12－1(c)所示的桥式吊车的横梁，在载荷和梁自重作用下也将发生弯曲变形[见图 12－1(d)]；再如变速箱中的齿轮轴[见图 12－1(e)]；轮齿的受力作用在齿轮轴上，使齿轮轴发生弯曲变形[见图 12－1(f)]等。

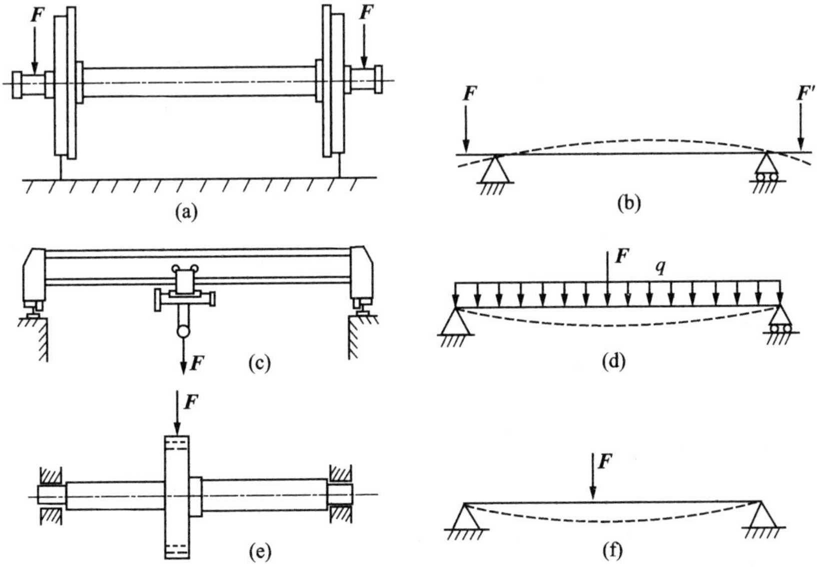

图 12－1

上述各例中的直杆，其受力的共同特点是：外力作用线垂直于杆的轴线，或外力偶作用面垂直于横截面。它们的变形特点是：杆件的轴线由原来的直线变成曲线。这种变形形式称为弯曲变形。凡发生弯曲变形或以弯曲变形为主的杆件均称为**梁**。

在工程实际中，大多数梁的横截面具有对称轴[见图 12-2(a)]，对称轴 y 与梁的轴线 x 所组成的平面称为纵向对称面[见图 12-2(b)]。如果作用于梁上的外力(包括载荷和支座反力)都位于该纵向对称面内，且垂直于轴线，梁变形后的轴线将变成为纵向对称面内的一条平面曲线，这种弯曲变形称为**平面弯曲**。平面弯曲是弯曲变形中最简单最常见的情况。本章只限于研究直梁的平面弯曲内力及内力图。

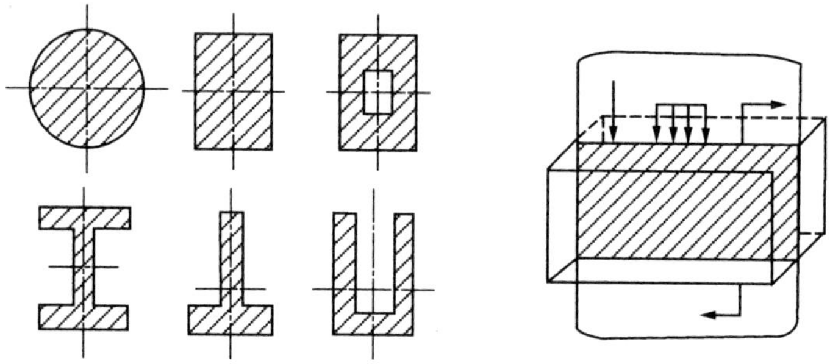

(a) (b)

图 12-2

12.1.2 梁的计算简图

1. 梁的简化

为方便对梁进行分析和计算，须将工程实际中受弯构件简化成梁的计算简图。首先是梁的简化，如图 12-1 所示，不管梁的截面形状如何，都可以用梁的轴线代替梁。

2. 载荷的简化

梁所受的实际载荷按其作用形式，有集中载荷、分布载荷及集中力偶 3 种。

(1) 集中载荷　当载荷的作用范围很小时，可将其简化为集中载荷。如图 12-3(a)所示，辊轴两端轴承的支座反力分布在远比轴长 l 小得很多的轴颈 a 上。因此，可简化为作用在轴颈长度中点的集中力 $\boldsymbol{F}_{R_A}$ 与 $\boldsymbol{F}_{R_B}$，如图 12-3(b)所示。

(2) 分布载荷　当载荷连续分布在梁的全长或部分长度上时，可将其简化为分布载荷，如图 12-3(a)中所示的作用在辊轴上的压轧力。分布载荷的大小，用单位长度上所受的载荷 q 表示[见图 12-3(b)]。它的单位是牛每米(N/m)或千牛每米(kN/m)。当载荷均匀分布时，又称为均布载荷，即 $q=$常数；当载荷分布不均匀时，q 沿梁的轴线变化，即 $q=q(x)$，q 为 x 的函数。

(3) 集中力偶　当梁上很小一段长度上作用力偶时，可将力偶简化为作用在该段长度的中间截面上，称为集中力偶。如图 12-3(c)所示，装有斜齿轮的传动轴，将其作用于齿轮上的轴向力 $\boldsymbol{F}_{Na}$ 平移到轴线上，得到一个沿轴线作用力 $\boldsymbol{F}'_{Na}$ 和一个力偶 $m=F_{Na}D/2$。由于 CD 段比轴的长度短得多，因此，可简化为作用在 CD 段中点截面的集中力偶，如图 12－3(d)所示。

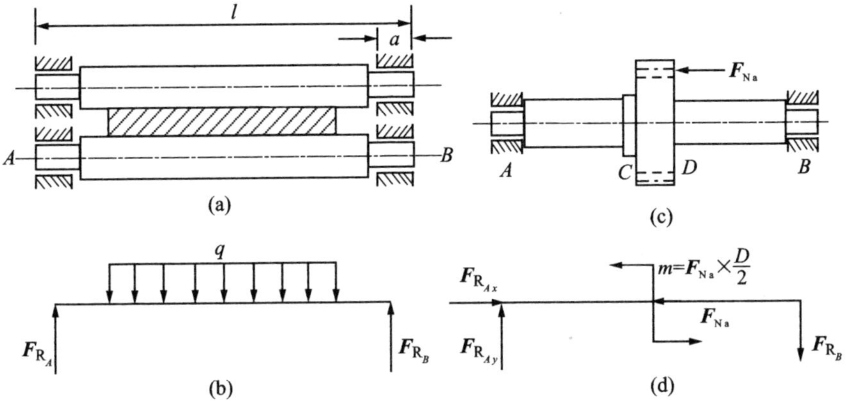

图 12－3

3. 梁的种类

工程中常见到的梁有以下 3 种基本形式：

(1) 简支梁　梁的一端为固定铰支座，另一端为活动铰支座，如图 12－4(a)所示。

(2) 外伸梁　梁的一端或两端向外伸出简支梁，如图 12－4(b)所示。

(3) 悬臂梁　梁的一端为固定端，另一端为自由端，如图 12－4(c)所示。

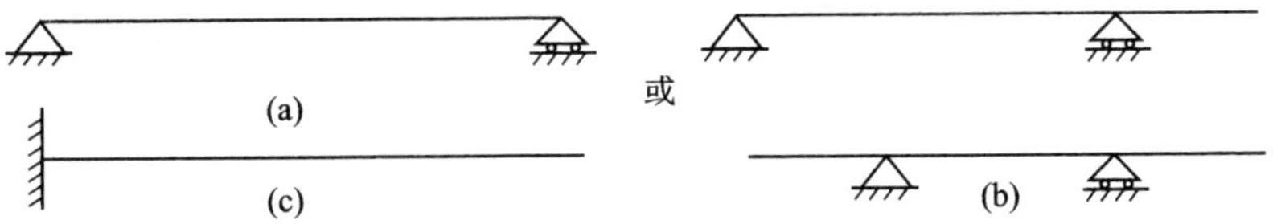

图 12－4

12.2　弯曲时横截面上的内力——剪力和弯矩

12.2.1　剪力和弯矩的概念

为了计算梁的应力和变形，需要首先确定其内力。分析梁内力的方法仍然是截面法。

以简支梁为例，如图 12－5(a)所示，梁受集中力 F_1、F_2 作用，其支座反力 F_{R_A}、

F_{R_B}可以由静力平衡方程求出。这些外力均为已知，且构成平面（纵向对称面）平行力系，梁在该力系作用下处于平衡状态。欲求梁任一横截面 $m-m$ 上的内力，可设该截面距梁左端为 x。应用截面法，假想地将梁在截面 $m-m$ 处分成左右两段。取左段为研究对象[见图 12－5(b)]，因为原来的梁处于平衡状态，所以梁的左段也应保持平衡状态。为了维持左段梁的平衡，横截面$m-m$上必然同时存在两个分量：

(1) 一个内力分量与竖直方向的外力平衡，其作用线平行于外力，通过截面形心并与梁的轴线垂直，该内力沿横截面作用，称为剪力 $\boldsymbol{F}_Q$。

(2) 另一个内力分量与外力对截面形心的力矩平衡，其作用平面与梁的纵向对称面重合，该内力偶矩称为弯矩 M。

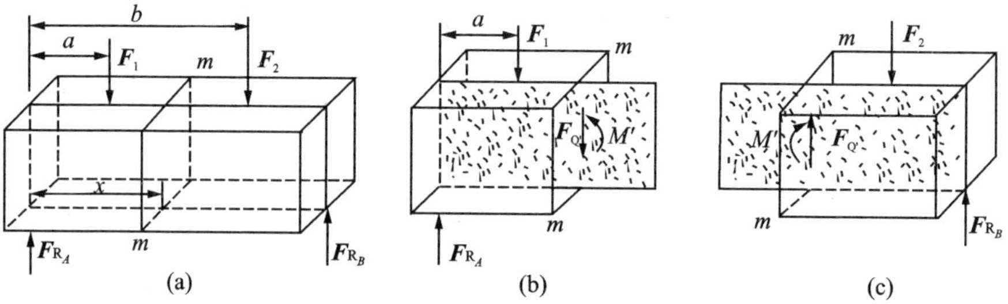

图 12－5

同样，若取右段为研究对象[见图 12－5(c)]，则右段截面 $m-m$ 也同时存在一个剪力F'_Q和一个弯矩 M'。根据作用与反作用原理，剪力的大小相等($F_Q=F'_Q$)，指向相反；弯矩的大小相等($M=M'$)，转向相反。

12.2.2 剪力和弯矩的计算

选左段为研究对象，列平衡条件

$$\sum F_y = 0, \qquad F_{R_A} - F_1 - F_Q = 0$$

$$\sum m_C(\boldsymbol{F}) = 0, \qquad F_{R_A} \cdot x - F_1(x-a) - M = 0$$

解得

$$F_Q = F_{R_A} - F_1$$

$$M = F_{R_A} \cdot x - F_1(x-a)$$

上述两式表明：梁上任一截面的剪力等于截面一侧的所有外力的代数和；弯矩等于截面一侧所有外力对截面形心之矩的代数和。

12.2.3 剪力和弯矩的符号规定

为了使取左段梁与取右段梁在计算同一截面上的内力时具有相同的正负号，并由其正负号反映梁的变形情况，对剪力 $\boldsymbol{F}_Q$ 和弯矩 M 的正负号作如下规定。

1. 剪力 $\boldsymbol{F}_Q$的符号规定

取截面 $m-m$ 左段梁时，截面上的剪力向下为正；取右段梁时，剪力向上为正[见

图 12－6(a)];反之,剪力为负[见图 12－6(b)]。即剪力方向与截面外法线按顺时针转 90°时一致,则剪力为正。剪力正负号的规定,还可以用紧靠截面的微段梁的相对变形来确定。即此微段梁相邻两截面发生左上右下的相对错动时,则截面上的剪力为正[见图 12－6(a)];反之,剪力为负,如图 12－6(b)所示。

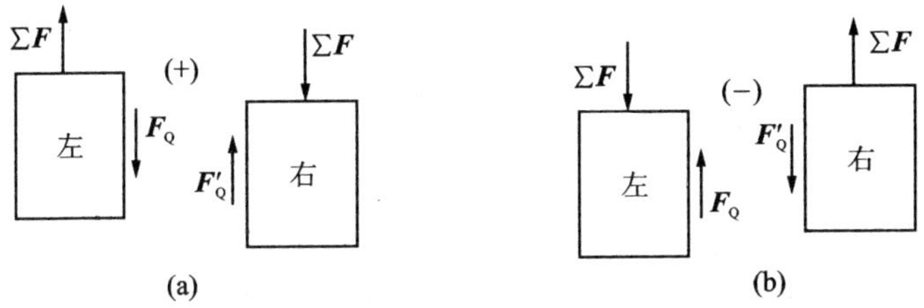

图 12－6

2. 弯矩 M 的符号规定

取截面 $m-m$ 左段梁时,截面上逆时针转向的弯矩为正;取右段梁时,截面上顺时针转向的弯矩为正[见图 12－7(a)];反之,弯矩为负,如图 12－7(b)所示。

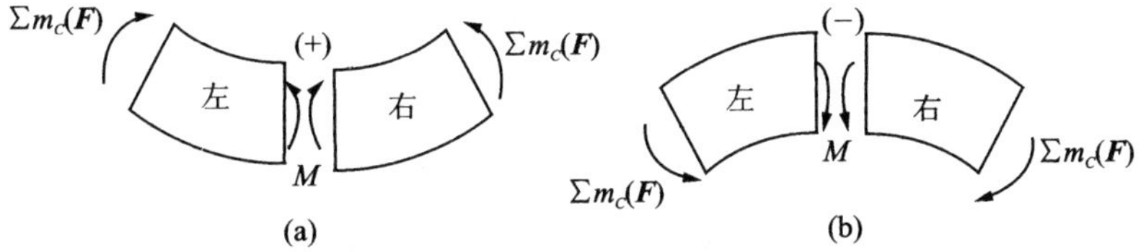

图 12－7

弯矩正负号的规定,也可以用梁的弯曲变形情况来确定。即若使梁的轴线产生上凹下凸变形时,则截面上的弯矩为正[见图 12－7(a)];反之,若使梁的轴线产生上凸下凹变形时,则截面上的弯矩为负,如图 12－7(b)所示。

解题时,在截面上的剪力和弯矩均按正方向假设,以便于绘制内力图。下面举例说明弯曲时横截面上内力的求法。

例 12－1　一简支梁受集中力 $F_1=4$ kN,集中力偶 $M=4$ kN·m 和均布载荷 $q=2$ kN/m 的作用如图 12－8(a)所示,试求 1－1 和 2－2 截面上的剪力和弯矩。

解:（1）计算支座反力　取梁 AB 为研究对象[见图 12－8(b)],列平衡方程

$$\sum m_B(\boldsymbol{F})=0,\qquad q\times 2\ \text{kN}\times 7\ \text{m}+F\times 4\ \text{kN}\cdot\text{m}+M-P_{R_A}\times 8\ \text{kN}\cdot\text{m}=0$$

$$\sum F_y=0,\qquad F_{R_A}-q\times 2\ \text{kN}-F+F_{R_B}=0$$

解得

$$F_{R_A}=6\ \text{kN},\qquad F_{R_B}=2\ \text{kN}$$

（2）计算截面上的剪力和弯矩　取截面 1－1 左段为研究对象[见图 12－8(c)],列平衡方程

$$\sum m_C(\boldsymbol{F})=0,\qquad -F_{R_A}\times 3\ \text{m}+q\times 2\ \text{kN}\times 2\ \text{m}+M_1=0$$

解得 $F_{Q1} = 2\ \text{kN}, \quad M_1 = 10\ \text{kN}\cdot\text{m}$

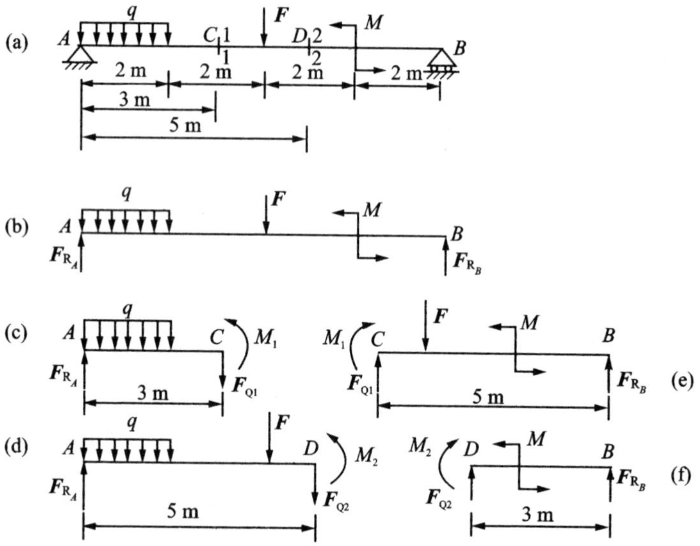

图 12-8

取截面 2-2 左段为研究对象[见图 12-8(d)],列平衡方程

$$\sum F_y = 0, \quad F_{R_A} - q \times 2\ \text{kN} - F - F_{Q2} = 0$$

$$\sum m_D(\boldsymbol{F}) = 0, -F_{R_A} \times 5\ \text{kN}\cdot\text{m} + q \times 2 \times 4\ \text{kN}\cdot\text{m} + F \times 1\ \text{kN}\cdot\text{m} + M_2 = 0$$

解得 $F_{Q2} = -2\ \text{kN}, \quad M_2 = 10\ \text{kN}\cdot\text{m}$

若右段为研究对象[见图 12-8(e)、(f)]解得结果相同。但计算 $\boldsymbol{F}_{Q1}$ 和 M_1 时选左段梁较为简便,而计算 $\boldsymbol{F}_{Q2}$ 和 M_2 时选右段梁较为简便。

另外,根据剪力和弯矩的符号规定,也可不必选取研究对象,而直接由外力得出。

(1) 剪力 截面以左向上的外力或截面以右向下的外力产生正剪力(简称左上右下生正剪);反之为负。

(2) 弯矩 截面以左顺时针转向的外力偶或截面以右逆时针转向的外力偶产生正弯矩(简称左顺右逆生正弯矩);反之为负。

这种直接根据外力来计算弯曲内力的方法比截面法更加简便,以后经常使用。如对本例,取左侧直接可得

$$F_{Q1} = F_{R_A} - q \times 2 = 6\ \text{kN} - 2 \times 2\ \text{kN} = 2\ \text{kN}$$

$$M_1 = F_{R_A} \times 3 - q \times 2 \times 2 = 6 \times 3\ \text{kN}\cdot\text{m} - 2 \times 2 \times 2\ \text{kN}\cdot\text{m} = 10\ \text{kN}\cdot\text{m}$$

$$F_{Q2} = F_{R_A} - q \times 2 - F = 6\ \text{kN} - 2 \times 2\ \text{kN} - 4\ \text{kN} = -2\ \text{kN}$$

$$M_2 = F_{R_A} \times 5 - q \times 2 \times 4 - F \times 1 =$$

$$6 \times 5\ \text{kN}\cdot\text{m} - 2 \times 2 \times 4\ \text{kN}\cdot\text{m} - 4 \times 1\ \text{kN}\cdot\text{m} = 10\ \text{kN}\cdot\text{m}$$

取右侧可得

$$F_{Q2} = -F_{R_B} + F = (-2+4)\text{kN} = 2\ \text{kN}$$

$$M_1 = F_{R_B} \times 5 + M - F \times 1 =$$

$$2 \times 5\ \text{kN}\cdot\text{m} + 4\ \text{kN}\cdot\text{m} - 4 \times 1\ \text{kN}\cdot\text{m} = 10\ \text{kN}\cdot\text{m}$$

$$F_{Q2} = -F_{R_B} = -2\ \text{kN}$$

$$M_2 = F_{R_B} \times 3 + M = 2 \times 3\ \text{kN}\cdot\text{m} + 4\ \text{kN}\cdot\text{m} = 10\ \text{kN}\cdot\text{m}$$

可见，不论取截面左侧或右侧，所得结果与截面法的结果完全相同。读者应在充分掌握截面法的基础上，再进一步熟练掌握本方法。

12.3　剪力方程和弯矩方程、剪力图和弯矩图

一般情况下，梁的各横截面上的剪力和弯矩大小是不同的，它们随横截面位置的不同而变化。如取梁的轴线为 x 轴，坐标 x 表示截面位置，则剪力 F_Q 和弯矩 M 可以表示为 x 的函数，即

$$F_Q = F_Q(x), \qquad M = M(x) \tag{12-1}$$

式(12－1)表示了剪力 $\boldsymbol{F}_Q$ 和弯矩 M 随截面位置 x 的变化规律，分别称为**剪力方程**和**弯矩方程**。

为了清楚地表示梁上各横截面的剪力和弯矩的大小、正负及最大值所在截面的位置，把剪力方程和弯矩方程用函数图像表示出来，分别称为剪力图和弯矩图。其绘制方法是：以平行于梁轴的横坐标表示横截面位置，以纵坐标表示横截面上的剪力 $\boldsymbol{F}_Q$ 或弯矩 M，分别绘制 $F_Q = F_Q(x)$ 或 $M = M(x)$ 的图线。

下面举例说明建立剪力方程、弯矩方程和绘制剪力图、弯矩图的方法。

例 12－2　简支梁受均布载荷 q 的作用，如图 12－9(a)所示，试绘制此梁的剪力图和弯矩图。

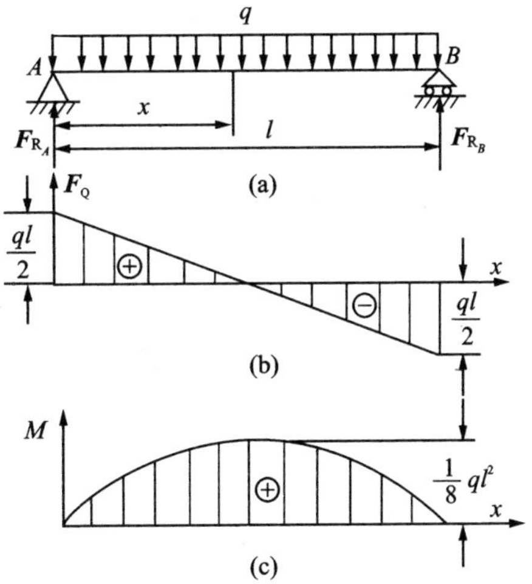

图 12－9

解：（1）求支座反力　选梁 AB 为研究对象，由对称性知：A、B 两支座的反力为

$$F_{R_A} = F_{R_B} = \frac{1}{2}ql$$

(2) 列剪力方程和弯矩方程　取任意截面 x，则有

$$F_Q = F_{R_A} - qx = \frac{1}{2}ql - qx\,(0 < x < l) \tag{1}$$

$$M = F_{R_A}x - qx\,\frac{x}{2} = \frac{ql}{2}x - \frac{1}{2}qx^2\,(0 \leqslant x \leqslant l) \tag{2}$$

(3) 画剪力图和弯矩图　由式(1)可知，剪力是 x 的一次函数，故剪力图为一斜直线。绘制时可定两点：当 $x \to 0$ 时，$F_{Q_A} = \frac{ql}{2}$；当 $x \to l$ 时，$F_{Q_B} = -\frac{ql}{2}$，剪力图如图 12-9(b)所示。

由式(2)可知，弯矩是 x 的二次函数，故弯矩图为一抛物线。绘制时可定 3 点：当 $x=0$，$M_A=0$；当 $x=l$，$M_B=0$；当 $x=\frac{l}{2}$，$M_C=\frac{ql^2}{8}$。

作弯矩图如图 12-9(c)所示。

(4) 确定 $F_{Q,\max}$ 和 $M_{\max}$　由剪力图和弯矩图可知

$$F_{Q,\max} = \frac{1}{2}ql, \qquad M_{\max} = \frac{1}{8}ql^2$$

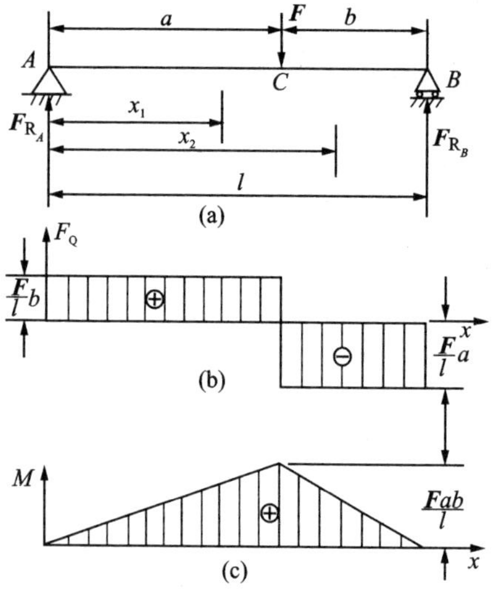

图 12-10

例 12-3　简支梁见图 12-10(a)，在截面 C 处受集中力作用，试绘制此梁的剪力图和弯矩图。

解： (1) 求支座反力　选 AB 为研究对象，列平衡方程可得 A 和 B 两支座的反力分别为

$$F_{R_A} = \frac{Fb}{l} \qquad F_{R_B} = \frac{Fa}{l}$$

(2) 分段列剪力方程和弯矩方程　由于梁在 C 点处有集中力 $\boldsymbol{F}$ 作用，故 AC 和 CB 两段的剪力、弯矩方程不同，必须分别列出：

AC 段
$$F_{Q1}(x) = F_{R_A} = \frac{Fb}{l}(0 < x_1 < a) \tag{1}$$

$$M_1(x) = F_{R_A}x_1 = \frac{Fb}{l}x_1(0 \leqslant x_1 \leqslant a) \tag{2}$$

BC 段
$$F_{Q2}(x) = F_{R_A} - F = -\frac{Fa}{l}(a < x_2 < l) \tag{3}$$

$$M_2(x) = F_{R_A}x_2 - F(x_2 - a) = \frac{Fa}{l}(l - x_2)\quad(a \leqslant x_2 \leqslant l) \tag{4}$$

(3) 画剪力图和弯矩图　由剪力方程式(1)，(3)可知，AC 段和 BC 段梁上的剪力为两个不同的常数，故其剪力图均为水平直线，如图 12-10(b)所示。

由弯矩方程式(2),(4)可知,AC 段和 BC 段梁上的弯矩均为 x 的一次函数,故两段弯矩图均为斜率不同的两条直线。由特征点数值:$x=0, M_A=0, x=a, M_C=Fab/l$; $x=l, M_B=0$,即可以画出弯矩图 12-10(c)所示图形。

由剪力图可知,在集中力作用处,剪力值发生突变,突变方向与该集中力的指向相同,突变值等于该集中力的大小,即

$$|F_{Q_C}^{右}-F_{Q_C}^{左}|=\left|-\frac{Fa}{l}-\frac{Fb}{l}\right|=F$$

式中 $F_{Q_C}^{左}$ 和 $F_{Q_C}^{右}$ 分别表示截面 C 两侧无限接近的截面上的剪力值。

(4) 确定 $F_{Q,max}$ 设 M_{max}　设 $a>b$,则在集中力 F 作用处的截面右侧,有 $F_{Q,max}=\frac{Fa}{l}$,而集中作用处,有 $M_{max}=\frac{Fab}{l}$;若集中力 F 作用在梁的中点,即 $a=b=\frac{l}{2}$ 时,有 $F_{Q,max}=\frac{F}{2}, M_{max}=\frac{Fl}{4}$。

例 12-4　简支梁如图 12-11(a)所示,在截面 C 处受集中力偶 M 的作用,试绘制此梁的剪力图和弯矩图。

解: (1) 求支座反力　选梁 AB 为研究对象,由力偶平衡方程 $\sum m=0$,得

$$F_{R_A}=F_{R_B}=\frac{M}{l}$$

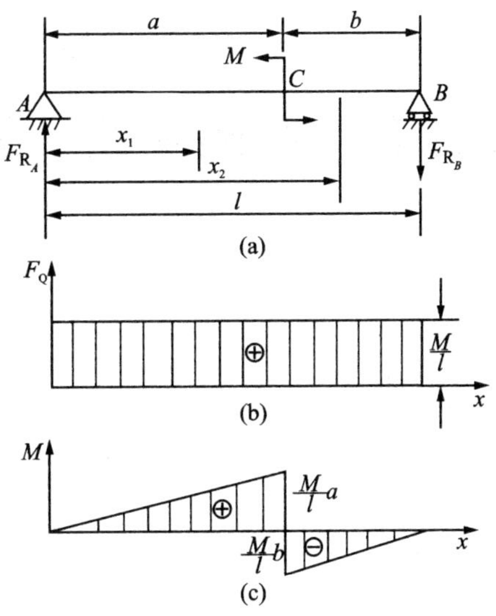

图 12-11

(2) 分段列剪力方程和弯矩方程　由于梁上有集中力偶 M 的作用,故将梁分为 AC 和 BC 两段。

AC 段　$$F_{Q1}(x)=F_{R_A}=\frac{M}{l}A \qquad (0<x_1\leqslant a) \tag{1}$$

$$M_1(x)=F_{R_A}x_1=\frac{Fx_1}{l} \qquad (0\leqslant x_1<a) \tag{2}$$

BC 段　$$F_{Q2}(x)=F_{R_A}=\frac{M}{l} \qquad (0<x_2\leqslant l) \tag{3}$$

$$M_2(x)=-F_{R_B}(l-x_2)=-\frac{M}{l}(l-x_2) \quad (a<x_2\leqslant l) \tag{4}$$

(3) 画剪力图和弯矩图　由于整个梁上剪力为一常数,故剪力图为一水平直线,如图 12-11(b)所示。

由弯矩方程式(2)、(4)可知,AC 段和 BC 段梁上的弯矩图为两条斜直线。

AC 段　$x=0, M_A=0$; $x=a^-$, $M_C^{左}=Ma/l$

CB 段　$x=a^+, M_C^{右}=Mb/l; x=l, M_B=0$

(4) 确定 $F_{Q,max}$ 和 M_{max} 梁上各截面上的剪力均相等，而 C 截面左侧的弯矩最大，即

$$F_{Q,max}=\frac{M}{l},\qquad M_{max}=\frac{Ma}{l}$$

由 M 图可以看出，在集中力偶作用处的截面两侧，剪力值相等，而弯矩值发生突变。若从左向右作图，正力偶向下突变，负力偶向上突变，突变量等于该集中力偶 M 的值，即

$$|M_C^{右}-M_C^{左}|=\left|-\frac{Ma}{l}-\frac{Mb}{l}\right|=M$$

上式中 $M_C^{右}$ 和 $M_C^{左}$ 分别表示截面 C 左右两侧无限接近的截面上的弯矩。

12.4 载荷集度、剪力和弯矩之间的关系

轴线为直线的梁如图 12-12(a)所示。以轴线为 x 轴，y 轴向上为正。梁上分布载荷的集度 $q(x)$ 是 x 的连续函数，且规定 $q(x)$ 向上(与 y 轴方向一致)为正。从梁中取出长为 dx 的微段，并放大为 12-12(b)。微段左边截面上的剪力和弯矩分别是 $\boldsymbol{F}_Q(x)$ 和 $M(x)$。当 x 有一增量 dx 时，$\boldsymbol{F}_Q(x)$ 和 $M(x)$ 的相应增量是 $dF_Q(x)$ 和 $dM(x)$。所以，微段右边截面上的剪力和弯矩应分别为 $\boldsymbol{F}_Q(x)+d\boldsymbol{F}_Q(x)$ 和 $M(x)+d(x)$。微段上的这些内力都取正值，且设微段内无集中力和集中力偶。由微段的平衡方程

$$\sum F_y=0,\qquad \sum m_C(\boldsymbol{F})=0$$

得

$$F_Q(x)-[F_Q(x)+dF_Q(x)]+q(x)dx=0$$

$$-M(x)+[M(x)+dM(x)]-F_Q(x)dx-q(x)dx\cdot\frac{dx}{2}=0$$

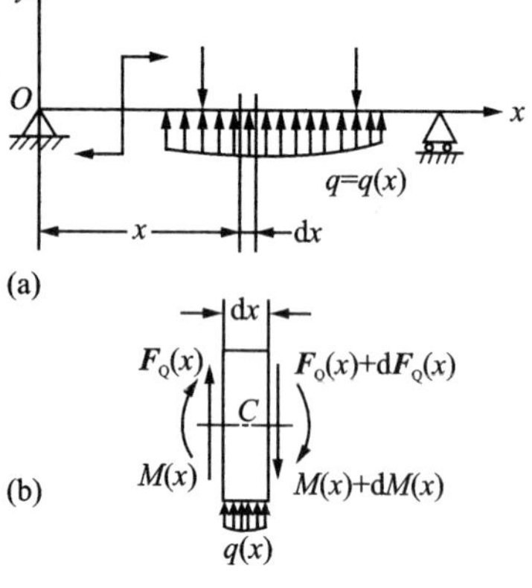

图 12-12

省略第二式中的高阶微量 $q(x)dx\cdot\frac{dx}{2}$，整理后得出

$$\frac{d\boldsymbol{F}_Q(x)}{dx}=q(x)\qquad(12-2)$$

$$\frac{dM(x)}{dx}=\boldsymbol{F}_Q(x)\qquad(12-3)$$

这就是直梁微段的平衡方程。如将式(12-3)对 x 取导数，并利用式(12-2)，又可得出

$$\frac{d^2M(x)}{dx^2}=\frac{d\boldsymbol{F}_Q(x)}{dx}=q(x)\qquad(12-4)$$

以上 3 式表示了直梁的 $q(x)$、$\boldsymbol{F}_Q(x)$ 和 $M(x)$ 间的导数关系。

根据上述导数关系，容易得出下面一些推论。这些推论对绘制或校核剪力图和弯矩图是很有帮助的。

(1) 在梁的某一段内，若无载荷作用，即 $q(x)=0$。由 $\frac{\mathrm{d}\boldsymbol{F}_{\mathrm{Q}}(x)}{\mathrm{d}x}=q(x)=0$ 可知，在这一段内 $\boldsymbol{F}_{\mathrm{Q}}(x)=$ 常数，剪力图是平行于 x 轴的直线，如图 12－10(b)所示。再由 $\frac{\mathrm{d}^2M(x)}{\mathrm{d}x^2}=q(x)=0$ 可知，$M(x)$ 是 x 的一次函数，弯矩图是斜直线，如图 12－10(c)所示。

(2) 在梁的某一段内，若作用均布载荷，即 $q(x)=$ 常数。由于 $\frac{\mathrm{d}^2M(x)}{\mathrm{d}x^2}=\frac{\mathrm{d}\boldsymbol{F}_{\mathrm{Q}}(x)}{\mathrm{d}x}=q(x)=$ 常数，故在这一段内 $\boldsymbol{F}_{\mathrm{Q}}(x)$ 是 x 的一次函数，$M(x)$ 是 x 的二次函数。因而剪力图是斜直线，弯矩图是抛物线[见图 12－9(b)、(c)]。

在梁的某一段内，若分布载荷 $q(x)$ 向下，则因向下的 $q(x)$ 为负，故 $\frac{\mathrm{d}^2M(x)}{\mathrm{d}x^2}=q(x)<0$，这表明弯矩图应为向上凸的曲线[见图 12－9(c)]。反之，若分布载荷向上，则弯矩图应为向下凸的曲线。

(3) 在梁的某一截面上，若 $\boldsymbol{F}_{\mathrm{Q}}(x)=\frac{\mathrm{d}M(x)}{\mathrm{d}x}=0$，则弯矩在这一截面上有一极值(极大或极小)，即弯矩的极值发生于剪力为零的截面上(见图 12－9)。

(4) 在集中力作用处，剪力图发生突变，突变量等于该集中力的大小，若从左向右作图，突变方向与集中力方向相同；弯矩图的斜率也突然发生变化，成为一个转折点。如例 12－3 之弯矩的极值就可能出现于这类截面上。

(5) 在集中力偶作用处，弯矩图发生突变(例 12－4)，突变量等于该集中力偶矩的大小，若从左向右作图，逆时针转动的力偶向下突变，反之向上突变，此处也将出现弯矩的极值。

(6) 利用导数关系(12－2)和(12－3)，经过积分得

$$F_{\mathrm{Q}}(x_2)-F_{\mathrm{Q}}(x_1)=\int_{x_1}^{x_2}q(x)\mathrm{d}x \tag{12-5}$$

$$M(x_2)-M(x_1)=\int_{x_1}^{x_2}F_{\mathrm{Q}}(x)\mathrm{d}x \tag{12-6}$$

以上(12－5)、式(12－6)两式表明，在 $x=x_2$ 和 $x=x_1$ 两截面上的剪力之差，等于两截面间载荷图的面积；两截面上的弯矩之差，等于两截面间剪力图的面积。上述关系自然也可以用于剪力图和弯矩图的绘制与校核。

例 12－5　悬臂梁如图 12－13 所示，自由端受集中力 $\boldsymbol{F}$ 作用，梁的 BC 段受均布载荷作用，已知 $F=3$ kN，$q=3$ kN/m，试绘制此梁的剪力图和弯矩图。

解：(1) 对悬臂梁可不必求出支座反力，由于 AC 段无分布载荷，故剪力图为一水平直线，其值为 $F_{\mathrm{Q1}}=F=3$ kN。又因 BC 段有均布载荷作用，故剪力图为一斜直线，q 向下，则向下倾斜。绘制直线可定两点：$x=2$ m，$F_{\mathrm{Q}_B}=F=3$ kN；$x=6$ m，

$F_{Q_B}=F-q\times4=-9\ \text{kN}$。

全梁剪力图如图 12－13(b)所示，由此剪力图可见，最大剪力发生在固定端 C，其值为 $|F_{Q,\max}|=9\ \text{kN}$。

(2) 画弯矩图　因 AB 段无载荷作用，故弯矩图为一斜直线。又因 $F_Q>0$，故 M 图向上倾斜。绘制斜直线可定两点：$x=0$，$M_A=0$；$x=2\ \text{m}$，$M_A=F\times2\ \text{m}=3\ \text{kN}\times2\ \text{m}=6\ \text{kN}\cdot\text{m}$。

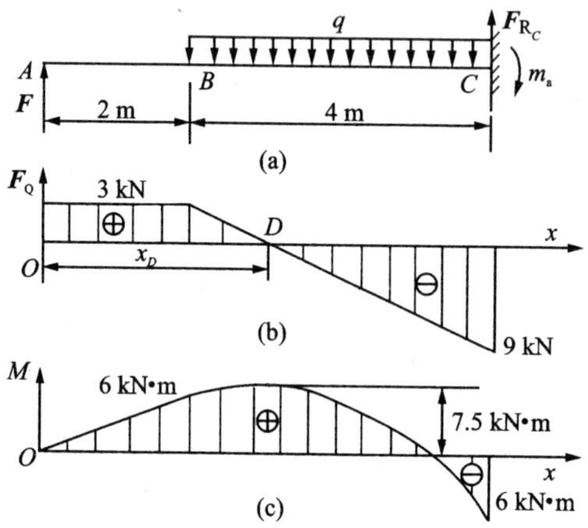

图 12－13

因 BC 段上有均布载荷作用，故弯矩图为一抛物线，$M_x=Fx+\dfrac{q(x-2)^2}{2}$，$(2\leqslant x<6)$。

绘制抛物线可定三点：$x=2\ \text{m}$，$M_B=6\ \text{kN}\cdot\text{m}$；$x=6\ \text{m}$，$M_C=F\times6\ \text{m}-q\times4\ \text{m}\times2\ \text{m}=-6\ \text{kN}\cdot\text{m}$。

由 $F_{Q_D}=0$ 和 F_Q 图中的几何关系，可解得 $x_D=3\ \text{m}$，故该截面上的弯矩有极大值为

$$
\begin{aligned}
M_{\max}=M_D&=F\times3-q\times1\times0.5\\
&=3\ \text{kN}\times3\ \text{m}-3\ \text{kN/m}\times1\ \text{m}\times0.5\ \text{m}=7.5\ \text{kN}\cdot\text{m}
\end{aligned}
$$

这为全梁的最大弯矩，弯矩图如图 12－13(c)所示。

例 12－6　外伸梁及其所受载荷如图 12－14(a)所示，试作梁的剪力图和弯矩图。

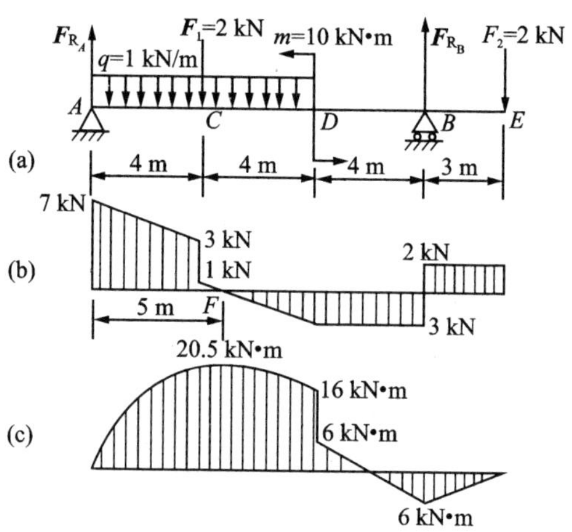

图 12－14

解：由静力平衡方程，求得反力

$$F_{R_A}=7\ \text{kN}\qquad F_{R_B}=5\ \text{kN}$$

按照以前使用的方法作剪力图和弯矩图时，应分别列出 $\boldsymbol{F}_Q$ 及 M 的方程式，然后按照方程式作图。现在利用本节所得结论，可以不列方程式直接作图。在支反力 $\boldsymbol{F}_{R_A}$ 的右侧梁截面上，剪力为 7 kN。截面 A 到截面 C 之间的载荷为均布载荷，剪力图为斜直线。算出集中力 F_1 左侧截面上的剪力为 $(7-1\times4)$ kN $=3$ kN，即可确定这条斜直线［见图 12-14(b)］。截面 C 处有一集中力 $\boldsymbol{F}_1$，剪力图发生突然变化，变化的数值即等于 $\boldsymbol{F}_1$。故 $\boldsymbol{F}_1$ 右侧截面上的剪力为 $(3-2)$ kN $=1$ kN。从 C 到 D 剪力图又为斜直线。截面 D 上的剪力为 $(1-1\times4)$ kN $=-3$ kN。截面 D 及 B 之间梁上无载荷，剪力图为水平直线。截面 B 与 E 之间剪力图也为水平直线，算出 $\boldsymbol{F}_{R_B}$ 右侧截面上的剪力为 2 kN，即可画出这一条水平线。

截面 A 上弯矩为零。从 A 梁到 C 梁上为均布载荷，弯矩图为抛物线。算出截面 C 上的弯矩为 $\left(7\times4-\dfrac{1}{2}\times1\times4\times4\right)$ kN·m $=20$ kN·m。从 C 到 D 弯矩图为另一抛物线。在截面 $\boldsymbol{F}$ 上剪力等于零，弯矩为极值。F 至左端的距离为 5 m，故可求出截面 $\boldsymbol{F}$ 上弯矩的极值为

$$M_{\max}=\left(7\times5-2\times1-\frac{1}{2}\times1\times5\times5\right)\text{kN}\cdot\text{m}=20.5\ \text{kN}\cdot\text{m}$$

在集中力偶 m 左侧截面上弯矩为 16 kN·m。已知 C、F 及 D 等三个截面上的弯矩，即可连成 C 到 D 之间的抛物线。截面 D 上有一集中力偶，弯矩图突然变化，而且变化的数值等于 m。所以在 m 右侧梁截面上，$M=(16-10)$ kN·m $=6$ kN·m。从 D 到 B 梁上无载荷，弯矩图为斜直线。算出在截面 B 上，$M_B=-6$ kN·m，于是就决定了这条直线。B 到 E 之间的弯矩图也是斜直线，由于 $M_E=0$，斜直线是容易画出的。

建议读者用公式(12-5)和(12-6)校核所得结果。

本章所讲的作剪力图和弯矩图的方法，基本上也适用于刚架。所谓刚架，就是由一些杆件作刚性连接所组成的结构，在连接处不能有任何的相对位移和转动，这种连接称为刚节点，如图 12-15(a)所示。

刚架横截面上的内力一般有轴力、剪力和弯矩。对于静定刚架，内力可由静力平衡方程确定。在绘制刚架的弯矩图时，约定把弯矩图画在杆件弯曲变形凹入的一侧，亦即画在受压一侧，而不再考虑正负号。下面以例说明刚架的内力图的做法。

例 12-7　作图 12-15(a)所示刚架的轴力图、剪力图和弯矩图。

解：(1) 求支反力　设各支座反力的方向如图 12-15(a)所示，由平衡方程得

$$F_{Ax}=ql\qquad(\leftarrow)$$

$$F_{R_B}=\frac{ql}{2}\qquad(\uparrow)$$

$$F_{Ay}=F_{R_B}=\frac{ql}{2}\qquad(\leftarrow)\qquad（求解过程略）$$

(2) 将 AC 段及 CB 段坐标原点分别设在 A 点和 B 点，并设截面至原点的距离分别为 x_1 及 x_2，可列出两段的内力方程如下：

AC 段

$$F_{N1}=F_{Ay}=\frac{ql}{2} \qquad (0<x_1\leqslant l)$$

$$F_{Q1}=F_{Ax}-qx_1=ql-qx_1 \qquad (0<x_1\leqslant l)$$

$$M_1=F_{Ax}x_1-qx_1\cdot\frac{x_1}{2}=qlx_1-\frac{qx_1^2}{2} \qquad (0\leqslant x_1\leqslant l)$$

CB 段

$$F_{N2}=0 \qquad (0<x_2\leqslant l)$$

$$F_{Q2}=-F_{R_B}=-\frac{ql}{2} \qquad (0<x_2<l)$$

$$M_2=F_{R_B}\cdot x_2=\frac{ql}{2}\cdot x_2 \qquad (0\leqslant x_2\leqslant l)$$

(3) 画内力图　由上列各式知，CB 段的轴力为零，AC 段的弯矩图为二次抛物线，其他各段的内力图皆为直线。确定有关截面的坐标后可画出刚架的轴力图、剪力图，如图 12－15(b)、(c)所示；按弯矩图画在受压一侧的规定作出刚架的弯矩图，如图 12－15(d)所示。

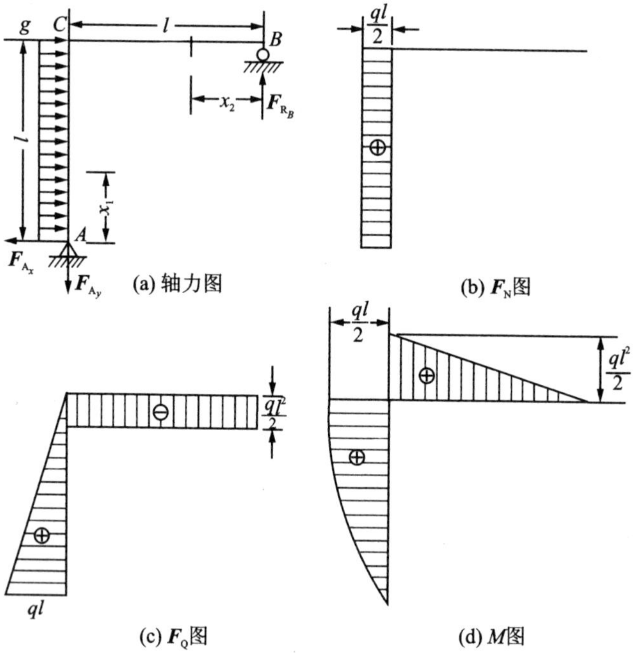

(a) 轴力图　(b) F_N图

(c) F_Q图　(d) M图

图 12－15

思 考 题

1. 悬臂梁的 B 端作用有集中力 $\boldsymbol{F}$,它与 Oxy 平面的夹角如侧视图所示。试说明当截面为圆形、正方形和长方形时,梁是否发生平面弯曲？为什么？

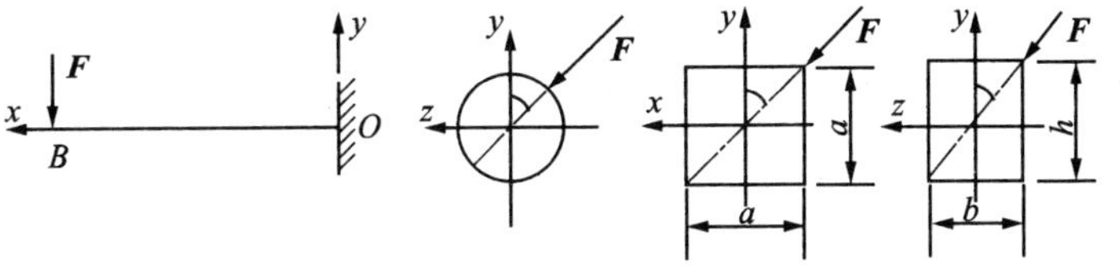

图 12－16

2. 何谓横截面上的剪力和弯矩？剪力和弯矩的大小如何计算？正负如何确定？

3. 如何列出剪力方程和弯矩方程？如何应用剪力方程和弯矩方程画剪力图和弯矩图？

4. 在梁上受集中力和集中力偶作用处,其剪力图和弯矩图在该处如何变化？

5. 弯矩图为二次曲线时,其极值点位置如何确定？$|M_{极值}|$是否一定是全梁中弯曲的最大值？

习　　题

12－1　求出题 12－1 图示中各梁中 C、D 和 e 截面的内力。其中 Δ 趋于零。

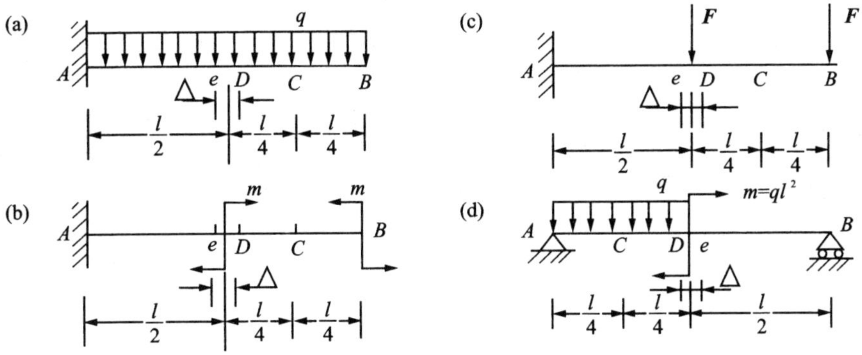

题 12－1 图

12－2　试列出题 12－2 图示中各梁的剪力方程和弯矩方程式,作剪力图和弯矩图,并求出$|F_{Q,max}|$和$|M_{max}|$。

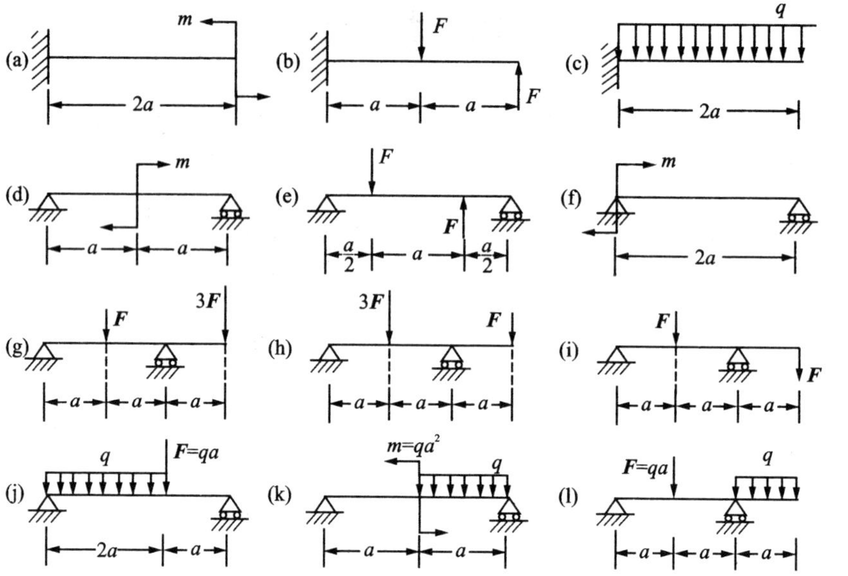

题 12-2 图

12-3 试按题 12-3 图示中给出的剪力图和弯矩图，确定出作用在梁上的载荷图，并在梁上画出。

12-4 试求题 12-4 图示中三梁的 $|M_{\max}|$，并加以比较。

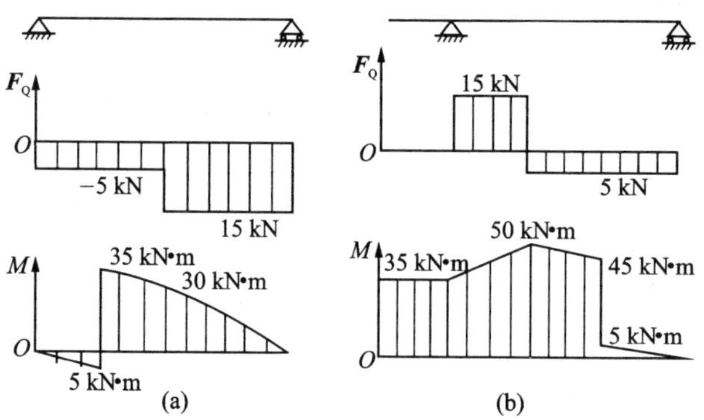

题 12-3 图

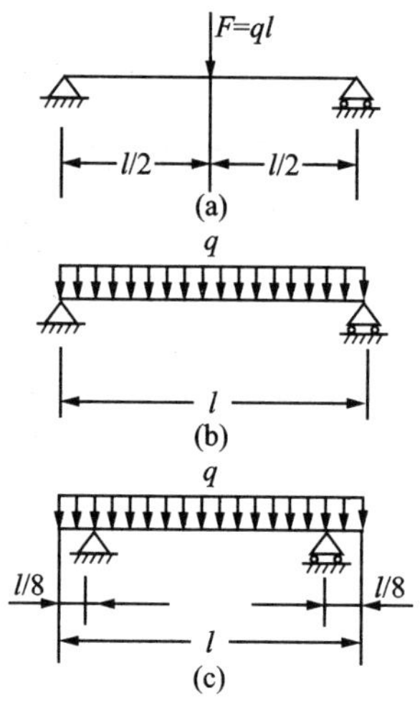

题 12-4 图

12－5　按题 12－5 图示起吊一根自重为 q 的等截面钢筋混凝土构件。问吊装时起吊点位置 x 应为多少才最合适(最不易使构件折断)？

答：$x=0.207l$。

12－6　题 12－6 图示中的天车梁小车轮距为 c，起重力为 G，问小车走到什么位置时，梁的弯矩最大？并求出 $M_{\max}$。

答：$x=\dfrac{l}{2}-\dfrac{c}{4}$，　$M_{\max}=\dfrac{G}{4l}\left(l-\dfrac{c}{4}\right)^2$。

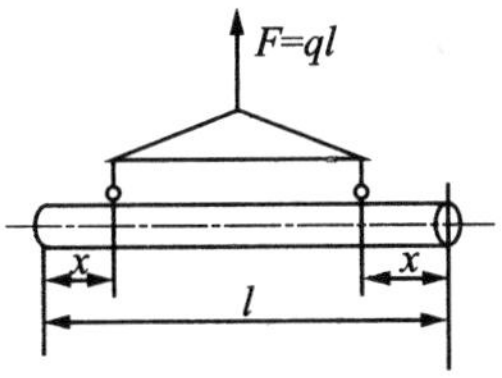

题 12－5 图

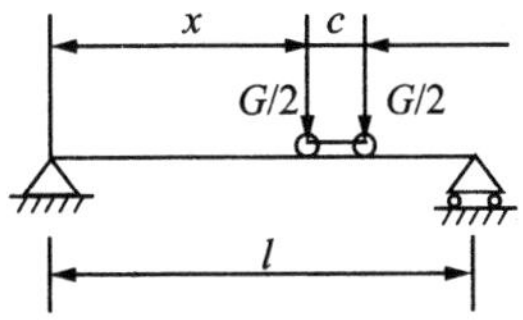

题 12－6 图

12－7　试用 q，F_Q 及 M 的微分关系作题 12－7 图示各梁的剪力图和弯矩图，并求出 $|F_{Q,\max}|$ 和 $|M_{\max}|$。

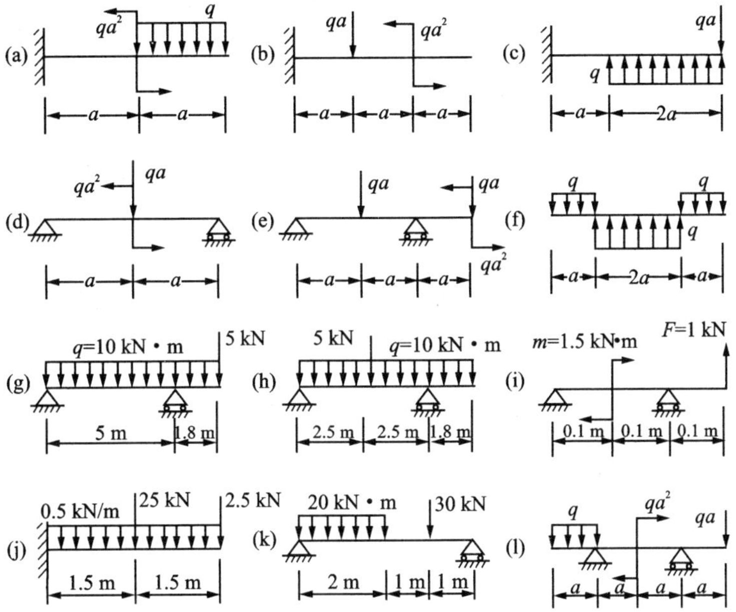

题 12－7 图

* **12 - 8** 作题 12 - 8 图示刚架的内力图。

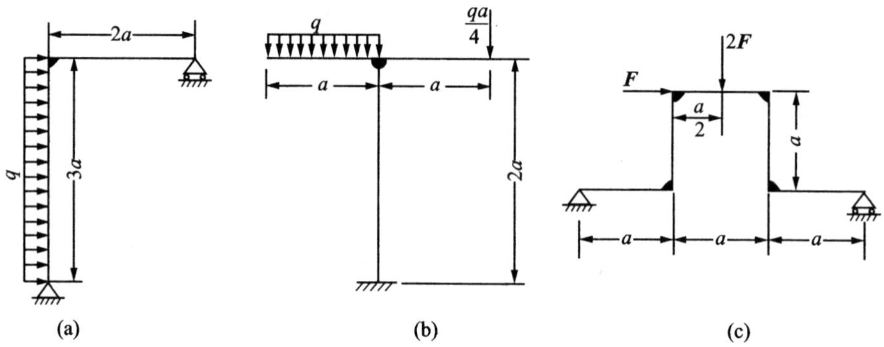

题 12 - 8 图

第 13 章　弯曲应力及弯曲强度计算

本章详细地推导了梁弯曲时的正应力和切应力公式，在此基础上讨论梁的正应力和切应力强度计算。

13.1　纯弯曲梁横截面上的正应力

在确定了梁横截面上的内力之后，还要进一步研究截面上的应力。不仅要找出应力在截面上的分布规律，还要找出它和整个截面上的内力之间的定量关系，从而建立梁的强度条件，进行强度计算。

13.1.1　纯弯曲概念

一般情况下，梁截面上既有弯矩，又有剪力。对于横截面上的某点而言，则既有正应力又有切应力。但是，梁的强度主要决定于截面上的正应力，切应力居于次要地位。所以本节将讨论梁在纯弯曲（截面上没有切应力）时横截面上的正应力。

一简支梁如图 13－1(a)所示。梁上作用着两个对称的集中力 $\boldsymbol{F}$，该梁的剪力图和弯矩图如图 13－1(b)、(c)所示。梁在 AC 和 DB 两段内，各横截面上既有弯矩 M 又有剪力 $\boldsymbol{F}_Q$，这种弯曲称为**剪切弯曲**；而在梁的 CD 段内，横截面上只有弯矩而没有剪力，且全段内弯矩为一常数，这种情况下的弯曲，称为**纯弯曲**。

纯弯曲梁应用实例

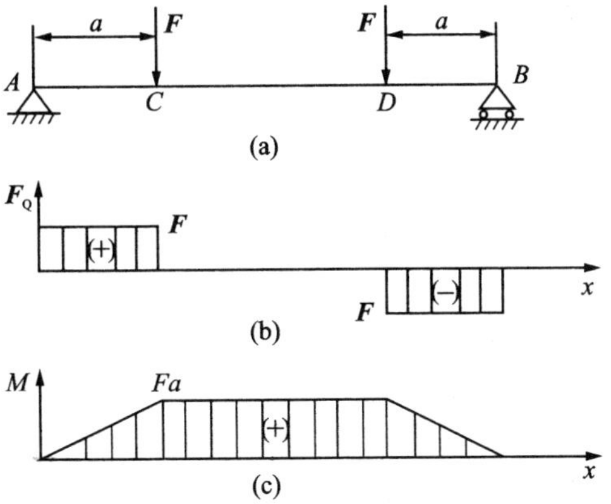

图 13－1

13.1.2 实验观察与假设

将图 13－1 中简支梁受纯弯曲的 CD 段作为研究对象。变形之前，在梁的表面画两条与轴线相垂直的横线Ⅰ－Ⅰ和Ⅱ－Ⅱ，再画两条与轴线平行的纵线 ab 和 cd[见图 13－2(a)]。梁 CD 段是纯弯曲，相当于两端受力偶(力偶矩 $M=Fa$)作用，如图 13－2(b)所示。观察纯弯曲时梁的变形可以看到如下现象：

(1) 梁变形后，横向线段Ⅰ－Ⅰ和Ⅱ－Ⅱ还是直线，与变形后的轴线仍然垂直，但倾斜了一个小角度 $d\theta$[见图 13－2(b)和图 13－3]。

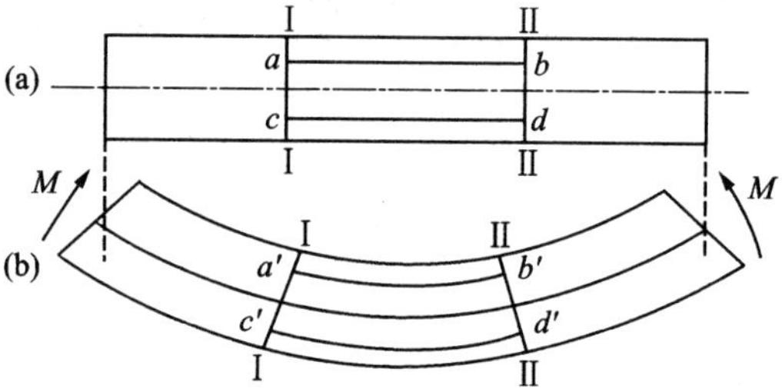

图 13－2

(2) 纵线 ab 缩短了，而纵线 cd 伸长了。根据观察到的外表现象来推测梁的内部变形情况，如果认为表面上的横向线反映了整个截面的变形，便可作出如下假设：横截面在变形前为平面，变形后仍为平面，且仍垂直于变形后梁的轴线，只是绕横截面上某个轴旋转了一个角度。这就是梁纯弯曲时的**平面假设**。根据这个假设可以推知梁的各纵向纤维都是受到轴向拉伸和压缩的作用，因此横截面上只有正应力。

13.1.3 正应力计算公式

研究梁横截面上的正应力，需要考虑变形几何关系、物理关系和静力学关系 3 个方面，下面分别进行分析。

1. 几何关系

将变形后梁Ⅰ－Ⅰ、Ⅱ－Ⅱ之间的一段截取出来进行研究(见图 13－3)。两截面Ⅰ－Ⅰ、Ⅱ－Ⅱ原来是平行的，现在互相倾斜了一个小角度 $d\theta$，纵线 ab 变成了纵线 $a'b'$，比原来长度缩短了，纵线 cd 变成了 $c'd'$，比原来长度伸长了。由于材料是均匀连续的，所以变形也是连续的。这样，由压缩过渡到伸长之间，必有一条纵线 OO' 的长度保持不变。若把 OO' 纵线看成材料的一层纤维，则这层纤维既不伸长也不缩短，称为**中性层**。中性层与横截面的交线称为**中性轴**，如图 13－4 所示。

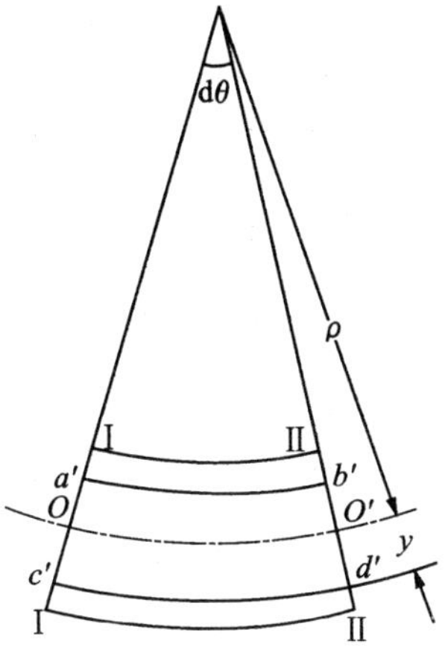

图 13-3

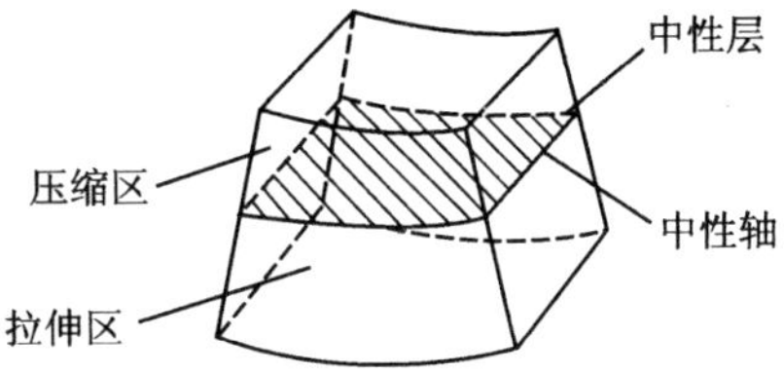

图 13-4

在图 13-3 中，OO' 即为中性层，设其曲率为 ρ，$c'd'$ 到中性轴的距离为 y，则纵线 cd 的绝对伸长为

$$\Delta cd = c'd' - cd = (\rho + y)\mathrm{d}\theta - \rho \cdot \mathrm{d}\theta = y\mathrm{d}\theta$$

纵线 cd 的线应变为

$$\varepsilon = \frac{\Delta cd}{cd} = \frac{y\mathrm{d}\theta}{\rho\mathrm{d}\theta} = \frac{y}{\rho} \tag{13-1}$$

显然，$1/\rho$ 是中性层的曲率。该曲率由梁及其受力情况确定，故它是一个常量。由此不难看出：**线应变的大小与其到中性层的距离成正比**。这个结论反映了纯弯曲时变形的几何关系。

2. 物理关系

由于纯弯曲时，各层纤维是受到轴向拉伸和压缩的作用，因此材料的应力与应变的关系应符合拉压胡克定律

$$\sigma = E \cdot \varepsilon$$

将式(13-1)代入上式可得

$$\sigma = E\frac{y}{\rho} \tag{13-2}$$

式(13-2)中：E 是材料的弹性模量；对于指定的截面，ρ 为常数。故式(13-2)说明，**横截面上任一点的正应力与该点到中性轴的距离 y 成正比**，即应力沿梁的高度按直线规律分布，如图 13-5所示。

式(13-2)中，中性轴位置尚未确定，$1/\rho$ 是未知量，所以不能直接求出正应力 σ，为此必须通过静力学关系来解决。

3. 静力学关系

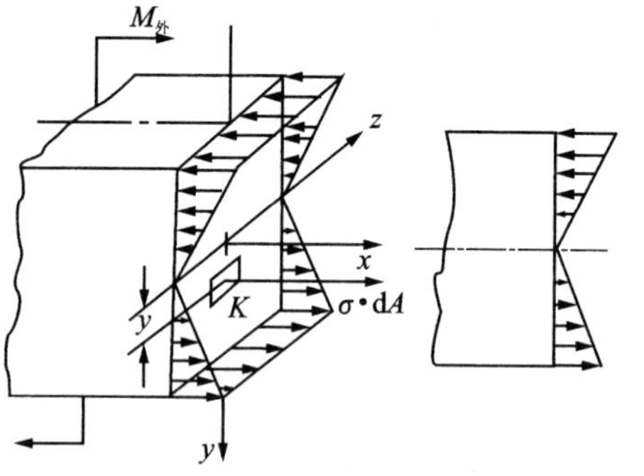

图 13-5

在梁的横截面上 K 点附近取微面积 dA,设 z 为横截面的中性轴,K 点到中性轴的距离为 y,若该点的正应力为 σ,则微面积 dA 的法向内力为 $\sigma \cdot dA$。截面上各处的法向内力构成一个空间平行力系。应用平衡条件 $\sum F_x = 0$,则有

$$\int_A \sigma dA = 0 \qquad (13-3)$$

将式(13-2)代入式(13-3)中得

$$\int_A \frac{E}{\rho} y \cdot dA = 0$$

或写成

$$\frac{E}{\rho}\int_A y \cdot dA = 0$$

即

$$\int_A y \cdot dA = 0 \qquad (13-4)$$

式中,积分 $\int_A y \cdot dA = y_C \cdot A = S_z$,为截面对 z 轴的静矩,故有

$$y_C \cdot A = 0$$

显然,横截面面积 $A \neq 0$,只有 $y_C = 0$。这说明横截面的形心在 z 轴上,即中性轴必须通过横截面的形心。这样,就确定了中性轴的位置。再由 $\sum m_z(\boldsymbol{F}) = 0$,得

$$M_外 = \int_A \sigma y dA = M \qquad (13-5)$$

式中,$M_外$ 是此段梁所受的外力偶,其值应等于截面上的弯矩。将式(13-2)代入式(13-5)中,得

$$M = \int_A \frac{E}{\rho} y^2 dA = \frac{E}{\rho}\int_A y^2 dA$$

令

$$I_z = \int_A y^2 dA$$

则

$$\frac{1}{\rho} = \frac{M}{EI_z} \qquad (13-6)$$

式中:I_z 称为横截面对中性轴 z 的**惯性矩**;$1/\rho$ 表示梁的弯曲程度,$1/\rho$ 越大,梁弯曲越大,$1/\rho$ 愈小,梁弯曲愈小;EI_z 与 $1/\rho$ 成反比,所以 EI_z 表示梁抵抗弯曲变形的能力,称为**抗弯刚度**。

将式(13-6)代入式(13-2)中,即可求出正应力

$$\sigma = E \cdot \frac{y}{\rho} = E \cdot y \cdot \frac{M}{EI_z}$$

即

$$\sigma = \frac{M}{I_z}y \tag{13-7}$$

式中：σ 为横截面上任一点处的正应力；M 为横截面上的弯矩；y 为横截面上任一点到中性轴的距离；I_z 为横截面对中性轴 z 的惯性矩。

从公式(13－7)可以看出，中性轴上 $y=0$，故 $\sigma=0$，而最大正应力 σ_{max} 产生在离中性轴最远的边缘，即 $y=y_{max}$ 时，$\sigma=\sigma_{max}$，即

$$\sigma_{max} = \frac{M}{I_z}y_{max} \tag{13-8}$$

由式(13－8)知，对梁上某一横截面来说，最大正应力位于距中性轴最远的地方。

令
$$\frac{I_z}{y_{max}} = W_z$$

于是有

$$\sigma_{max} = \frac{M}{W_z} \tag{13-9}$$

式中，W_z 称为**抗弯截面模量**，它也是只与截面的形状和尺寸有关的一种几何量，单位为 mm^3。对于矩形截面(宽为 b，高为 h)，则

$$W_z = \frac{I_z}{y_{max}} = \frac{bh^3/12}{h/2} = \frac{bh^2}{6} \tag{13-10}$$

对于圆形截面(直径为 d)，有

$$W_z = \frac{I_z}{y_{max}} = \frac{\pi d^4/64}{d/2} = \frac{\pi d^3}{32} \tag{13-11}$$

对于空心圆截面(外径为 D，内径为 d，令 $\alpha=d/D$)，则

$$W_z = \frac{I_z}{y_{max}} = \frac{\frac{\pi}{64}(D^4 - d^4)}{D/2} = \frac{\pi D^3}{32}(1-\alpha^4) \tag{13-12}$$

各种型钢的 W_z 值可以从型钢表中查得。

例 13－1　一空心矩形截面悬臂梁受均布载荷作用，如图 13－6(a)所示。已知梁跨长 $l=1.2$ m，均布载荷集度 $q=20$ kN/m，横截面尺寸为 $H=12$ cm，$B=6$ cm，$h=8$ cm，$b=3$ cm。试求此梁外壁和内壁的最大正应力，并画出应力分布图。

解： (1) 作弯矩图，求最大弯矩　梁的弯矩图如图 13－6(b)所示，在固定端横截面上的弯矩绝对值最大，为

$$|M|_{max} = \frac{ql^2}{2} = \frac{20 \times 1\,000\ \text{N/m} \times 1.2^2\ \text{m}^2}{2} = 14\,400\ \text{N} \cdot \text{m}$$

(2) 计算横截面的惯性矩　横截面对中性轴的惯性矩为

$$I_z = \frac{BH^3}{12} - \frac{bh^3}{12} = \left(\frac{6 \times 12^3}{12} - \frac{3 \times 8^3}{12}\right)\text{cm}^4 = 736\ \text{cm}^4$$

(3) 计算应力　由公式(13-8),外壁和内壁处的最大应力分别为

$$\sigma_{外\max}=\frac{M_{\max}}{I_z}\times\frac{H}{2}=\frac{14\ 400\ \mathrm{N\cdot m}}{736\times10^{-8}\ \mathrm{m}^4}\times\frac{12\times10^{-2}\ \mathrm{m}}{2}=117.4\times10^6\ \mathrm{Pa}=117.4\ \mathrm{MPa}$$

$$\sigma_{内\max}=\frac{M_{\max}}{I_z}\times\frac{h}{2}=\frac{14\ 400\ \mathrm{N\cdot m}}{736\times10^{-8}\ \mathrm{m}^4}\times\frac{8\times10^{-2}\ \mathrm{m}}{2}=78.3\times10^6\ \mathrm{Pa}=78.3\ \mathrm{MPa}$$

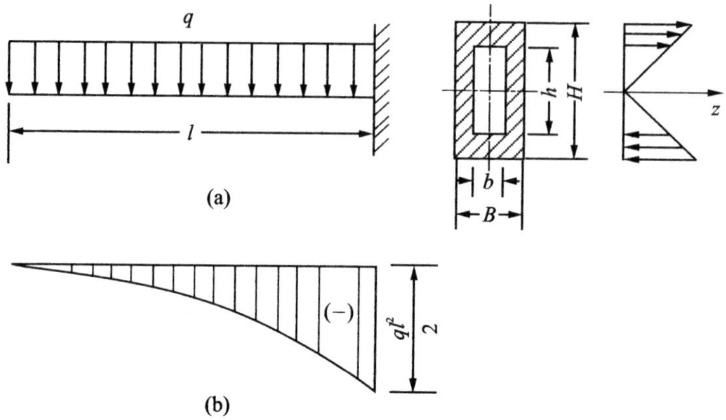

图 13-6

例 13-2　一受集中载荷的简支梁,由 18 号槽钢制成,如图 13-7(a)所示。已知梁的跨长$l=2$ m,$F=5$ kN。求此梁的最大拉应力和最大压应力。

解: (1) 作弯矩图,求最大弯矩　梁的弯矩图如图 13-7(b)所示,由图可知在梁中点截面上的弯矩最大,其值为

$$M_{\max}=\frac{Fl}{4}=\left(\frac{5\ 000\times2}{4}\right)\mathrm{N\cdot m}=2\ 500\ \mathrm{N\cdot m}$$

(2) 求截面的惯性矩及有关尺寸　由型钢表查得,18 号槽钢对中性轴的惯性矩为

$$I_z=111\ \mathrm{cm}^4$$

横截面上边缘及下端至中性轴的距离分别为

$$y_2=1.84\ \mathrm{cm},\qquad y_1=(7-1.84)\mathrm{cm}=5.16\ \mathrm{cm}$$

(3) 计算最大应力　因危险截面的弯矩为正,故截面下端受最大拉应力,由式(13-8)得

$$\sigma_{T,\max}=\frac{M_{\max}}{I_z}\times y_1=\left(\frac{2\ 500}{111\times10^{-8}}\times5.16\times10^{-2}\right)\mathrm{Pa}$$

$$=116.2\times10^6\ \mathrm{Pa}=116.2\ \mathrm{MPa}$$

截面上缘受最大压应力,其值为

$$\sigma_{C,\max}=\frac{M_{\max}}{I_z}\times y_2=\left(\frac{2\ 500}{111\times10^{-8}}\times1.84\times10^{-2}\right)\mathrm{Pa}=41.4\times10^6\ \mathrm{Pa}=41.4\ \mathrm{MPa}$$

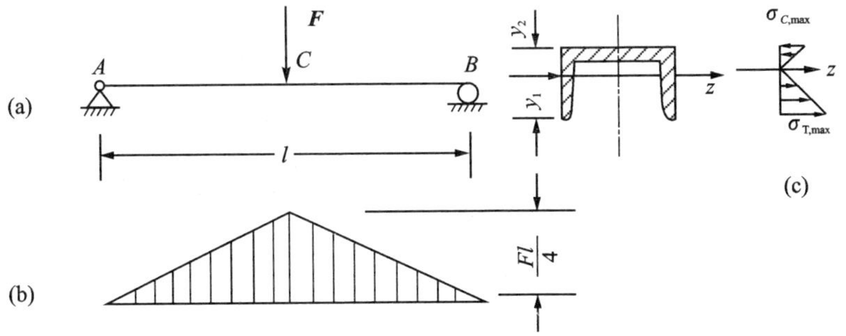

图 13-7

13.2 弯曲切应力

横力弯曲的梁横截面上既有弯矩又有剪力，所以横截面上既有正应力又有切应力。现在按梁截面的形状，分几种情况讨论弯曲切应力。

13.2.1 矩形截面梁

在图 13-8(a)所示的矩形截面梁的任意截面上，剪力 $\boldsymbol{F}_Q$ 皆与截面对称轴 y 重合[图 13-8(b)]。关于横截面上切应力的分布规律，作以下两个假设：

(1) 横截面上各点的切应力的方向都平行于剪力 $\boldsymbol{F}_Q$；

(2) 切应力沿截面宽度均匀分布。

在截面高度 h 大于宽度 b 的情况下，以上述假定为基础得到的解，与精确解相比有足够的准确度。按照这两个假设，在距中性轴为 y 的横线 pq 上，各点的切应力 τ 都相等，且都平行于 $\boldsymbol{F}_Q$。再由切应力互等定理可知，在沿 pq 切出的平行于中性层的 pr 平面上，也必有与 τ 相等的 τ'(图 13-8(b)中未画 τ'，画在图 13-9 中)，而且沿宽度 b，τ' 也是均匀分布的。

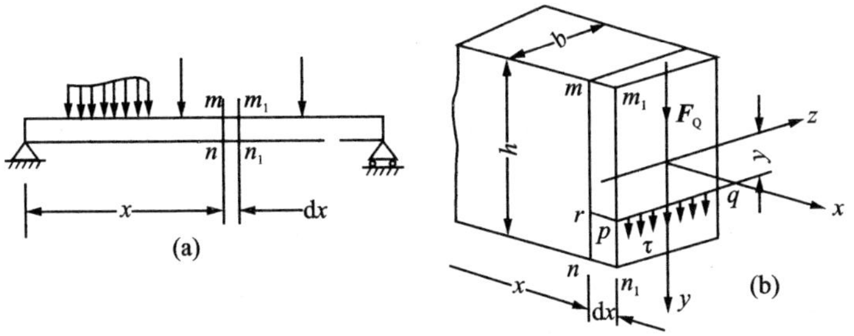

图 13-8

如以横截面 $m—n$ 和 $m_1—n_1$ 从图 13-8(a)所示梁中取出长为 $\mathrm{d}x$ 的一段(见

图 13-9)，设截面 $m-n$ 和 m_1-n_1 上的弯矩分别为 M 和 $M+\mathrm{d}M$，再以平行于中性层且距中性层为 y 的 pr 平面从这一段梁中截出一部分 $prnn_1$，则在这一截出一部分的左侧面 rn 上，作用着因弯矩 M 引起的正应力；而在右侧面 pn_1 上，作用着因弯矩 $M+\mathrm{d}M$ 引起的正应力。

在顶面 pr 上，作用着切应力 τ'。以上 3 种应力(即两侧正应力和切应力 τ')都平行于 x 轴[见图 13-9(a)]。在右侧面 pn_1 上[见图 13-9(b)]，由微内力 $\sigma\mathrm{d}A$ 组成的内力系的合力是

$$F_{\mathrm{N2}}=\int_{A_1}\sigma\mathrm{d}A \tag{13-13}$$

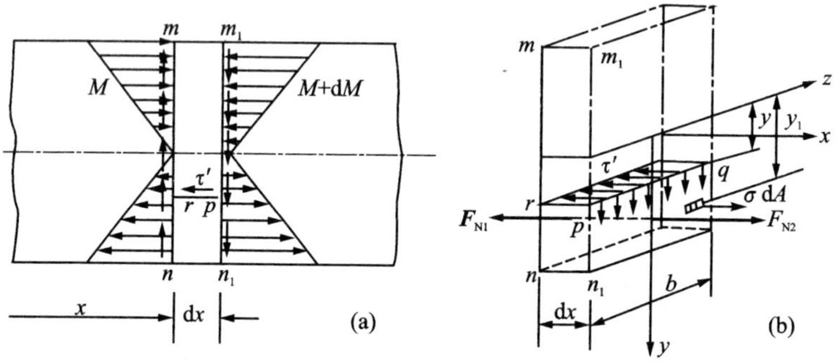

图 13-9

式中 A_1 为侧面 pn_1 的面积。正应力 σ 应按式(13-7)计算，于是

$$F_{\mathrm{N2}}=\int_{A_1}\sigma\mathrm{d}A=\int_{A_1}\frac{(M+\mathrm{d}M)y_1}{I_z}\mathrm{d}A=\frac{(M+\mathrm{d}M)}{I_z}\int_{A_1}y_1\mathrm{d}A=\frac{(M+\mathrm{d}M)}{I_z}S_z^*$$

式中

$$S_z^*=\int_{A_1}y_1\mathrm{d}A \tag{13-14}$$

是横截面的部分面积 A_1 对中性轴的静矩，也就是距中性轴为 y 的横线 pq 以下的面积对中性轴的静矩。同理，可以求得左侧面 rn 上的内力系合力 $\boldsymbol{F}_{\mathrm{N1}}$ 为

$$F_{\mathrm{N1}}=\frac{M}{I_z}S_z^*$$

在顶面 rp 上，与顶面相切的内力系的合力是

$$\mathrm{d}F_{\mathrm{Q'}}=\tau' b\mathrm{d}x$$

$\boldsymbol{F}_{\mathrm{N2}}$、$\boldsymbol{F}_{\mathrm{N1}}$ 和 $\mathrm{d}\boldsymbol{F}'_{\mathrm{Q}}$ 的方向都平行于 x 轴，应满足平衡方程 $\sum \boldsymbol{F}_x=0$，即

$$F_{\mathrm{N2}}-F_{\mathrm{N1}}-\mathrm{d}F'_{\mathrm{Q}}=0$$

将 $\boldsymbol{F}_{\mathrm{N2}}$、$\boldsymbol{F}_{\mathrm{N1}}$ 和 $\mathrm{d}\boldsymbol{F}'_{\mathrm{Q}}$ 的表达式代入上式，得

$$\frac{(M+\mathrm{d}M)}{I_z}S_z^*-\frac{M}{I_z}S_z^*-\tau' b\mathrm{d}x=0$$

简化后得出

$$\tau' = \frac{\mathrm{d}M}{\mathrm{d}x} \cdot \frac{S_z^*}{I_z b}$$

由于$\frac{\mathrm{d}M}{\mathrm{d}x} = F_Q$，于是上式化为

$$\tau' = \frac{F_Q S_z^*}{I_z b}$$

式中 τ' 虽是距中性层为 y 的 pr 平面上的切应力，但由于切应力互等定理，它等于横截面的横线 pq 上的切应力 τ，即

$$\tau = \frac{F_Q S_z^*}{I_z b} \tag{13-15}$$

式中：$\boldsymbol{F}_Q$ 为横截面上的剪力；b 为截面宽度；I_z 为整个截面对中性轴的惯性矩；S_z^* 为截面上距中性轴为 y 的横线以外部分面积对中性轴的静矩。这就是矩形截面梁弯曲切应力的计算公式。

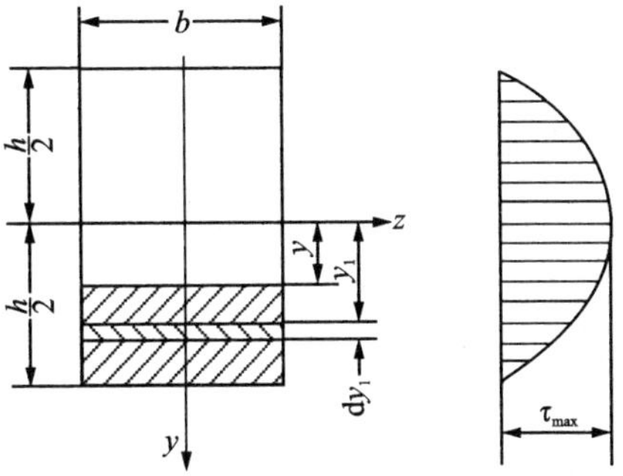

图 13 - 10

对于矩形截面（见图 13 - 10），可取 $\mathrm{d}A = b\mathrm{d}y_1$，于是式（13 - 14）化为

$$S_z^* = \int_{A_1} y_1 \mathrm{d}A = \int_y b y_1 \mathrm{d}y_1 = \frac{b}{2}\left(\frac{h^2}{4} - y^2\right)$$

这样，公式（13 - 15）可以写成

$$\tau = \frac{F_Q}{2I_z}\left(\frac{h^2}{4} - y^2\right) \tag{13-16}$$

从式（13 - 16）看出，沿截面高度切应力 τ 按抛物线规律变化。当 $y = \pm h/2$ 时，$\tau = 0$。这表明在截面的上、下边缘各点处，切应力等于零。随着离中性轴的距离 y 的减小，τ 逐渐增大。当$y=0$时，τ 为最大值，即最大切应力发生于中性轴上，且

$$\tau_{\max} = \frac{F_Q h^2}{8I_z}$$

如以 $I_z = \frac{bh^3}{12}$代入上式，即可得出

$$\tau_{\max} = \frac{3}{2}\frac{F_Q}{bh} \tag{13-17}$$

可见矩形截面梁的最大切应力为平均切应力$\frac{F_Q}{bh}$的 1.5 倍。

13.2.2　其他常见形状截面的切应力

其他几种常见形状截面梁的切应力均可近似地按矩形截面梁的切应力计算公式（13 - 15）求得，且均在中性轴上切应力达到最大值。几种常见截面梁上的最大切

应力值分别为

工字形
$$I_{\max} = \frac{F_Q}{A} \tag{13-18}$$

圆形
$$I_{\max} = \frac{4}{3} \cdot \frac{F_Q}{A} \tag{13-19}$$

圆环形
$$I_{\max} = 2\frac{F_Q}{A} \tag{13-20}$$

13.3 弯曲梁的强度计算

13.3.1 弯曲梁的正应力强度计算

梁弯曲时横截面上既有拉应力又有压应力，当最大的拉、压应力分别小于它们的许用应力值时，梁具有足够的强度。当材料的拉压强度相等时，梁的正应力强度条件为

$$\sigma_{\max} = \frac{M}{W_z} \leqslant [\sigma] \tag{13-21}$$

对抗拉和抗压强度不等的材料(如铸铁)，则拉、压的最大应力不超过各自的许用应力。

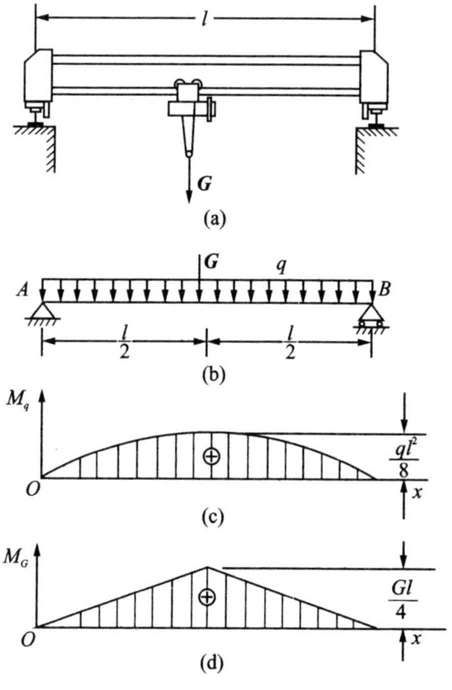

图 13-11

例 13-3　某单梁桥式吊车如图 13-11所示，跨长 $l=10$ m，起重量(包括电动葫芦自重)为 $G=30$ kN，梁由 28 号工字钢制成，材料的许用应力$[\sigma]=160$ MPa，试校核该梁的正应力强度。

解：(1) 画计算简图　将吊车横梁简化为简支梁，梁自重为均布载荷 q，由型钢表查得：28 号工字钢的理论自重为 $q=43.4$ kg/m$=0.425\ 3$ kN/m，吊重 G 为集中力[见图 13-11(b)]。

(2) 画弯矩图　由梁的自重和吊重引起的弯矩图分别如图 13-11(c)，(d)所示，其跨中的弯矩最大，其值为

$$M_{\max} = \frac{ql^2}{8} + \frac{Gl}{4} = \frac{0.425\ 3\ \text{kN/m} \times 10^2\ \text{m}^2}{8} + \frac{30\ \text{kN} \times 10\ \text{m}}{4} = 80.32\ \text{kN} \cdot \text{m}$$

(3) 校核弯曲正应力强度　由型钢表查得：№28 号工字钢，$W_z=508.15\ \text{cm}^3$，于是得

$$\sigma_{\max}=\frac{M_{\max}}{W_z}=\left(\frac{80.32\times10^6}{508.15\times10^3}\right)\text{MPa}=158.1\ \text{MPa}<[\sigma]$$

故此梁的强度足够。

例 13-4　螺栓压板夹紧装置如图 13-12 所示。已知板长 $3a=150$ mm，压板材料的弯曲许用应力为$[\sigma]=140$ MPa。试确定压板传给工件的最大允许压紧力 $\boldsymbol{F}$。

解：　压板可简化为图 13-12(b)所示的外伸梁。由梁的外伸部分 BC 可以求得截面 B 的弯矩为 $M_B=Fa$。此外又知 A、C 两截面上的弯矩等于零，从而作出如图 13-12(c)所示弯矩图。最大弯矩在截面 B 上，且

$$M_{\max}=M_B=Fa$$

根据截面 B 的尺寸求出

$$I_z=\frac{3\times2^3}{12}\ \text{cm}^4-\frac{1.4\times2^3}{12}\ \text{cm}^4=1.07\ \text{cm}^4,\quad W_z=\frac{I_z}{y_{\max}}=\frac{1.07\ \text{cm}^4}{1\ \text{cm}}=1.07\ \text{cm}^3$$

将强度条件改写为 $M_{\max}\leqslant W_a[\sigma]$，于是有

$$F\leqslant\frac{W_z[\sigma]}{a}=\frac{1.07\times(10^-2)^3\ \text{m}^3\times140\times10^6\ \text{Pa}}{5\times10^{-3}\ \text{m}}=3\ 000\ \text{N}=3\ \text{kN}$$

所以根据压板的强度，最大压紧力不应超过 3 kN。

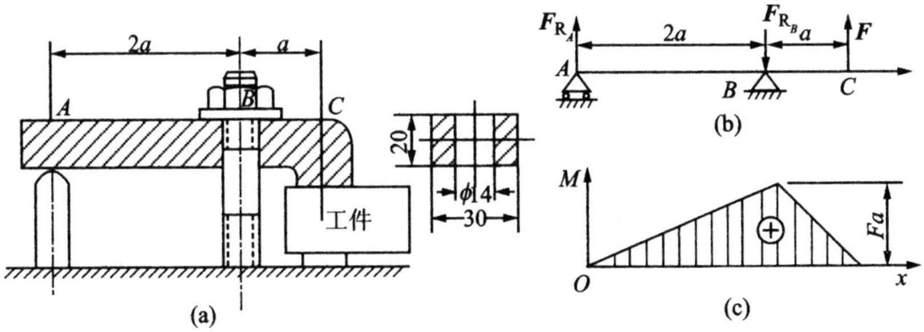

图 13-12

例 13-5　T 形截面铸铁梁的载荷和截面尺寸如图 13-13 所示。铸铁的抗拉许用应力为$[\sigma_T]=30$ MPa，抗压许用应力为$[\sigma_c]=160$ MPa。已知截面对形心轴 z 的惯性矩为$I_z=763\ \text{cm}^4$，且$|y_1|=52$ mm。试校核梁的强度。

解：　由静力平衡方程求出梁的支座反力为

$$F_{R_A}=2.5\ \text{kN},\quad F_{R_B}=10.5\ \text{kN}$$

作弯矩图如图 13-13(b)所示。最大正弯矩在截面 C 上，$M_C=2.5\ \text{kN}\cdot\text{m}$。最大负弯矩在截面 B 上，$M_B=-4\ \text{kN}\cdot\text{m}$。

T 形截面对中性轴不对称，同一截面上的最大拉应力和压应力并不相等。计算最大应力时，应以 y_1 和 y_2 分别代入式(13-7)。在截面 B 上，弯矩是负的，最大拉应

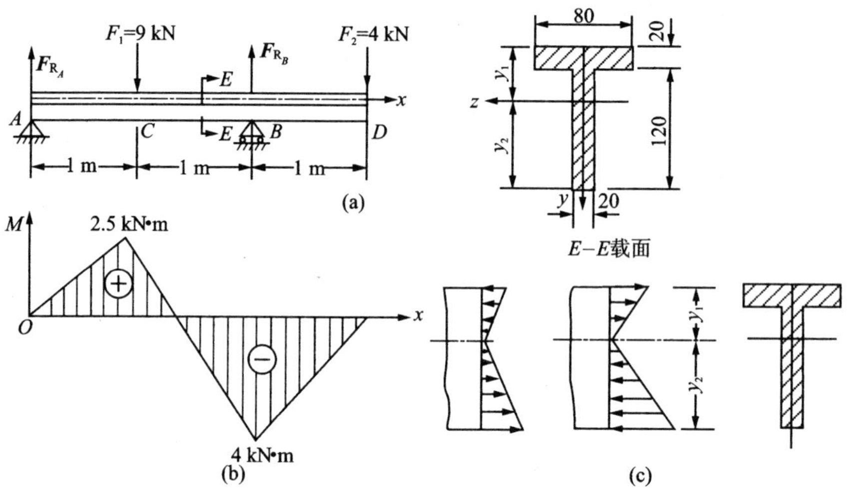

图 13－13

力发生于上边缘各点[见图 13－13(c)],且

$$\sigma_{\mathrm{T}}=\frac{M_B y_1}{I_z}=\left(\frac{4\times10^3\times52\times10^{-3}}{763\times(10^{-2})^4}\right)\mathrm{Pa}=27.2\times10^6\ \mathrm{Pa}=27.2\ \mathrm{MPa}$$

最大压应力发生于下边缘各点,且

$$\sigma_C=\frac{M_B y_2}{I_z}=\frac{4\times10^3\times(120+20-52)\times10^{-3}}{763\times(10^{-2})^4}=46.2\ \mathrm{MPa}$$

在截面 C 上,虽然弯矩 M_C 的数值小于 M_B,但 M_C 是正弯矩,最大拉应力发生于下边缘各点,而这些点到中性轴的距离却比较远,因而就有可能发生比截面 B 还要大的拉应力,即

$$\sigma_t=\frac{M_B y_2}{I_z}=\left[\frac{2.5\times10^3\times(120+20-52)\times10^{-3}}{763\times(10^{-2})^4}\right]\mathrm{Pa}$$

$$=28.8\times10^6\ \mathrm{Pa}=28.8\ \mathrm{MPa}$$

所以,最大拉应力是在截面 C 的下边缘各点处[见图 13－13(c)],但从所得结果看出,无论是最大拉应力或最大压应力都未超过许用应力,强度条件是满足的。

13.3.2 横力弯曲梁的切应力强度计算

由 13.2 节的应力分析知,梁在横力弯曲情况下,切应力通常发生在中性轴处,而中性轴处的正应力为零。因此,产生最大切应力各点处于纯切应力状态。所以,弯曲切应力的强度条件为

$$\tau_{\max}=\frac{F_{\mathrm{Q,max}}S_z^*}{I_z b}\leqslant[\tau] \tag{13-22}$$

细长梁的控制因素通常是弯曲正应力。满足弯曲正应力强度条件的梁一般说都能满足切应力强度条件。只有在下列一些情况下要进行梁的弯曲切应力强度校核:

(1) 梁的跨度较短，或在支座附近作用较大的载荷，以致梁的弯矩较小而剪力颇大；

(2) 铆接或焊接的工字梁，如腹板较薄而截面高度颇大以致厚度与高度的比值小于型钢的相应比值，这时，对腹板应进行切应力校核；

(3) 经焊接、铆接或胶合而成的梁，对焊缝、铆钉或胶合面等，一般要进行剪切计算。

例 13-6　外伸梁如图 13-14(a)所示，外伸端受集中力 $\boldsymbol{F}$ 的作用，已知 $F=20$ kN，$l=0.5$ m，$a=0.3$ m，材料的许用正应力 $[\sigma]=160$ MPa，许用切应力 $[\tau]=100$ MPa，试选择工字钢型号。

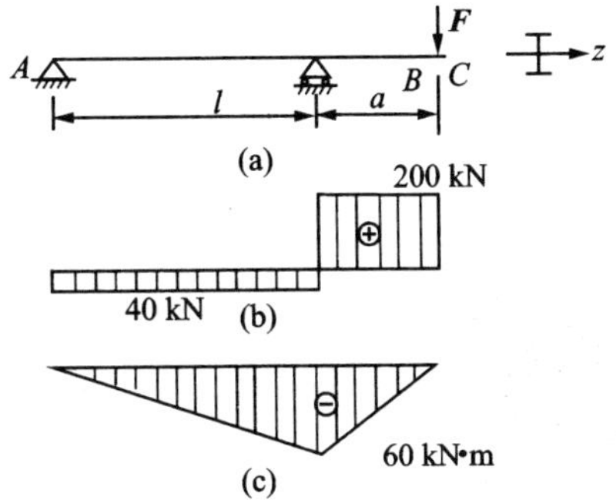

图 13-14

解： (1) 画剪力图和弯矩图[见 13-14(b)、(c)]，由剪力图和弯矩图确定最大剪力和最大弯矩为

$$F_{Q,\max}=200\ \text{kN},\qquad M_{\max}=60\ \text{kN}\cdot\text{m}$$

(2) 由正应力强度条件，初选工字钢型号

$$W_z=\frac{M_{\max}}{[\sigma]}=\left(\frac{60\times10^6}{160}\right)\text{mm}^3=375\times10^3\ \text{mm}^3$$

依据 $W_z=375\times10^3\ \text{mm}^3$，查型钢表得，25a 号工字钢的

$$W_z=401.88\ \text{cm}^3,\quad d=8\ \text{mm},\quad I/S_z=21.58\ \text{cm},\quad h=250\ \text{mm}$$

(3) 校核切应力强度　由式 13-15，梁内最大弯曲切应力为

$$\tau_{\max}=\frac{F_{Q,\max}S_z^*}{I_zb}=\frac{200\times10^3\ \text{N}}{21.58\times10\ \text{mm}\times8\ \text{mm}}=115.85\ \text{MPa}>[\tau]=100\ \text{MPa}$$

由此结果可知，梁的切应力强度不够。

(4) 按切应力强度条件选择工字钢型号　由式(13-22)可得

$$\frac{I_zd}{S_z}\geqslant\frac{F_{Q,\max}}{[\tau]}=\frac{200\times10^3\ \text{N}}{100\ \text{MPa}}=2\ 000\ \text{mm}^2$$

依据上面数据查型钢表，选取 25b 号工字钢，其几何量为

$d=10$ mm，$I/S_z=21.27$ cm。而

$$I_zd/S_z=21.27\times10\ \text{mm}\times10\ \text{mm}=2\ 127\ \text{mm}^2>2\ 000\ \text{mm}^2$$

所以，最后选定工字钢型号为 25b。

13.4　提高梁的弯曲强度的措施

前面曾经指出，弯曲正应力是控制梁的主要因素。所以弯曲正应力的强度条件

$$\sigma_{\max}=\frac{M_{\max}}{W_z}\leqslant[\sigma]$$

往往是设计梁的主要依据。从这个条件看出,要提高梁的承载能力应从两个方面考虑:一方面是合理安排梁的受力情况,以降低 M_{max} 的数值;另一方面则是采用合理的截面形状,以提高 W_z 的数值,充分利用材料的性能。

下面我们分成几点进行讨论。

13.4.1 合理安排梁的受力情况

改善梁的受力情况,尽量降低梁内最大弯矩,相对来说也就是提高了梁的强度。为此,首先应合理布置梁的支座。以图 13-15(a)所示,在均布载荷作用下的简支梁为例

$$M_{max}=\frac{ql^2}{8}=0.125ql^2$$

斗拱应用实例

若将两端支座各向里移动 $0.2l$[见图 13-15(b)],则最大弯矩减小为

$$M_{max}=\frac{ql^2}{40}=0.025ql^2$$

这只及前者的 1/5。也就是说,按图 13-15(b)布置支座,载荷还可以提高 4 倍。图 13-16(a)所示的门式起重机的大梁,图 13-16(b)所示的锅炉筒体等,起支撑点略向中间移动,都可以取得降低 M_{max} 的效果。

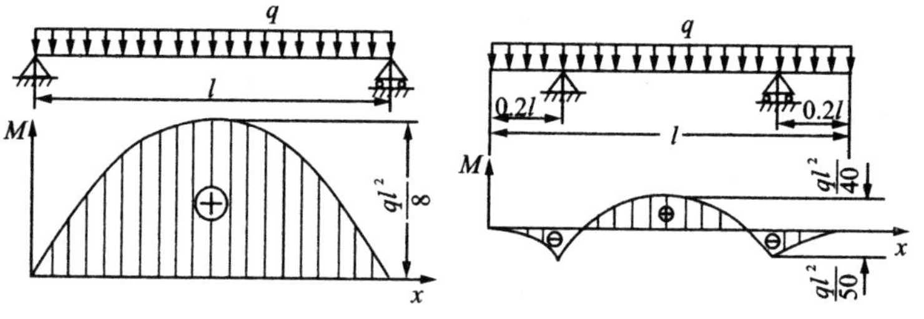

(a) (b)

图 13-15

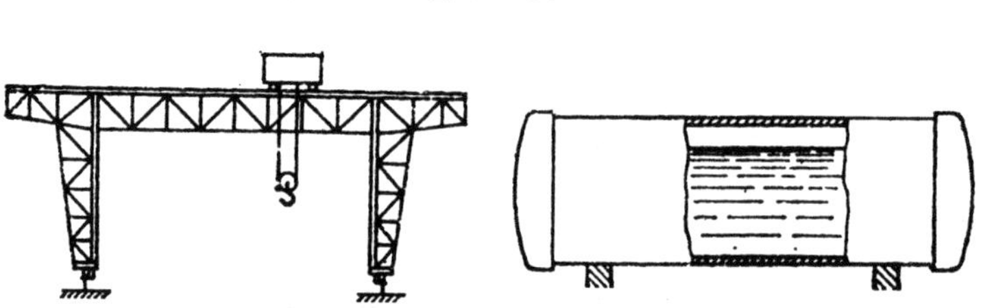

(a) (b)

图 13-16

其次，合理布置载荷，也可以收到降低最大弯矩的效果。例如将轴上的齿轮安置得紧靠轴承，就会使齿轮传到轴上的力 **F** 紧靠支座。像图 13－17 所示的情况，轴的最大弯矩仅为：$M_{max}=\frac{5}{36}Fl$；但如把集中力 F 作用于轴的中点，则 $M_{max}=Fl/4$。相比之下，前者的最大弯矩就减少很多。此外，在情况允许的条件下，应尽可能把较大的集中力分散成较小的力，或者改变成分布载荷。例如把作用于跨度中点的集中力 **F** 分散成图 13－18 所示的两个集中力，则最大弯矩将由 $M_{max}=\frac{Fl}{4}$ 降低为 $M_{max}=\frac{Fl}{8}$。

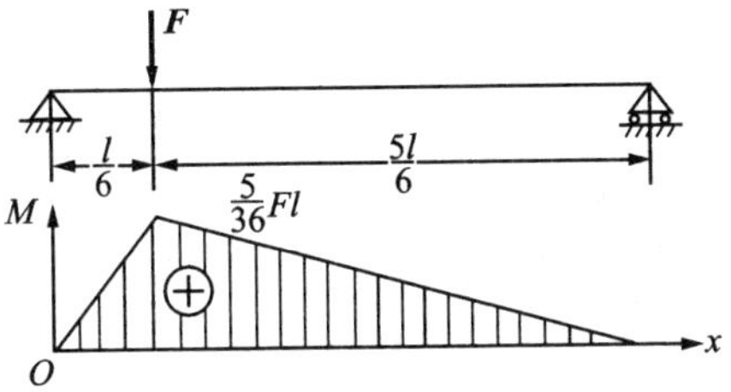

图 13－17

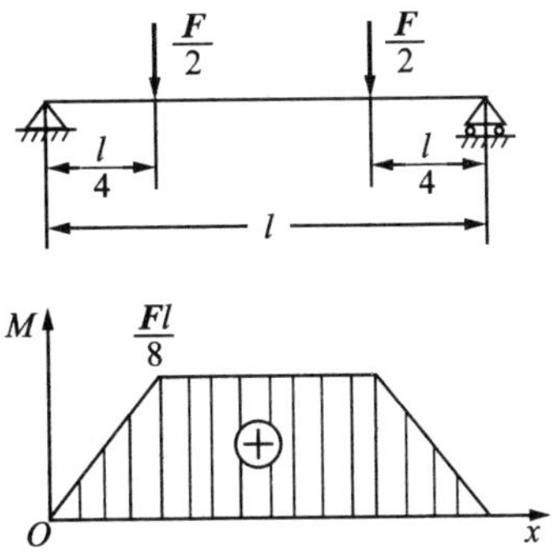

图 13－18

13.4.2　梁的合理截面

若把弯曲正应力的强度条件改写成：$M_{max}\leqslant[\sigma]W$，则梁可能承受的 M_{max} 与抗弯截面模量 W 成正比，W 越大越有利。另一方面，使用材料的多少和自重的大小，则与截面面积 A 成正比，面积越小越经济，越轻巧。因而合理的截面形状应该是截面面积 A 较小，而抗弯截面模量 W_z 较大。例如使截面高度 h 大于宽度 b 的矩形截面梁，抵抗垂直于平面内的弯曲变形时，如把截面竖放[见图 13－19(a)]，则 $W_{z1}=\frac{bh^2}{6}$；如把截面平放，则 $W_{z2}=\frac{b^2h}{6}$。两者之比是

$$\frac{W_{z1}}{W_{z2}}=\frac{h}{b}>1$$

所以，竖放比平放有较高的抗弯强度，更为合理。因此，房屋和桥梁等建筑物中的矩形截面梁，一般都是竖放的。

截面的形状不同，其抗弯截面模量 W_z 也就不同。可以用比值 W_z/A 来衡量截面形状的合理性和经济性。比值 W_z/A 较大，则截面的形状就较为经济合理。可以算出矩形截面的比值 W_z/A 为 $W_z/A=\frac{1}{6}bh^2/bh=0.167\ h$；圆形的比值 W_z/A 为 $W_z/A=\frac{\pi d^3/32}{\pi d^2/4}=0.125\ d$。

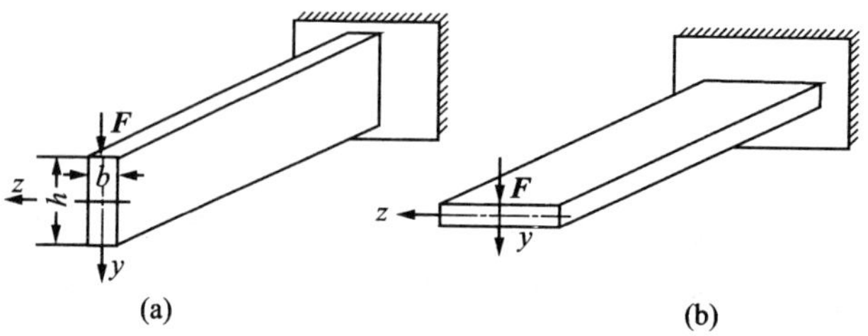

图 13-19

几种常用截面的比值 W_z/A 已列入表 13-1 中。从表中所列的数值看出，工字钢或槽钢比矩形截面经济合理，矩形截面比圆形截面经济合理。所以桥式起重机的大梁以及其他钢结构中的抗弯杆件，经常采用工字形截面、槽形截面或箱形截面等。从正应力的分布规律来看，这也是可以理解的。因为弯曲时梁截面上的点离中性轴越远，正应力越大。

表 13-1 几种截面的 W_z 和 A 的比值

截面形状	矩　形	圆　形	槽　钢	工字钢
$\frac{W_z}{A}$	$0.167\,h$	$0.125\,d$	$(0.27\sim0.31)\,h$	$(0.27\sim0.31)\,h$

为了充分利用材料，应尽可能地把材料置放到离中性轴较远处。圆截面在中性轴附近聚集了较多的材料，使其未能充分发挥作用。为了将材料移置到离中性轴较远处，可将实心圆截面改成空心圆截面。至于矩形截面，如把中性轴附近的材料移植到上、下边缘处（见图 13-20）这就成了工字形截面。采用槽形或箱形截面也是按同样的做法。以上是从静载抗弯强度的角度讨论问题。但事物往往是复杂的，在讨论截面的合理形状时，还应考虑到材料的特性。对抗拉和抗压强度相等的材料（如碳钢），宜采用对中性轴对称的截面，如圆形、矩形和工字形等。这样可使截面上、下边缘处的最大拉应力和最大压应力数值相等，同时接近许用应力。对抗拉和抗压强度不等的材料（如铸铁），宜采用中性轴靠近受拉一侧的截面形状，例如图 13-21 中所表示的一些截面。对这类截面，如能使 y_1 和 y_2 之比接近于下列关系，即

$$\frac{\sigma_{T,\max}}{\sigma_{C,\max}}=\frac{M_{\max}y_1/I_z}{M_{\max}y_2/I_z}=\frac{y_1}{y_2}=\frac{[\sigma_T]}{[\sigma_C]}$$

则最大拉应力和最大压应力便可同时接近许用应力，式中$[\sigma_T]$，$[\sigma_C]$分别表示拉伸和压缩的许用应力。

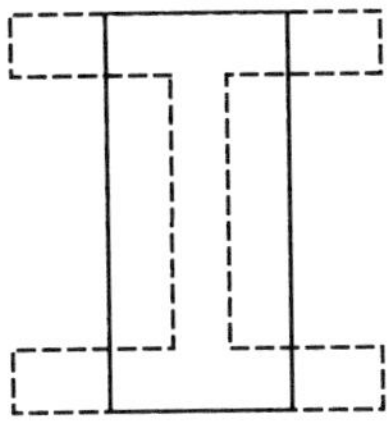

图 13-20

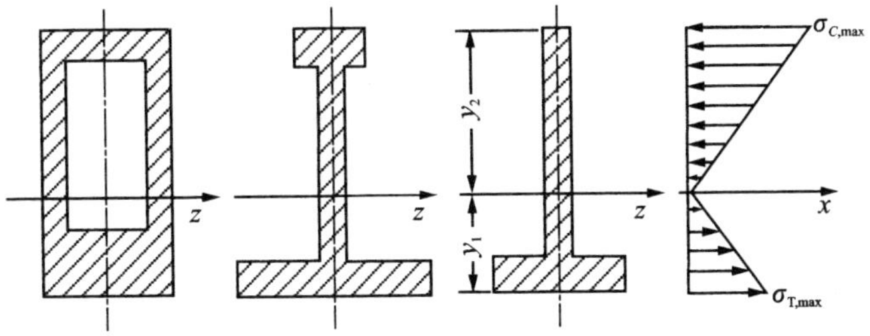

图 13-21

13.4.3　等强度梁的概念

前面讨论的梁都是等截面的，即 W＝常数，但梁在各截面上的弯矩却随截面的位置而变化。由 $\sigma_{\max}$ 的计算公式可知，对于等截面的梁来说，只有在弯矩为最大值 $M_{\max}$ 的截面上，最大应力才有可能接近许用应力。其余各截面上弯矩较小，应力也就较低，材料没有充分利用。为了节约材料，减轻自重，可改变截面尺寸，使抗弯截面模量随弯矩而变化。在弯矩较大处采用较大截面，而在弯矩较小处采用较小截面。这种截面沿轴线变化的梁，称为**变截面梁**。变截面梁的正应力计算仍可近似地用等截面梁的公式。如变截面梁各横截面上的最大正应力都相等，且都等于许用应力，就是**等强度梁**。设梁在任一截面上的弯矩为 $M(x)$，而截面的抗弯截面模量为 $W(x)$，根据上述等强度梁的要求，应有

等强度梁
应用实例1

等强度梁
应用实例2

$$\sigma_{\max} = \frac{M(x)}{W(x)} = [\sigma]$$

或者写成

$$W(x) = \frac{M(x)}{[\sigma]} \tag{13-23}$$

这是等强度梁的 $W(x)$ 沿梁轴线变化的规律。

若图 13-22 所示在集中力 F 作用下的简支梁为等强度梁，截面为矩形，且设截面高度 h＝常数，而宽度 b 为 x 的函数，即 $b=b(x)\left(0\leqslant x\leqslant\frac{1}{2}\right)$，则由公式(13-23)，得

$$W(x) = \frac{b(x)h^2}{6} = \frac{M(x)}{[\sigma]} = \frac{Fx/2}{[\sigma]}$$

于是

$$b(x) = \frac{3F}{[\sigma]h^2}x \tag{13-24}$$

截面宽度 $b(x)$是 x 的一次函数[见图 13－22(b)]。因为载荷对称于跨度中点，因而截面形状也对称于跨度中点。按照式(13－24)所表示的关系，在梁两端，$x=0$，$b(x)=0$，即截面宽度等于零。这显然不能满足剪切强度的要求，因而要按剪切强度条件改变支座附近截面的宽度。设所需的最小截面宽度为 $b_{\min}$[见图 13－24(c)]，根据剪切强度条件

$$\tau_{\max}=\frac{3}{2}\frac{F_{Q,\max}}{A}=\frac{3F/2}{2b_{\min}h}=[\tau]$$

由此得

$$b_{\min}=\frac{3F}{4h[\tau]} \tag{13-25}$$

若设想把这一等强度梁分成若干狭条，然后叠置起来，并使其略微拱起，这就成为汽车以及其他车辆上经常使用的叠板弹簧，如图 13－25 所示。

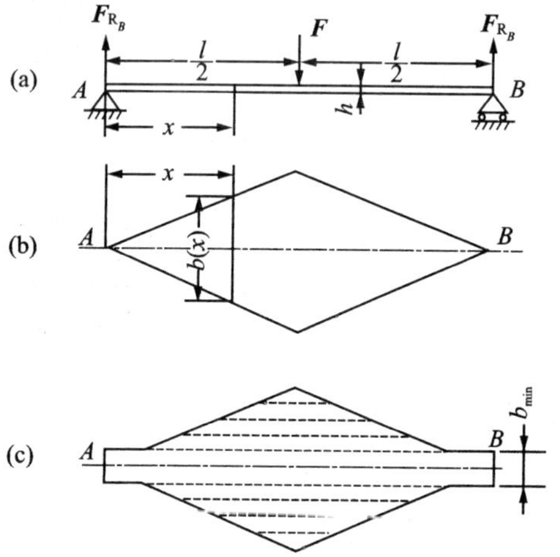

图 13－22

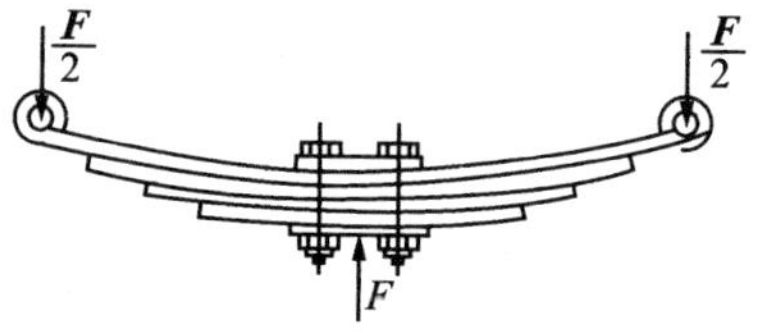

图 13－23

若上述矩形截面等强度梁的截面宽度 $b(x)$为常数，而高度 h 为 x 的函数，即 $h=h(x)$，用完全相同的方法可以求得。

$$h(x)=\sqrt{\frac{3Fx}{b[\sigma]}} \tag{13-26}$$

$$h_{\min}=\frac{3F}{4b[\tau]} \tag{13-27}$$

按式(13－26)和式(13－27)所确定的梁的形状如图 13－24(a)所示。如把梁做成图 13－24(b)所示的形式，就成为在厂房建筑中广泛使用的“鱼腹梁”了。使用式(13－23)，也可求得圆截面等强度梁的截面直径沿轴线的变化规律。但考虑到加工的方便及结构上的要求，常用阶梯形状的变截面梁(阶梯轴)来代替理论上的等强

度梁，如图 13－25 所示。

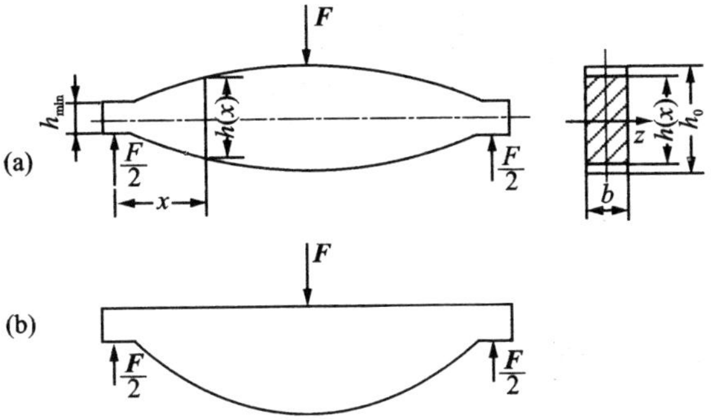

图 13－24

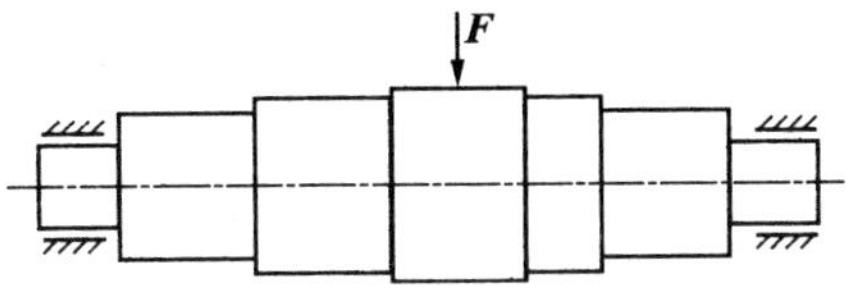

图 13－25

思 考 题

1. 什么是中性层？什么是中性轴？它们之间存在什么关系？

2. 根据梁的弯曲正应力分析，确定塑性材料和脆性材料各选用哪种截面形状合适。

3. 在推导平面弯曲切应力计算公式过程中做了哪些基本假设？

4. 挑东西的扁担常在中间折断，而游泳池的跳水板易在固定端处折断，这是为什么？

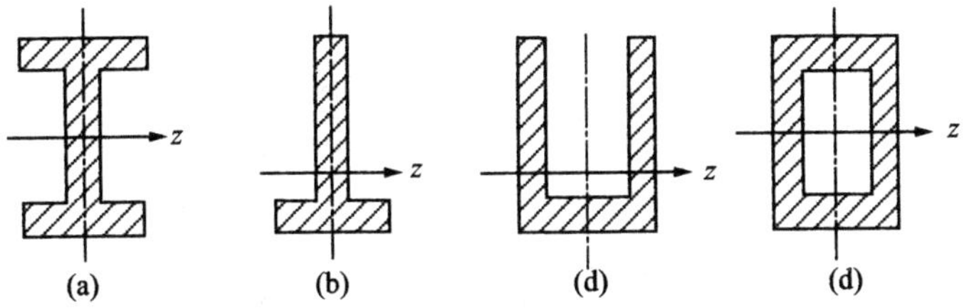

图 13－26

5. 丁字尺的截面为矩形。设 $\frac{b}{h}\approx 12$。由经验可知，当垂直长边 h 加力[见图 13－27(a)]时，丁字尺很容易变形或折断，若沿长边加力[见图 13－27(b)]时，则不然，为什么？

6. 当梁的材料是钢时，应选用__________的截面形状；若是铸铁则采用__________的截面形状。

图 13－27

习 题

13－1 求题 13－1 图中截面 A 上 a、b 点的正应力。

答：$\sigma_a=-122$ MPa，$\sigma_b=0$。

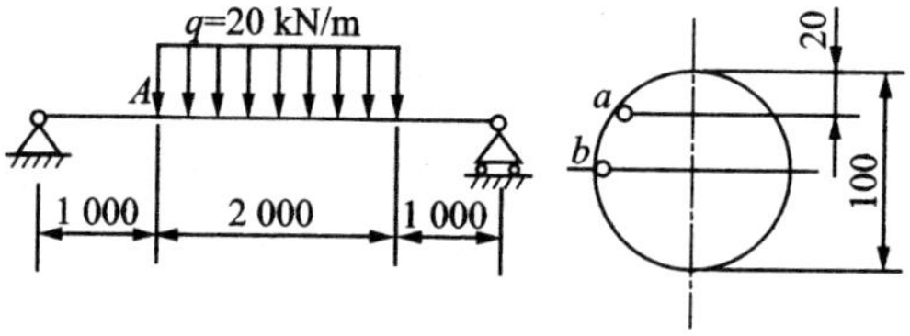

题 13－1 图

13－2 倒 T 形截面的铸铁梁如题 13－2 图所示，试求梁内最大拉应力和最大压应力。画出危险截面上的正应力分布图。

答：$\sigma_{l,\max}=3.68$ MPa，$\sigma_{y,\max}=10.88$ MPa。

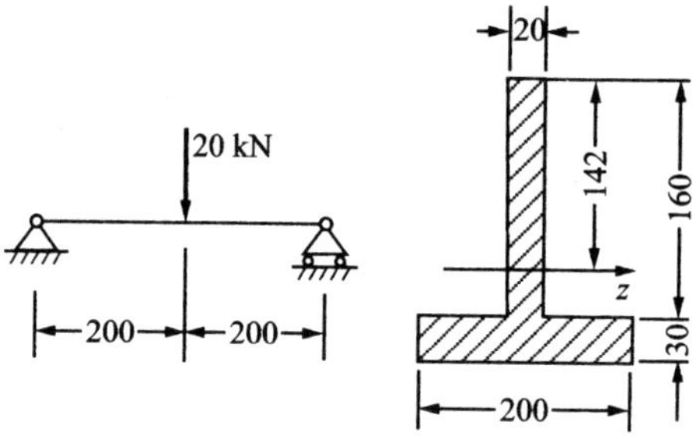

题 13－2 图

13－3 如题 13－3 图所示为一矩形截面简支梁。已知 $F=16$ kN，$b=50$ mm，$h=150$ mm。试求：(1) 截面 1－1 上 D、E、F、H 各点的正应力；(2) 梁的最大正应力；(3) 若将截面转 90°[见题 13－3(c)图]，则最大正应力是原来正应力的几倍？

答：(1) $\sigma_H=-\sigma_D=34.1$ MPa，$\sigma_E=-18.2$ MPa，$\sigma_F=0$；(2) $\sigma_{\max}=41$ MPa；(3) 3 倍。

13－4 简支梁承受均布载荷如题 13－4 图所示。若分别采用截面面积相等的

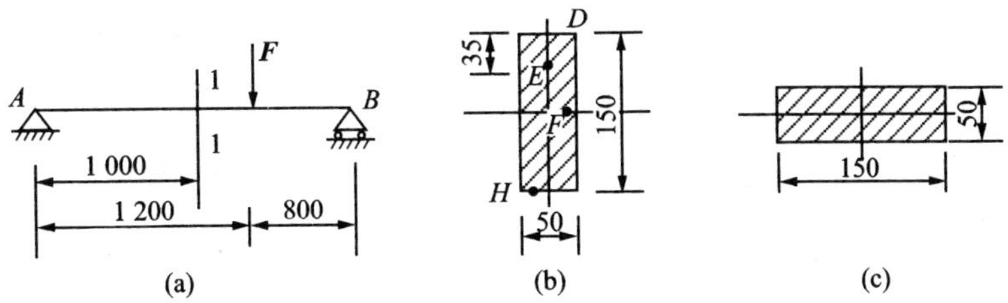

题 13-3 图

实心和空心圆截面，且 $D_1=40$ mm，$\dfrac{d_2}{D_2}=\dfrac{3}{5}$，试分别计算它们的最大正应力，问空心截面比实心截面的最大正应力减小了百分之几？

答：实心轴 $\sigma_{max}=159$ MPa，空心轴 $\sigma_{max}=93.6$ MPa，减少了 41 %。

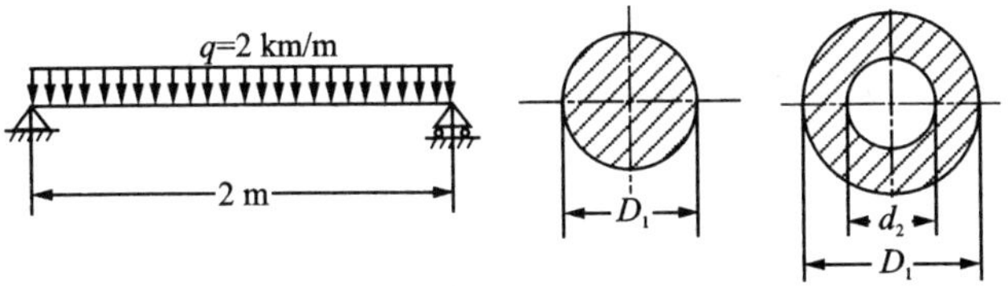

题 13-4 图

13-5　试求题 13-5 图示的梁 1-1 截面上 A、B 两点的切应力及最大切应力。

答：$\tau_A=0.074$ MPa，$\tau_B=0.125$ MPa，$\tau_{max}=0.16$ MPa。

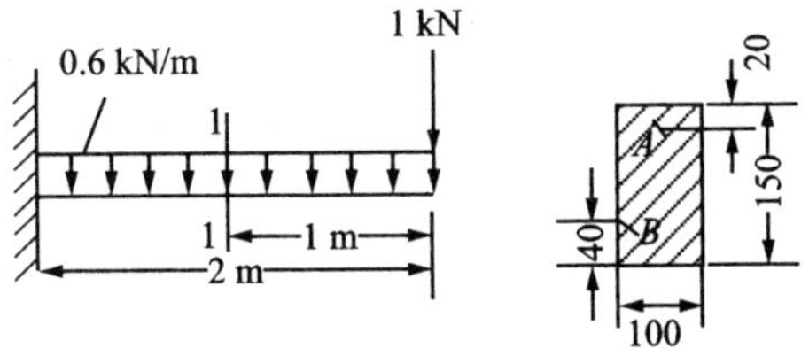

题 13-5 图

13-6　题 13-6 图示简支梁长 L，截面为矩形，其高度为 h，受均布载荷 q 作用。试求最大切应力与最大正应力之比。

答：$\tau_{max}/\sigma_{max}=h/l$。

13-7　剪刀机构的 AB 与 CD 杆的截面均为圆形，材料相同，许用应力$[\sigma]=100$ MPa，设 $F=200$ N。试确定 AB 与 CD 杆的直径。

答：6 mm，23 mm。

13-8　梁 AB 为 No.10 号工字钢(见题 13-8 图)。B 处由 $d=20$ mm 的圆杆 BC 吊起，梁和杆的许用应力$[\sigma]=160$ MPa，试求许可均布载荷集度 q(不计梁自重)。

答：$q\leqslant 15.68$ kN/m。

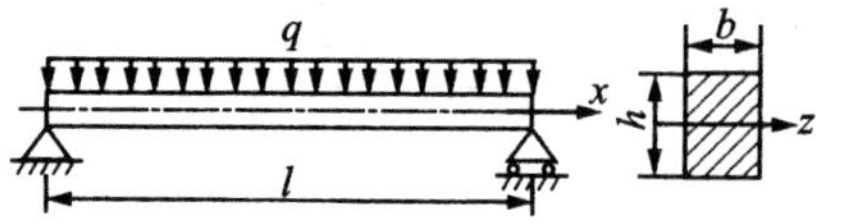

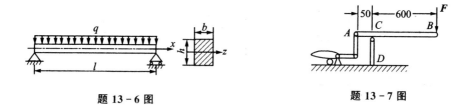

题 13-6 图

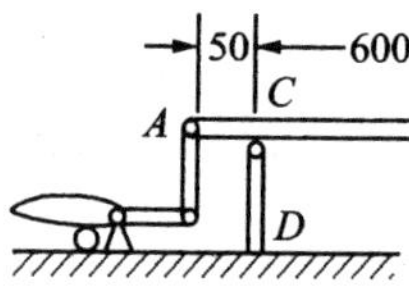

题 13-7 图

13-9 受均布载荷作用的外伸梁受力如题 13-9 图所示。已知 $q=12$ kN/m，材料的许用应力$[\sigma]=160$ MPa，试选择梁的工字钢型号。

答：$W_z \geqslant 187.5$ cm^3，并选 No. 18 工字钢。

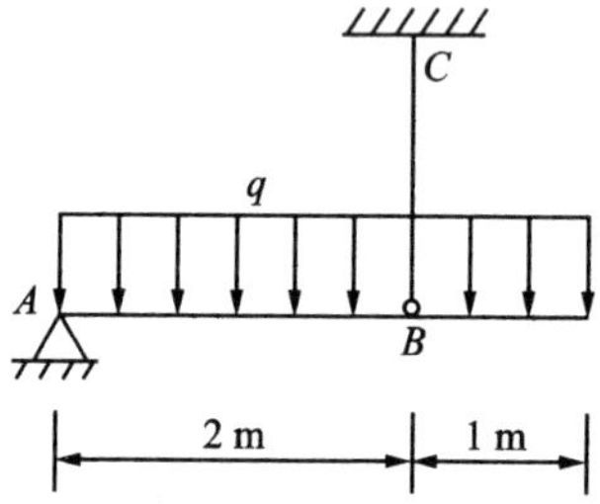

题 13-8 图

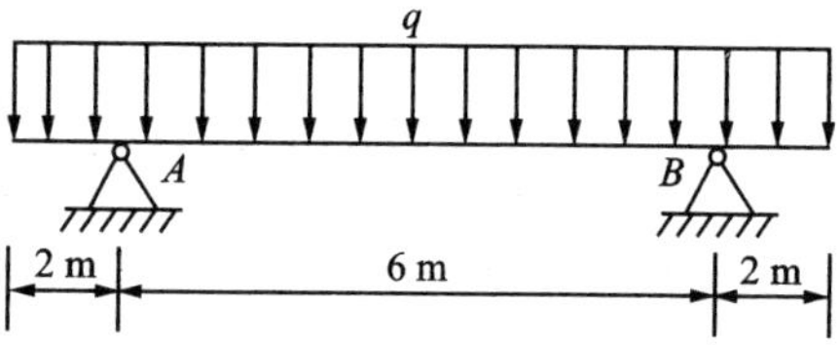

题 13-9 图

13-10 T 字形截面外伸梁（见题 13-10 图），已知均布载荷 $q=6$ kN·m，材料的许用应力 $\sigma=35$ MPa，$[\sigma_c]=120$ MPa，截面尺寸如图所示，试校核该梁的强度。

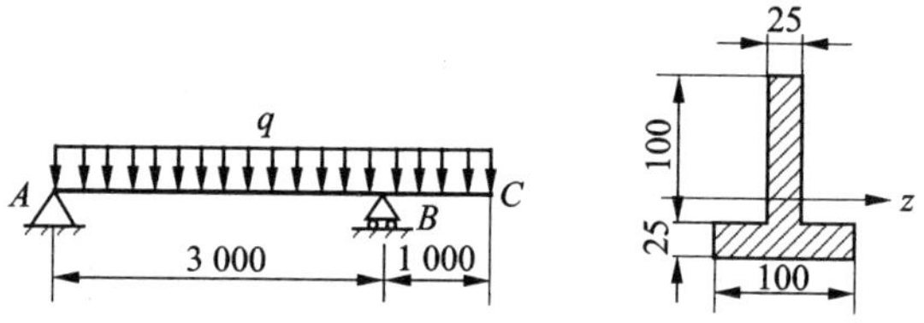

题 13-10 图

答：$\sigma_{T,\max} = 34.97$ MPa，$\sigma_{c,\max}=62$ MPa。

13-11 梁的材料为铸铁（见题 13-11 图），已知$[\sigma_t]=35$ MPa，$[\sigma_c]=100$ MPa，截面对中性轴的惯性矩$I_z=10^3$ cm^4，试校核其正应力强度。

答：$\sigma_{c,\max}=90$ MPa$<[\sigma_c]$；$\sigma_{t,\max}=60$ MPa$>[\sigma_t]$，不安全。

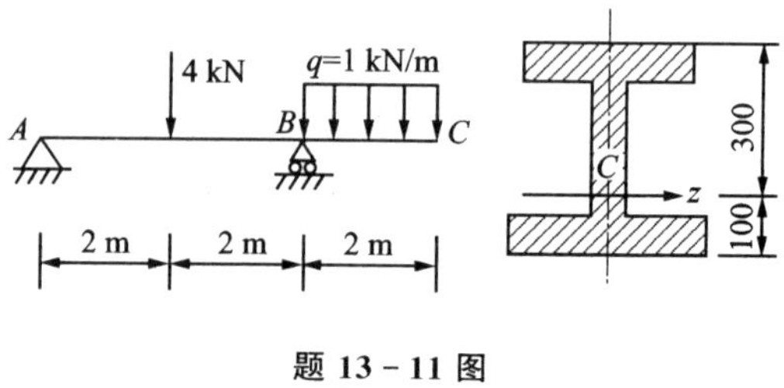

题 13-11 图

第 14 章 梁的弯曲变形及其刚度计算

本章首先介绍挠度和转角的概念，建立挠曲线近似微分方程，进而讨论求挠度。还介绍了转角的积分法、叠加原理及其在求挠度、转角中的应用以及梁的刚度计算。最后介绍了超静定梁的变形比较法。

14.1 工程中的弯曲变形问题

前面一章讨论了梁的强度计算。工程中对某些受弯杆件除强度要求外，往往还有刚度要求，即要求它变形不能过大。以车床主轴为例，若其变形过大（见图 14-1），将影响齿轮的啮合和轴承的配合，造成磨损不均，产生噪声，降低寿命，还会影响加工精度。再以吊车梁为例，当变形过大时，将使梁上小车行走困难，出现爬坡现象，还会引起较严重的振动。所以，若变形超过允许值，即使仍然是弹性的，也被认为是一种失效。

工程中虽然经常是限制弯曲变形，但是在另一些情况下，常常又利用弯曲变形达到某种要求。例如，叠板弹簧（见图 14-2）应有较大的变形，才可以更好地起缓冲作用。弹簧扳手（见图 14-3）要有明显的弯曲变形，才可以使测得的力矩更为准确。

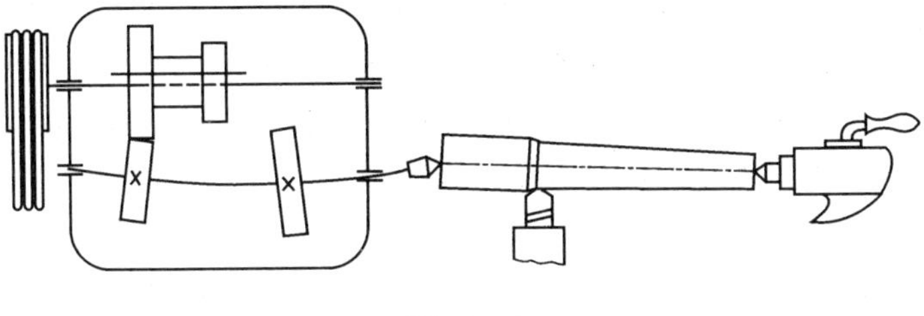

图 14-1

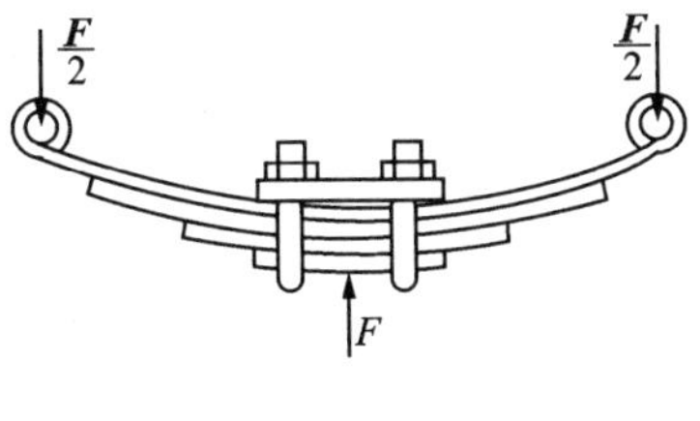

图 14-2

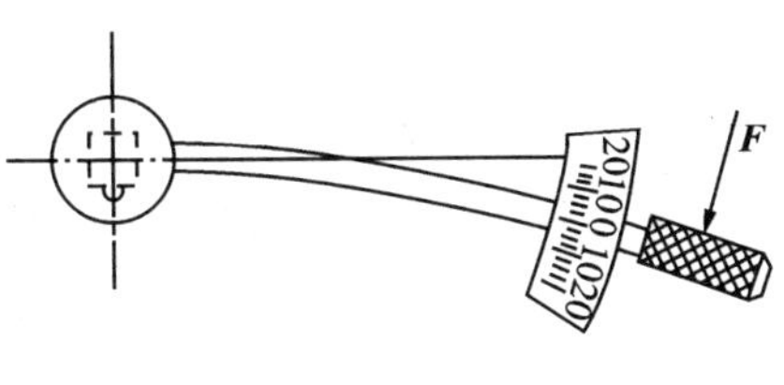

图 14-3

弯曲变形计算除用于解决弯曲刚度问题外，还用于求解静不定系统和振动计算。

14.2 挠曲线近似微分方程

14.2.1 挠度和转角

设一悬臂梁 AB，如图 14-4 所示，在载荷作用下，其轴线将弯曲成一条光滑的连续曲线 AB'。在平面弯曲的情况下，这是一条位于载荷所在平面内的平面曲线。梁弯曲后的轴线称为**挠曲线**。因这是在弹性范围内的挠曲线，故也称为**弹性曲线**。

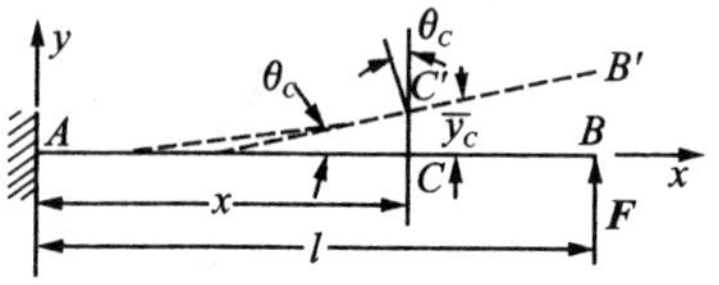

图 14-4

梁的弯曲变形可用挠度和转角来表示。

1. 挠　度

由图 14-4 可见，梁轴线上任一点 C（即梁某一横截面的形心），在梁变形后将移至 C'。由于梁的变形很小，变形后的挠曲线是一条平坦的曲线，故 C 点的水平位移可以忽略不计，从而认为线位移 CC' 垂直于变形前的梁的轴线。梁变形后，横截面形心，沿 y 方向的位移称为**挠度**。图中以 y_C 表示，单位为 mm。

2. 转　角

梁变形时，横截面还将绕中性轴转动一个角度。梁任一横截面相对于其原来位置所转动的角度称为该截面的**转角**，单位为 rad。图 14-4 中的 θ_C 即为截面 C 的转角。

为描述梁的挠度和转角，取一个直角坐标系，以梁的左端为原点，令 x 轴与梁变形前的轴线重合，方向向右；y 轴与之垂直，方向向上（见图 14-4）。这样，变形后梁任一横截面的挠度就可用其形心在挠曲线上的纵坐标 y 表示。根据平面假设，梁变形后横截面仍垂直于梁的轴线，因此，任一横截面的转角，也可用挠曲线在该截面形心处的切线与 x 轴的夹角 θ 来表示。

挠度 y 和转角 θ 随截面位置 x 而变化，即 y 和 θ 是 x 的函数。因此，梁的挠曲线可表示为

$$y = f(x) \tag{14-1}$$

此式称为**梁的挠曲线方程**。由微分学知，过挠曲线上任意点切线与 x 轴的夹角的正切就是挠曲线在该点处的斜率，即

$$\tan\theta = \frac{\mathrm{d}y}{\mathrm{d}x} = y' \tag{14-2}$$

由于工程实际中梁的转角 θ 一般很小，$\tan\theta \approx \theta$，故可以认为

$$\theta = \frac{\mathrm{d}y}{\mathrm{d}x} = y' \tag{14-3}$$

可见 y 与 θ 之间存在一定的关系，即梁任一横截面的转角 θ 的值等于该截面的挠度 y 对 x 的一阶导数。这样，只要求出挠曲线方程，就可以确定梁上任一横截面的挠度和转角。

挠度和转角的符号，是根据所选定的坐标系而定的。与 y 轴正方向一致的挠度为正，反之为负；挠曲线上某点处的斜率为正时，则该处横截面的转角为正，反之为负。例如，在图 14－4所选定的坐标系中，挠度向上时为正，向下时为负；转角反时针转向为正，顺时针转向为负。

14.2.2　挠曲线近似微分方程

在 13.1 节中，曾导出在纯弯曲时的梁变形的基本公式，即

$$\frac{1}{\rho}=\frac{M}{EI}$$

因为一般梁横截面的高度远小于跨长，剪力对变形的影响很小，可以忽略不计，所以上式也可推广到非纯弯曲的情况。但此时弯矩 M 和曲率半径 ρ 都是截面位置 x 的函数，故上式应改写为

$$\frac{1}{\rho(x)}=\frac{M(x)}{EI} \tag{14-4}$$

式(14－4)所描述的是梁弯曲后轴线的曲率，而不是梁的挠度和转角，式中 EI 为抗弯刚度。但由这一公式出发，可建立梁的挠曲线方程，从而可得梁的挠度和转角。

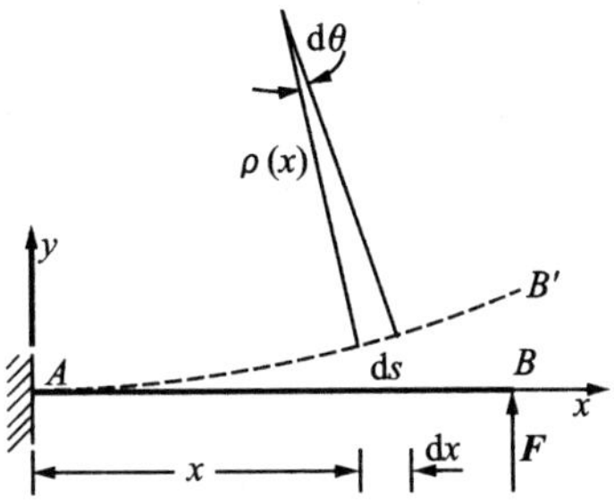

图 14－5

如果在梁的挠曲线中任取一微段梁 ds 则由图 14－5可见，它与曲率半径的关系为

$$\mathrm{d}s=\rho(x)\mathrm{d}\theta$$

或

$$\frac{1}{\rho(x)}=\frac{\mathrm{d}\theta}{\mathrm{d}s}$$

式中的 $\mathrm{d}\theta$ 为微段梁两端面的相对转角。由于梁的变形很小，$\mathrm{d}s\approx\mathrm{d}x$，可近似地认为

$$\frac{1}{\rho(x)}=\frac{\mathrm{d}\theta}{\mathrm{d}x} \tag{14-5}$$

又由式(14－3)，$\theta=\frac{\mathrm{d}y}{\mathrm{d}x}$，故

$$\frac{1}{\rho(x)}=\frac{\mathrm{d}^2 y}{\mathrm{d}x^2} \tag{14-6}$$

将式(14－6)代入式(14－4)，最后得到 y 的二阶导数为

$$y''=\frac{\mathrm{d}^2 y}{\mathrm{d}x^2}=\frac{M(x)}{EI} \tag{14-7}$$

这样，就将描述挠曲线曲率的公式转换为上述微分方程，并称之为梁的**挠曲线近**

似微分方程。之所以说是近似，是因为推导这一公式时，略去了剪力对变形的影响，并认为 $ds \approx dx$。但根据这一公式所得到的解在工程中应用是足够精确的。

应当注意，在推导公式(14－7)时，所取的 y 轴方向是向上的。只有这样，等式两边的符号才是一致的。因为，当弯矩 $M(x)$为正时，将使梁的挠曲线呈凹形。由微分学知，此时曲线的二阶导数 y''在所选取的坐标系中也为正值[见图 14－6(a)]；同样，当弯矩 $M(x)$为负时，梁挠曲线呈上凸形，此时 y''也为负值[见图 14－6(b)]。

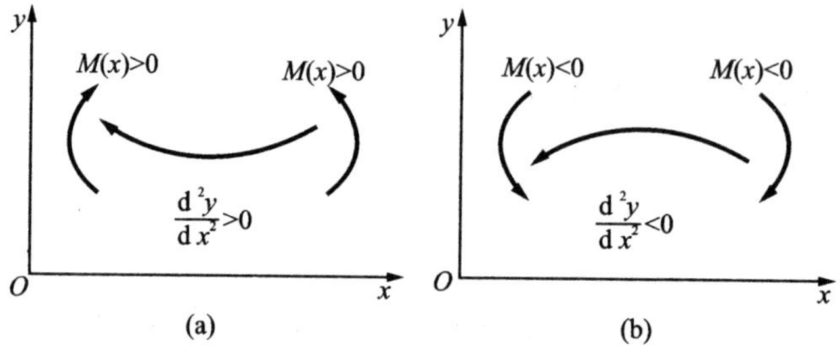

图 14－6

14.3 用积分法求梁的挠度和转角

对挠曲线近似微分方程(14－7)进行积分，可求得梁的挠度方程和转角方程。对于等截面梁，其刚度为常数，此时式(14－7)可改写为

$$EIy'' = M(x) \tag{14-8}$$

将式(14－8)两边乘以 dx，积分一次得

$$EIy' = \int M(x)dx + C \tag{14-9}$$

同样，将式(14－9)两边乘以 dx，再积分一次又得

$$EIy = \int\left[\int M(x)dx + C\right]dx + D$$

或

$$EIy = \iint M(x)dxdx + Cx + D \tag{14-10}$$

在式(14－9)和式(14－10)中出现了两个积分常数 C 和 D，其值可以通过梁边界的已知挠度和转角来确定，这些条件称为**边界条件**。例如，在简支梁两端支座处的挠度为零[见图 14－7(a)]，可列出边界条件：$x=0$ 处，$y_A=0$；$x=l$ 处，$y_B=0$。悬臂梁固定端的挠度和转角皆为零[见图 14－7(b)]，可列出边界条件：$x=0$ 处，$y_A=0$ 和 $x=0$ 处，转角 $\theta_A=0$。根据这些边界条件，即可求得两个积分常数 C 和 D。将已确定的积分常数再代入公式(14－9)和式(14－10)，由此可求出任一横截面的转角和挠度。

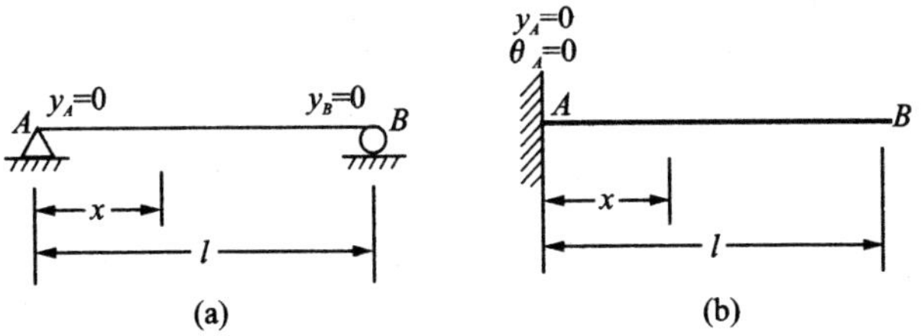

图 14 - 7

上述求梁的挠度和转角的方法，称为积分法。

例 14 - 1　一悬臂梁，在其自由端受集中力的作用，如图 14 - 8 所示。试求梁的转角方程和挠度方程，并确定最大转角 $|\theta|_{max}$ 和最大挠度 $|y|_{max}$。

解： 以固定端为原点，取坐标系如图 14 - 8 所示。

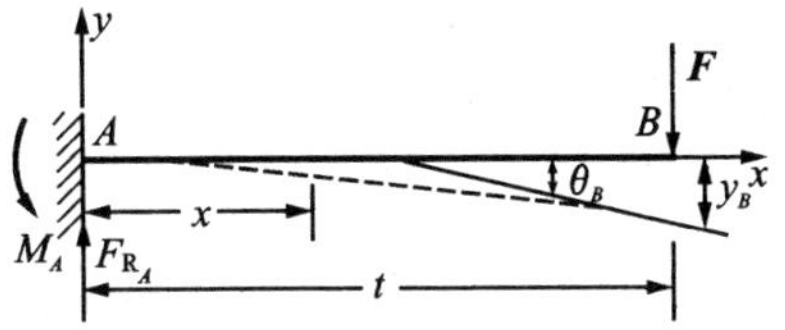

图 14 - 8

(1) 求支座反力，列弯矩方程　在固定端处有支座反力 $\boldsymbol{F}_{R_A}$ 和反力偶矩 M_A，由平衡方程可得

$$F_{R_A} = F,\quad M_A = Fl$$

在距原点 x 处取截面，可列出弯矩方程为

$$M(x) = -M_A + F_{R_A}x = -Fl + Fx \qquad (1)$$

(2) 列挠曲线近似微分方程并进行积分　将弯矩方程式(1)代入公式(14 - 8)得

$$EIy'' = -Fl + Fx \qquad (2)$$

积分一次，得

$$EIy' = -Flx + \frac{F}{2}x^2 + C \qquad (3)$$

再积分一次得

$$EIy = -\frac{Fl}{2}x^2 + \frac{F}{6}x^3 + Cx + D \qquad (4)$$

(3) 确定积分常数　悬臂梁在固定端处的挠度和转角均为零，即在 $x=0$ 处，得

$$\theta_A = y'_A = 0 \qquad (5)$$

$$y_A = 0 \qquad (6)$$

将式(6)代入式(4)，将式(5)代入式(3)，得

$$D = 0 \qquad C = 0$$

(4) 确定转角方程和挠度方程　将所求得的积分常数 C 和 D 代入式(3)和式(4)，得梁的转角方程和挠度方程为

$$\theta = y' = \frac{1}{EI}\left(-Flx + \frac{F}{2}x^2\right) = -\frac{Fx}{2EI}(2l - x) \qquad (7)$$

$$y = \frac{1}{EI}\left(-\frac{Fl}{2}x^2 + \frac{F}{6}x^3\right) = -\frac{Fx^2}{6EI}(3l - x) \qquad (8)$$

(5) 求最大转角和最大挠度 利用式(7)和式(8)可求得任一截面的转角和挠度。由图 14-8可以看出,B 截面的挠度和转角绝对值为最大。以 $x=l$ 代入式(7)和式(8),可得

$$\theta_B = -\frac{Fl^2}{2EI}$$

即

$$|\theta|_{max} = \frac{Fl^2}{2EI}, \qquad y_B = -\frac{Fl^3}{3EI}$$

即

$$|y|_{max} = \frac{Fl^3}{3EI}$$

所得的转角 θ_B 为负值,说明截面 B 作顺时针方向转动;y_B 为负值,说明 B 截面的挠度向下。

例 14-2 一简支梁如图 14-9 所示,在全梁上受集度为 q 的均布载荷作用。试求此梁的转角方程和挠度方程,并确定最大转角 $|\theta|_{max}$ 和最大挠度 $|y|_{max}$。

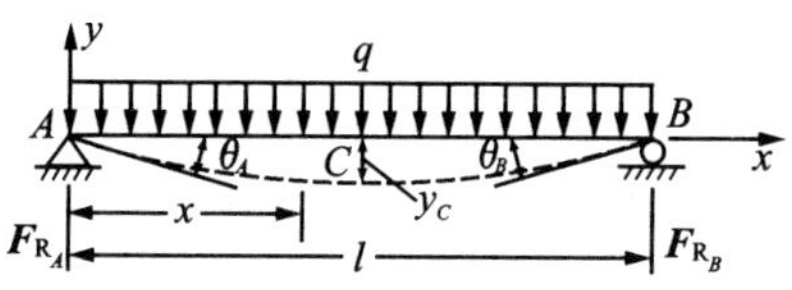

图 14-9

解: (1) 求支座反力,列弯矩方程 由对称关系可求得梁的两个支座反力为

$$F_{R_A} = F_{R_B} = \frac{ql}{2}$$

以 A 为原点,取坐标如图,列出梁的弯矩方程为

$$M(x) = \frac{ql}{2}x - \frac{qx^2}{2} \tag{1}$$

(2) 列挠曲线近似微分方程并进行积分 将式(1)代入公式(14-8)得

$$EIy'' = \frac{ql}{2}x - \frac{qx^2}{2} \tag{2}$$

通过两次积分,分别得

$$EIy' = \frac{ql}{4}x^2 - \frac{qx^3}{6} + C \tag{3}$$

$$EIy = \frac{ql}{12}x^3 - \frac{qx^4}{24} + Cx + D \tag{4}$$

(3) 确定积分常数 简支梁两端支座处的挠度均为零,即在 $x=0$ 处

$$y_A = 0 \tag{5}$$

将式(5)代入式(4),得 $D=0$;在 $x=l$ 处,

$$y_B = 0; \tag{6}$$

将其仍代入式(4)得 $y_B=\frac{q}{12}l^4-\frac{q}{24}l^4+Cl=0$;由此解出 $C=-\frac{ql^3}{24}$。

(4) 确定转角方程和挠度方程　将所求得的积分常数 C 和 D 代入式(3)和式(4)得

$$\theta = y' = \frac{1}{EI}\left(\frac{ql}{4}x^2 - \frac{q}{6}x^3 - \frac{ql^3}{24}\right) = -\frac{q}{24EI}(l^3 - 6lx^2 + 4x^3) \qquad (7)$$

$$y = \frac{1}{EI}\left(\frac{ql}{12}x^3 - \frac{q}{24}x^4 - \frac{ql^3}{24}x\right) = -\frac{qx}{24EI}(l^3 - 2lx^2 + x^3) \qquad (8)$$

(5) 求最大转角和最大挠度　梁上载荷和边界条件均对称于梁跨的中点，故梁的挠曲线必对称。由此可知，最大挠度必位于梁的中点。以 $x=l/2$ 代入式(8)后得

$$y_C = -\frac{ql/2}{24EI}\left(l^3 - \frac{l^3}{2} + \frac{l^3}{8}\right) = -\frac{5ql^4}{384EI}$$

式中的负号表示梁中点的挠度向下。由此知绝对值最大的挠度为

$$|y|_{\max} = \frac{5ql^4}{384EI}$$

又由图 14-9 可见，在两端支座处横截面的转角数值相等，绝对值均为最大。以 $x=0$ 和 $x=l$ 代入式(7)后转角得

$$\theta_A = \frac{ql^3}{24EI},\quad \theta_B = \frac{ql^3}{24EI}$$

故

$$|\theta|_{\max} = \frac{ql^3}{24EI}$$

由以上两例中的式(3)和式(4)，可以看出积分常数 C 和 D 的几何意义。如以 $x=0$ 代入此两式，则

$$EIy' = EI\theta_0 = C,\quad EIy = EIy_0 = D$$

可见，积分常数 C、D 分别表示坐标原点处截面的转角 θ_0 和挠度 y_0 与抗弯刚度 EI 的乘积。

例 14-3　一简支梁如图 14-10 所示，在 C 点处受一集中力 $\boldsymbol{F}$ 作用。试求此梁的转角方程和挠度方程，并确定最大转角 $|\theta|_{\max}$ 和最大挠度 $|y|_{\max}$。

解： (1) 求支座反力，列弯矩方程　与上两例不同，此梁上的外力将梁分为两段，故须分别列出左右两段的弯矩方程。先求支座反力

由 $\sum M_B(\boldsymbol{F}) = 0$ 得　　$F_{R_A} = \frac{Fb}{l}$

由 $\sum M_A(\boldsymbol{F}) = 0$ 得　　$F_{R_B} = \frac{Fa}{l}$

取坐标系如图 14-10 所示，再列出两段梁的弯矩方程为

AC 段　　$M_1(x) = \frac{Fb}{l}x \qquad (0 \leqslant x_1 \leqslant a)$

CB 段　　$M_2(x) = \frac{Fb}{l}x_2 - F(x_2 - a) \qquad (a \leqslant x_2 \leqslant l)$

(2) 列挠曲线近似微分方程并进行积分　因两段的弯矩方程不同,故梁的挠曲线近似微分方程也须分别列出。两段梁的挠曲线近似微分方程及其积分分别列入表 14－1中。

表 14－1　两段梁的挠曲线近似微分方程及积分表

AC 段($0 \leqslant x \leqslant a$)		CB 段($a \leqslant x \leqslant l$)	
$EIy''_1 = \frac{Fb}{l}x_1$	(b_1)	$EIy''_2 = \frac{Fb}{l}x_2 - F(x_2 - a)$	(b_2)
$EIy'_1 = \frac{Fb}{2l}x_1^2 + C_1$	(c_1)	$EIy'_1 = \frac{Fb}{2l}x_2^2 - \frac{F}{2}(x_2 - a)^2 + C_2$	(c_2)
$EIy_1 = \frac{Fb}{6l}x^3 + C_1x_1 + D_1$	(d_1)	$EIy_2 = \frac{Fb}{6l}x_2^3 - \frac{F}{6}(x_2 - a)^3 + C_2x_2 + D_2$	(d_2)

(3) 确定积分常数　上面的积分结果出现了 4 个积分常数,需要 4 个已知的变形条件才能确定。由于梁变形后其挠曲线是一条光滑连续的曲线,在 AC 和 CB 两段梁交接处 C 的横截面,既属于 AC 段,又属于 CB 段,故其转角或挠度必须相等,否则挠曲线就会出现不光滑或不连续的现象(见图 14－11)。因此,在两段梁交接处的变形应满足条件:

在 $x_1 = x_2 = a$ 处,

$$\theta_1 = \theta_2 \tag{1}$$

$$y_1 = y_2 \tag{2}$$

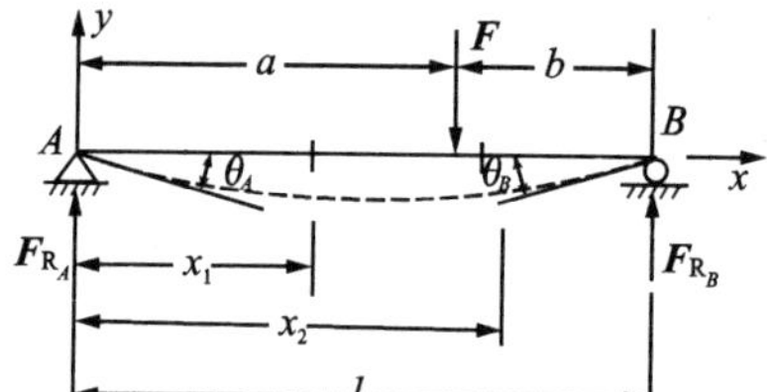

图 14－10

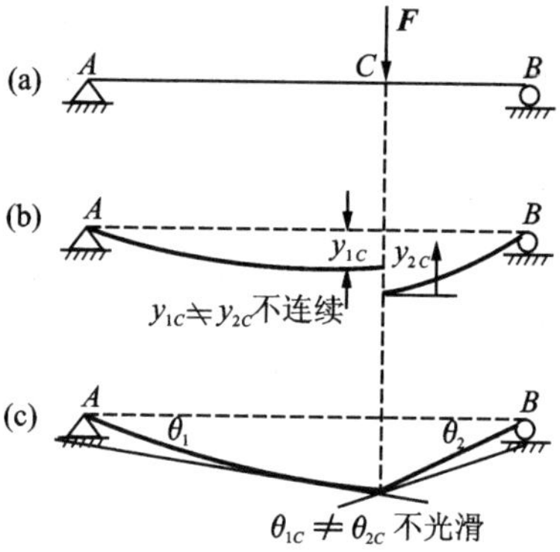

图 14－11

这样的条件称为**连续条件**。式(1)表示挠曲线在 C 处应光滑;式(2)表示挠曲线在该处应连续。利用上述的两个连续条件,连同梁的两个边界条件,即可确定 4 个积分常数。

以 $x = a$ 代入表 14－1 中的式(c_1)和式(c_2),并按上列条件,令两式相等,即

$$\frac{Fb}{2l}a^2 + C_1 = \frac{Fb}{2l}a^2 - \frac{F}{2}(a-a)^2 + C_2$$

由此得 $C_1 = C_2$

再以 $x_1 = x_2 = a$ 代入表 14-1 中的(d_1)和(d_2),并令两式相等,即

$$\frac{Fb}{6l}a^3 + C_1 a + D_1 = \frac{Fb}{6l}a^3 - \frac{F}{2}(a-a)^3 + C_2 a + D_2$$

故由此又得 $D_1 = D_2$

又由于梁在 A、B 两端支座处应满足的边界条件是:

在 $x=0$ 处

$$y_1 = y_A = 0 \tag{3}$$

在 $x=l$ 处

$$y_2 = y_B = 0 \tag{4}$$

以式(3)代入表 14-1 的式(d_1),得

$$D_1 = D_2 = 0$$

以式(4)代入式表 14-1(d_2),得

$$C_1 = C_2 = -\frac{Fb}{6l}(l^2 - b^2)$$

(4) 确定转角方程和挠度方程 将所求得的积分常数代回表 14-1 中的(c_1)、(c_2)、(d_1)和(d_2)各式,即得两段梁的转角方程和挠度方程如表 14-2 所列。

表 14-2 两段梁的转角、挠度方程

AC 段($0 \leqslant x \leqslant a$)	CB 段($a \leqslant x \leqslant l$)
$EIy'_1 = \frac{Fb}{6l}(l^2 - 3x_1^2 - b^2)$ (i_1)	$EIy'_2 = -\frac{Fb}{6l}\left[(l^2-b^2) - 3x_2^2 + \frac{3l}{b}(x_2-a)^2\right]$ (i_2)
$EIy_1 = -\frac{Fbx}{6l}(l^2 - x_1^2 - b^2)$ (j_1)	$EIy_2 = \frac{Fb}{6l}\left[(l^2-b^2)x - x^3 + \frac{l}{b}(x-a)^3\right]$ (j_2)

(5) 求最大转角和最大挠度 最大转角:由图 14-10 可见,梁 A 端或 B 端的转角可能最大。以 $x=0$ 代入表 14-2 中的式(i_1),得梁 A 端截面的转角为

$$\theta_A = -\frac{Fb(l^2-b^2)}{6EIl} = -\frac{Fab(l+b)}{6EIl} \tag{5}$$

以 $x=l$ 代入表 14-2 中的式(i_2),得梁 B 端截面的转角为

$$\theta_B = \frac{Fab(l+a)}{6EIl} \tag{6}$$

比较两式的绝对值可知,当 $a>b$ 时,θ_B 为最大转角。

最大挠度:在 $\theta = y' = 0$ 处,y 为极值,此处的挠度绝对值最大。故应先确定转角为零的截面位置,然后再求最大挠度。先研究 AC 段,设在 x_0 处,截面的转角为零,以 x_0 代入表 14-2 中的式(i_1)并令 $y'=0$,即

$$-\frac{Fb}{6l}(l^2-3x_0^2-b^2)=0$$

由此解得

$$x_0=\sqrt{\frac{l^2-b^2}{3}} \tag{7}$$

由式(7)可以看出，当 $a>b$ 时，$x_0<a$，故知转角 θ 为零的截面必在 AC 段内，以式(7)代入表 14－2 中的式(j_1)并整理后，即可求得绝对值最大的挠度为

$$|y|_{\max}=\frac{Fb}{9\sqrt{3}EIl}\sqrt{(l^2-b^2)^3} \tag{8}$$

(6) 讨论　由式(7)可以看出，当载荷 F 无限接近 B 端支座时，即 $b\to 0$ 时，则

$$x_0\to\frac{1}{\sqrt{3}}=0.577l$$

这说明，即使在这种极限情况下，梁最大挠度的所在位置仍与梁的中点非常接近。因此可以近似地用梁中点的挠度来代替梁的实际最大挠度。以 $x=\frac{l}{2}$ 代入表 14－2中的式(j_1)，即可算出梁中点处的挠度为

$$|y_{l/2}|=\frac{Fb}{48EI}(3l^2-4b^2) \tag{9}$$

以 $y_{l/2}$ 代替 $y_{\max}$ 所引起的误差不超过 3 %。

当载荷 F 位于梁的中点，即当 $a=b=\frac{l}{2}$ 时，则由式(5)、式(6)和式(8)得梁的最大转角和最大挠度为

$$|\theta|_{\max}=-\theta_A=\theta_B=\frac{Fl^2}{16EI},\qquad |y|_{\max}=|y_{l/2}|=\frac{Fl^3}{48EI}$$

测挠度计算弹性模量实验

综合上述各例可见，用积分法求梁变形的步骤是：

(1) 求支座反力，列弯矩方程；

(2) 列出梁的挠曲线近似微分方程，并对其逐次积分；

(3) 利用边界条件和连续条件确定积分常数；

(4) 建立转角方程和挠度方程；

(5) 求最大转角 $|\theta|_{\max}$ 和最大挠度 $|y|_{\max}$，或指定截面的转角和挠度。

积分法是求梁变形的一种基本方法，其优点是可以求得梁的转角方程和挠度方程；其缺点是运算过程较繁琐。因此，在一般设计手册中，已将常用梁的挠度和转角的有关计算公式列成表格，以备查用。表 14－3 给出了简单载荷作用下常见梁的挠度和转角。

表 14-3　梁在简单载荷作用下的变形

序　号	梁的形式及其载荷	挠曲线方程	端截面转角	最大挠度
1	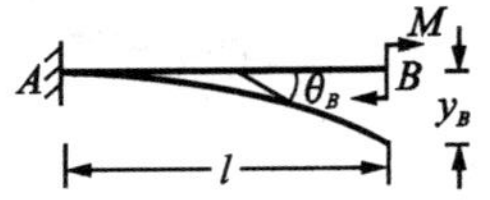	$y=-\frac{Mx^2}{2EI}$	$\theta_B=-\frac{Ml}{EI}$	$y_B=-\frac{Ml^2}{2EI}$
2	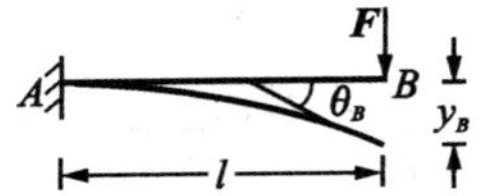	$y=-\frac{Fx^2}{6EI}(3l-x)$	$\theta_B=-\frac{Fl^2}{2EI}$	$y_B=-\frac{Fl^3}{3EI}$
3	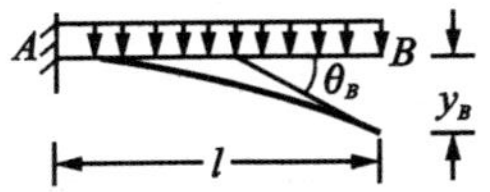	$y=-\frac{qx^2}{24EI}(x^2-4lx+6l^2)$	$\theta_B=-\frac{ql^3}{6EI}$	$y_B=-\frac{ql^4}{8EI}$
4	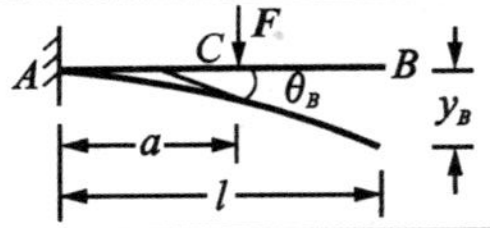	$y=-\frac{Fx^2}{6EI}(3a-x)\quad(0\leqslant x\leqslant a)$ $y=-\frac{Fa^2}{6EI}(3x-a)\quad(a\leqslant x\leqslant l)$	$\theta_B=-\frac{Fa^2}{2EI}$	$y_B=-\frac{Fa^2}{6EI}(3l-a)$
5	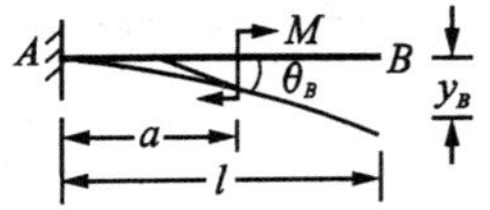	$y=-\frac{Mx^2}{2EI}\quad(0\leqslant x\leqslant a)$ $y=-\frac{Ma^2}{EI}\left(x-\frac{a}{2}\right)\quad(a\leqslant x\leqslant l)$	$\theta_B=-\frac{Ma}{EI}$	$y_B=-\frac{Ma}{EI}\left(l-\frac{a}{2}\right)$
6	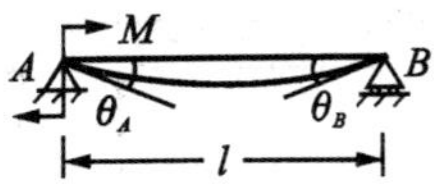	$y=-\frac{Mx}{6EIl}(l-x)(2l-x)$	$\theta_A=-\frac{Ml}{3EI}$ $\theta_B=\frac{Ml}{6EI}$	$x=\left(1-\frac{1}{\sqrt{3}}\right)l$ $y_{max}=-\frac{Ml^2}{9\sqrt{3}EI}$ $x=\frac{l}{2},\quad y_{l/2}=-\frac{Ml^2}{16EI}$
7	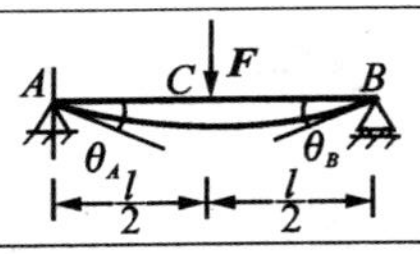	$y=-\frac{Fx}{48EI}(3l^2-4x^2)$ $\left(0\leqslant x\leqslant\frac{l}{2}\right)$	$\theta_A=-\frac{Fl^2}{16EI}$ $\theta_B=\frac{Fl^2}{16EI}$	$x=\frac{l}{2},\quad y_{max}=-\frac{Fl^3}{48EI}$

续表 14-3

序　号	梁的形式及其载荷	挠曲线方程	端截面转角	最大挠度
8	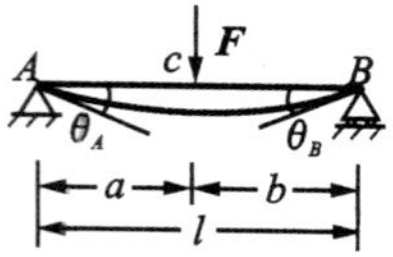	$y=-\frac{Fbx}{6EIl}(l^2-x^2-b^2)\ (0\leqslant x\leqslant a)$ $y=-\frac{Fbx}{6EIl}\left[\frac{l}{b}(x-a)^3+(l^2-b^2)x-x^3\right]$ $(a\leqslant x\leqslant l)$	$\theta_A=-\frac{Fab(l+b)}{6EIl}$ $\theta_B=\frac{Fab(l+a)}{6EIl}$	$a>b$, $x=\sqrt{\frac{l^2-b^2}{3}}$ $y_{\max}=\frac{Fb\sqrt{(l^2-b^2)^2}}{9\sqrt{3}EIl}$ $x=\frac{l}{2}$，$y_{l/2}=-\frac{Fb(3l^2-4b^2)}{48EI}$
9	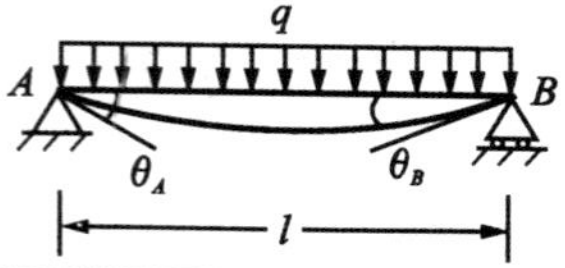	$y=-\frac{qx}{24EI}(l^3-2lx^2+x^3)$	$\theta_A=-\frac{ql^3}{24EI}$ $\theta_B=\frac{ql^3}{24EI}$	$y_{\max}=-\frac{5ql^4}{384EI}$
10	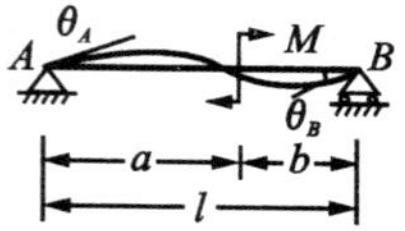	$y=\frac{Mx}{6EIl}(l^2-3b^2-x^2)$ $(0\leqslant x\leqslant a)$ $y=-\frac{M(l-x)}{6EIl}[l^2-3a^2-(l-x)^2]$ $(a\leqslant x\leqslant l)$	$\theta_A=\frac{M}{6EIl}(l^2-3b^2)$ $\theta_B=\frac{M}{6EIl}(l^2-3a^2)$ $\theta_C=-\frac{M}{6EIl}(3a^2+3b^2-l^2)$	$x=\sqrt{\frac{l^2-3b^2}{3}}$ 处，$y_{1\max}=\frac{M(l^2-3b^2)^{\frac{3}{2}}}{9\sqrt{3}EIl}$ $x=\sqrt{\frac{l^2-3a^2}{3}}$ 处，$y_{2\max}=\frac{M(l^2-3a^2)^{\frac{3}{2}}}{9\sqrt{3}EIl}$
11	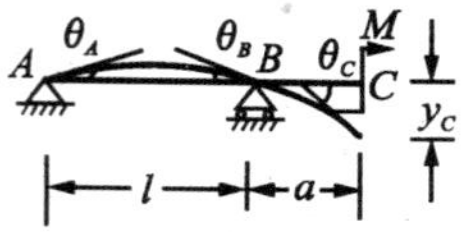	$y=\frac{Ex}{6EIl}(l^2-x^2)\quad(0\leqslant x\leqslant l)$ $y=-\frac{M}{6EI}(3x^2-4xl+l^2)\quad(l\leqslant x\leqslant l+a)$	$\theta_A=\frac{Ml}{6EI}$ $\theta_B=-\frac{Ml}{3EI}$ $\theta_C=-\frac{M}{3EI}(l+3a)$	$x=\frac{l}{\sqrt{3}}$ 处，$y_{\max}=-\frac{Ml^2}{9\sqrt{3}EI}$ $x=l+a$ 处，$y_{\max}=\frac{Ma}{6EI}(2l+3a)$
12	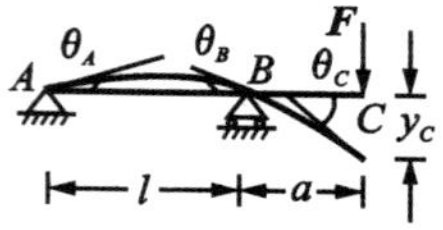	$y=\frac{Fax}{6EIl}(l^2-x^2)\quad(0\leqslant x\leqslant l)$ $y=-\frac{F(x-l)}{6EI}[a(3x-l)-(x-l)^2]$ $(l\leqslant x\leqslant l+a)$	$\theta_A=\frac{Fal}{6EI}$ $\theta_B=-\frac{Fal}{3EI}$ $\theta_C=-\frac{Fa}{6EI}(2l+3a)$	$x=\frac{l}{\sqrt{3}}$ 处，$y_{\max}=\frac{Fal^2}{9\sqrt{3}EI}$ $x=l+a$ 处，$y_{\max}=-\frac{Fa^2}{3EI}(l+a)$
13	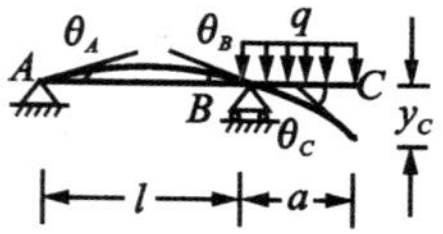	$y=\frac{qa^2}{12EI}\left(lx-\frac{x^3}{l}\right)\quad(0\leqslant x\leqslant l)$ $y=-\frac{qa^2}{12EI}\left[\frac{x^3}{l}-\frac{(2l+a)(x-l)^3}{al}-\right.$ $\left.\frac{(x-l)^4}{2a^2}-lx\right]\quad(l\leqslant x\leqslant l+a)$	$\theta_A=\frac{qa^2l}{12EI}$ $\theta_B=-\frac{qa^2l}{6EI}$ $\theta_C=-\frac{qa^2}{6EI}(l+a)$	$x=\frac{l}{\sqrt{3}}$ 处， $y_{\max}=-\frac{qa^2l^2}{18\sqrt{3}EI}$； $x=l+a$ 处， $y_{\max}=\frac{qa^3}{24EI}(3a+4l)$

14.4　用叠加法求挠度和转角

在弯曲变形很小，且材料服从胡克定律的情况下，挠曲线微分方程是线性的。又因在很小变形前提下，计算弯矩时，用梁变形前的位置，结果弯矩与载荷的关系也是线性的。这样梁在几个力共同作用下产生的变形（或支座反力、弯矩）将等于各个力单独作用时产生的变形（或支座反力、弯矩）的代数和。

下面举例说明求梁变形的叠加法。

例 14-4　图 14-12(a)所示的悬臂梁，受集中力 **F** 和集度为 q 的均布载荷作用。求端点 B 处的挠度和转角。

解： 由表 14-3 中查得，因集中力 **F** 而引起的 B 端的挠度和转角[见图 14-12(b)]分别为

$$y_{BF}=\frac{Fl^3}{3EI},\qquad \theta_{BF}=\frac{Fl^2}{2EI}$$

因分布载荷而引起的 B 端的挠度和转角[见图 8-12(c)]分别为

$$y_{Bq}=-\frac{ql^4}{8EI},\qquad \theta_{Bq}=-\frac{ql^3}{6EI}$$

则由叠加法得 B 端的总挠度和总转角分别为

$$y_B=y_{BF}+y_{Bq}=\frac{Fl^3}{3EI}-\frac{ql^4}{8EI},\qquad \theta_B=\theta_{BF}+\theta_{Bq}=\frac{Fl^2}{2EI}-\frac{ql^3}{6EI}$$

例 14-5　一变截面外伸梁如图 14-13(a)所示，AB 段的刚度为 EI_1，BC 段的刚度为 EI_2；在 C 端受集中力 **F** 的作用。求截面 C 的挠度和转角。

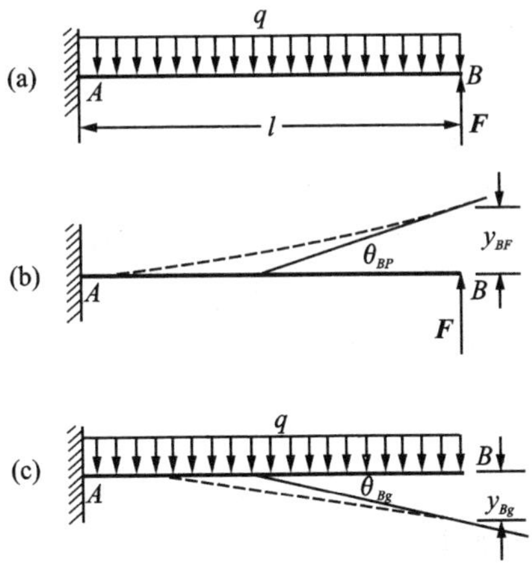

图 14-12

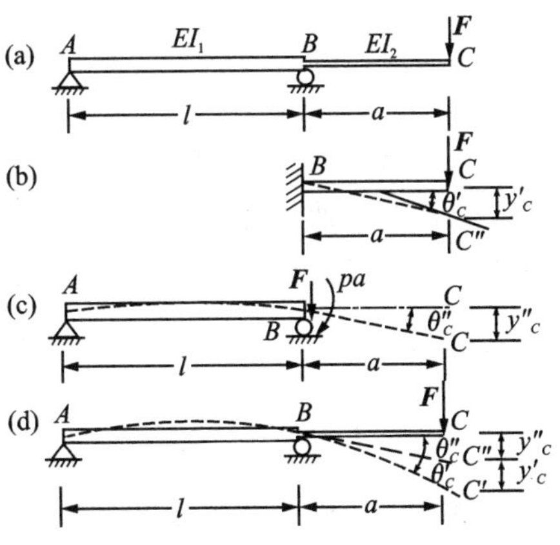

图 14-13

解：　此梁因两段的刚度不同，不能直接用表 14-3 的公式；如用积分法求解，推算较繁。现采用叠加的方法。

先设梁在 B 点的截面不转动，BC 段视为一悬臂梁，如图 14－13(b)所示。由表 14－3查得，此时截面 C 的转角和挠度分别为

$$\theta'_C=-\frac{Fa^2}{2EI_2},\qquad y'_C=-\frac{Fa^3}{3EI_2}$$

再将梁在支座 B 稍右处假想地截开，截面上作用有剪力 $\boldsymbol{F}_{Q_B}=\boldsymbol{F}$，弯矩 $M_B=Fa$。其中剪力 $\boldsymbol{F}_{Q_B}$ 可由 B 端的支座反力所平衡，不引起梁的变形，而弯矩 M_B 则相当于一个集中力偶。由表 14－3 查得，因 M_B 而使截面 B 产生的转角为

$$\theta_B=-\frac{(Fa)l}{3EI_1}$$

此时 BC 段将转至位置 BC''，截面 C 同时产生与 θ_B 相同的转角，即

$$\theta''_C=\theta_B=-\frac{(Fa)l}{3EI_1}$$

并产生挠度

$$y''_C=\theta_B\cdot a=-\frac{(Fa)la}{3EI_1}$$

在此基础上，再考虑因 BC 段的变形而引起的转角 θ'_C 及挠度 y'_C。由叠加法，截面 C 的总转角和总挠度为

$$\theta_C=\theta''_C+\theta'_C=-\frac{Fal}{3EI_1}-\frac{Fa^2}{2EI_2},\qquad y_C=y''_C+y'_C=-\frac{Fa^2l}{3EI_1}-\frac{Fa^3}{3EI_2}$$

14.5 梁的刚度计算

在工程实际中，对弯曲构件的刚度要求，就是要求其最大挠度或转角不得超过某一规定的限度，即

$$|y|_{\max}\leqslant[y] \tag{14-11}$$

$$|\theta|_{\max}\leqslant[\theta] \tag{14-12}$$

式中：$[y]$为构件的许用挠度，单位为 mm；$[\theta]$为构件的许用转角，单位为弧度(rad)。

上两式为弯曲构件的刚度条件。式中的许用挠度和转角，对不同类别的构件有不同的规定，一般可由设计规范中查得。例如：

对吊车梁 $$[y]=\left(\frac{1}{400}\sim\frac{1}{750}\right)l$$

对架空管道 $$[y]=\frac{l}{500}$$

式中，l 为梁的跨度。在机械中，对轴则有如下的刚度要求：

一般用途的轴 $[y]=(0.000\ 3\sim0.000\ 5)l$

刚度要求较高的轴 $[y]=0.000\ 2\ l$

安装齿轮的轴 $[y]=(0.01\sim0.03)\text{m}$

安装蜗轮的轴 $[y]=(0.02\sim0.05)\text{m}$

式中，l 为支撑间的跨距；m 为齿轮或蜗轮的模数。

对一般弯曲构件，如其强度条件能够满足，刚度方面的要求一般也能达到。所以在设计计算中，通常是根据强度条件或构造上的要求，先确定构件的截面尺寸，然后进行刚度校核。

例 14-6　某车床主轴如图 14-14(a)所示，已知工作时的切削力 $F_1=2$ kN，齿轮所受的径向啮合力 $F_2=1$ kN；主轴的外径 $D=8$ cm，内径 $d=4$ cm，$l=40$ cm，$a=20$ cm；C 点处的许用挠度$[y]=0.000\,1\,l$，轴承 B 处的许用转角$[\theta]=0.001$ rad。设材料的弹性模量 $E=210$ GPa，试校核其刚度。

解：　将主轴简化为如图 14-14(b)所示的外伸梁，外伸部分的抗弯刚度 EI 近似地视为与主轴相同。此梁的变形又可视为图 14-14(c)及(d)所示的两梁的变形叠加。

(1) 计算变形　主轴横截面的惯性矩为

$$I=\frac{\pi}{64}(D^4-d^4)=\frac{\pi}{64}(8^4-4^4)\text{cm}^4=188.5\ \text{cm}^4$$

由图 14-14(c)，自表 14-3 查得，因 F_1 而引起的 C 端的挠度为

$$y_{CF1}=\frac{F_1a^2}{3EI}(l+a)=\left[\frac{2\times10^3\times20^2\times10^{-4}}{3\times210\times10^9\times1\,885\times10^{-8}}(40\times10^{-2}+20\times10^{-2})\right]\text{m}$$
$$=40.4\times10^{-4}\ \text{m}=4.04\times10^{-3}\ \text{cm}$$

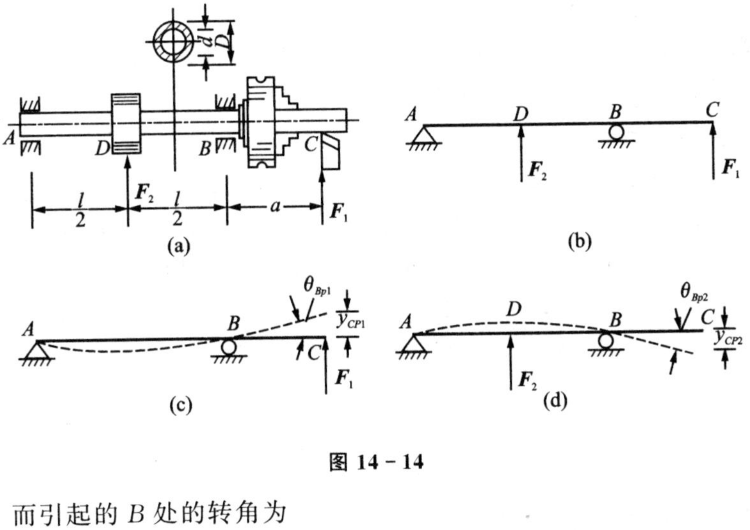

图 14-14

因 $\boldsymbol{F}_1$ 而引起的 B 处的转角为

$$\theta_{BF1}=\frac{F_1al}{3EI}=\left(\frac{2\times10^3\times20\times10^{-2}\times40\times10^{-2}}{3\times210\times10^9\times188.5\times10^{-8}}\right)\text{rad}=0.134\,7\times10^{-3}\ \text{rad}$$

由图 14-14(d)，因 $\boldsymbol{F}_2$ 而引起的 B 处的转角及 C 端的挠度，可根据简支梁中点受集中力的情况，从表 14-3 中查得

$$\theta_{BF2}=-\frac{F_2l^2}{16EI}=\left(\frac{1\times10^3\times40^2\times10^{-2}}{16\times210\times10^9\times188.5\times10^{-8}}\right)\text{rad}=-0.025\ 3\times10^{-3}\ \text{rad}$$

$$y_{CF2}=\theta_{CF2}\cdot a=-0.025\ 3\times10^{-3}\times20\ \text{cm}=-0.506\times10^{-3}\ \text{cm}$$

最后由叠加法，得 C 处的总挠度为

$$y_C=y_{CF1}+y_{CF2}=(4.04\times10^{-3}-0.506\times10^{-3})\text{cm}=3.53\times10^{-3}\ \text{cm}$$

B 处截面的总转角为

$$\theta_B=\theta_{CF1}+\theta_{CF2}=(0.134\ 7\times10^{-3}-0.025\ 3\times10^{-3})\text{rad}=0.109\ 4\times10^{-3}\ \text{rad}$$

（2）校核刚度　主轴的许用挠度和许用转角为

$$[y]=0.000\ 1l=(0.000\ 1\times40)\text{cm}=4\times10^{-3}\ \text{cm}$$

$$[\theta]=0.001\ \text{rad}=1\times10^{-3}\ \text{rad}$$

将主轴的 y_C 和 θ_B 与其比较，可知：

$$y_C=3.53\times10^{-3}\ \text{cm}<[y]=4\times10^{-3}\ \text{cm}$$

$$\theta_B=0.109\ 4\times10^{-3}\ \text{rad}<[\theta]=1\times10^{-3}\ \text{rad}$$

主轴满足刚度条件。

14.6　提高梁的刚度的措施

由梁的挠曲线近似微分方程可以看出，梁的弯曲变形与弯矩 $M(x)$ 及抗弯刚度 EI 有关；而影响弯矩的因素又包括载荷、支撑情况、梁的跨长等。这些影响梁变形的因素在本章各例和表 14-3 所列的计算公式中都有所反映。因此，根据这些因素，可以通过以下途径来提高梁的弯曲刚度。

1. 调整加载方式

在可能的情况下，适当调整梁的加载方式，可以起到降低弯矩的作用。如例题 14-6中的车床主轴，若将主动齿轮安装于从动轮的上面，则此时主轴所受到的径向啮合力 $\boldsymbol{F}_2$ 将向下（见图 14-15），这样，在 $\boldsymbol{F}_1$ 和 $\boldsymbol{F}_2$ 的作用下主轴将产生更大的挠度和转角。而按照例题 14-6 中的安装方式（见图 14-14），则可使因 $\boldsymbol{F}_1$ 和 $\boldsymbol{F}_2$ 引起的挠度和转角相互抵消一部分，从而提高了主轴的刚度。又如图 14-16(a)所示的简支梁，其中点的挠度为

$$|y_{CF}|=\frac{Fl^3}{48EI}$$

如将集中力 $\boldsymbol{F}$ 分散为均布载荷，其集度为 $q=\frac{F}{l}$［见图 14-16(b)］，此时梁中点的挠度使后者比前者降低了近一半，即

$$|y_{C_q}|=\frac{5\left(\frac{F}{l}\right)l^4}{384\ EI}=\frac{5Fl^3}{384\ EI}$$

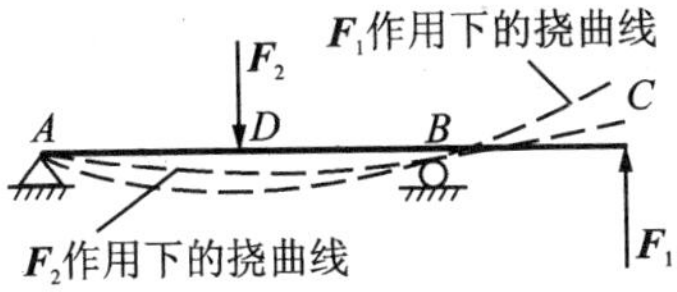

图 14-15

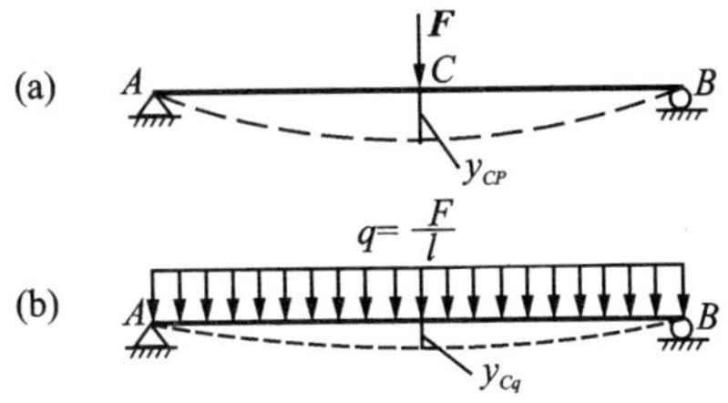

图 14-16

2. 减小跨长或增加支座

梁的跨长或有关长度对梁的变形影响较大，由表 14-3 中可以看出，梁的挠度和转角是与跨长或有关长度的二次方、三次方甚至四次方成比例的。因此，在可能情况下减小梁的跨长或有关长度，对减小梁的变形会起到很大的作用。例如一受均布载荷的简支梁[见图 14-17(a)]，如将两端的支座向内移动某一距离，减小两支座的跨距[见图 14-17(b)]，可使梁的变形明显减小。图 14-18 所示的传动轴，应尽可能地令皮带轮及齿轮靠近支座，减小外伸臂的长度，这样，梁的弯矩和变形都会随之降低。

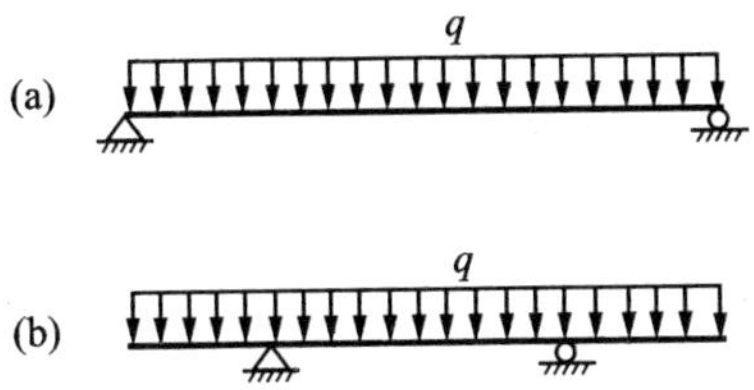

图 14-17

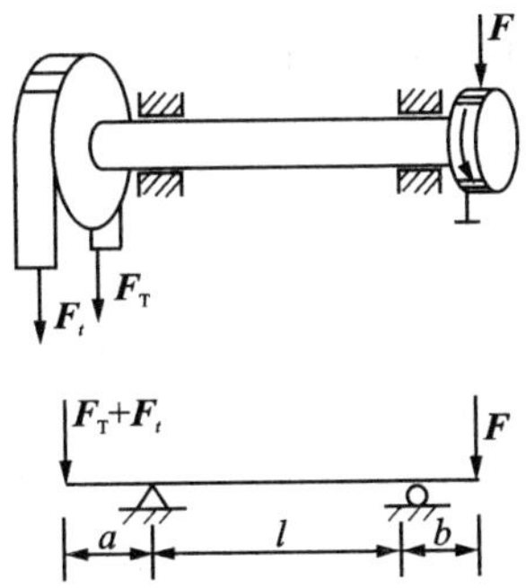

图 14-18

在跨长不允许减小的情况下，为提高梁的刚度，也可增加支座。例如在简支梁的中点处增加一个支座(见图 14-19)，也可大大地减小梁的挠度和转角；机械加工中的镗杆在镗孔时，为减少镗刀处的挠度，可在镗杆的一端加一个顶尖(见图 14-20)。这些都是增加弯曲构件刚度的有效方法。增加支座后的弯曲构件将成为一个超静定梁，关于超静定梁的解法，将在下一节中讨论。

3. 选用合理截面

从提高梁弯曲刚度的角度考虑，合理的截面应该是，以较小截面面积，获得较大的惯性矩。例如，工程实际中常以工字钢、槽钢等作为弯曲构件，吊车梁常采用由钢板焊接而成的箱形截面，一些机器的机架采用不同形式的薄壁空心截面等，这些都是以增大截面惯性矩的办法来增加构件的刚度。

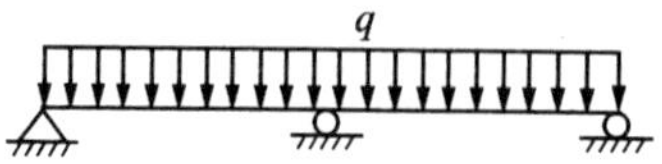

图 14-19

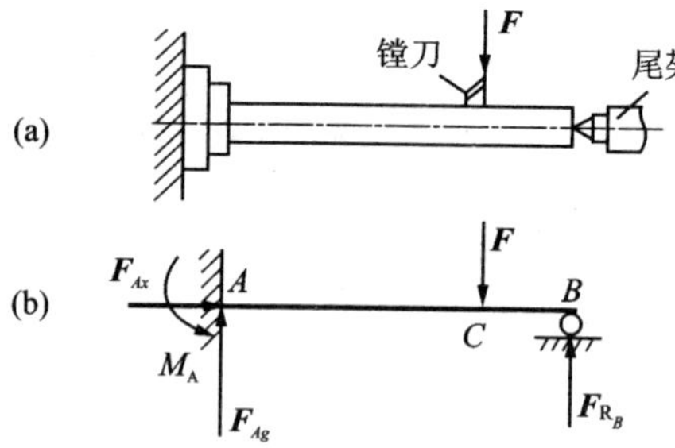

图 14-20

最后必须指出，弯曲构件的变形虽与材料的弹性模量 E 有关，E 值越大，构件的变形越小。但就钢材而言，如采用强度较高的钢材来代替强度较低的钢材，并不能起到提高构件刚度的作用，因为各种钢材的弹性模量 E 值非常接近。

思 考 题

1. 什么叫转角和挠度，它们之间有什么关系？其符号如何规定？

2. 什么叫梁变形的边界条件和连续条件？用积分法求梁的变形时，它们起了什么作用？

3. 梁的变形和弯矩有什么关系？正弯矩产生正转角，负弯矩产生负转角；弯矩最大的地方转角最大，弯矩为零的地方转角为零。这种说法对吗？

4. 叠加原理的适用条件是什么？

习 题

14-1 试画出题 14-1 图中各梁挠曲线的大致形状。

14-2 用积分法求题 14-2 图中各梁的转角方程、挠曲线方程以及指定的转角和挠度。已知 EI 为常数。

答：(a) $\theta_B=\dfrac{M_0 l}{EI}$，$y_B=\dfrac{M_0 l^2}{2EI}$ (b) $\theta_C=\dfrac{3Fl^2}{8EI}$，$y_C=-\dfrac{5Fl^3}{48EI}$；

(c) $\theta_A=\dfrac{M_0 l}{6EI}$，$\theta_B=\dfrac{M_0 l}{3EI}$，$y_C=\dfrac{M_0 l^2}{16EI}$ (d) $\theta_B=\dfrac{ql^3}{6EI}$，$y_A=-\dfrac{ql^4}{8EI}$。

14-3 用叠加法求题 14-3 图中各梁指定的转角和挠度。已知 EI 为常数。

答：(a) $\theta_B=\dfrac{3Fa^2}{2EI}$，$y_B=\dfrac{7Fa^2}{6EI}$； (b) $\theta_B=\dfrac{7ql^3}{24EI}$，$y_A=-\dfrac{11ql^4}{48EI}$；

(c) $\theta_B=\dfrac{3Fl^2}{32EI}$，$y_B=-\dfrac{11Fl^3}{384EI}$； (d) $\theta_A=\dfrac{5ql^2}{24EI}$，$y_C=-\dfrac{17ql^4}{384EI}$。

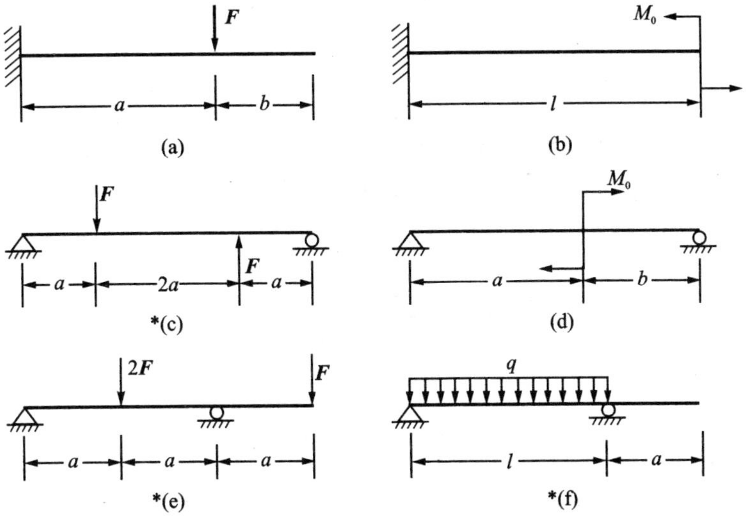

题 14－1 图

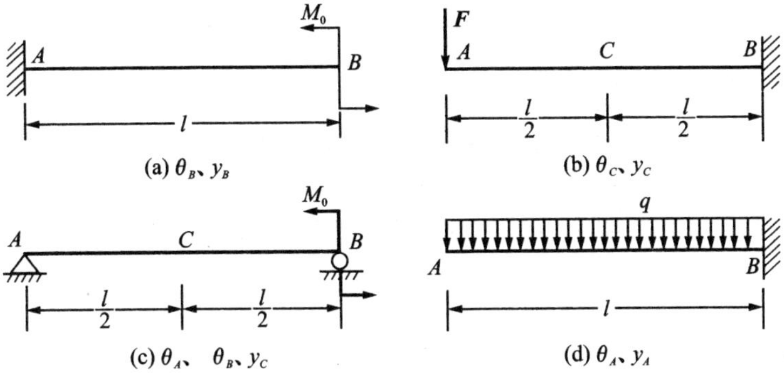

题 14－2 图

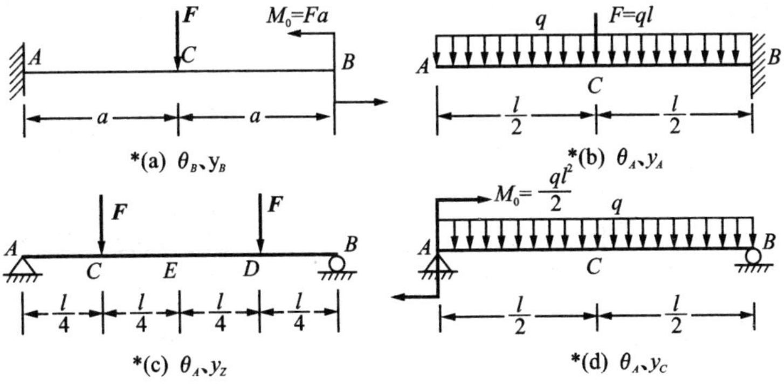

题 14－3 图

14－4 写出题 14－4 图示中各梁的边界条件和连续条件。

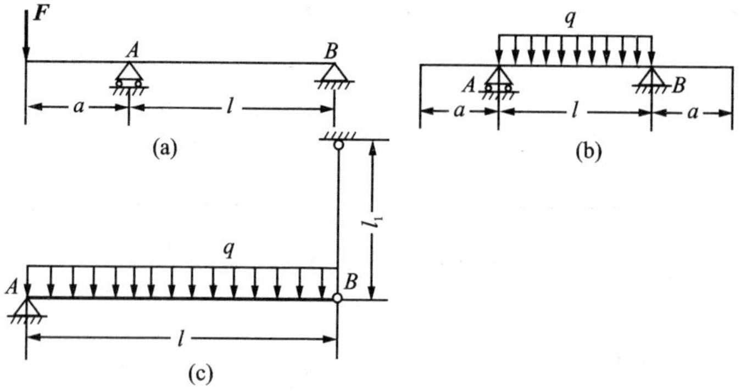

题 14－4 图

14－5 求题 14－5 图示中悬臂梁的挠曲线方程及自由端的挠度和转角，设EI＝常量。

答：(a) $\theta_B=-\dfrac{Fa^2}{2EI}$，　$y_B=-\dfrac{Fa^2}{6EI}(3l-a)$；

(b) $\theta_B=-\dfrac{ma}{EI}$，　$y_B=-\dfrac{ma}{EI}\left(l-\dfrac{a}{2}\right)$。

＊**14－6** 在简支梁的一半跨度内作用均布载荷 q[见题 14－6(a)图]，试求跨度中点的挠度。设 EI 为常数(提示：把图(a)的载荷看作是图(b)和图(c)的叠加，但在图(b)所示载荷作用下，跨度中点的挠度等于零)。

答：$y_C=\dfrac{5ql^4}{768EI}$。

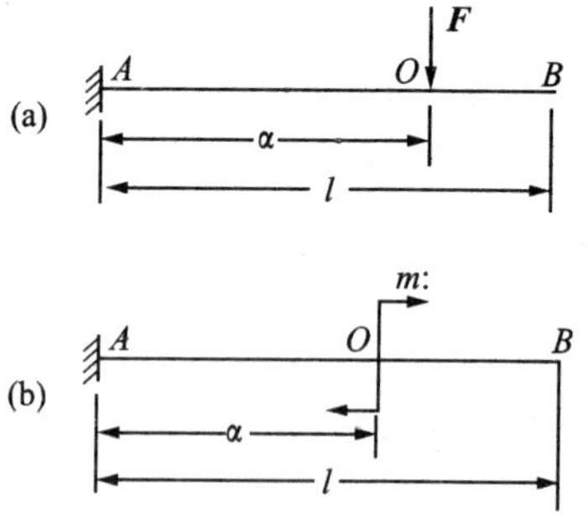

题 14－5 图

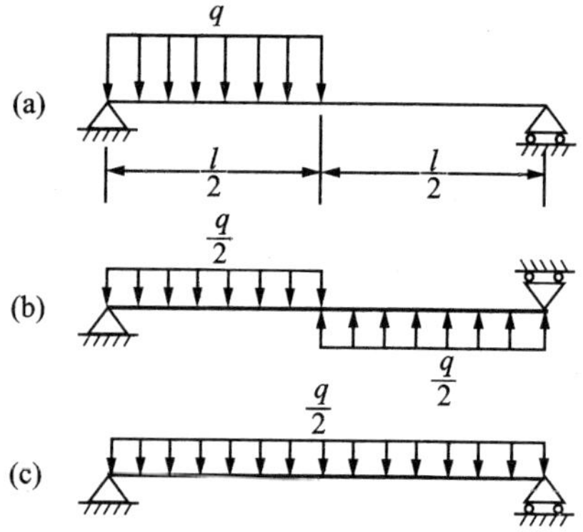

题 14－6 图

14－7 简支梁受载荷作用，如题 14－7 图示。试用叠加法求跨度中点的挠度。设 EI 为常数。

答：(a) $y=\frac{5q_0 l^4}{768EI}$，　(b) $y=-\frac{5(q_1+q)l^4}{768EI}$。

14-8　一简支梁如题 14-8 图所示，已知 $F=22$ kN，$l=4$ m；若许用应力$[\sigma]=160$ MPa，许用挠度$[y]=\frac{1}{400}l$，试选择工字钢的型号。

答：选 No. 18 工字钢。

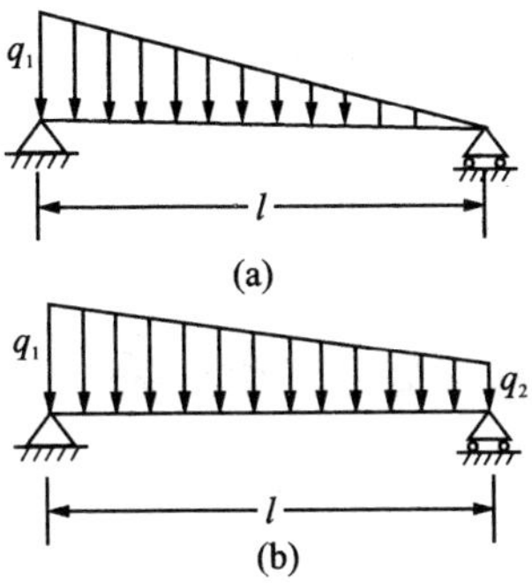

题 14-7 图

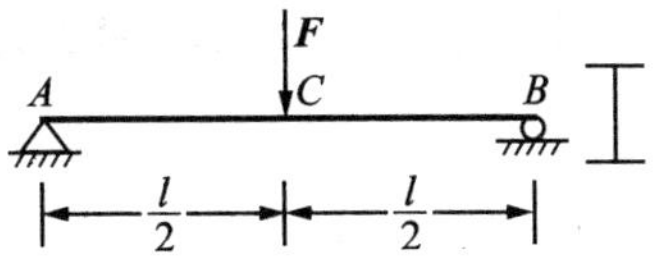

题 14-8 图

14-9　某空心传动轴简化为题 14-9 图所示，其外径为 $D=80$ mm，内径为 $d=40$ mm，$l=40$ mm，$a=200$ mm，材料的 $E=206$ GPa，若工作载荷 $F_1=2$ kN，齿轮传给轴的径向力 $F_2=1$ kN，轴在截面 C 处的许用挠度$[y]=0.000\ 1l$，轴承 B 处的转角$[\theta]=0.001$rad，试校核该轴的刚度。

答：$y_c=3.59\times10^{-2}$ mm$<[y]$，$\theta_b=0.11\times10^{-3}$ rad$<[\theta]$。

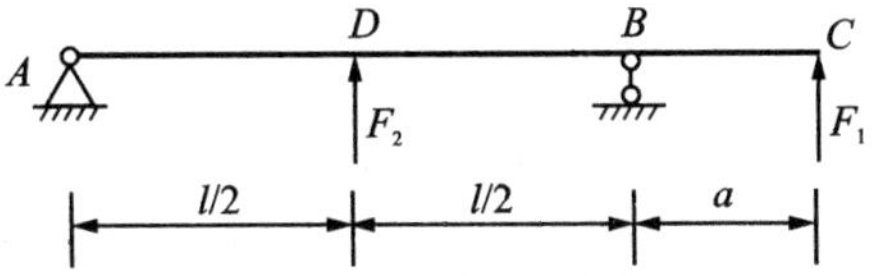

题 14-9 图

第 15 章 应力状态分析及强度理论

本章首先重点研究了平面应力状态理论，并对三向应力状态作了一般介绍。然后介绍了广义胡克定律及其应用，最后重点介绍了 4 种常见的强度理论及莫尔强度理论。学习强度理论的目的在于解决复杂应力状态下构件的强度计算问题。

15.1 点的应力状态及其分类

15.1.1 概 述

在第 8 章中曾经指出，通过受拉、压构件一点处所取的截面若方向不同，则该点在不同的截面上将有不同的应力[见图 15－1(a)]。在进行受扭转、弯曲构件的应力分析时，分析了构件横截面上的应力。我们知道，在同一横截面上各点处的应力并不相同。进一步分析还可知道，通过构件内某一点处的各斜截面上的应力也是不同的。

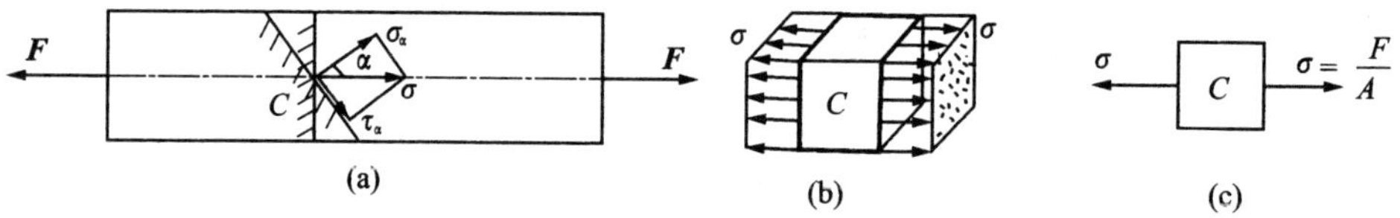

图 15－1

构件受力后，某一点的各个不同截面的应力变化情况称为**点的应力状态**。

为什么要研究一点处的应力状态呢？

(1) 为解决构件的强度问题，就需要知道构件受力后，在哪一点处并在什么斜截面上的应力为最大。

(2) 对一些构件和材料的破坏现象，也常需要通过应力状态分析，才能解释其破坏原因。例如低碳钢拉伸试验，加力达到屈服阶段时，在试件表面沿着与试件轴线成 45°方向上会出现滑移线；又如铸铁压缩时，在与轴线成稍大于 45°的斜截面上试件发生破坏。这些破坏现象都与斜截面上的应力有密切关系。

(3) 在测定构件应力的实验应力分析中，以及在弹性力学、塑性力学和断裂力学等学科的研究中，都要广泛应用到应力状态理论。

15.1.2　应力状态的研究方法

表示构件中一点处应力状态的方法，是用围绕该点截取单元体的方法。首先围绕该点截取一微小的直角六面体，这个六面体就称为该点的**单元体**，然后再给出此单元体各侧面上的应力。

如图 15－1(a)所示，从轴向拉伸杆件中 C 点处截取如图 15－1(b)所示单元体[或用图 15－1(c)表示]，根据拉压杆件的应力计算公式可知，其左右两侧面上仅有均布正应力，即$\sigma=F/A$，其他各面上无应力作用。

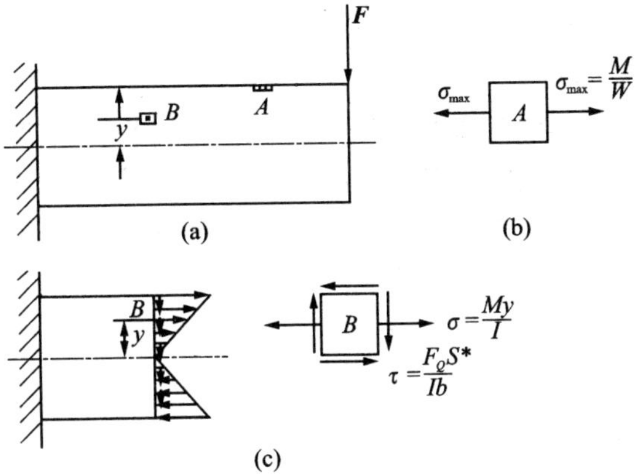

图 15－2

再以图 15－2(a)所示的悬臂梁为例，在梁上边缘点 A 处截取如图 15－2(b)所示单元体，其左右两侧面上的正应力，可按弯曲正应力公式 $\sigma_{max}=M/W_z$ 算出。在离中性层为 y 的 B 点处截取如图 15－2(c)所示单元体，其左右两侧面上的正应力 σ 和切应力 τ，可由 $\sigma=My/I$ 和 $\tau=F_QS^*/Ib$ 求得，再根据切应力互等定理，在上下两个平面上还有切应力 τ。单元体 A、B 的前后两个侧面上都没有应力作用。

应该指出，取所截取的单元体一般都极其微小，可认为单元体各面上的应力是均匀分布的。同时，在两个平行平面上的应力大小相等、方向相反。从所截取的单元体出发，根据其各侧面上的已知应力，借助于截面法和静力平衡条件即可求出。通过这一单元体的任何斜截面上的应力，从而确定此点处的应力状态。这就是研究一点处应力状态的基本方法。

15.1.3　应力状态分类

在图 15－1 上的 C 点处或图 15－2 上的 A 点处截取单元体，其两侧面上只有正应力，没有切应力。单元体上没有切应力作用的平面，称为**主平面**；主平面上的正应力，称为**主应力**。

为了研究方便，常将应力状态分 3 类：

1. 单向应力状态

单元体上只有一个主应力不为零的应力状态,称为单向应力状态。例如,梁的上边缘 A 点处的单元体即处于单向应力状态,如图 15－2(b)所示。

2. 二向应力状态

单元体两个互相垂直的截面上都有主应力的应力状态,称为二向应力状态。如图 15－3 所示的薄壁球形容器,在内压力 p 的作用下,球壁将向外膨胀而产生的拉伸应力。若在球壁上用通过球心的直径平面截取单元体,由于圆球形状和受力的对称性,可知单元体各侧面上没有切应力,只有拉伸应力。这就是二向应力状态的一个实例。单向应力状态和二向应力状态统称为平面应力状态。

3. 三向应力状态

单元体三个互相垂直的截面上都有主应力的应力状态,称为三向应力状态。如图 15－4 所示单元体即为三向应力状态,三个主应力分别用 σ_1、σ_2、σ_3 表示。通常规定拉应力为正,压应力为负,并按主应力代数值的大小顺序排列,即 $\sigma_1 \geqslant \sigma_2 \geqslant \sigma_3$。例如三个主应力值为$-100$ MPa,0,50 MPa,则 $\sigma_1=50$ MPa,$\sigma_2=0$ 和 $\sigma_3=-100$ MPa。

二向应力状态和三向应力状态,又统称为复杂应力状态。

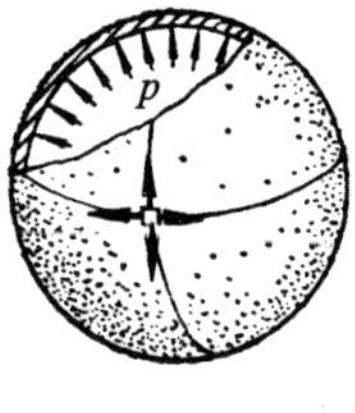

图 15－3

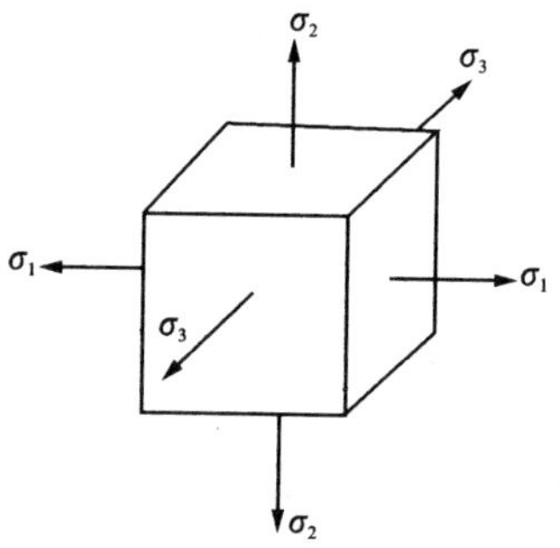

图 15－4

15.2 二向应力状态分析

二向应力状态是工程实际中最常遇到的。为了对构件进行强度计算,必须了解构件危险点处的应力状态,找出主应力及其方位。为此,有必要根据单元体某些截面上的已知应力来确定主应力和主平面。研究应力状态的方法有解析法和图解法,下面首先来研究解析法。

15.2.1 解析法

1. 任意斜截面上的应力公式

设从受力构件中一点处取如图 15－5(a)所示一单元体,已知在与 x 轴垂直的平

面上存在正应力 σ_x 和切应力 τ_x，在与 y 轴垂直的平面上存在正应力 σ_y 和切应力 τ_y，在与 z 轴垂直的平面上没有正应力。这是二向应力状态的一般情形。

上述单元体又可表示为如图 15-5(b)所示。如以 α 表示垂直于 xy 平面的任意斜截面 ce 的外法线 n 与 x 轴的夹角，并将单元体沿该斜截面假想地截开，通常在此斜截面上将作用有沿某个方向的应力，这个应力总可分解为垂直于该截面的正应力 σ_α 和平行于该截面的切应力 τ_α[见图 15-5(c)]。现取楔形体 cde 为研究对象，利用平衡条件来求此斜截面上的应力。

由于作用在单元体各平面上的应力是单位面积上的内力，所以必须将应力乘以其作用面的面积后，才能考虑各力之间的平衡关系。因此，设斜截面 ce 的面积为 $\mathrm{d}A$，则平面 cd 和 de 的面积分别为 $\mathrm{d}A\cos\alpha$ 和 $\mathrm{d}A\sin\alpha$。作用在楔形体 cde 各平面上的力，如图 15-5(d)所示。列出平衡条件

$$\sum F_x = 0,\quad \sigma_\alpha \mathrm{d}A\cos\alpha + \tau_\alpha \mathrm{d}A\sin\alpha - \sigma_x \mathrm{d}A\cos\alpha + \tau_y \mathrm{d}A\sin\alpha = 0$$

$$\sum F_y = 0,\quad \sigma_\alpha \mathrm{d}A\cos\alpha - \tau_\alpha \mathrm{d}A\sin\alpha - \sigma_y \mathrm{d}A\sin\alpha + \tau_x \mathrm{d}A\cos\alpha = 0$$

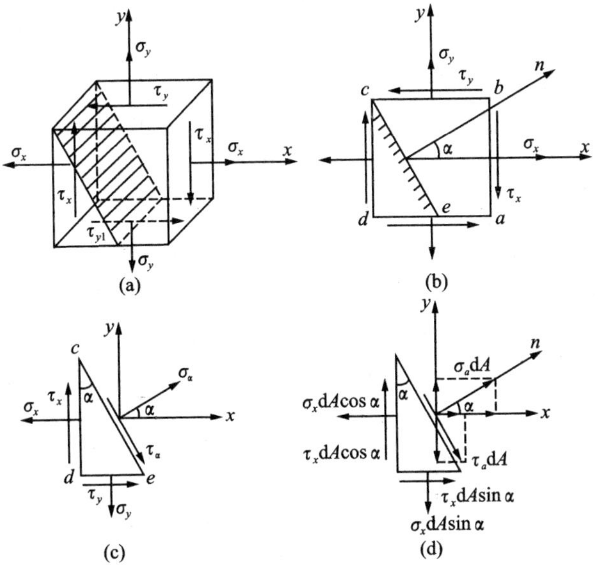

图 15-5

联立求解上面两个方程式，并考虑到切应力互等定理，$\tau_x = \tau_y$（两者的符号不同，已在图上画出相反的方向），可得

$$\sigma_\alpha = \sigma_x \cos^2\alpha + \sigma_y \sin^2\alpha - 2\tau_x \sin\alpha\cos\alpha$$

$$\tau_\alpha = (\sigma_x - \sigma_y)\sin\alpha\cos\alpha + \tau_x(\cos^2\alpha - \sin^2\alpha)$$

利用三角关系

$$\cos^2\alpha = \frac{1+\cos 2\alpha}{2}$$

$$\sin^2\alpha=\frac{1-\cos 2\alpha}{2},\quad 2\sin\alpha\cos\alpha=\sin 2\alpha$$

可以得到

$$\sigma_\alpha=\frac{\sigma_x+\sigma_y}{2}+\frac{\sigma_x-\sigma_y}{2}\cos 2\alpha-\tau_x\sin 2\alpha \tag{15-1}$$

$$\tau_\alpha=\frac{\sigma_x-\sigma_y}{2}\sin 2\alpha+\tau_x\cos 2\alpha \tag{15-2}$$

式(15－1)、式(15－2)就是计算二向应力状态斜截面上的基本公式。利用此两式可由单元体上的已知应力 σ_x、σ_y、τ_x 和 τ_y，求得任意斜截面上的正应力 σ_α 和切应力 τ_α。

利用上述公式计算时，应注意其符号的规定：正应力以拉应力为正，压应力为负；切应力以绕单元体内任一点顺时针转向时为正；反之为负；夹角 α 则规定从 x 轴逆时针方向转到斜截面的外法线 n 时为正，反之为负。例如，在图 15－5 中，应力 σ_x、σ_y、τ_x、σ_α、τ_α 和角度 α 均为正值，而 τ_y 则为负值。

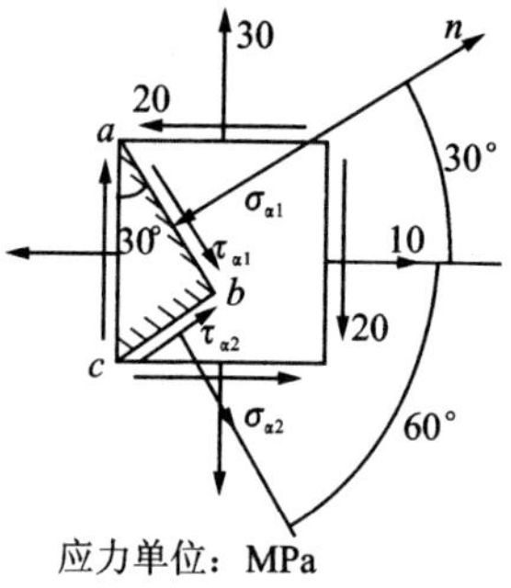

图 15－6

例 15－1 单元体上的应力如图 15－6 所示，其垂直方向和水平方向各平面上的应力为已知，互相垂直的两斜截面 ab 和 bc 的外法线分别与 x 轴成 30°和－60°角。试求两斜截面 ab 和 bc 上的应力。

解： 按应力和夹角的符号规定，此题中 $\sigma_x=+10$ MPa；

$\sigma_y=30$ MPa，　$\tau_x=+20$ MPa，

$\tau_y=-20$ MPa，$\alpha_1=+30°$，$\alpha_2=-60°$。

(1) 求 $\alpha_1=+30°$斜截面上的应力　将有关数据代入公式(15－1)和式(15－2)，可得此斜截面上的正应力和切应力为

$$\begin{aligned}\sigma_{\alpha 1}&=\frac{\sigma_x+\sigma_y}{2}+\frac{\sigma_x-\sigma_y}{2}\cos 2\alpha_1-\tau_x\sin 2\alpha_1\\&=\frac{(10+30)\text{MPa}}{2}+\frac{(10-30)\text{MPa}}{2}\cos 60°-20\sin 60°\\&=(20-10\times0.5-20\times0.866)\text{MPa}=-2.32\text{ MPa}\end{aligned}$$

$$\begin{aligned}\tau_{\alpha 1}&=\frac{\sigma_x-\sigma_y}{2}\sin 2\alpha_1+\tau_x\cos 2\alpha_1\\&=\frac{(10-30)\text{MPa}}{2}\sin 60°+20\cos 60°\\&=(-10\times0.866+20\times0.5)\text{MPa}=+1.33\text{ MPa}\end{aligned}$$

所得正应力 $\sigma_{\alpha 1}$ 为负值，表明它是压应力；切应力 $\tau_{\alpha 1}$ 为正值，其方向如图 15－6 所示。

(2) 求 $\alpha_2=-60°$斜截面上的应力　由式(15－1)和式(15－2)求得此斜截面上的正应力和切应力为

$$\sigma_{\alpha 2}=\frac{\sigma_x+\sigma_y}{2}+\frac{\sigma_x-\sigma_y}{2}\cos 2\alpha_2-\tau_x\sin 2\alpha_2$$

$$=\frac{(10+30)\text{MPa}}{2}+\frac{(10-30)\text{MPa}}{2}\cos(-120^\circ)-20\sin(-120^\circ)$$

$$=\left[20-10\left(-\frac{1}{2}\right)-20(-0.866)\right]\text{MPa}=+42.32\ \text{MPa}$$

$$\tau_{\alpha 2}=\frac{\sigma_x-\sigma_y}{2}\sin 2\alpha_2+\tau_x\cos 2\alpha_2$$

$$=\frac{(10-30)\text{MPa}}{2}\sin(-120^\circ)+20\cos(-120^\circ)$$

$$=\left[-10(-0.866)+20\left(-\frac{1}{2}\right)\right]\text{MPa}=-1.33\ \text{MPa}$$

由上面的计算结果，可得两相互垂直平面上的应力关系为

$$\sigma_{\alpha 1}+\sigma_{\alpha 2}=\sigma_x+\sigma_y=+40\ \text{MPa}$$

$$\tau_{\alpha 1}=-\tau_{\alpha 2}=+1.33\ \text{MPa}$$

第一式表明，单元体的互相垂直平面上的正应力之和是不变的。第二式表明单元体的互相垂直平面上切应力数值相等而方向相反，此即为第 11 章中切应力互等定律。这两点结论也可直接利用式(15－1)和式(15－2)加以证明。

2. 主应力、主平面

式(15－1)和式(15－2)表明，斜截面上的正应力 σ_α 和切应力 τ_α 都随 α 角的改变而变化，即 σ_α 和 τ_α 都是 α 的函数。利用式(15－1)和式(15－2)便可确定正应力和切应力的极值，并确定它们所在的位置，将式(15－1)对 α 取导数得

$$\frac{d\sigma_\alpha}{d\alpha}=-2\left[\frac{\sigma_x-\sigma_y}{2}\sin 2\alpha+\tau_x\cos 2\alpha\right] \tag{a}$$

若 $\alpha=\alpha_0$ 时，能使导数 $\frac{d\alpha_0}{d\alpha}=0$，则在 α_0 所确定的截面上，正应力即为最大值和最小值。

将 α_0 代入式(a)，并令其等于零，得到

$$\frac{\sigma_x-\sigma_y}{2}\sin 2\alpha_0+\tau_x\cos 2\alpha_0=0 \tag{b}$$

由此得出

$$\tan 2\alpha_0=-\frac{2\tau_x}{\sigma_x-\sigma_y} \tag{15-3}$$

由式(15－3)可以求出相差 90°的两个角度 α_0，它们是两个相互垂直的平面，其中一个是最大正应力所在的平面，另一个是最小正应力所在的平面。比较式(15－2)和式(b)可见，满足式(b)的 α_0 角恰好使 τ_α 等于零。在切应力等于零的平面上，正应力为最大值或最小值。因切应力为零的平面为主平面，主平面上的正应力为主应力，所以，主应力就是最大或最小的正应力。

从式(15－3)求出 $\sin 2\alpha_0$ 和 $\cos 2\alpha_0$ 代入式(15－1)，求得最大及最小正应力为

$$\left.\begin{matrix}\sigma_{\max}\\ \sigma_{\min}\end{matrix}\right\}=\frac{\sigma_x+\sigma_y}{2}\pm\sqrt{\left(\frac{\sigma_x-\sigma_y}{2}\right)^2+\tau_x^2} \tag{15-4}$$

利用完全相似的方法，可以确定最大和最小切应力以及它们所在的平面。

将式(15－2)对 α 求导

$$\frac{\mathrm{d}\tau_\alpha}{\mathrm{d}\alpha}=(\sigma_x-\sigma_y)\cos 2\alpha-2\tau_x\sin 2\alpha \tag{c}$$

若 $\alpha=\alpha_1$ 时，能使导数$\frac{\mathrm{d}\tau_\alpha}{\mathrm{d}\alpha}=0$，则在 α_1 所确定的斜截面上，切应力为最大值或最小值。

将 α_1 代入式(c)，且令其等于零得

$$(\sigma_x-\sigma_y)\cos 2\alpha+2\tau_x\sin 2\alpha_1=0$$

由此求得

$$\tan 2\alpha_1=\frac{\sigma_x-\sigma_y}{2\tau_x} \tag{15-5}$$

式(15－5)可以解出两个角度 α_1，它们相差 90°，从而确定两个相互垂直的平面，这两个平面上分别作用着最大切应力和最小切应力。由式(15－5)解出 $\sin 2\alpha_1$ 和 $\cos 2\alpha_1$，代入式(15－2)，求得切应力的最大值和最小值是

$$\left.\begin{matrix}\tau_{\max}\\ \tau_{\min}\end{matrix}\right\}=\pm\sqrt{\left(\frac{\sigma_x-\sigma_y}{2}\right)^2+\tau_x^2} \tag{15-6}$$

比较式(15－3)和式(15－5)可见

$$\tan 2\alpha_0=-\frac{1}{\tan 2\alpha_1}$$

所以有

$$2\alpha_1=2\alpha_0+\frac{\pi}{2},\qquad \alpha_1=\alpha_0+\frac{\pi}{4}$$

即最大和最小切应力所在的平面与主平面的夹角为 45°。

15.2.2 图解法——应力圆

1. 原 理

利用式(15－1)和式(15－2)可以得出分析平面的应力状态的图解法。为此将式(15－1)改写为

$$\sigma_\alpha-\frac{\sigma_x+\sigma_y}{2}=\frac{\sigma_x-\sigma_y}{2}\cos 2\alpha-\tau_x\sin 2\alpha$$

将上式与式(15－2)的 $\tau_\alpha=\frac{\sigma_x-\sigma_y}{2}\sin 2\alpha+\tau_x\cos 2\alpha$ 各自平方，然后相加，得

$$\left(\sigma_\alpha-\frac{\sigma_x+\sigma_y}{2}\right)^2+\tau_\alpha^2=\left(\frac{\sigma_x-\sigma_y}{2}\right)^2+\tau_x^2 \tag{15-7}$$

式中,由于单元体上的应力 σ_x、σ_y 和 τ_x 的值为已知,故 $\frac{\sigma_x+\sigma_y}{2}$ 及式(15－7)的右端各项均为定值。

由解析几何得知,圆的一般方程为

$$(x-a)^2+(y-b)^2=R^2$$

将上式与式(15－7)比较,可知 σ_α 与 τ_α 的关系也是一个圆。如果取横坐标表示 τ_α,纵坐标表示 τ_α,则式(15－7)所表示的 σ_α 与 τ_α 之间的关系是以 $\left(\frac{\sigma_x-\sigma_y}{2},0\right)$ 为圆心,以 $\sqrt{\left(\frac{\sigma_x-\sigma_y}{2}\right)^2+\tau_x^2}$ 为半径 R 的一个圆(见图 15－7)。这样,在此圆上任一点的坐标,就代表受力构件一点处相应斜截面上的应力 σ_α 及 τ_α。这个圆称为**应力圆**,因为是德国学者莫尔(O. Mohr)于 1882 年首先提出来的,故又称莫尔圆。

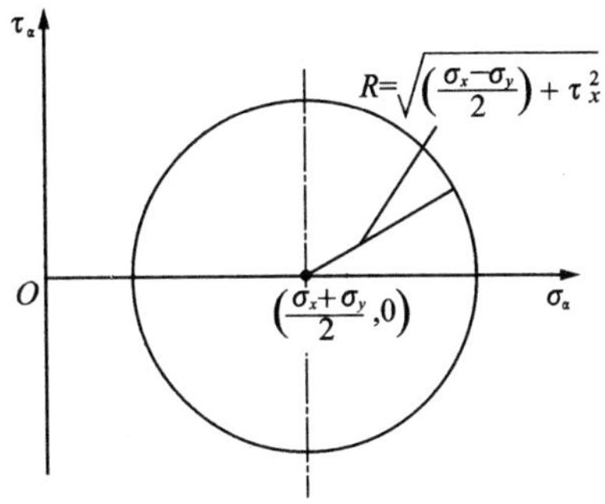

图 15－7

2. 应力圆的作法

设从受力构件中任一点处取单元体,如图 15－8 所示,根据其上已知应力 σ_x、τ_x、σ_y 和 τ_y,可画出此单元体的应力圆,其作图步骤如下:

(1) 先画 $O\sigma\tau$ 直角坐标系,横轴 σ_α 向右为正,纵轴 τ_α 向上为正,如图 15－8(b)所示。

(2) 设单元体上的应力 $\sigma_x>\sigma_y>0$、$\tau_x>0$,则平面 ab 和 cd 上的应力 σ_x 和 τ_x 都为正值,取适当比例尺,在横轴 σ_α 上,从原点 O 向右量取 $\overline{OA}=\sigma_x$,再向上量取 $\overline{DA}=\tau_x$,可得 D 点。

(3) 因在单元体的平面 bc 和 ad 上,正应力 σ_y 为正值,而切应力 τ_y 为负值,以相同的比例尺,在横轴 σ_α 上,向右量取 $\overline{OB}=\sigma_y$,再向下量取 $\overline{BD'}=\tau_y$,得 D' 点。

(4) 连接 $\overline{DD'}$ 线交横轴 σ 于 C 点,以 C 点为圆心,$\overline{CD}$ 为半径,即可作出应力圆,如图 15－8(b)所示。

3. 应力圆与单元体的对应关系

(1) 应力圆上的点与单元体上的截面一一对应。即应力圆上任一点都与单元体上某一确定的截面相对应;

(2) 应力圆上任一点的纵、横坐标值,就代表单元体相应斜截面上的切应力和正应力;

(3) 过圆上任意两点的两半径之间的夹角，等于单元体上对应二截面外法线夹角的两倍，并且两者转向相同。

若求单元体上外法线 n 与 x 轴成 α 角的斜截面上的应力 σ_α 及 τ_α[见图 15-8(a)]，则可自应力圆上的 D 点沿圆周逆时针方向转一圆心角 2α，得圆周上一点 E。E 点的坐标即表示所求斜截面上的应力。证明如下：

从图 15-8(b)可知，应力圆上的 E 点的横坐标为

$$\overline{OF}=\overline{OC}+\overline{CF}=\overline{OC}+\overline{CE}\cos(2\alpha_0+2\alpha)$$
$$=\overline{OC}+(\overline{CD}\cos 2\alpha_0)\cos 2\alpha-(\overline{CD}\sin 2\alpha_0)\sin 2\alpha$$

即

$$\sigma_\alpha=\frac{\sigma_x+\sigma_y}{2}+\frac{\sigma_x-\sigma_y}{2}\cos 2\alpha-\tau_x\sin 2\alpha$$

同理，可证明 E 点的纵坐标 $\overline{EF}=\tau_\alpha$，建议读者自己证明。

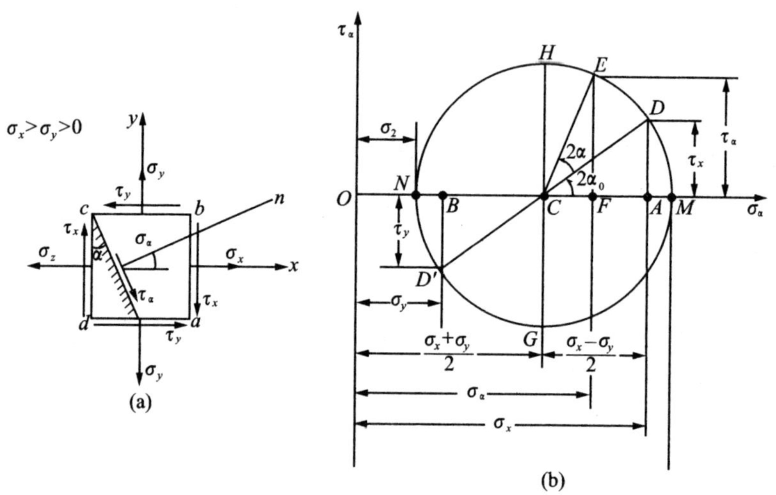

图 15-8

例 15-2　从受力构件中截取一单元体，其应力如图 15-9(a)所示。试求斜截面 ab 上的应力。

解： 用解析法和图解法两种方法求解。

(1) 用解析法计算　已知单元体上的应力为 $\sigma_x=+40\text{ MPa}$，$\sigma_y=-20\text{ MPa}$，$\tau_x=-40\text{ MPa}$，$\alpha=+45°$，利用公式(15-1)得

$$\sigma_\alpha=\frac{\sigma_x+\sigma_y}{2}+\frac{\sigma_x-\sigma_y}{2}\cos 2\alpha-\tau_x\sin 2\alpha$$
$$=\frac{[40+(-20)]\text{MPa}}{2}+\frac{[40-(-20)]\text{MPa}}{2}\cos 90°+40\text{ MPa}\sin 90°$$
$$=(10+30\times 0+40\times 1)\text{MPa}=50\text{ MPa}$$

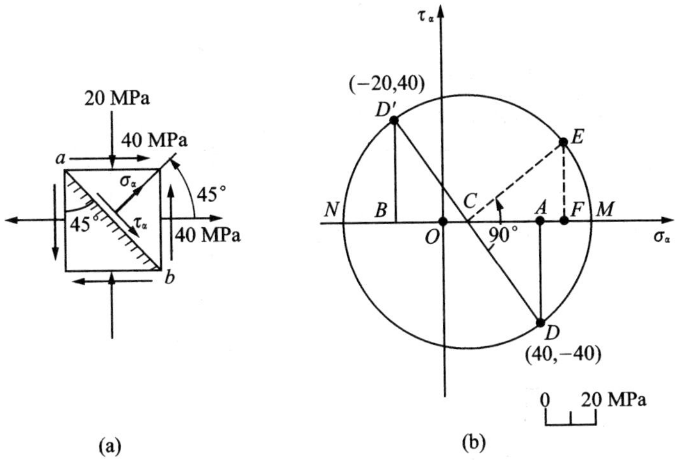

图 15-9

$$\tau_\alpha = \frac{\sigma_x - \sigma_y}{2}\sin 2\alpha + \tau_x \cos 2\alpha$$

$$= \frac{[40-(-20)]\text{MPa}}{2}\sin 90° - 40\cos 90°$$

$$= (30 \times 1 - 40 \times 0)\text{MPa} = +30 \text{ MPa}$$

(2) 用图解法求解　作 $O\sigma\tau$ 坐标系，按选定的比例尺，量取 $\overline{OA} = \sigma_x = +40$ MPa，$\overline{AD} = \tau_x = -40$ MPa 得 D 点；再量取 $\overline{OB} = \sigma_y = -20$ MPa，$\overline{BD'} = \tau_y = +40$ MPa 得 D' 点。连接 DD' 与横轴交于 C 点，以 C 点为圆心，$\overline{CD}$ 为半径，画出如图 15-9(b) 所示的应力圆。

为了求得 $\alpha = +45°$ 斜截面上的应力，由 D 点沿圆周逆时针方向转一圆心角 $2\alpha = 90°$ 至 E 点。按选定的比例尺量出 E 点的横坐标和纵坐标，得到

$$\sigma_\alpha = +50 \text{ MPa}, \quad \tau_\alpha = +30 \text{ MPa}$$

应力的方向画在图 15-9(a) 的单元体上。

4. 图解法求主应力和主平面

二向应力状态的单元体 $abcd$，如图 15-10(a) 所示。已知各侧面上的应力，现求它的主应力 σ_1 和 σ_2 的数值及主平面的位置。

根据单元体上的已知应力 σ_x、τ_x 和 σ_y、τ_y，可画出如图 15-10(b) 所示应力圆。从主应力的定义可知，主应力是主平面上的正应力，在该平面上的切应力等于零，在应力圆上则由纵坐标为零的两点 M 和 N 来表示，即

$$\overline{OM} = \sigma_1, \quad \overline{ON} = \sigma_2$$

按照主应力的顺序规定，$\overline{OM} > \overline{ON}$，则 M 和 N 两点的横坐标值就分别表示二主应力 σ_1 和 σ_2 值，并且一个主应力为最大正应力，另一个为最小正应力，即

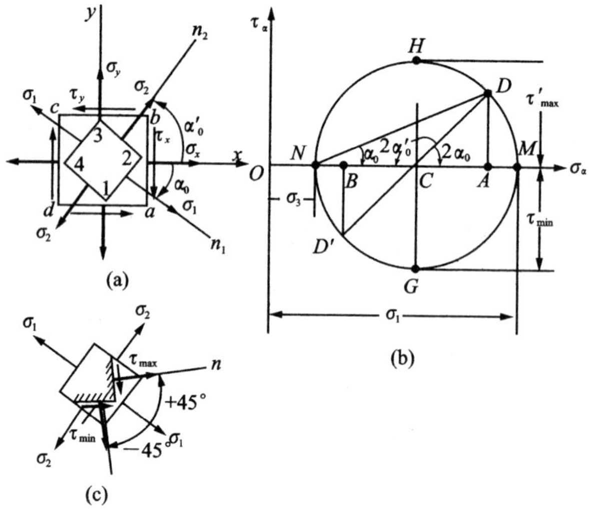

图 15－10

$$\sigma_{max}=\sigma_1, \quad \sigma_{min}=\sigma_2$$

现在来确定主平面的位置。自应力圆上的 D 点沿圆周顺时针方向转一圆心角 $\angle DCM=2\alpha_0$ 到 M 点，即自单元体上从 x 轴顺时针方向转角度 α_0，就得到主应力 σ_1 所在主平面外法线 n_1 的位置。同理，在应力圆上由 D 点逆时针方向转 $\angle DCN=2\alpha_0'$ 到 N 点，在单元体上应从 x 轴逆时针方向转角度 a_0'，得到主应力 σ_2 所在主平面外法线 n_2 的位置。于是可画出由主应力 σ_1 和 σ_2 所作用的单元体 1234，如图 15－10(a) 所示。

因为直线 $\overline{CM}$ 与 $\overline{CN}$ 成 180°角，所以单元体上外法线 n_1 与 n_2 互相垂直，可知单元体上的二主应力的方向也互相垂直，即主应力 σ_1 和 σ_2 所在的两个平面也一定互相垂直。

$\overline{CH}$ 与 $\overline{CG}$ 分别代表 τ_{max} 与 τ_{min}，与前面一样，不难看出其绝对值等于应力圆的半径。

从上面的讨论可知，应力圆可以形象地显示出一点处各不同截面上应力的变化规律，为研究一点处的应力状态，提供了使用方便而又有效的图解方法。因此，莫尔圆在研究构件一点处的应力等方面，获得了广泛地应用。下面举例说明。

例 15－3 从受力构件中截取单元体，其应力状态如图 15－11(a)所示。试求主应力的值和主平面位置。

解： 用解析法和应力圆两种方法求解。

(1) 用应力圆计算 先作 $O\sigma\tau$ 直角坐标，选定适当比例尺，量取 $\overline{OA}=\sigma_x=+80$ MPa、$\overline{AD}=\tau_x=-60$ MPa 得 D 点；再量取 $\overline{OB}=\sigma_y=+30$ MPa、$\overline{BD'}=\tau_y=+60$ MPa得 D'点。连接 DD' 与横轴交于 C 点，以 C 点为圆心，$\overline{DD'}$ 为直径，可画出

应力圆，如图 15-11(b)所示。

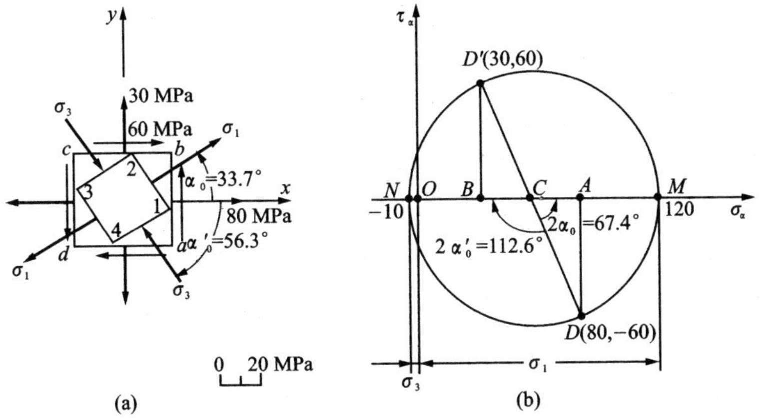

图 15-11

应力圆与横轴 σ 交于两点 M 和 N，其横坐标即为主应力 σ_1 和 σ_3。由图上量得

$$\sigma_{max}=\sigma_1=+120\ \text{MPa},\qquad \sigma_{min}=\sigma_3=-10\ \text{MPa}$$

因为单元体的前后平面上无应力作用，按主应力的顺序规定，主应力 $\sigma_2=0$。在应力圆上量得 $\overline{CD}$ 与 $\overline{CM}$ 两半径间的夹角为 67.4°，由于 D 点到 M 点是逆时针转向，所以单元体上就应从 x 轴逆时针转 $\frac{67.4°}{2}=33.7°$，即得主应力 σ_1 的方向，从而确定出其主平面位置。同样，在图 15-11(b)上得 $2\alpha'_0=-112.6°$，所以在单元体上从 x 轴顺时针转 $a'_0=-56.3°$，可得主应力 σ_3 的方向及其主平面，从而画出单元体 1234，如图 15-11(a)所示。

(2) 用解析法计算　将应力 $\sigma_x=+80$ MPa，$\sigma_y=+30$ MPa 和 $\tau_x=-60$ MPa 代入式(15-4)可得

$$\left.\begin{matrix}\sigma_1\\ \sigma_3\end{matrix}\right\}=\frac{\sigma_x+\sigma_y}{2}\pm\sqrt{\left(\frac{\sigma_x-\sigma_y}{2}\right)^2+\tau_x^2}=\frac{80+30}{2}\text{MPa}\pm$$

$$\sqrt{\left(\frac{80-30}{2}\right)^2+(-60)^2}\ \text{MPa}=\begin{cases}+120\ \text{MPa}\\ -10\ \text{MPa}\end{cases}$$

算得的主应力 σ_1 和 σ_3 的值是否正确，可利用下式进行校核

$$\sigma_x+\sigma_y=\sigma_1+\sigma_3$$

得
$$(80+30)\text{MPa}=(120-10)\text{MPa}=110\ \text{MPa}$$

可知计算无误。

再由公式(15-3)计算主平面的位置为

$$\tan 2\alpha_0=-\frac{2\tau_x}{\sigma_x-\sigma_y}=-\frac{2(-60)\text{MPa}}{80-30\ \text{MPa}}=2.4$$

得
$$\alpha_0 = +33.7°$$
$$\alpha_0' = \alpha_0 - 90° = 33.7° - 90° = -56.3°$$

由此得主应力 σ_1 和 σ_3 作用的单元体1234，如图15－11(a)所示。

例15－4 圆轴在力偶矩 M_0 作用下，由其中截取一单元体 A，如图15－12(a)、(b)所示。已知切应力 $\tau_x = +30$ MPa，试求 A 点处的主应力值，并确定主平面位置。

解： 此单元体处于纯剪切状态，现采用应力圆和解析法，计算其主应力。

(1) 用应力圆计算 先作 $O\sigma\tau$ 直角坐标系，选定适当比例尺。根据 $\sigma_x = 0, \tau_x = +30$ MPa 及 $\sigma_y = 0, \tau_y = -30$ MPa，在图15－12(c)上可量得 D 与 D' 两点，连接 DD' 横轴交于 O 点，以 O 点为圆心、$\overline{DD'}$ 为直径，可画出应力圆。此圆与横轴交于两点 M、N。可量得

$$\sigma_1 = \overline{OM} = +30\text{ MPa}, \quad \sigma_3 = \overline{ON} = -30\text{ MPa}$$

从应力圆上 D 点顺时针方向转90°角到 M 点，在单元体上则从 x 轴也顺时针方向转 $\frac{90°}{2} = 45°$，即得主应力 σ_1 的方向，如图15－12(b)所示。同样，在圆上从 D 点逆时针方向转90°角到 N 点，单元体上则从 x 轴逆时针方向转 $\frac{90°}{2} = 45°$，可得主应力 σ_3 的方向。主应力作用下的单元体1234，如图15－12(b)所示。

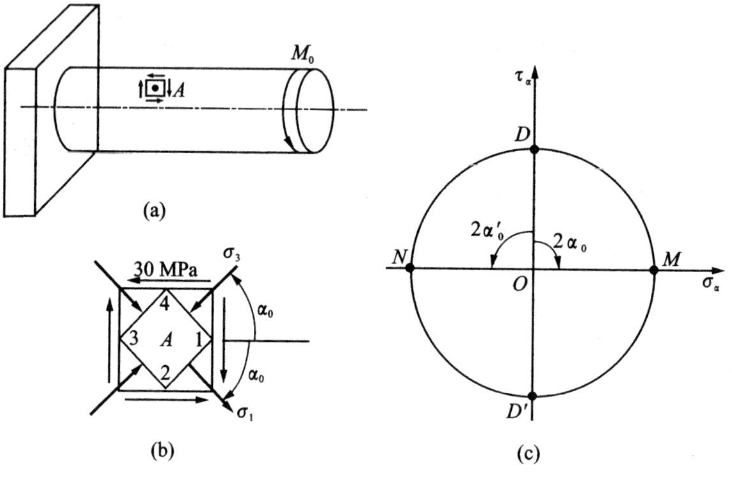

图15－12

(2) 用解析法计算 将应力 $\sigma_x = 0, \tau_x = +30$ MPa 及 $\sigma_y = 0, \tau_y = -30$ MPa 代入式(15－4)和(15－3)可得两主应力值为

$$\left.\begin{matrix}\sigma_1\\ \sigma_3\end{matrix}\right\} = \sqrt{\tau_x^2} = \pm\tau_x = \pm 30\text{ MPa}, \quad \tan 2\alpha_0 = -\frac{2\tau_x}{\sigma_x - \sigma_y} = -\infty$$

所以 $2\alpha_0 = -90°$ 或 $-270°$，$\alpha_0 = -45°$ 或 $-135°$。

主应力 σ_1 和 σ_3 所作用的单元体 1234，如图 15－12(b)所示。

由此可得，当单元体处于纯剪切应力状态时，主平面与纯剪面成 45°角，其主应力值等于切应力值，即 $\sigma_1=-\sigma_3=\tau_x$。

例 15－5　简支梁如图 15－13(a)所示，截取单元体 A，其各侧面的应力如图 15－13(b)所示。试用图解法求主应力值和主平面位置。

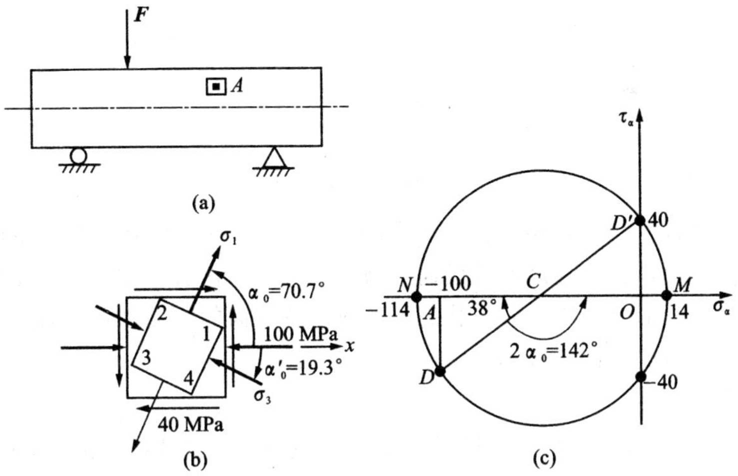

图 15－13

解：用应力圆计算　先作 $O\sigma\tau$ 直角坐标，选定适当比例尺，量取$\overline{OA}=\sigma_x=-100$ MPa和$\overline{AD}=\tau_x=-40$ MPa，由此，在图 15－13(c)可得 D 点；因为 $\sigma_y=0$，则由 O 点取$\overline{OD'}=\tau_y=40$ MPa得 D' 点。连接DD'交横轴于 C 点，以 C 点为圆心、$\overline{DD'}$为直径，可画出应力圆，如图 15－13(c)所示。

应力圆与横轴 σ 交于两点 M 和 N，其横坐标即为主应力值。由图上量得

$$\sigma_1=+14\ \text{MPa},\quad \sigma_3=-114\ \text{MPa}$$

单元体的前后平面上无应力作用，故主应力 $\sigma_2=0$。

在应力圆上量得$\overline{CD}$与$\overline{CM}$两半径间的夹角为 142°，由 D 点到 M 点是逆时针转向，所以单元体上就应从 x 轴逆时针转$\dfrac{142^\circ}{2}=71^\circ$，即得主应力 σ_1 的方向及其主平面位置，如图 15－13(b)所示。

例 15－6　一单元体的应力如图 15－14(a)所示，已知主应力 $\sigma_1=\sigma_2$，试求斜截面 ab 上的应力。

解：　用应力圆计算　已知单元体各平面上作用的是主应力，并且 $\sigma_1=\sigma_2>0$。作 $O\sigma\tau$ 直角坐标系，在横轴 σ 上可得一点 C，其横坐标为$\overline{OC}=\sigma_1=\sigma_2$，如图 15－14(b)所示。在此特殊情况下，应力圆变成一点，称为点圆。

由于应力圆变为一点，就没有纵坐标值，可知单元体的任何斜截面上的切应力均

为 $\tau_\alpha=0$，且正应力 σ_α 就等于主应力值，即

$$\sigma_\alpha=\sigma_1=\sigma_2$$

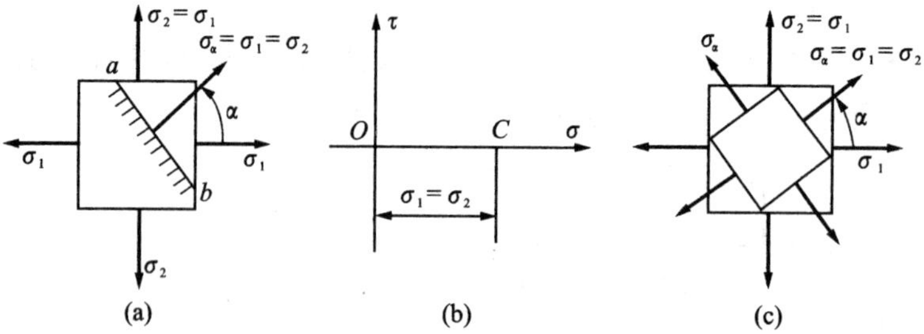

图 15-14

由此可得结论：若单元体两相互垂直的平面上，作用有数值相等的主应力，且都为拉应力或都为压应力，则该点处任何斜截面上必然作用着同样数值的主应力。

在图 15-14(a)、(c)所示应力状态下的所有各方向的应力都相同，故称为各向同性应力。这在解释材料或构件的破坏现象时是有用的。

5. 图算法

用图解法作题将所求数字直接量取最简单，但数字不易精确，这里要特别说明的是用应力圆解题同样可以得到确切的数字，只需利用几何关系求解即可，现以例 15-3为例说明。在按相应比例作出应力圆后(见图 15-11)，可作如下计算

$$CA=CB=\frac{|OA|-|OB|}{2}=\frac{|80|-|30|}{2}=25,\quad OC=OB+CB=55$$

$$R=\sqrt{CA^2+AD^2}=\sqrt{25^2+60^2}=65,$$

$$\sigma_1=OC+R=(55+65)\text{MPa}=120\ \text{MPa}$$

$$\sigma_2=0,\quad \sigma_3=-(R-OC)=-(65-55)\text{MPa}=-10\ \text{MPa}$$

$$\tan 2\alpha_0=\frac{AD}{CA}=\frac{60}{25}=2.4,\quad 2\alpha_0=67.4°,\ \alpha_0=33.7°$$

在单元体上从 x 轴逆时针转 33.7°，即为主应力 σ_1 的方向，与之差 90°的方向即为 σ_3 的方向。

此种解题方法即可求得与解析法求解完全相同的精确数字。此方法也可求解任意斜截面上的正应力 σ_α、切应力 τ_α 的准确数字，而求解 τ_{max} 及方位则更简单、直观。读者可自己参照前面所讲的例题来求解和验证。

15.3 三向应力状态简介

15.3.1 概 述

图 15-15(a)所示的单元体为空间应力状态，其三个互相垂直平面上的应力可

能是任意的方向，但都可以将其分解为垂直于作用面上的正应力，以及平行于单元体棱边的两个切应力。理论分析证明，与二向应力状态类似，也一定能找到这样的单元体，在三对互相垂直的平面上，只有正应力而没有切应力。也就是说，能找到只有三个主应力作用的单元体，如图 15－15(b)所示，这就是三向应力状态。

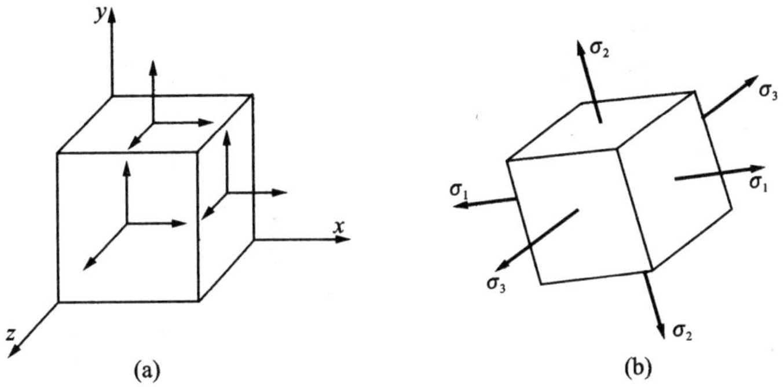

图 15－15

在工程实际中，也常遇到三向应力状态。例如，滚珠轴承中的滚珠与外环的接触处(见图 15－16)，由于压力 **F** 的作用，在单元体 A 的上下平面上将产生主应力 σ_3；由于此处局部材料被周围大量材料所包围，其侧向变形受到阻碍，因而使单元体的四个侧面上也同时受到侧向压力，于是还要产生主应力 σ_1 和 σ_2，所以单元体处于三向压缩应力状态。

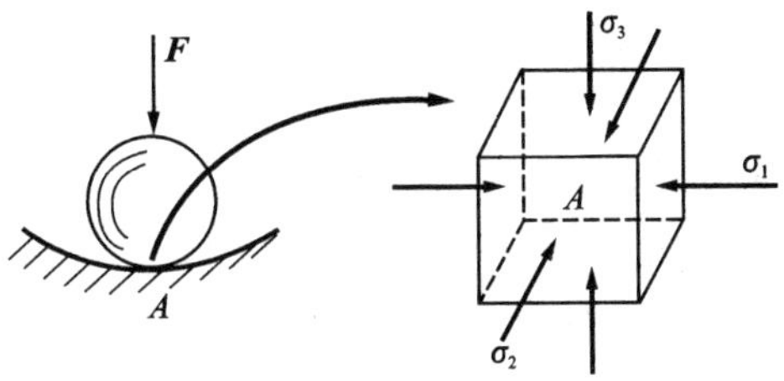

图 15－16

15.3.2　最大正应力和最大切应力

为了确定三向应力状态下的最大正应力和最大切应力，可做出三向应力状态的应力圆。

已知单元体上的主应力 σ_1、σ_2 和 σ_3，如图 15－17(a)所示。首先研究与 y 轴平行的各斜截面上的应力情况。作用在与 y 轴垂直的顶、底两面上的力互相平衡，不会在与 y 轴平行的各斜截面上引起应力。即平行于主应力 σ_2 的各斜截面上的应力不受 σ_2 影响，只与 σ_1 和 σ_3 有关，单元体上的应力状态如图 15－17(b)所示。对应它的应力圆可由主应力 σ_1 和 σ_3 画出，在图 15－17(e)上由圆 MN 表示。此圆上的各点坐标就代表了主应力 σ_2 平行的所有斜截面上的应力。同样，与主应力 σ_3 平行的各斜截面上的应力[见图 15－17(c)]，在图 15－17(e)上由圆 MP 表示；与主应力 σ_1 平行的各斜截面上的应力[见图 15－17(d)]，在图 15－17(e)上由圆 PN 表示。

可以证明，不与任一坐标轴平行的任意斜截面上的应力，可在 3 个应力圆所围成

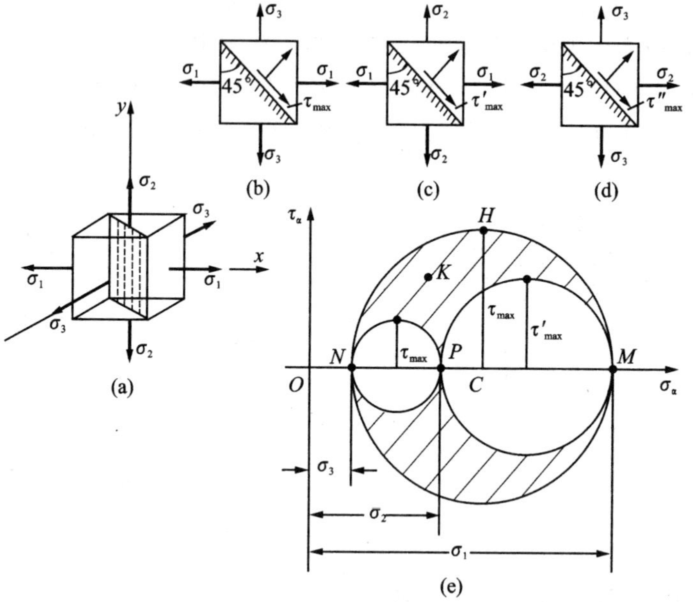

图 15－17

的阴影区域内一点 K 的坐标值来表示[见图 15－17(e)]。

从图 15－17(e)上不难看出，与 M 和 N 两点对应的主应力 σ_1 和 σ_3，就分别代表了三向应力状态的最大正应力和最小正应力，即

$$\left.\begin{aligned}\sigma_{\max} &= \sigma_1 \\ \sigma_{\min} &= \sigma_3\end{aligned}\right\} \tag{15-8}$$

三个圆的半径分别给出图 15－17(b)、(c)和(d)三种情形的最大切应力。而三向应力状态的最大切应力 $\tau_{\max}$ 就等于最大圆 MN 的半径，即

$$\tau_{\max} = \frac{\sigma_1 - \sigma_3}{2} \tag{15-9}$$

15.4 广义胡克定律

15.4.1 三向应力状态下的应力、应变关系

现在讨论三向应力状态下应力与应变的关系。在第 8 章中已经得到单向应力状态下的应力与应变的关系，如图 15－18 所示，与应力方向一致的纵向线应变为

$$\varepsilon = \frac{\sigma}{E}$$

垂直于应力方向的横向应变为

$$\varepsilon' = -\mu\varepsilon = -\mu\frac{\sigma}{E}$$

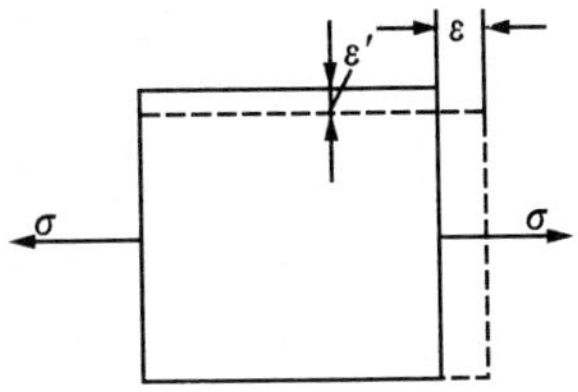

图 15-18

在三向应力状态下，单元体同时受到主应力 σ_1、σ_2 和 σ_3 的作用，如图 15-19(a)所示，此时单元体沿主应力方向的线应变称为主应变。若计算沿 σ_1 方向（第一棱边）的主应变 ε_1，由 σ_1 引起的应变为[见图 15-19(b)]

$$\varepsilon_1' = \frac{\sigma_1}{E}$$

由 σ_2 和 σ_3 所引起的应变[见图 15-19(c)、(d)]分别为

$$\varepsilon_1'' = -\mu\frac{\sigma_2}{E},\quad \varepsilon_1''' = -\mu\frac{\sigma_3}{E}$$

当主应力 σ_1、σ_2 和 σ_3 同时作用时，由于应力与应变呈线性关系，可用叠加原理将 ε_1'、ε_1''和 ε_1'''三者相加，可得沿主应力 σ_1 方向的主应变为

$$\varepsilon_1 = \varepsilon_1' + \varepsilon_1'' + \varepsilon_1''' = \frac{\sigma_1}{E} - \mu\frac{\sigma_2}{E} - \mu\frac{\sigma_3}{E}$$

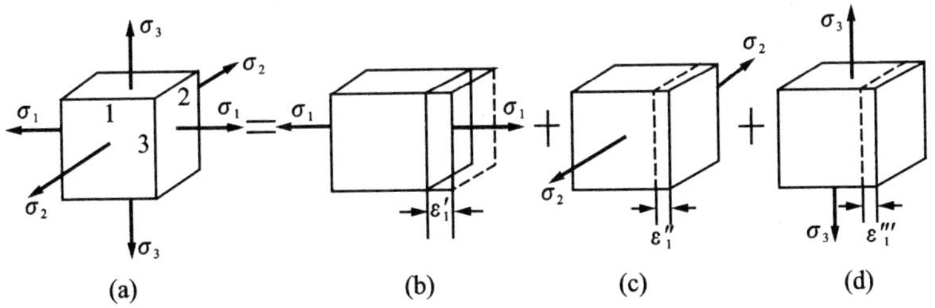

图 15-19

同理可得主应变 ε_2 和 ε_3，最终得

$$\left.\begin{aligned}\varepsilon_1 &= \frac{1}{E}[\sigma_1 - \mu(\sigma_2 + \sigma_3)]\\ \varepsilon_2 &= \frac{1}{E}[\sigma_2 - \mu(\sigma_1 + \sigma_3)]\\ \varepsilon_3 &= \frac{1}{E}[\sigma_3 - \mu(\sigma_1 + \sigma_2)]\end{aligned}\right\}\tag{15-10}$$

式(15-10)给出了三向应力状态下主应变与主应力之间的关系，称为**广义胡克定律**。式(15-10)中的 σ_1、σ_2 和 σ_3 均应以代数值代入，求出 ε_1、ε_2 或 ε_3 后，正值表示伸长，负值表示缩短。与主应力按代数值排列的顺序相同，这三个主应变的顺序是 $\varepsilon_1 \geqslant \varepsilon_2 \geqslant \varepsilon_3$。并且，沿主应力 σ_1 方向的主应变是所有不同方向线应变中的最大值，即

$$\varepsilon_{\max} = \varepsilon_1$$

对于各向同性材料，从理论和试验得知，正应力不会引起剪应变，而切应力又不会引起线应变。所以，广义胡克定律也适用于单元体上同时有正应力和切应力作用

的情形。如图 15－15(a)所示，此时只要将式(15－10)中的主应变 ε_1、ε_2 和 ε_3 用线应变 ε_x、ε_y 和 ε_z 代换即可。

还须指出，广义胡克定律给出了材料的主应力与主应变(或正应力与线应变)之间存在的线弹性关系。在实验应力分析中，在测得构件的三个主应变之后，就可利用此定律求得三个主应力，从而检查构件是否安全，或检验设计计算是否正确。

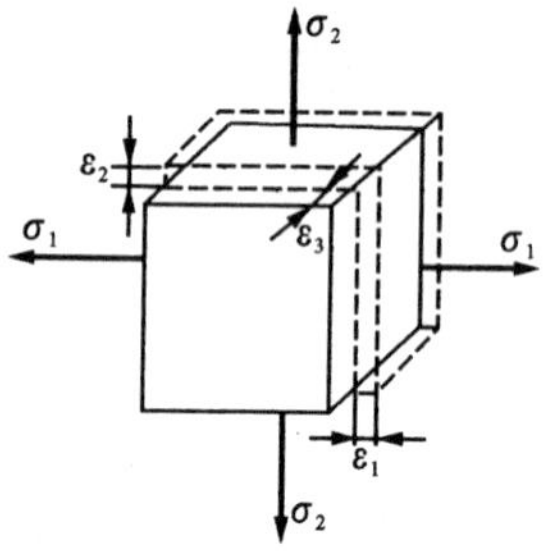

图 15－20

例 15－7 在如图 15－20 所示的二向应力状态下，已知主应力 $\sigma_1 \neq 0$，$\sigma_2 \neq 0$，$\sigma_3 = 0$，主应变 $\varepsilon_1 = 1.7 \times 10^{-4}$，$\varepsilon_2 = 0.4 \times 10^{-4}$，泊松比 $\mu = 0.3$。试求主应变 ε_3。

解： 利用广义胡克定律公式(15－10)，将前两式相加，然后令 $\sigma_3 = 0$，可得

$$\varepsilon_1 + \varepsilon_2 = \frac{\sigma_1 + \sigma_2}{E}(1 - \mu)$$

移项得

$$\sigma_1 + \sigma_2 = \frac{E}{1 - \mu}(\varepsilon_1 + \varepsilon_2)$$

在把上式代入广义胡克定律第三式得

$$\varepsilon_3 = -\frac{\mu}{E}(\sigma_1 + \sigma_2) = -\frac{\mu}{1 - \mu}(\varepsilon_1 + \varepsilon_2)$$

代入已知数值后得

$$\varepsilon_3 = -\frac{0.3}{1 - 0.3}(1.7 + 0.4) \times 10^{-4} = -0.9 \times 10^{-4}$$

由于 ε_3 为负值，表明与 σ_3 平行的棱边变形是缩短。

例 15－8 图 15－21(a)所示的钢质圆杆，其直径为 D，弹性模量为 E，泊松系数为 μ，已知与水平线成 60°的方向上的正应变为 ε_{60}，试求载荷 F。

解：(1) 在杆件上取出如图 15－21(b)所示单元体，此为单向应力状态，其上内力 $F_N = F$，横截面面积 $A = \dfrac{\pi D^2}{4}$，所以

$$\sigma_y = \frac{4F_y}{\pi D^2} \tag{a}$$

(2) 作出应力圆，此时 $\sigma_y = \sigma_1$，$\sigma_x = \sigma_2 = 0$，故圆心坐标为 $\left(\dfrac{\sigma_y}{2}, 0\right)$。

(3) 由应力圆的性质，很容易找出 $\alpha = 60°$ 以及与其垂直截面上的应力分量 $\sigma_{60°}$，$\tau_{60°}$ 及 $\sigma_{-30°}$，$\tau_{-30°}$ 与应力 σ_y 的关系

$$\left.\begin{aligned} \sigma_{60°} &= OC + R\cos 60° = \frac{\sigma_y}{2}(1 + \cos 60°) \\ \sigma_{-30°} &= OC - R\cos 60° = \frac{\sigma_y}{2}(1 - \cos 60°) \end{aligned}\right\} \tag{b}$$

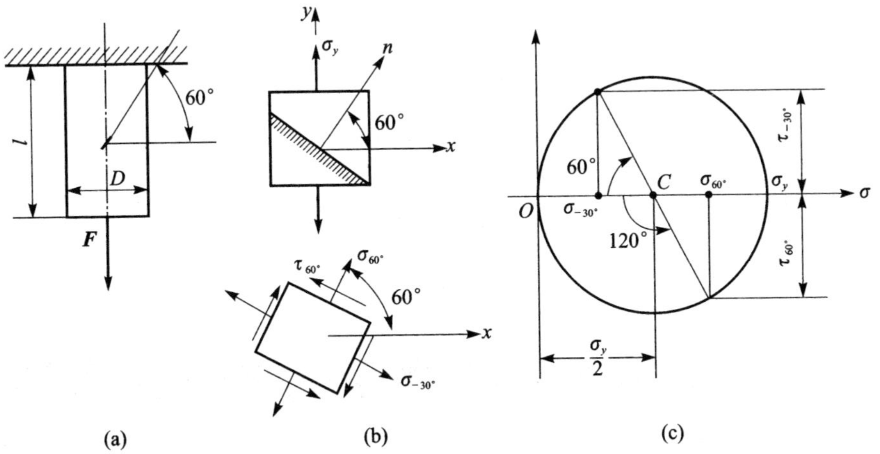

图 15-21

(4) 应用广义胡克定律

$$\varepsilon_{60°} = \frac{1}{E}[\sigma_{60°} - \mu\sigma_{-30°}] = \frac{1}{E}\left[\frac{\sigma_y}{2}(1+\cos 60°) - \mu\frac{\sigma_y}{2}(1-\cos 60°)\right] \qquad (c)$$

(5) 将式(a)代入式(c)并化简得

$$F = \frac{\pi E D^2 \varepsilon_{60°}}{2[(1-\mu)+(1+\mu)\cos 60°]}$$

15.4.2　体积应变

现在计算三向应力状态下的体积改变。设图 15-19(a)所示的矩形正六面体的周围六个面皆为主平面，若三个边长分别等于 a、b 和 c，变形前六面体的体积为 $V_0 = abc$。在主应力 σ_1、σ_2 和 σ_3 的作用下，其各棱边将产生线应变，变形后六面体的三个棱边分别为

$$a+\Delta a = a(1+\varepsilon_1),\quad b+\Delta b = b(1+\varepsilon_2),\quad c+\Delta c = c(1+\varepsilon_3)$$

变形后，它的体积为

$$V_1 = (a+\Delta a)(b+\Delta b)(c+\Delta c) = abc(1+\varepsilon_1)(1+\varepsilon_2)(1+\varepsilon_3)$$

展开上式，并略去含有高阶微量 $\varepsilon_1\varepsilon_2$、$\varepsilon_2\varepsilon_3$、$\varepsilon_3\varepsilon_1$、$\varepsilon_1\varepsilon_2\varepsilon_3$ 的各项，得

$$V_1 = abc(1+\varepsilon_1+\varepsilon_2+\varepsilon_3)$$

则单位体积改变为

$$\theta = \frac{V_1 - V_0}{V_0} = \varepsilon_1+\varepsilon_2+\varepsilon_3$$

θ 也称为**体积应变**。如将式(15-10)代入上式，化简后就得

$$\theta = \frac{1-2\mu}{E}(\sigma_1+\sigma_2+\sigma_3) \qquad (15-11)$$

从式(15－11)可以看出,单位体积改变 θ 仅决定于三个主应力之和,而与各个主应力的比值无关。由此可得,若作用于单元体各面上的应力相等,且都等于平均主应力

$$\sigma_m = \frac{\sigma_1 + \sigma_2 + \sigma_3}{3}$$

那么它的单位体积的改变将与上述在主应力 σ_1、σ_2 和 σ_3 作用下的单位体积改变 θ 相等。如果三个主应力之和等于零,则 θ 等于零,这时单元体没有体积改变。例如在纯剪切应力状态下,$\sigma_1 = \tau$, $\sigma_2 = 0$, $\sigma_3 = -\tau$,将其代入式(15－11)后,可得 $\theta = 0$。

15.5 四个基本强度理论及莫尔强度理论

15.5.1 强度理论的概念

我们知道在轴向拉压时,构件处于单向应力状态下的强度条件为

$$\sigma = \frac{F_N}{A} \leqslant [\sigma] = \frac{\sigma_0}{n}$$

式中 σ_0 为直接由材料试验测得的极限应力,如屈服极限 σ_s 或强度极限 σ_b。在第 11 章中还讨论了圆轴扭转时的强度问题,构件处于纯剪切应力状态下,其强度条件与上面相似。

但是,工程实际中常遇到一些组合变形的构件,其危险点不再处于单向应力或纯剪切应力状态。这时,应如何建立其强度条件,就是本章所要讨论的问题。

为了解决这个问题,是否仍和轴向拉伸(压缩)构件一样,直接通过试验来确定复杂应力状态下材料的极限应力呢?这是不可能的。由于对材料进行复杂应力状态下的试验较为复杂,并且主应力 σ_1、σ_2 和 σ_3 存在无数个组合,若一一进行试验极为困难,所以不可能直接通过试验来获得复杂应力状态下强度的完整数据。因此,必须寻求其他解决问题的途径。

在生产实践和科学研究中,人们对于复杂应力状态下构件和材料的破坏现象进行了大量的观察和深入分析,寻求导致破坏的主要原因,并分别提出了拉应力、切应力、变形能等因素达到某一极限值时,为引起材料破坏的主要原因,并且认为,无论是单向应力状态或复杂应力状态下,材料的破坏都是由某种同一因素所引起的。然后根据某一主要因素,把复杂应力状态下材料的强度问题与简单拉伸试验结果联系起来,也就是利用简单拉伸试验结果,来建立复杂应力状态下构件的强度条件。

对于材料发生破坏的主要原因,人们曾提出了一些不同的假说,那些经过实践检验,证明在一定范围内成立的假说,通常称为**强度理论**,或叫**破坏理论**。下面介绍几个常用的强度理论。

在前面所学的内容中我们知道，材料破坏的基本形式可分为脆性断裂和塑性屈服。相应的强度理论也可分为两类：一类是关于断裂破坏的强度理论，如最大拉应力理论；一类是关于屈服破坏的强度理论，如最大切应力理论和最大歪形能理论。

15.5.2　基本强度理论

1. 第一强度理论（最大拉应力强度理论）

这个理论认为，材料发生断裂破坏的主要因素是最大拉应力。即构件危险点处的最大拉应力 $\sigma_{max}=\sigma_1$ 达到某一极限值时，就会引起材料的断裂破坏。这个极限值为通过拉伸试验测得的强度极限 σ_b。于是可得断裂条件为

$$\sigma_1 = \sigma_b$$

将 σ_b 除以安全系数 n 后，可得材料的许用拉应力$[\sigma]$。按此理论建立的复杂应力状态下的强度条件为

$$\sigma_1 \leqslant [\sigma] \tag{15-12}$$

这个理论是在 1858 年由英国学者兰金（W. J. M. Rankine）提出的。试验表明，对于脆性材料如铸铁、砖和岩石等，此理论较为适合。但是，它没有考虑其他主应力 σ_2 和 σ_3 对材料破坏的影响。

2. 第二强度理论（最大拉应变强度理论）

这个理论认为，引起材料发生脆性断裂的主要因素是最大拉应变 ε_{max}，即在复杂应力状态下构件危险点处的最大拉应变 ε_{max} 达到简单拉伸试验破坏时的线应变 ε_0 的数值，材料就发生脆性断裂。设达到破坏前，材料服从胡克定律，利用公式（15－10）计算 ε_{max}，可得断裂条件

$$\frac{1}{E}[\sigma_1 - \mu(\sigma_2 + \sigma_3)] = \frac{\sigma_b}{E}$$

即

$$\sigma_1 - \mu(\sigma_2 + \sigma_3) = \sigma_b$$

考虑安全系数后，这个强度理论的强度条件为

$$\sigma_1 - \mu(\sigma_2 + \sigma_3) \leqslant [\sigma] \tag{15-13}$$

此理论对于某些脆性材料如岩石等，其理论值与试验结果大致符合，但未被金属材料的实验所证实。

3. 第三强度理论（最大切应力强度理论）

这个理论认为，使材料发生屈服破坏的主要因素是最大切应力 τ_{max}，即当构件的最大切应力 τ_{max} 达到某一极限值 τ_0 时，就会引起材料的屈服被破坏。复杂应力状态下的最大切应力 τ_{max} 可由公式（15－9）计算，即

$$\tau_{max} = \frac{\sigma_1 - \sigma_3}{2}$$

τ_0 可以通过简单拉伸试验测得，其值为试件达到屈服时应力 σ_s 的一半，即

$$\tau_0 = \frac{\sigma_s}{2}$$

于是，破坏条件（又称屈服条件）可表示为

$$\frac{\sigma_1 - \sigma_3}{2} = \frac{\sigma_s}{2} \quad 或 \quad \sigma_1 - \sigma_3 = \sigma_s$$

考虑安全系数后，按此理论所建立的复杂应力状态下的强度条件为

$$\sigma_1 - \sigma_3 \leqslant [\sigma] \tag{15-14}$$

这个理论是在 1773 年首先由库仑（C. A. Coulomb）提出，而后在 1864 年又由屈雷斯卡（H. Tresca）提出，所以又叫**屈雷斯卡理论**。一些实验结果表明，对于塑性材料如低碳钢、铜等，这个理论是符合的。但是它未考虑到中间主应力 σ_2 对材料屈服的影响。

4. 第四强度理论（歪形能强度理论）

此理论不是从应力出发，而是从变形能的角度来建立强度理论。受力构件体积内积蓄了歪形能（即形状改变比能）和体积改变比能。该理论认为，歪形能是引起材料破坏的主要因素。只要构件内部积蓄的歪形能达到某一极限值时，材料就发生屈服破坏。而这个极限值可通过简单拉伸试验求得。复杂应力状态下的歪形能可按下式计算

$$u_d = \frac{1+\mu}{6E}[(\sigma_1 - \sigma_2)^2 + (\sigma_2 - \sigma_3)^2 + (\sigma_3 - \sigma_1)^2]$$

通过简单拉伸试验测得材料的屈服极限 σ_s 后，再令 $\sigma_2 = \sigma_3 = 0$ 及 $\sigma_1 = \sigma_s$ 代入上式，可得材料屈服时的歪形能，即

$$\frac{1+\mu}{6E}(2\sigma_1^2) = \frac{1+\mu}{3E}\sigma_1^2 = \frac{1+\mu}{3E}\sigma_S^2$$

破坏条件（或称屈服条件）为

$$\frac{1+\mu}{6E}[(\sigma_1 - \sigma_2)^2 + (\sigma_2 - \sigma_3)^2 + (\sigma_3 - \sigma_1)^2] = \frac{1+\mu}{3E}\sigma_S^2$$

即
$$\left\{\frac{1}{2}[(\sigma_1 - \sigma_2)^2 + (\sigma_2 - \sigma_3)^2 + (\sigma_3 - \sigma_1)^2]\right\}^{\frac{1}{2}} = \sigma_S$$

再将 σ_s 除以安全系数 n，可得强度条件为

$$\sqrt{\frac{1}{2}[(\sigma_1 - \sigma_2)^2 + (\sigma_2 - \sigma_3)^2 + (\sigma_3 - \sigma_1)^2]} \leqslant [\sigma] \tag{15-15}$$

这个理强度论是在 1904 年首先由波兰学者胡勃（M. T. Hiber）提出，后来又在 1913 年由德国塞密斯（R. Von. Moses）和在 1925 年由亨基（H. Hencky）先后独立提出来的。此强度理论对于塑性材料例如普通钢材和铜等与实验结果能较好符合。

5. 莫尔强度理论

此强度理论是由德国工程师莫尔在 1900 年提出的。它考虑到材料拉伸与压缩强度不等的情况，将最大切应力强度理论加以推广，并利用应力圆进行研究。

这个理论是以各种应力状态下材料的破坏试验结果为依据而建立起来的。按材料破坏时主应力 σ_1、σ_3 所作的应力圆（认为中间应力 σ_2 不影响材料的强度），就代表在极限应力状态下的应力圆，并可作出这些应力圆的公共包络线 AB，如图 15－22(a)所示。为了工程应用方便起见，常利用简单拉伸和压缩时材料破坏的试验结果，作出两个极限应力圆，将公共包络线近似地用直线来代替，如图 15－22(b)所示。图上 σ_{bT} 和 σ_{bC} 分别表示简单拉伸和压缩时的强度极限。

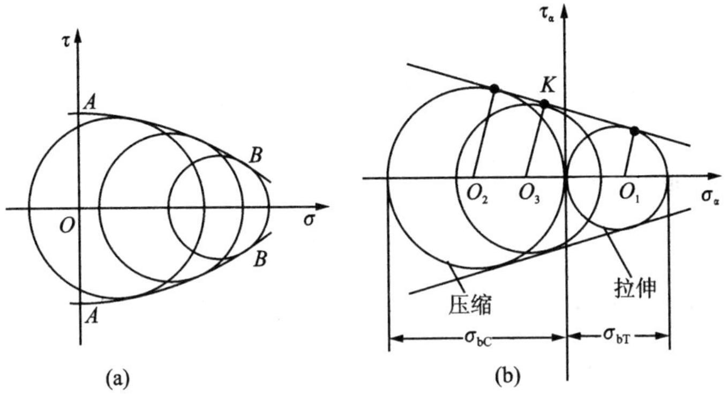

图 15－22

莫尔理论认为，材料的破坏主要是某一截面上的切应力达到一定限度，同时还与该截面上的正应力有关。设某种材料在一点处受主应力 σ_1、σ_2 和 σ_3 作用，以 σ_1、σ_3 画出的应力圆 O_3 若与直线包络线切于 K 点，则该点处材料将发生破坏。此时，根据图 15－22(b)上的几何关系，经化简，并引入安全系数，便可得到莫尔强度理论的强度条件为

$$\sigma_1 - \frac{[\sigma_T]}{[\sigma_C]}\sigma_3 \leqslant [\sigma] \tag{15-16}$$

试验表明，对于拉伸与压缩强度不等的脆性材料如岩石等，此理论能给出比较满意的结果。对于拉伸与压缩强度相等的塑性材料，式(15－16)即变为式(15－14)。由此可知，最大切应力理论可看成莫尔理论的特殊情况。莫尔理论也未考虑到中间主应力 σ_2 对破坏的影响。

15.5.3　相当应力

前面已介绍了常用强度理论的强度条件，即公式(15－12)～式(15－16)，各式的左边是按不同强度理论得出的主应力综合值，称为**相当应力**，并用 σ_{eq} 表示。5 个强度理论的相当应力分别为

$$\left.\begin{aligned}
&\text{最大拉应力强度理论} && \sigma_{eq1}=\sigma_1\\
&\text{最大拉应变强度理论} && \sigma_{eq2}=\sigma_1-\mu(\sigma_2+\sigma_3)\\
&\text{最大切应力强度理论} && \sigma_{eq3}=\sigma_1-\sigma_3\\
&\text{最大歪形能强度理论} && \sigma_{eq4}=\sqrt{\frac{1}{2}[(\sigma_1-\sigma_2)^2+(\sigma_2-\sigma_3)^2+(\sigma_3-\sigma_1)^2]}\\
&\text{莫尔强度理论} && \sigma_{eqm}=\sigma_1-\frac{[\sigma_T]}{[\sigma_C]}\sigma_3
\end{aligned}\right\} \tag{15-17}$$

复杂应力状态下构件的强度条件有两种形式：一种为应力形式，即

$$\sigma_{eq}\leqslant[\sigma] \tag{15-18}$$

另一种安全系数形式，即

$$n=\frac{\sigma_0}{\sigma_{eq}}\geqslant[n] \tag{15-19}$$

式中：σ_0 为由简单拉伸试验测得的材料的极限应力 σ_s 或 σ_b；n 为由计算得到的工作安全系数；$[n]$为规定的安全系数。

15.5.4 强度理论的应用

一般来说，处于复杂应力状态并在常温和静载条件下的脆性材料，多发生断裂破坏，所以通常采用最大拉应力强度理论，或莫尔强度理论。塑性材料多发生屈服破坏，所以采用最大切应力强度理论，或歪形能强度理论；前者表达式比较简单，后者用于设计可得较为经济的截面尺寸。

根据材料来选择相应的强度理论，在多数情况下是合适的。但是，材料的脆性或塑性还与应力状态有关。例如三向拉伸或三向压缩应力状态，将会影响材料产生不同的破坏形式。因此，也要注意到少数特殊情况下，还须按可能发生的破坏形式和应力状态，来选择适宜的强度理论，对构件进行强度计算。例如在三向拉伸应力状态情况下，不论是脆性材料还是塑性材料，都应该采用最大拉应力强度理论或莫尔强度理论；在三向压缩应力状态的情况下，不论是脆性材料还是塑性材料，都应采用最大切应力理论或歪形能强度理论。此外，如铸铁这类脆性材料，在二向拉伸应力状态的情况下，以及在二向拉伸-压缩应力状态且拉应力较大的情况下，宜采用最大拉应力理论；而在二向拉伸-压缩应力状态且压应力较大的情况下，宜采用莫尔强度理论，或最大拉应变强度理论。

思考题

1. 什么叫一点处的应力状态？为什么要研究一点处的应力状态？应力状态的研究方法是什么？

2. 什么叫主平面和主应力？主应力与正应力有什么区别？

3. 对于一个单元体，在最大正应力所作用的平面上有无切应力？又在最大切应力所作用的平面上有无正应力？

4. 有一梁如图 15－23 所示，图中给出了单元体 A、B、C、D 和 E 的应力状态。试指出并改正各单元体上所给应力的错误。

5. 单元体与应力圆存在什么样的对应关系？

6. 图 15－24 中的(a)、(b)和(c)应力圆，分别表示什么应力状态？

7. 试由应力圆说明以下结论：(1) 切应力互等定理；(2) 主应力是正应力的极大值和极小值；(3) τ_{max}所在平面与主平面成 45°。

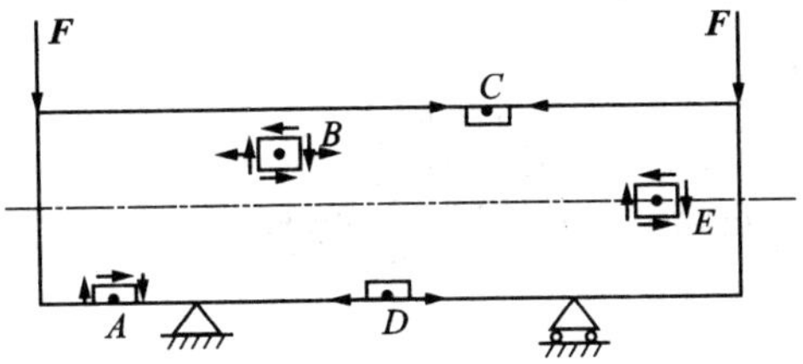

图 15－23

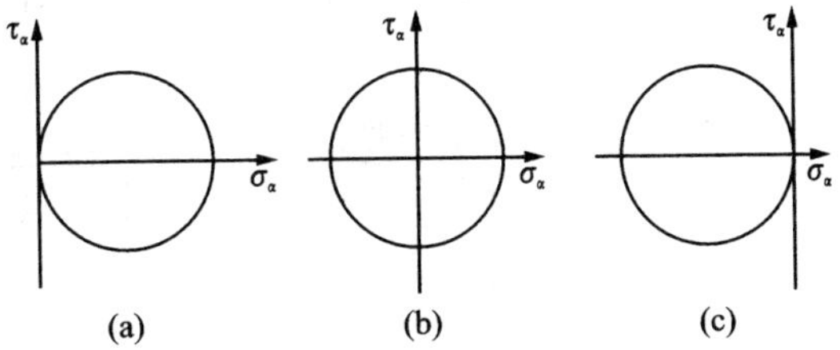

图 15－24

8. 广义胡克定律的适用条件是什么？

9. 材料破坏的基本形式是什么？低碳钢和铸铁在拉伸和压缩时的破坏形式有何不同？

10. 应力状态对材料的破坏形式有什么影响？三向拉伸和三向压缩应力状态，都使材料产生什么样的破坏形式？

11. 一根粉笔受扭转作用如图 15－25(a)所示，一受载的钢筋混凝土梁如图 15－25(b)所示，试分析其破坏面存在什么应力？并用应力状态理论结合材料的特性，解释所发生的破坏现象。

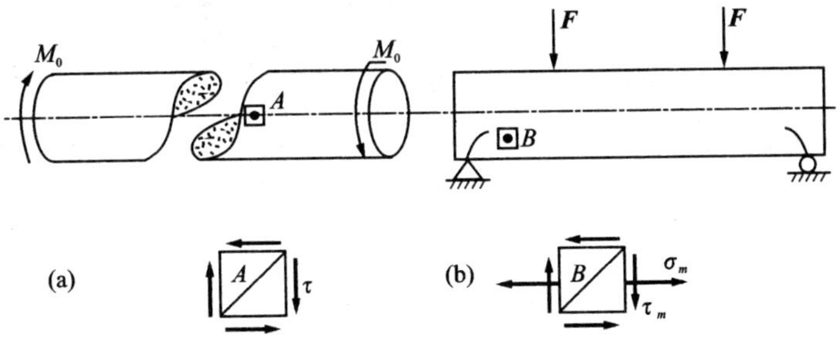

图 15－25

12. 自来水管在冬季结冰时，常因受内压力而膨胀；而水管内的冰也受到大小相等、方向相反的压力作用，为什么冰就不破坏呢？试从应力状态进行解释。

13. 为什么要提出强度理论？常用的强度理论有哪几种？它们的适用范围如何？

习　题

15－1　一拉伸试件，直径 $d=2$ cm，当在 45°斜截面上的切应力 $\tau=150$ MPa 时，其表面上将出现滑移线。试求此时试件的拉力 F。

答：$F=94.2$ kN。

15－2　已知单元体的应力状态如题 15－1 图(a)、(b)、(c)所示，试求指定斜截面上的应力。

答：(a) $\sigma_\alpha=5$ MPa，$\tau_\alpha=25$ MPa；　(b) $\sigma_\alpha=10.98$ MPa，$\tau_\alpha=10.98$ MPa；

(c) $\sigma_\alpha=27.3$ MPa，$\tau_\alpha=27.3$ MPa。

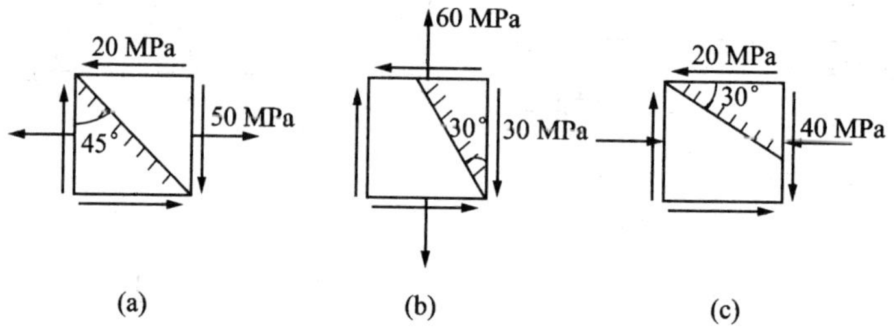

题 15－1 图

15－3　已知单元体的应力状态如题 15－2 图(a)、(b)、(c)和(d)所示(应力单位是 MPa)。试用解析法和应力圆求：(1) 主应力值和主平面位置，并画在单元体上；(2) 最大切应力值。

答：(a) $\sigma_1=\sigma_2=0$，$\sigma_3=-50$ MPa，$\alpha_0=26°33'$，$\tau_{max}=25$ MPa；

(b) $\sigma_1=30$ MPa，$\sigma_2=0$，$\sigma_3=-20$ MPa，$\alpha_0=26°33'$，$\tau_{max}=25$ MPa；

(c) $\sigma_1=74.1$ MPa，$\sigma_2=15.9$ MPa，$\sigma_3=0$，$\alpha_0=29°30'$，$\tau_{max}=29.1$ MPa；

(d) $\sigma_1=0$，$\sigma_2=-4.6$ MPa，$\sigma_3=-65.4$ MPa，$\alpha_0=48°12'$，$\tau_{max}=30.4$ MPa。

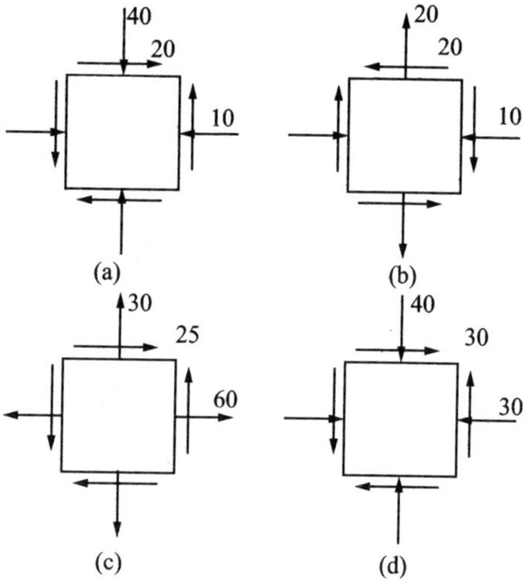

题 15－2 图

15－4　圆轴如题 15－3 图所示，右端横截面上的最大弯曲应力为 40 MPa，最大扭转应力为 30 MPa，由于剪力引起的最大切应力为6 MPa。试求：(1) 画出 A、

B、C 和 D 点处单元体的应力状态；(2) 用应力圆和解析法求 A 点的主应力值及最大切应力值。

答：$\sigma_1=56$ MPa；　$\sigma_3=-16$ MPa，$\tau_{max}=36.1$ MPa。

15－5　已知题 15－4 图中各单元体(a)、(b)、(c)和(d)的应力状态(应力单位是 MPa)。求最大主应力和最大切应力。

答：(a) $\sigma_1=25$ MPa，$\sigma_2=0$，$\sigma_3=-25$ MPa，$\tau_{max}=25$ MPa；

(b) $\sigma_1=\sigma_2=50$ MPa，$\sigma_3=-50$ MPa，$\tau_{max}=50$ MPa；

(c) $\sigma_1=50$ MPa，$\sigma_2=4.7$ MPa，$\sigma_3=-84.7$ MPa，$\tau_{max}=67.4$ MPa；

(d) $\sigma_1=\sigma_2=\sigma_3=60$ MPa，$\tau_{max}=0$。

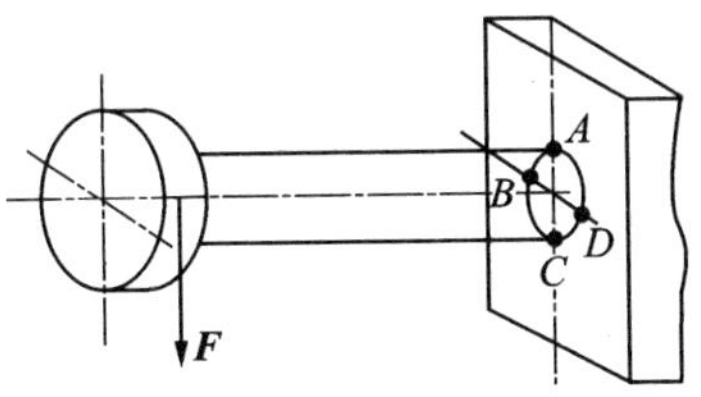

题 15－3 图

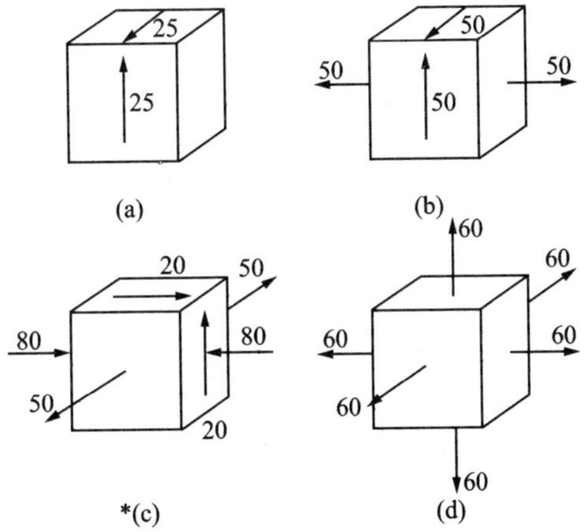

题 15－4 图

15－6　在一槽形刚体的槽内，放置一块边长为 1 cm 的正立方钢块，钢块与槽壁紧密靠紧接触无空隙，如题 15－5 图(a)所示。当钢块上表面作用 $F=6$ kN 的压力时，试求钢块内的主应力。已知材料的弹性常数：$\mu=0.33$，$E=200$ GPa。

答：$\sigma_1=0$，$\sigma_2=-19.8$ MPa，$\sigma_3=-60$ MPa。

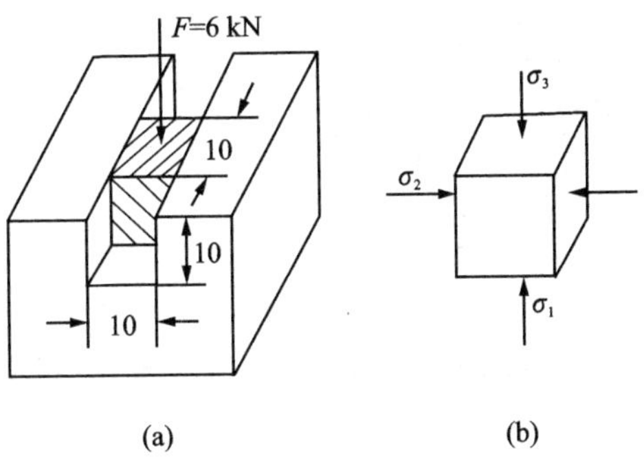

题 15－5 图

15－7　矩形截面钢块，紧密地夹在两块固定刚性厚板之间，受压力 F 的作用，如题 15－6 图所示。已知 $a=30$ mm，$b=20$ mm，$l=60$ mm，$F=100$ kN，板所受压力 $F_1=45$ kN，钢的弹性模量 $E=200$ GPa。试求钢块的缩短 Δl 及泊松比 μ。

答：$\mu=0.225$，$\Delta l=47.5\times10^{-3}$。

15－8 外直径 $D=20$ mm 的钢制圆轴，两端受扭矩 M_T 的作用，现用变形仪测得圆轴截面上与母线成 45°方向的应变 $\varepsilon_{45^\circ}=5.2\times10^{-4}$，如题 15－7 图所示。若钢的弹性模量和泊松比分别为 $E=200$ GPa，$\mu=0.3$，试求圆轴所承受的扭矩 M_T 的值。

答：$M_T=125.7$ N·m。

15－9 如题 15－8 图所示，一粗纹木块，如果沿木纹方向的切应力大于 5 MPa 时，就会沿木纹剪裂。若 $\sigma_y=8$ MPa，试问不使木块发生断裂，σ_x 的值应在什么范围内？

答：$-3.54\leqslant\sigma_x\leqslant19.54$ MPa。

15－10 两块楔形材料，黏合成正立方体（见图 15－9 图），如果黏合处的拉应力大于 1.5 MPa 就会分裂。若 $\sigma_x=0.8$ MPa，$\tau=0.5$ MPa，问 σ_y 的最大值可为多少？

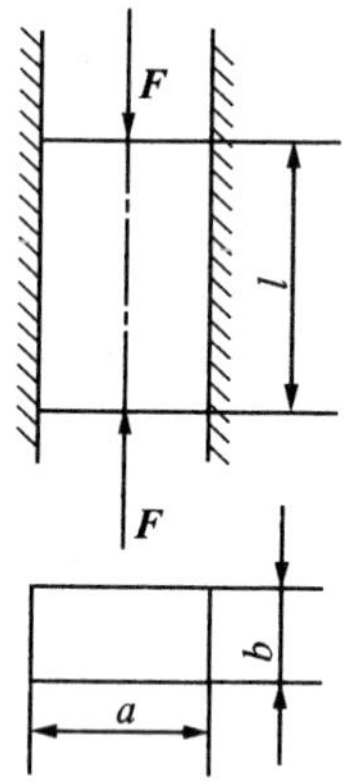

题 15－6 图

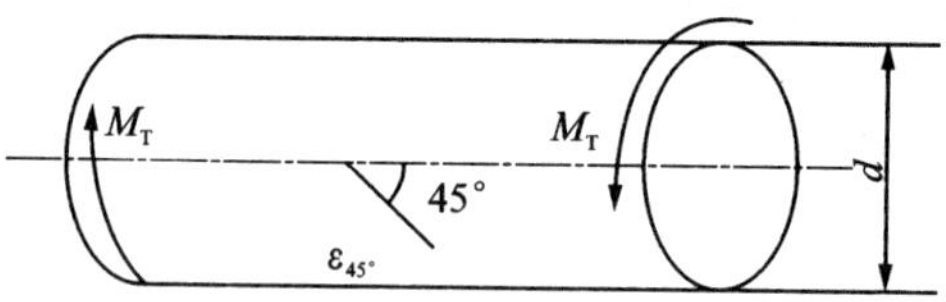

题 15－7 图

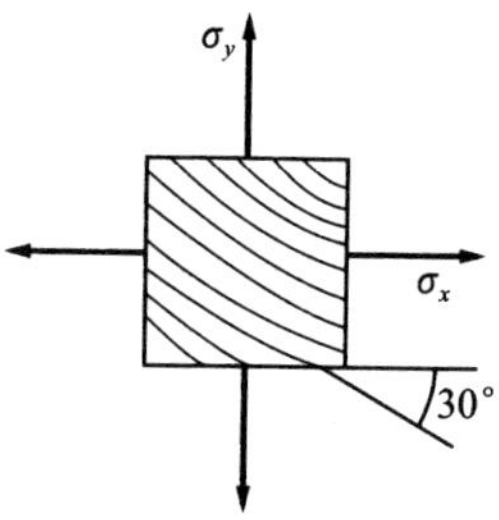

题 15－8 图

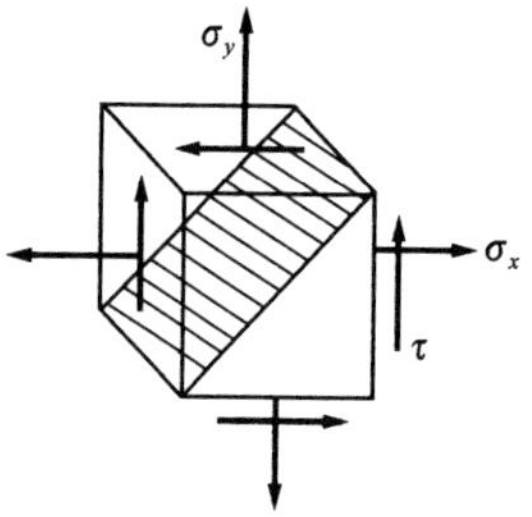

题 15－9 图

答：$\sigma_y=1.2$ MPa。

15－11 有一低碳钢构件，已知许用应力 $[\sigma]=120$ MPa，试选择合适的强度理论校核构件的强度。危险点处主应力分别如下：

（1）$\sigma_1=-50$ MPa，$\sigma_2=-70$ MPa，$\sigma_3=-160$ MPa；

答：$\sigma_{eq3}=110$ MPa，$\sigma_{eq4}=101.5$ MPa。

（2）$\sigma_1=60$ MPa，$\sigma_2=0$，$\sigma_3=-50$ MPa；

答：$\sigma_{eq3}=110$ MPa，$\sigma_{eq4}=95.4$ MPa。

15－12 有一铸铁构件，已知许用拉应力 $[\sigma]=30$ MPa，$\dfrac{[\sigma_T]}{[\sigma_C]}=0.3$，试对构件进行强度校核。其危险点处主应力分别如下：

（a）$\sigma_1=30$ MPa，$\sigma_2=20$ MPa，$\sigma_3=15$ MPa；

答：$\sigma_{eq1}=30$ MPa，$\sigma_{eqM}=25.5$ MPa。

（b）$\sigma_1=25$ MPa，$\sigma_2=0$，$\sigma_3=-20$ MPa；

答：$\sigma_{eq1}=25$ MPa，$\sigma_{eqM}=31$ MPa。

第 16 章　组合变形构件的强度计算

本章主要介绍运用力的独立作用原理解决构件拉(压)与弯曲的组合变形及弯曲与扭转组合变形的强度计算问题。

16.1　组合变形与力的独立作用原理

16.1.1　组合变形的概念

前面各章分别研究了构件在拉伸(或压缩)、剪切、扭转和弯曲等基本变形时的强度和刚度问题。在工程实际问题中,还有许多构件在外力作用下将产生两种或两种以上的基本变形的组合情况。例如,图 16-1 中的机架立柱在 $\boldsymbol{F}$ 力作用下将同时产生拉伸与弯曲的变形组合;图 16-2 中所示的传动轴在传动带轮张力 $\boldsymbol{F}_T$ 和转矩 M_0 作用下将同时产生弯曲与扭转变形的组合等。

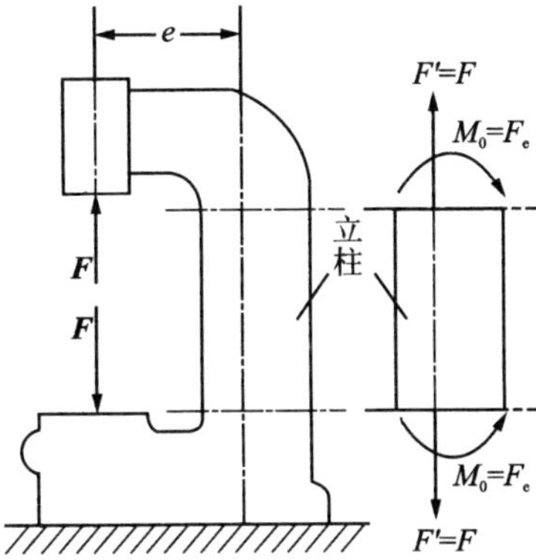

图 16-1

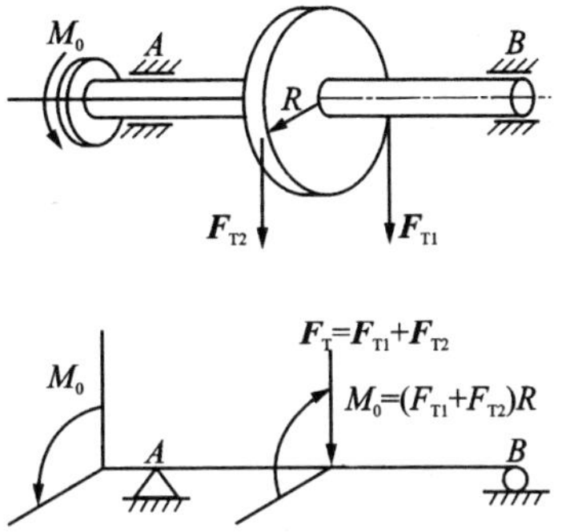

图 16-2

构件在外力作用下同时产生两种或两种以上基本变形的情况称为**组合变形**。

16.1.2　力的独立作用原理

对组合变形进行应力计算时,必须满足:材料服从胡克定律和小变形条件。因此,任一载荷作用所产生的应力都不受其他载荷的影响。这样,就可应用叠加原理进行计算。也就是说,当杆处于组合变形时,只要将载荷适当地简化或分解,使杆在简化或分解后的每组载荷作用下只产生一种基本变形,分别计算出各基本变形时所产生的应力,最后将所得结果进行叠加,就得到总的应力。

16.2 拉伸(压缩)与弯曲组合变形的强度计算

拉伸(压缩)与弯曲的组合变形,是工程实际中常见的组合变形情况。现以矩形截面梁为例说明其应力的分析方法。

设一悬臂梁如图 16-3(a)所示,外力 $\boldsymbol{F}$ 位于梁的纵向对称面 Oxy 内且与梁的轴线 x 成一角度 φ。

1. 外力分析

将外力 $\boldsymbol{F}$ 沿 x 轴和 y 轴方向分解,可得两个分力 $\boldsymbol{F}_x$ 和 $\boldsymbol{F}_y$,如图 16-3(b)所示,即

$$F_x = F\cos\varphi,\quad F_y = F\sin\varphi$$

式中,分力 $\boldsymbol{F}_x$ 为轴向拉力,在此力单独作用下将使梁产生轴向拉伸,在任一横截面上的轴力 $\boldsymbol{F}_{N_x}$ 为常量,其值为

$$F_{N_x} = F_x = F\cos\varphi$$

横向力 $\boldsymbol{F}_y$ 将使梁在纵向对称面内产生平面弯曲,在距左端为 x 的截面上,其弯矩为

$$M_x = -F_y(l-x)$$

于是,梁的变形为轴向拉伸和平面弯曲的组合。

2. 内力分析

图 16-3(c)、(d)所示为分力 $\boldsymbol{F}_x$、$\boldsymbol{F}_y$ 单独作用下的梁的轴力图和弯矩图(剪力略去)。由图可见,固定端截面是危险截面,在此截面上的轴力和绝对值最大的弯矩分别为

$$F_{N_x} = F\cos\varphi,\quad M_{\max} = F_y \cdot l$$

3. 应力分析

在危险截面上的各点处与轴力 $\boldsymbol{F}_{N_x}$ 相对应的拉伸正应力 σ' 是均匀分布的,其值为

$$\sigma' = \frac{F_N}{A}$$

而在危险截面上各点处与弯矩 $M_{\max}$ 相对应的弯曲正应力 σ'' 是按线性分布的,其值为

$$\sigma'' = \frac{M_{\max} \cdot y}{I}$$

应力 σ' 和 σ'' 的正、负号可根据变形情况直观确定。拉应力时取正号,压应力时取负号,例如图 16-3(a)中的 K 点,其 σ'、σ'' 均为拉应力,故应取正号。

应力 σ'、σ'' 沿截面高度方向的分布规律如图 16-3(e)、(f)所示。若将危险截面

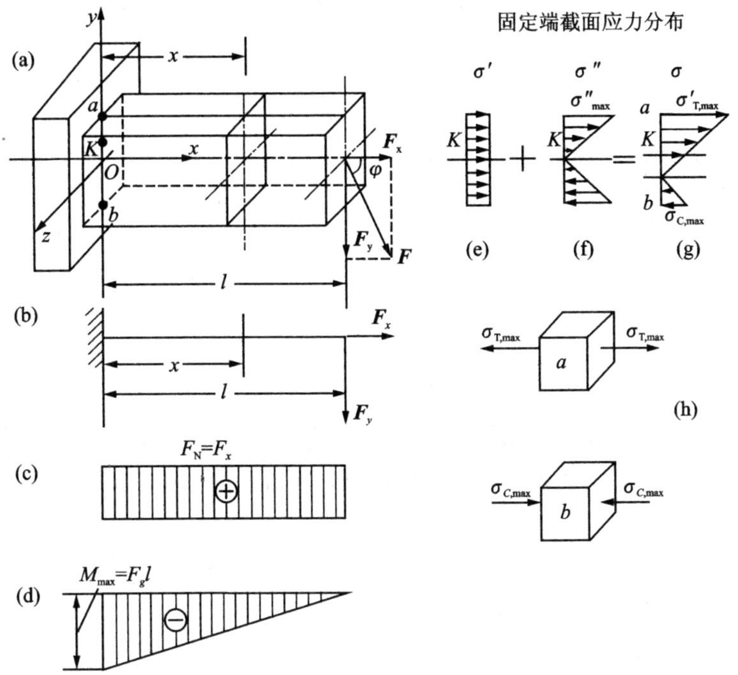

图 16-3

上任一点处的两个正应力 σ'、σ''叠加，可得在外力 $\boldsymbol{F}$ 作用下危险截面上任一点处总的应力为 $\sigma=\sigma'+\sigma''$，或

$$\sigma = \frac{F_N}{A} + \frac{My}{I_z} \tag{16-1}$$

式(16-1)表明：正应力 σ 是距离 y 的一次函数，故正应力 σ 沿截面高度按直线规律变化，若最大弯曲正应力 σ''_{max} 大于拉伸正应力 σ' 时，应力叠加结果如图 16-3(g)所示。显然，中性轴向下平移了一段距离，危险点位于梁固定端的上、下边缘处[例如图 16-3(a)中的 a、b 两点处]且为单向应力状态[图(h)]，其最大拉应力 $\sigma_{T,max}$ 和最大压应力 $\sigma_{C,max}$ 分别为

$$\sigma_{T,max} = \frac{F_N}{A} + \frac{M_{max}}{W_z} \tag{16-2}$$

$$\sigma_{C,max} = \frac{F_N}{A} - \frac{M_{max}}{W_z} \tag{16-3}$$

当轴向分力 $\boldsymbol{F}_x$ 为压力时，式(16-2)和式(16-3)中等号右边第一项均应冠以负号。

4. 强度计算

拉伸(压缩)与弯曲组合时的强度计算有以下两种情况：

(1) 对抗拉、抗压强度相同的塑性材料,例如低碳钢等,可只验算构件上的应力绝对值最大处的强度。其强度条件为

$$\sigma_{max}=\left|\pm\frac{F_N}{A}\pm\frac{M_{max}}{W_z}\right|\leqslant[\sigma] \tag{16-4}$$

(2) 对抗拉、抗压强度不同的脆性材料,例如铸铁、混凝土等应分别验算构件上的最大拉应力和最大压应力的强度,即

$$\left.\begin{aligned}\sigma_{T,max}&=\left|\pm\frac{F_N}{A}+\frac{M_{max}}{W_T}\right|\leqslant[\sigma_T]\\ \sigma_{C,max}&=\left|\pm\frac{F_N}{A}-\frac{M_{max}}{W_C}\right|\leqslant[\sigma_C]\end{aligned}\right\} \tag{16-5}$$

例 16-1 AB 梁的横截面为正方形,其边长 $a=100$ mm,受力及长度尺寸如图 16-4(a)所示。若已知 $F=3$ kN,材料的拉、压许用应力相等,且$[\sigma]=10$ MPa,试校核梁的强度。

解: 画出 AB 梁的受力图[见图 16-4(b)],将外力 $\boldsymbol{F}$ 沿 x、y 轴方向分解,得

$$F_x=F\cos\theta=3\text{ kN}\times\frac{1\ 000}{1\ 250}=2.4\text{ kN}$$

$$F_y=F\sin\theta=3\text{ kN}\times\frac{\sqrt{1\ 250^2-1\ 000^2}}{1\ 250}=1.8\text{ kN}$$

在轴向力 $\boldsymbol{F}_{xA}$ 和 $\boldsymbol{F}_x$ 作用下,梁 AC 段产生轴向压缩,轴力图如图 16-4(c)所示;在横向力 $\boldsymbol{F}_{yA}$、$\boldsymbol{F}_{yB}$、$\boldsymbol{F}_y$ 作用下,梁产生平面弯曲,弯矩图如图 16-4(d)所示。于是,梁 AC 段承受压缩与弯曲的组合变形,由内力图可以看出,C 截面为危险截面,其内力为

$$F_N=-2.4\text{ kN},\quad M_{max}=1\ 125\text{ kN}\cdot\text{m}$$

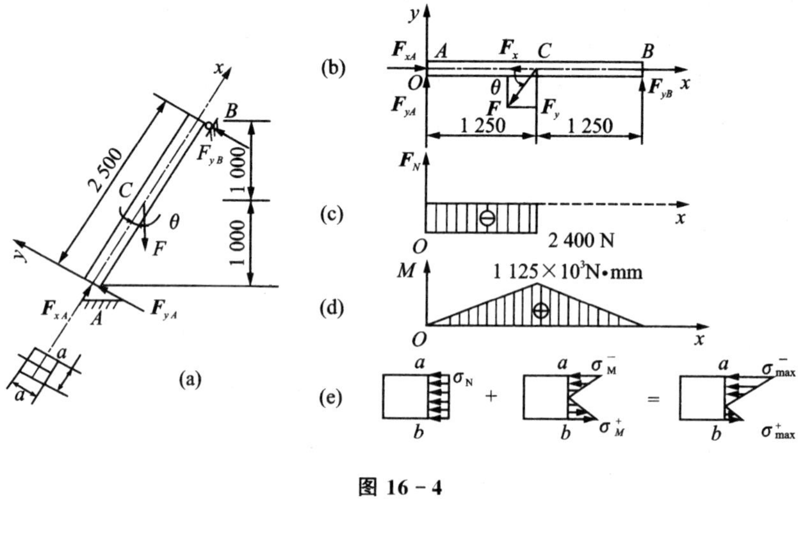

图 16-4

计算后得出截面面积为 $A=1.0\times10^4\ \text{mm}^2$，抗弯截面模量 $W_z=\dfrac{100\times100^2}{6}\text{mm}^3$。由于材料的拉、压许用应力相等，且 $\boldsymbol{F}_N$ 为压力。按式(16-5)进行强度计算

$$|\sigma_{C,\max}|=\left|-\frac{F_N}{A}-\frac{M_{\max}}{W_z}\right|=\left|\frac{-2.4\times10^3\ \text{N}}{1.0\times10^4\ \text{mm}^2}-\frac{1\ 125\times10^3\ \text{N}\cdot\text{m}}{100^3/6\ \text{mm}^3}\right|$$
$$=6.99\ \text{MPa}<[\sigma]$$

故梁是安全的。

例 16-2　图 16-5 所示为一起重支架。已知：$a=3$ m，$b=1$ m，$F=36$ kN，AB 梁材料的许用应力 $[\sigma]=140$ MPa，试选择槽钢型号。

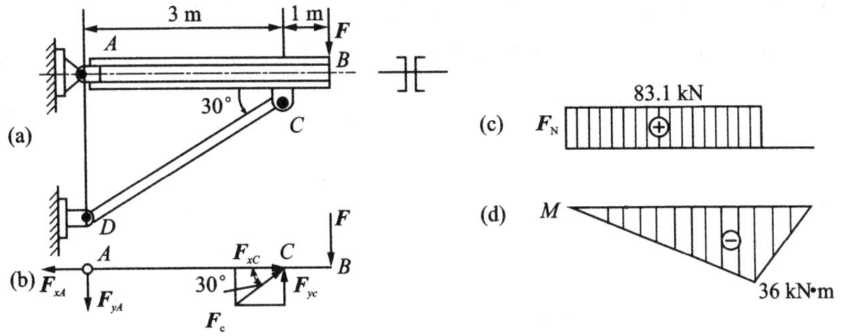

图 16-5

解：作 AB 梁的受力图如图 16-5(b)所示。由平衡条件

$$\sum M_A(\boldsymbol{F})=0,\qquad F_C\sin 30^\circ a-F(a+b)=0$$

得
$$F_C=\frac{2(a+b)}{a}F=\frac{2(3\ \text{m}+1\ \text{m})}{3\ \text{m}}\times36\ \text{kN}=96\ \text{kN}$$

将力 $\boldsymbol{F}_C$ 分解为 $\boldsymbol{F}_{xC}$，$\boldsymbol{F}_{yC}$，这样力 $\boldsymbol{F}_{xA}$ 和 $\boldsymbol{F}_{xC}$ 使梁 AC 产生轴向拉伸变形，而力 $\boldsymbol{F}_{yA}$、$\boldsymbol{F}$ 和 $\boldsymbol{F}_{yC}$ 将使梁 AB 产生弯曲变形，于是梁在外力作用下产生拉伸与弯曲的组合变形。画出梁 AB 的轴力图和弯矩图[见图 16-5(c)、(d)]，由内力图可看出 C 处为危险截面，其内力为

$$F_N=83.1\ \text{kN},\qquad M_{\max}=36\ \text{kN}\cdot\text{m}$$

危险点在该截面上侧边缘各点，其强度条件为

$$\sigma_{\max}=\frac{F_N}{A}+\frac{M_{\max}}{W_z}=\left(\frac{83.1\times10^3}{A}+\frac{36\times10^6}{W_z}\right)\text{MPa}\leqslant[\sigma]=140\ \text{MPa}$$

因上式中有两个未知量 A 和 W_z，故要用试凑法求解。计算时可先只考虑弯曲变形求得 W_z，然后再进行校核。由

$$\frac{M_{\max}}{W_z}=\frac{36\times10^6}{W_z}\text{MPa}\leqslant140\ \text{MPa}$$

得
$$W_z\geqslant\frac{36\times10^6}{140}\text{mm}^3=257\times10^3\ \text{mm}^3=257\ \text{cm}^3$$

查型钢表，选二根 No18A 槽钢，$W_z=141\times2\ \text{cm}^3=282\ \text{cm}^3$，其相应的截面面积为$A=25.7\times2\ \text{cm}^2=51.4\ \text{cm}^2$，校核强度得

$$\sigma_{\max}=\left(\frac{83.1\times10^3\ \text{N}}{51.4\times10^2\ \text{mm}^2}+\frac{36\times10^6\ \text{N}\cdot\text{mm}}{282\times10^3\ \text{mm}^3}\right)\text{MPa}=143\ \text{MPa}>[\sigma]=140\ \text{MPa}$$

但最大应力不超过许用应力的 5 %，工程上许可，故选取二根№18A 槽钢可以。若得 $\sigma_{\max}$与 σ 相差较大，则应重新选择钢型，并再进行强度校核。

在工程实际中，有些构件所受外力的作用线与轴线平行，但不通过横截面的形心，这种情况通常称为偏心拉伸(压缩)，它实际上是拉伸(压缩)与弯曲组合变形的另一种形式。现通过例题来说明这类问题的计算。

例 16-3 图 16-6(a)所示为一压力机，机架由铸铁制成，许用拉应力$[\sigma]_T=35$ MPa，许用压应力$[\sigma]_C=140$ MPa，已知最大压力 $F=1\ 400$ kN，立柱横截面的几何性质为：$y_C=200$ mm，$h=70$ mm，$A=1.8\times10^5\ \text{mm}^2$，$I_z=8.0\times10^9\ \text{mm}^4$。试校核该立柱的强度。

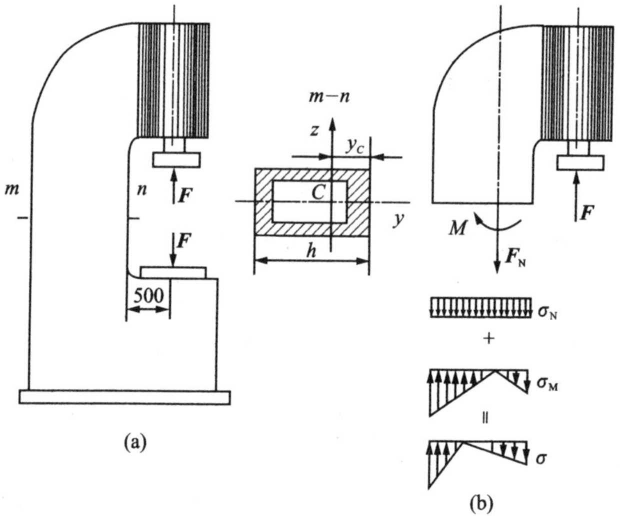

图 16-6

解： 用 $m-n$ 平面将立柱截开，取上半部分为研究对象，由平衡条件可知，在$m-n$平面上既有轴力 $\boldsymbol{F}_N$，又有弯矩 M[见图 10-6(b)]，其值分别为

$$F_N=F=1\ 400\ \text{kN}$$

$$M=F(500+y_C)=1\ 400\ \text{kN}\times(500+200)\text{mm}=980\times10^3\ \text{kN}\cdot\text{mm}$$

故为拉弯组合变形。

立柱各横截面上的内力相等。横截面上应力 σ_N 均匀分布，σ_M 线性分布，总应力 σ 由两部分叠加。最大拉应力在截面内侧面边缘处，其值为

$$\sigma_{T,\max}=\sigma_N+\sigma_M=\frac{F_N}{A}+\frac{My_C}{I_z}$$

$$=\frac{1\ 400\times10^3\ \mathrm{N}}{1.8\times10^5\ \mathrm{mm}^2}+\frac{980\times10^6\ \mathrm{N\cdot mm}\times200\ \mathrm{mm}}{8\times10^9\ \mathrm{mm}^4}=32.3\ \mathrm{MPa}<[\sigma]_T$$

最大压应力在截面外侧边缘处，其值为

$$|\sigma_{C,\max}|=|\sigma_N+\sigma_M|=\left|\frac{F_N}{A}+\frac{-M(h-y_c)}{I_z}\right|$$

$$=\left|\frac{1\ 400\times10^3\ \mathrm{N}}{1.8\times10^5\ \mathrm{mm}^2}-\frac{980\times10^6\ \mathrm{N\cdot mm}(700-200)\mathrm{mm}}{8\times10^9\ \mathrm{mm}^4}\right|$$

$$=53.5\ \mathrm{MPa}<[\sigma]_C$$

故立柱满足强度要求。

16.3 弯曲与扭转组合变形的强度计算

机械中的传动轴、曲柄轴等除受扭转外，还经常伴随着弯曲，这是机械工程中最为重要的一种组合变形情况。

本节主要以圆截面曲拐轴 ABC[见图 16-7(a)]为例，说明弯曲与扭转组合变形时的强度计算方法。当分析外力作用时，在不改变构件内力和变形的前提下，可以用等效力系来代替原力系的作用。因此，在研究 AB 杆时，可以将作用于曲拐轴 C 点上的力 $\boldsymbol{F}$ 向 B 点平移，得一力 $\boldsymbol{F}'$ 和一力矩为 M_0 的力偶[见图 16-7(b)]，其值分别为

$$\boldsymbol{F}'=\boldsymbol{F},\quad M_0=Fa$$

力 $\boldsymbol{F}'$ 使杆 AB 产生平面弯曲，力偶矩 M_0 使杆 AB 产生扭转。于是，AB 杆为弯曲与扭转变形的组合。图 16-7(c)、(d)分别表示 AB 杆的扭矩图和弯矩图(弯曲时的剪力可略去)。由此二图可判断，固定端截面内力最大，是危险截面，危险截面上的弯矩、扭矩值(均为绝对值)分别为

$$M_{\max}=Fl$$

$$M_T=M_0=Fa$$

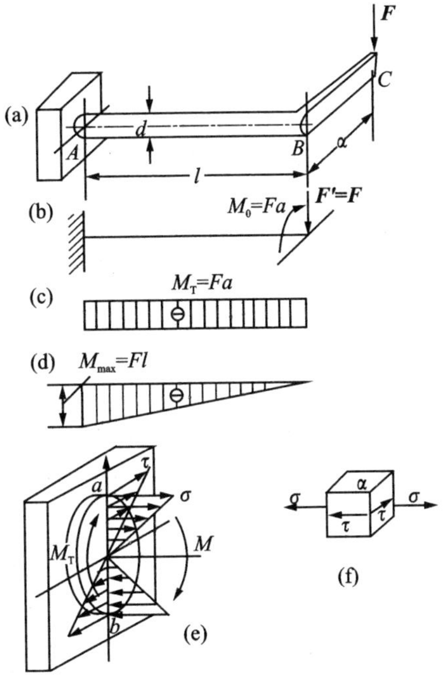

图 16-7

下面分析危险截面上的应力。与弯矩 $M_{\max}$ 相对应的弯曲正应力为 $\sigma=\dfrac{M_{\max}y}{I}$；与扭矩 M_T 相对应的扭转切应力为 $\tau=\dfrac{M_T\rho}{I_p}$。它们的分布规律如图 16-7(e)所示。

现将 $y=d/2$，$\rho=d/2$ 分别代入后可求得圆轴边缘上 a 点或 b 点处最大弯曲正

应力σ和最大扭转切应力τ。由于a、b两点处的弯曲正应力和扭转切应力同时为最大值，故a、b两点就是危险点。

对于塑性材料制成的杆件，因其拉、压许用应力相同，故强度计算时可只校核其中一点，例如a点即可。为此，从a点处取一单元体，作用在该单元体各面上的应力如图16－7(f)所示。现将a点的σ、τ值代入公式(15－4)中可求出该点的主应力。知道了主应力后，就可按强度理论的强度条件进行强度计算。如用最大切应力理论，可由公式(15－14)得出强度条件为

$$\sigma_{eq3}=\sigma_1-\sigma_3\leqslant[\sigma] \quad 或 \quad \sigma_{eq3}=\sqrt{\sigma^2+4\tau^2}\leqslant[\sigma] \tag{16-6}$$

现将应力$\sigma=\dfrac{M}{W_z}$和$\tau=\dfrac{M_T}{W_T}$代入式(16－6)，并考虑到圆截面杆的$W_T=2W_z$，于是又可得到以弯矩M、扭矩M_T和抗弯截面模量W_z表示的强度条件为

$$\sigma_{eq3}=\frac{\sqrt{M^2+M_T^2}}{W_z}\leqslant[\sigma] \tag{16-7}$$

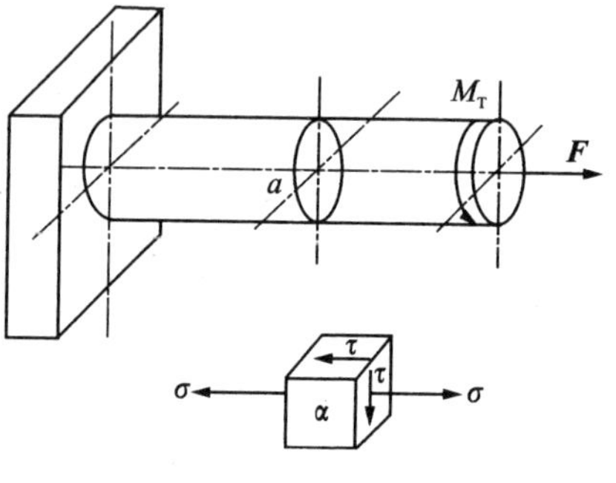

图 16－8

如果用最大歪形能理论，经过和上面相仿的步骤后，可得强度条件为

$$\sigma_{eq4}=\sqrt{\sigma^2+3\tau^2} \tag{16-8}$$

对圆截面杆则为

$$\sigma_{eq4}=\frac{\sqrt{M^2+0.75M_T^2}}{W_z}\leqslant[\sigma] \tag{16-9}$$

式(16－7)、式(16－9)同样适用于空心圆轴。对于拉伸(或压缩)与扭转组合变形情况(见图16－8)，由于危险点处的应力状态与弯扭组合变形时完全相同。因此，只要把拉伸(或压缩)正应力代入式(16－6)或式(16－8)中就得出其相应的强度条件为

$$\sigma_{eq3}=\sqrt{\left(\frac{F_N}{A}\right)^2+4\left(\frac{M_T}{W_T}\right)^2}\leqslant[\sigma] \tag{16-10}$$

$$\sigma_{eq4}=\sqrt{\left(\frac{F_N}{A}\right)^2+3\left(\frac{M_T}{W_T}\right)^2}\leqslant[\sigma] \tag{16-11}$$

例 16－4 图16－9(a)所示的传动轴由电动机带动，轴长$l=1.2$ m，中间安装一带轮，重力$G=5$ kN，半径$R=0.6$ m，平带紧边张力$F_1=6$ kN，松边张力$F_2=3$ kN。如轴直径$d=100$ mm，材料的许用应力$[\sigma]=50$ MPa，试按第三理论校核轴的强度。

解：(1) 外力分析

将作用在带轮上的平带拉力$\boldsymbol{F}_1$和$\boldsymbol{F}_2$向轴线简化[见图16－9(b)]，传动轴受铅锤力为

$$F=G+F_1+F_2=(5+6+3)\ \text{kN}=14\ \text{kN}$$

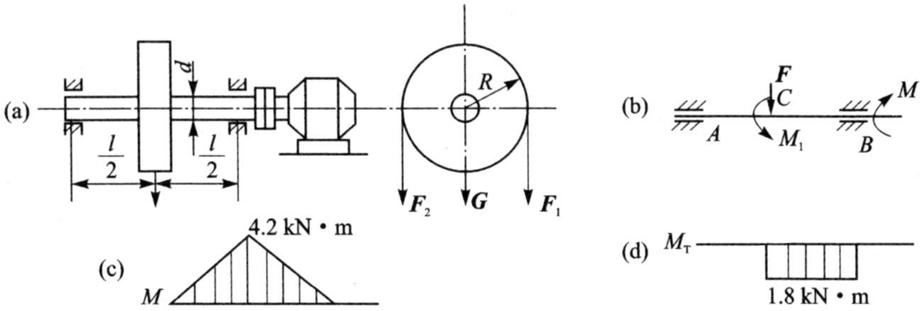

图 16-9

此力使轴在铅锤面内产生弯曲变形。

其外力矩为

$$M_1 = F_1R - F_2R = (6\times0.6 - 3\times0.6)\text{kN}\cdot\text{m} = 1.8\ \text{kN}\cdot\text{m}$$

此力偶矩与电动机传给轴的扭矩 M 相平衡，使轴产生扭转变形，故此轴产生弯扭组合变形。

(2) 内力分析

分别作出轴的弯矩图和扭矩图[见图 16-9(c)、(d)]，由内力图可以判断 C 截面为危险截面，C 截面上的 M_{max} 和 M_T 分别为

$$M_{max} = 42\ \text{kN}\cdot\text{m}\qquad M_T = M = 1.8\ \text{kN}\cdot\text{m}$$

(3) 强度计算

按第三强度理论校核，得

$$\sigma_{eq3} = \frac{\sqrt{M_{max}^2 + M_T^2}}{W_Z}$$

$$= \frac{\sqrt{(4.2\ \text{kN}\cdot\text{m}\times10^6) + (1.8\ \text{kN}\cdot\text{m}\times10^6)}}{\dfrac{\pi\times100^3\ \text{mm}^3}{32}} = 46.6\ \text{MPa} < [\sigma]$$

该轴强度足够。

例 16-5　齿轮轴 AB 如图 16-10(a)所示，已知轴转速 n=265 r/min，输入功率 P=10 kW，两齿轮节圆直径 D_1=396 mm，D_2=168 mm，齿轮压力角 α=20°，轴材料的许用应力$[\sigma]$=50 MPa，试按第三理论设计轴的直径 d。

解：(1) 外力分析

将外力向轴线简化，其简化结果如图 16-10(b)所示。力 $\boldsymbol{F}_{r1}$ 和 $\boldsymbol{F}_{t2}$ 使轴在垂直平面内弯曲，力 $\boldsymbol{F}_{t1}$ 和 $\boldsymbol{F}_{r2}$ 使轴在水平平面内弯曲，力偶矩 M_{T1} 和 M_{T2} 使轴在 CD 段发生扭转，故该轴为弯扭组合变形。

轴的外力偶矩$M_T = 9\ 550\dfrac{P}{n} = 9\ 500\times\dfrac{10}{265}\ \text{N}\cdot\text{m} = 360\ \text{N}\cdot\text{m}$

由平衡条件得　　$M_{T1} = M_{T2} = M_T = 360\ \text{N}\cdot\text{m}$

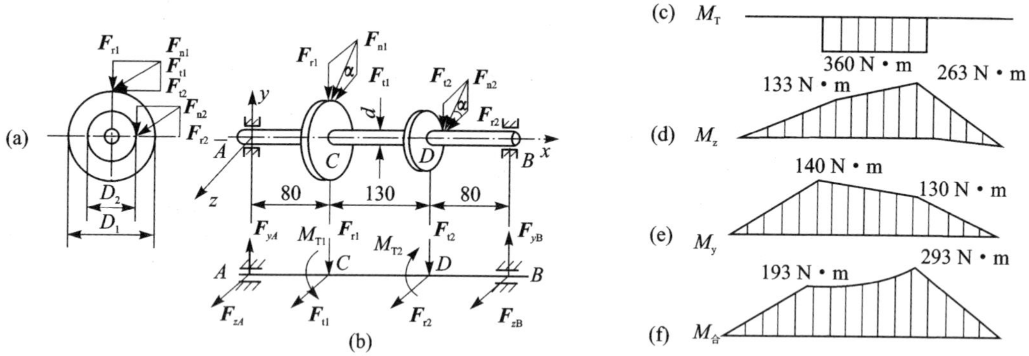

图 16-10

即
$$F_{t1}\frac{D_1}{2}=F_{t2}\frac{D_2}{2}=M_T=360\ \text{N}\cdot\text{m}$$

由上式可求得
$$F_{t1}=\frac{2M_T}{D_1}=\frac{2\times 360\times 10^3\ \text{N}\cdot\text{mm}}{396\ \text{mm}}=1\ 820\ \text{N}$$
$$F_{t2}=\frac{2M_T}{D_2}=\frac{2\times 360\times 10^3\ \text{N}\cdot\text{mm}}{160\ \text{mm}}=4\ 290\ \text{N}$$
$$F_{r1}=F_{t1}\tan 20^\circ=1\ 280\ \text{N}\tan 20^\circ=662\ \text{N}$$
$$F_{r2}=F_{t2}\tan 20^\circ=42\ 900\ \text{N}\tan 20^\circ=1\ 560\ \text{N}$$

(2) 内力分析

根据外力作用分别作出 AB 轴的扭矩图[见图 16-10(c)],而两个相互垂直平面上的弯矩图 M_x、M_y[见图 16-10(d)、(e)],并按下式将 M_x 和 M_y 合成
$$M=\sqrt{M_x^2+M_y^2}$$
作出合成弯矩图[见图 16-10(f)],由内力图可见 D 截面为危险截面。

(3) 按第三理论设计轴的直径 d

由 $\sigma_{eq3}=\dfrac{\sqrt{M_{max}^2+M_t^2}}{W_Z}\leqslant[\sigma]$ 得
$$W_z\geqslant\frac{\sqrt{M_{max}^2+M_T^2}}{[\sigma]}=\frac{\sqrt{(293\times 10^3)^2+(360\times 10^3)^2}\ \text{N}\cdot\text{mm}}{50\ \text{MPa}}=9\ 290\ \text{mm}^3$$

由 $W_Z=\dfrac{\pi d^3}{32}$ 得
$$d\geqslant\sqrt[3]{\frac{32W_Z}{\pi}}=45.6\ \text{mm}$$

因此取
$$d=46\ \text{mm}$$

例 16-6 锥齿轮传动轴如图 16-11(a)所示,其中 A 为径向轴承,B 为径向止推轴承。已知作用在左锥齿轮上的轴向力 $F_x=16.5$ kN,径向力 $F_y=0.414$ kN,切向力$F_z=4.55$ kN,作用在右端直齿轮上的径向力 $F'_y=5.25$ kN,切向力 $F'_z=14.49$ kN,若轴的直径 $d=40$ mm,$[\sigma]=300$ MPa,试按第四理论校核该轴的强度。

解:(1) 外力分析

将外力向轴线 C、D 处简化，其简化结果如图 16－11(b)所示，其中

$$M_0 = F_z \times \frac{172}{2} = F'_z \times \frac{54}{2} = 4.55\ \text{kN} \times \frac{172\ \text{mm}}{2} = 391\ \text{kN} \cdot \text{mm}$$

$$M_{cy} = F_x \times \frac{172}{2} = 16.5\ \text{kN} \times \frac{172\ \text{mm}}{2} = 1\ 420\ \text{kN} \cdot \text{mm}$$

由轴的受力情况可知，次轴为拉伸、弯曲和扭转的组合变形。

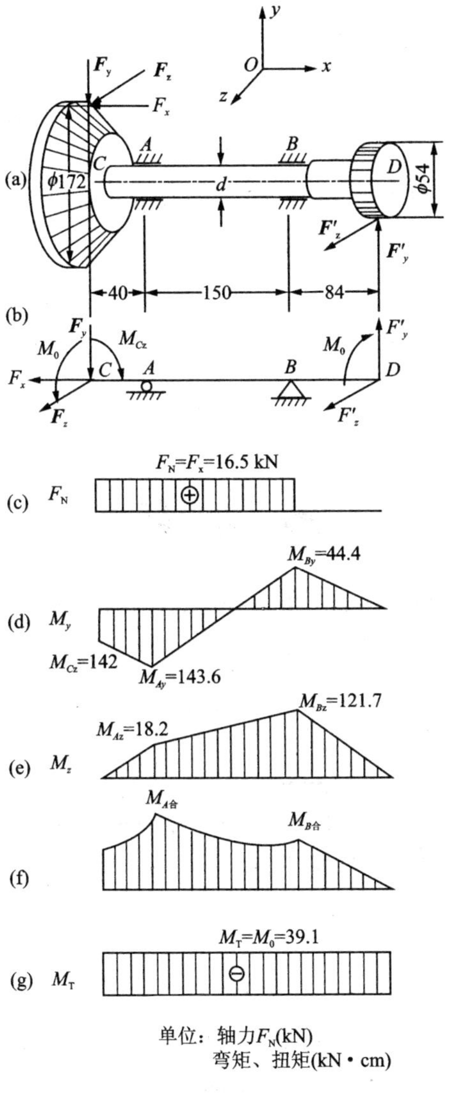

图 16－11

(2) 内力分析

C、D 处的一对力偶 M_0 使轴产生扭转，其扭矩图如图 16－11(g)所示。

由 $\boldsymbol{F}_y$、M_{cx}、$\boldsymbol{F}'_y$ 画出铅锤面内的弯矩图[见图 16－11(d)]，由 $\boldsymbol{F}_z$、$\boldsymbol{F}'_z$ 画出水平面内

的弯矩图[见图 16－11(e)]，将铅锤面内和水平面内的弯矩图合成，画合成弯矩图[见图 16－11(f)]。且

$$M_{A合} = \sqrt{M_{Ay}^2 + M_{Az}^2} = \sqrt{1\,436^2 + 182^2}\ \text{kN}\cdot\text{mm} = 1\,447\ \text{kN}\cdot\text{mm}$$

$$M_{B合} = \sqrt{M_{By}^2 + M_{Bz}^2} = \sqrt{444^2 + 1\,217^2}\ \text{kN}\cdot\text{mm} = 1\,296\ \text{kN}\cdot\text{mm}$$

轴向力 $\boldsymbol{F}_x$ 和轴承 B 的轴向反力使轴拉伸，其轴力图如图 16－11(c)所示。

由内力图可知 A 截面为危险截面。A 截面上的最大正应力为

$$\sigma = \sigma_N + \sigma_M = \frac{F_N}{A} + \frac{M_{max}}{W_z} = \frac{16.5\times 10^3\ \text{N}}{\dfrac{\pi\times 40^2\ \text{mm}^2}{4}} + \frac{1\,447\times 10^3\ \text{N}\cdot\text{mm}}{\dfrac{\pi\times 40^3\ \text{mm}}{32}} = 243\ \text{MPa}$$

A 截面上的最大切应力为

$$\tau = \frac{M_T}{W_T} = \frac{391\times 10^3\ \text{N}\cdot\text{mm}}{\dfrac{\pi\times 40^3\ \text{mm}^3}{16}} = 31.1\ \text{MPa}$$

(3) 强度计算

按第四强度理论校核，得

$$\sigma_{eq4} = \sqrt{\sigma^2 + 3\tau^2} = \sqrt{243^2 + 3\times 31.1^2}\ \text{MPa} = 249\ \text{MPa} < [\sigma]$$

该轴的强度足够。

思 考 题

1. 何谓组合变形？当构件处于组合变形时，其应力分析的理论依据是什么？

2. 分析图 16－12(a)、(b)中杆 AB、BC 和 CD 分别是哪几种基本变形的组合？

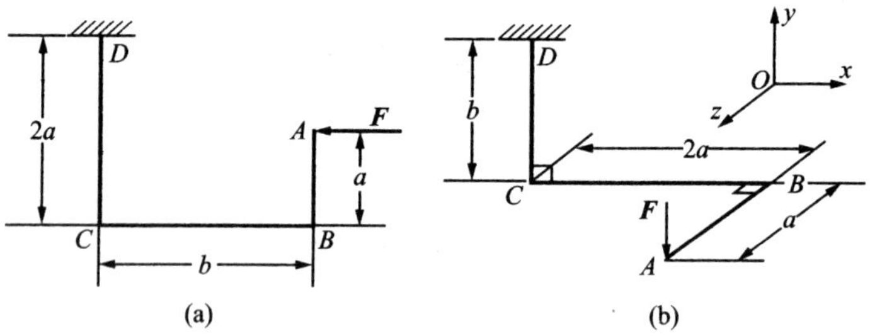

图 16－12

3. 分析图 16－13 所示槽钢受力 $\boldsymbol{F}$ 作用于 A 点时，其危险截面和危险点在何处？

4. 弯扭组合变形时，为什么要用强度理论进行强度计算？可否用 $\sigma_{max} = \dfrac{\sqrt{M_y^2 + M_z^2}}{W_z} \leqslant [\sigma]$，$\tau_{max} = \dfrac{M_T}{W_T} \leqslant [\tau]$分别校核？

5. 比较拉(压)扭组合与弯扭组合变形时，构件的内力、应力和强度条件有何异同？

6. 截面悬臂梁如图 16－14 所示，若梁同时受到轴向拉力 $\boldsymbol{F}$、横向力 q 和转矩 M_0 作用，试指出：

(1) 危险截面、危险点的位置；(2) 危险点的应力状态；(3)下面两个强度条件哪一个正确？

$$\frac{F}{A}+\sqrt{\left(\frac{M}{W_z}\right)^2+4\left(\frac{M_0}{W_T}\right)^2}\leqslant[\sigma],\qquad \sqrt{\left(\frac{F}{A}+\frac{M}{W_z}\right)^2+4\left(\frac{M_0}{W_T}\right)^2}\leqslant[\sigma]$$

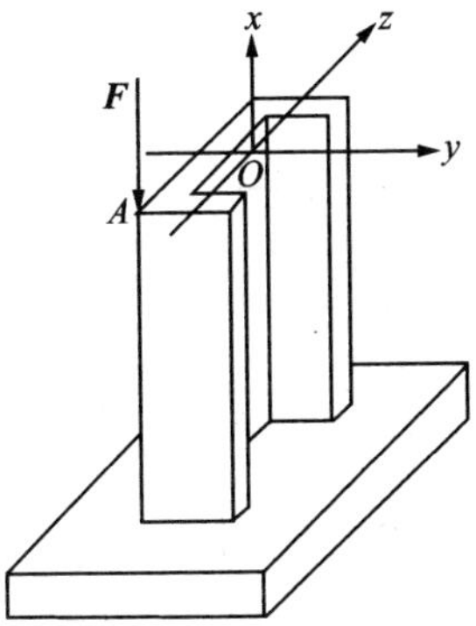

图 16－13

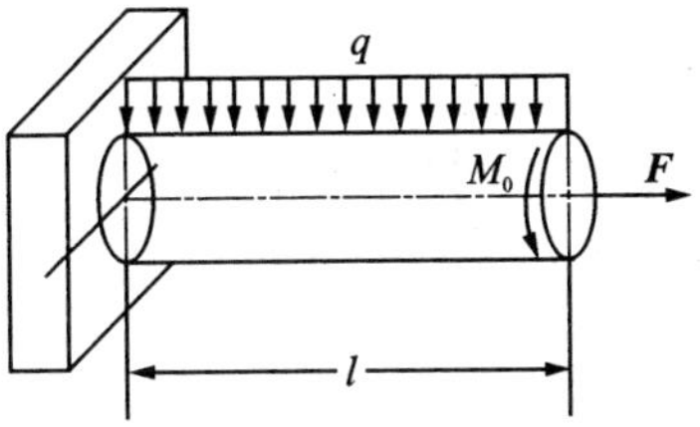

图 16－14

习　题

16－1　题 16－1 图示吊架的横梁 AC 是由 16 号工字钢制成，已知力 $F=10$ kN，若材料的许用应力$[\sigma]=160$ MPa。试校核横梁 AC 的强度。

答：$\sigma_{max}=126$ MPa$<[\sigma]$。

16－2　题 16－2 图示构件为中间开有切槽的短柱，未开槽部分的横截面是边长为 $2a$ 的正方形，开槽部分的横截面为图中有阴影线的$a\times 2a$ 矩形。若沿未开槽部分的中心线作用轴向压力，试确定开槽部分横截面上的最大正应力与未开槽时的比值。

答：$\sigma_2/\sigma_1=8$。

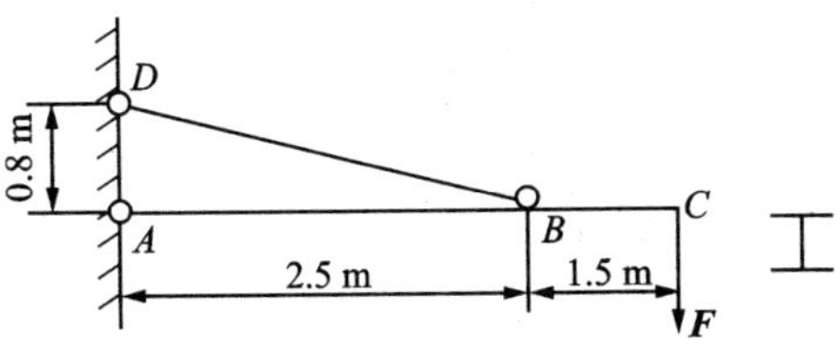

题 16－1 图

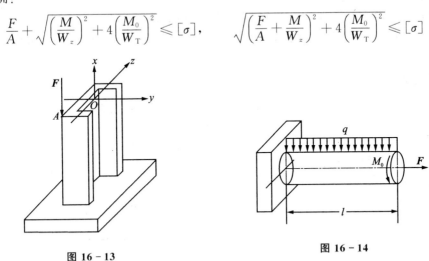

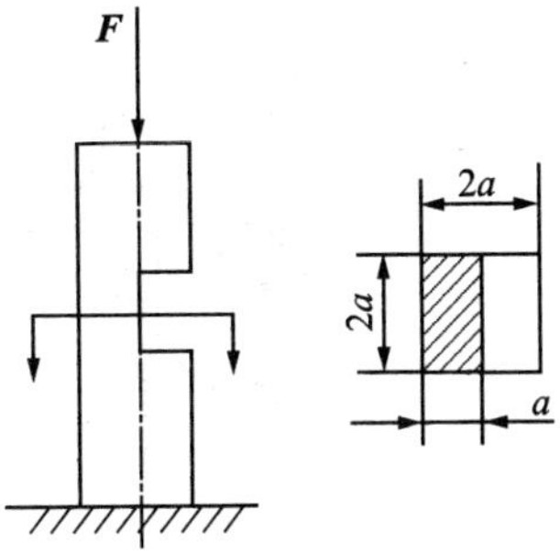

题 16－2 图

16－3 链环直径 d=50 mm，受到拉力 F=10 kN 作用，如题 16－3 图所示。试求链环的最大正应力及其位置。如果链环的缺口焊好后，则链环的正应力将是原来最大正应力的几分之几？

答：σ_{max}=54 MPa，σ=2.55 MPa，σ/σ_{max}=4.72 %。

16－4 题 16－4 图示一梁 AB，其跨度为 6 m，梁上铰接一桁架，力 F=10 kN 平行于梁轴线且作用于桁架 E 点，若梁横截面为 100 mm×200 mm，试求梁中最大拉应力。

答：σ_{max}=10.5 MPa。

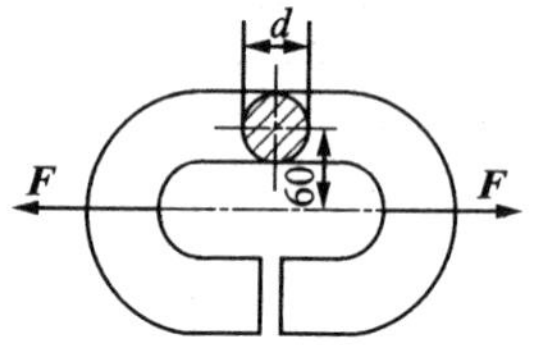

题 16－3 图

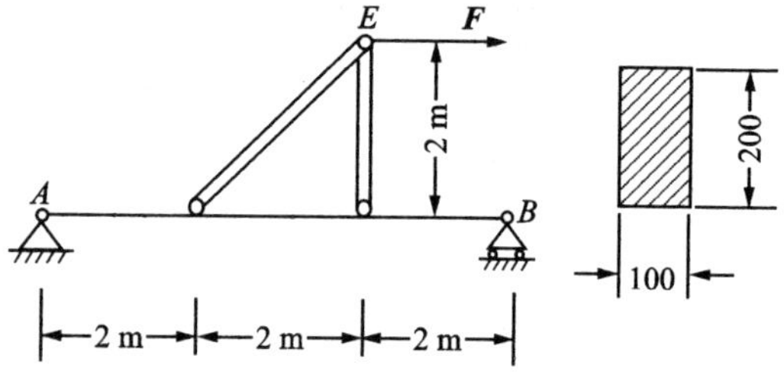

题 16－4 图

16－5 矩形截面梁如题 16－5 图所示，已知 F=10 kN，φ=15°，求最大正应力。

答：σ_{max}=9.83 MPa。

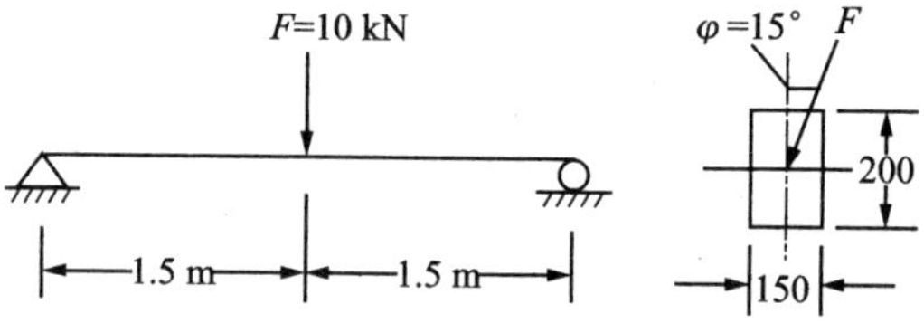

题 16－5 图

16－6 在题 16－6 图示的轴 AB 上装有两个轮子，作用在轮子上的力有 F=3 kN 和 G，设此两力系处于平衡状态，轴的许用应力[σ]=60 MPa，试按最大切应力强度理论选择轴的直径 d。

答：d=111 mm。

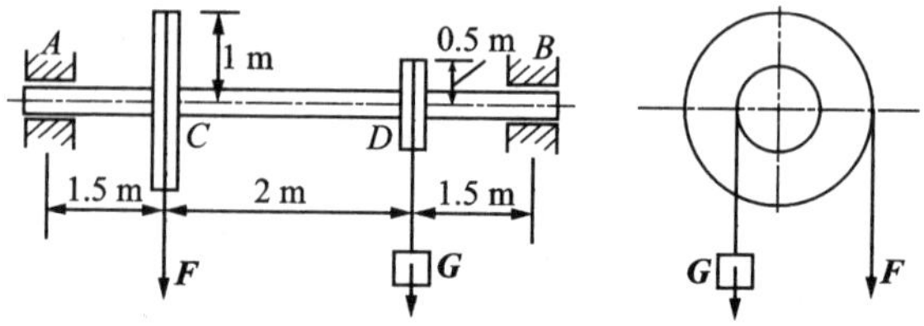

题 16－6 图

16－7　题 16－7 图示为一传动轴，直径为 $d=6$ cm，$[\sigma]=140$ MPa，传动轮直径 $D=80$ cm，重量为 2 kN，设传动轮拉力均为水平方向，其值分别为 8 kN 和 2 kN。试按最大切应力理论校核该轴的强度，并画出危险点的应力状态。

答：$\sigma_{eq3}=134$ MPa$<[\sigma]$。

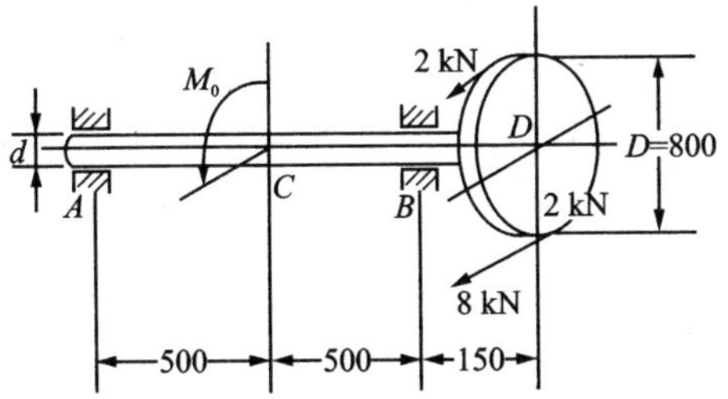

题 16－7 图

16－8　题 16－8 图示的轴 AB 由电动机带动，在斜齿轮的齿面上，作用径向力 $F_r=740$ N，切向力 $F_t=1.9$ kN 和平行于轴线的外力 $F_x=660$ N。若许用应力$[\sigma]=160$ MPa。试按最大歪形能理论校核该轴的强度。

答：$\sigma_{eq4}=119.5$ MPa$<[\sigma]$。

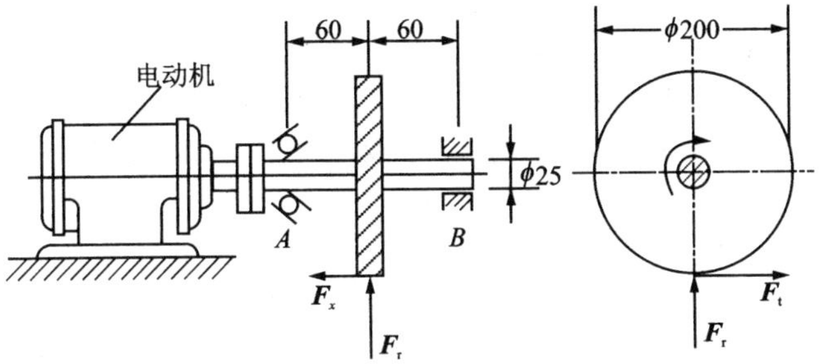

题 16－8 图

16－9　题 16－9 图示传动轴 AD，已知 C 轮上的传动带拉力方向都是铅直的，D 轮上的传动带拉力方向都是水平的，轴的许用应力$[\sigma]=160$ MPa，不计自重，试按第四强度理论选择实心圆轴的直径 d。

答：$d\geqslant 65.4$ mm。

16－10　折杆 $OABC$ 如题 16－10 图所示，已知 $F=20$ kN，其方向与折杆平面垂直，杆 OA 的直径 $d=125$ mm，许用应力$[\sigma]=80$ MPa，试按第三强度理论校核圆轴 OA 的强度。

答：$\sigma_{eq3}=50.5$ MPa$<[\sigma]$。

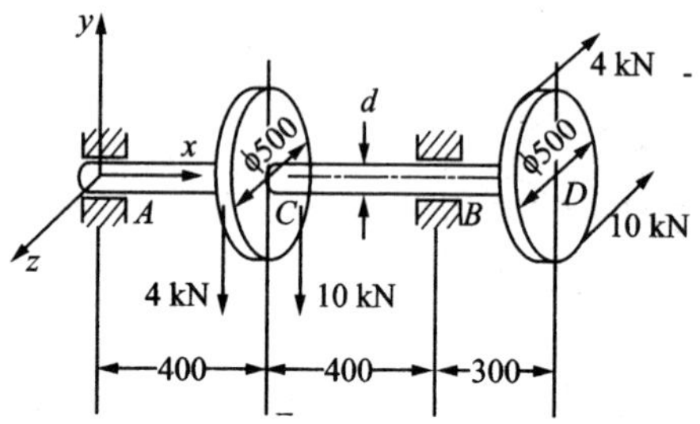

题 16-9 图

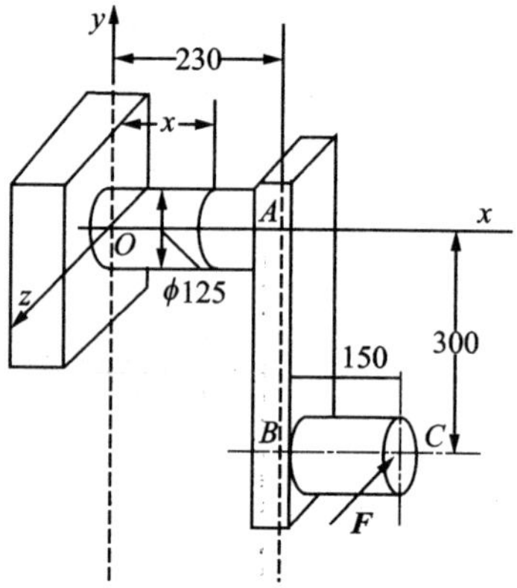

题 16-10 图

16-11 圆截面的水平折杆受力如题 16-11 图所示。已知直径 $d=40$ mm，$a=500$ mm。当在自由端加荷载 F 时，测得危险点处的主应变 $\varepsilon_1=237\times10^{-6}$，$\varepsilon_3=-67.3\times10^{-6}$。已知材料的弹性模量 $E=209\times10^9$ Pa，泊松比 $\mu=0.26$。

（1）计算危险点处的主应力及相当应力 σ_{eq3}，σ_{eq4}；

（2）计算主应变 ε_2；

（3）计算外力 F 的值。

答：（1）$\sigma_1=49.2$ MPa，$\sigma_2=0$，$\sigma_3=1.3$ MPa，$\sigma_{eq3}=50.5$ MPa，$\sigma_{eq4}=49.9$ MPa；

（2）$\varepsilon_2=-59.6\times10^{-6}$；

（3）$F=200$ N。

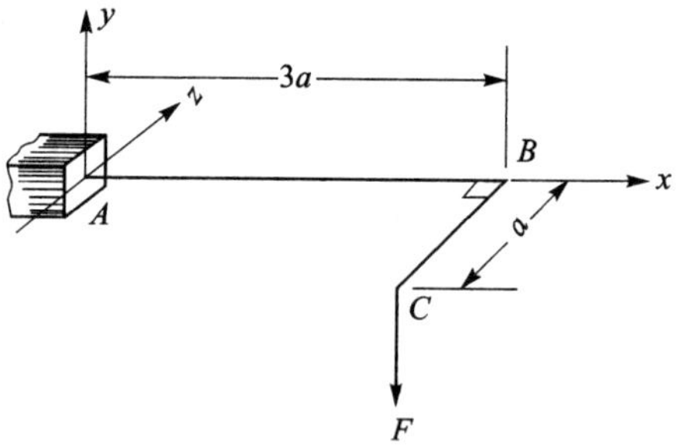

题 16-11 图

第 17 章　压杆稳定

本章主要介绍压杆稳定、临界力、临界应力的概念及其计算公式。详细介绍柔度的概念及欧拉公式及其适用范围。着重介绍压杆的稳定性计算。最后分析提高压杆稳定的主要措施。

17.1　压杆稳定的概念

17.1.1　问题的提出

前面讨论的受压杆件，是从强度方面考虑的，根据压缩强度条件来保证压杆的正常工作。事实上，这仅仅对于短粗的压杆才是正确的，而对于细长的压杆，就不能单纯从强度方面考虑了。例如，有一根 $3\times0.5\ \text{cm}^2$ 的矩形截面木杆，其压缩强度极限是 $\sigma_b=40\ \text{MPa}$，承受轴向压力，如图 17－1 所示。根据实验可知，当杆很短时（高为 3 cm 左右），将它压坏所需的力 F_1 为

$$F_1=\sigma_b A=40\times10^6\ \text{Pa}\times3\times0.5\times10^{-4}\ \text{m}^2$$
$$=6\times10^3\ \text{N}$$

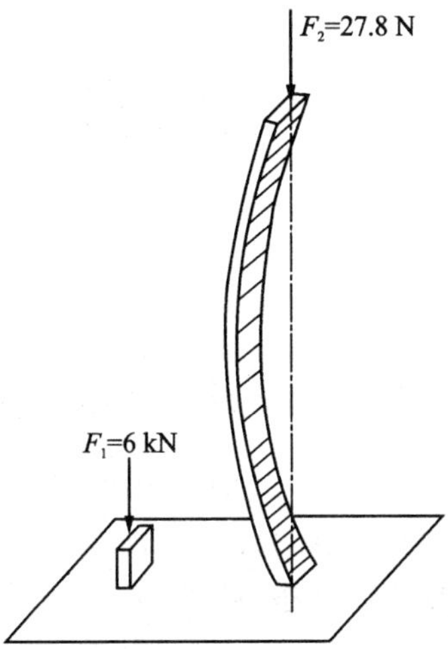

图 17－1

但若杆长达到 100 cm 时，则只要用 $F_2=27.8$ N 的力，就会使杆突然产生显著的弯曲变形而丧失其工作能力。在此例中，$\boldsymbol{F}_2$ 与 $\boldsymbol{F}_1$ 的数值相差很远。这也说明，细长压杆的承载能力并不取决于其轴向压缩时的抗压强度，而是与它受压时突然变弯有关。细长杆受压时，其轴线不能维持原有直线形状的平衡状态而突然变弯这一现象，称为丧失稳定，简称**失稳**。由此可见，两根材料和横截面都相同的压杆，只是由于杆长不同，其破坏性质将发生质的改变。对于短粗压杆，只须考虑其强度问题；对于细长压杆，则应考虑其原有直线形状平衡状态的稳定性问题。

17.1.2　平衡的稳定性

为了对平衡稳定性的概念有个清楚的了解，现在来看一个实例。

考察一个放在光滑面上的小球,如图 17-2(a)、(b)和(c)所示。在平衡位置 O 处,小球都能在重力 $\boldsymbol{W}$ 和约束反力 $\boldsymbol{F}_R$ 作用下处于平衡状态,但若小球受到轻微的扰动而稍微偏离其平衡位置时,则作用在小球上的力不一定平衡,这时将出现不同的情况。在图 17-2(a)中,重力 $\boldsymbol{W}$ 和反力 $\boldsymbol{F}_R$ 成为一个**恢复力**,能使小球回到平衡位置 O 处。这时,小球原来在 O 处的平衡称为**稳定平衡**。在图 17-2(c)中,情况正好相反,重力 $\boldsymbol{W}$ 和反力 $\boldsymbol{F}_R$ 合成为一个倾覆力,使小球继续偏离。这时,小球原来在 O 处的平衡称为**不稳定平衡**。图 17-2(b)表示上述两种情况的分界线。当小球偏离原有平衡位置时,它将再次处于平衡状态,既没有恢复的趋势,也没有偏离的趋势。这时,小球原来在 O 处的平衡称为**随遇平衡**。这个例子说明,要判别小球原来在 O 处的平衡状态稳定与否,必须使小球从原有平衡位置稍有偏离,然后再考虑它是否有恢复的趋势或继续偏离的趋势,以区分小球原来处于稳定平衡还是处于不稳定平衡。这种分析方法,是研究平衡稳定性的必要途径。

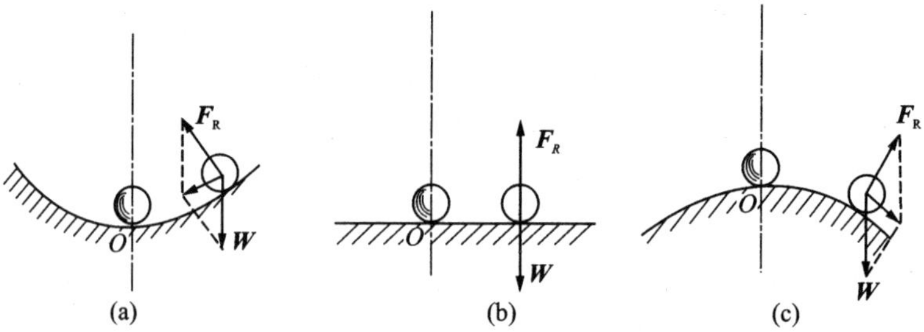

图 17-2

17.1.3 压杆的弹性稳定问题

上面研究了刚性小球的稳定问题,现在回到弹性杆的稳定问题上来。取一根下端固定、上端自由的细长杆,在其上端沿杆轴方向施加压力 $\boldsymbol{F}$,杆受轴向压缩而处于直线平衡状态[见图 17-3(a)]。为了考察这种平衡状态是否稳定,可暂加一微小的横向干扰力,使杆原来的直线平衡形状受到扰动而产生微弯[见图 17-3(b)]。然后解除干扰力,这时可以观察到,当压力 $\boldsymbol{F}$ 不大且小于某一临界值时,杆将恢复原来的直线形状[见图 17-3(c)],这表明杆在原有直线形状下的平衡是**稳定平衡**。但当压力 $\boldsymbol{F}$ 大到某一临界值时,杆将不再恢复原来的直线形状,而处于曲线形状的平衡状态[见图 17-3(d)]。此时,如 $\boldsymbol{F}$ 再微小增加,杆的弯曲变形将显著增大而最后趋向破坏,这表明,杆在原有直线形状下的平衡是**不稳定平衡。**

上面所观察到的现象表明,细长压杆原有直线状态是否稳定,与承受压力 $\boldsymbol{F}$ 的大小有关。当压力 $\boldsymbol{F}$ 增大到临界值 $\boldsymbol{F}_{cr}$ 时,弹性压杆将从稳定平衡过渡到不稳定平衡。压力的临界值 $\boldsymbol{F}_{cr}$ 称为压杆的临界力,或称**临界载荷**,它是压杆原有直线形状从稳定平衡过渡到不稳定平衡的分界点。

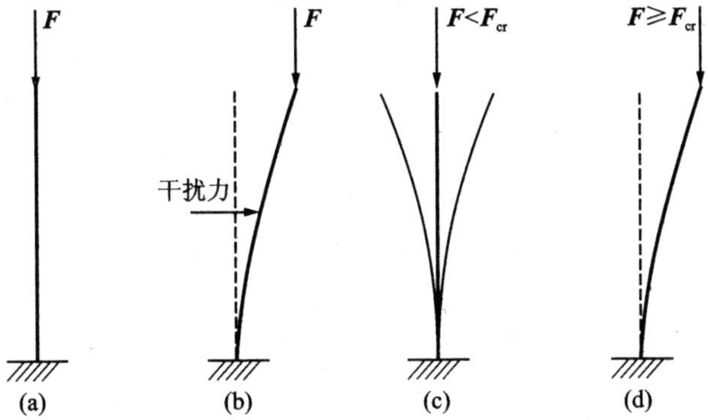

图 17－3

压杆，一般又称为柱。压杆在纵向力作用下的弯曲，也称为纵弯曲，压杆失稳的现象，有时也称为柱的屈曲。

在工程中，有很多较长的压杆常考虑其稳定性。例如，千斤顶的丝杠（见图 17－4）、托架中的压杆（见图 17－5）等。由于失稳破坏是突然发生的，往往会给机械和工程结构带来很大的危害，历史上就存在着不少由于失稳而引起的严重事故事例。因此，在设计细长压杆时，进行稳定计算是非常必要的。

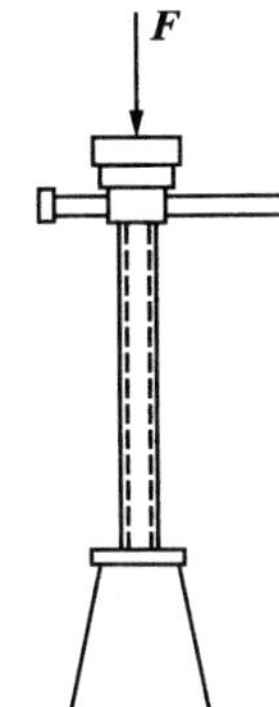

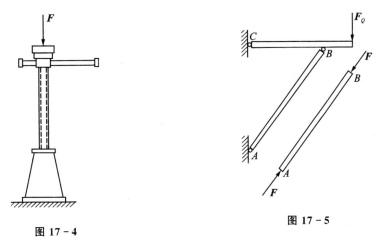

图 17－4

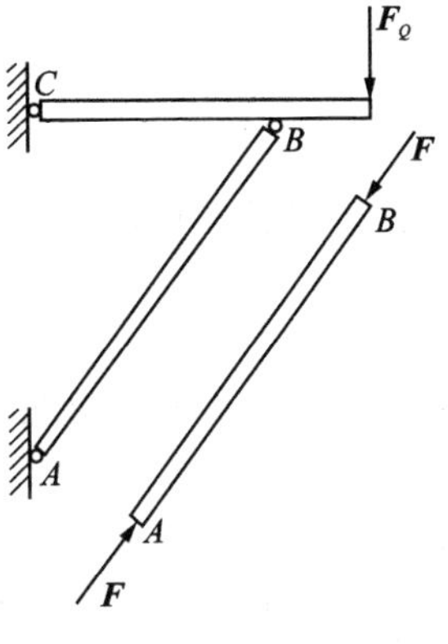

图 17－5

17.2　细长压杆的临界力

17.2.1　两端铰支压杆的临界力

由上节可知，要判定细长压杆是否稳定，首先必须求出其临界力 F_{cr}。实验指出，压杆的临界力与压杆两端的支撑情况有关。我们先研究两端铰支情况下细长压杆的临界力。

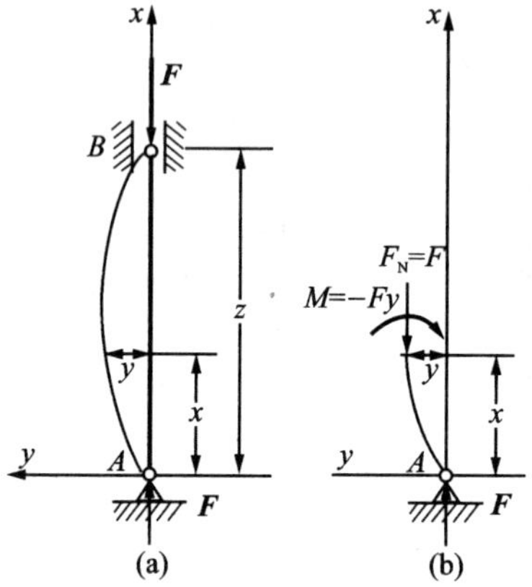

图 17-6

现有一个长度为 l、两端铰支的压杆 AB,如图 17-6(a)所示。由于临界力是使压杆开始失去稳定时的压力,也就是使压杆保持微弯状态下处于平衡的压力,因此,可从研究压杆在 $\boldsymbol{F}$ 力作用下处于微弯状态的挠曲线入手。在图 17-6(a)所示的坐标系中,令距杆端为 x 处截面的挠度为 y,则可由图 17-6(b)可知,该截面的弯矩为

$$M(x) = -Fy \tag{17-1}$$

式(17-1)中,$\boldsymbol{F}$ 是个可以不考虑正负号的数值,而在所选定的坐标系中,当 y 为正值时 $M(x)$ 为负值;反之,当 y 为负值时 $M(x)$ 为正值。为了使等式两边的符号一致,所以在式(17-1)的右端加上了负号。这时,可列出挠曲线近似微分方程为

$$EI\frac{\mathrm{d}^2 y}{\mathrm{d}x^2} = M(x) = -Fy \tag{17-2}$$

在式(17-2)中,令

$$k^2 = \frac{F}{EI} \tag{17-3}$$

则式(17-2)经过移项后可写为

$$\frac{\mathrm{d}^2 y}{\mathrm{d}x^2} + k^2 y = 0 \tag{17-4}$$

因此,这一微分方程的通解是

$$y = C_1 \sin kx + C_2 \cos kx \tag{17-5}$$

式(17-5)中,C_1 和 C_2 是两个待定的积分常数。另外,从式(17-5)可见,因为 F 还不知道,所以 k 也是一个待定值。杆端的约束情况提供了两个边界条件,即

在 $x=0$ 处,$y=0$; 在 $x=l$ 处,$y=0$

将第一个边界条件代入式(17-5)可得 $C_2=0$。将第二个边界条件代入式(17-5)可得 $C_1 \sin kl=0$,即

$$C_1 = 0 \quad 或 \quad \sin kl = 0$$

若取 $C_1=0$,则由式(17-5)可知,$y=0$,即压杆轴线上各点处的挠度都等于零,表明杆没有弯曲。这与杆在微弯状态下保持平衡的前提相矛盾。因此,只能取 $\sin kl=0$,满足这一条件的 kl 值为

$$kl = n\pi \quad (n = 0,1,2,\cdots)$$

由此得到

$$k=\sqrt{\frac{F}{EI}}=\frac{n\pi}{l}\quad 或\quad F=\frac{n^2\pi^2 EI}{l^2} \tag{17-6}$$

式(17－6)表明，无论 n 取何值，都有对应的 **F** 力，但实际使用时 **F** 应取最小值，以求得在压杆失稳时的最小轴向压力。所以应取 $n=1$(若取 $n=0$，则 $F=0$，与讨论的情况不符)，相应的临界力为

$$F_{cr}=\frac{\pi^2 EI}{l^2} \tag{17-7}$$

式中：E 为压杆材料的弹性模量；I 为压杆横截面对中性轴的惯性矩；l 为压杆的长度。

上式称为两端铰支细长压杆临界力的欧拉公式。

从式(17－7)可以看出，临界力 F_{cr} 与杆的抗弯刚度 EI 成正比，与杆长 l 成反比。这就是说，杆愈细长，其临界力愈小，即愈易失去稳定。

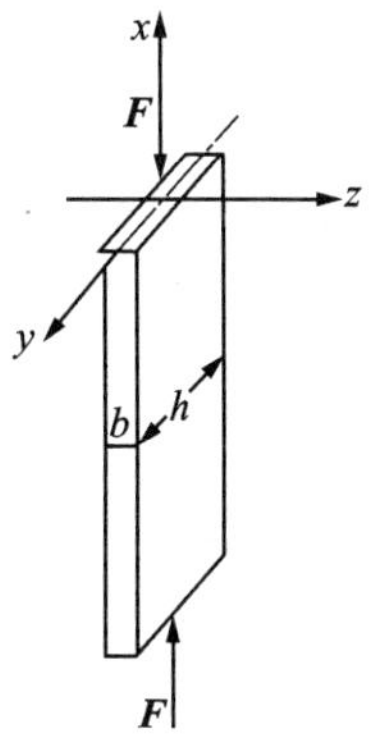

图 17－7

应该注意：在杆件两端为球形铰链支撑的情况下，可认为杆端方向的支撑情况相同。这时，为了求出使压杆失稳的最小轴向压力，在式(17－7)中的惯性矩 I 应取最小值 I_{min}。因为压杆失稳时，总是在抗弯能力最小的纵向平面(最小刚度平面)内弯曲失稳的。例如，图 17－7 所示的矩形截面压杆，若截面积尺寸 $b<h$，则 $I_y<I_z$，这时压杆将在与 z 轴垂直的 $x-y$ 平面内弯曲失稳，因而在求临界力的公式(17－7)中，应取 $I_{min}=I_y$。

17.2.2　其他支撑情况压杆的临界力

上述确定压杆临界力的公式，是在两端铰支情况下推导出来的。当压杆端部支撑情况不同时，利用相似的推导方法，也可求得相应的临界力公式。结果如下：

(1) 一端固定、一端自由的压杆[见图 17－8(a)]

$$F_{cr}=\frac{\pi^2 EI}{(2l)^2} \tag{17-8}$$

(2) 两端固定的压杆[见图 17－8(b)]

$$F_{cr}=\frac{\pi^2 EI}{(l/2)^2} \tag{17-9}$$

(3) 一端固定、一端铰支的压杆[见图 17－8(c)]

$$F_{cr}\approx\frac{\pi^2 EI}{(0.7l)^2} \tag{17-10}$$

综合起来，可以得到欧拉公式的一般形式为

$$F_{cr}=\frac{\pi^2 EI}{(\mu l)^2} \tag{17-11}$$

式中，μ 称为**长度系数**，μl 称为**相当长度**。长度系数 μ 值，决定于杆端的支撑情况；对

于两端铰支以及以上 4 种情况分别为：

两端铰支：$\mu=1$；　　一端固定、一端自由：$\mu=2$；

两端固定：$\mu=0.5$；　　一端固定、一端铰支：$\mu=0.7$。

由此可见，若杆端约束愈强，则 μ 值愈小，相应的压杆临界力愈高；反之，若杆端约束愈弱，则 μ 值愈大，压杆临界力愈低。

事实上，压杆的临界力与其挠曲线形状是有联系的，对于后 3 种支撑情况的压杆，如果将它们的挠曲线形状与两端铰支压杆的挠曲线形状加以比较，就可以直接定出它们的临界力。从图 17－8 中的挠曲线形状可以看出：长为 l 的一端固定、一端自由的压杆，与长为 $2l$ 的两端铰支压杆相当；长为 l 且两端固定的压杆（其挠曲线上有 A，B 两个拐点，该处弯矩为零），与长为 $l/2$ 的两端铰支压杆相当；长为 l 的一端固定、一端铰支的压杆，约与长为 $0.7l$ 的两端铰支压杆相当。

应该指出，上面所讨论的杆端约束，都是经过简化后典型的理想约束情况。在工程实际中，杆端部的约束情况往往是复杂的，有时很难简单地将其归结为哪一种理想约束。这时，就应该根据实际情况进行简化。在各种实际的杆端约束情况下，压杆的长度系数 μ 值，一般可以从有关的设计手册中或规范中查到。

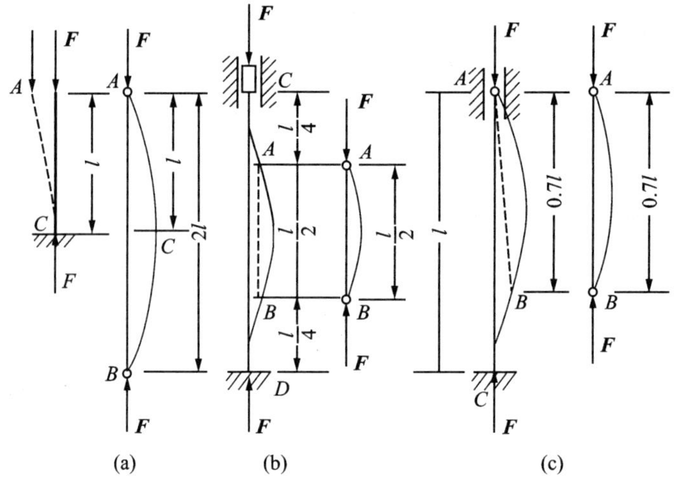

图 17－8

17.3 临界应力及临界应力总图

17.3.1 临界应力和柔度

在临界力作用下压杆横截面上的应力，可用临界力 $\boldsymbol{F}_{cr}$ 除以压杆横截面积 A 而得到，称为压杆的临界应力，以 σ_{cr} 表示，即

$$\sigma_{cr} = \frac{F_{cr}}{A} \tag{17-12}$$

将式(17－11)带入上式得

$$\sigma_{cr} = \frac{\pi^2 EI}{(\mu l)^2 A} \tag{17-13}$$

上式中的 I 与 A 都是与截面有关的几何量，可用压杆截面的惯性半径 i 来表示。由公式(10－10)得

$$i = \sqrt{\frac{I}{A}}$$

于是式(17－13)可以写成

$$\sigma_{cr} = \frac{\pi^2 E_i^2}{(\mu l)^2} = \frac{\pi^2 E}{\left(\frac{\mu l}{i}\right)^2}$$

令

$$\lambda = \frac{\mu l}{i} \tag{17-14}$$

可得压杆临界应力公式为

$$\sigma_{cr} = \frac{\pi^2 E}{\lambda^2} \tag{17-15}$$

式中，λ 表示压杆的相当长度 μl 与其惯性半径 i 的比值，称为压杆的**柔度或细长比**。它反映了杆端约束情况，压杆长度、截面形状和尺寸对临界应力的综合影响。例如，对于直径 d 的圆形截面半径，其惯性半径为

$$i = \sqrt{\frac{I}{A}} = \sqrt{\frac{\pi d^4/64}{\pi d^2/4}} = \frac{d}{4}$$

则柔度

$$\lambda = \frac{\mu l}{i} = \frac{4\mu l}{d} \tag{17-16}$$

由式(17－15)及式(17－16)可以看出，如压杆愈细长，则其柔度 λ 愈大。压杆的临界应力愈小，这说明压杆愈容易失去稳定。反之，若为短粗压杆，则其柔度 λ 较小，而临界应力较大，压杆就不容易失稳。所以，柔度 λ 是压杆稳定计算中的一个重要参数。

17.3.2　欧拉公式的适用范围

欧拉公式是根据压杆的挠曲线近似微分方程推导出来的，而这个微分方程只有在材料服从胡克定律的条件下才成立。因此，只有当压杆的临界应力 σ_{cr} 不超过材料的比例极限 σ_p 时，欧拉公式才能适用。具体来说，欧拉公式的适用条件是

$$\sigma_{cr} = \frac{\pi^2 E}{\lambda^2} \leqslant \sigma_p \tag{17-17}$$

由式(17－17)可求得对应于比例极限 σ_p 的柔度值 λ_p 为

$$\lambda_p = \pi \sqrt{\frac{E}{\sigma_p}} \tag{17-18}$$

于是，欧拉公式的适用范围可用压杆的柔度 λ_p 来表示，即要求压杆的实际柔度 λ 不能小于对应于比例极限时的柔度值 λ_p，即

$$\lambda \geqslant \lambda_p$$

只有这样，才能满足式(17－17)中的 $\sigma_{cr} \leqslant \sigma_p$ 的要求。

能满足上述条件的压杆，称为**大柔度杆或细长杆**。对于常用的 Q235 钢制成的压杆，弹性模量 $E = 200$ GPa，比例极限 $\sigma_p = 200$ MPa，代入式(11－18)可得

$$\lambda_p = \pi \sqrt{\frac{E}{\sigma_p}} = 3.14 \sqrt{\frac{200 \times 10^9 \text{ Pa}}{200 \times 10^6 \text{ Pa}}} \approx 100$$

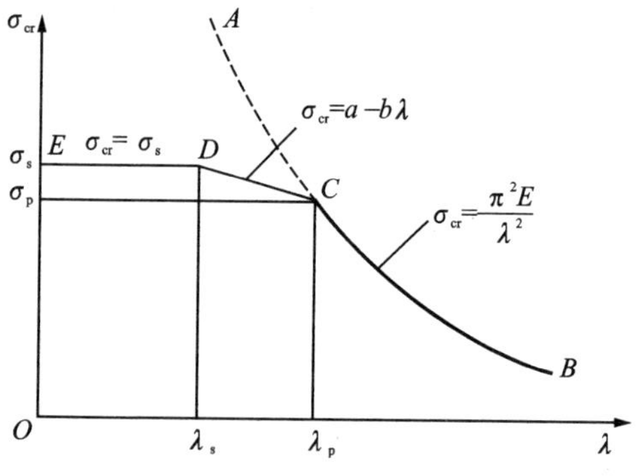

图 17－9

也就是说，以 Q235 钢制成的压杆，其柔度 $\lambda \geqslant \lambda_p = 100$ 时，才能用欧拉公式来计算临界应力。对于其他材料也可求得相应的 λ_p 值。

由临界应力式(17－15)可知，压杆的临界应力随其柔度而变化，两者的关系可用一曲线来表示。如取临界应力 σ_{cr} 为纵坐标，柔度 λ 为横坐标，按式(17－15)可画出如图 17－9 所示的曲线 AB，该曲线称为欧拉双曲线。在图上也可以表明欧拉公式的适用范围，即曲线上的实线部分 BC 才是适用的；而虚线部分 AC 是不适用的，因为对应于该部分的应力已超过了比例极限 σ_p。图上，σ_p 对应于 C 点的柔度值为 λ_p。有关图中的 CD 和 DE 段，将在下面说明。

17.3.3 中、小柔度杆的临界应力

在工程实际中，也经常遇到柔度小于 λ_p 的压杆，这类压杆的临界应力已不能再用式(17－15)来计算。目前多采用建立在实验基础上的经验公式，如直线公式和抛物线公式等。下面先介绍简便、常用的直线公式，即

$$\sigma_{cr} = a - b\lambda \tag{17-19}$$

此式在图 17－9 中以倾斜直线 CD 表示。式中，a 及 b 是与材料性质有关的常数，其单位都是 MPa。某些材料的 a、b 值，可以从表 17－1 中查得。

表 17-1　直线公式的系数 a、b 及柔度值 λ_p、λ_s

材　料	a/MPa	b/MPa	λ_p	λ_s
Q235 钢	304	1.12	100	62
35 钢	461	2.568	100	60
45、55 钢	578	3.744	100	60
铸　铁	332.2	1.454	80	—
松　木	28.7	0.19	110	40

上述经验公式也有一个适用范围。对于塑性材料的压杆，还要求其临界应力不超过材料的屈服极限 σ_S，若以 λ_S 代表对应于 σ_S 的柔度值，则要求

$$\sigma_{cr} = a - b\lambda \leqslant \sigma_S$$

或

$$\lambda_S \geqslant \frac{a - \sigma_S}{b}$$

由上式即可求得对应于屈服极限 σ_S 的柔度值 λ_S 为

$$\lambda_S = \frac{a - \sigma_S}{b} \tag{17-20}$$

当压杆的实际柔度 $\lambda \geqslant \lambda_S$ 时，直线公式才适用。对于 Q235 钢，$\sigma_S = 235$ MPa，$a = 304$ MPa，$b = 1.12$ MPa，可求得

$$\lambda_S = \frac{304\ \text{MPa} - 235\ \text{MPa}}{1.12\ \text{MPa}} \approx 62$$

柔度在 λ_S 和 λ_p 之间（即 $\lambda_S \leqslant \lambda \leqslant \lambda_p$）的压杆，称为**中柔度杆或中长杆**。实验指出，这种压杆的破坏性质接近于大柔度杆，也有较明显的失稳现象。

柔度较小（$\lambda \leqslant \lambda_S$）的杆，称为**小柔度杆或粗短杆**。对绝大多数碳素结构钢和优质碳素结构钢来说，小柔度杆的 λ 在 0～60 之间。实验证明，这种压杆当应力达到屈服极限 σ_S 时才被破坏，破坏时很难观察到失稳现象。这说明小柔度杆是由强度不足而被破坏的，应该以屈服极限 σ_S 作为极限应力；若在形式上作为稳定问题考虑，则可认为临界应力 $\sigma_{cr} = \sigma_S$，在图 17-9 上以水平直线段 DE 表示。对于脆性材料如铸铁制成的压杆，则应取强度极限 σ_b 作为临界应力。

相应于大、中、小柔度的三类压杆，其临界应力与柔度关系的三部分曲线或直线，组成了临界应力图（见图 17-9）。从图上可以明显地看出，小柔度杆的临界应与 λ 无关，而大、中柔度杆的临界应力则随 λ 的增加而减小。

工程实际中，对于中、小柔度压杆的临界应力，也有建议采用抛物线经验公式计算的，此公式为

$$\sigma_{cr} = a - b\lambda^2 \tag{17-21}$$

式中，a、b 为材料性质有关的常数。例如，在我国钢结构设计规范（TJ17-74）中，就采用了上述的抛物线公式。这时应该注意，式（17-21）中的 a、b 值与式（17-19）中的 a、b 值是不同的。本书主要采用直线公式。

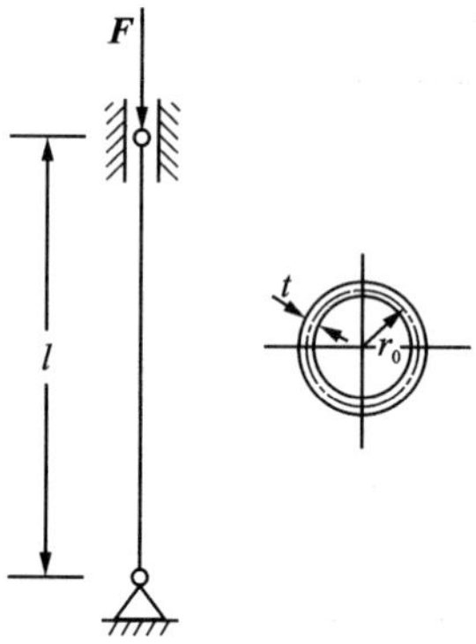

图 17－10

例 17－1　图 17－10 所示为一两端铰支的压杆，材料为 Q235 钢，截面为一薄壁圆环。如材料的弹性模量 $E=206$ GPa，$l=3$ m，平均半径 $r_0=4$ cm，试计算其临界应力。

解： 对薄壁圆环而言，其面积 $A\approx 2\pi r_0 t$，惯性矩 $I=\pi r_0^3 t$，所以，其惯性半径为

$$i=\sqrt{\frac{\pi r_0^3 t}{2\pi r_0 t}}=\frac{r_0}{\sqrt{2}}=\frac{4\ \text{cm}}{\sqrt{2}}=2.83\ \text{cm}$$

相应的柔度值为　$\lambda=\dfrac{\mu l}{i}=\dfrac{1\times 3\times 10^2\ \text{cm}}{2.83\ \text{cm}}=106>\lambda_p=100$

为大柔度杆，用欧拉公式求解

$$\sigma_{cr}=\frac{\pi^2 E}{\lambda^2}=\frac{3.14^2\times 206\times 10^3}{106^2}\ \text{MPa}=108.77\ \text{MPa}$$

例 17－2　一个 12 cm×20 cm 的矩形截面木柱，长度 $l=7$ m，支撑情况是：在最大刚度平面内弯曲时为两端铰支[见图 17－11(a)]，在最小刚度平面内弯曲时为两端固定[见图 17－11(b)]。木材的弹性模量 $E=10$ GPa，$\lambda=110$ 试求木柱的临界力和临界应力。

解： 由于木柱在最小和最大刚度平面内的支撑情况不同，所以，须分别计算其临界力和临界应力。

(1) 计算最大刚度平面内的临界力和临界应力　考虑木柱最大刚度平面内失稳时，如图 17－11(a)所示，截面对 y 轴的惯性矩和惯性半径分别为

$$I_y=\frac{12\times 20^3}{12}\ \text{cm}^4=8\ 000\ \text{cm}^4$$

$$i_y=\sqrt{\frac{I_y}{A}}=\sqrt{\frac{8\ 000\ \text{cm}^4}{12\ \text{cm}\times 20\ \text{cm}}}=5.77\ \text{cm}$$

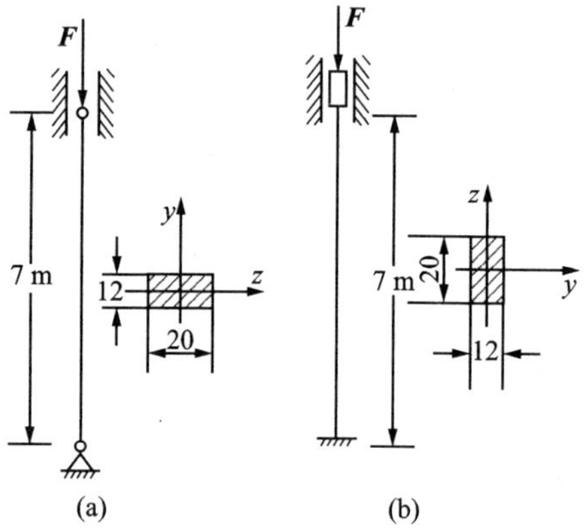

图 17－11

对两端铰支情形，长度系数 $\mu=1$，由式(17－14)可算出其柔度为

$$\lambda_y=\frac{\mu l}{i_y}=\frac{1\times 700\ \text{cm}}{5.77\ \text{cm}}=121>\lambda_p=110$$

因柔度大于 λ_p，应该用欧拉公式计算临界力。由式(17－11)得

$$F_{cr}=\frac{\pi^2 EI_y}{(\mu l)^2}=\frac{\pi^2\times 10\times 10^9\ \text{Pa}\times 8\ 000\times 10^{-8}\ \text{m}^4}{(1\times 7)^2\ \text{m}^2}$$
$$=161\times 10^3\ \text{N}=161\ \text{kN}$$

再由式(17-15)计算临界应力，得

$$\sigma_{cr}=\frac{\pi^2 E}{\lambda_y^2}=\frac{\pi^2\times 10\times 10^3\ \text{MPa}}{(121)^2}=6.73\ \text{MPa}$$

(2) 计算最小刚度平面内的临界力和临界应力　如图 17-11(b)所示，截面对 z 轴的惯性矩和惯性半径分别为

$$I_z=\frac{20\times 12^3}{12}\ \text{cm}^4=2\ 880\ \text{cm}^4$$

$$i_z=\sqrt{\frac{I_z}{A}}=\sqrt{\frac{2\ 880\ \text{cm}^4}{12\ \text{cm}\times 20\ \text{cm}}}=3.46\ \text{cm}$$

对于两端固定情形，长度系数 $\mu=0.5$，由公式(11-14)可算出其柔度为

$$\lambda_z=\frac{\mu l}{i_z}=\frac{0.5\times 700\ \text{cm}}{3.46\ \text{cm}}=101<\lambda_p=110$$

在此平面内弯曲时，柱的柔度值小于 λ_p，应采用经验公式计算临界应力。查表 17-1得，对于木材(松木)，$a=28.7$ MPa，$b=0.19$ MPa，利用直线公式(17-19)，得

$$\sigma_{cr}=a-b\lambda=28.7\ \text{MPa}-0.19\ \text{MPa}\times 101=9.5\ \text{MPa}$$

其临界力为

$$F_{cr}=\sigma_{cr}A=9.5\times 10^6\ \text{Pa}\times(0.12\times 0.2)\text{m}=228\times 10^3\ \text{N}=228\ \text{kN}$$

比较上述计算结果可知，第一种情形的临界力和临界应力都较小，所以木柱失稳时将在最大刚度平面内产生弯曲。此例说明，当在最小和最大刚度平面内的支撑情况不同时，木柱不一定在最小刚度平面内失稳，必须经过具体计算之后才能确定。

17.4　压杆的稳定计算

由前几节的讨论可知，压杆在使用过程中存在着失稳破坏，而失稳破坏时的临界应力往往低于强度计算中的许用应力[σ]。因此为保证压杆能安全可靠地使用，必须对压杆建立相应的稳定条件，进行稳定性计算。下面对此问题进行讨论和研究。

17.4.1　安全系数法

显然，要使压杆不丧失稳定，就必须使压杆的轴向压力或工作应力小于其极限值，再考虑到压杆应具有适当的安全储备，因此，压杆的稳定条件为

$$F\leqslant\frac{F_{cr}}{[n_{st}]}\ 或\ \sigma\leqslant\frac{\sigma_{cr}}{[n_{st}]}$$

式中：$[n_{st}]$为规定的稳定安全系数。若令 $n_{st}=\frac{F_{cr}}{F}=\frac{\sigma_{cr}}{\sigma}$ 为压杆实际工作的稳定安全系数。于是可得用安全系数表示的压杆稳定条件

$$n_{st}=\frac{F_{cr}}{F}\geqslant[n_{st}]\ 或\ n_{st}=\frac{\sigma_{cr}}{\sigma}\geqslant[n_{st}] \tag{17-22}$$

稳定安全系数$[n_{st}]$一般要高于强度安全系数。这是因为一些难以避免的因素，如杆件的初弯曲、压力偏心、材料的不均匀和支座缺陷等，都严重地影响压杆的稳定，降低了临界应力。关于规定的稳定安全系数$[n_{st}]$，一般可从有关专业手册中或设计规范中查得。

17.4.2 折减系数法

为了方便计算，通常将稳定许用应力表示为压杆材料的强度许用应力$[\sigma]$乘以一个系数φ，即

$$\frac{\sigma_{cr}}{[n_{st}]}=\varphi[\sigma]$$

由此可得

$$\sigma=\frac{F}{A}\leqslant\varphi[\sigma] \tag{17-23}$$

式中：φ是一个小于1的系数，称为折减系数。利用公式(17－23)可以为压杆选择截面，这种方法称为折减系数法。由于使用式(17－23)时要涉及与规范有关的较多内容，这里不再举例。

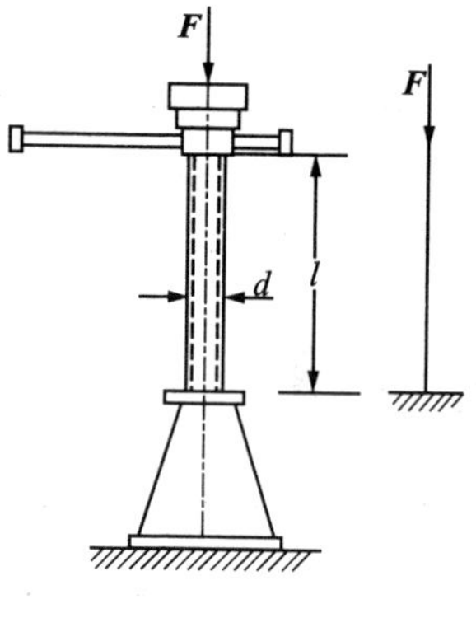

图 17－12

例 17－3 千斤顶如图17－12所示，丝杠长度l=37.5 cm，内径d=4 cm，材料为45钢，最大起重力为F=80 kN，规定稳定安全系数$[n_{st}]=4$。试校核该丝杠的稳定性。

解： (1) 计算柔度 丝杠可简化为下端固定、上端自由的压杆，故长度系数$\mu=2$。

由式(17－16)计算丝杠的柔度，因为$i=d/4$，所以

$$\lambda=\frac{\mu l}{i}=\frac{\mu l}{d/4}=\frac{2\times 37.5\ \text{cm}}{4/4\ \text{cm}}=75$$

(2) 计算临界力并校核稳定性 由表17－1中查得45钢相应于屈服极限和比例极限时的柔度值为$\lambda_s=60$，$\lambda_p=100$。而$\lambda_s<\lambda<\lambda_p$，可知丝杠是中柔度压杆，现在采用直线经验公式计算其临界力。在表11－1上查得a=578 MPa，b=3.744 MPa，故丝杠的临界力为

$$F_{cr}=\sigma_{cr}A=(a-b\lambda)\frac{\pi d^2}{4}=$$

$$(578\times 10^6\ \text{Pa}-3.744\times 10^6\ \text{Pa}\times 75)\frac{\pi\times 0.04^2\ \text{m}^2}{4}=373\times 10^3\ \text{N}$$

由式(17－22)校核丝杠的稳定性，即

$$n_{st}=\frac{F_{cr}}{F}=\frac{373\ 000\ \text{N}}{80\ 000\ \text{N}}=4.66>[n_{st}]=4$$

从计算结果可知，此千斤顶丝杠是稳定的。

例 17-4　一根 25a 号工字钢支柱，长 7 m，两端固定，材料是 Q235 钢，$E=200$ MPa，$\lambda_p=100$，规定的稳定安全系数$[n_{st}]=2$，试求支柱的许可载荷$[F]$。

解：(1) 计算柔度 λ

支柱是 25a 号工字钢，查型钢表可得：

$i_x=10.2\ \text{cm}, i_y=2.4\ \text{cm}, I_x=5\ 020\ \text{cm}^4, I_y=280\ \text{cm}^4$，故

$$\lambda_x=\frac{\mu l}{i_x}=\frac{0.5\times 7\times 10^2\ \text{cm}}{10.2\ \text{cm}}=34.3$$

$$\lambda_y=\frac{\mu l}{i_y}=\frac{0.5\times 7\times 10^2\ \text{cm}}{2.4\ \text{cm}}=145.8$$

因为 $\lambda_y>\lambda_x$，故应按 y 轴为中性轴的弯曲进行稳定性计算

(2) 计算临界力 F_{cr}

因为 $\lambda_y>\lambda_p>\lambda_x$，故按欧拉公式计算临界力为

$$F_{cr}=\frac{\pi^2 EI_y}{(\mu i)^2}=\frac{3.14^2\times 200\times 10^3\ \text{MPa}\times 280\times 10^4\ \text{mm}^4}{(0.5\times 7\times 10^3)^2\ \text{mm}^2}$$
$$=451.2\times 10^3\ \text{N}=451.2\ \text{kN}$$

(3) 确定支柱的安全载荷$[F]$，即

$$[F]=\frac{F_{cr}}{[n_{st}]}=\frac{451.2}{2}\ \text{kN}=225.6\ \text{kN}$$

17.5　提高压杆稳定性的措施

由以上各节的讨论可知，影响压杆临界力和临界应力的因素，或者说影响压杆稳定性的因素，包括有压杆截面的形状和尺寸、压杆的长度、压杆端部的支撑情况、压杆材料的性质等。因此，如要采取适当措施来提高压杆的稳定性，必须从以下几方面加以考虑。

17.5.1　选择合理的截面形状

由细长杆和中长杆的临界应力公式

$$\sigma_{cr}=\frac{\pi^2 E}{\lambda^2},\quad \sigma_{cr}=a-b\lambda$$

可知，两类压杆临界应力的大小和柔度 λ 有关，柔度愈小，则临界应力愈高，压杆抵抗失稳的能力愈强。压杆的柔度为

$$\lambda=\frac{\mu l}{i}=\mu l\sqrt{\frac{A}{I}}$$

由上式可知，对于一定长度和支撑方式的压杆，在面积一定的前提下，应尽可能使材料远离截面形心，以加大惯性矩，从而减小压杆的柔度。

例如图 17-13 所示，采用空心的环形截面比实心的圆形截面更为合理。但这时应注意，若为薄壁圆筒，则其壁厚不能过薄，要有一定的限制，以防止圆筒出现局部失稳现象。

如果压杆在各个纵向平面内的支撑情况相同，例如球形铰支座和固定端，则应尽可能使截面的最大和最小两个惯性矩相等，即 $I_y=I_z$，这可使压杆在各纵向平面内有相同或接近相同的稳定性。上述的圆形和环形截面，还有方形截面等都能满足这一要求。显然，在图 17-14 中，图(b)的截面更能满足这一要求。

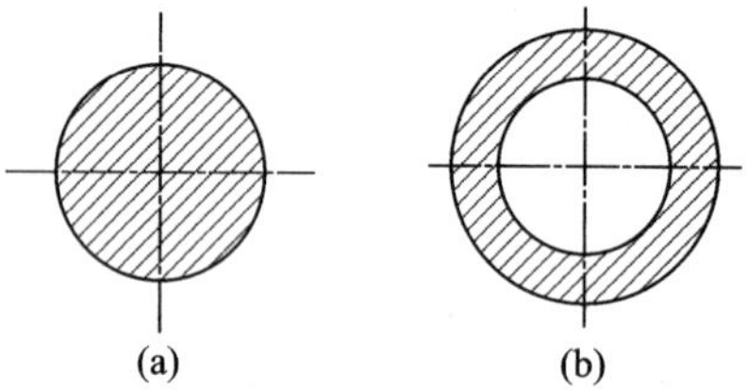

图 17-13

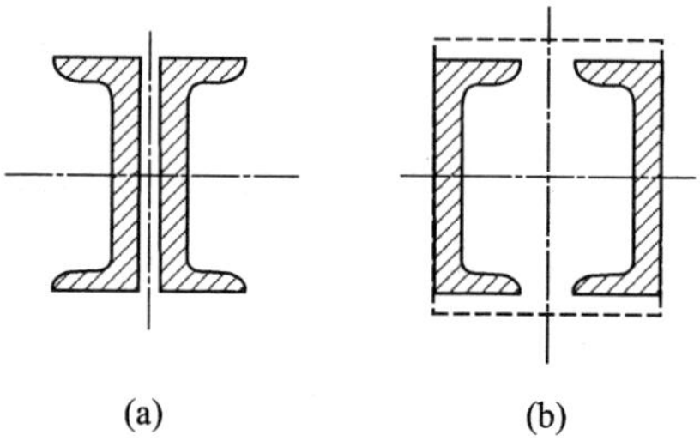

图 17-14

另外，在工程实际中，也有一类压杆，在两个互相垂直的纵向平面内，其支撑情况或相当长度(μl)并不相同，例如柱形铰支座。

这时，就相应要求截面对两个互相垂直的轴的惯性矩也不相同，即 $I_y \neq I_z$。理想的截面设计是使压杆在两个纵向平面内的柔度相同，即

$$\lambda_y = \lambda_z$$

或

$$(\mu l)_y \sqrt{\frac{A}{I_y}} = (\mu l)_z \sqrt{\frac{A}{I_z}}$$

经适当设计的组合截面，都有可能满足上述要求。

17.5.2 减小压杆的支撑长度

由前述细长杆和中长杆的临界应力计算公式可知，随着压杆长度的增加，其柔度 λ 增加而临界应力 σ_{cr} 减小。因此，在条件允许时，应尽可能减小压杆的长度，或者在压杆的中间增设支座，以提高压杆的稳定性。例如，图 17-15 所示无缝钢管的穿孔机，如在顶杆的中间增加一个抱辊装置，则可提高顶杆的稳定性，从而增加顶杆的穿孔压力 $\boldsymbol{F}$。

压杆稳定应用实例1

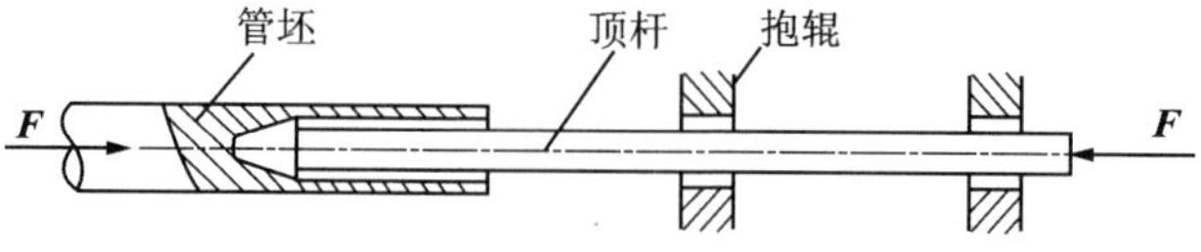

图 17-15

17.5.3　改善杆端的约束情况

由压杆柔度公式可知，若杆端约束刚性愈强，则压杆长度系数 μ 愈小，即柔度愈小，从而临界应力愈高。因此，应尽可能改善杆端约束情况，加强杆端约束的刚性。

17.5.4　合理选用材料

由细长杆的临界应力计算公式可知，临界应力值与材料的弹性模量 E 有关；选用 E 值较大的材料，可以提高细长压杆的临界应力。但应注意，就钢材而言，各种钢材的 E 值大致相同，约为 200～210 GPa，即使选用高强度钢材，其 E 值也增大不多。所以，对细长压杆来说，选用高强度钢做材料是不必要的。

压杆稳定
应用实例2

但是，对于中柔度杆而言，情况有所不同。由实验可知，其破坏既有失稳现象，也有强度不足的因素。另外，在直线经验公式的系数 a、b 中，优质钢的 a 值较高。由此可知，中柔度压杆的临界应力与材料的强度有关，强度愈高的材料，临界应力也愈高。所以，对中柔度压杆而言，选用高强度钢做材料，将有利于提高压杆的稳定性。

最后指出，对于压杆，除了可以采取上述几方面的措施以提高其稳定性外，在可能的条件下，还可以从结构方面采取相应的措施。例如，将结构中比较细长的压杆转换成拉杆，这样，就可以从根本上避免失稳问题。例如对图 17－16 所示的托架，在可能的条件下，在不影响结构的承载能力时，如将图(a)所示的结构改换成图(b)所示的结构，则 AB 杆由承受压力变为承受拉力，从而避免了压杆的失稳问题。

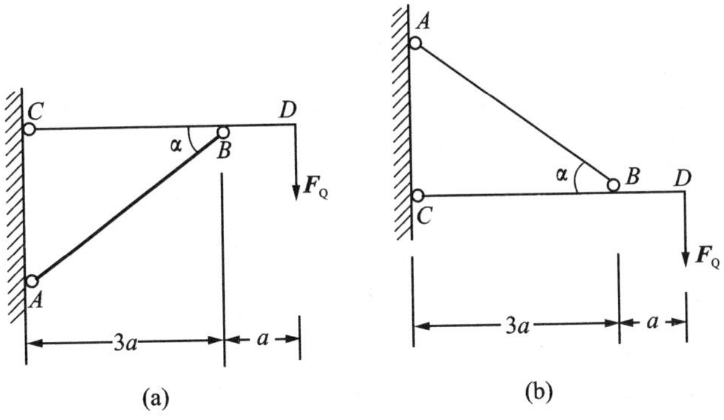

图 17－16

思 考 题

1. 试述失稳破坏与强度破坏的区别。

2. 图 17－17 为两组截面，两截面面积相同，试问作为压杆时(两端为球铰)，各组中哪一种截面形状合理？

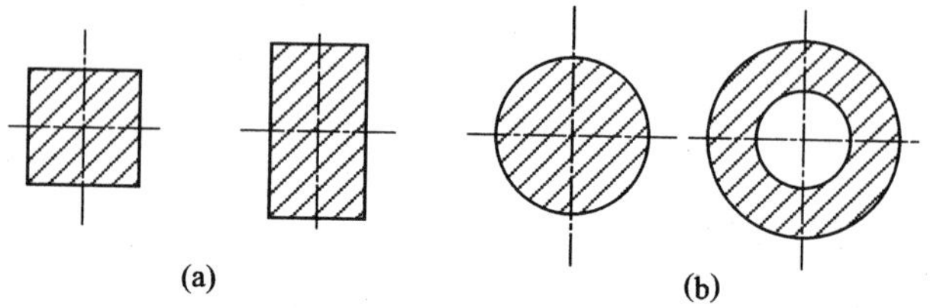

图 17－17

3. 细长压杆的材料宜用高强度钢还是普通钢？为什么？

4. 何谓压杆的柔度？它与哪些因素有关？它对临界应力有什么影响？

5. 欧拉公式适用的范围是什么？如超过范围继续使用，则计算结果偏于危险还是偏于安全？

6. 如何判别压杆在哪个平面内失稳？图 17－18 所示截面形状的压杆，设两端为球铰。试问，失稳时其截面分别绕哪根轴转动？

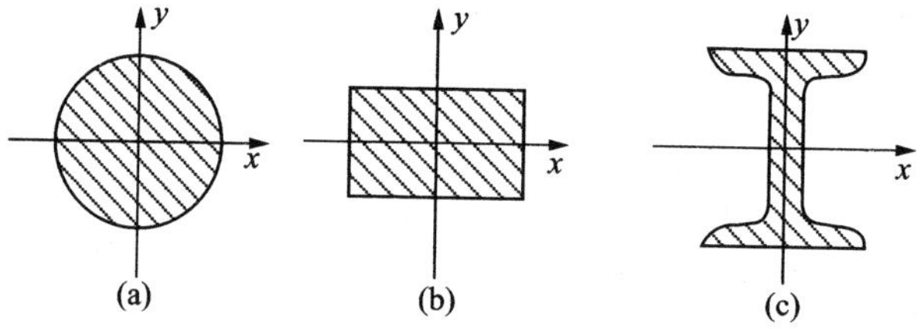

图 17－18

7. “在材质、杆长、支撑情况相同条件下，压杆横截面面积 A 越大，则临界应力就越大。”试举例说明这个结论是否正确？为什么？

习　题

17－1　题 17－1 图示为三根材料相同、直径相等的杆件。试问，哪一根杆的稳定性最差？哪一根杆的稳定性最好？

17－2　铸铁压杆的直径 $d=40$ mm，长度 $l=0.7$ m，一端固定，另一端自由。试求压杆的临界力。已知 $E=108$ GPa。

答：68 kN。

17－3　如题 17－2 图中所示为某型飞机起落架中承受轴向压力的斜撑杆。杆为空心圆管，外径 $D=52$ mm，内径 $d=44$ mm，$l=950$ mm。材料为 30CrMnSiNi2A，$\sigma_b=1\ 600$ MPa，$\sigma_p=1\ 200$ MPa，$E=210$ GPa。试求斜撑杆的临界力 F_{cr} 及临界应力。

答：$F_{cr}=400$ kN；$\sigma_{cr}=665$ MPa。

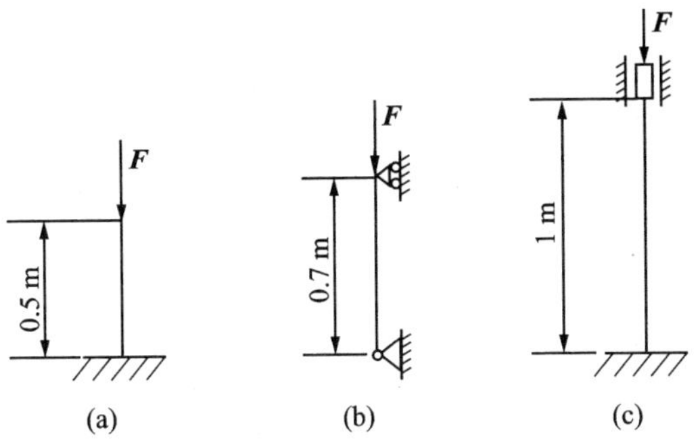

题 17－1 图

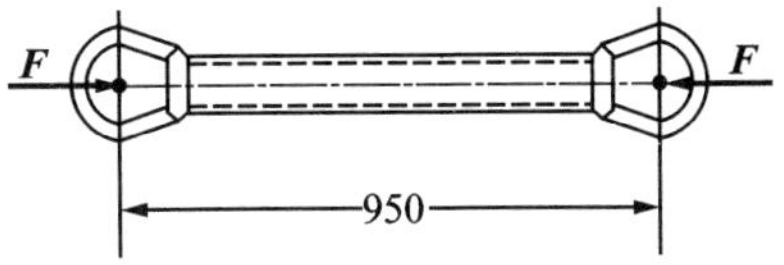

题 17－2 图

17－4　某型柴油机的挺杆长度 $l=25.7$ cm，圆形横截面的直径 $d=8$ mm，钢材的 $E=210$ GPa，$\sigma_p=240$ MPa。挺杆所受最大力 $F=1.76$ kN。规定的稳定安全系数$[n_{st}]=2.5$。试校核挺杆的稳定性。

答：$n_{st}=3.57$。

17－5　题 17－3 图示压杆的材料为 Q235 钢，其 $E=210$ GPa，在正视图 a 的平面内，两端均为铰支，在俯视图(b)的平面内，两端为固定。试求此压杆的临界力。

答：257 kN。

17－6　题 17－4 图示为 25a 工字钢柱，柱长 $l=7$ m，两端固定，规定稳定安全系数$[n_{st}]=2$，材料是 Q235 钢，$E=210$ GPa。试求钢柱的许可载荷。

答：$F\leqslant 237$ kN。

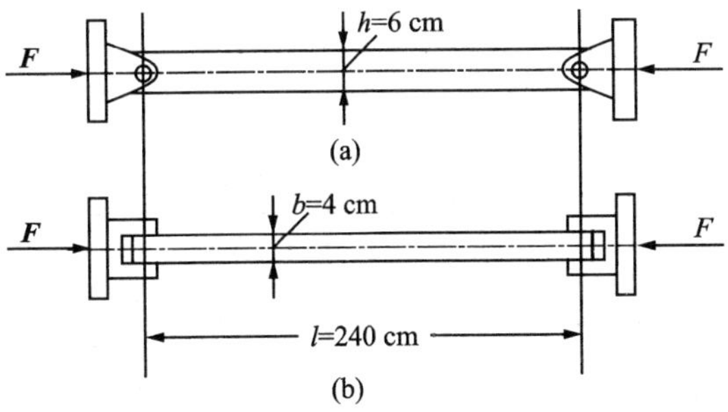

题 17－3 图

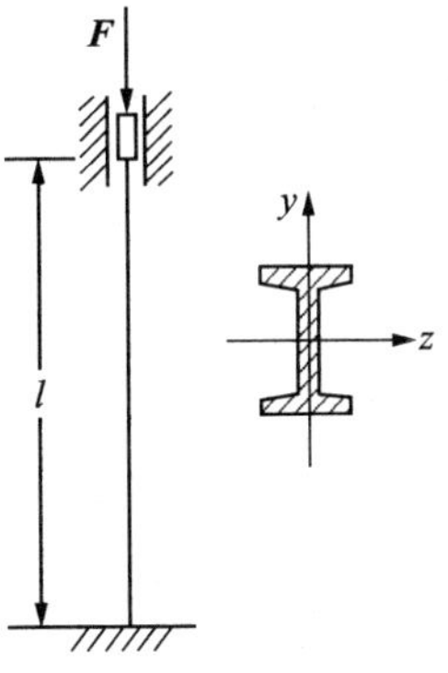

题 17－4 图

17－7　题 17－5 图示为一钢管柱，上端铰支、下端固定，外径 $D=7.6$ cm，内径 $d=6.4$ cm，长度 $l=2.5$ m，材料是铬锰合金钢，比例极限 $\sigma_p=540$ MPa，弹性模量 $E=215$ GPa，如承受的力 $F=150$ kN，规定稳定安全系数$[n_{st}]=3.5$，试校核此钢管柱的稳定性。

答：$n_{st}=3.77>[n_{st}]$。

17－8 托架如题 17－6 图所示，AB 杆的直径 $d=4$ cm，长度 $l=80$ cm，两端铰支，材料是 Q235 钢，$E=200$ GPa。试求：

(1) 根据 AB 杆的失稳计算托架的临界载荷 F_{cr}；

(2) 若已知实际载荷 $F_Q=70$ kN，AB 杆的规定稳定安全系数$[n_{st}]=2$，问此托架是否安全？(不考虑 CD 强度)

答：(1) 269 kN； (2) $n_{st}=1.7<[n_{st}]$。

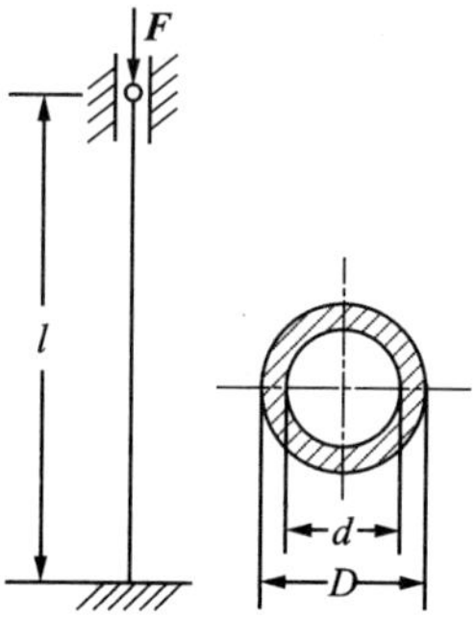

题 17－5 图

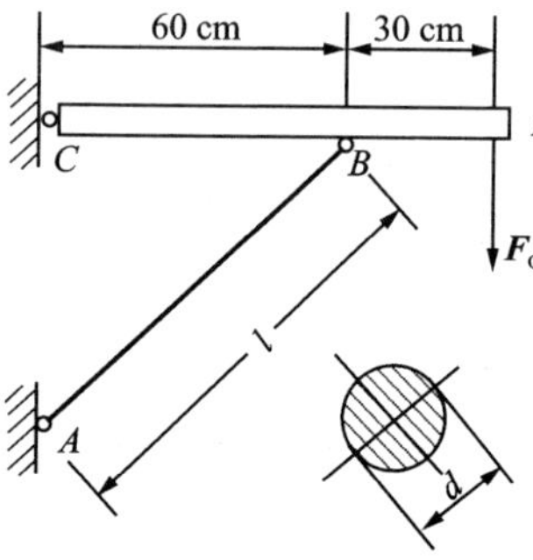

题 17－6 图

17－9 题 17－7 图中的横梁 AB 为矩形截面，竖杆截面为圆形，直径 $d=20$ mm，竖杆两端为柱销连接，材料为 Q235 钢，$E=206$ GPa，规定稳定安全系数$[n_{st}]=3$，若测得 AB 梁的最大弯曲正应力 $\sigma=120$ MPa。试校核竖杆 CD 的稳定性。

答：$n_{st}=3.87>[n_{st}]$。

***17－10** 一结构如题 17－8 图所示，AB 杆可视为刚体，两支柱的抗弯刚度 EI 相同，两端皆为铰支，试问当载荷 F_Q 多大时，该结构将因支柱失稳而毁坏？

答：$F_Q=\dfrac{3\pi^2 EI}{4l^2}$。

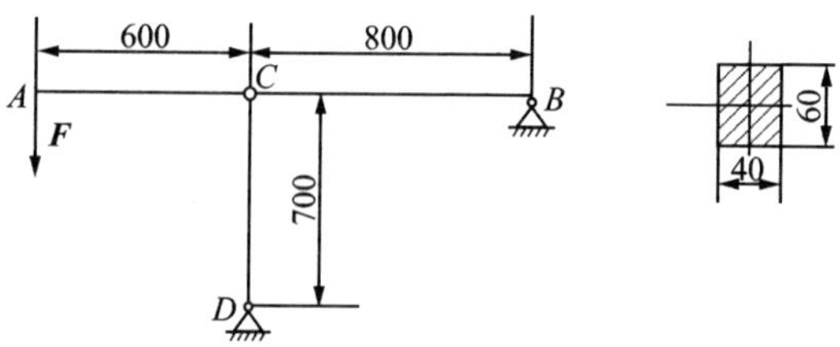

题 17－7 图

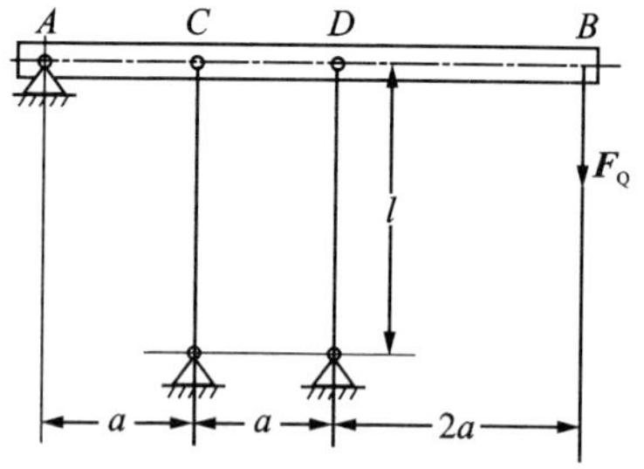

题 17－8 图

第 18 章　交变应力

本章介绍了交变应力的概念、疲劳破坏特征，以及确定材料疲劳极限的方法和影响构件疲劳极限的主要因素。

18.1　交变应力的概念

机器中很多构件在工作时，其应力往往随时间作周期性的变化，这种应力，称为**交变应力**。产生交变应力的原因，或因为构件受到周期性变化载荷的作用，或因构件本身的旋转所致。例如，轴 AB 在大小和方向不变的载荷 $\boldsymbol{F}$ 作用下[见图 18－1(a)]，轴表面上任一点在横截面上的弯曲正应力，均随时间作周期性的变化。譬如，$n-n$截面上的 K 点[见图 18－1(b)]，转到水平位置 1 和 3 时，正应力为零；转到最低位置 2 时，受最大拉应力 σ_{max}；转到最高位置 4 时，受最大压应力 σ_{min}。K 点的正应力，在轴旋转一周期的过程中，将按 $0\rightarrow\sigma_{max}\rightarrow 0\rightarrow\sigma_{min}$ 的规律变化；轴不断地旋转，K 点的应力也就不断地重复上述的变化过程[见图 18－1(c)]，所以 K 点的弯曲正应力为交变应力。

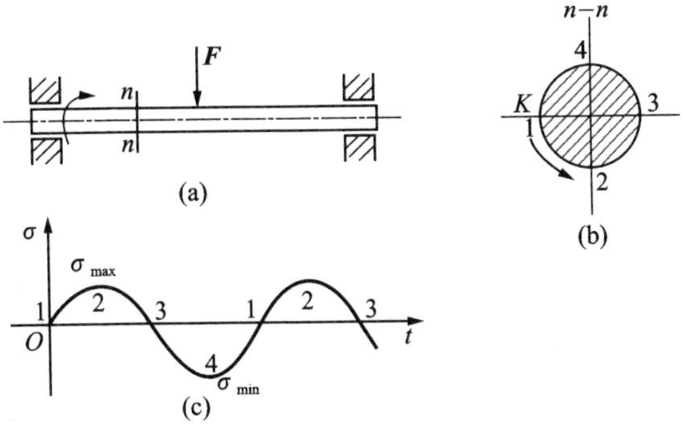

图 18－1

18.2　交变应力的循环特性及其类型

18.2.1　循环特性

现以梁的强迫振动为例[见图 18－2(a)]，进一步讨论交变应力的变化规律。梁在电动机的重力 $\boldsymbol{G}$ 作用下产生静弯曲变形而处于静平衡位置。当电动机以角速度 ω

旋转时，由于转子质量的偏心所引起惯性力为 $\boldsymbol{F}_Q$，其方向随轴的旋转而变，因而使梁在静平衡位置附近作上、下强迫振动。在振动过程中，梁横截面上各点（中性轴除外）的应力 σ，均随时间 t 作周期性变化[见图 18－2(b)]。应力每重复变化一次，称为一个应力循环。应力重复变化的次数，称为应力循环次数。

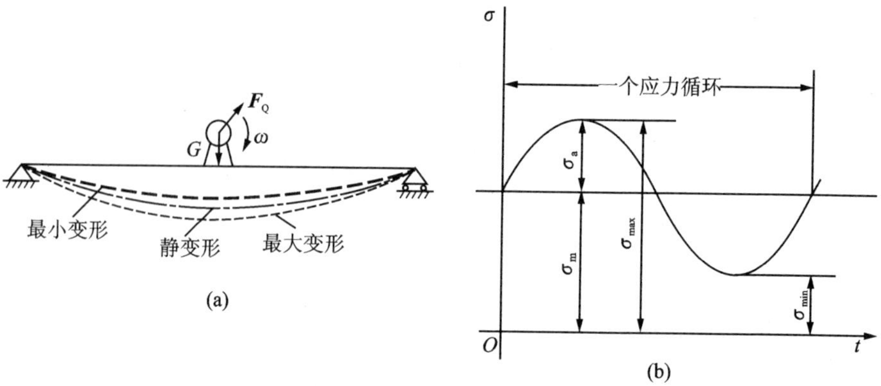

图 18－2

最大应力与最小应力的代数平均值，称为平均应力，用 σ_m 表示，即

$$\sigma_m = \frac{1}{2}(\sigma_{max} + \sigma_{min}) \tag{18-1}$$

最大应力与最小应力的代数差之半，称为应力幅，用 σ_a 来表示，即

$$\sigma_a = \frac{1}{2}(\sigma_{max} - \sigma_{min}) \tag{18-2}$$

最小应力与最大应力的比值，称为应力循环特性，用 r 表示。

$$r = \frac{\sigma_{min}}{\sigma_{max}} \tag{18-3}$$

式中，σ_{min} 与 σ_{max} 均取代数值，拉应力为正，压应力为负。

应力循环特性 r 的值，表示了交变应力的变化特点，是交变应力的一个重要参数。

18.2.2 交变应力的类型

工程中常见的交变应力的类型有如下几种：

1. 对称循环交变应力

最大应力与最小应力数值相等而符号相反的交变应力，叫做对称循环交变应力，即 $\sigma_{max} = -\sigma_{min}$。其应力循环特性为

$$r = \frac{\sigma_{min}}{\sigma_{max}} = -1$$

譬如，车轮轴（见图 18－3）转动时，轴表面上任一点 C 的正应力，便是对称循环

的交变应力。

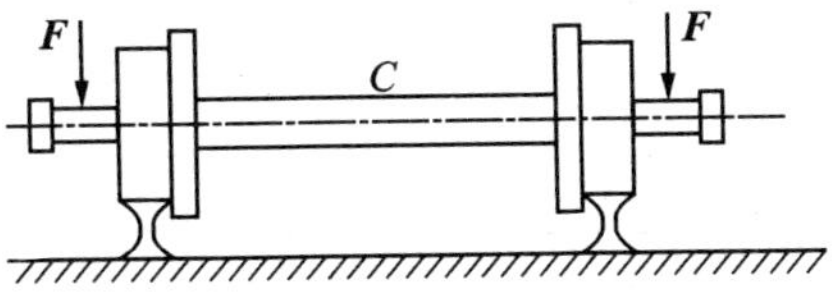

图 18-3

2. 非对称循环交变应力

最大应力与最小应力数值不相等的交变应力称为**非对称循环交变应力**。例如，梁作强迫振动时[见图 18-2(a)]，梁上各点的正应力就是非对称循环交变应力。

3. 脉动循环交变应力

最小应力 $\sigma_{\min}=0$ 的交变应力称为脉动循环交变应力。其应力循环特性为

$$r=\frac{\sigma_{\min}}{\sigma_{\max}}=0$$

例如，一对齿轮作单向传动[见图 18-4(a)]，当两齿开始接触时，$\boldsymbol{F}$ 由零迅速增加到最大值，然后又减小到零，齿根处 A 点的弯曲正应力也由零增加到最大值 $\sigma_{\max}$；脱离接触时为零。齿轮每转一周，A 点的应力按此规律重复变化一次，所以，A 点的正应力为脉动循环交变应力，其应力循环曲线如图 18-4(b)所示。

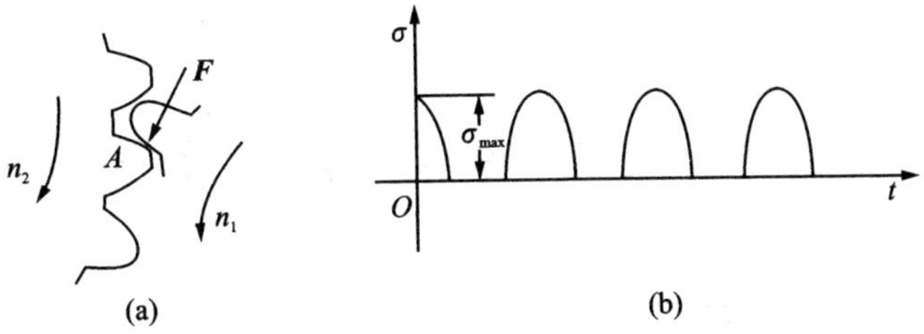

图 18-4

常见交变应力的类型、循环曲线及循环特性如表 18-1 所列。静应力可视为交变应力的特殊情况。由表可见，非对称循环可看成是平均应力 σ_m（静应力）与对称循环应力的叠加。

表 18-1　交变应力类型、循环曲线及特性

交变应力类型	应力循环图	$\sigma_{\min}$ 与 $\sigma_{\max}$	循环特性
对称循环	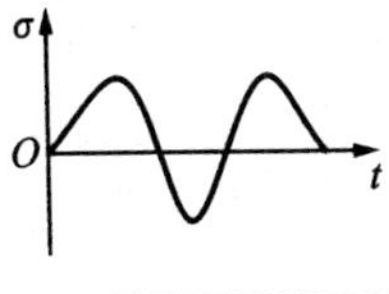	$\sigma_{\max}=-\sigma_{\min}$	$r=-1$

续表 18-1

交变应力类型	应力循环图	σ_{min} 与 σ_{max}	循环特性
非对称循环	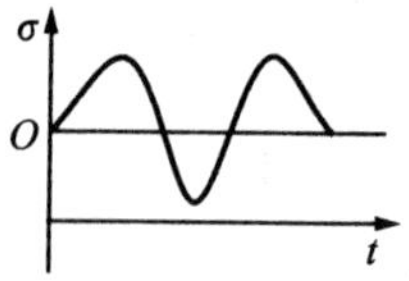	$\sigma_{max}=\sigma_m+\sigma_a$ $\sigma_{min}=\sigma_m-\sigma_a$	$-1<r<+1$
脉动循环	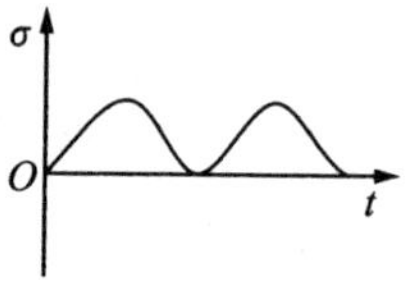	$\sigma_{max}\neq 0,\sigma_{min}=0$	$r=0$
静应力	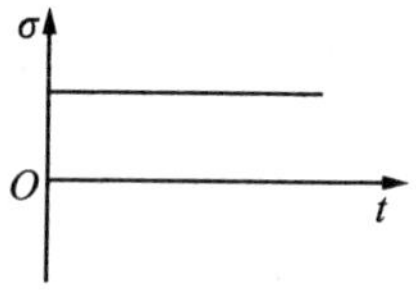	$\sigma_{max}=\sigma_{min}$	$r=1$

以上所述的交变应力，若最大与最小应力值在整个工作过程中始终保持不变，则称之为稳定交变应力；如果并非保持不变，则称为不稳定交变应力。本章只讨论稳定交变应力的问题。对于扭转构件所产生的交变切应力 τ，上述概念和公式全部适用，只要把 σ 改成 τ 即可。

18.3 材料在交变应力下的疲劳破坏

18.3.1 疲劳破坏的特点

金属材料在交变应力作用下的破坏，习惯上称为疲劳破坏。它与静应力下的破坏截然不同。其特点是：

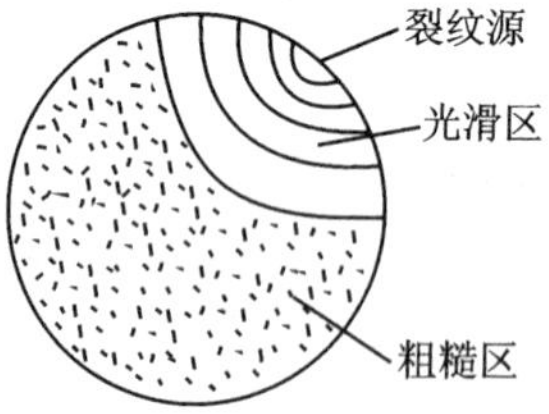

图 18-5

(1) 破坏时的最大应力低于材料的强度极限 σ_b，甚至低于屈服极限 σ_S。

(2) 即使是塑性较好的材料，经过多次应力循环后，也像脆性材料那样发生突然断裂，断裂前没有明显的塑性变形。

(3) 在断口上，有明显的两个区域：**光滑区和粗糙区**(见图 18-5)。在光滑区内有时可以看出以微裂纹为起始点(称为裂纹源)逐渐扩展的弧形曲线。

18.3.2　疲劳破坏原因解释

金属材料发生疲劳破坏的原因，目前一般的解释是：当交变应力超过一定的限度并经历了足够多次的反复作用后，便在构件的应力最大处或材料薄弱处产生细微裂纹，形成裂纹源。随着应力循环次数的增加，裂纹逐渐扩展；在扩展过程中，由于应力的交替变化，裂纹的两表面时而压紧，时而分离，类似研磨作用，形成断口表面的光滑区。随着裂纹的不断扩展，构件横截面的有效面积逐渐减小，应力随之增大。当有效的面积削弱到不足以承受外力时，便突然发生脆性断裂，形成断口的粗糙区。所以，疲劳破坏的过程，是裂纹产生和不断扩展的过程。

由于疲劳破坏是在没有明显的塑性变形的情况下突然发生的，因而极易造成重大事故，这在历史上已有教训。据统计，机械零件的损坏，80％以上属于疲劳破坏。因此，对于承受交变应力的构件，必须进行疲劳强度的计算。

18.4　材料的持久极限

由于疲劳破坏时，构件的最大应力往往低于静载下材料的屈服极限或强度极限。因此屈服极限 σ_s 或强度极限 σ_b 等静载强度指标，不能作为疲劳强度的指标，必须通过实验，测定材料在交变应力下的极限应力，作为疲劳强度指标。

材料的疲劳强度指标，在疲劳试验机上进行测定。由于大多数机械零件，都承受对称循环的弯曲应力，同时对称循环的弯曲疲劳试验，在技术上最为简单。所以，通常使用对称循环弯曲疲劳试验机，测定材料在对称循环弯曲交变应力下的极限应力。

图 18-6 表示弯曲疲劳试验原理。试件在载荷 $\boldsymbol{F}$ 作用下，其 CD 段为纯弯曲，横截面上弯矩 $M=Fa/2$，最大弯曲应力为

$$\sigma_{max}=\frac{M}{W_z}=\frac{1}{2}\frac{Fa}{W_z}$$

试件每旋转一周，横截面上的点便经历一次对称循环的交变应力，试件旋转的转数，即为应力循环次数。

试验时，将一组(6～10 根)标准试件(直径 7～10 mm，表面磨光)逐根夹在试验机中，递减加载，第一根试件的最大应力 σ_{max} 约等于其材料强度极限 σ_b 的 50％～60％，以后各根试件的最大应力 σ_{max} 都比前一根的最大应力递减 20～40 MPa。加载后开动机器，使试件旋转，直至断裂，记下各根试件从开始旋转到断裂所经历的转数，即应力循环次数 N，便得一组试验数据。各根试件的最大应力 σ_{max} 与其对应的应力循环次数 N，如 σ_{max1}，N_1；σ_{max2}，N_2，…等。若以 σ_{max} 为纵坐标，N 为横坐标，便可描绘出最大应力 σ_{max} 与应力循环次数 N 的关系曲线，称为 $\sigma_{max}-N$ 曲线(见图 18-7)或疲劳曲线。

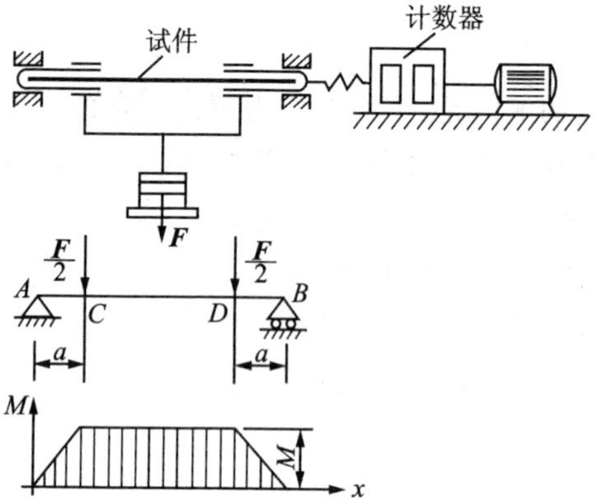

图 18-6

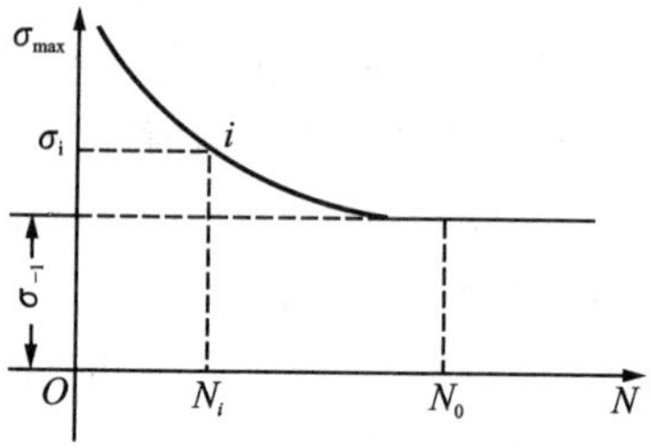

图 18-7

由疲劳曲线可以看出，试件在给定的交变应力作用下，经过一定的循环次数后，才发生疲劳破坏。交变应力的最大应力值越大，破坏前能经历的应力循环次数就越少；反之，如降低最大应力值，则能经受的应力循环次数就增多。当最大应力降低到某一临界值时，疲劳曲线开始趋于水平，说明试件可经历无数次应力循环而不会发生疲劳破坏。最大应力的这一临界值，是材料能经受无数次应力循环而不破坏的最大应力，称为材料的**持久极限**（或疲劳极限），是材料在交变应力下的极限应力。在图中以疲劳曲线的水平渐近线的纵坐标表示。

若交变应力为对称循环，其持久极限用 σ_{-1} 表示；若为脉动循环，则用 σ_0 表示。

试验表明，钢试件在对称循环交变应力作用下，循环次数 $N_0 \geqslant 10^7$ 次（一千万次）时，疲劳曲线就趋于水平。因此，对于钢材，一般规定 $N_0=10^7$ 所对应的最大应力值作为持久极限。对于有色金属及其合金，疲劳曲线不出现水平部分。所以，只能根据实际需要，选取与某一循环次数 N_0（常取 $N_0=10^8$ 次）所对应的最大应力作为持久极限。

疲劳测试实验

根据大量的试验结果，钢材的持久极限与其静强度极限 σ_b 和屈服极限 σ_s 之间，有如下近似关系：

弯曲对称循环	$\sigma_{-1} \approx 0.4\sigma_b$
拉压对称循环	$\sigma'_{-1} \approx 0.28\sigma_b$
扭转对称循环	$\tau_{-1} \approx 0.22\sigma_b$
弯曲脉动循环	$\sigma_0 \approx 0.65\sigma_b$

可见，相同材料，若变形形式或循环特性不同，持久极限也不同，其中对称循环交变应力的持久极限为最低，说明对称循环的交变应力最危险。

各种材料在对称循环交变应力下的持久极限，可从有关手册中查得。表 18-2 列出了几种材料的对称循环持久极限（表中为正火钢数据）。

表 18－2　几种材料的对称循环持久极限

材　料	σ_{-1}^{l}/MPa	σ_{-1}/MPa	τ_{-1}/MPa
Q235 钢	120 ～ 160	170 ～ 220	100 ～ 130
45 钢	190 ～ 250	250 ～ 340	150 ～ 200
16Mn 钢	200	320	—

18.5　影响构件持久极限的主要因素

材料的持久极限由标准试件测得，但实际构件的几何形状、尺寸及表面加工质量等与标准试件往往不同。试验表明，构件持久极限的大小也因此不同于其材料持久极限的大小。因此，必须了解上述因素对持久极限的影响情况，以便将材料的持久极限进行适当的修正，作为实际构件的持久极限。下面介绍影响持久极限的主要因素。

18.5.1　构件外形的影响

很多构件常常做成带有孔、槽、台肩等各种外形，构件截面由此发生突然变化。实验指出，在截面突然变化处，将出现应力局部增大的现象，称为应力集中。例如，带有圆孔的受拉薄板[见图 18－8(a)]，在远离孔的横截面 $A-A$ 上，拉伸正应力均匀分布[见图 18－8(b)]；而在有孔的截面 $B-B$ 上，由于圆孔使板的截面发生突然变化，孔的边缘处，应力急剧增大，拉伸应力不再均匀分布[见图 18－8(c)]，发生应力集中现象。

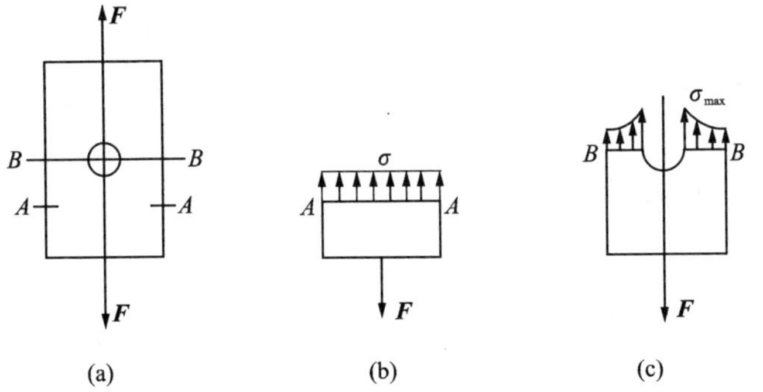

图 18－8

在静载荷作用下的塑性材料，由于产生塑性变形，可使应力集中得到缓和，故一般不考虑应力集中对其强度的影响。但是，在交变应力作用下，由于应力集中将促使疲劳裂纹的形成与扩展，使持久极限降低。所以，无论是塑性材料还是脆性材料，都必须考虑应力集中对疲劳强度的影响。应力集中对持久极限的影响程度,用应力集中系数 K_σ 表示。它是一个大于 1 的系数,具体数值可查表 18-3。

表 18-3 圆角处的有效应力集中系数

$\frac{D-d}{r}$	$\frac{r}{d}$	K_σ							
		σ_b/MPa							
		392	490	588	686	784	882	980	1 176
2	0.01	1.34	1.36	1.38	1.40	1.41	1.43	1.45	1.49
	0.02	1.41	1.44	1.47	1.49	1.52	1.54	1.57	1.62
	0.03	1.59	1.63	1.67	1.71	1.76	1.80	1.84	1.92
	0.05	1.54	1.59	1.64	1.69	1.73	1.78	1.83	1.93
	0.10	1.38	1.44	1.50	1.55	1.61	1.66	1.72	1.83
4	0.01	1.51	1.54	1.57	1.59	1.62	1.64	1.67	1.72
	0.02	1.76	1.81	1.86	1.91	1.96	2.01	2.06	2.16
	0.03	1.76	1.82	1.88	1.94	1.99	2.05	2.11	2.28
	0.05	1.70	1.76	1.82	1.88	1.95	2.01	2.07	2.19
6	0.01	1.86	1.90	1.94	1.99	2.03	2.08	2.12	2.21
	0.02	1.90	1.96	2.02	2.08	2.13	2.19	2.25	2.37
	0.03	1.89	1.96	2.03	2.10	2.16	2.23	2.30	2.44
10	0.01	2.07	2.12	2.17	2.23	2.28	2.34	2.39	2.50
	0.02	2.09	2.16	2.23	2.30	2.38	2.45	2.52	2.66

18.5.2 构件尺寸的影响

持久极限一般用 d=7～10 mm 的小试件测定。实验表明,弯曲或扭转的对称循环的持久极限将随截面尺寸的增大而降低,截面尺寸的大小对持久极限的影响程度,用尺寸系数 ε_σ 或 ε_τ 表示。对于截面尺寸大于标准试件的构件,尺寸系数 $\varepsilon_\sigma<1$,具体数值,可查表 18-4。对于轴向拉压对称循环的持久极限,受尺寸影响不大,可取 $\varepsilon_\sigma=1$。

表 18－4　尺寸系数

直径 d/mm		>20~30	>30~40	>40~50	>50~60	>60~70	>70~80	>80~100	>100~120	>120~150	>150~500
ε_σ	碳　钢	0.91	0.88	0.84	0.81	0.78	0.75	0.73	0.70	0.68	0.60
	合金钢	0.83	0.77	0.73	0.70	0.68	0.66	0.64	0.62	0.60	0.54
ε_τ	各种钢	0.89	0.81	0.78	0.76	0.74	0.73	0.72	0.70	0.68	0.64

18.5.3　构件表面质量的影响

构件的持久极限随其表面光洁度降低而变小，因光洁度低，其表面缺陷（刀痕、擦伤等）就多，使应力集中加剧，所以持久极限降低；相反，若对构件表面进行淬火、氮化、喷丸等强化处理，则将有效地提高构件的持久极限。因构件的最大应力往往发生在构件表面，故提高表面强度，使裂缝难以形成或扩张，则持久极限就会提高。表面质量对持久极限的影响程度，用表面质量系数 β 表示。当构件表面质量低于标准试件时，$\beta<1$；若构件表面经过强化处理，则$\beta>1$。具体数值，可查表 18－5。

表 18－5　表面质量系数

加工方法	表面粗糙度	σ_b/MPa		
		400	800	1 200
磨　削	$\overset{0.32}{\checkmark}$ ~ $\overset{0.16}{\checkmark}$	1	1	1
车　削	$\overset{2.5}{\checkmark}$ ~ $\overset{0.63}{\checkmark}$	0.95	0.90	0.80
粗　车	$\overset{20}{\checkmark}$ ~ $\overset{5}{\checkmark}$	0.85	0.80	0.65
未加工表面	$\overset{0}{\checkmark}$	0.75	0.65	0.45

综合考虑上述三个主要因素，构件在弯曲或拉压对称循环下的持久极限可表示为

$$\sigma_{-1}^{0}=\frac{\varepsilon_\sigma\beta}{K_\sigma}\cdot\sigma_{-1} \tag{18-4}$$

式中，σ_{-1}是标准试件的持久极限。

以上所述，是弯曲与拉压对称循环的情况，而对于扭转对称循环交变应力，只要把式（18－4）中的 σ 改成 τ 即可。

18.6　对称循环交变应力下构件的强度校核

计算对称循环下构件的疲劳强度时，应以构件的持久极限 σ_{-1}^{0} 为极限应力。选定适当的安全系数 n 后，便得到对称循环交变应力下构件的弯曲或拉、压许用应力为

$$[\sigma_{-1}] = \frac{\sigma_{-1}^{0}}{n} = \frac{\varepsilon_{\sigma}\beta\sigma_{-1}}{K_{\sigma}n} \tag{18-5}$$

构件弯曲或拉、压的疲劳强度条件为

$$\sigma_{\max} \leqslant [\sigma_{-1}] \tag{18-6}$$

式中，$\sigma_{\max}$为构件危险点上交变应力的最大值。

在疲劳强度计算中，常常采用由安全系数表示的强度条件，由式(18-6)

$$\sigma_{\max} \leqslant [\sigma_{-1}] = \frac{\sigma_{-1}^{0}}{n}$$

可得

$$\frac{\sigma_{-1}^{0}}{\sigma_{\max}} \geqslant n \tag{18-7}$$

构件的持久极限σ_{-1}^{0}与构件的最大工作应力$\sigma_{\max}$之比，是构件工作时的实际安全储备，称为构件的安全系数。用n_{σ}表示，即

$$n_{\sigma} = \frac{\sigma_{-1}^{0}}{\sigma_{\max}} \tag{18-8}$$

将式(18-8)代入式(18-7)，得到对称循环下的安全系数表示的疲劳强度条件为

$$n_{\sigma} = \frac{\varepsilon_{\sigma}\beta\sigma_{-1}}{K_{\sigma}\sigma_{\max}} \geqslant n \tag{18-9}$$

式中，n称为规定的安全系数，其数值可从有关的设计规范查得。

例 18-1 合金钢制成的阶梯轴，如图 18-9 所示。该阶梯轴承受对称循环弯矩 $M=1.5\ \text{kN}\cdot\text{m}$，材料的 $\sigma_b=980\ \text{MPa}$，$\sigma_{-1}=550\ \text{MPa}$，表面为磨削加工，若规定的安全系数 $n=1.7$，试校核此轴的疲劳强度。

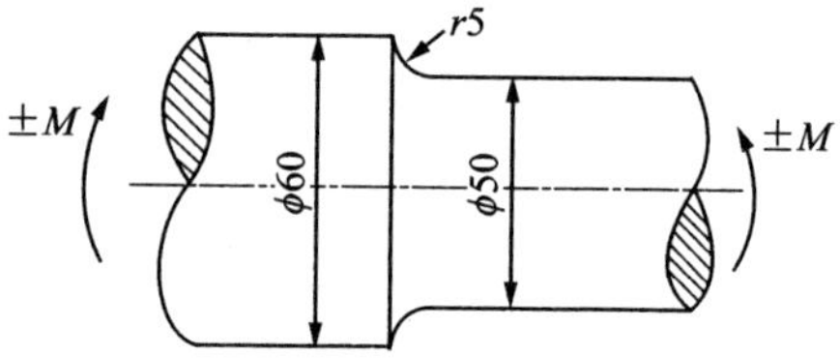

图 18-9

解： (1) 计算工作时的最大应力$\sigma_{\max}$为

$$\sigma_{\max} = \frac{M_{\max}}{W_z} = \frac{1.5\times 10^6\ \text{N}\cdot\text{mm}}{\frac{\pi}{32}\times 50^3\ \text{mm}^3} = 122.3\ \text{MPa}$$

(2) 计算各影响系数

由轴的尺寸得

$$\frac{D-d}{r} = \frac{60-50}{5} = 2 \qquad \frac{r}{d} = \frac{5}{50} = 0.1$$

根据 $\sigma_b=980\ \text{MPa}$，查表 18-3 得 $K_{\sigma}=1.72$

由 $d=50\ \text{mm}$，查表 18-4 得 $\varepsilon_{\sigma}=0.73$

由表面为磨削加工，查表 18-5 得 $\beta=1$

(3) 校核该轴的疲劳强度 由式(18-9)得此轴的工作安全系数为

$$n_{\sigma}=\frac{\varepsilon_{\alpha}\beta\sigma_{-1}}{K_{\sigma}\sigma_{\max}}=\frac{0.73\times1\times550\ \text{MPa}}{1.72\times122.3\ \text{MPa}}=1.91$$

因 $n=1.7$，所以 $n_0>n$，故此轴的疲劳强度足够。

18.7　提高构件疲劳强度的措施

综上所述，为了提高构件的疲劳强度，应尽量减缓应力集中和提高表面质量。

18.7.1　减缓应力集中

设计构件外形时，应尽量避免带有尖角的孔和槽。在截面尺寸突然变化处（如阶梯轴的轴肩处），宜用圆角过渡，并应尽量增大圆角半径 r［见图 18－10(a)］。当结构需要直角时，可在直径较大的轴段上开减荷槽［见图 18－10(b)］或退刀槽［见图 18－10(c)］，则应力集中明显减弱。当轴与轮毂采用静配合时，可在轮毂上开减荷槽［见图 18－10(d)］或增大配合部分轴的直径，并用圆角过渡［见图 18－10(e)］，这样便可缩小轮毂与轴的刚度差距，减缓配合边缘处的应力集中。

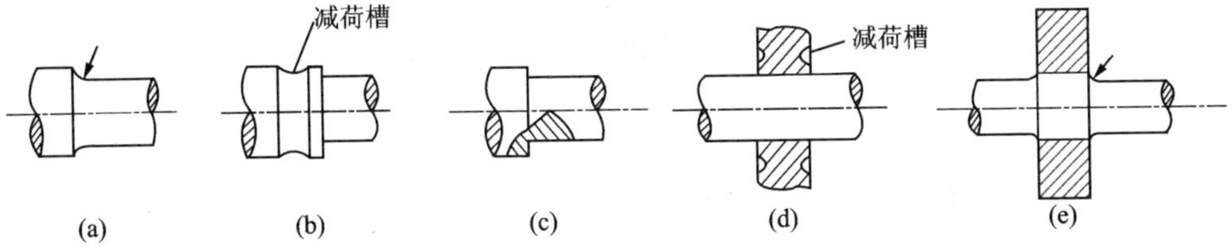

图 18－10

18.7.2　降低表面粗糙度

构件表层的应力一般较大（如构件弯曲或扭转时），加上构件表面的切削刀痕又将引起应力集中，故容易形成疲劳裂纹。降低表面粗糙度，可以减弱切削刀痕引起的应力集中，从而提高构件的疲劳强度。特别是高强度构件，对应力集中较敏感，则更应具有较低的表面粗糙度。此外，应尽量避免构件表面的机械损伤和化学腐蚀。

18.7.3　提高构件表面强度

提高构件表面层的强度，是提高构件疲劳强度的重要措施。生产上通常采用表面热处理（如高频淬火）、化学处理（如表面渗碳或氮化）和表面机械强化（如滚压、喷丸）等方法，使构件表面层强度提高。

思 考 题

1. 何谓交变应力？试列举交变应力的工程实例，并指出其循环特性。

2. 判别图 18－11 所示构件上 K 点的交变应力的类型，指出其循环特性。图(a)圆轴作等角速 ω 转动时，当

(1) 力 F 的大小和方向不变；

(2) 力 F 的大小不变，但方向改变(随轴一起转动)。

图(b)主动齿轮 1 以等角速 ω_1 转动，带动从动轮 2 以 ω_2 转动。

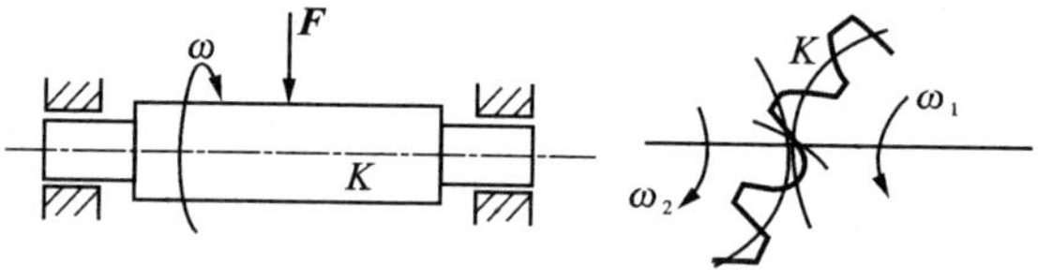

(a) (b)

图 18－11

3. 判别构件的破坏是否为疲劳破坏的依据是什么？

4. 试区分下列概念：

(1) 材料的强度极限与持久极限；

(2) 材料的持久极限与构件的持久极限；

(3) 静应力下的许用应力与交变应力下的许用应力；

(4) 脉动循环与对称循环交变应力。

5. 如图 18－12 所示的 4 根材质相同的轴，其尺寸或运动状态不同，试指出哪一根轴能承受的载荷 F 最大？哪一根轴能承受的载荷 F 最小？为什么？

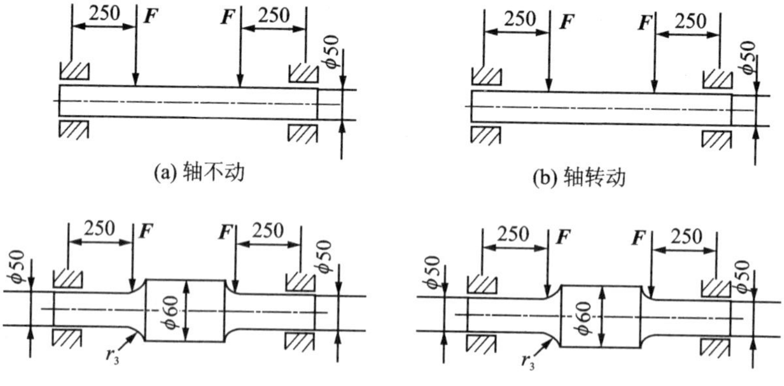

(a) 轴不动 (b) 轴转动

(c) 轴不动 (d) 轴转动

图 18－12

习　题

18－1　火车轮轴受力情况如题 18－1 图所示。已知 $a=500$ mm，$l=1\ 435$ mm，轮轴中段直径 $d=150$ mm，若 $F=50$ kN，试求轮轴中段截面边缘上一点的最大应力 σ_{max}、最小应力 σ_{min} 和循环特性 r，并作出 $\sigma-t$ 曲线。

答：$\sigma_{max}=-\sigma_{min}=75.5$ MPa，$r=-1$。

18－2　有一桥式吊车的卷筒轴，受力情况如题 18－2 图所示，转动时承受对称循环的弯曲交变应力。已知 $F_Q=20$ kN，材料的强度极限 $\sigma_b=600$ MPa，持久极限 $\sigma_{-1}=260$ MPa，轴的规定安全系数 $n=2$，有效应力集中系数 $K_\sigma=1.86$，尺寸系数 $\varepsilon_\sigma=0.75$，表面质量系数 $\beta=1$，试校核该轴 $n-n$ 截面的疲劳强度。

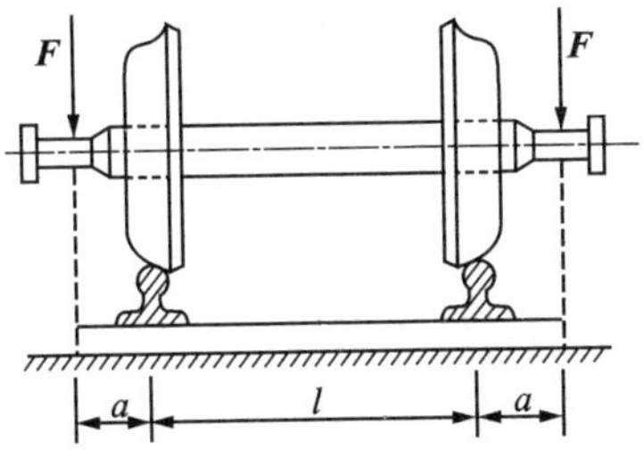

题 18－1 图

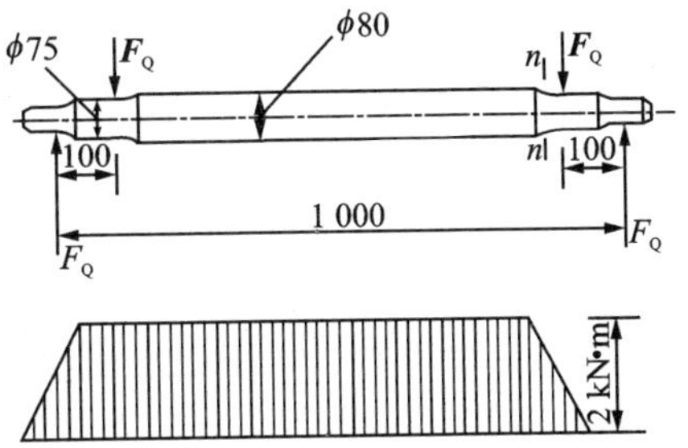

题 18－2 图

18－3　用铬镍合金钢磨削精加工制成的阶梯形圆轴，如题 18－3 图所示，承受对称交变弯矩 $M_{max}=400$ N·m，轴的直径 $D=48$ mm，$d=40$ mm，其轴肩圆弧半径 $r=2$ mm，材料的机械特性 $\sigma_b=882$ MPa，$\sigma_{-1}=400$ MPa，试求此轴的工作安全系数 n_σ。

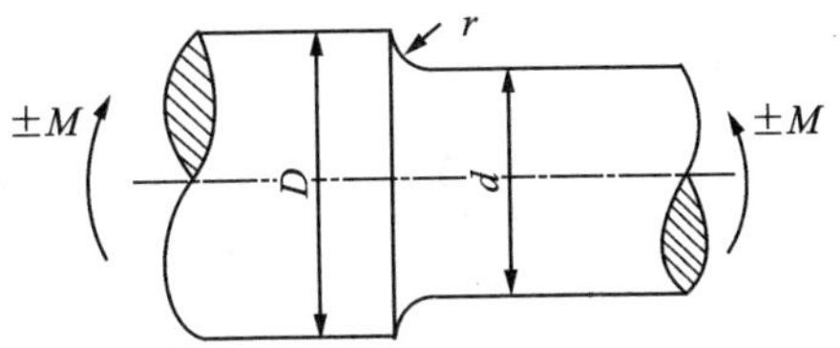

题 18－3 图

答：$n_\sigma=2.4$。

18－4　某减速器第一轴如题 18－4 图所示，键槽为端铣加工，$A—A$ 截面上的弯矩 $M=860$ N·m，轴的材料为 Q235 钢，$\sigma_b=520$ MPa，$\sigma_{-1}=220$ MPa，若规定安全系数 $n=4$，试校核 $A—A$ 截面强度（注：不计键槽对抗弯截面模量的影响）。

答：$n_\sigma=1.5$。

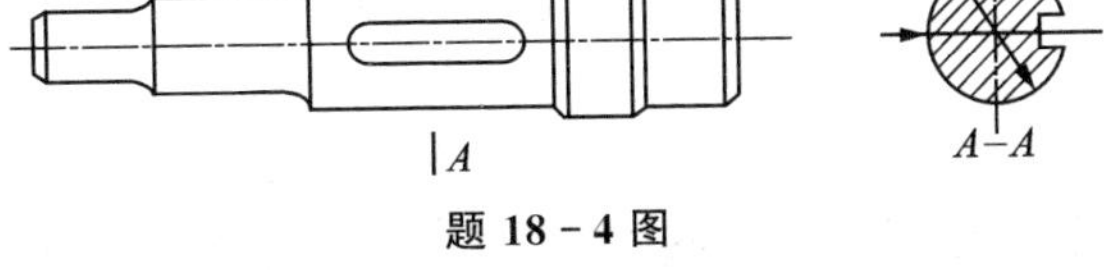

题 18－4 图

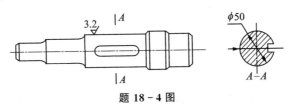

第 19 章　动荷应力

本章讨论在动载荷作用下构件内产生的动荷应力，主要介绍两类问题：用动静法计算构件作等加速直线运动或等角速转动时的动荷应力；用能量法计算构件受冲击时的动荷应力。

19.1　动载荷与动应力的概念

以前各章讨论了构件在静载荷作用下的强度、刚度和稳定性问题。所谓静载荷是指由零缓慢地增加到某一值后保持不变（或变动很小）的载荷。在静载荷作用下，构件内各点没有加速度，或加速度很小，可略去不计。此时，构件内的应力称为静应力。若作用在构件上的载荷随时间有显著的变化，或在载荷作用下，构件上各点产生显著的加速度，这种载荷称为**动载荷**。例如，加速度起吊重物时的钢索，高速旋转的飞轮，锻压工件时的汽锤锤杆等，都受到不同形式的动载荷作用。

构件中动载荷产生的应力，称为**动应力**。实验表明，在静载荷作用下服从胡克定律的材料，在动载荷作用下，只要动应力在材料的比例极限之内，胡克定律仍然成立，而且弹性模量也与静载荷下的数值相同。下面通过实例，讨论构件作匀加速直线运动和匀速转动的动应力计算问题。

19.2　构件作匀加速直线运动和匀速转动时的应力计算

19.2.1　构件作匀加速直线运动时的应力计算

吊车以匀加速度 a 提升重物[见图 19－1(a)]。设重物的重量为 $\boldsymbol{G}$，钢绳的横截面面积为 A，重量不计。计求钢绳中的应力。

用截面法将钢绳沿 $n-n$ 面截开，取下半部分为研究对象[见图 19－1(b)]。按照动静法（达朗伯原理），对匀加速直线运动的物体，如加上惯性力，就可以作静力学平衡问题处理。设重物的惯性力为 $\boldsymbol{F}_{\mathrm{d}}$，其大小为重物的质量 m 与加速度 a 的乘积，即

$$F_{\mathrm{d}} = ma = \frac{G}{g} \cdot a$$

方向与加速度 a 相反。$\boldsymbol{F}_{\mathrm{Nd}}$ 为钢绳在动载荷作用下的轴力，则重量 $\boldsymbol{G}$、轴力 $\boldsymbol{F}_{\mathrm{Nd}}$ 和惯性

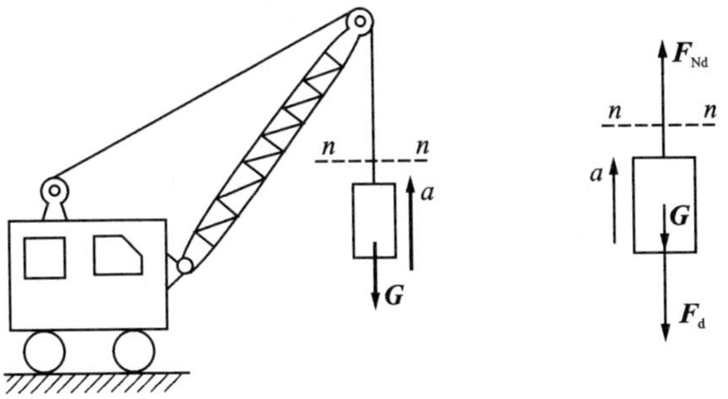

(a) (b)

图 19-1

力 $\boldsymbol{F}_d$ 在形式上构成平衡力系，由平衡方程

$$\sum F = 0, \qquad F_{Nd} - G - \frac{G}{g} \cdot a = 0$$

得

$$F_{Nd} = G + \frac{G}{g} \cdot a = G\left(1 + \frac{a}{g}\right) \tag{19-1}$$

则钢绳横截面上的动应力为

$$\sigma_d = \frac{F_{Nd}}{A} = \frac{G}{A}\left(1 + \frac{a}{g}\right) \tag{19-2}$$

式中，$\frac{G}{A} = \sigma_j$（钢绳在重量 $\boldsymbol{G}$ 作用下的静应力）。令

$$K_d = 1 + \frac{a}{g} \tag{19-3}$$

则式(19-2)可表示为

$$\sigma_d = K_d \sigma_j \tag{19-4}$$

式中，K_d 称为**动荷系数**，它表示动应力 σ_d 与静应力 σ_j 的比值。由式(19-3)可知，K_d 值随加速度 a 而变。当 $a=0$ 时，$K_d=1$，此时，钢绳中的应力为静应力 $\sigma_j = \frac{G}{A}$。

式(19-4)表示了构件动应力与静应力的关系。在很多动载荷问题中，均可应用这一公式计算动应力。不过，在不同问题中，动荷系数的表达式不同。在简单情况下，动荷系数可通过分析计算求得；在复杂情况下，则需要用实验的方法测定。因此，构件动载下的强度条件可表示为

$$\sigma_{d,\max} = K_d \sigma_{j,\max} \leqslant [\sigma] \tag{19-5}$$

$$\sigma_{j,\max} \leqslant \frac{[\sigma]}{K_d} \tag{19-6}$$

式中：$\sigma_{d,\max}$ 和 $\sigma_{j,\max}$ 分别为构件的最大动应力与最大静应力；$[\sigma]$ 为材料在静载下的许用应力。

式(19－6)表明，若将材料在静载荷下的许用应力[σ]除以动荷系数 K_d 作为许用应力，则动载强度问题便转换为静载强度问题。

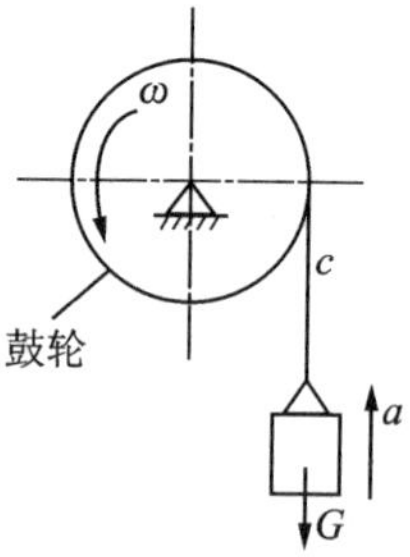

图 19－2

例 19－1　矿井提升机构如图 19－2 所示，提升矿物的重量(包括吊笼重量)$G=40$ kN。启动时，吊笼上升，加速度 $a=1.5\ \text{m/s}^2$，吊索横截面面积 $A=8\ \text{cm}^2$，自重不计。试求启动过程中绳索横截面上的动应力。

解：　吊索横截面上的静应力为

$$\sigma_j = \frac{G}{A} = \frac{40\times10^3\ \text{N}}{8\times10^2\ \text{mm}^2} = 50\ \text{MPa}$$

动荷系数为

$$K_d = 1+\frac{a}{g} = 1+\frac{1.5\ \text{m/s}^2}{9.81\ \text{m/s}^2} = 1.153$$

将 σ_j 和 K_d 的值代入式(19－4)，得吊索横截面上的动应力为

$$\sigma_d = K_d\sigma_j = 1.153\times50\ \text{MPa} = 57.7\ \text{MPa}$$

请读者分析，当装载矿石的吊笼以同样的加速度下降时，钢绳的动应力如何。

19.2.2　构件作匀速转动时的应力计算

在工程中有很多作旋转运动的构件。例如，飞轮、传动带轮和齿轮等。若不计其轮辐的影响，可近似地把轮缘看作定轴转动的圆环，进行应力计算。

设圆环绕通过圆心且垂直于圆环平面的轴作匀角速 ω 转动[见图 19－3(a)]。已知圆环的横截面面积为 A，平均直径为 D，体积质量为 ρ，求圆环横截面上的应力。

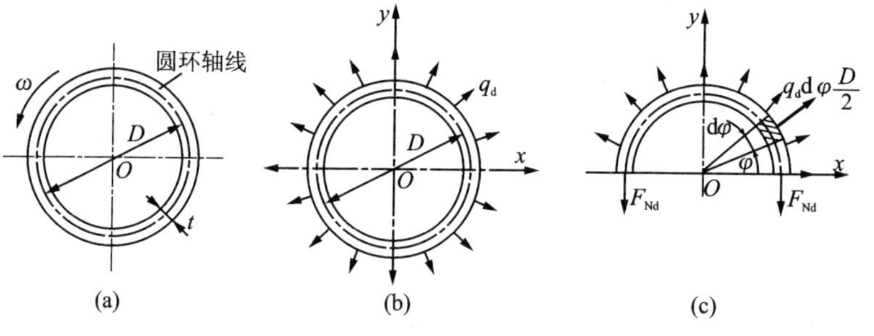

图 19－3

1. 求加速度

圆环以匀角速度 ω 转动时，圆环上各点只有法向加速度 a_n。若环的平均直径 D 远大于环壁厚度 t，则可近似地认为环上各点的 a_n 相同，且都等于 $D\omega^2/2$。

2. 求惯性力

因圆环线质量为$\frac{\rho A}{g}$,所以,圆环单位长度(圆环平均直径上的单位圆弧长)上的惯性力为

$$q_d = \frac{\rho A}{g} \cdot a_n = \frac{\rho A}{g} \cdot \frac{D}{2}\omega^2$$

其方向与 a_n 相反,沿圆环均匀分布[见图 19－3(b)]。

3. 求内力和应力

取半个圆环为研究对象[见图 19－3(c)],$\boldsymbol{F}_{Nd}$为圆环横截面上的内力。根据动静法原理,列平衡方程

$$\sum F_y = 0 \qquad \int_0^{\pi} q_d \cdot d\varphi \cdot \frac{D}{2} \cdot \sin\varphi - 2F_{Nd} = 0$$

得　$$F_d = \frac{1}{2}Dq_d = \frac{1}{2}D \cdot \frac{\rho A}{g} \cdot \frac{D}{2} \cdot \omega^2 = \frac{\rho A}{g}v^2, \qquad v = \omega\frac{D}{2}$$

圆环横截面上的应力为

$$\sigma_d = \frac{F_d}{A} = \frac{\rho v^2}{g} \tag{19-7}$$

圆环强度条件为

$$\sigma_d = \frac{\rho v^2}{g} \leqslant [\sigma] \tag{19-8}$$

由式(19－8)可以看出,圆环横截面上的动应力 σ_d 仅与圆环材料的体积质量 ρ 及线速度 v 有关,而与横截面面积无关。因此,为降低圆环的应力,应限制圆环的直径或转速,或选用体积质量 ρ 较小的材料。

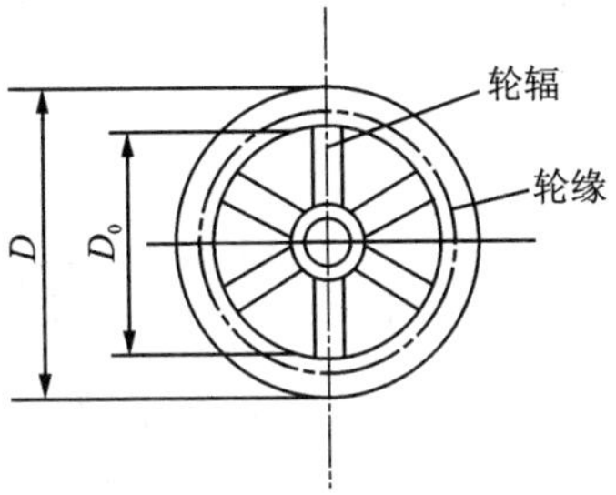

图 19－4

例 19－2　钢质飞轮匀角速转动(见图 19－4),轮缘外径$D=2$ m,内径 $D_0=1.5$ m,材料体积质量$\rho=78$ kN/m^3。要求轮缘内的应力不得超过许用应力$[\sigma]=80$ MPa,轮辐影响不计。试计算飞轮的极限转速 n。

解:　由式(19－8)得

$$v = \sqrt{\frac{[\sigma] \cdot g}{\rho_l}} = \sqrt{\frac{80\times10^6\ \text{Pa}\times9.81\ \text{m/s}^2}{78\times10^3\ \text{N/m}^3}} = 100.3\ \text{m/s}$$

根据线速度 v 与转速 n 的关系式

$$v = \frac{\pi(D+D_0)n}{2\times60}$$

得极限转速　$n=\dfrac{120v}{\pi(D+D_0)}=\dfrac{120\times100.3\ \text{m/s}}{\pi(2+1.5)\text{m}}=1\ 094\ \text{r/min}$

19.3　冲击应力

19.3.1　问题的提出

当运动物体(冲击物)以一定的速度作用到静止构件(被冲击物)上时,构件将受到很大的作用力(冲击载荷),这种现象称为**冲击**,被冲构件因冲击而引起的应力称为**冲击应力**。工程中冲击实例很多。例如汽锤锻造、落锤打桩、金属冲压加工、传动轴突然制动等,都是常见的冲击情况。

在冲击过程中,由于被冲构件的阻碍,使冲击物的速度在极短时间内发生急剧的改变,从而产生相当大的与运动方向相反的加速度。同时,由于冲击物的惯性,它将施加给被冲击物很大的惯性力,从而使构件内产生很大的应力与变形。假如我们能够计算这种惯性力,就可按上节所述的动静法来计算构件内的冲击应力。但是,由于冲击过程极为短促,且加速度及相应的惯性力又是迅速变化的,它们的数值都难以直接求得。因此,对于冲击问题,不宜采用动静法而须另觅途径。工程上多采用一种简化了的能量方法,先计算构件被冲击的变形,再通过变形计算应力。

19.3.2　能量法的基本方程

现以自由落体的冲击问题为例,说明计算冲击应力的思路以及能量法的原理。

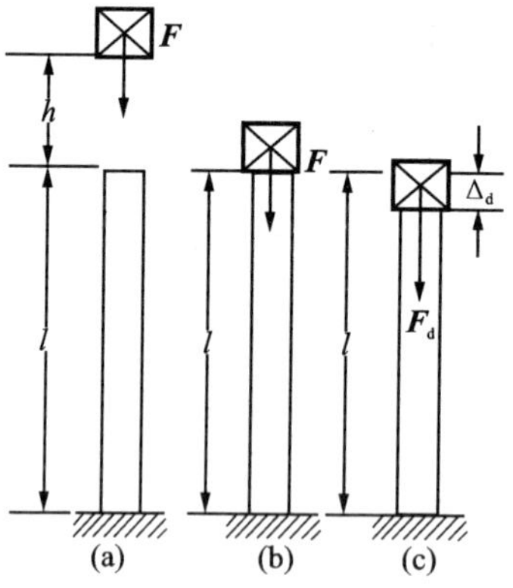

图 19-5

如图 19-5(a)、(b)、(c)所示,设有一重力为 $\boldsymbol{F}$ 的冲击物,自高度 h 处自由下落到直杆的顶面上,并以一定的速度 v 开始冲击直杆。若冲击物与直杆接触后仍附着于杆上,由于杆的阻碍将使冲击物的速度逐渐降低至零,与此同时直杆在被冲击处的位移将达到最大值 Δ_d,与之相应的冲击载荷值为 $\boldsymbol{F}_d$,冲击应力值为 σ_d。

如果能够设法求出冲击时的最大位移值 Δ_d,并假设冲击时杆仍在弹性范围内工作,则根据载荷、应力、变形间的正比关系,可进而求得冲击载荷 $\boldsymbol{F}_d$ 及冲击应力 σ_d,这就是求解冲击问题的基本思路。由此可见,关键在于 Δ_d 的确定。

可以用能量法求解上述问题。在求解过程中,作了下述假定:

(1) 冲击物的变形很小,可以将它视为刚体;

(2) 被冲击物的质量很小，可以略去不计；

(3) 略去冲击过程中的能量损失。

这样，根据能量守恒定律可知：在冲击过程中，冲击物所减少的动能 T 和势能 V 应等于被冲击物所增加的变形能 U_d，即

$$T + V = U_d \tag{19-9}$$

式(19－9)就是用能量法解冲击问题的基本方程。由此出发，可以解决杆件各种变形形式的冲击问题。在不同形式的冲击问题中，仅仅是 T、V 及 U_d 的表达式不同而已。

19.3.3 推导冲击应力的计算公式

在自由落体对直杆的冲击问题中，当直杆由原来位置被冲击而达到最大变形位置时[见图 19－5(c)]，冲击物所减少的势能为

$$V = F\Delta_d \tag{19-10}$$

冲击物开始冲击时所具有的初动能，可以通过重物在自由下落过程中重力所做的功 Fh 来计算。由于冲击后重物的速度降低为零，即其末动能为零。因此，在冲击过程中冲击物所减少的动能为

$$T = Fh \tag{19-11}$$

在冲击过程中，被冲杆件增加的变形能 U_d，可通过力 $\boldsymbol{F}_d$ 所做的功来表示。由于力 $\boldsymbol{F}_d$ 与位移 Δ_d 都由零增至最大值，当材料服从胡克定律时，可得

$$U_d = \frac{1}{2}F_d\Delta_d \tag{19-12}$$

另一方面，利用弹性范围内载荷与位移的正比关系可得

$$\frac{F_d}{\Delta_d} = \frac{F}{\Delta}$$

或

$$F_d = \frac{F}{\Delta}\Delta_d \tag{19-13}$$

式中：Δ 为将力 $\boldsymbol{F}$ 以静载荷的方式作用在杆件上时，杆在被冲击处的静荷位移。把式(19－13)代入式(19－12)，可得杆件变形能的另一表达式为

$$U_d = \frac{1}{2}\frac{F}{\Delta}\Delta_d^2 \tag{19-14}$$

把式(19－10)、式(19－11)与式(19－14)代入公式(19－9)，得到

$$F(h + \Delta_d) = \frac{1}{2}\frac{F}{\Delta}\Delta_d^2$$

由上式得

$$\Delta_d^2 - 2\Delta\Delta_d - 2\Delta h = 0$$

由此解出

$$\Delta_d = \Delta \pm \sqrt{\Delta^2 + 2h\Delta} = \Delta\left(1 \pm \sqrt{1 + \frac{2h}{\Delta}}\right)$$

为了求得位移的最大值，应保留上式中的根号前的正号，故有

$$\Delta_d = \Delta\left(1 + \sqrt{1 + \frac{2h}{\Delta}}\right) = K_d\Delta \qquad (19-15)$$

式中，系数 K_d 为

$$K_d = 1 + \sqrt{1 + \frac{2h}{\Delta}} \qquad (19-16)$$

由式(19－15)可知，K_d 为冲击时的最大位移与静荷位移之比值，称为冲击动荷系数。

式(19－16)中的 Δ，是指冲击物重力 $\boldsymbol{F}$ 以静载荷的方式作用在被冲杆件上时，杆件在被冲击处沿冲击方向的静荷位移。

确定该静荷位移时，应对具体问题作具体分析。例如，在图 19－5 所示的轴向冲击情况下，有

$$\Delta = \Delta l = \frac{Fl}{EA}$$

同理，如图 19－6 所示，当简支梁 AB 在跨度中点处受自由落体冲击时，Δ 应为该梁跨度中点处的静荷挠度，即

$$\Delta = y_C = \frac{Fl^3}{48EI}$$

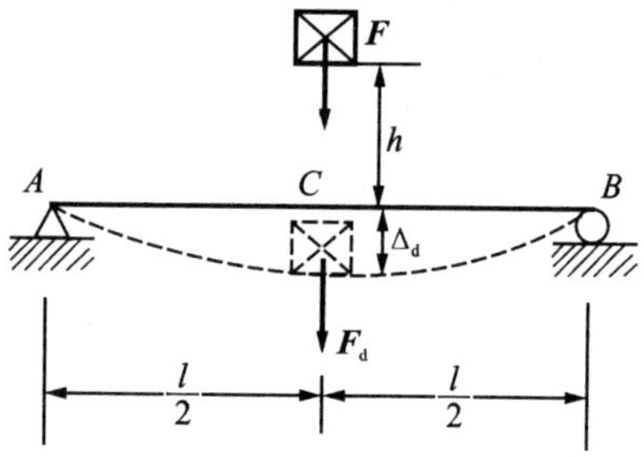

图 19－6

由于冲击时变形与载荷成正比，故由式(19－15)及式(19－13)可以得到

$$F_d = K_dF \qquad (19-17)$$

再通过应力与载荷的正比关系，可得

$$\sigma_d = K_d\sigma \qquad (19-18)$$

式中，σ_d 即所需求的冲击应力，它可由相应的静荷应力乘以冲击动荷系数而得到。

杆件受冲击作用时的强度条件，一般情况下可以写成

$$\sigma_{d,max} = K_d\sigma_{max} \leqslant [\sigma] \qquad (19-19)$$

式中：$\sigma_{d,max}$ 及 σ_{max} 分别为构件内的最大冲击应力及最大静荷应力；$[\sigma]$ 仍取静载荷时的许用应力。

上面所得到的公式(19－16)、式(19－18)、式(19－19)等，同样也适用于自由落体冲击的其他变形形式的构件。

当载荷直接突然加在杆件上时，相当于物体自由下落 $h=0$ 的情况，此时，冲击动荷系数公式为

$$K_d = 1 + \sqrt{1 + 0} = 2$$

由上式可知，在突加荷重作用下，杆件内产生的位移和应力都比在静载荷作用时大一倍。

对于水平放置的系统，如图 19－7 所示，冲击过程中系统的势能不变，$V=0$，若冲击物与杆件接触时的速度为 v，

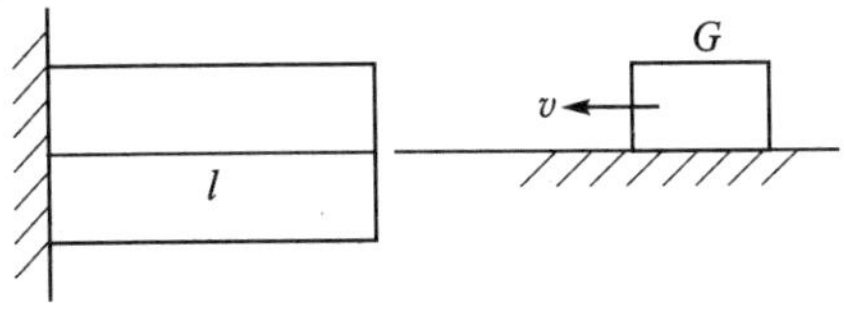

图 19－7

则动能 $T=\frac{1}{2}\frac{G}{g}v^2$，将 V、T 和式（19－14）中的 U_d 代入式（19－9）得

$$\frac{1}{2}\frac{G}{g}v^2=\frac{1}{2}\frac{G}{\Delta}\Delta_d^2$$

$$\Delta_d=\sqrt{\frac{v^2\Delta}{g}}$$

由式（19－13）得

$$F_d=\sqrt{\frac{v^2}{g\Delta}}G$$

动荷系数
$$K_d=\sqrt{\frac{v^2}{g\Delta}} \tag{19-20}$$

因此 $\sigma_d=K_d\sigma=\sqrt{\frac{v^2}{g\Delta}}\sigma$。

应当注意，上面所得的有关公式是近似的。实际上，冲击物并非绝对刚体，而被冲击构件也不完全是没有质量的线弹性体。此外，冲击过程中还有其他的能量损失，即冲击物所减少的动能和位能并不会全部转化为被冲击构件的变形能。但经过简化而得出的近似公式，不但使计算简化，而且由于不计其他能量损失等因素，也使所得结果偏于安全方面，因此在工程中被广泛采用。

此外，还应指出：根据上述有关公式计算出来的最大冲击应力，只有在不超过材料的比例极限时，才能应用，因为在公式的推导过程中引用了胡克定律。

例 19－3　图 19－8(a)、(b)分别表示两个钢梁受重物 $\boldsymbol{F}$ 的冲击，一梁支于刚性支座上，另一梁支于弹簧常数 $C=0.001$ cm/N 的弹簧支座上。已知 $l=3$ m，$h=0.05$ m，$F=1$ kN，$I_z=3\ 400$ cm^4，$W_z=309$ cm^3，$E=200$ GPa，试比较两者的冲击应力。

解：　首先求出两种情况下的冲击动荷系数值，由

$$K_d=1+\sqrt{1+\frac{2h}{\Delta}}$$

可知，两种情况的差别在于静荷变形 Δ 不同。对刚性支撑的梁，其

$$\Delta=\frac{Fl^3}{48EI_z}=\frac{1\ 000\ \text{N}\times 3^3\ \text{m}^3}{48\times 200\times 10^9\ \text{Pa}\times 3\ 400\times 10^{-8}\ \text{m}^4}=8.28\times 10^{-5}\ \text{m}$$

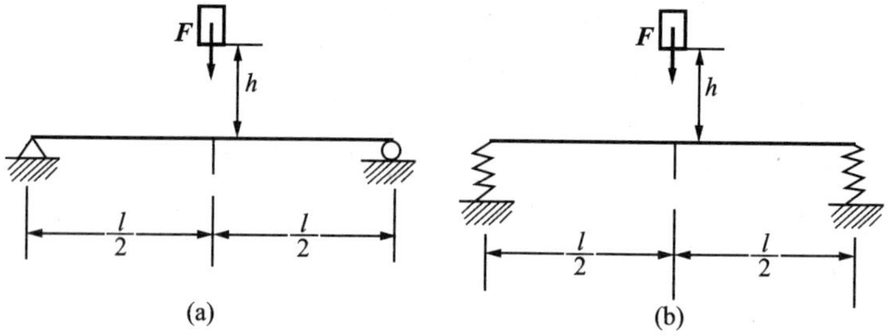

图 19 - 8

$$K_d = 1+\sqrt{1+\frac{2h}{\Delta}} = 1+\sqrt{1+\frac{2\times 0.05\ \text{m}}{8.28\times 10^{-5}\ \text{m}}} = 1+\sqrt{1+1\ 210} = 35.8$$

$$\sigma = \frac{Fl}{4W_z} = \frac{1\ 000\ \text{N}\times 3\ \text{m}}{4\times 309\times 10^{-6}\ \text{m}^3} = 2.43\ \text{MPa}$$

可得
$$\sigma_d = 5.55\times 2.43\ \text{MPa} = 135\ \text{MPa}$$

比较上述两种情况的结果可知，采用弹簧支座，可减少系统的刚度，降低动荷系数，从而减少冲击应力。

19.4 提高构件抗冲击能力的措施

冲击试验机

由上节可知，冲击对构件应力和变形的影响，集中反映在冲击动荷系数上。因此，本节将结合对冲击动荷系数的分析，讨论提高构件抗冲击能力的一些措施。

由公式(19 - 18)已知

$$\sigma_d = \sigma K_d = \sigma\left(1+\sqrt{1+\frac{2h}{\Delta}}\right) \tag{19 - 21}$$

减少冲击应用实例

对受拉(压)的等直杆而言，有

$$\Delta = \Delta l = \frac{Fl}{EA} \tag{19 - 22}$$

将式(19 - 22)代入式(19 - 21)可得

$$\sigma_d = \sigma\left(1+\sqrt{1+\frac{2hEA}{Fl}}\right) = \frac{F}{A}+\sqrt{\left(\frac{F}{A}\right)^2+\frac{2hEF}{Al}} \tag{19 - 23}$$

式(19 - 21)及(19 - 23)说明：

(1) 如构件的弹性模量 E 越大，则冲击应力也越大。因此，可以选择弹性模量 E 较低的材料制作受冲构件以降低冲击应力。但这时应注意，弹性模量 E 较低的材料，其许用应力也往往较低，所以在采取上述措施的同时还必须校核构件是否能满足强度条件。

(2) 如构件的静荷变形 Δ 越大，则动荷系数及相应的冲击应力越小。这是因为：静荷变形大，说明构件的刚度小，从而构件能够更多地吸收冲击物的能量，增加了缓冲能力。因此，应设法增加受冲构件的静荷变形。例如，在车辆的车架下都装有缓冲弹簧，以减少车架所受到的冲击作用。但这时应注意，在增加静荷变形 Δ 的同时，应尽可能避免增加静荷应力 σ；否则，虽降低了动荷系数 K_d，却增加了静荷应力 σ，最后不一定能达到降低动荷应力 $\sigma_d = K_d\sigma$ 的目的。

(3) 如构件的体积 Al 越大，则冲击应力越小。因此，工程上有时采用增加构件体积的方法达到降低冲击应力的目的。例如，对于承受活塞冲击的汽缸盖而言(见图 19-9)，可将图(a)中的短螺钉改成图(b)中的长螺钉，即增加螺钉体积以降低冲击应力。

但是，上述结论是针对等截面杆而言的，不适用于变截面杆的情况。例如，图 19-10(a)、(b)表示材料相同的两杆，杆 a 的体积虽然比杆 b 的体积大，但杆 a 在危险截面上的冲击应力也比杆 b 的冲击应力大。事实上从图 19-10 可以看出，在载荷和材料相同的情况下，杆 a 的静荷变形比杆 b 的静荷变形小，所以杆 a 的冲击动荷系数比杆 b 的冲击动荷系数大。同时，在危险截面上，两杆的面积相等，从而使杆 a 的动荷应力大于杆 b 的动荷应力。

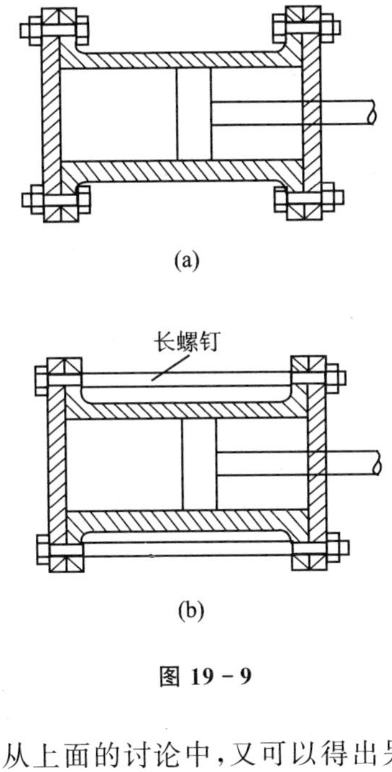

图 19-9

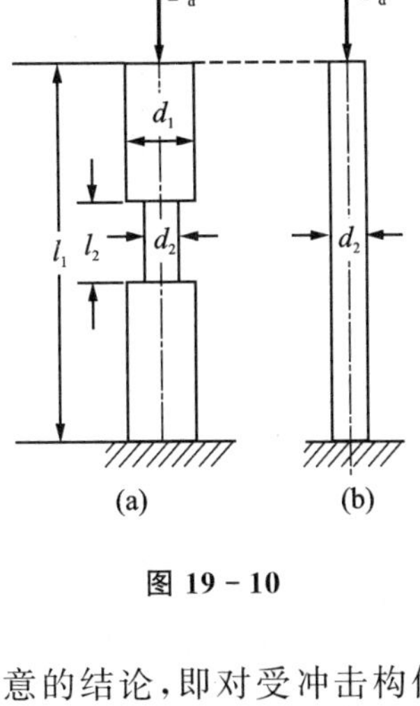

图 19-10

从上面的讨论中，又可以得出另外一个值得注意的结论，即对受冲击构件而言，应尽可能避免在很短的长度内削弱截面。例如图 19-10 中的杆 a，由于局部的截面削弱，将使它在受冲击时处于比杆 b 更为不利的地位。

在实际问题中，如果受冲杆件不能避免某些部分要被削弱(例如螺钉一类零件)，这时，又应尽可能增加被削弱部分的长度。如图 19-10 所示，如杆 a 被削弱部分的长度愈大，则越接近于杆 b 的情况，即随着被削弱部分长度的增加，静荷变形加大而动荷应力减小。

思考题

1. 何谓静载荷？何谓动载荷？两者有什么差别？

2. 何谓动荷系数？它有什么物理意义？

3. 为什么转动飞轮都有一定的转速限制？如转速过高，将产生什么后果？

4. 冲击动荷系数与哪些因素有关？为什么刚度愈大的杆愈容易被冲坏？为什么缓冲弹簧可以承受很大的冲击荷重而不致损坏？

5. 提高构件抗冲击能力有哪几条基本措施？

6. 图 19-11 所示，悬臂梁受冲击载荷作用，试写出下列两种情况下梁内最大弯曲正应力比值的表达式。

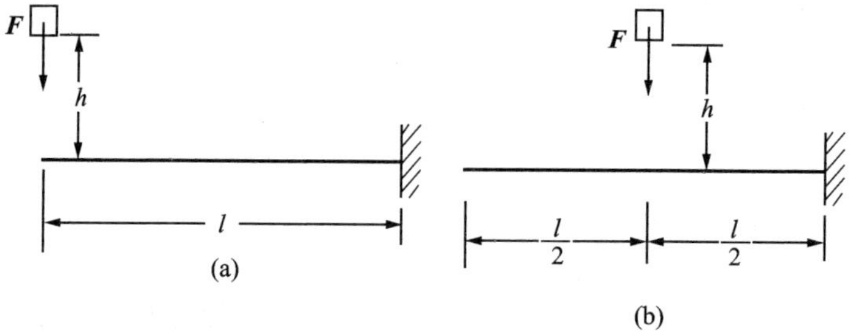

图 19-11

习 题

19-1 如题 19-1 图所示，长为 l、横截面面积为 A 的杆以加速度 a 向上提升。若材料单位体积质量为 ρ，试求杆内的最大应力。

答：$\sigma_{d,max}=\rho lg\left(1+\dfrac{a}{g}\right)$。

19-2 如题 19-2 图示，一起重机 A 重 20 kN，装在两根 32b 号工字钢上，起吊一重 $G=60$ kN 的重物。若重物在第一秒内以等加速上升 2.5 m，试求绳内的拉力和梁内最大的应力。

答：$F=90.6$ kN，$\sigma_{d,max}=90.5$ MPa。

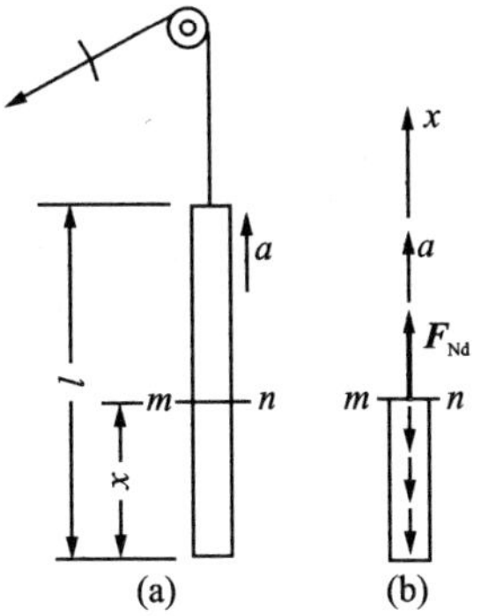

题 19－1 图

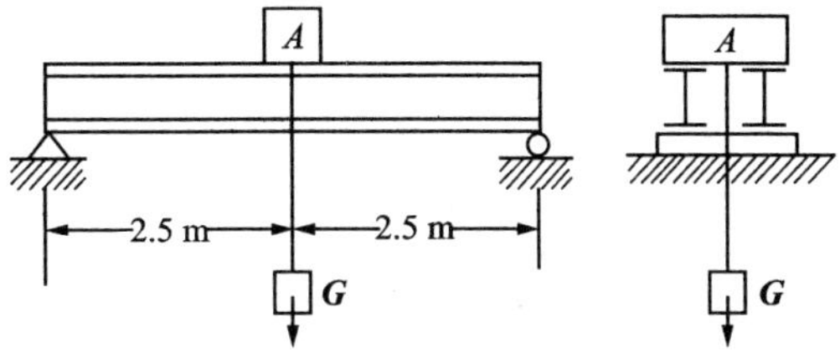

题 19－2 图

19－3　如题 19－3 图所示，一重物 $G=20$ kN 的载荷悬挂在钢绳上，钢绳由 500 根直径 $d=0.5$ mm 的钢丝所组成，鼓轮以角加速度 $\varepsilon=10(1/s^2)$ 反时针旋转，其长 $l=5$ m，外径 $D=50$ cm，弹性模量 $E=220$ GPa，求钢绳的最大正应力及伸长。

答：$\sigma_d=256$ MPa，$\Delta l_d=0.58$ cm。

19－4　如题 19－4 图所示，一铸铁飞轮作等角速转动，转速 $n=360$ r/min，材料的单位体重为 $\gamma=75$ N/m^3，许用应力为$[\sigma]=45$ MPa，飞轮内外直径分别为 $d=3.8$ m，$D=4.2$ m，设飞轮的轮辐影响不计，试校核其强度。

答：$\sigma_d=43.5$ MPa$<[\sigma]$，安全。

19－5　如题 19－5 图所示，一载荷 $G=500$ N，自高度 $h=1$ m 处下落至圆盘上，圆盘固结于直径 $d=20$ mm 的圆形横截面杆的下端，杆长 $l=2$ m，试计算杆的伸长及最大拉应力。已知 $E=200$ GPa。

答：$\Delta l_d=0.565$ cm，　$\sigma_d=565$ MPa。

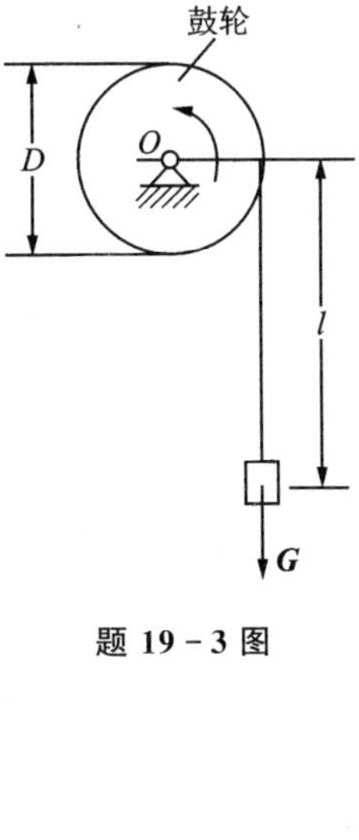

题 19－3 图

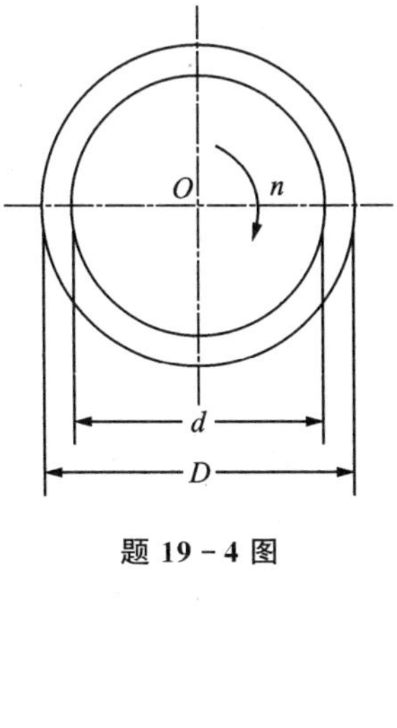

题 19－4 图

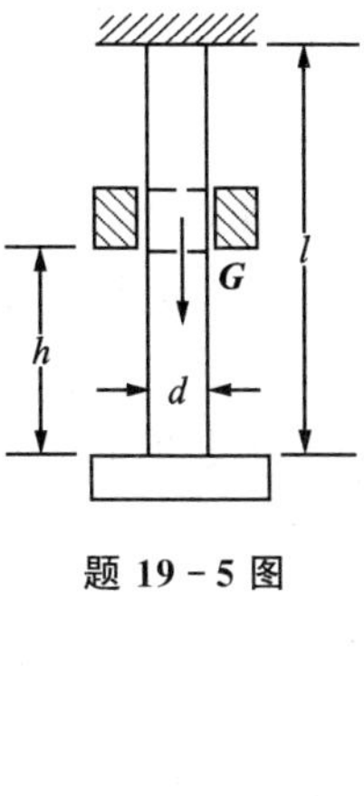

题 19－5 图

19－6 如题 19－6 图所示，一载荷 $G=1$ kN，自高度 $h=10$ cm 处下落，冲在 22a 号工字钢简支梁的中点上。设梁长 $l=2$ m，$E=200$ GPa，试求梁中点处的挠度及最大正应力。

答：$y_d=0.224$ cm，$\sigma_{d,max}=147.8$ MPa。

19－7 为降低冲击应力，设在题 19－6 图中梁的 B 支座处加一弹簧，其弹簧常数 $K=50$ kN/cm，此时梁的最大正应力又是多少？

答：$\sigma_{d,max}=85.5$ MPa。

19－8 重量为 $G=1$ kN 的重物自由下落在如题 19－7 图所示的悬臂梁上，设梁长 $l=2$ m，弹性模量 $E=10$ GPa，试求冲击时梁内的最大正应力及梁的最大挠度（图中尺寸单位为 mm）。

答：$\sigma_{d,max}=15$ MPa，$y_{d,max}=2$ cm。

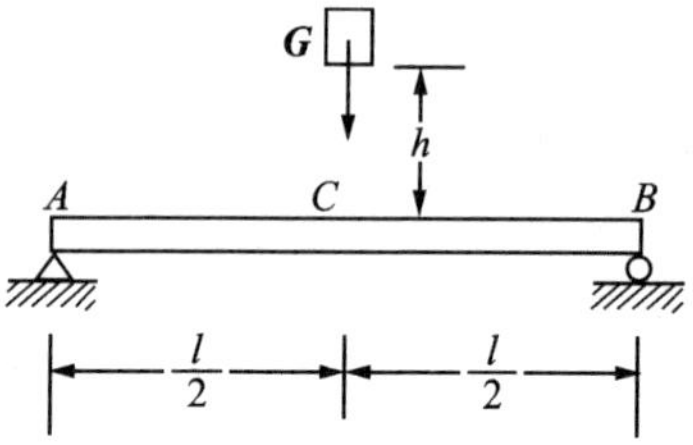

题 19－6 图

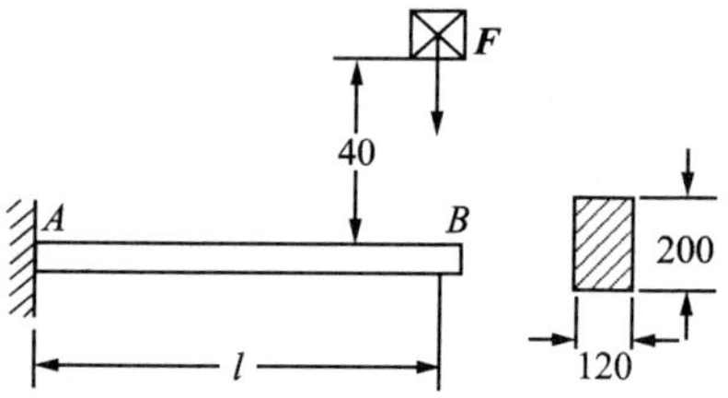

题 19－7 图

19－9 材料相同、长度相等的变截面杆如题 19－8 图所示，若两杆的最大横截面面积相等，问哪一根杆件承受冲击的能力强？设变截面杆直径为 d 的部分长为 $\frac{2}{5}l$，为了便于比较，假设 h 较大，可以近似地把动荷系数取为 $K_d\approx\sqrt{\frac{2h}{\Delta}}$。

答：$\sigma_{da}=\sqrt{\dfrac{8hWE}{\pi l d^2\left[\dfrac{3}{5}\left(\dfrac{d}{D}\right)^2+\dfrac{2}{5}\right]}}$；$\sigma_{db}=\sqrt{\dfrac{8hWE}{\pi l D^2}}$。

19－10 如题 19－9 图所示，直径 $d=30$ cm，长 $l=6$ m 的圆木桩，下端固定，上端受重量 $G=2$ kN 的重锤作用。木材的 $E_1=10$ GPa。试求下列三种情况下，木桩内的最大正应力。

（a）重锤以静载荷的方式作用于木桩上；

（b）重锤从离桩顶 0.5 m 的高度自由落下；

（c）在桩顶放置直径为 15 cm、厚为 40 mm 的橡皮垫，橡皮的弹性模量 $E_2=8$ MPa，重锤也是从离橡皮垫顶 0.5 m 的高度自由落下。

答：(a) $\sigma_{dj}=0.0283$ MPa，(b) $\sigma_d=6.9$ MPa，(c) $\sigma_d=1.2$ MPa。

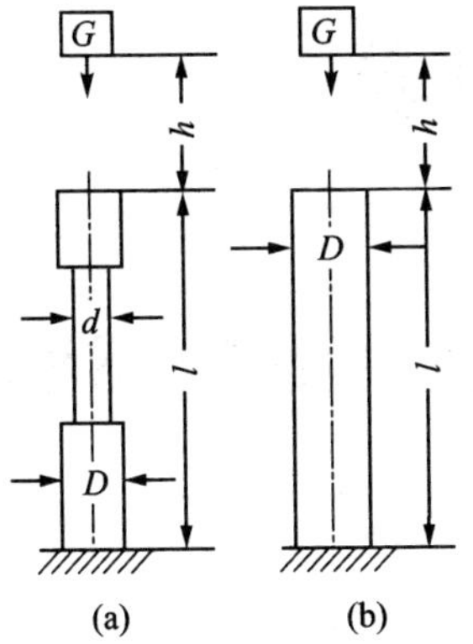

题 19-8 图

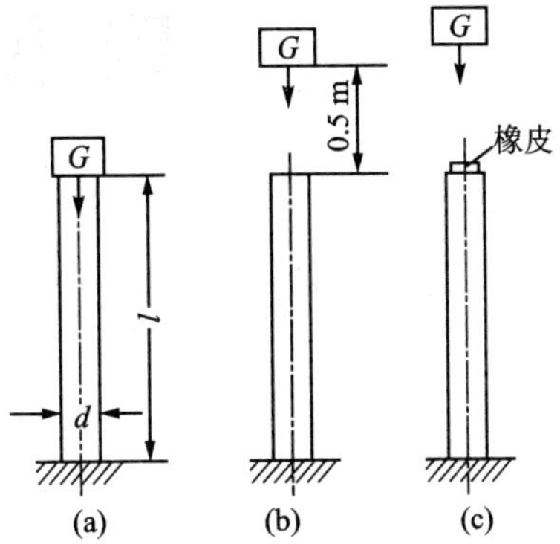

题 19-9 图

附录　型钢表

一、热轧等边角钢(GB 9787—88)

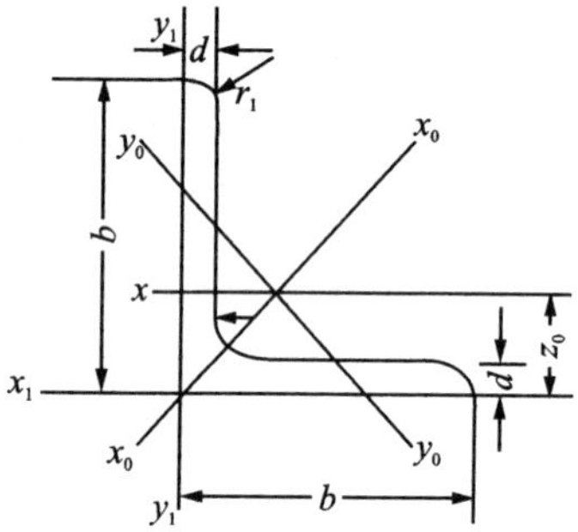

符号意义：

b——边宽；　d——边厚；

I——惯性矩；　W——截面系数；

i——惯性半径；　z_0——重心距离；

r——内圆弧半径；　r_1——边端内圆弧半径。

角钢型号	尺寸/mm			截面面积 A /cm^2	理论重量 G /(kg·m^{-1})	外表面积 A /(m^2·m^{-1})	参考数值										z_0/cm
							$x-x$			x_0-x_0			y_0-y_0			x_1-x_2	
	b	d	r				I_x /cm^4	i_x /cm	W_x /cm^2	I_{x_0} /cm^4	i_{x_0} /cm	W_{x_0} /cm^3	I_{y_0} /cm^4	i_{y_0} /cm	W_{y_0} /cm^3	I_{x_1} /cm^4	
2	20	3	3.5	1.132	0.889	0.078	0.40	0.59	0.29	0.63	0.75	0.45	0.17	0.39	0.20	0.81	0.60
		4		1.459	1.145	0.077	0.50	0.58	0.36	0.78	0.73	0.55	0.22	0.38	0.24	1.09	0.64
2.5	25	3	3.5	1.432	1.124	0.098	0.82	0.76	0.46	1.29	0.95	0.73	0.34	0.49	0.33	1.57	0.73
		4		1.859	1.459	0.097	1.03	0.74	0.59	1.62	0.93	0.92	0.43	0.48	0.40	2.11	0.76
3	30	3	4.5	1.749	1.373	0.117	1.46	0.91	0.65	2.31	1.15	1.09	0.61	0.59	0.51	2.71	0.85
		4		2.276	1.786	0.117	1.84	0.90	0.87	2.92	1.13	1.37	0.77	0.58	0.62	3.63	0.89
3.6	36	3		2.109	1.656	0.141	2.58	1.11	0.99	4.09	1.39	1.61	1.07	0.71	0.76	4.68	1.00
		4		2.756	2.163	0.141	3.29	1.09	1.28	5.22	1.38	2.05	1.37	0.70	0.93	6.25	1.04
		5		3.382	2.656	0.141	3.95	1.08	1.56	6.24	1.36	2.45	1.65	0.70	1.09	7.84	1.07

续表

角钢型号	尺寸/mm			截面面积 A /cm^2	理论重量 G /($kg\cdot m^{-1}$)	外表面积 A /($m^2\cdot m^{-1}$)	参考数值										z_0/cm
							$x-x$			x_0-x_0			y_0-y_0			x_1-x_2	
	b	d	r				I_x /cm^4	i_x /cm	W_x /cm^2	I_{x_0} /cm^4	i_{x_0} /cm	W_{x_0} /cm^3	I_{y_0} /cm^4	i_{y_0} /cm	W_{y_0} /cm^3	I_{x_1} /cm^4	
4	40	3	5	2.359	1.852	0.157	3.59	1.23	1.23	5.69	1.55	2.01	1.49	0.79	0.96	6.41	1.09
		4		3.086	2.422	0.157	4.60	1.22	1.60	7.29	1.54	2.58	1.91	0.79	1.19	8.56	1.13
		5		3.791	2.976	0.156	5.53	1.21	1.96	8.76	1.52	3.10	2.30	0.78	1.39	10.74	1.17
4.5	45	3		2.659	2.088	0.177	5.17	1.40	1.58	8.20	1.76	2.58	2.14	0.89	1.24	9.12	1.22
		4		3.486	2.736	0.177	6.65	1.38	2.05	10.56	1.74	3.32	2.75	0.89	1.54	12.18	1.26
		5		4.292	3.369	0.176	8.01	1.37	2.51	12.74	1.72	4.00	3.33	0.88	1.81	15.25	1.30
		6		5.076	3.985	0.176	9.33	1.36	2.95	14.76	1.70	4.64	3.89	0.88	2.06	18.30	1.33
5	50	3	5.5	2.971	2.332	0.197	7.18	1.55	1.96	14.37	1.96	3.22	2.98	1.00	1.57	12.50	1.34
		4		3.897	3.059	0.197	9.26	1.54	2.56	14.70	1.94	4.16	3.82	0.99	1.96	16.69	1.38
		5		4.803	3.770	0.196	11.21	1.53	3.13	17.79	1.92	5.03	4.64	0.98	2.31	20.90	1.42
		6		5.688	4.465	0.196	13.05	1.52	3.69	20.68	1.91	5.85	5.42	0.98	2.63	25.14	1.46

二、热轧工字钢(GB 706—88)

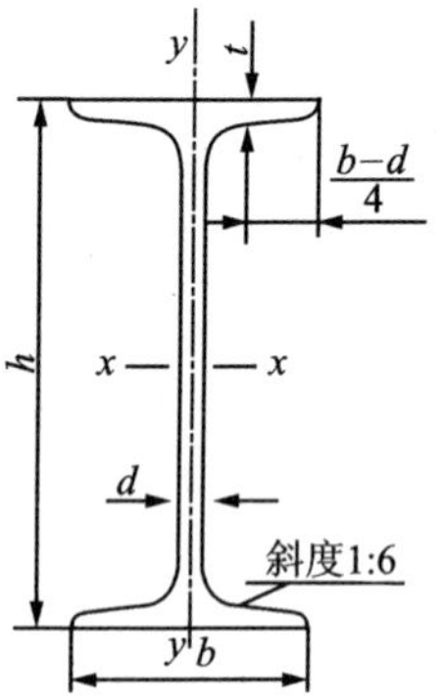

符号意义：

h——高度；　b——腿宽；

d——边厚；　t——平均腿厚度；

r——内圆弧半径；　r_1——腿端圆弧半径；

I——惯性矩；　W——截面系数；

i——惯性半径；　S——半截面的静力矩。

型号	尺寸/mm						截面面积 A /cm^2	理论重量 G /$(kg \cdot m^{-1})$	参考数值						
									$x-x$				$y-y$		
	h	b	d	t	r	r_1			I_x /cm^4	W_x /cm^3	i_x /cm	$I_x : S_x$	I_y /cm^4	W_y /cm^3	i_y /cm
10	100	68	4.6	7.6	6.5	3.3	14.345	11.261	245	49.0	4.14	8.59	33.0	9.72	1.62
12.6	126	74	5.0	8.4	7.0	3.5	18.118	14.273	488	77.5	5.20	10.8	46.9	12.7	1.61
14	140	80	5.5	9.1	7.6	3.8	21.516	16.890	712	102	5.76	12.0	64.4	16.1	1.73
16	160	88	6.0	9.9	8.0	4.0	26.131	20.513	1130	141	6.58	13.8	93.1	21.2	1.89
18	180	94	6.5	10.7	8.5	4.3	30.756	24.143	1160	185	7.36	15.4	122	26.0	2.00
20a	200	100	7.0	11.4	9.0	4.5	35.578	27.929	2370	237	8.15	17.2	158	31.5	2.12
20b	220	110	7.5	12.3	9.5	4.8	42.128	33.070	3400	309	8.99	18.9	225	40.9	2.31
22b	220	112	9.5	12.3	9.5	4.8	46.528	36.524	3570	325	8.78	18.7	239	42.7	2.27
25a	250	116	8.0	13.0	10.0	5.0	48.541	38.105	5020	402	10.2	21.6	280	48.3	2.40
25b	250	118	10.0	13.0	10.0	5.0	53.541	42.030	5280	423	9.94	21.3	309	52.4	2.40
28a	280	122	8.5	13.7	10.5	5.3	56.404	43.492	7110	508	11.3	24.6	345	56.6	2.50
28b	280	124	10.5	13.7	10.5	5.3	61.004	47.888	7480	534	11.1	24.2	379	61.2	2.49
32a	320	130	9.5	15.0	11.6	5.8	67.156	52.717	11 100	692	12.8	27.5	460	70.8	2.62
32b	320	132	11.6	15.0	11.6	5.8	78.556	57.741	11 600	726	12.6	27.1	502	76.0	2.61

续表

型号	尺寸/mm						截面面积 A /cm²	理论重量 G /(kg·m⁻¹)	参考数值						
									x—x				y—y		
	h	b	d	t	r	r_1			I_x /cm⁴	W_x /cm³	i_x /cm	$I_x:S_x$	I_y /cm⁴	W_y /cm³	i_y /cm
32c	320	134	13.5	15.0	11.5	5.8	79.956	62.765	12 200	760	12.3	26.8	544	81.2	2.61
36a	360	136	10.0	15.8	12.0	6.0	76.480	60.037	15 800	865	14.4	30.7	552	81.2	2.69
36b	360	138	12.0	15.8	12.0	6.0	83.680	65.689	16 500	919	14.1	30.3	582	84.3	2.64
36c	360	140	14.0	15.8	12.0	6.0	90.880	71.341	17 300	962	13.8	29.9	612	87.4	2.60
40a	400	142	10.5	16.5	12.5	6.3	86.112	67.598	21 700	1090	15.9	34.1	660	93.2	2.77
40b	400	144	12.5	16.5	12.5	6.3	94.112	73.878	22 800	1140	15.6	33.6	692	96.2	2.71
40c	400	145	14.5	16.5	12.5	6.3	102.112	80.158	23 900	1190	15.2	33.2	727	99.6	2.65
45a	450	150	11.5	18.0	13.5	6.8	102.446	80.420	32 200	1430	17.7	38.6	855	114	2.89
45b	450	152	13.5	18.0	13.5	6.8	111.446	87.485	33 800	1500	17.4	38.0	894	118	2.84

三、热轧槽钢(GB 706—88)

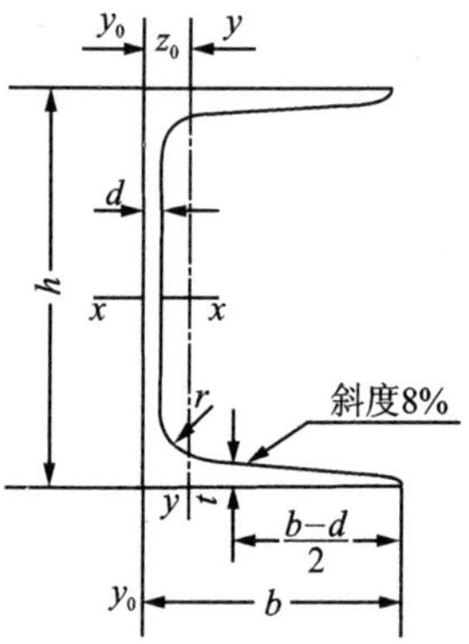

h——高度； b——腿宽；
d——腰厚； t——平均腿厚度；
r——内圆弧半径； r_1——腿端圆弧半径；
I——惯性矩； W——截面系数；
i——惯性半径； z_0——$y-y$ 轴与 y_0-y_0 轴间距。

型号	尺寸/mm						截面面积 A /cm²	理论重量 W /(kg·m⁻¹)	参考数值							
	h	b	d	t	r	r_1			$x-x$			$y-y$			y_0-y_0	z_0 /cm
									W_x /cm³	I_x /cm⁴	i_x /cm	W_y /cm³	I_y /cm⁴	i_y /cm	I_{y_0} /cm⁴	
5	50	37	4.5	7.0	7.0	3.5	6.928	5.438	10.4	26.0	1.94	3.55	8.30	1.10	20.9	1.35
6.3	63	40	4.3	7.5	7.5	3.8	8.451	6.634	16.1	50.8	2.45	4.50	11.9	1.19	28.4	1.36
8	80	43	5.0	8.0	8.0	4.0	10.248	8.046	25.3	101	3.15	5.79	16.6	1.27	37.4	1.43
10	100	48	5.3	8.5	8.5	4.2	12.748	10.007	39.7	198	3.95	7.80	25.6	1.41	54.9	1.52
12	126	53	5.5	9.0	9.0	4.5	15.692	12.318	62.1	391	4.95	10.2	38.0	1.57	77.1	1.59
14a	140	58	6.0	9.5	9.5	4.8	18.516	14.535	80.5	564	5.52	13.0	53.0	1.70	107	1.71
14b	140	60	8.0	9.5	9.5	4.8	21.316	16.733	87.1	609	5.35	14.1	61.0	1.69	121	1.67
16a	160	63	6.5	10.0	10.0	5.0	21.962	17.240	108	866	6.28	16.3	73.3	1.83	144	1.80
16	160	65	8.5	10.0	10.0	5.0	25.162	19.752	117	935	6.10	17.6	83.4	1.82	161	1.75
18a	180	68	7.0	10.5	10.5	5.2	25.699	20.174	141	1270	7.04	20.0	86.6	1.96	190	1.88
18	180	70	9.0	10.5	10.5	5.2	29.299	23.000	152	1370	6.84	21.5	111	1.95	210	1.84
20a	200	73	7.0	11.0	11.0	5.5	28.837	22.637	178	1780	7.86	24.2	128	2.11	244	2.01
20	200	75	9.0	11.0	11.0	5.5	32.837	25.777	191	1910	7.64	25.9	144	2.09	268	1.95

续表

型号	尺寸/mm						截面面积 A /cm^2	理论重量 W /$(kg\cdot m^{-1})$	参考数值							
									$x-x$			$y-y$			y_0-y_0	z_0 /cm
	h	b	d	t	r	r_1			W_x /cm^3	I_x /cm^4	i_x /cm	W_y /cm^3	I_y /cm^4	i_y /cm	I_{y_0} /cm^4	
22a	220	77	7.0	11.5	11.5	5.8	31.846	24.999	218	2390	8.67	28.2	158	2.23	298	2.10
22	220	79	9.0	11.5	11.5	5.8	36.246	28.453	234	2570	8.42	30.1	176	2.21	326	2.03
25a	250	78	7.0	12.0	12.0	6.0	34.917	27.410	270	3370	9.82	30.6	176	2.24	322	2.07
25b	250	80	9.0	12.0	12.0	6.0	39.917	31.385	282	3530	9.41	32.7	196	2.22	353	1.98
25c	250	82	11.0	12.0	12.0	6.0	44.917	35.260	295	3690	9.07	35.9	218	2.21	384	1.92
28a	280	82	7.5	12.5	12.5	6.2	40.034	31.427	340	4760	10.9	35.7	218	2.33	388	2.10
28b	280	84	9.5	12.5	12.5	6.2	45.634	35.822	366	5130	10.6	37.9	242	2.30	428	2.02
28c	280	86	11.5	12.5	12.5	6.2	51.234	40.219	393	5500	10.4	40.3	268	2.29	463	1.95
32a	320	88	8.0	14.0	14.0	7.0	48.513	38.083	475	7600	12.5	46.5	305	2.50	552	2.24
32b	320	90	10.0	14.0	14.0	7.0	54.913	43.107	509	8140	12.2	49.2	336	2.47	593	2.16
32c	320	96	12.0	14.0	14.0	7.0	61.313	48.131	543	8690	11.9	52.6	374	2.47	643	2.09
36a	360	96	9.0	16.0	16.0	8.0	60.910	47.814	566	11 900	14.0	63.5	455	2.73	818	2.44
36b	360	98	11.0	16.0	16.0	8.0	68.110	53.466	03	12 700	13.6	66.9	497	2.70	880	2.37

参 考 文 献

[1] 庄表中,王惠明,等. 工程力学的应用、演示和实验[M]. 北京:高等教育出版社,2014.

[2] 庄表中,王惠明. 理论力学工程应用新实例[M]. 北京:高等教育出版社,2009.

[3] 哈尔滨工业大学理论力学教研室. 理论力学:Ⅰ[M]. 7版. 北京:高等教育出版社,2009.

[4] 单辉祖. 工程力学[M]. 北京:高等教育出版社,2006

[5] 刘鸿文. 材料力学(Ⅰ),(Ⅱ)[M]. 4版. 北京:高等教育出版社,2004.

[6] [英] 季天健,BELLA. 感知结构概念[M]. 武岳,等,译. 北京:高等教育出版社,2009.

[7] 戴葆青,等. 工程力学[M]. 北京:北京航空航天大学出版社,2010.

[8] 王崇革,等. 理论力学[M]. 北京:北京航空航天大学出版社,2006.

[9] 邱家骏,等. 工程力学[M]. 北京:机械工业出版社,2002.

[10] 陈位宫,等. 工程力学[M]. 北京:高等教育出版社,2001.

[11] 顾志荣,等. 材料力学学习方法及解题指导[M]. 上海:同济大学出版社,2003.

[12] 赵志岗. 材料力学学习指导与提高[M]. 北京:北京航空航天大学出版社,2002.

[13] 单辉祖,谢传锋. 工程力学[M]. 北京:高等教育出版社,2003.

[14] 孙训方,等. 材料力学(Ⅰ)[M]. 4版. 北京:高等教育出版社,2001.

[15] 海欣,等. 材料力学考研辅导[M]. 北京:电子工业出版社,2007.